# 经典实例学设计——AutoCAD 2016室内设计从入门到精通

马劭磊　郑培　方芳　等编著

机 械 工 业 出 版 社

本书是一本 AutoCAD 2016 室内设计实战教程，通过将软件技术与行业应用相结合，详细讲解了使用 AutoCAD 进行室内设计及绘制相应施工图的方法和技巧。

本书共3篇18章，第一篇为基础入门篇（第1~7章），介绍了室内装潢设计的基本知识，以及 AutoCAD 2016 的基本操作、图形绘制及编辑、标注、图块等内容；第二篇为家装设计篇（第8~14章），通过一套典型的三室二厅户型，按照家装设计的流程，依次讲解了绘图模板、原墙结构图、顶棚图、电气图、地面平面图、立面图、装饰详图等全套施工图样的绘制方法；第三篇为公装设计篇（第15~18章），讲解了办公空间、酒店大堂和客房以及中西餐厅的设计及相应施工图的绘制和打印输出方法。

本书既可作为大中专、培训学校等相关专业师生的教材，也可作为广大 AutoCAD 初学者和爱好者学习 AutoCAD 的专业指导教材。对室内设计专业技术人员来说，本书也是一本不可多得的参考手册。

**图书在版编目（CIP）数据**

经典实例学设计：AutoCAD 2016 室内设计从入门到精通/马劭磊等编著. —北京：机械工业出版社，2016.1（2021.2 重印）
ISBN 978-7-111-52481-6

Ⅰ.①经… Ⅱ.①马… Ⅲ.①室内装饰设计—计算机辅助设计—AutoCAD 软件—教材 Ⅳ.①TU238-39

中国版本图书馆 CIP 数据核字（2015）第 301215 号

机械工业出版社（北京市百万庄大街22号 邮政编码 100037）
责任编辑：李馨馨 责任校对：张艳霞
责任印制：常天培
固安县铭成印刷有限公司印刷
2021年2月第1版·第3次印刷
184mm×260mm·26印张·643千字
3 801—4 300 册
标准书号：ISBN 978-7-111-52481-6
ISBN 978-7-89405-958-1（光盘）
定价：69.80 元（含1DVD）

凡购本书，如有缺页、倒页、脱页，由本社发行部调换

| 电话服务 | 网络服务 |
| --- | --- |
| 服务咨询热线：（010）88361066 | 机 工 官 网：www.cmpbook.com |
| 读者购书热线：（010）68326294 | 机 工 官 博：weibo.com/cmp1952 |
| （010）88379203 | 教育服务网：www.cmpedu.com |
| 封面无防伪标均为盗版 | 金 书 网：www.golden-book.com |

# 前 言

## 室内设计现状

随着我国城市化建设步伐的加快，各地基础建设和房地产业呈现出生机勃勃之势，也使室内设计行业迎来了高速发展期。国内相关专业的高校输送的人才无论从数量上还是质量上都远远满足不了市场的需要。室内装潢设计行业已成为最具潜力的朝阳产业之一，未来20~50年都将处于一个高速上升的阶段，具有可持续发展的潜力。

## AutoCAD 软件简介

AutoCAD 是美国 Autodesk（欧特克）公司开发的专门用于计算机辅助绘图与设计的一款软件，具有界面友好、功能强大、易于掌握、使用方便和体系结构开放等特点，在室内装潢、建筑施工、园林土木等领域有着广泛的应用。作为第一个进入中国市场的 CAD 软件，经过 20 多年的发展和普及，AutoCAD 已经成为国内使用最广泛的 CAD 应用软件之一。

## 本书内容安排

本书是一本室内设计实战教程，系统、全面、详细、深入地讲解了使用 AutoCAD 2016 中文版进行室内装潢设计的方法和技巧。

| 篇　名 | 内 容 安 排 |
|---|---|
| 第一篇　基础入门篇<br>（第1~7章） | 介绍了室内设计的基础知识和 AutoCAD 2016 的基本功能与操作方法，使没有任何基础的读者也能够快速了解室内设计的原则、方法，并熟悉和掌握 AutoCAD 2016 的使用方法 |
| 第二篇　家装设计篇<br>（第8~14章） | 通过一套典型的三室二厅户型图样，按照家装设计的流程，依次讲解了绘图模板、原墙结构图、顶棚图、电气图、地面平面图、立面图、装饰详图等全套施工图样的绘制方法 |
| 第三篇　公装设计篇<br>（第15~18章） | 通过现代办公空间、酒店大堂与客房、中西餐厅三个公装设计案例，分别介绍了办公空间、休闲娱乐与餐饮空间的设计方法及全套施工图的绘制，以及施工图打印输出的方法和技巧 |

## 本书写作特色

本书具有以下特色。

| | |
|---|---|
| 零点快速起步<br>室内设计全面掌握 | 本书从基本的室内装潢要素与原则讲起，由浅入深、逐渐深入，结合室内装潢设计原理和 AutoCAD 软件特点，通过大量实战案例，使广大读者全面掌握室内装潢设计的所有知识 |

（续）

| | |
|---|---|
| 工程案例实战<br>方法原理细心解说 | 本书在讲解 AutoCAD 软件使用方法的同时，还结合各类室内空间类型的特点，介绍了相应的设计原理和方法，即使没有室内装潢设计基础的读者，也能轻松入门，快速掌握室内设计的基本方法 |
| 四大工程案例<br>家装公装全面接触 | 本书各案例全部来源于已经施工的实际工程案例，包括家装和公装常见各种空间类型，贴近室内设计实际，具有很高的参考和学习价值。读者可以从中积累经验，快速适应室内设计工作 |
| 100 余制作实例<br>绘制技能快速提升 | 本书详细讲解了 4 套家装和公装的设计过程，包括原始户型图、平面布置图、地面布置图、顶棚图、墙体立面图、剖面图、电气图和节点详图等各类室内设计图样，各类绘制技术全面掌握，绘图技能能够得到快速提升 |
| 高清视频讲解<br>学习效率轻松翻倍 | 本书配套光盘收录全书 100 多个实例的高清语音视频教学，可以在家享受专家课堂式的讲解，成倍提高学习兴趣和效率 |

## 本书作者

本书主要由马劭磊、郑培、方芳编写，参与编写的还有李红术、陈倩馨、陈远、陈智蓉、段陈华、关晚月、胡诗榴、黄正平、李灿、李林珠、廖媛杰、谈荣、唐磊、唐水明、王冰莹、王曾琦、杨红群、赵鑫、周彬宇、朱姿、卓志己。

由于编者水平有限，书中疏漏与不妥之处在所难免。在感谢您选择本书的同时，也希望您能够把对本书的意见和建议告诉我们。

联系信箱：lushanbook@ qq. com

# 目　录

## 第二篇　家装设计篇

## 第三篇 公装设计篇

# 第一篇 基础入门篇

# 第1章 室内设计基础

室内设计是建筑设计的一个分支，主要指根据建筑物的使用性质、所处环境和相应标准，运用物质技术手段和建筑设计原理，创造功能合理、舒适优美、能够满足人们物质和精神生活需要的室内环境。

## 1.1 室内设计概述

室内设计是从建筑设计中的装饰部分演变出来的，是对建筑物内部环境的再创造。室内设计可以分为公共建筑空间和居家两大类别。当我们提到室内设计时，会提到的还有动线、空间、色彩、照明、功能等相关的重要术语。室内设计泛指能够实际在室内建立的任何相关物件，包括墙、窗户、窗帘、门、表面处理、材质、灯光、空调、水电、环境控制系统、视听设备、家具与装饰品的规划。

室内设计的流程大致可以分为以下步骤。

1）了解设计任务的相关要求，如居室面积的大小、选择何种设计风格等。

2）了解设计工作的时间要求，如设计任务从何时开始、何时结束等。

3）确定服务的方式或者内容以及设计深度的要求，如设计师是仅仅提供设计构思，还是需要在施工环节跟进。

4）商讨设计及相关的服务费用。

5）明确双方的权益、责任以及对风险的评估。

6）绘制设计图样。

按设计深度分，可以分为室内方案设计、室内初步设计、室内施工图设计。

按设计空间性质分，可以分为居住建筑空间设计（见图1-1）、公共建筑空间设计（见图1-2）、工业建筑空间设计和农业建筑空间设计。

按设计内容分，可以分为室内装修设计、室内物理设计（声学设计、光学设计，如图1-3所示）、室内设备设计（室内给水排水设计，室内供暖、通风、空调设计，电气、通信设计）、室内软装设计（窗帘设计、饰品选配，如图1-4所示）。

图 1-1　室内客厅

图 1-2　酒店大堂

图 1-3　KTV 灯光设计

图 1-4　窗帘布艺设计

# 1.2　室内设计的要素与原则

设计行业有一些普遍的法则需要在进行设计工作时遵循，如以人为本原则、形式追随功能原则等，在开展室内设计工作时也不例外。本节介绍在开展室内设计工作时应注意的要素与原则。

## 1.2.1　室内设计的要素

**1. 空间划分**

室内设计的首要工作是对空间的划分。合理的区域划分可以弥补建筑设计的不足，赋予居室空间新功能。此外，在划分的过程中，设计师也应该敢于突破习惯性思维，勇于探索，不要拘泥于过往对空间的处理方式。

**2. 设计色彩**

室内色彩除对视觉环境产生影响外，还直接影响人们的情绪、心理。科学地用色既有利于工作，又有助于健康。色彩处理得当既能符合功能要求又能取得美的效果。室内色彩除了必须遵守一般的色彩规律外，还随着时代审美观的变化而有所不同。

餐厅内丰富多样的色彩有助于提高人们的食欲，如图 1-5 所示。

**3. 室内光影**

室内的光影特别重要，幽暗的环境让人抑郁，也不利于工作和生活的开展。人类喜爱大自然的美景，常常把阳光直接引入室内，以消除室内的黑暗感和封闭感，特别是顶光和柔和的散射光，使室内空间更为亲切自然。光影的变换使室内环境更加丰富多彩，给人以多种感受。

一缕阳光常常是人们好心情的开端，图 1–6 所示为阳光照射进室内的效果。

图 1–5　餐厅的色彩设计

图 1–6　客厅的阳光

**4. 千变万化的装饰要素**

每个室内空间都可以是不相同的，因为居住其中的人是不同的。居室中原有的建筑构件，例如梁、墙面、柱子等，通过对它们的装饰改造，可以营造不一样的居室环境。

材料的变换可以获得风格多样的室内环境，人们可以因地制宜地选择装饰材料，既体现了居室独特的风格，又彰显了当地的历史文化特征。

**5. 陈设要素**

室内的陈设多种多样，大到各类家具，小到精巧细致的小物件，都可以为居室添加异样的风采。家具、地毯、窗帘等生活必需品，在不同的居室风格中有不同的面貌，这些物品集装饰与实用于一身，在功能与形式的统一中又富有变化，使得空间既富有个性，又舒适得体。

地中海装饰风格常常用一些小物件来体现其特点，如图 1–7 所示。

**6. 室内绿植**

室内的绿植可以净化空气、改善环境质量，也可作为沟通室内与室外环境的桥梁，有利于扩大室内的空间感，还可以美化空间，愉悦人的心情，如图 1–8 所示。

图 1–7　地中海风格的陈设物件

图 1–8　室内绿植

### 1.2.2 室内设计的原则

**1. 功能性原则**

室内装饰设计应满足并保证使用需求，并在不破坏房屋主体结构的情况下对室内空间各立面进行装饰设计。

**2. 安全性原则**

无论是墙面、地面或顶棚，其构造都要求具有一定强度和刚度，符合计算要求，特别是各部分之间的连接的节点，更要安全可靠。

如公共空间应设置坡道，供老弱病残孕行走；居室空间内柜子的转角应做成弧形，以免在行走中磕碰到柜子的直角。

**3. 可行性原则**

室内装潢施工就是要把设计变成现实，因此在构思室内设计时，方案一定要有可行性，力求施工方便，并易于操作。

**4. 经济性原则**

并不是所有的空间都需要追求奢华的装饰效果，应根据使用性质来确定设计标准。盲目地制定高标准，会造成资金浪费，也使人产生不伦不类的感觉。同样道理，也不应为节省资金而片面地降低标准而影响设计效果。

应在同样的造价下，通过巧妙的构造设计来达到良好的实用与艺术效果。

**5. 搭配原则**

室内装饰搭配因人而异，不同的设计师或者使用者会做出不同的居室搭配。重要的是，应在不破坏居室整体装饰风格的情况下对居室搭配进行构思，力求通过搭配来达到锦上添花的效果。

## 1.3 室内设计与人体工程学

人体工程学是特别重要的一门学科，在建筑设计、室内设计、工业设计等行业都得到广泛的运用。在进行室内设计工作时，应了解相关的人体工程学知识，以便根据人体工程学中的有关测试数据，从人的尺度、动作域、心理空间以及人际交往的空间大小出发来确定人体在室内空间的范围。

### 1.3.1 室内各空间尺寸

为了方便开展或者了解室内设计，应该熟悉以下所列举的尺寸数据。

**1. 墙面尺寸**

踢脚板高：80～200。

墙裙高：800～1500。

挂镜线高：1600～1800（画中心距地面高度）。

**2. 餐厅尺寸**

餐桌高：750～790。

餐椅高：450～500。

圆桌直径：二人 500，四人 900，五人 1100，六人 1100～1250，八人1300，十人 1500，十二人 1800。

方餐桌尺寸：二人 700×850，四人 1350×850，八人 2250×850。

餐桌转盘直径：700～800。

餐桌间距：应大于 500（其中座椅占 500）。

主通道宽：1200～1300，内部工作道宽：600～900。

酒吧台高：900～1050，宽 500。

酒吧凳高：600～750。

如图 1-9 和图 1-10 所示为餐厅常用的人体尺寸。

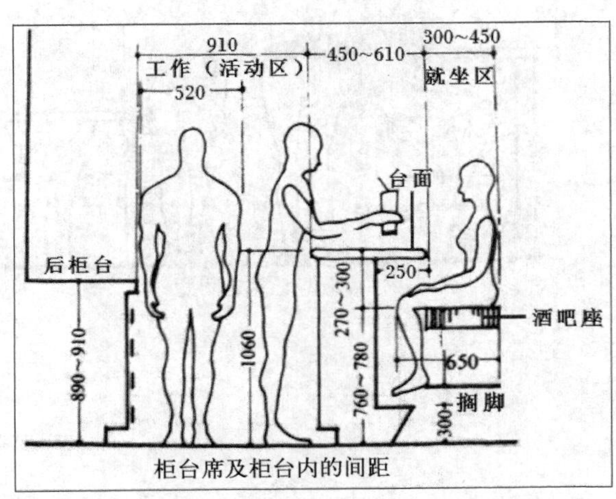


图 1-9　吧台尺寸

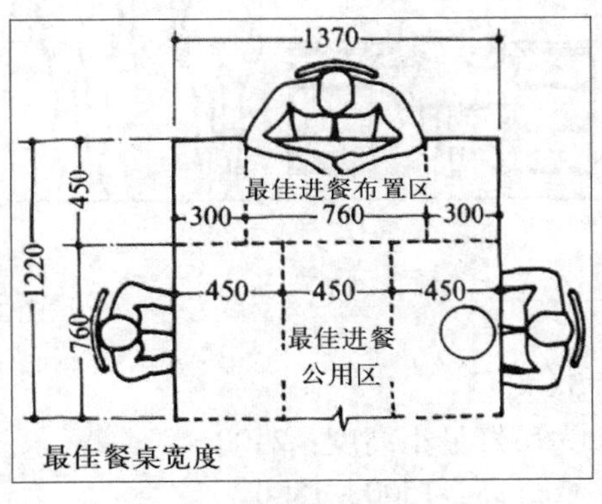


图 1-10　餐桌尺寸

### 3. 卫生间

卫生间面积：3～5 $m^2$。

浴缸：长 1220、1520、1680，宽 720，高 450。

坐便器：750×350。

冲洗器：690×350。

盥洗器：550×410。

淋浴器：高 2100。

化妆台：长 1350，宽 450。

如图 1-11 所示为卫生间洗脸盆使用尺寸。

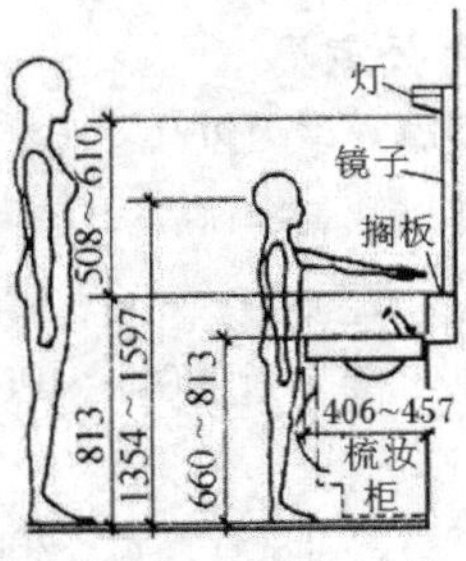

图 1-11　妇女、儿童洗手盆使用尺寸

### 4. 交通空间

楼梯间休息平台净空：≥2100。

楼梯跑道净空：≥2300。

客房走廊：高≥2400。

两侧设座的综合式走廊：宽度≥2500。

楼梯扶手：高 850 ~ 1100。

门：850 ~ 1000。

窗：400 ~ 1800（不包括组合式窗子）。

窗台：高 800 ~ 1200。

如图 1-12 所示为过道通行合适尺寸。

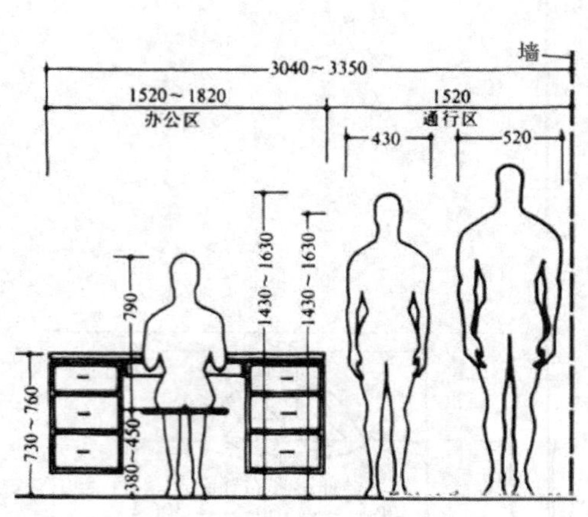


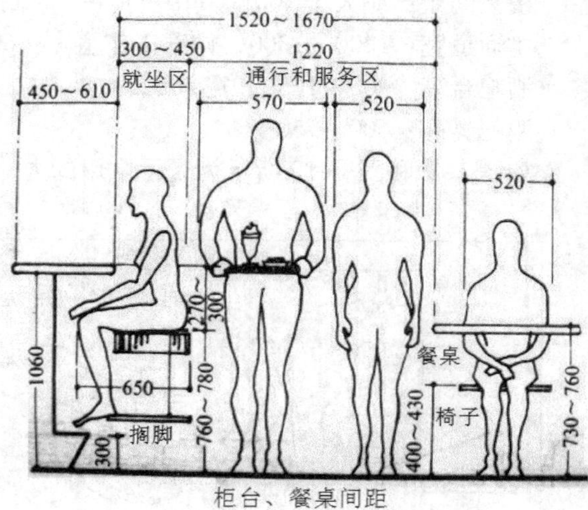


图 1-12　过道尺寸

**5. 灯具**

大吊灯最小高度：2400。

壁灯高：1500 ~ 1800。

反光灯槽最小直径：等于或大于灯管直径两倍。

壁式床头灯高：1200 ~ 1400。

照明开关高：1000。

**6. 办公家具**

办公桌：长 1200 ~ 1600，宽 500 ~ 650，高 700 ~ 800。

办公椅：高 400 ~ 450，宽 450。

沙发：宽 600 ~ 800，高 350 ~ 400。

茶几：前置型 900 × 400 × 400，中心型 900 × 900 × 400、700 × 700 × 400，左右型 600 × 400 × 400。

书柜：高 1800，宽 1200 ~ 1500，深 450 ~ 500。

书架：高 1800，宽 1000 ~ 1300，深 350 ~ 450。

如图 1-13 所示为办公家具使用尺寸。

## 1.3.2　确定橱柜的尺寸

橱柜的设计应该适应主要使用人的身高，尤其是主妇，工作台的高度应以主妇站立时手指能触及水盆底部为宜，过高会令人肩膀疲累，过低则会使人腰酸背痛。

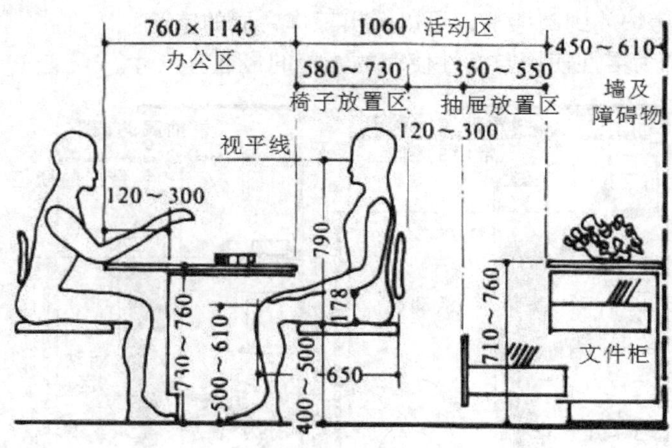


图 1-13　办公家具尺寸

如图 1-14 所示为不合适的橱柜设计带来的后果。

图 1-14　橱柜设计不当的后果

1）目前有的橱柜可以通过调整脚座来使工作台面达到适宜的尺度，从工作台面到吊柜底，高的尺寸为 600，低的尺寸为 500。需要注意的是，橱柜的布局和工作台的高度应该适应主妇的身高。

2）使用双头炉的灶台高 600，灶台放上双头炉后，再加上 150 或 200，就与 810 高的工作台大致相平。假如灶台高于 600，则主妇在炒菜时就会觉得不方便。

假如使用平面炉（即四头炉、炉柜），炉面高宜为 890，工作台与灶台深切 10，至少不能小于 460，厨房空间大时，可选用 600。

3）抽油烟机的高度应使炉面到机底的距离为 750。冰箱假如是在后面散热的，两旁要各留 50，顶部要留 250 空间，否则散热慢将会影响冰箱的功能。

4）在同一厨房内，吊柜的深度最宜采用 300 或 350，在两侧墙体设置不同的尺寸，才能置放直径较大的碟子。

5）在家庭主妇站立时，应该垂手可以打开柜门，举手能伸到吊柜的第一格，在 600～1830 之间的水平空间之中，可以放置常用的物品，称为“常用物品区”。

6）厨房的工作台台面，不可小于 900×460，否则，不够摆放物件。假如地方不够，可以考虑将微波炉、烤炉放到高架上，可以腾出工作台面的空间。

如图 1-15 所示为男性使用与女性使用的橱柜的最适宜尺寸。

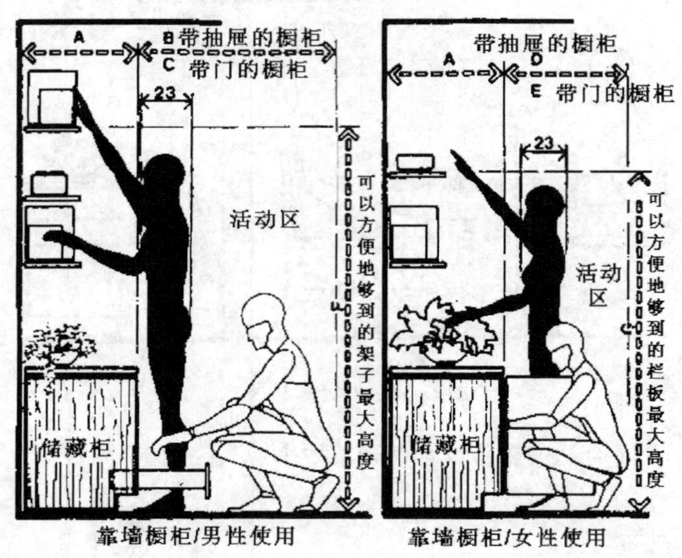


图 1-15　橱柜适宜尺寸

## 1.4　室内设计与色彩搭配

研究发现，悦目明朗的色彩能够通过视神经传递到大脑神经细胞，从而有利于促进人的智力发育。若常处于让人心情压抑的色彩环境中，则会影响大脑神经细胞的发育，从而使智力下降。

### 1.4.1　色调搭配方法

在室内设计工作中，正确地应用色彩美学，可以改善居住条件。

宽敞的居室采用暖色装修，可以避免房间给人以空旷感；房间小的住户可以采用冷色装修，在视觉上让人感觉大些。人口少而感到寂寞的家庭居室，配色宜选暖色，人口多而觉喧闹的家庭居室宜用冷色。

同一家庭，在色彩上也有侧重，卧室装饰色调暖些，有利于增进夫妻情感的和谐；书房用淡蓝色装饰，使人能够集中精力学习、研究；餐厅里，红棕色的餐桌有利于增进食欲。

对不同的气候条件，运用不同的色彩也可一定程度地改变环境气氛。在严寒的北方，室内墙壁、地板、家具、窗帘选用暖色装饰会有温暖的感觉；反之，南方气候炎热潮湿，采用青、绿、蓝色等冷色装饰居室，感觉上会比较凉爽些。

赏心悦目的色彩搭配，不仅使人眼前一亮，而且身处其中，也能使人保持心情的愉悦，如图 1-16 所示。

图 1-16　居室色彩的搭配

居室色彩搭配应该符合主人的心理感受，否则搭配便没有意义了。常规的色调搭配方法如下。

**1. 轻快玲珑色调**

中心色为黄、橙色。地毯橙色，窗帘、床罩用黄白印花布，沙发、天花板用灰色调，加一些绿色植物衬托，气氛别致，如图 1-17 所示。

**2. 轻柔浪漫色调**

中心色为柔和的粉红色。地毯、灯罩、窗帘用红加白色调，家具白色，房间局部点缀淡蓝，有浪漫气氛，如图 1-18 所示。

图 1-17　轻快玲珑色调

图 1-18　轻柔浪漫色调

**3. 典雅优美色调**

中心色为玫瑰色和淡紫色，地毯用浅玫瑰色，沙发用比地毯浓一些的玫瑰色，窗帘可选淡紫印花的，灯罩和灯杆用玫瑰色或紫色，放一些绿色的盆栽植物点缀，墙和家具用灰白色，可取得雅致优美的效果，如图 1-19 所示。

**4. 华丽清新色调**

中心色为酒红色、蓝色和金色，沙发用酒红色，地毯为暗土红色，墙面用明亮的米色，局部点缀金色，如镀金的壁灯，再加一些蓝色作为辅助，即成华丽清新色调，如图 1-20 所示。

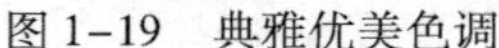

图 1-19 典雅优美色调

图 1-20 华丽清新色调

## 1.4.2 色彩搭配原理

不同颜色进入人的眼帘，刺激大脑皮层，使人产生冷、热、深、浅、明、暗的感觉，伴随产生安静、兴奋、紧张、轻松的情绪效应。利用这种情绪效应调节“兴奋灶”，可以减少或消除职业性疲劳。

有关色彩搭配的原理如下。

**1. 侧重色彩**

对大面积地方选定颜色后，可用一种比其更亮或更暗的颜色以示渲染，如用于线角处。侧重色彩用于有装饰线的小房间或公寓，更能相映成趣。

**2. 色调平衡**

对比色彩的成功运用依赖于良好的色调平衡。室内装修颜色搭配的一种应用广泛的做法是，大面积使用一种颜色——冷色，然后用少量的暖色平衡。反之，以暖色为主，冷色点缀，效果同样理想，尤其是在较阴暗的房间里，这种设计更为合适。

**3. 互补色的运用**

把红和绿、蓝和黄这样的两种颜色安排在一起，能产生强烈的对比效果。这种配色方案可使房间显得充满活力、生气勃勃。适用于家庭活动室、游戏室或是家庭办公室。

**4. 黑白灰的运用**

黑色、白色和灰色搭配往往效果出众。棕、灰等中性色是近年来装修中很流行的颜色，这些颜色很柔和，不会给人过于强烈的视觉刺激，是打造素雅空间的色彩高手。但为避免过于僵硬、冷酷，应增加木色等自然元素来软化，或选用红色等对比强烈的暖色，减弱原来的效果。

**5. 防止色彩太多**

应该先少用几种颜色，然后再慢慢增加。如果对整体设计没把握，就从小型的空间着手或采取以点带面的方法，比如围绕自己最喜欢的一幅画或是一款家具为中心，看看什么颜色搭配起来比较和谐。

**6. 多用中性色**

中性色是含大比例黑或白的色彩，如沙色、石色、浅黄色、灰色、棕色，这些色彩能给人宁静的感觉，因此常常被用作背景色。不过，又硬又冷的纯白色应尽量避免。如果对白色有偏好，应尽量选择含少量淡色的纯度不高的白色调。

**7. 上浅下深**

浅色感觉轻，深色感觉重。房间颜色应上浅下深过渡渐变。不妨把屋顶和墙壁刷成白色、米黄色等浅色系，墙裙加深一些，家具颜色更深一些。这样给人感觉十分稳定、和谐。

# 1.5 室内设计的装饰风格

室内设计风格的形成，是不同的时代思潮和地区特点，通过创作构思和表现，逐渐发展成的具有代表性的室内设计形式。一种典型风格的形式，通常是和当地的人文因素和自然条件密切相关，又需有创作中的构思和造型的特点。

室内设计的风格主要为美式乡村风格、古典欧式风格、地中海风格等八种人们喜闻乐见的风格形式。

## 1.5.1 美式乡村风格

美式乡村风格以舒适机能为指导，强调“回归”自然，这种风格更加轻松、舒适。美式家具给人的印象是体积巨大且厚重，自然且舒适，显现出乡村的朴实风味。家具的材质以白橡木、桃花心木、樱桃木为主，线条简单，保留着木材原始的纹理与质感，如图 1-21 所示。

图 1-21　美式乡村风格

美式风格中本色的棉麻布艺是主流，布艺的天然感可以与乡村风格很好地协调，花卉植物、鸟虫鱼图案很受欢迎，可使居室显得舒适而随意。

## 1.5.2 古典欧式风格

古典欧式风格装修最大的特点是在造型上极其讲究，给人的感觉端庄典雅、高贵华丽，具有浓厚的文化气息。在家具选配上，一般采用宽大精美的家具，配以精致的雕刻，整体营造出一种华丽、高贵、温馨的感觉。

在配饰上，金黄色和棕色的配饰衬托出古典家具的高贵与优雅，赋予古典美感的窗帘和地毯、造型古朴的吊灯使整个空间看起来具有韵律感且大方典雅，柔和的浅色花艺为整个空间带来了柔美的气质，给人以开放、宽容的非凡气度，让人丝毫不显局促，以壁炉作为居室中心，是这种风格最明显的特征。

图 1-22　欧式古典风格

在色彩上，经常以白色系或黄色系为基础，搭配墨绿色、深棕色、金色等，表现出古典欧式风格的华贵气质，如图 1-22 所示。在材质上，一般采用樱桃木、胡桃木等高档实木，表现出高贵典雅的贵族气质。

值得注意的是，古典欧式风格最适合用于大面积的房子，假如空间太小，不仅无法展现其风格气势，反而对生活在其中的人造成一种压迫感。

### 1.5.3　地中海风格

地中海风格源于西欧，以其极具亲和力田园风情及柔和色调和组合搭配上的大气很快被地中海以外的人群所接受。地中海风格的基础是明亮、大胆、色彩丰富。

通过空间设计上连续的拱门、马蹄形窗等来体现空间的通透，用栈桥状露台、开放式房间功能分区来体现开放性，通过一系列开放性和通透性的建筑装饰语言来表达地中海装修风格的自由精神内涵。同时，它通过取材天然的材料方案来体现向往自然、亲近自然、感受自然的生活情趣，进而体现地中海风格的自然思想内涵。

地中海风格装修还通过以海洋的蔚蓝色为基础色调的色彩搭配方案、巧妙运用自然光线、富有流线及梦幻色彩的软装等来表述其浪漫情怀。在家具设计上大量采用宽松、舒适的家具来体现地中海风格装修的休闲体验。因此，自由、自然、浪漫、休闲是地中海风格装修的精髓，如图 1-23 所示。

图 1-23　地中海装饰风格

### 1.5.4　东南亚风格

东南亚风格是一种结合了东南亚民族岛屿特色及精致文化品位的家居设计方式，广泛地运用木材和其他的天然原材料，如藤条、竹子、石材、青铜和黄铜，深木色的家具，局部采用一些金色的壁纸、丝绸质感的布料，灯光的变化体现了稳重及豪华感，如图 1-24 所示。

该装饰风格最常使用实木、棉麻以及藤条等材质，将各种家具包括饰品的颜色控制在棕色或咖啡色系范围内，再用白色全面调和，既可统一居室的色调，又可在统一中寻求变化。

图 1-24　东南亚风格

### 1.5.5　日式风格

日式风格中的色彩多偏重于原木色，以及竹、藤、麻和其他天然材料颜色，形成朴素的自然风格。将自然界的材质大量运用于居室的装修、装饰中，不推崇豪华奢侈、金碧辉煌，以淡雅节制、深邃禅意为境界。

居室中散发着稻草香味的榻榻米，营造出朦胧氛围的半透明樟子纸，以及自然感强的天井，贯穿在整个房间的设计布局中，天然材质是日式装修中最具特点的部分。

新派日式风格家居以简约为主，日式家居中强调的是自然色彩的沉静和造型线条的简洁，和室的门窗大多简洁透光，家具低矮且不多，给人以宽敞明亮的感觉，如图1-25所示。

日式格子拉门的设计使空间看起来更加通透，又不失隐秘性。格子门的几何造型本身也成为空间中一个重要的装饰。

## 1.5.6 新古典风格

新古典风格从简单到繁杂、从整体到局部，精雕细琢，镶花刻金都给人一丝不苟的印象。一方面保留了材质、色彩的大致风格，仍然可以很强烈地感受传统的历史痕迹与浑厚的文化底蕴，同时又摒弃了过于复杂的肌理和装饰，简化了线条。

高雅而和谐是新古典风格的代名词。白色、金色、黄色、暗红是欧式风格中常见的主色调，少量白色糅合，使色彩看起来明亮、大方，使整个空间给人以开放、宽容的非凡气度，丝毫不显局促感，如图1-26所示。

图1-25　日式风格

图1-26　新古典风格

## 1.5.7 现代简约风格

现代简约风格，顾名思义，就是让所有的细节看上去都是非常简洁的，如图1-27所示。在室内设计方面，不是要放弃原有建筑空间的规矩和朴实，去对建筑载体进行任意装饰。而是在设计上更加强调功能，强调结构和形式的完整，更追求材料、技术、空间的表现深度与精确。

用简约的手法进行室内创造，更需要设计师具有较高的设计素养与实践经验。需要设计师深入生活、反复思考、仔细推敲、精心提炼，运用最少的设计语言，表达出最深刻的设计内涵。删繁就简，去伪存真，以色彩的高度凝练和造型的极度简洁，在满足功能需要的前提下，将空间、

图1-27　现代简约风格

人及物进行合理精致的组合，用最洗练的笔触，描绘出最丰富动人的空间效果，这是设计艺术的最高境界。

### 1.5.8 中式风格

中式风格在空间上讲究层次，多用隔窗、屏风来分割，用实木做出结实的框架，以固定支架，中间用棂子雕花，做成古朴的图案，如图 1–28 所示。

图 1–28 中式风格

门窗对确定中式风格很重要，因为中式门窗一般是用棂子做成方格或其他中式的传统图案，用实木雕刻成各式题材造型，打磨光滑，富有立体感。

顶棚以木条相交成方格形，上覆木板，也可做简单的环形吊顶，用实木做框，层次清晰，漆成花梨木色。

家具陈设讲究对称，重视文化意蕴。配饰擅用字画、古玩、卷轴、盆景、精致的工艺品加以点缀，更显主人的品位与尊贵，木雕画以壁挂为主，更具有文化韵味和独特风格，体现中国传统家居文化的独特魅力。

## 1.6 室内装潢施工流程

在开始室内装饰施工之前，都会事先拟定一个施工流程。流程确定后，施工队便按照顺序来进行施工。本节介绍一份较为科学通用的室内装修施工流程方案，以供参考。

### 1.6.1 量房准备工作

在构思室内设计方案之前，应对房屋的构造有一定的了解。在出发去实地考察之前，应带上量房的工具，如卷尺、纸、笔、相机等。卷尺可以丈量房屋各部位的尺寸，如门窗的尺寸、房间的开间/进深尺寸、层高、梁宽等。在纸上绘制草图，并标注测量得到的尺寸。有些部位的构造可以使用相机拍摄，如梁的构造、管道的位置等，可以为方案设计提供参考。

卷尺一般为两种样式，即普通卷尺以及鲁班尺，如图 1–29 和图 1–30 所示。

应先在纸上绘制建筑草图，即居室的原始结构图，如图 1–31 所示，然后再对房屋进行丈量，并将尺寸参数标注于草图上。有时候也可以绘制三维效果图，表示对居室空间划分的一个初步构想，如图 1–32 所示。

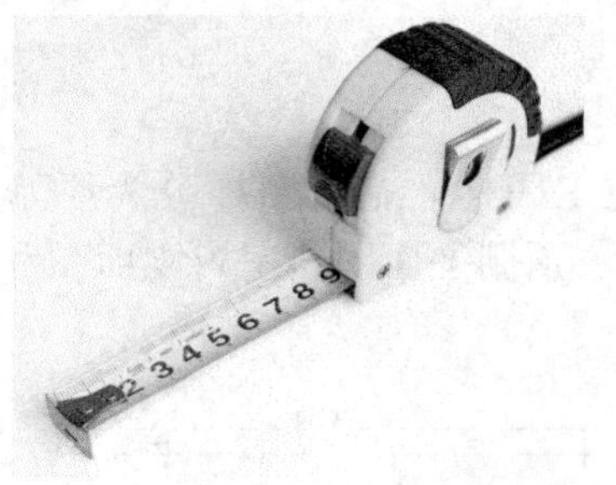

图 1-29　普通卷尺

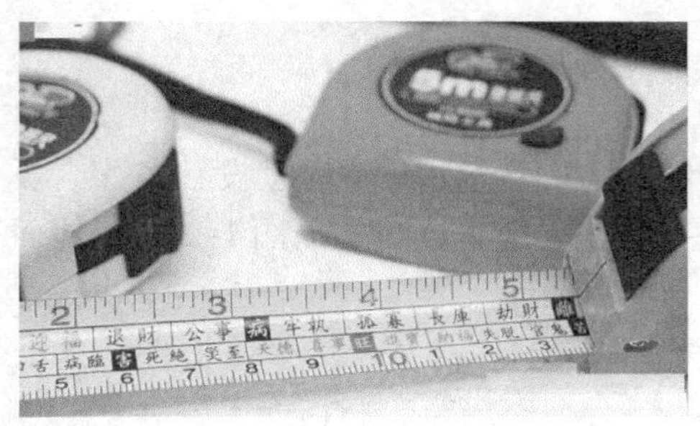

图 1-30　鲁班尺

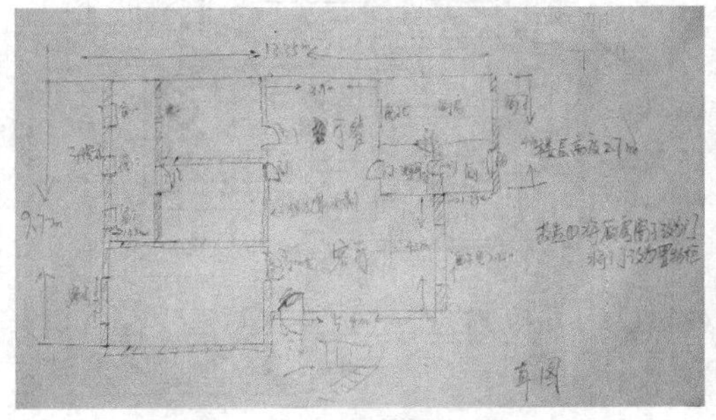

图 1-31　原始结构图

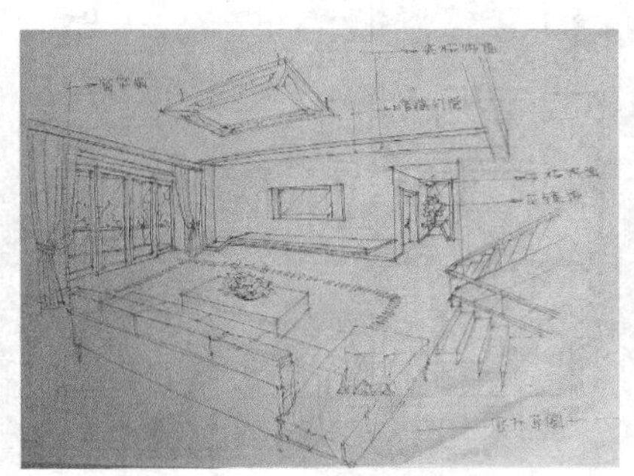

图 1-32　三维效果图

使用卷尺来测量梁高、墙宽，如图 1-33 和图 1-34 所示。此外还需要对房屋的其他部位进行测量，如门窗的高度、宽度以及房屋净高等。

图 1-33　测量梁高

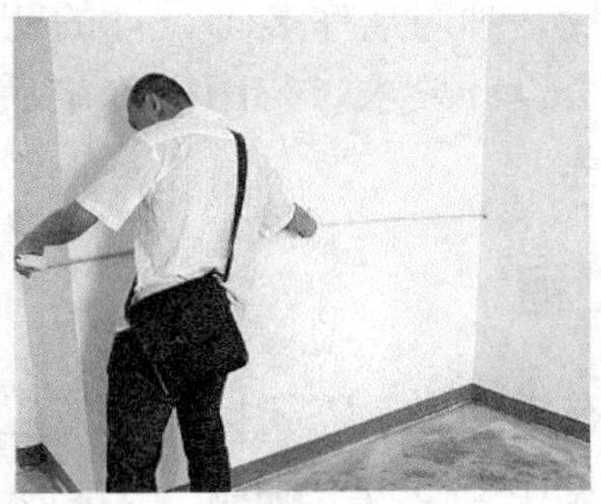

图 1-34　测量墙宽

使用相机可以拍摄一些在草图上较难表现的部位，如房屋怪异的造型、排水管的位置等，如图 1-35 所示，这些照片对于方案设计有辅助作用。

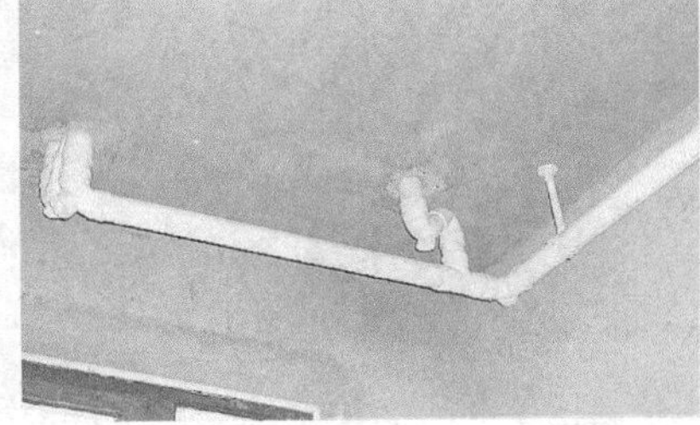

图 1-35　拍摄照片

## 1.6.2 方案设计

设计师在方案设计阶段构思设计方案，并绘制施工图样。施工图样分为原始结构图（见图1-36）、平面布置图（见图1-37）、地面平面图、顶棚平面图、室内立面图和装饰详图等。

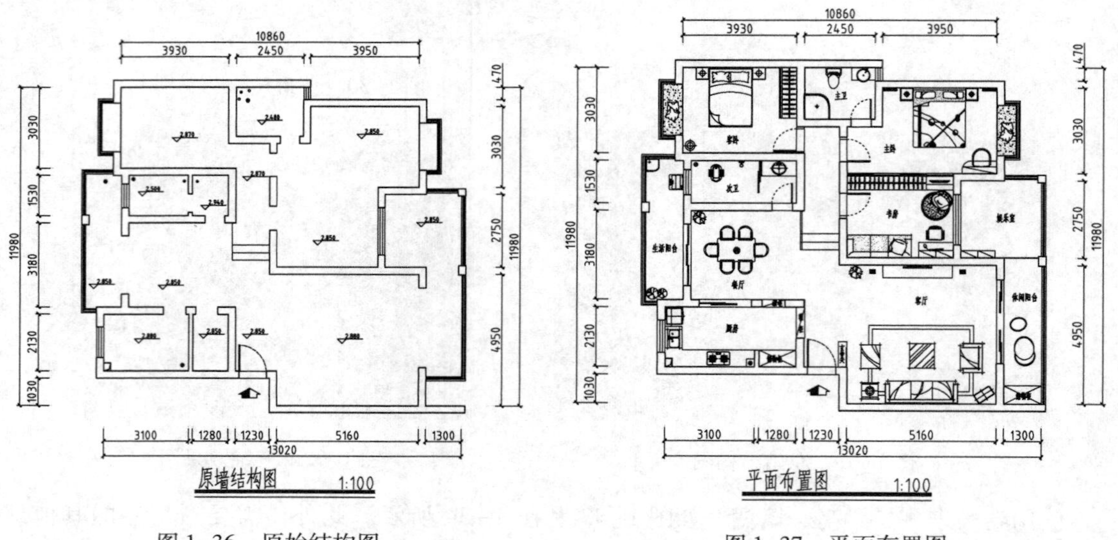


图1-36　原始结构图　　　　图1-37　平面布置图

这些图样表示设计师对居室装饰设计的初步构想，随着设计工作的深入，需要逐步对图样进行修改，以符合设计要求。待图样确定后，将其打印输出，装订成册，交付施工队伍，便可以开始装饰工程。

## 1.6.3 拆改工程

在设计方案中有明确表示需要拆除或新建室内墙体的，就在这一施工阶段进行。拆改工程主要包括拆墙（见图1-38）、砌墙（见图1-39）、铲墙皮、拆暖气、换塑钢窗等。主体拆改主要是把空间清理出来，给接下来的改造留出足够的便利。

图1-38　拆墙

图1-39　砌墙

## 1.6.4 水电改造

水路改造施工时，根据厨房、卫生间实际情况及客户需求，合理确定各用水点（如阀门、水龙头、淋浴器、角阀）的位置及管道走向途径划线定位。

水电改造的流程如下。

1）按照居室设计图和客户具体需求进行水电走向的设计。

2）工人按走向进行墙面或地面开槽，如图1–40所示。

3）埋入管线（包括布线和接好管道）和暗盒。

4）检测电路，对水路进行试压，并进行渗水试验，如图1–41所示。

图1–40 墙面开槽

图1–41 渗水试验

5）用水泥沙灰抹平线槽，如图1–42所示。

6）等刷墙或者壁纸铺贴完毕后，进行电路面板的安装。

图1–42 抹平线槽

敷埋管道时，开墙地槽的深度应保证暗敷管粉补后不外露，且应避免水平墙面的开凿，墙顶面开槽严禁破坏原建筑钢筋。

电路设计要多路化，做到空调、厨房、卫生间、客厅、卧室、计算机及大功率电器分路布线；插座、开关分开，除一般照明、挂壁空调外各回路应独立使用漏电保护器；强、弱分开，音响、电话、多媒体、宽带网等弱电线路设计应合理规范。

## 1.6.5 木工工程

木工工程主要包括吊顶、隔断、门窗制作、装饰门套、家具制作、装饰构件、装饰背景、木地板安装等，本节介绍其中的吊顶、隔断、门窗制作、家具制作的知识。

**1. 吊顶**

中大型吊顶施工分成四个阶段：拉杆定位（见图1–43）、龙骨架（见图1–44）、板材造型（见图1–45）和油漆。

**2. 隔断**

隔断施工分为高隔断即完全隔断（见图1–46）、半隔断即不完全隔断（见图1–47）两种，隔断的作用有采光、隔音、防火、环保、便于安装、可重复利用等，不同种类的隔断在施工工艺以及材料选择方面有很大的不同。

图 1-43　拉杆定位

图 1-44　龙骨架

图 1-45　板材造型

图 1-46　完全隔断

图 1-47　半隔断

**3. 门窗制作**

木工工程中门窗的制作包括门扇、窗扇以及门套、窗套。

门窗扇要求表面平整光滑，无锤印，无刮伤，割角准确，接缝严密，开关灵活，无阻滞、回弹翘曲和变形。凹凸造型门要求造型斜坡面板与底形接触严密，棱角无开裂，造型阴角线接缝严密、自然，处理得要相对细致，如图 1-48 所示。

套线和平板开槽门的凹槽内要光滑，无透底现象，门套线边侧应相对光滑，无透底现象，如图 1-49 所示。

**4. 家具制作**

木工工程中家具制作的类型包括床、柜子、桌子等，其中尤以柜子制作得较多，如衣柜、书柜、鞋柜、储藏柜等。

图 1-48　制作造型门

图 1-49　制作门套线

衣柜、鞋柜使用实木线条收口，此外柜体棕眼要刮平，不明显，接头严密，光滑无挡手感，如图 1-50 和图 1-51 所示。衣柜内的饰面板不得有空鼓、气泡、褶皱、翘边，无漏贴、不贴，边缘要整齐、顺直、无毛边、无油漆污染。滑轨、铰链、拉手安装要端正、牢固、无松动，螺钉齐全，无油漆污染。

图 1-50　制作衣柜

图 1-51　制作鞋柜

### 1.6.6　贴砖

铺贴瓷砖的流程为：基层处理→弹线→预铺→铺贴→勾缝→清理。

**1. 基层处理**

将尘土、杂物彻底清扫干净，不得有空鼓、开裂及起砂等缺陷。墙地面的平整度会在根本上决定瓷砖铺贴的好坏。

**2. 弹线**

铺贴瓷砖前需事先找好垂直线，以此为基准铺贴的瓷砖就会高低均匀、垂直美观；此外，施工前在墙体四周需弹出标高控制线，在地面弹出十字线，以控制地砖分隔尺寸。

**3. 预铺**

首先应在图样设计要求的基础上，对地砖的色彩、纹理、表面平整度等进行严格挑选，然后按照图样的要求预铺。对于预铺中可能出现的尺寸、色彩、纹理误差等进行调整、交换，直至达到最佳效果，按铺贴顺序堆放整齐以备用。

**4. 铺贴**

敷设选用 1∶3 干硬性水泥砂浆，砂浆厚度 20 左右。铺贴前将瓷砖背面湿润，需正面干燥为宜。把瓷砖按照要求放在水泥砂浆上，用橡皮锤轻敲地砖饰面直至密实平整达到要求。

为了防止可能导致瓷砖空鼓，还留有气孔等情况，可以在涂抹砂浆后用工具再一次磨平水泥层后再铺贴。

**5. 勾缝**

瓷砖铺贴完成后 24 h 要进行清理勾缝，勾缝前应先将瓷砖缝隙内的杂质擦净，用专用填缝剂勾缝。

**6. 清理**

在家装铺贴瓷砖施工过程中随干随清，完工后（一般宜在 24 h 之后）再用棉纱等物对地砖表面进行清理。

铺砖的注意事项如下。

1）门槛石、窗台石材的安装。在铺地砖时可以顺便安装门槛石，也可以在铺地砖之后安装。窗台石材的安装一般是在窗套做好之后。

2）在铺地砖的时候应将地漏安装好。

3）厨房的地砖铺好之后，可以考虑安装油烟机。

图 1–52 和图 1–53 所示分别为铺地砖与贴墙砖的施工现场。

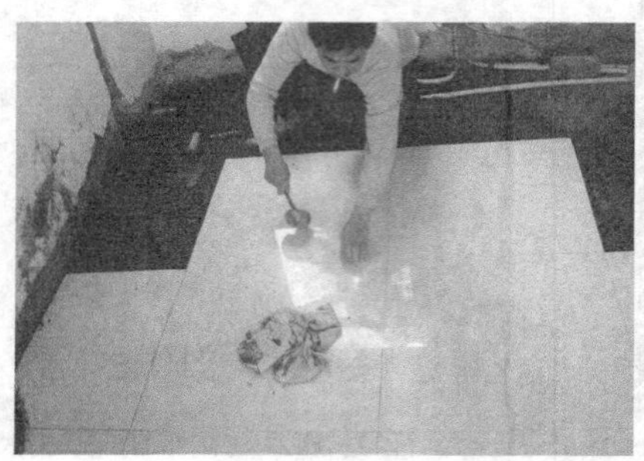

图 1–52　铺地砖

图 1–53　贴墙砖

## 1.6.7　刷漆

油漆工主要负责完成墙面基层处理、刷面漆、给家具上漆等工作。准备贴壁纸的业主，只需要让油漆工在计划贴壁纸的墙面做基层处理即可。

图 1–54 和图 1–55 所示分别为刷墙漆、为门套上清漆的施工现场。

图 1–54　刷墙漆

图 1–55　刷清漆

## 1.6.8　安装厨卫吊顶

在安装厨卫吊顶的同时，厨卫的防潮吸顶灯、排风扇（浴霸）应该同时装好，或者留出线头和开孔。假如没有当场安装，后续的安装较容易出现问题，因此业主应该考虑将灯具、排气设备与吊顶同时安装。

图 1-56 所示为安装厨卫吊顶的施工现场。

图 1-56　安装厨卫吊顶

## 1.6.9　安装橱柜

待厨房吊顶安装完毕后，橱柜就可以上门安装了，假如时间充足，可以同时安装水槽和煤气灶，橱柜安装之前应先与物业管理处协商将煤气开通，以便等煤气灶安装好了之后可以试用，查看是否已正确安装。

图 1-57 所示为橱柜安装的施工现场。

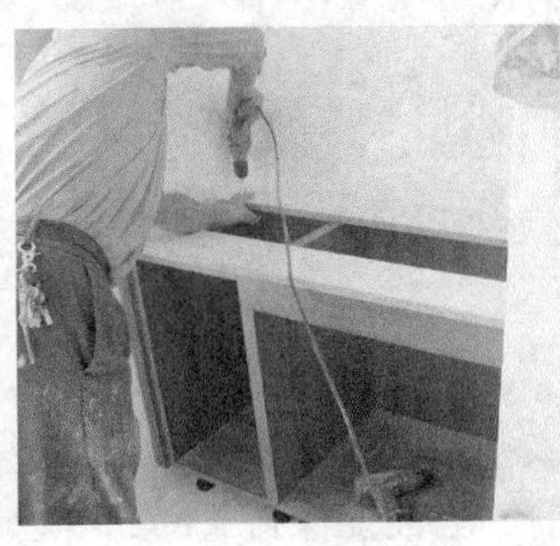

图 1-57　安装橱柜

## 1.6.10　安装木门

在安装门的同时要安装合页、门锁、地吸，因此相关五金构件应该及时备好。假如业主想让木门厂家安装窗套、垭口，在木门厂家测量的时候也要一并测量，并在木门安装当天同时安装，同时应考虑将窗台石材的安装时间推后，即排在窗套安装之后。

图 1-58 所示为木门安装的施工现场。

图 1-58　安装木门

## 1.6.11　安装地板

木门安装完成之后可以开始安装地板。在安装地板前需要注意以下几个问题。

1）地板安装之前，最好让厂家上门勘测一下地面是否需要找平或局部找平。

2）地板安装之前，家里的铺装地板的地面要清扫干净，要保证地面的干燥，所以清扫过程不要洒水。

3）切割地板时应尽量在安装区域外切割，以免对已安装好的地板造成损坏。

图 1-59 所示为在安装实木地板前，木龙骨的安装现场。

图 1-60 所示为安装地板的施工现场。

图 1-59　安装地板木龙骨

图 1-60　安装地板

## 1.6.12　贴壁纸

壁纸铺贴之前要把家里打扫干净，另外还应该在地板上铺上垫子，防止在贴壁纸的时候胶水等其他东西污染地板。另外，在铺贴壁纸之前，墙面要保持干净，并已做基层处理。

图 1-61 所示为铺贴壁纸的施工现场。

图 1-61　铺贴壁纸

### 1.6.13 安装开关插座

在贴壁纸之前，应告诉贴壁纸工作人员开关插座的位置，请他们开孔标示，以免在安装开关插座时发现安装位被壁纸遮挡而造成不必要的麻烦。

图 1-62 所示为安装开关插座时的施工现场。

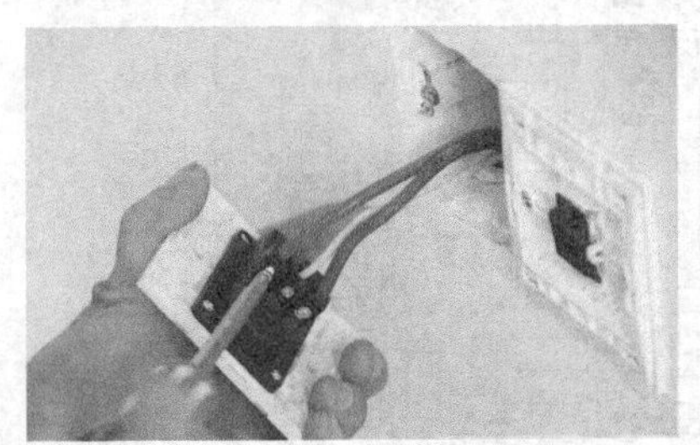

图 1-62 安装开关插座

### 1.6.14 安装灯具

在安装灯具之前安装开关，是为了测试灯具安装后是否已经与电源接通。此时业主应提前将各房间的灯具买好，方便工作人员上门安装。

图 1-63 所示为安装灯具的施工现场。

图 1-63 安装灯具

### 1.6.15 其他流程

最后安装五金洁具，然后对室内各房间进行全面的清扫，以便家具、家电进场，最后安装窗帘即可完成居室的装修。

## 1.7 室内设计制图的内容

室内设计施工图集由平面图、立面图、详图组成，本节介绍各类图样的含义及所包含的内容。

### 1.7.1 平面布置图

假想用一个水平剖切平面，沿建筑物每层的门窗洞口位置进行水平剖切，再移去剖切平面以上的部分，对以下部分所做的水平正投影图即称为平面布置图，如图 1-64 所示。

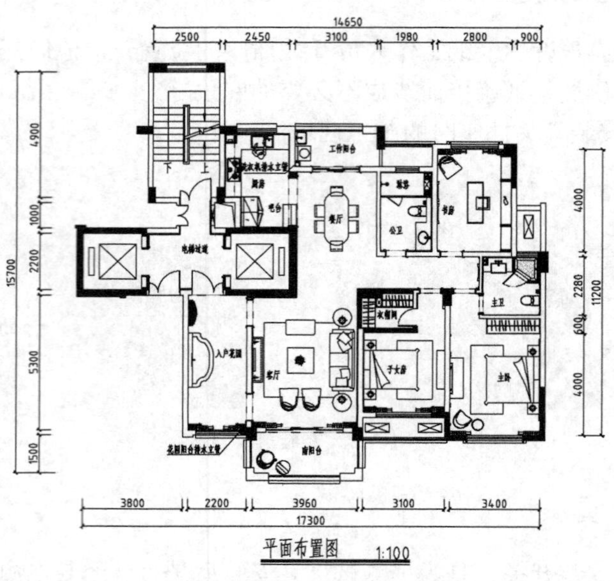


图 1-64　平面布置图

## 1.7.2　顶棚平面图

假想以一个水平剖切平面沿顶棚下方门窗洞口位置进行剖切，移去下面部分后对上面的墙体、顶棚所作的镜像投影图即称为顶棚平面图，如图 1-65 所示。

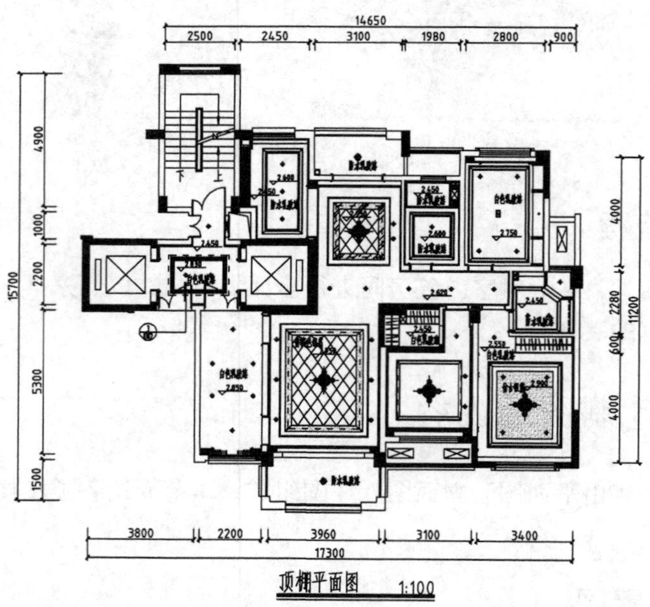


图 1-65　顶棚平面图

住宅顶棚布置图常用 1∶100 的比例来绘制。在顶棚平面中剖切到的墙柱用粗实线表示，未剖切到的但是能看到的顶棚造型、灯具、风口等使用细实线来表示。

## 1.7.3 地面平面图

地面平面图的形成方法与平面布置图相同，所不同的是，地面平面图不画家具及绿化等布置，只绘制地面的装饰风格，标注地面材质、尺寸和颜色、地面标高等，如图 1-66 所示。

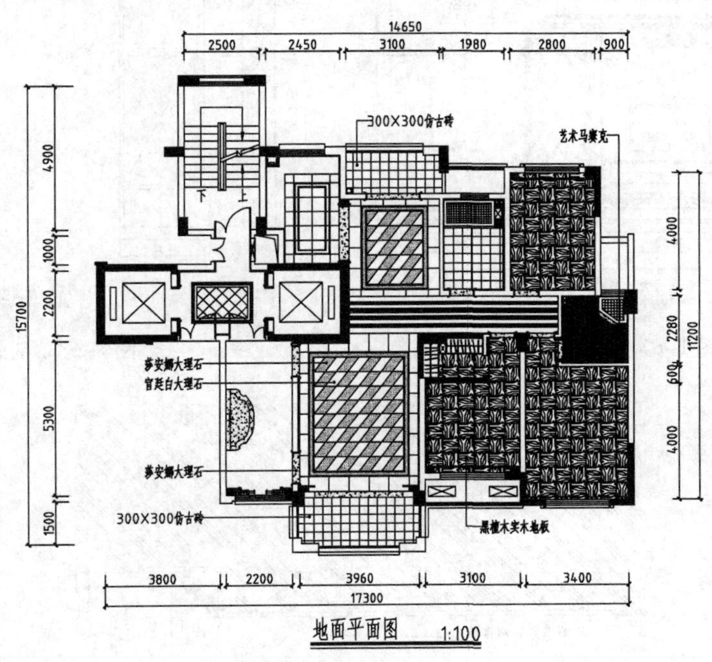


图 1-66 地面平面图

## 1.7.4 立面图

将房屋的室内墙面按内视投影符号的指向，向直立投影面所作正投影得到的图形称为立面图，如图 1-67 所示。

立面图主要用于反映室内空间垂直方向的装饰设计形式、尺寸与做法、材料与色彩的选用等内容，是室内装潢设计施工图的主要图样之一，是确定墙面做法的主要依据。

## 1.7.5 剖面图

假想用一个或一个以上的垂直于外墙轴线的铅垂剖切平面将房屋剖开，移去靠近观察者的那部分，对剩余部分所做的正投影图称为剖面图，如图 1-68 所示。

## 1.7.6 详图

为满足装饰施工、制作的需要，使用较大的比例绘制装饰造型、构造做法等的详细图样，称为装饰详图，简称详图，如图 1-69 所示。

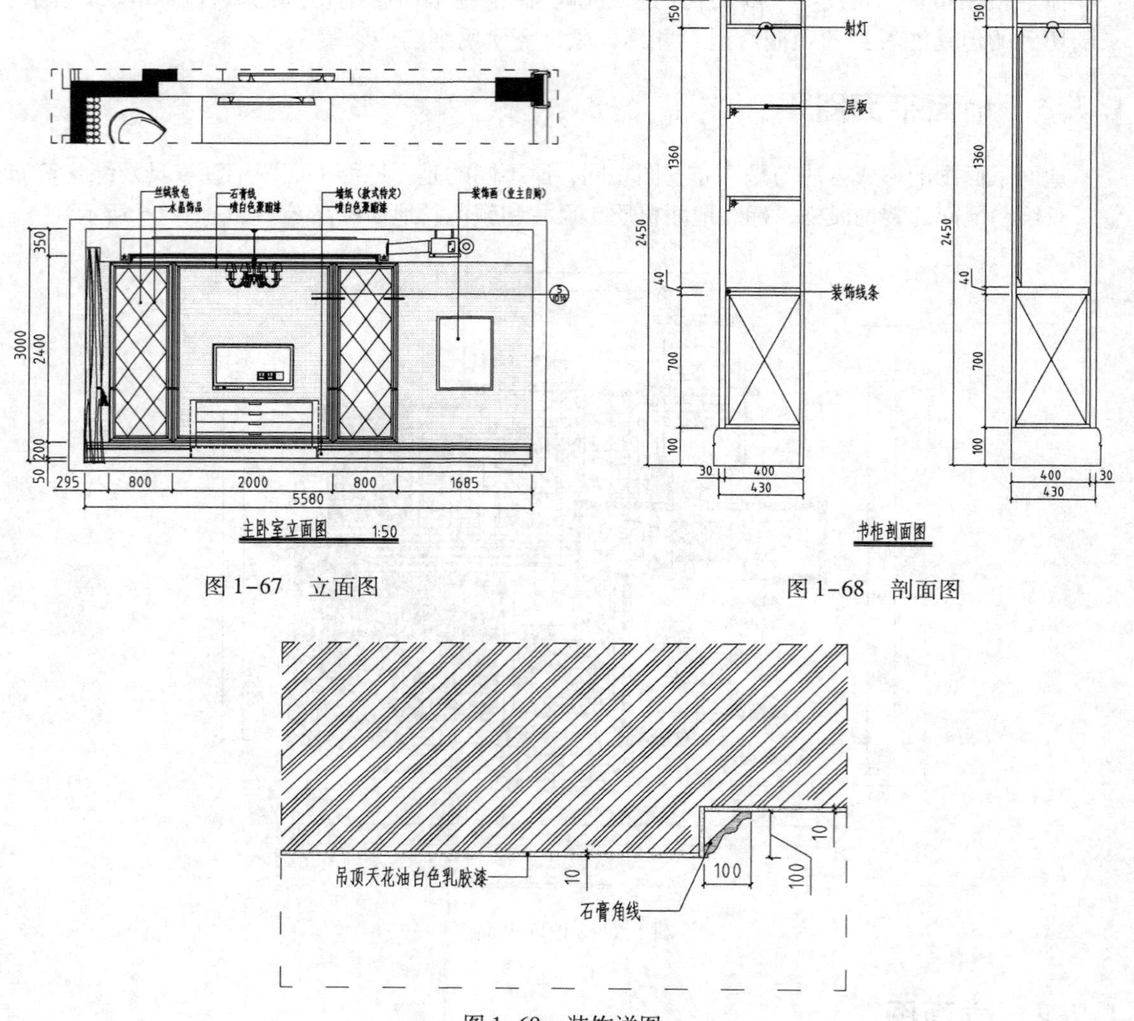


图 1-67 立面图

图 1-68 剖面图

图 1-69 装饰详图

## 1.8 室内设计制图标准

《房屋建筑室内装饰装修制图标准》是为了统一房屋建筑室内装饰装修制图规则，保证制图质量，提高制图效率，做到制图清晰、简明，图示正确，符合设计、施工、审查、存档的要求，适应工程建设的需要而编制的。

本节摘取标准中的部分内容来向大家介绍，在制图过程中请参考最新制图标准，以保证所绘图形的规范性。

### 1.8.1 图纸的幅面

图纸的大小又称图纸幅面。

图纸幅面即图框尺寸，应符合表 1-1 中的规定以及图 1-70 ~ 图 1-73 的格式。

表 1-1 幅面和图框尺寸 （单位：mm）

| 幅面代号 / 尺寸代号 | A0 | A1 | A2 | A3 | A4 |
|---|---|---|---|---|---|
| b×l | 841×1189 | 594×841 | 420×594 | 297×420 | 210×297 |
| c | 10 | | | 5 | |
| a | 25 | | | | |

注：b——幅面短边尺寸；l——幅面长边尺寸；c——图框线与幅面线间宽度；a——图框线与装订边间宽度。

图 1-70 ~ 图 1-73 所示的幅面及图框尺寸与《技术制图 图纸幅面和格式》GB/T 14689—2008 规定一致，但图框标题栏根据室内装饰装修设计的需要稍有调整。

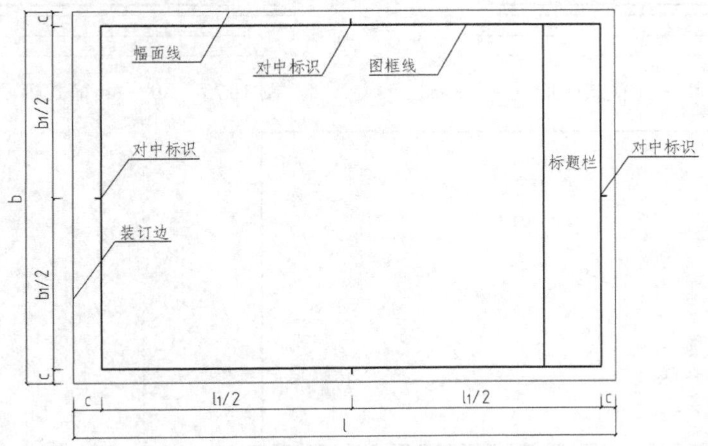


图 1-70 A0—A3 横式幅面（一）

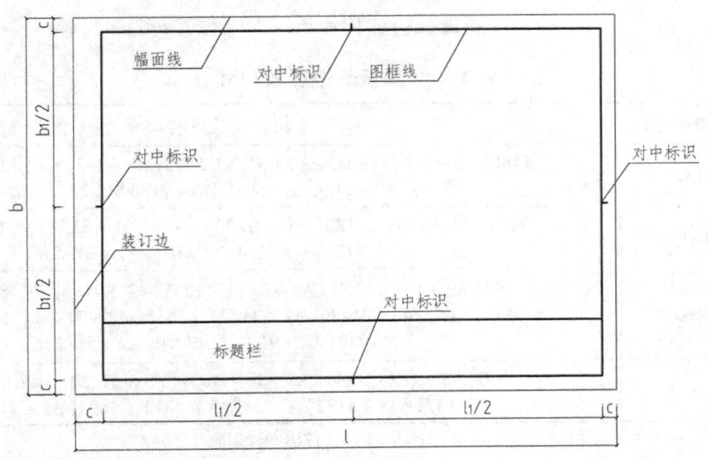


图 1-71 A0—A3 横式幅面（二）

需要微缩复制的图纸，其中一个边上应附有一段准确米制尺度，四个边上均附有对中标识，米制尺度的总长应为 100，分格应为 10。对中标识应画在图纸各边长的中点处，线宽应为 0.35，深入框内 5。

图纸的短边不应加长，A0—A3 幅面长边尺寸可加长，如图 1-74 所示，但是应该符合表 1-2 的规定。

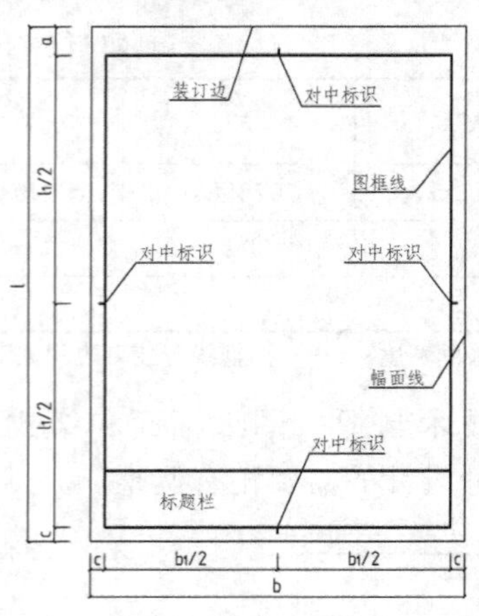


图 1-72　A0—A4 横式幅面（一）

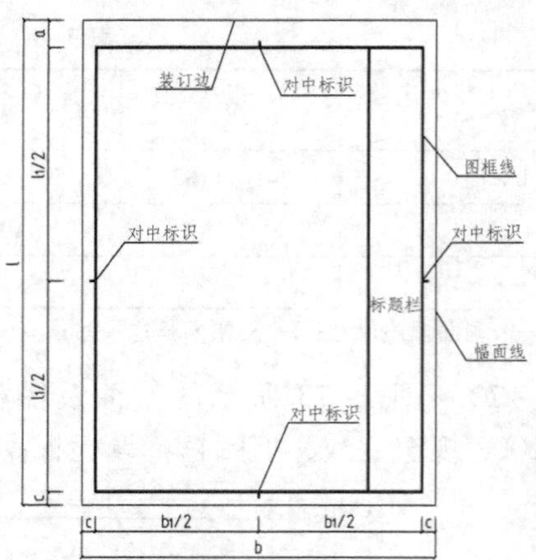


图 1-73　A0—A4 横式幅面（二）

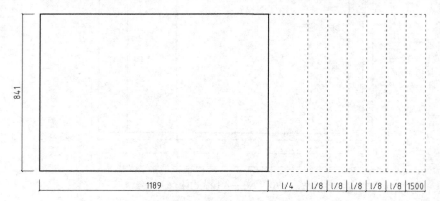

图 1-74　图纸长边加长示意（A0 图纸为例）

**表 1-2　图纸长边加长尺寸**　　（单位：mm）

| 幅面代号 | 长边尺寸 | 长边加长后的尺寸 |
|---|---|---|
| A0 | 1189 | 1486（A0 +1/4）　1635（A0 +31/8）1783（A0 +1/2）　1932（A0 +51/8）<br>2080（A0 +31/4）　2230（A0 +71/8）　2378（A0 +1） |
| A1 | 841 | 1051（A1 +1/4）　1261（A1 +1/2）　1471（A1 +31/4）　1682（A1 +1）<br>1892（A1 +51/4）　2102（A1 +31/4） |
| A2 | 594 | 743（A2 +1/4）　891（A2 +1/2）　1041（A2 +31/4）　1189（A2 +1）<br>1338（A2 +51/4）　1486（A2 +31/2）　1635（A2 +71/4）　1783（A2 +21）<br>1932（A2 +91/4）　2080（A2 +51/2） |
| A3 | 420 | 630（A3 +1/2）　841（A3 +1）　1051（A3 +31/2）　1261（A3 +21）<br>1471（A3 +51/2）　1682（A3 +31）　1892（A3 +71/2） |

注：如有特殊情况，图纸可采用 b×1 为 841×891 与 1189×1261 的幅面。

图纸以短边作为垂直边称为横式，以短边作为水平边为立式。A0—A3 图纸宜横式使用；必要时也可立式使用。

在一个工程设计中，每个专业所使用的图纸，不应多于两种幅面，不含目录及表格所采用的 A4 幅面。

图纸可以采用横式，也可采用立式。

为能快速、清晰地阅读图纸，图样在图面上排列应整齐统一。

## 1. 8. 2 图线

图线的宽度 b，宜从 1. 4、1. 0、0. 7、0. 5、0. 35、0. 25、0. 18、0. 13 线宽系列中选取。图线宽度不应小于 0. 1。每个图样应根据复杂程度与比例大小，先选定基本线宽 b，再选用表 1–3 中相应的线宽组。

**表 1–3 线宽组** （单位：mm）

| 线宽比 | 线宽组 | | | |
|---|---|---|---|---|
| b | 1. 4 | 1. 0 | 0. 7 | 0. 05 |
| 0. 7b | 1. 0 | 1. 7 | 0. 5 | 0. 35 |
| 0. 5b | 0. 7 | 0. 5 | 0. 35 | 0. 25 |
| 0. 25b | 0. 35 | 0. 25 | 0. 18 | 0. 13 |

注：1. 需要缩微的图样，不宜采用 0. 18 及更细的线宽。
2. 同一张图样内，各不同线宽中的细线，可统一采用较细的线宽组的细线。

工程建设制图应选用表 1–4 所示的图线。

**表 1–4 图线**

| 名称 | | 线型 | 线宽 | 一般用途 |
|---|---|---|---|---|
| 实线 | 粗 | | b | 主要可见轮廓线 |
| | 中 | | 0. 5b | 可见轮廓线 |
| | 细 | | 0. 25b | 可见轮廓线、图例线 |
| 虚线 | 粗 | | b | 见有关专业制图标准 |
| | 中 | | 0. 5b | 不可见轮廓线 |
| | 细 | | 0. 25b | 不可见轮廓线、图例线 |
| 单点长画线 | 粗 | | b | 见有关专业制图标准 |
| | 中 | | 0. 5b | 见有关专业制图标准 |
| | 细 | | 0. 25b | 中心线、对称线等 |
| 双点长画线 | 粗 | | b | 见有关专业制图标准 |
| | 中 | | 0. 5b | 见有关专业制图标准 |
| | 细 | | 0. 25b | 假想轮廓线、成型前原始轮廓线 |
| 折断线 | | | 0. 25b | 断开界线 |
| 波浪线 | | | 0. 25b | 断开界线 |

同一张图样内，相同比例的各图样，应选用相同的线宽组。

图纸的图框和标题栏线，可采用表 1–5 的线宽。

**表 1–5 图框线、标题栏线的宽度** （单位：mm）

| 幅面代号 | 图框线 | 标题栏外框线 | 标题栏分格线 |
|---|---|---|---|
| A0、A1 | b | 0. 5b | 0. 25b |
| A2、A3、A4 | b | 0. 7b | 0. 35b |

相互平行的图例线，其净间隙或线中间隙不宜小于 0.2。

虚线、单点长画线或双点长画线的线段长度和间隔，宜各自相等。

单点长画线或双点长画线，当在较小图形中绘制有困难时，可用实线代替。

单点长画线或双点长画线的两端，不应是点。点画线与点画线交接点或点画线与其他图线交接时，应是线段交接。

虚线与虚线交接或虚线与其他图线交接时，应是线段交接。虚线为实线的延长线时，不得与实线相接。

图线不得与文字、数字或符号重叠、混淆，不可避免时，应首先保证文字的清晰。

### 1.8.3 比例与图名

图样的比例应为图形与实物相对应的线性尺寸之比。

比例的符号为“:”，比例应以阿拉伯数字表示。比例宜注写在图名的右侧，字的基准线应取平；比例的字高宜比图名的字高小一号或二号，如图 1-75 所示。

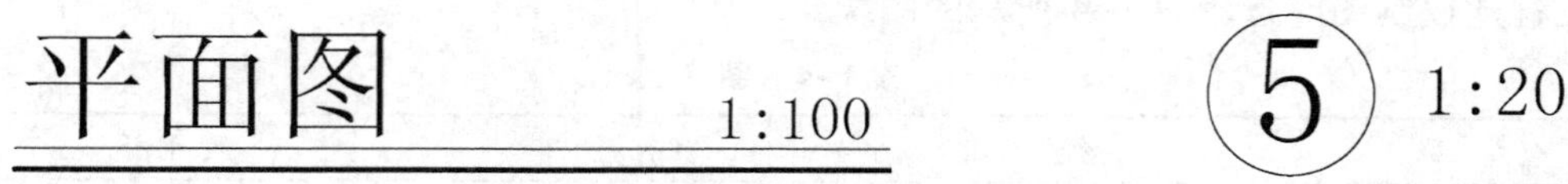


图 1-75　比例的注写

绘图所用的比例应根据图样的用途与被绘制对象的复杂程度，从表 1-6 中选用，并应优先采用表中常用比例。

表 1-6　绘图所用的比例

| | |
|---|---|
| 常用比例 | 1:1、1:2、1:5、1:10、1:20、1:30、1:50、1:100、1:150、1:200、1:500、1:1000、1:2000 |
| 可用比例 | 1:3、1:4、1:6、1:15、1:25、1:40、1:60、1:80、1:250、1:300、1:400、1:600、1:5000、1:10000、1:20000、1:50000、1:100000、1:200000 |

一般情况下，一个图样应选用一种比例。根据专业制图需要，同一图样可选用两种比例。

特殊情况下也可自选比例，这时除应注出绘图比例外，还必须在适当位置绘制出相应的比例尺。

### 1.8.4 剖面剖切符号

剖切符号用来标注被剖切的位置，标数字的方向为投影方向。如图 1-76 所示，“A”与剖面图的编号“A - A”相对应。

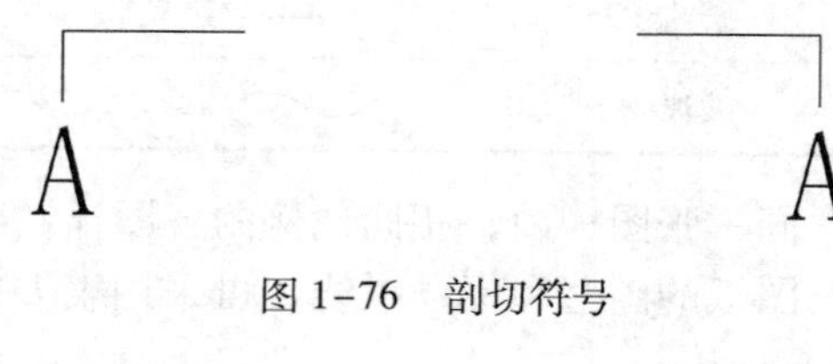


图 1-76　剖切符号

### 1.8.5 断面剖切符号

断面剖切符号用来标注绘制断面图的位置，标数字的方向为投影方向，图 1-77 所示为断面剖切符号。

1　　　1

图 1-77　断面剖切符号

## 1.8.6 立面指向符号

立面指向符号包含视点位置、方向和编号三个信息，用于在平面图内指示立面索引，箭头所指的方向为立面的指向。图 1-78 所示为双向内视符号，图 1-79 所示为四向内视符号。

图 1-78 双向内视符号

图 1-79 四向内视符号

## 1.8.7 引出线

从图样中引出一条或者多条线段指向文字说明，引出的线段就称为引出线。图 1-80 所示为普通的引出线，图 1-81 所示为多层构造的引出线。

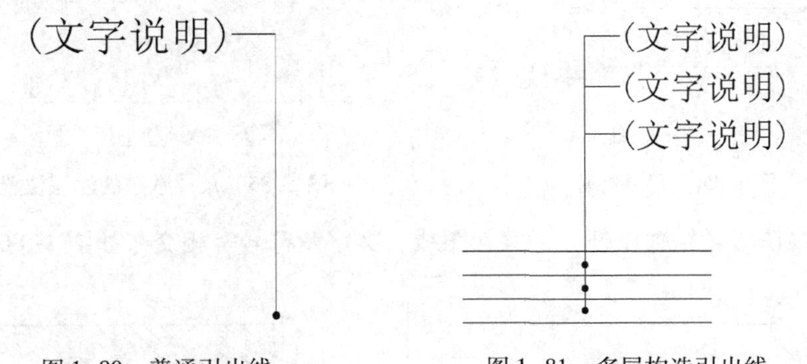


图 1-80 普通引出线

图 1-81 多层构造引出线

## 1.8.8 索引符号与详图符号

详图索引符号用来在室内平、立、剖面图中，标注需要另设详图表示的部位。详图索引符号采用细实线来绘制，圆圈的直径为 10 mm。图 1-82 所示为详图索引符号。

详图符号又称为详图的编号，图 1-83 所示为详图符号；使用粗实线来绘制，圆圈的直径为 14。

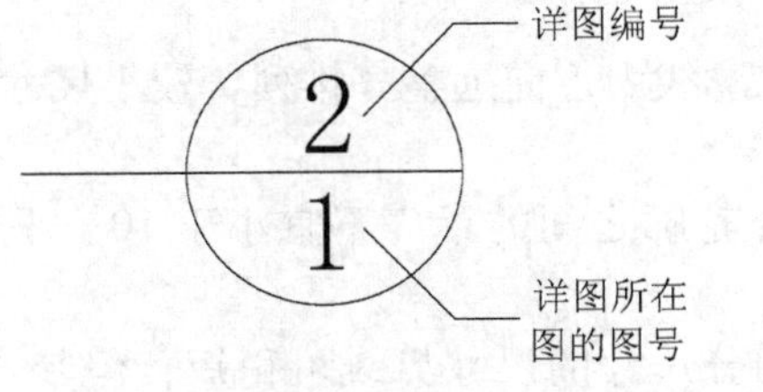


图 1-82 详图索引符号

图 1-83 详图符号

## 1.8.9　尺寸标注

图样上的尺寸，包括尺寸界线、尺寸线、尺寸起止符号和尺寸数字，如图 1-84 所示。

尺寸界线应用细实线绘制，一般应与被注长度垂直，其一端应离开图样轮廓线不应小于 2，另一端宜超出尺寸线 2～3。

尺寸线应用细实线绘制，应与被注长度平行。图样本身的任何图线均不得用作尺寸线。

尺寸起止符号一般用中粗斜短线绘制，其倾斜方向应与尺寸界线成顺时针 45°角，长度宜为 2～3。半径、直径、角度与弧长的尺寸起止符号，宜用箭头表示。

图样上的尺寸，应以尺寸数字为准，不得从图上直接量取。

图样上的尺寸单位，除标高及总平面以米（m）为单位外，其他必须以毫米（mm）为单位。

尺寸数字一般应依据其方向注写在靠近尺寸线的上方中部。如没有足够的注写位置，最外边的尺寸数字可注写在尺寸界线的外侧，中间相邻的尺寸数字可上下错开注写，引出线端部用圆点表示标注尺寸的位置，如图 1-85 所示。

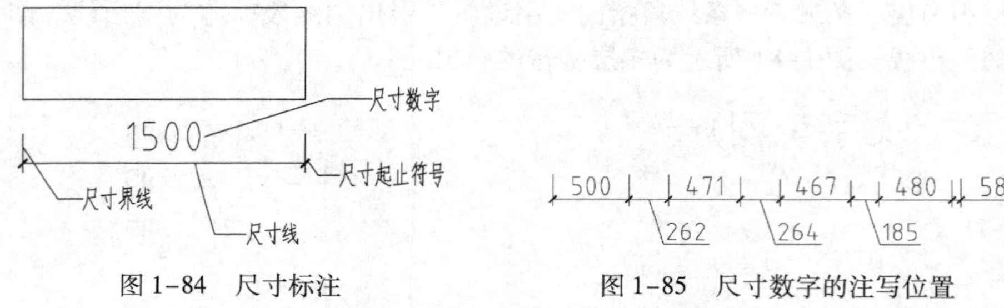


图 1-84　尺寸标注　　　图 1-85　尺寸数字的注写位置

尺寸宜标注在图样轮廓以外，不宜与图线、文字及符号等相交，如图 1-86 所示。

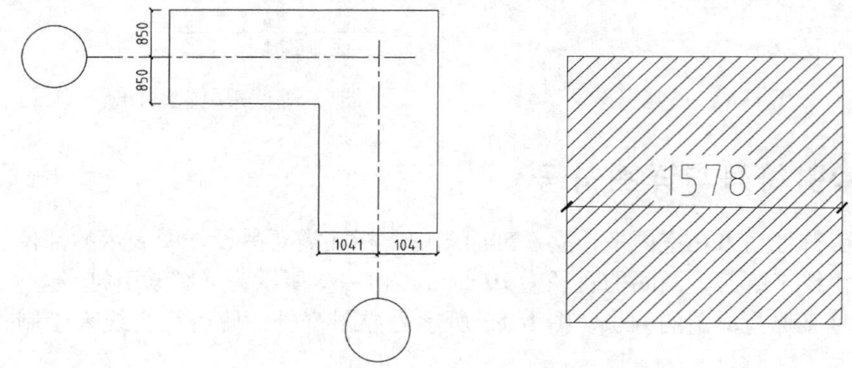


图 1-86　尺寸数字的注写

互相平行的尺寸线，应从被注写的图样轮廓线由近向远整齐排列，较小尺寸应离轮廓线较近，较大尺寸应离轮廓线较远。

图样轮廓线以外的尺寸界线，距图样最外轮廓之间的距离不宜小于 10。平行排列的尺寸线的间距宜为 7～10，并应保持一致。

总尺寸的尺寸界线应靠近所指部位，中间分尺寸的尺寸界线可稍短，但其长度应相等，如图 1-87 所示。

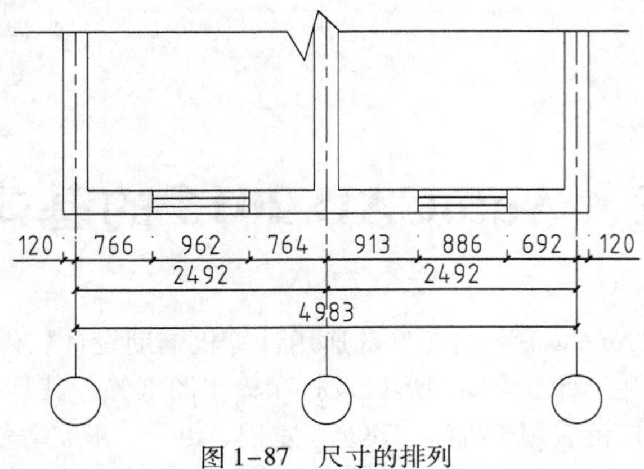


图 1-87 尺寸的排列

## 1.8.10 标高

房屋建筑室内装修装饰设计中，设计空间需要标注标高，标高符号可使用直角等腰三角形，如图 1-88 所示；也可使用涂黑的三角形或90°对顶角的圆来表示，如图 1-89 和图 1-90 所示；标注顶棚标高时也可采用 CH 符号表示，如图 1-91 所示。

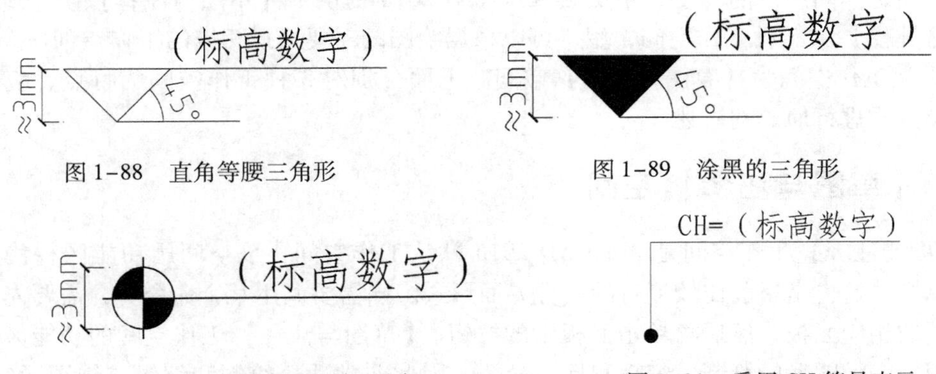


图 1-88 直角等腰三角形

图 1-89 涂黑的三角形

图 1-90 涂黑的对顶角的圆

图 1-91 采用 CH 符号表示

在同一套图样中应采用同一种标高符号；对于 ±0.000 标高的设定，由于房屋建筑室内装饰装修设计涉及的空间类型较为复杂，所以在标准对 ±0.000 的设定位置不作具体的要求，制图中可以根据实际情况设定；但应在相关的设计文件中说明本设计中 ±0.000 的设定位置。

标高符号的尖端应指至被注高度的位置。尖端宜向下，也可向上。标高数字应注写在标高符号的上侧或下侧，如图 1-92 所示。

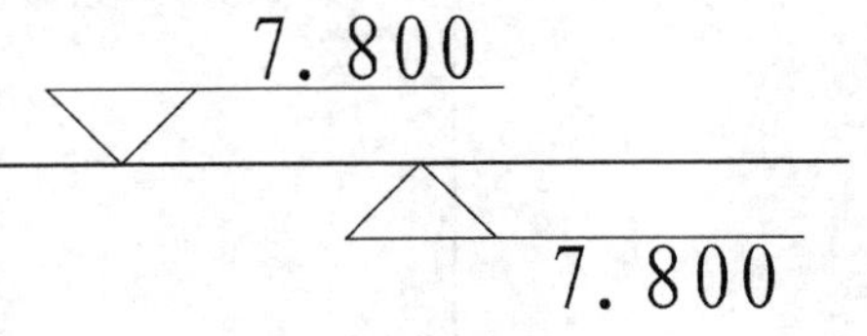


图 1-92 标高指向

当标高符号指向向下时，标高数字注写在左侧或右侧横线的上方；当标高符号指向向上时，标高数字注写在左侧或右侧横线的下方。

标高数字应以米（m）为单位，注写到小数点后第三位。在总平面图中，可注写到小数点后第二位。

零点标高应注写成 ±0.000，正数标高不注“+”，负数标高应注“-”，例如 5.000、-0.500。

# 第 2 章　AutoCAD 2016 的基本知识

AutoCAD 是由美国 Autodesk 公司开发的通用计算机辅助设计软件，通过它可以绘制二维图形和三维图形、标注尺寸、渲染图形以及打印输出图纸等，其具有易掌握、使用方便、体系结构开放等优点，广泛应用于机械、建筑、室内、电子、航空等领域。

要使用 AutoCAD 2016 进行室内设计，首先需要了解并熟悉其操作界面，掌握命令的操作方法。本章主要介绍 AutoCAD 2016 的基本知识、新增功能、工作空间以及界面组成等。

## 2.1　AutoCAD 2016 的工作空间

为了满足不同用户的需要，中文版 AutoCAD 2016 提供了【草图与注释】、【三维基础】和【三维建模】共 3 种工作空间，用户可以根据绘图的需要选择相应的工作空间。AutoCAD 2016 的默认工作空间为【草图与注释】空间。下面分别对 3 种工作空间的特点、应用范围及其切换方式进行简单的讲述。

### 2.1.1　【草图与注释】空间

【草图与注释】工作空间是 AutoCAD 2016 默认工作空间，该空间用功能区替代了工具栏和菜单栏，这也是目前比较流行的一种界面形式。当需要调用某个命令时，需要先切换至功能区下的相应面板，然后再单击面板中的按钮。【草图与注释】工作空间的功能区包含的是最常用的二维图形的绘制、编辑和标注命令，因此非常适合绘制和编辑二维图形时使用，如图 2-1 所示。

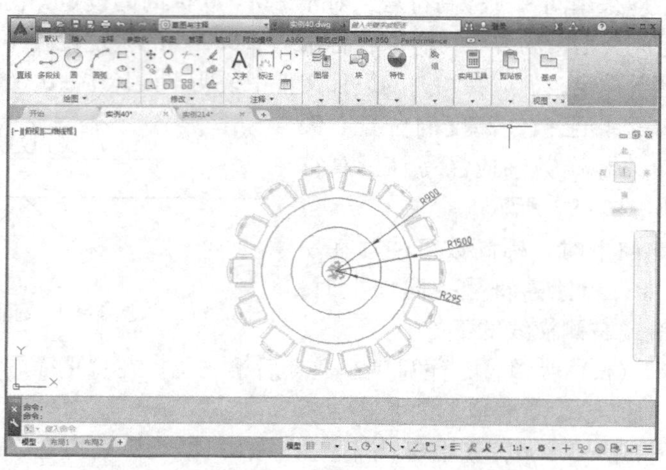


图 2-1　【草图与注释】空间

## 2.1.2 【三维基础】空间

【三维基础】空间与【草图与注释】工作空间类似，主要以单击功能区面板按钮的方式调用命令。但【三维基础】空间功能区包含的是基本的三维建模工具，如各种常用的三维建模、布尔运算以及三维编辑工具按钮，能够非常方便地创建简单的基本三维模型，如图 2-2 所示。

## 2.1.3 【三维建模】空间

【三维建模】工作空间适合创建、编辑复杂的三维模型，其功能区集成了【三维建模】、【视觉样式】、【光源】、【材质】、【渲染】和【导航】等面板，为绘制和观察三维图形、附加材质、创建动画、设置光源等操作提供了非常便利的环境，如图 2-3 所示。

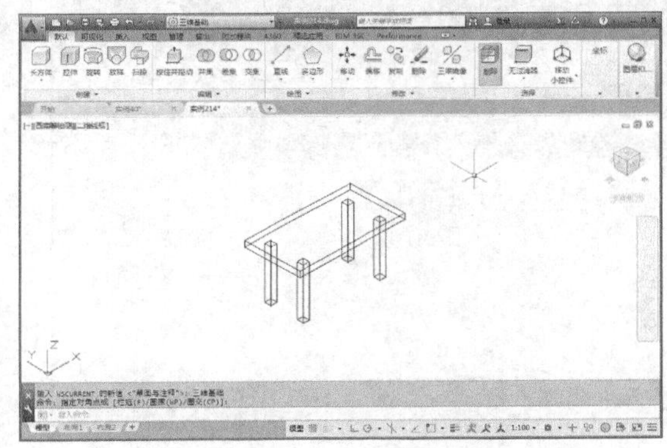

图 2-2 【三维基础】空间

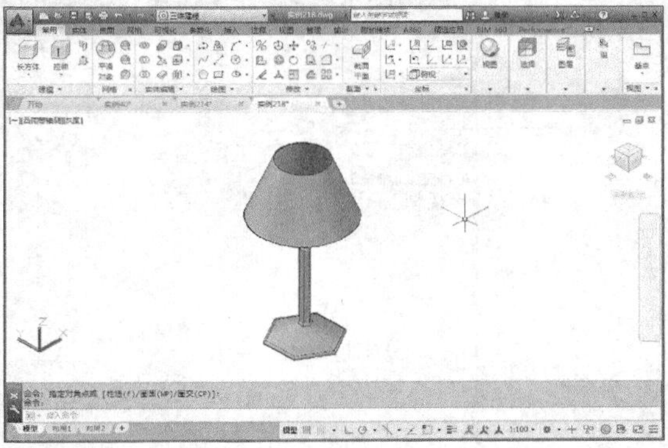

图 2-3 【三维建模】空间

## 2.1.4 切换工作空间

用户可以根据绘图的需要，灵活、自由地切换相应的工作空间，具体方法有以下几种。

- 菜单栏：选择【工具】|【工作空间】命令，在弹出的子菜单中选择相应的命令，如图 2-4 所示。
- 状态栏：单击状态栏【切换工作空间】按钮，在弹出的子菜单中选择相应的命令，如图 2-5 所示。

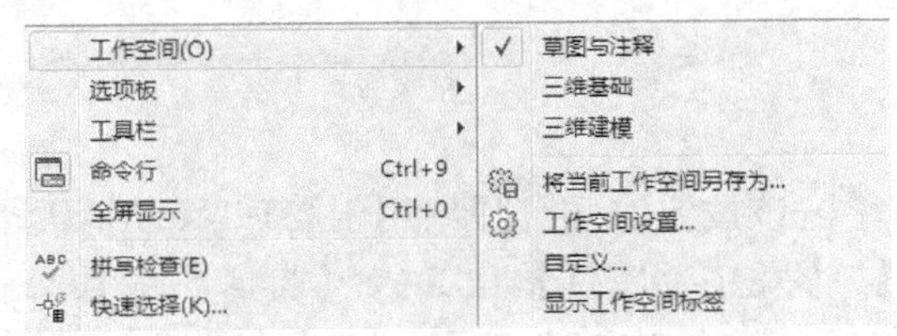


图 2-4 通过菜单栏切换工作空间

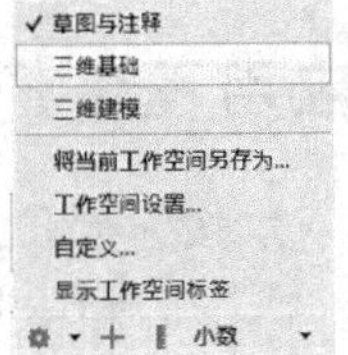


图 2-5 通过【切换工作空间】按钮切换工作空间

- 工具栏：单击【快速访问】工具栏工作空间列表框 草图与注释 ，在弹出的下拉列表中选择所需的工作空间，如图 2-6 所示。

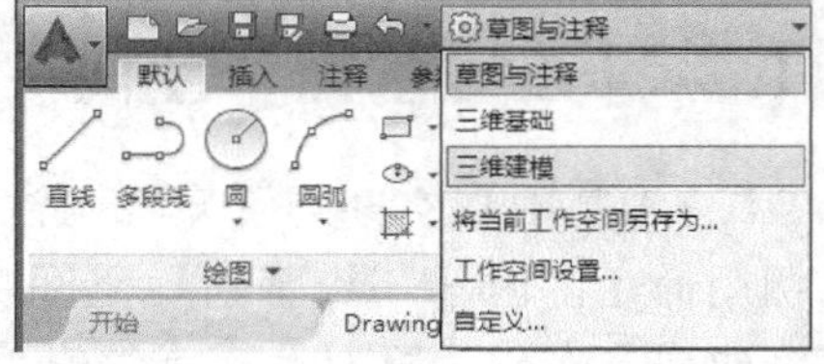


图 2-6　工作空间列表框

## 2.2　AutoCAD 2016 的工作界面

AutoCAD 2016 完整的操作界面如图 2-7 所示，该空间提供了十分强大的【功能区】，方便了初学者的使用。该工作空间界面包括【应用程序】按钮、标题栏、菜单栏、工具栏、【快速访问】工具栏、交互信息工具栏、标签栏、功能区、绘图区、光标、坐标系、命令行、状态栏、布局标签和滚动条等。

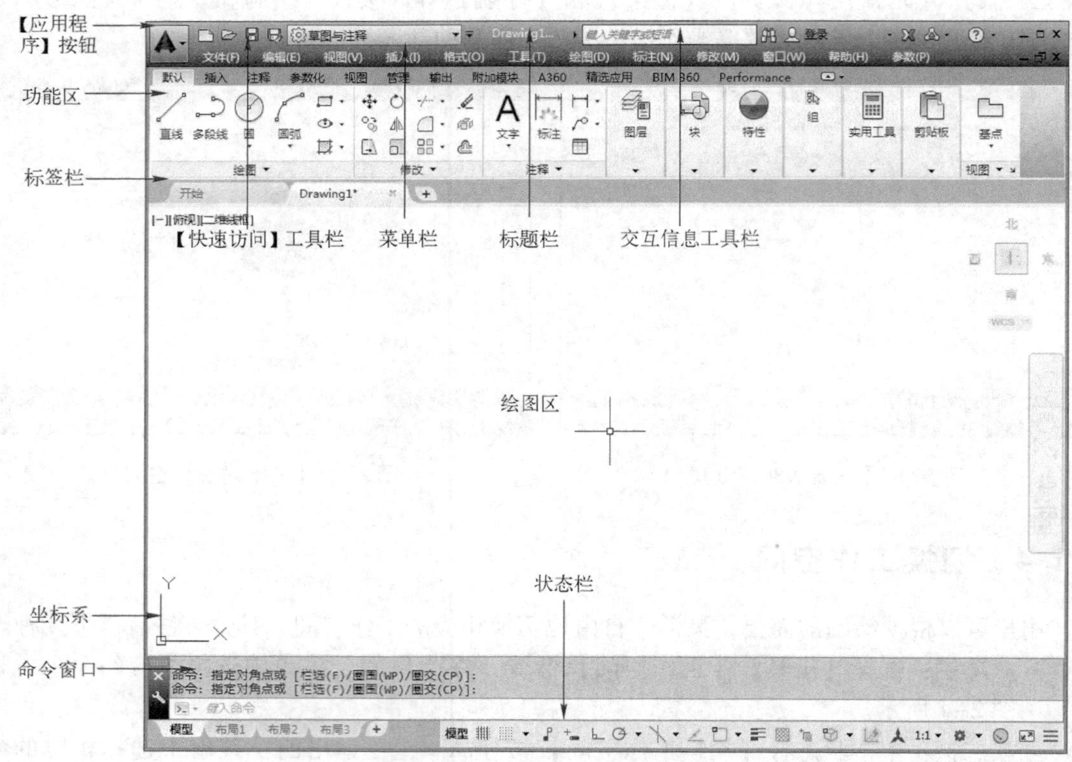


图 2-7　AutoCAD 2016 工作界面

### 2.2.1　【应用程序】按钮

【应用程序】按钮位于界面左上角，单击该按钮，系统弹出用于管理 AutoCAD 图形文件的菜单，包含【新建】、【打开】、【保存】、【另存为】、【输出】及【打印】等命令，【应用程序】菜单除了可以调用上述的常规命令外，还可以调整其显示为【小图像】或【大图像】，将鼠标置于菜单右侧排列的【最近使用的文档】文档名称上，可以快速预览打开过的图像文件，如图 2-8 所示。

此外，在应用程序【搜索】按钮左侧的空白区域内输入命令名称，即会弹出与之相关的各种命令的列表，选择其中对应的命令即可执行，如图 2-9 所示。

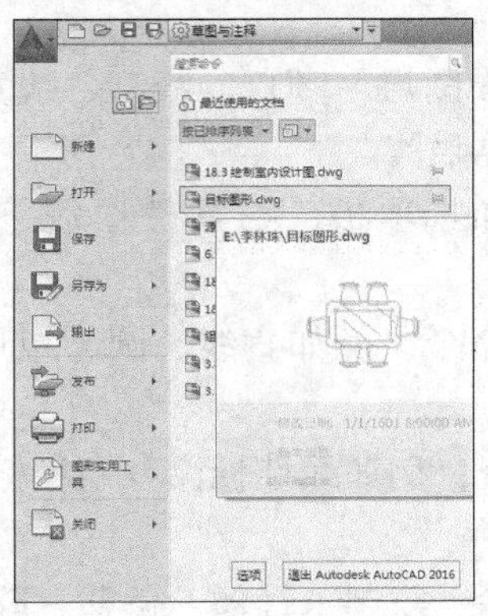

图 2-8 【应用程序】菜单

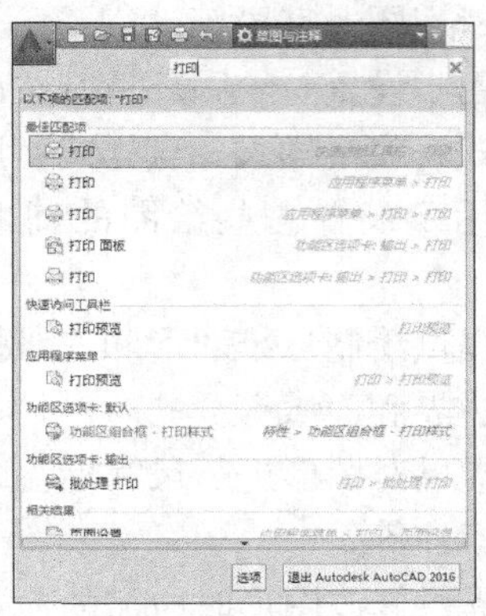

图 2-9 搜索功能

## 2.2.2 标题栏

标题栏位于 AutoCAD 窗口的最上端，它显示了系统正在运行的应用程序和用户正打开的图形文件的信息。单击标题栏右端的【最小化】、【还原】（或【最大化】）和【关闭】三个按钮，可以对 AutoCAD 窗口进行相应的操作。

## 2.2.3 【快速访问】工具栏

【快速访问】工具栏位于标题栏的左上角，它包含了最常用的快捷按钮，以方便用户快速调用。默认状态下它由 7 个工具按钮组成，依次为【新建】、【打开】、【保存】、【另存为】、【打印】、【重做】和【放弃】，如图 2-10 所示，工具栏右侧为工作空间列表框。

图 2-10 【快速访问】工具栏

**提示：**【快速访问】工具栏放置的是最常用的工具按钮，同时用户也可以根据需要添加更多的常用工具按钮。

## 2.2.4 菜单栏

菜单栏位于标题栏的下方，与其他 Windows 程序一样，AutoCAD 的菜单栏也是下拉形式的，并在下拉菜单中包含了子菜单。AutoCAD 2016 的菜单栏包括 12 个菜单：【文件】、【编辑】、【视图】、【插入】、【格式】、【工具】、【绘图】、【标注】、【修改】、【参数】、【窗口】和【帮助】，几乎包含了所有的绘图命令和编辑命令，其作用分别如下。

- 文件：用于管理图形文件，例如新建、打开、保存、另存为、输出、打印和发布等。
- 编辑：用于对文件图形进行常规编辑，例如剪切、复制、粘贴、清除、查找等。
- 视图：用于管理 AutoCAD 的操作界面，例如缩放、平移、动态观察、相机、视口、三维视图、消隐和渲染等。

- 插入：用于在当前 AutoCAD 绘图状态下插入所需的图块或其他格式的文件，例如 PDF 参考底图、字段等。
- 格式：用于设置与绘图环境有关的参数，例如图层、颜色、线型、线宽、文字样式、标注样式、表格样式、点样式、厚度和图形界限等。
- 工具：用于设置一些绘图的辅助工具，例如选项板、工具栏、命令行、查询和向导等。
- 绘图：提供绘制二维图形和三维模型的所有命令，例如直线、圆、矩形、正多边形、圆环、边界和面域等。
- 标注：提供对图形进行尺寸标注时所需的命令，例如线性标注、半径标注、直径标注和角度标注等。
- 修改：提供修改图形时所需的命令，例如删除、复制、镜像、偏移、阵列、修剪、倒角和圆角等。
- 参数：提供对图形约束时所需的命令，例如几何约束、动态约束、标注约束和删除约束等。
- 窗口：用于在多文档状态时设置各个文档的屏幕，例如层叠、水平平铺和垂直平铺等。
- 帮助：提供使用 AutoCAD 2016 所需的帮助信息。

**提示：** 三种工作空间都默认不显示菜单栏，以避免给一些操作带来不便。如果需要在这些工作空间中显示菜单栏，可以单击【快速访问】工具栏右端的下拉按钮，在弹出的菜单中选择【显示菜单栏】命令。

## 2.2.5 功能区

功能区是一种智能的人机交互界面，它将 AutoCAD 常用的命令进行分类，并分别放置于功能卡的各选项卡中，存在于【草图与注释】、【三维建模】和【三维基础】空间中。【草图与注释】空间的功能区包含【默认】、【插入】、【注释】、【参数化】、【视图】、【管理】、【输出】、【附加模块】、【A360】、【BIM 360】和【Performance】等选项卡，如图 2-11 所示。每个选项卡又包含若干个面板，面板中放置相应的工具按钮。当操作不同的对象时，功能区会显示对应的选项卡，与当前操作无关的命令会被隐藏，以方便用户快速选择相应的命令，从而将用户从烦琐的操作界面中解放出来。

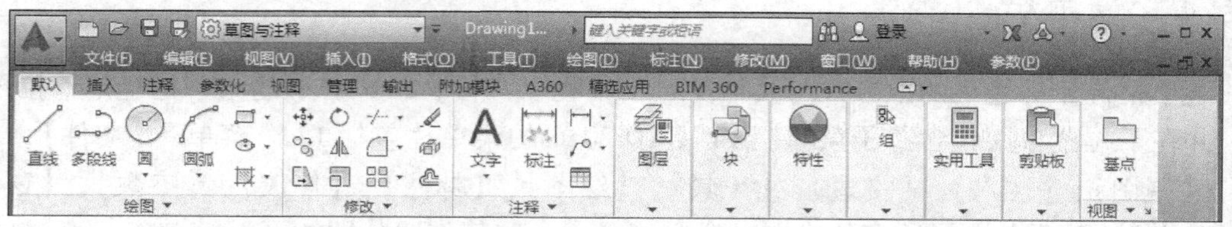


图 2-11　功能区的选项卡及面板

**提示：** 由于空间限制，有些面板的工具按钮未能全部显示，此时可以单击面板底端的下拉按钮 ▼ ，以显示其他工具按钮。

### 2.2.6 工具栏

工具栏是图标型工具按钮的集合，工具栏中的每个按钮图标都形象地表示出了该工具的作用。单击这些图标按钮，即可调用相应的命令。

AutoCAD 2016 共有 50 余种工具栏，通过展开【工具】|【工具栏】|【AutoCAD】菜单项，在下级菜单中进行选择，如图 2–12 所示，可以显示更多的所需工具栏。

**提示**：工具栏在【草图与注释】、【三维基础】和【三维建模】空间中默认为隐藏状态，但可以通过在这些空间显示菜单栏，然后通过上面介绍的方法将其显示出来。

图 2–12 【工具栏】菜单

### 2.2.7 绘图窗口

图形窗口是屏幕上的一大片空白区域，是用户进行绘图的主要工作区域，如图 2–13 所示。图形窗口的绘图区域实际上是无限大的，用户可以通过【缩放】、【平移】等命令来观察绘图区的图形。有时候为了增大绘图空间，可以根据需要关闭其他界面元素，例如工具栏和选项板等。

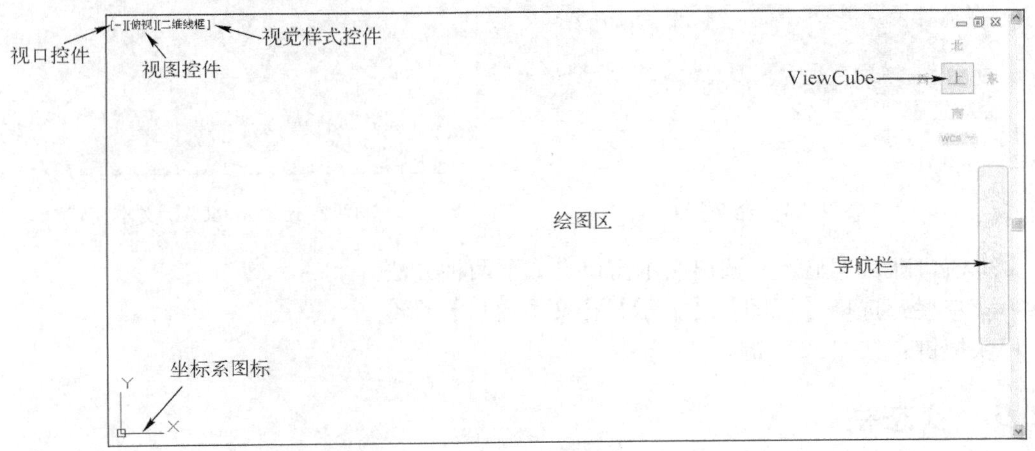


图 2–13 绘图窗口

图形窗口左上角的三个快捷功能控件，可以快速地修改图形的视图方向和视觉样式。

在图形窗口左下角显示有一个坐标系图标，以方便绘图人员了解当前的视图方向。此外，绘图区还会显示一个十字光标，其交点为光标在当前坐标系中的位置。当移动鼠标时，光标的位置也会相应地改变。

绘图区右上角同样也有【最小化】、【最大化】和【关闭】三个按钮，在 AutoCAD 中同时打开多个文件时，可通过这些按钮切换和关闭图形文件。

绘图窗口右侧显示 ViewCube 工具和导航栏，用于切换视图方向和控制视图。

## 2.2.8 命令行与文本窗口

命令行位于绘图窗口的底部，用于接收和输入命令，并显示 AutoCAD 提示信息，如图 2-14 所示。命令窗口中间有一条水平分界线，它将命令窗口分成两个部分：命令行和命令历史窗口。位于水平分界线下方的为【命令行】，用于接受用户输入的命令，并显示 AutoCAD 提示信息。

位于水平分界线下方的为【命令历史窗口】，它含有 AutoCAD 启动后所用过的全部命令及提示信息。该窗口有垂直滚动条，可以上下滚动查看以前用过的命令。

**提示**：命令行是 AutoCAD 的工作界面区别于其他 Windows 应用程序的一个显著的特征。

命令窗口是用户和 AutoCAD 进行对话的窗口，通过该窗口发出绘图命令，与菜单和工具栏按钮操作等效。在绘图时，应特别注意这个窗口，输入命令后的提示信息，如错误信息、命令选项及其提示信息将在该窗口中显示。

AutoCAD 文本窗口相当于放大了的命令行，它记录了对文档进行的所有操作，包括命令操作的各种信息，如图 2-15 所示。

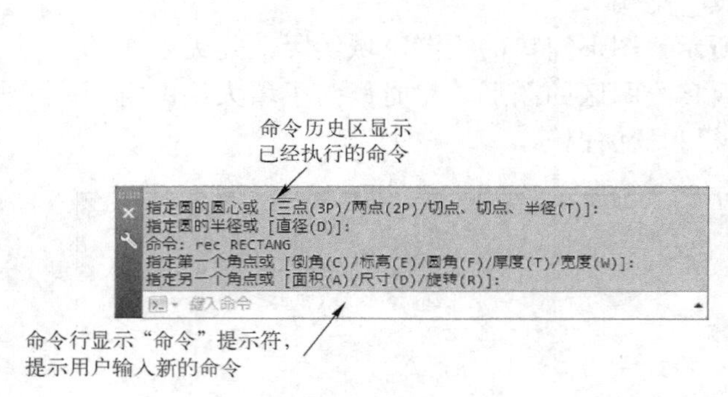


图 2-14 命令行

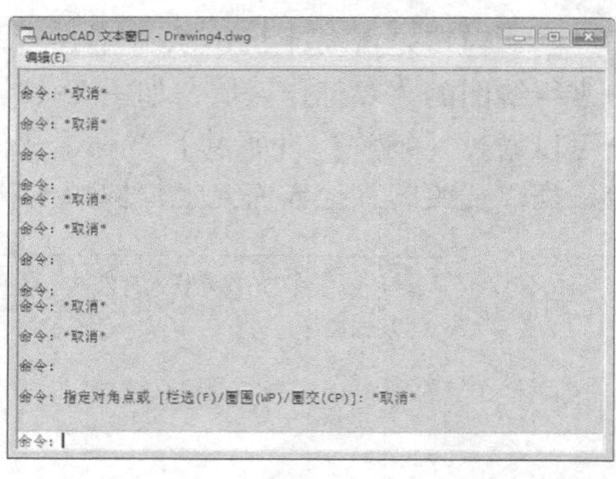


图 2-15 AutoCAD 文本窗口

文本窗口默认不显示，调出文本窗口有如下两种方法。

➢ 菜单栏：选择【视图】|【显示】|【文本窗口】命令。

➢ 快捷键：按〈F2〉键。

## 2.2.9 状态栏

状态栏位于屏幕的底部，主要用于显示和控制 AutoCAD 的工作状态，由 5 部分组成，如图 2-16 所示。

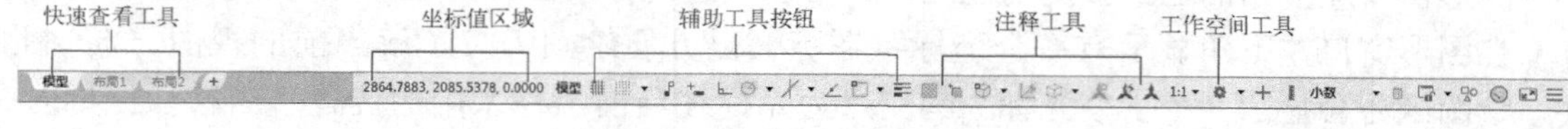


图 2-16 状态栏

**1. 快速查看工具**

使用其中的工具可以方便地预览打开图形，以及打开图形的模型空间与布局，并在其间进行切换。图形将以缩略图形式显示在应用程序窗口的底部。

**2. 坐标值区域**

坐标值区域显示了绘图区中当前光标的位置坐标。移动光标，坐标值也会随之变化。

**3. 辅助工具按钮**

主要用于控制绘图的状态，其中包括【推断约束】、【捕捉模式】、【栅格显示】、【正交模式】、【极轴追踪】、【对象捕捉】、【三维对象捕捉】、【对象捕捉追踪】、【允许/禁止动态UCS】、【动态输入】、【显示/隐藏线宽】、【显示/隐藏透明度】、【快捷特性】和【选择循环】等控制按钮。

**4. 注释工具**

用于显示缩放注释的若干工具。对于模型空间和图纸空间将显示不同的工具。当图形状态栏打开后，将显示在绘图区域的底部；当图形状态栏关闭时，图形状态栏上的工具移至应用程序状态栏。

**5. 工作空间工具**

用于切换 AutoCAD 2016 的工作空间，以及对工作空间进行自定义设置等操作。

## 2.3 AutoCAD 2016 的命令操作

要使用 AutoCAD 进行工作，必须知道如何向软件下达相关的指令，然后软件根据用户的指令执行相关的操作。由于 AutoCAD 不同的工作空间拥有不同的界面元素，因此在命令调用方式上略有不同。

### 2.3.1 调用命令的5种方式

在 AutoCAD 2016 中，命令的调用方式有以下几种。

- 菜单栏：使用菜单栏调用命令，例如选择【修改】|【偏移】菜单命令。
- 命令行：在命令行使用键盘输入命令。例如在命令行中输入“OFFSET”或其简写形式“O”并按〈Enter〉键，即可调用【偏移】命令。
- 工具栏：使用工具栏调用命令，例如单击【修改】工具栏中的【偏移】按钮。
- 功能区：在非【AutoCAD 经典】工作空间，可以通过单击功能区的工具按钮执行命令，例如单击【绘图】面板中的【多段线】按钮，即可执行【多段线】命令。
- 快捷菜单：使用快捷菜单调用命令，即单击或按住鼠标右键，在弹出的菜单中选择命令。

**提示：** 不管采用哪种方式执行命令，命令行都将显示相应的提示信息，以方便用户选择相应的命令选项，或者输入命令参数。

**1. 菜单栏调用**

使用菜单栏调用命令是 Windows 应用程序调用命令的常用方式。AutoCAD 2016 将常用的命令分门别类地放置在 10 多个菜单中，用户先根据操作类型单击展开相应的菜单项，然后从中选择相应的命令即可。例如，若需要在菜单栏中调用【矩形】命令，选择【绘图】|

【矩形】菜单命令即可，如图 2-17 所示。

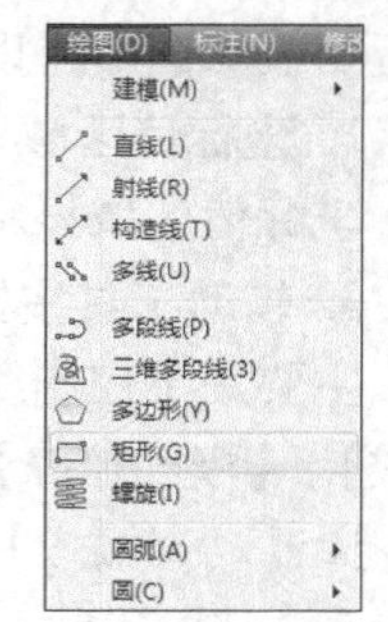

图 2-17 菜单栏调用【矩形】命令

**提示**：AutoCAD 2016 工作空间默认情况下没有显示菜单栏，需要用户自己调出，具体操作方法请参考本书前面的内容。

**2. 命令行调用命令**

使用命令行输入命令是 AutoCAD 的一大特色功能，同时也是最快捷的绘图方式。这就要求用户熟记各种绘图命令，一般对 AutoCAD 比较熟悉的用户都用此方式绘制图形，因为这样可以大大提高绘图的速度和效率。

**提示**：AutoCAD 绝大多数命令都有其相应的简写方式。如【直线】命令 LINE 的简写方式是 L，【绘制矩形】命令 RECTANGLE 的简写方式是 REC。对于常用的命令，用简写方式输入将大大减少键盘输入的工作量，提高工作效率。另外，AutoCAD 对命令或参数输入不区分大小写，因此操作者不必考虑输入的大小写。

在执行命令过程中，系统经常会提示用户进行下一步的操作，其命令行提示的各种特殊符号的含义如下。

- 在命令行“[ ]”符号中有以“/”符号隔开的内容：表示该命令中可执行的各个选项。若要选择某个选项，只需输入圆括号中的字母即可，该字母既可以是大写形式的，也可以小写形式。例如，在执行【圆】命令过程中输入“3P”，就可以 3 点方式绘制圆。
- 某些命令提示的后面有一个尖括号“< >”：其中的值是当前系统默认值或是上次操作时使用的值。若在这类提示下，直接按〈Enter〉键，则采用系统默认值或者上次操作使用的值并执行命令。
- 动态输入：使用该功能可以在鼠标光标附近看到相关的操作信息，而无需再看命令提示行中的提示信息了。

**提示**：在 AutoCAD 2016 中，增强了命令行输入的功能。除了以上键盘输入命令选项外，也可以直接单击选择命令选项，而不再需要键盘的输入，避免了鼠标和键盘反复切换，可以提高画图效率。

**3. 工具栏调用**

与菜单栏一样，工具栏默认不显示于三个工作空间。单击工具栏中的按钮，即可执行相应的命令。用户在其他工作空间绘图，也可以根据实际需要调出工具栏，如【UCS】、【三维导航】、【建模】、【视图】和【视口】等。

**提示**：为了获取更多的绘图空间，可以按〈Ctrl+0〉组合键隐藏工具栏，再按一次即可重新显示。

**4. 功能区调用命令**

三个工作空间都是以功能区作为调用命令的主要方式。相比其他调用命令的方法，在面板区调用命令更加直观，非常适合于不能熟记绘图命令的 AutoCAD 初学者。

**5. 鼠标的使用**

鼠标是绘制图形时使用频率较高的工具。在绘图区以十字光标显示，在各选项板、对话框中以箭头显示。当单击或按住鼠标键时，都会执行相应的命令或动作。在 AutoCAD 中，鼠标各键的作用如下。

➢ 左键：主要用于指定绘图区的对象、选择工具按钮和菜单命令等。
➢ 右键：主要用于结束当前使用的命令或执行部分快捷操作，系统会根据当前绘图状态弹出不同的快捷菜单。
➢ 滑轮：按住滑轮拖动可执行【平移】命令，滚动滑轮可执行绘图的【缩放】命令。
➢〈Shift〉+鼠标右键：使用此组合键，系统会弹出一个快捷菜单，用于设置捕捉点的方法。

## 2.3.2 放弃与重做

执行完一个操作后，如果发现效果不好，可以放弃前一次或者前几次命令的执行结果，方法主要有以下几种。

➢ 快捷键：按〈Ctrl+Z〉组合键。
➢ 菜单栏：选择【编辑】|【放弃】命令。
➢ 工具栏：单击【快速访问】工具栏中的【放弃】按钮。
➢ 命令行：输入“UNDO/U”命令并按〈Enter〉键。

连续执行上述操作，可以放弃前几次执行的操作。如果要精确撤销到某一步操作，可以单击【快速访问】工具栏【放弃】按钮右侧的下拉三角按钮，在弹出的下拉列表中准确选择放弃到哪一步操作，如图 2-18 所示。

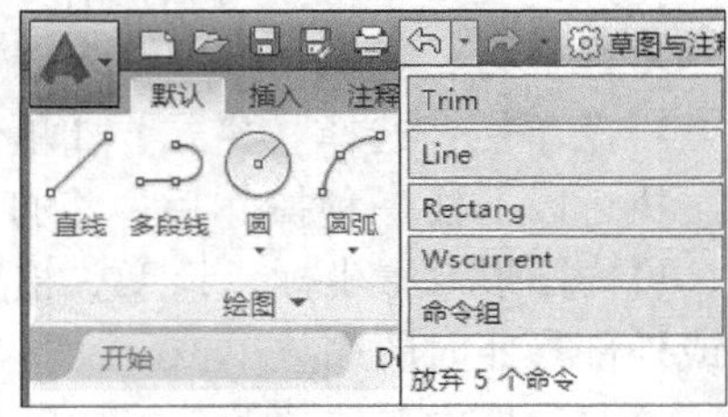


图 2-18 精确放弃操作

与放弃相反的是重做操作，通过重做操作，可以恢复前一次或者前几次已经放弃执行的操作，方法主要有以下几种。

➢ 快捷键：按〈Ctrl+Y〉组合键。
➢ 菜单栏：选择【编辑】|【重做】命令。
➢ 工具栏：单击【快速访问】工具栏中的【重做】按钮。
➢ 命令行：输入“REDO”命令并按〈Enter〉键。

## 2.3.3 中止当前命令

在绘图过程中难免会遇到调用命令出错的情况，此时，需要中止当前命令才能重新调用新命令，退出当前命令的方法有以下几种。

➢ 快捷键：按〈Esc〉键。
➢ 快捷菜单：单击鼠标右键，在快捷菜单中选择【取消】命令。

## 2.3.4 重复调用命令

在绘图时常常会遇到需要重复调用一个命令的情况，此时不必再单击该命令的工具按钮或者在命令行中输入该命令，使用下列方法可以快速重复调用命令。

➢ 快捷键：按〈Enter〉键或按空格键重复使用上一个命令。
➢ 命令行：在命令行中输入“MULTIPLE/MUL”并按〈Enter〉键。
➢ 快捷菜单：在命令行中单击鼠标右键，在快捷菜单中选择【最近使用命令】下需要重复的命令。

## 2.4 设置绘图环境

为了保证绘制的图形文件的规范性、准确性和绘图的高效性，在绘图之前应对绘图环境进行设置。在绘制工程图时，根据同行业规范和标准，对图形的大小和单位都有统一的要求。所以在绘图之前，需要设置好绘图单位和图形界限。其作用主要是帮助用户更加便捷地绘制图形，提高绘图精度。

### 2.4.1 设置绘图单位

尺寸是衡量物体大小的准则，AutoCAD 作为一款非常专业的设计软件，对单位的要求非常高。为了方便各个不同领域的辅助设计，AutoCAD 的绘制单位是可以进行修改的。在绘图的过程中，用户可以根据需要设置当前文档的长度单位、角度单位、零角度方向等内容。

打开【图形单位】对话框有如下两种方法。

➢ 命令行：在命令行中输入“UNITS/UN”命令。

➢ 菜单栏：选择【格式】|【单位】命令。

执行以上任一种操作后，将打开【图形单位】对话框，如图 2-19 所示。在该对话框中，可为图形设置坐标、长度、精度、角度的单位值，以及从 AutoCAD 设计中心中插入图块或外部参照时的缩放单位。

该对话框中各选项的功能如下。

➢【长度】选项区域：用于设置长度单位的类型和精度。

➢【角度】选项区域：用于控制角度单位类型和精度。

➢【顺时针】复选框：用于设置旋转方向。如果选中此选项，则表示按顺时针旋转的角度为正方向；未选中则表示按逆时针旋转的角度为正方向。

➢【插入时的缩放单位】选项区域：用于选中插入图块时的单位，也是当前绘图环境的尺寸单位。

➢【方向】按钮：用于设置角度方向。单击该按钮，将打开【方向控制】对话框，如图 2-20 所示，以控制角度的起点和测量方向。默认的起点角度为 0°，方向正东。在其中可以设置基准角度，即设置 0°角。如果将基准角度设为“北”，则绘图时的 0°实

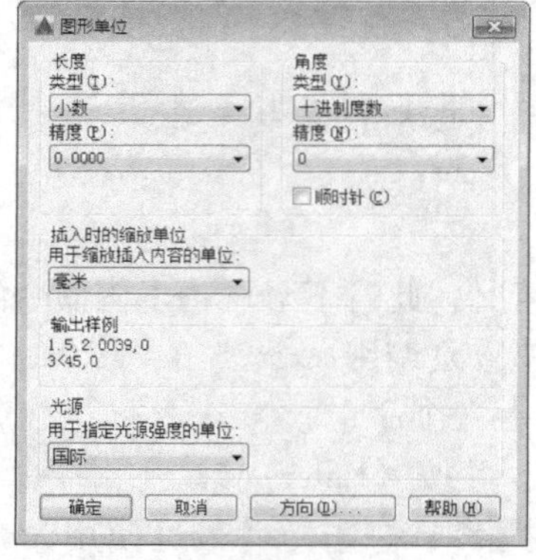


图 2-19 【图形单位】对话框

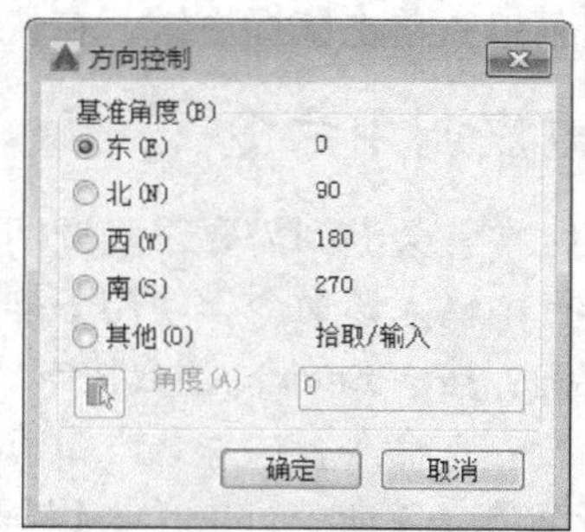


图 2-20 【方向控制】对话框

际上在90°方向上。如果选择【其他】单选按钮，则可以单击【拾取角度】按钮，切换到图形窗口中，通过拾取两个点来确定基准角度0°的方向。

**提示：** 毫米（mm）是国内工程绘图领域最常用的绘图单位，AutoCAD 默认的绘图单位也是毫米（mm），所以有时候可以省略绘图单位设置这一步骤。

## 2.4.2 设置图形界限

图形界限就是 AutoCAD 的绘图区域，也称为图限。对于初学者而言，在绘制图形时“出界”的现象时有发生，为了避免绘制的图形超出用户工作区域或图纸的边界，需要使用绘图界线来标明边界。

通常在执行图形界限操作之前，需要启用状态栏中的【栅格】功能，只有启用该功能才能查看图限的设置效果。它确定的区域是可见栅格指示的区域。

调用【图形界限】的命令常用以下两种方法。启动【图形界限】命令后，命令行提示如图 2-21 所示。

➢ 命令行：在命令行中输入“LIMITS”命令。

➢ 菜单栏：执行【格式】|【图形界限】命令，如图 2-22 所示。

```
命令: UN
UNITS
命令: '_limits
重新设置模型空间界限:
指定左下角点或 [开(ON)/关(OFF)] <0.0000,0.0000>:
指定右上角点 <420.0000,297.0000>:
```

图 2-21　命令行提示

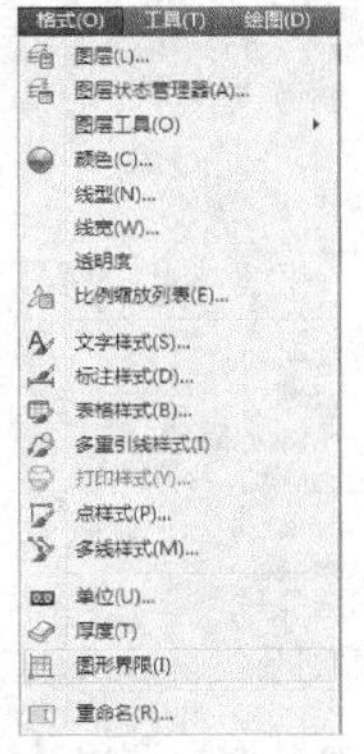


图 2-22　菜单栏调用【图形界限】命令

一般工程图纸规格有 A0、A1、A2、A3 和 A4。如果按 1∶1 绘图，为使图形按比例绘制在相应图纸上，关键是设置好图形界限。表 2-1 提供的数据是按 1∶50 和 1∶100 出图，图形编辑区按 1∶1 绘图的图形界限，设计时可根据实际出图比例选用相应的图形界限。

**表 2-1　图纸规格和图形编辑区按 1∶1 绘图的图形界限对照表**　　（单位：mm × mm）

| 图纸规格 | A0 | A1 | A2 | A3 | A4 |
|---|---|---|---|---|---|
| 实际尺寸 | 841 × 1189 | 594 × 841 | 420 × 594 | 297 × 420 | 210 × 297 |
| 比例 1∶50 | 42050 × 59450 | 29700x42050 | 21 000x29700 | 14850 × 21000 | 10500 × 14850 |
| 比例 1∶100 | 84100 × 118900 | 59400 × 84100 | 42000 × 59400 | 29700 × 42000 | 21000 × 29700 |

## 2.4.3 设置系统环境

设置一个合理且适合用户所需的系统环境，是绘图前的重要工作，这对绘图的速度和质量起着至关重要的作用。

AutoCAD 2016 提供了【选项】对话框用于设置系统环境，打开该对话框方法如下。

➢ 菜单栏：执行【工具】|【选项】命令，如图 2-23 所示。
➢ 命令行：在命令行中输入“OPTIONS/OP”。
➢ 应用程序：单击【应用程序】按钮，在下拉菜单中选择【选项】命令，如图 2-24 所示。

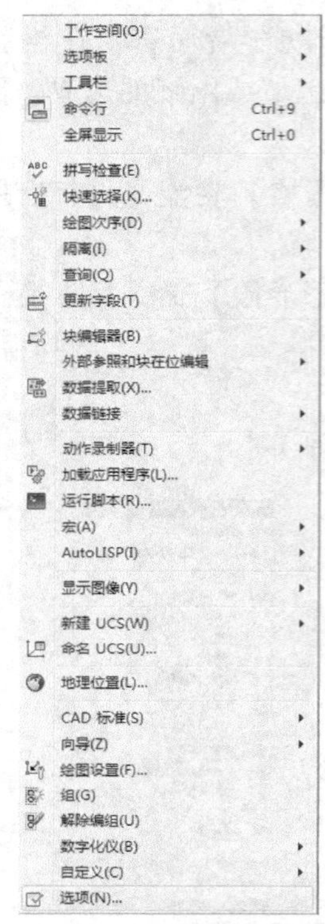


图 2-23 【菜单栏】调用【选项】命令

图 2-24 【应用程序】按钮菜单调用【选项】命令

执行上述任一命令后，系统弹出【选项】对话框，如图 2-25 所示。

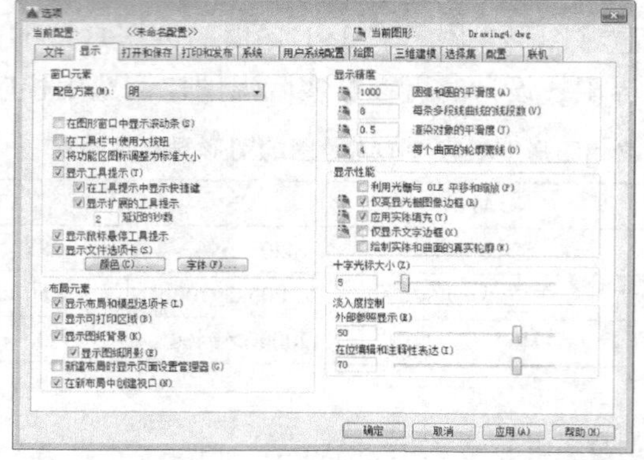

图 2-25 【选项】对话框

【选项】对话框中各选项卡的功能具体如下。

➢【文件】选项卡：用于确定系统搜索支持文件、驱动程序文件、菜单文件和其他文件的路径，以及用户定义的一些设置，如图 2-26 所示。

➢【显示】选项卡：图 2-27 所示的【显示】选项卡中，可以设置 AutoCAD 工作界面的一些显示选项，如界窗口元素、布局元素、显示精度、显示性能、十字光标大小和参照编辑的褪色度等显示属性。单击【颜色】按钮，打开【图形窗口颜色】对话框，在该对话框可设置各类背景颜色，如图 2-28 所示。

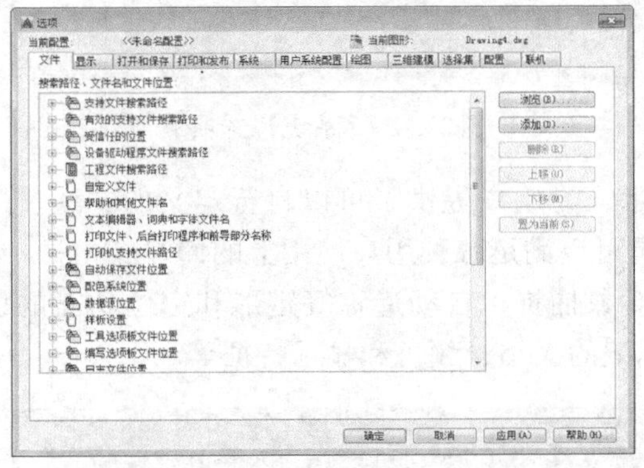

图 2-26 【文件】选项卡

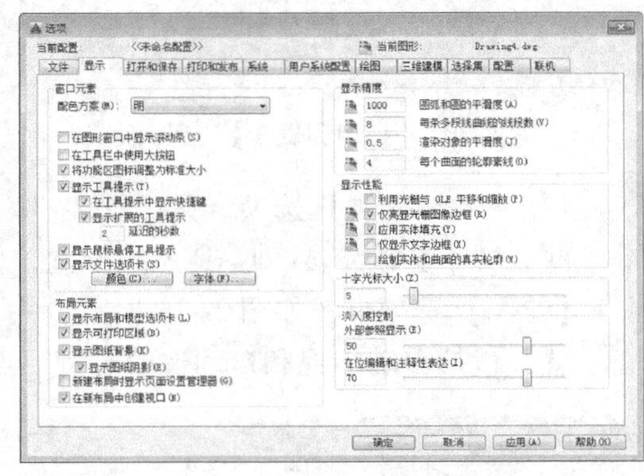

图 2-27 【显示】选项卡

➢【打开和保存】选项卡：在图 2-29 所示的【打开和保存】选项卡中，用于设置是否自动保存文件、是否维护日志、是否加载外部参照以及指定保存文件的时间间隔等。

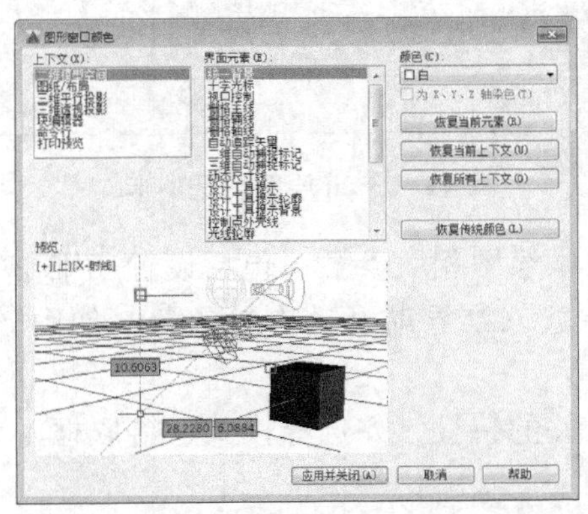

图 2-28 【图形窗口颜色】对话框

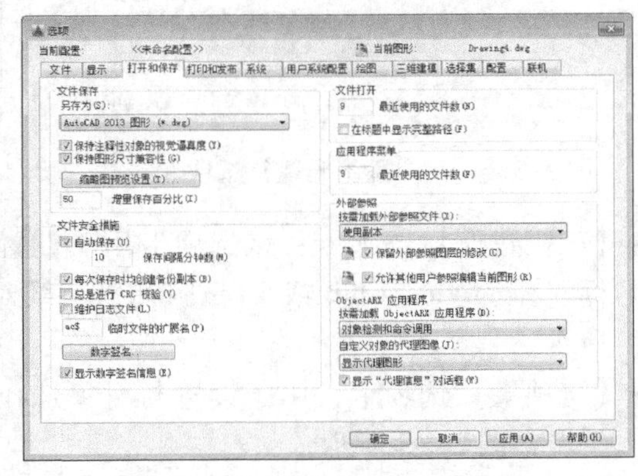

图 2-29 【打开和保存】选项卡

➢【打印和发布】选项卡：用于设置打印输出设备。系统默认的输出设备为 Windows 打印机。用户可以根据自己的需要配置使用专门的绘图仪，如图 2-30 所示。

➢【系统】选项卡：用来设置三维图形的显示特性，设置定点设备，【显示“OLE 文字大小”对话框】的显示控制、警告信息的显示控制、网络链接检查、启动选项面板的显示控制以及是否允许长符号名称等，如图 2-31 所示。

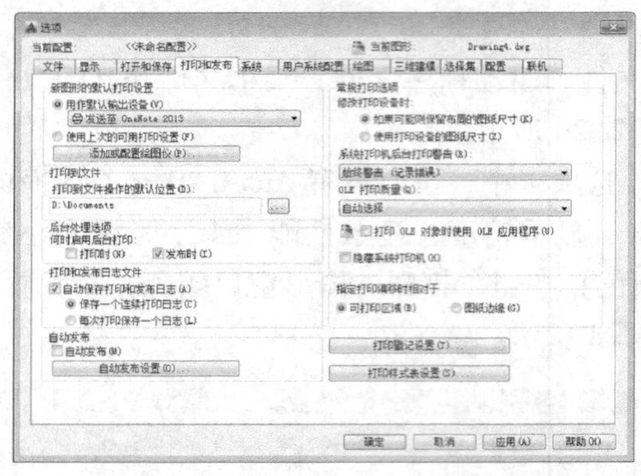

图 2-30 【打印和发布】选项卡

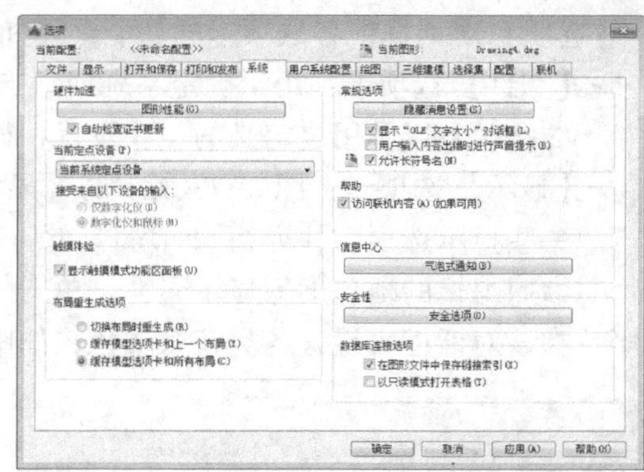

图 2-31 【系统】选项卡

➢【用户系统配置】选项卡：如图 2-32 所示，为用户提供了可以自行定义的选项。这些设置不会改变 AutoCAD 系统配置，但是可以满足各种用户使用上的偏好。

➢【绘图】选项卡：如图 2-33 所示，用于对象捕捉、自动追踪等定形和定位功能的设置，包括自动捕捉和自动追踪时特征点标记的大小、颜色和显示特征等。

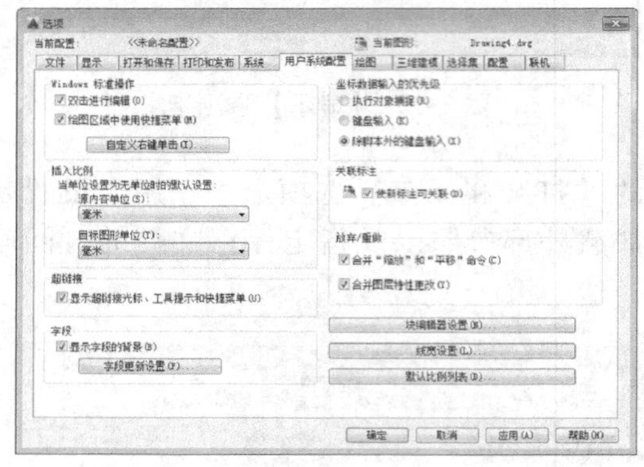

图 2-32 【用户系统配置】选项卡

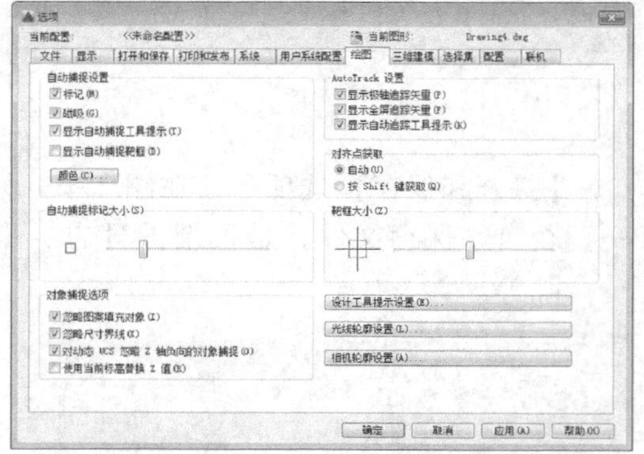

图 2-33 【绘图】选项卡

➢【三维建模】选项卡：该选项卡用于设置三维绘图相关参数，包括设置三维十字光标、显示 View Club 或 UCS 图标、三维对象、三维导航及动态输入等，如图 2-34 所示。

➢【选项集】选项卡：用于设置与对象选择有关的特性，如选择模式、拾取框及夹点等，如图 2-35 所示。

➢【配置】选项卡：用于设置系统配置文件的创建、重命名及删除等操作，如图 2-36 所示。

单击右边的【添加到列表】按钮，可以将设置好的系统环境配置创建成一个系统配置方案，并命名添加到【可用配置】列表框中。选中需要的配置方案，单击【置为当前】按钮，可以迅速设置为当前的系统环境配置。

单击【输出】按钮，系统配置方案可以被输出保存为扩展名为“ * . arg”的系统配置文件。单击【输入】按钮，也可以输入其他系统配置文件。

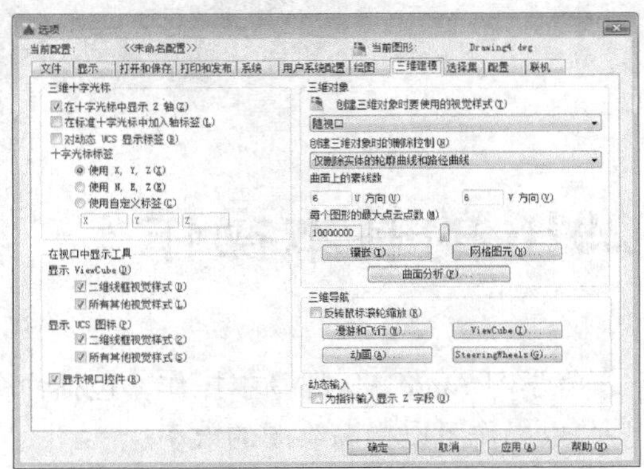

图 2-34 【三维建模】选项卡

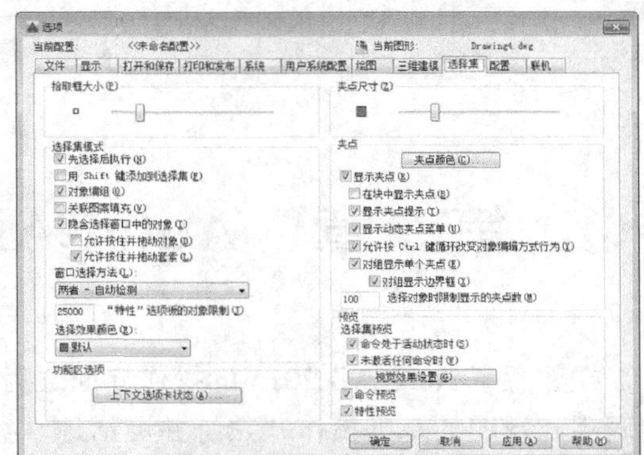

图 2-35 【选择集】选项卡

➢【联机】选项卡：登录 A360 账户如图 2-37 所示，可以随时随地上传文件，保存或共享文档。

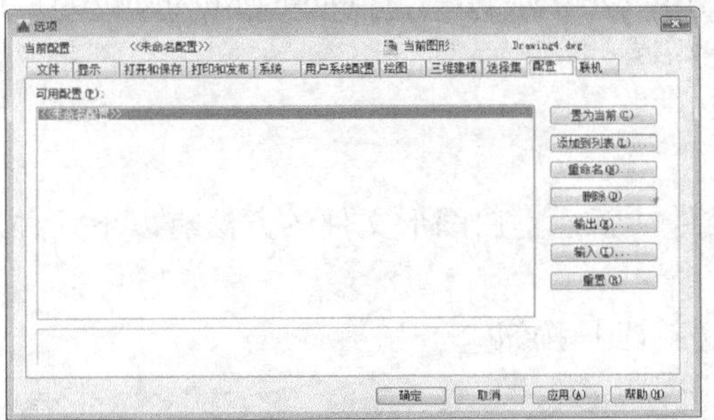

图 2-36 【配置】选项卡

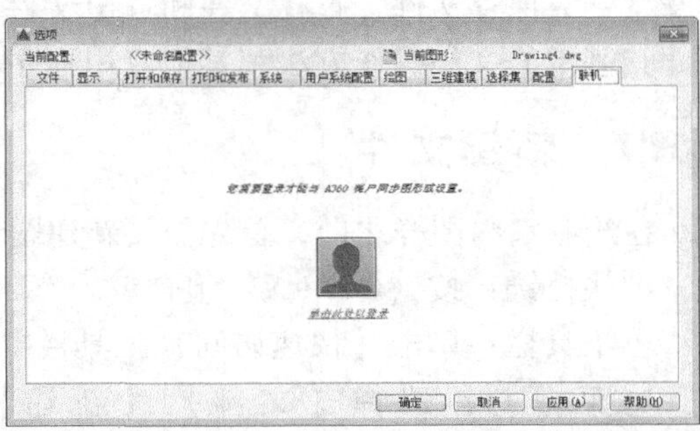

图 2-37 【联机】选项卡

# 第 3 章　AutoCAD 2016 的基本操作

在熟悉了 AutoCAD 2016 的操作界面之后，本章将学习 AutoCAD 的基本操作，包括命令的调用和视图的基本操作，熟练并灵活地掌握这些基本操作可以提高绘图的效率。

## 3.1　图形文件的管理

文件管理是软件操作的基础，在 AutoCAD 2016 中，图形文件的基本操作包括新建文件、打开文件、保存文件、查找文件和输出文件等。AutoCAD 是符合 Windows 标准的应用程序，因此其基本的文件操作方法和其他应用程序基本相同。

### 3.1.1　新建文件

在绘制室内图样之前，首先需要新建图形文件。新建空白图形文件的方法有以下几种。

- 快捷键：按〈Ctrl + N〉组合键。
- 工具栏：单击【快速访问】工具栏中的【新建】按钮。
- 菜单栏：选择【文件】|【新建】命令。
- 应用程序：单击【应用程序】按钮，在下拉菜单中选择【新建】|【图形】命令。
- 命令行：在命令行中输入“QNEW/QN”命令，并按〈Enter〉键。

执行上述任何一个新建文件命令后，将打开图 3-1 所示的【选择样板】对话框。若要创建基于默认样板的图形文件，单击【打开】按钮即可。用户也可以在【名称】列表框中选择其他的样板文件。

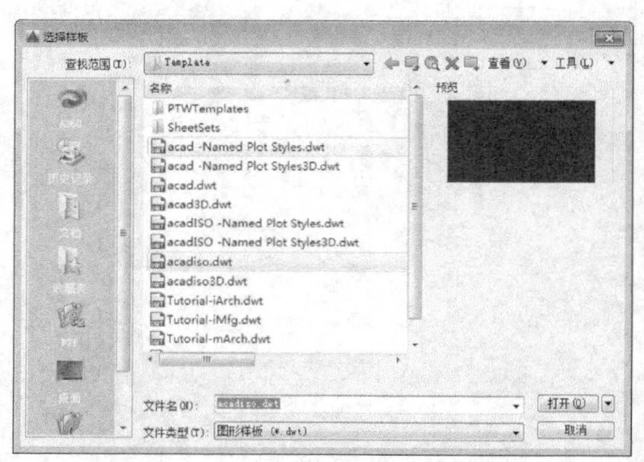


图 3-1　【选择样板】对话框

**提示：** 单击【打开】按钮右侧的按钮，在弹出的快捷菜单中可以选择图形文件的绘图单位【英制】或者【公制】。

### 3.1.2　打开文件

当需要查看或者重新编辑已经保存的文件时，需要将其重新打开。打开已有的文件主要方法有以下几种。

➢ 应用程序：单击【应用程序】按钮，在下拉菜单中选择【打开】命令。
➢ 工具栏：单击【快速访问】工具栏中的【打开】按钮。
➢ 菜单栏：选择【文件】|【打开】命令，打开指定文件。
➢ 快捷键：按〈Ctrl + O〉组合键。
➢ 命令行：在命令行中输入“OPEN”并按〈Enter〉键。

执行上述命令，将打开【选择文件】对话框，选择所需的文件，单击【打开】按钮，即可打开指定的文件。

## 3.1.3 实战——使用【打开】命令打开文件

**01** 启动 AutoCAD 2016，执行【文件】|【打开】命令，如图 3-2 所示，或者按〈Ctrl + O〉快捷键，打开【选择文件】对话框。

**02** 在对话框中的【查找范围】下拉列表中指定打开文件的路径，然后选中待打开的文件，最后单击【打开】按钮，即可打开选中的文件，如图 3-3 所示。

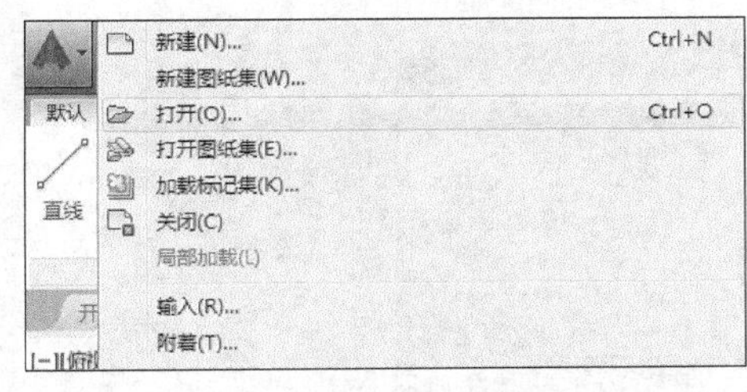


图 3-2 【文件】菜单

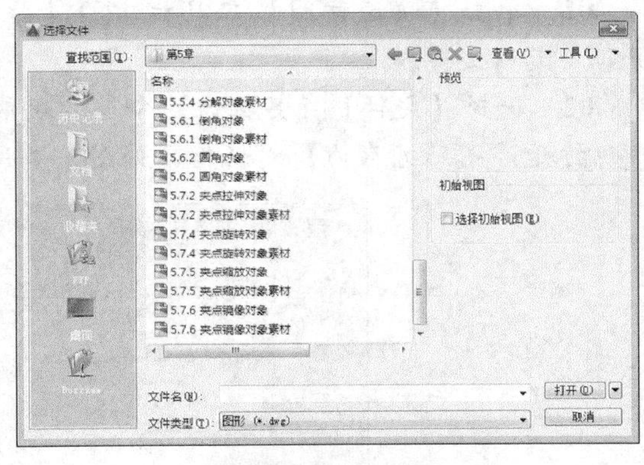


图 3-3 【选择文件】对话框

**提示：**在计算机【我的电脑】窗口中找到要打开的 AutoCAD 文件，如图 3-4 所示，然后直接双击文件图标，可以跳过【选择文件】对话框，直接打开 AutoCAD 文件。

图 3-4 AutoCAD 文件图形

## 3.1.4 保存文件

保存的作用是将新绘制或修改过的文件保存到计算机磁盘中，以方便再次使用，避免因为断电、关机或死机而丢失。在 AutoCAD 2016 中，可以使用多种方式将所绘图形存入磁盘。

**1. 保存**

这种保存方式主要是针对第一次保存的文件，或者针对已经存在但被修改后的文件。保存图形的方法有以下几种。

➢ 应用程序：单击【应用程序】按钮，在下拉菜单中选择【保存】命令。
➢ 菜单栏：选择【文件】|【保存】命令。
➢ 命令行：在命令行输入“SAVE”命令。
➢ 工具栏：单击【快速访问】工具栏中的【保存】按钮。

➢ 快捷键：按〈Ctrl + S〉组合键。

**2. 另存为**

这种保存方式可以将文件另设路径或文件名进行保存，比如在修改了原来的文件之后，但是又不想覆盖原文件，那么就可以把修改后的文件另存一份，这样原文件也将继续保留。

另保图形的方法有以下几种。

➢ 应用程序：单击【应用程序】按钮，在下拉菜单中选择【另存为】命令。
➢ 菜单栏：选择【文件】|【另存为】命令。
➢ 命令行：在命令行输入“SAVEAS”命令。
➢ 工具栏：单击【快速访问】工具栏中的【另存为】按钮。
➢ 快捷键：按〈Ctrl + Shift + S〉组合键。

## 3.1.5 实战——另存文件

**01** 单击【快速访问】工具栏中的【打开】按钮，打开“第3章\3.1.5另存文件.dwg”素材文件。

**02** 选择【文件】|【另存为】命令，或单击【快速访问】工具栏中的【另存为】按钮。打开【图形另存为】对话框，如图3-5所示。

图3-5 【图形另存为】对话框

**03** 在【保存于】下拉列表框中设置文件的保存路径，在【文件名】文本框中输入保存文件的名称，单击【保存】按钮，即可将原文件以不同的路径或者文件名保存。

**提示：**【另存为】方式相当于对原文件进行备份。保存之后原文件仍然存在，只是两个文件的保存路径或文件名不同而已。

## 3.1.6 查找文件

使用AutoCAD的文件查找功能，可以快速找到指定条件的图形文件。查找可以按照名称、类型、位置以及创建时间等方式进行。

单击【快速访问】工具栏中的【打开】按钮，打开【选择文件】对话框，选择【工具】按钮下拉菜单中的【查找】命令，如图 3-6 所示，打开【查找】对话框。在默认打开的【名称和位置】选项卡中，可以通过名称、类型及查找范围搜索图形文件，如图 3-7 所示。单击【浏览】按钮，即可在【浏览文件夹】对话框中指定路径查找所需文件。

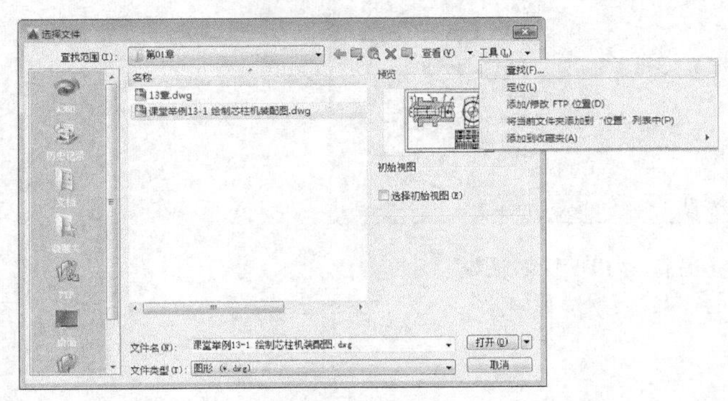
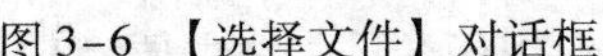

图 3-6 【选择文件】对话框

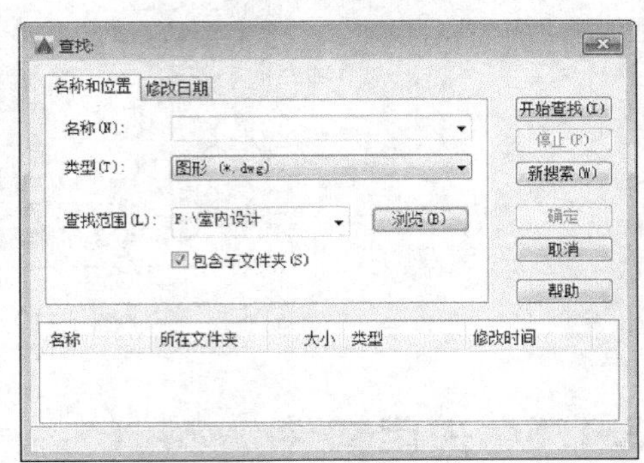


图 3-7 【查找】对话框

## 3.1.7 输出文件

输出图形文件是将 AutoCAD 文件转换为其他格式进行保存，方便在其他软件中使用该文件。输出文件的方法有以下几种。

- 应用程序：单击【应用程序】按钮，在下拉列表中选择【输出】子菜单并选择一种输出格式，如图 3-8 所示。
- 菜单栏：选择【文件】|【输出】命令。
- 命令行：在命令行输入“EXPORT”命令。
- 功能区：在【输出】选项卡中单击【输出】面板中的【输出】按钮，选择需要的输出格式，如图 3-9 所示。

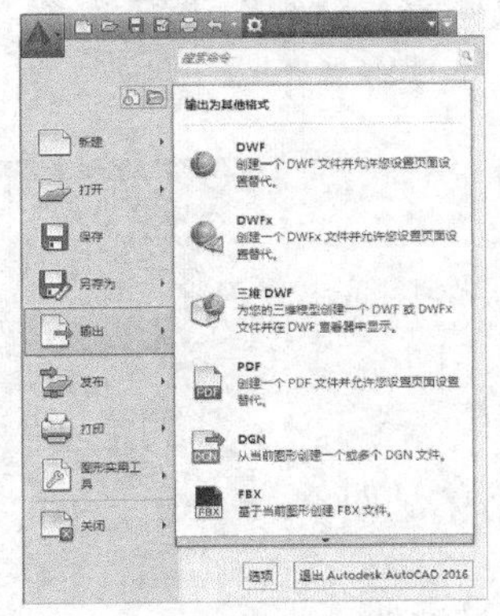

图 3-8 【输出】子菜单

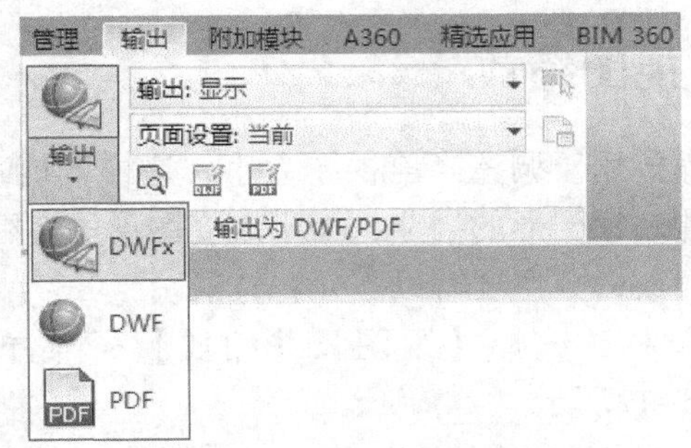


图 3-9 【输出】面板

执行输出命令后，如果选择输出格式为 PDF，将打开图 3-10 所示的【另存为 PDF】对话框，设置输出文件名，单击【保存】按钮即可完成文件的输出。

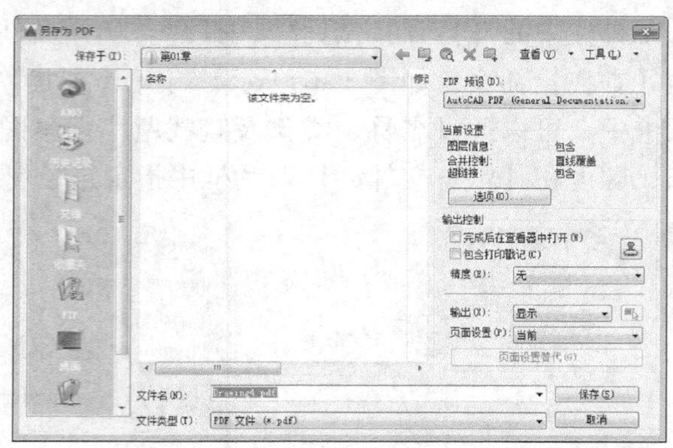

图 3-10 【另存为 PDF】对话框

### 3.1.8 关闭文件

绘制完图形并保存后，用户可以将图形窗口关闭。关闭图形文件主要有以下几种方法。

➢ 菜单栏：选择【文件】|【关闭】命令。
➢ 按钮法：单击菜单栏右侧的【关闭】按钮☒。
➢ 命令行：输入“CLOSE”命令。
➢ 快捷键：按〈Ctrl + F4〉组合键。

执行上述操作后，如果当前图形文件没有保存，系统将弹出图 3-11 所示对话框。用户如果需要保存修改，可单击【是】按钮，否则单击【否】按钮，单击【取消】按钮则取消关闭操作。

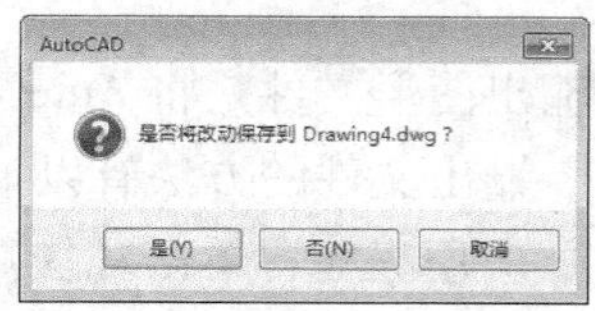


图 3-11 提示对话框

## 3.2 控制图形的显示

在绘图过程中，为了方便观察视图与更好地绘图，经常需要对视图进行平移、缩放、重生成等操作。

### 3.2.1 视图缩放

视图缩放用于调整当前视图大小，这样既能观察较大的图形范围，又能观察图形的细节，而不改变图形的实际大小。

视图缩放命令主要有以下几种方法。

➢ 菜单栏：选择【视图】|【缩放】子菜单下各命令，如图 3-12所示。
➢ 工具栏：单击图 3-13 所示的【缩放】工具栏各工具按钮。
➢ 命令行：在命令行输入“ZOOM/Z”命令。
➢ 导航栏：绘图区右边的导航栏的缩放列表，如图 3-14 所示。

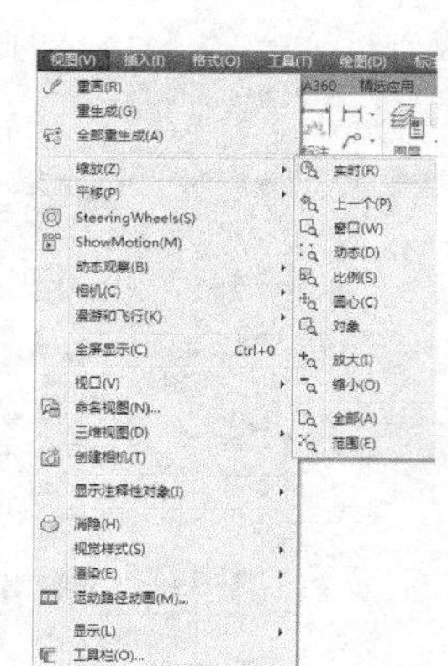

图 3-12 【缩放】子菜单

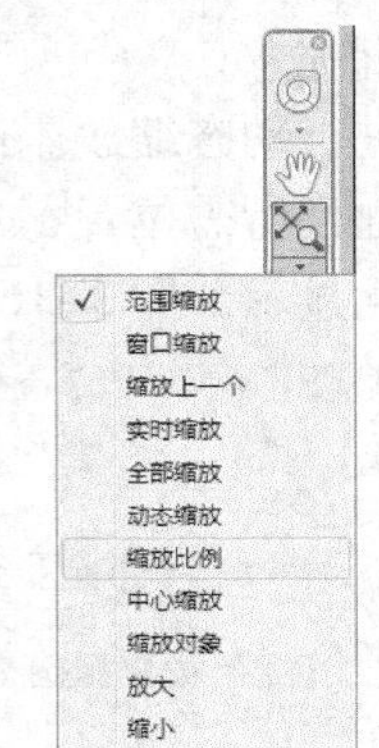


图 3-13 【缩放】工具栏　　　图 3-14 【缩放】列表

执行 ZOOM 命令后，命令行提示如下。

```
命令：ZOOM
指定窗口的角点,输入比例因子 (nX 或 nXP),或者
[全部(A)/中心(C)/动态(D)/范围(E)/上一个(P)/比例(S)/窗口(W)/对象(O)] <实时>:
```

ZOOM 命令命令行各选项的含义如下。

**1. 全部缩放**

在当前视窗中显示全部图形。当绘制的图形均包含在用户定义的图形界限内时，以图形界限范围作为显示范围；当绘制的图形超出了图形界限时，则以图形范围作为显示范围。图 3-15 所示为全部缩放前后对比效果。

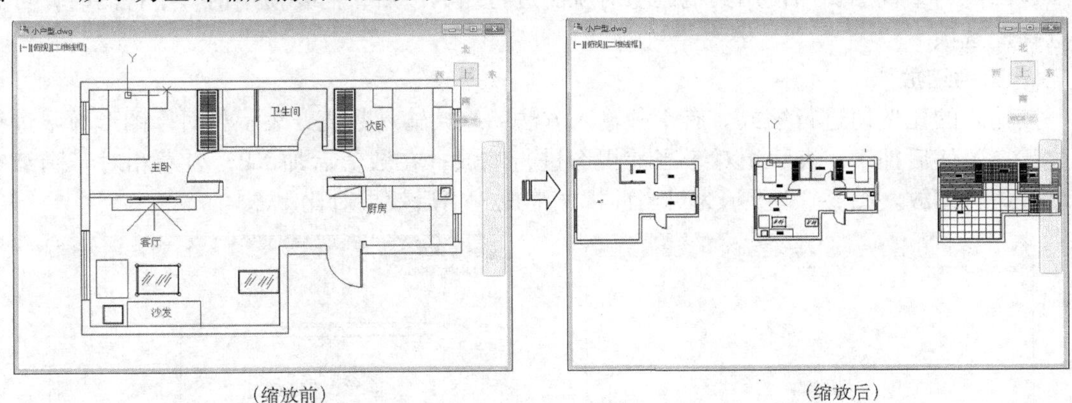


（缩放前）　　（缩放后）

图 3-15　全部缩放

**2. 中心缩放**

以指定点为中心点，整个图形按照指定的缩放比例缩放，而这个点在缩放操作之后将成为新视图的中心点。使用【中心缩放】命令行提示如下。

```
指定中心点：                    //指定一点作为新视图的显示中心点
输入比例或高度 <当前值>:        //输入比例或高度
```

“当前值”为当前视图的纵向高度。若输入的高度值比当前值小，则视图将放大；若输入高度值比当前值大，则视图将缩小。其缩放系数等于“当前窗口高度/输入高度”的比值。也可以直接输入缩放系数，或后跟字母 X 或 XP，含义同“比例”缩放选项。

**3. 动态缩放**

对图形进行动态缩放。选择该选项后，绘图区将显示几个不同颜色的方框，拖动鼠标移动当前视区框到所需位置，单击鼠标左键调整大小后按〈Enter〉键，即可将当前视区框内的图形最大化显示，图3-16所示为动态缩放前后的对比效果。

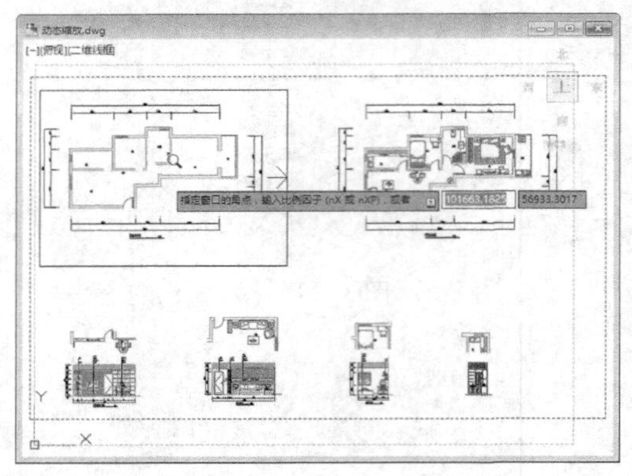
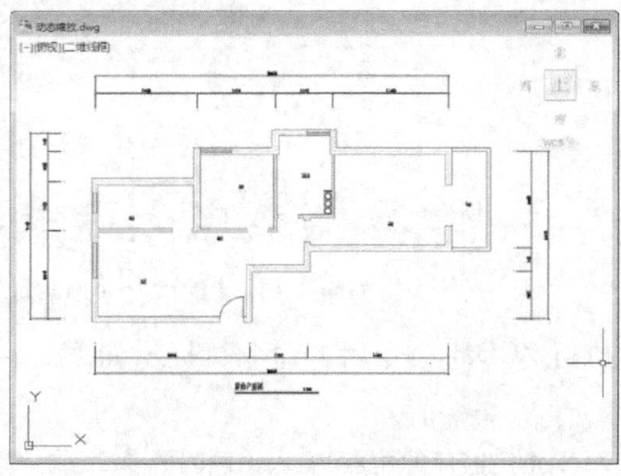

图3-16　动态缩放

**4. 范围缩放**

使所有图形对象尽可能最大化显示，充满整个视窗。

**提示：** 双击鼠标中键可以快速显示出绘图区的所有图形，相当于执行了【范围缩放】操作。

**5. 上一个**

返回前一个视图。当使用其他选项对视图进行缩放以后，需要使用前一个视图时，可直接选择此选项。

**6. 比例缩放**

按输入的比例值进行缩放。有3种输入方法：直接输入数值，表示相对于图形界限进行缩放；在数值后加X，表示相对于当前视图进行缩放；在数值后加XP，表示相对于图纸空间单位进行缩放。图3-17所示为对当前视图缩放3倍后效果对比。

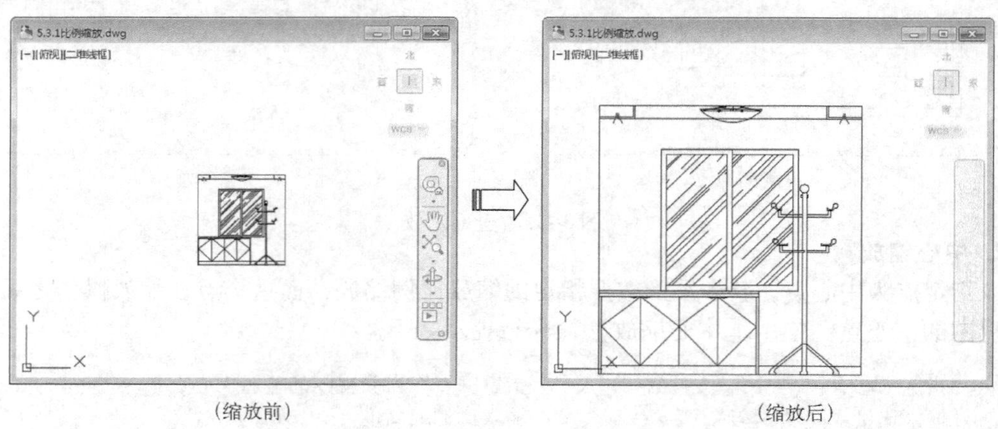

（缩放前）　（缩放后）

图3-17　比例缩放

**7. 窗口缩放**

选择该选项后，可以用鼠标拖出一个矩形区域，释放鼠标后该矩形范围内的图形以最大化显示，图 3-18 所示是在吊灯区域指定缩放区域效果。

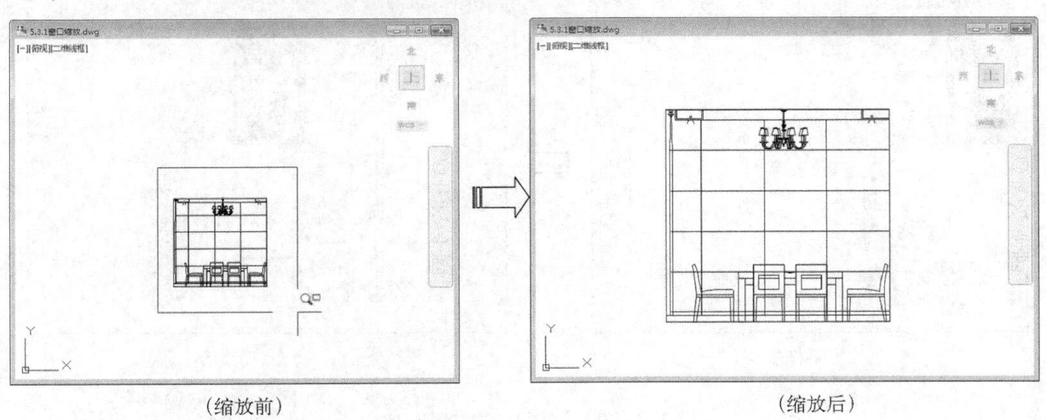

（缩放前）　　（缩放后）

图 3-18　窗口缩放

**8. 缩放对象**

选择的图形对象最大限度地显示在屏幕上，图 3-19 所示为选择餐厅立面图作为缩放对象。

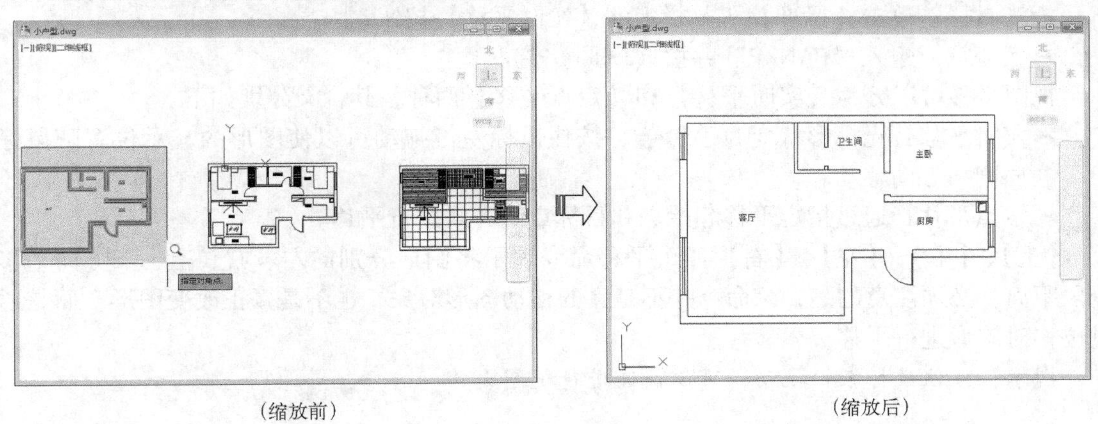


（缩放前）　　（缩放后）

图 3-19　对象缩放

**9. 实时缩放**

该项为默认选项。执行【缩放】命令后，直接按〈Enter〉键即可使用该选项。在屏幕上会出现一个形状的光标，按住鼠标左键不放向上或向下移动，即可实现图形的放大或缩小。

**10. 放大**

单击该按钮一次，视图中的实体显示比当前视图大一倍。

**11. 缩小**

单击该按钮一次，视图中的实体显示是当前视图的 1/2。

**提示：** 滚动鼠标滚轮，可以快速地实时缩放视图。

### 3.2.2　视图平移

视图平移不改变视图的显示比例，只改变视图显示的区域，以便于观察图形的其他组成部分，如图 3-20 所示。当图形显示不全，以致部分区域不可见时，就可以使用视图平移。

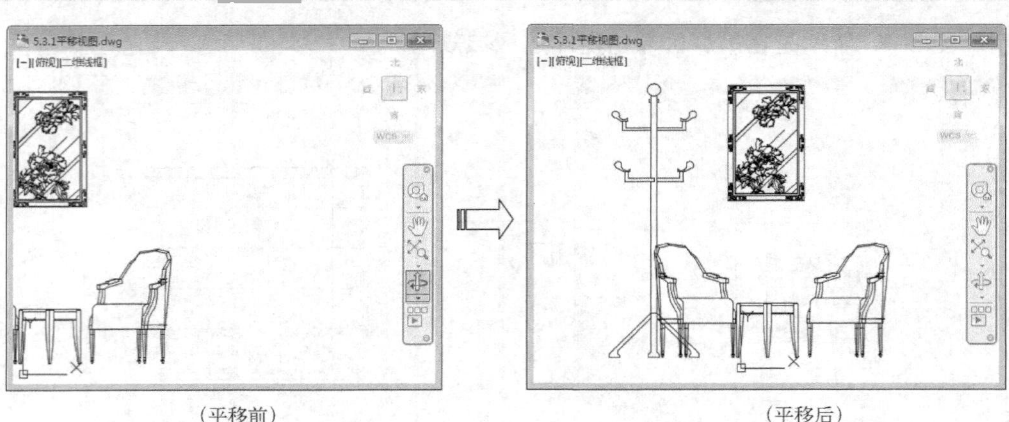

（平移前）　　（平移后）

图 3-20　视图平移前后对比

调用【平移】命令主要有以下几种方法。

- 菜单栏：选择【视图】|【平移】命令，然后在弹出的子菜单中选择相应的命令。
- 工具栏：单击【标准】工具栏上的【实时平移】按钮。
- 命令行：输入“PAN/P”并按〈Enter〉键。

视图平移可以分为【实时平移】和【定点平移】两种，其含义分别如下。

- 实时平移：光标形状变为手形，按住鼠标左键拖动可以使图形的显示位置随鼠标向同一方向移动。
- 定点平移：通过指定平移起始点和目标点的方式进行平移。

【上】、【下】、【左】、【右】四个平移命令表示将图形分别向左、右、上、下方向平移一段距离。必须注意的是，该命令并不是真的移动图形对象，也不是真正改变图形，而是通过位移对图形进行平移。

**提示：**按住鼠标滚轮拖动，可以快速进行视图平移。

## 3.2.3　重画视图

在 AutoCAD 中，某些操作完成后，其效果往往不会立即显示出来，或者在屏幕上留下了绘图的痕迹与标记。因此，需要通过刷新视图重新生成当前图形，以观察到最新的编辑效果。

【重画】命令用于快速地刷新视图，以反映当前的最新修改，调用【重画】命令方法有如下几种。

- 菜单栏：选择【视图】|【重画】命令。
- 命令行：输入“REDRAW/REDRAWALL/RA”命令。

**提示：**调用 REDRAWALL 命令会刷新当前图形窗口所有显示的视口，而 REDRAW 命令只刷新当前视口。

## 3.2.4　重生成视图

当使用【重画】命令无效时，可以使用【重画】命令刷新当前视图。【重生成】命令由于会计算图形后台数据，因此会耗费比较长的计算时间。

调用【重生成】命令的方法有以下几种方法。

➢ 菜单栏：选择【视图】|【重生成】菜单命令。

➢ 命令行：输入“REGEN/RE”命令。

当圆弧、圆等对象显示为直线段时，通常可重生成视图，使圆弧显示更为平滑，如图 3-21 所示。

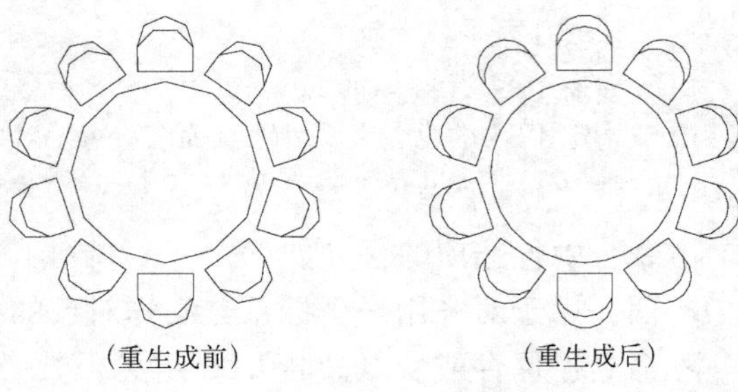


图 3-21　重生成视图

**提示**：在进行复杂的图形处理时，应当充分考虑到重画和重生成命令的不同工作机制，合理使用。

在对象捕捉开关打开的情况下，将光标移动到某些特征点（如直线端点、圆中心点、两直线交点、垂足等）附近时，系统能够自动地捕捉到这些点的位置。因此，对象捕捉的实质是对图形对象特征点的捕捉。

## 3.3　AutoCAD 坐标系

AutoCAD 的图形定位，主要是由坐标系统进行确定。要想正确、高效地绘图，必须先理解各种坐标系的概念，然后再掌握坐标点的输入方法。

### 3.3.1　世界坐标系

世界坐标系（World Coordinate System，WCS）是 AutoCAD 的基本坐标系统。它由 X、Y 和 Z 三条相互垂直的坐标轴组成，在绘制和编辑图形的过程中，它的坐标原点和坐标轴的方向是不变的。如图 3-22 所示，在默认情况下，世界坐标系 X 轴正方向水平向右，Y 轴正方向垂直向上，Z 轴正方向垂直屏幕平面方向，指向用户。坐标原点在绘图区左下角，在其上有一个方框标记，表明是世界坐标系。

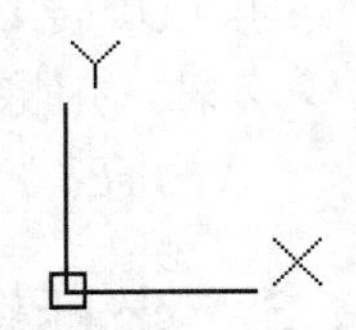


图 3-22　世界坐标系图标

### 3.3.2　用户坐标系

为了更好地辅助绘图，经常需要修改坐标系的原点位置和坐标方向，这时就需要使用可变的用户坐标系（User Coordinate System，USC）。在默认情况下，用户坐标系和世界坐标系重合，用户可以在绘图过程中根据具体需要来定义 UCS。

为表示用户坐标 UCS 的位置和方向，AutoCAD 在 UCS 原点或当前视窗的左下角显示 UCS 图标，图 3-23 所示为用户坐标系图标。

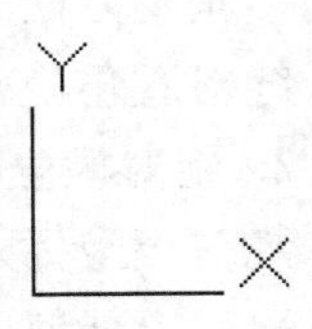


图 3-23　用户坐标系图标

用户坐标系是用户自己定义并用来绘制图形的坐标系。创建并设置用户坐标系可以使用 UCS 命令进行操作。

启动 UCS 命令的方式有以下几种。

➢ 命令行：输入“UCS”命令。

➢ 菜单栏：选择【工具】|【新建 UCS】命令。

➢ 工具栏：单击【UCS】工具栏【UCS】按钮。

执行以上任意一种操作，命令行提示如下。

```
命令:UCS
当前 UCS 名称: * 世界 *
指定 UCS 的原点或[面(F)/命名(NA)/对象(OB)/上一个(P)/视图(V)/世界(W)/X/Y/Z/Z轴(ZA)] <世界>:
```

命令行中各选项的含义如下。

➢ 面：用于对齐用户坐标系与实体对象的指定面。

➢ 命名：保存或恢复命名 UCS 定义。

➢ 对象：用于根据用户选取的对象快速简单地创建用户坐标系，使对象位于新的 XY 平面，X 轴和 Y 轴的方向取决于用户选择的对象类型。这个选项不能用于三维实体、三维多段线、三维网格、视口、多线、面域、样条曲线、椭圆、射线、参照线、引线和多行文字等对象。

➢ 上一个：把当前用户坐标系恢复到上次使用的坐标系。

➢ 视图：用于以垂直于观察方向（平行于屏幕）的平面，创建新的坐标系，UCS 原点保持不变。

➢ 世界：恢复当前用户坐标到世界坐标。世界坐标是默认用户坐标系，不能重新定义。

➢ X/Y/Z：用于旋转当前的 UCS 轴来创建新的 UCS。在命令行提示下输入正或负的角度以旋转 UCS，而该轴的正方向用右手定则来确定。

➢ Z 轴：用特定的 Z 轴正半轴定义 UCS。此时，用户必须选择两点，第一点作为新坐标系的原点，第二点则决定 Z 轴的正方向，此时，XY 平面垂直于新的 Z 轴。

### 3.3.3　坐标输入方式

在 AutoCAD 2016 中，根据坐标值参考点的不同，分为绝对坐标系和相对坐标系；根据坐标轴的不同，分为直角坐标系和极坐标系等。使用不同的坐标系，就可以使用不同的方法输入绘图对象的坐标点。

**1. 绝对直角坐标**

绝对直角坐标系又称为笛卡儿坐标系，由一个原点（坐标为 0,0）和两条通过原点的、互相垂直的坐标轴构成，如图 3-24 所示。其中，水平方向的坐标轴为 X 轴，以向右为其正方向；垂直方向的坐标轴为 Y 轴，以向上方向为其正方向。

绝对直角坐标的输入方法是以坐标原点（0,0）为基点来定位其他位置的所有点。

**2. 绝对极坐标**

绝对极坐标系是由一个极点和一根极轴构成的，极轴的方向为水平向右，如图 3-25 所示，平面上任何一点 P 都可以由该点到极点连线长度 L（>0）和连线与极轴的夹角 α（极角，逆时针方向为正）来定义，即用一对坐标值（L<a）来定义一个点，其中“<”表示角度。

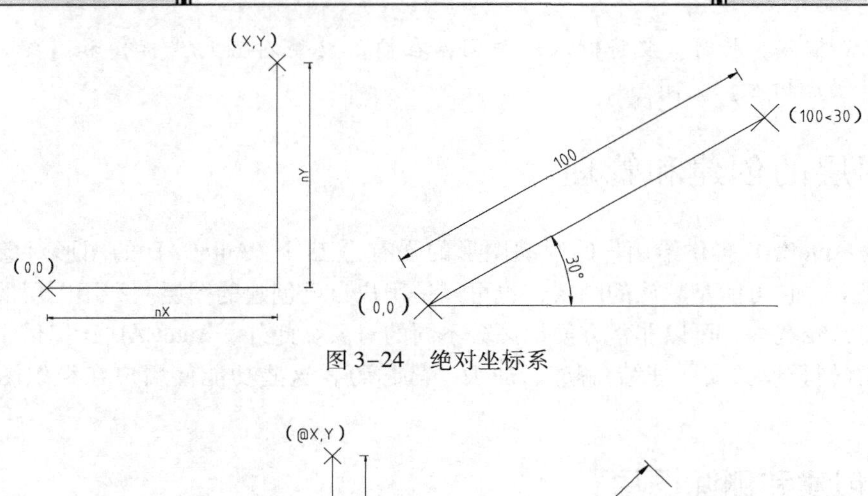

图3-24　绝对坐标系

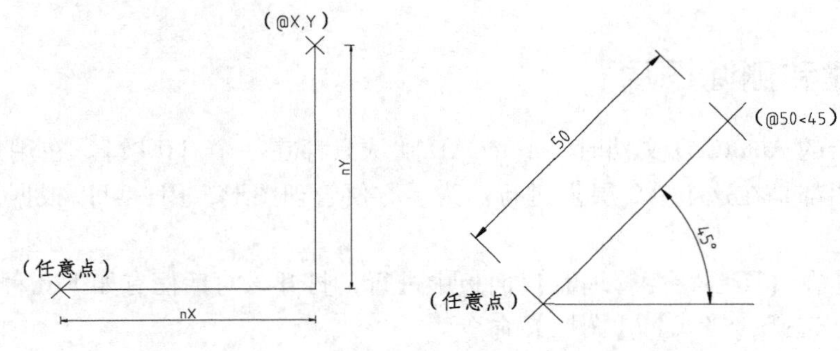

图3-25　相对坐标系

该坐标方式是指相对于坐标原点的极坐标。坐标（100 <30）是指从 X 轴正方向逆时针旋转 30°，距离原点 100 个图形单位的点。角度按逆时针方向为正，按顺时针方向为负。

**提示：** AutoCAD 只能识别英文标点符号，所以在输入坐标时，中间的逗号必须是英文标点，其他的符号也必须为英文符号。

**3. 相对直角坐标**

在绘图过程中，仅使用绝对坐标并不太方便。相对坐标是一个随参考对象不同而坐标值不同的坐标位置。

相对直角坐标的输入方法是以上一点为参考点，然后输入相对的位移坐标值来确定输入的点坐标。它与坐标系的原点无关。它的输入方法与输入绝对直角坐标的方法类似，只需在绝对直角坐标前加一个“@”符号即可。相对特定坐标点（X，Y，Z）增加（nX，nY，nZ）的坐标点的输入格式为（@ nX，nY，nZ）。相对坐标输入格式为（@ X，Y），@ 字符表示使用相对坐标输入。

**提示：** AutoCAD 状态栏左侧区域会显示当前光标所处位置的坐标值（前提是【动态输入】功能被开启），且用户可以控制其是显示绝对坐标还是相对坐标。

**4. 相对极坐标**

相对极坐标以某一特定的点为参考极点，输入相对于参考极点的距离和角度来定义一个点的位置。相对极坐标的格式输入为（@ A <角度），其中 A 表示指定点与特定点的距离。坐标（@50 <45）是指相对于前一点距离为 50 个图形单位，角度为 45°的一个点。

**提示：** 在输入坐标的时候，要将输入法关闭，在输入【绝对直角坐标】和【绝对极坐标】的时候要将【动态输入】关闭。

**提示：**在输入坐标时，要将输入法关闭，在输入【绝对直角坐标】和【绝对极坐标】时，要将【动态输入】关闭。

# 3.4　图层的创建和管理

图层是AutoCAD提供给用户的组织图形的强有力工具。AutoCAD的图形对象必须绘制在某个图层上，它可能是默认的图层，也可以是用户自己创建的图层。利用图层的特性，如颜色、线型、线宽等，可以非常方便地区分不同的对象。此外，AutoCAD还提供了大量的图层管理功能（打开/关闭、冻结/解冻、加锁/解锁等），这些功能使用户在组织图层时非常方便。

## 3.4.1　创建和删除图层

创建一个新的AutoCAD文档时，AutoCAD默认只存在一个【0层】。在用户新建图层之前，所有的绘图都是在这个【0层】进行。为了方便管理图形，用户可以根据需要创建自己的图层。

图层的创建在【图层特性管理器】面板中进行，打开该对话框有如下几种方法。

➢ 菜单栏：选择【格式】|【图层】命令。

➢ 工具栏：单击【图层】工具栏中的【图层特性管理器】按钮。

➢ 命令行：在命令行中输入“LAYER/LA”命令。

➢ 功能区：在【常用】选项卡中，单击【图层】面板中的【图层特性】按钮。

执行上述操作之后，将打开【图层特性管理器】面板，如图3-26所示。单击对话框左上角的【新建图层】按钮，即可新建图层。新建的图层默认以【图层1】为名，双击文本框或是选择图层之后单击鼠标右键，在弹出的快捷菜单中选择【重命名】选项，即可重命名图层，如图3-27所示。

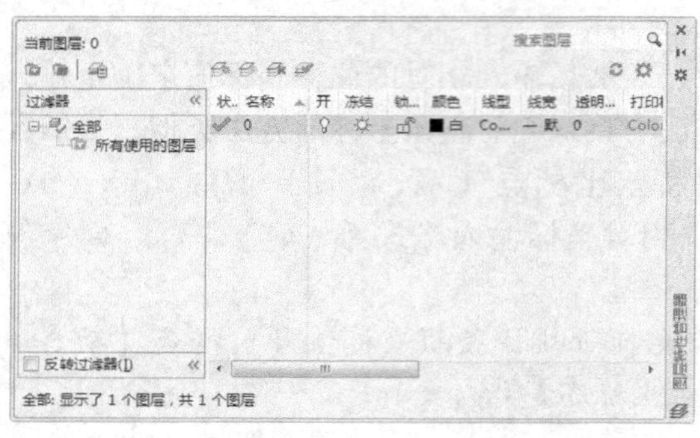


图3-26　【图层特性管理器】面板

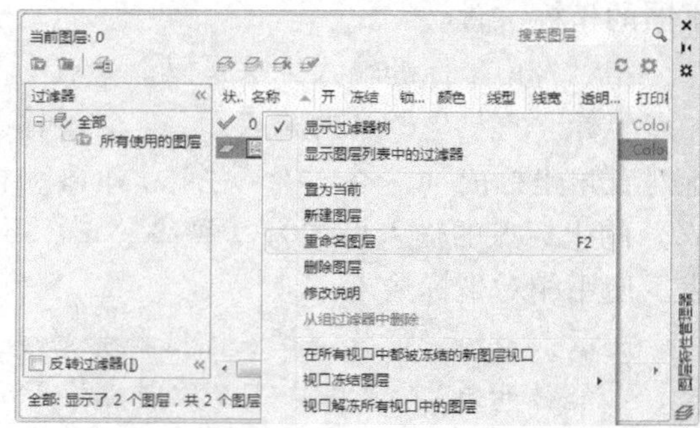


图3-27　重命名图层

及时清理图形中不需要的图层，可以简化图形。在【图层特性管理器】面板中选择需要删除的图层，然后单击【删除图层】按钮，即可删除选择的图层。

AutoCAD规定以下四类图层不能被删除。

➢ 0层和Defpoints图层。

➢ 当前层。要删除当前层，可以先改变当前层到其他图层。
➢ 插入了外部参照的图层。要删除该层，必须先删除外部参照。
➢ 包含了可见图形对象的图层。要删除该层，必须先删除该层中的所有图形对象。

## 3.4.2 设置当前图层

当前层是当前工作状态下所处的图层。当设定某一图层为当前层后，接下来所绘制的全部图形对象都将位于该图层中。如果以后需要在其他图层中绘图，就需要更改当前层设置。

➢ 方法一：在【默认】选项卡中，单击【图层】面板中【图层】按钮 0，并在下拉列表中选择需要的图层即可切换为当前图层，如图 3-28 所示。
➢ 方法二：在【默认】选项卡中，单击【图层】面板中的【图层管理器】按钮，系统弹出【图层特性管理器】面板。双击某图层的【状态】属性项，使该图层显示为勾选状态，即为当前图层，如图 3-29 所示。
➢ 在【图层特性管理器】中，选定某图层后，单击上方的【置为当前】工具按钮，即可设置该层为当前层。在【状态】列上，当前层显示“✔”符号。

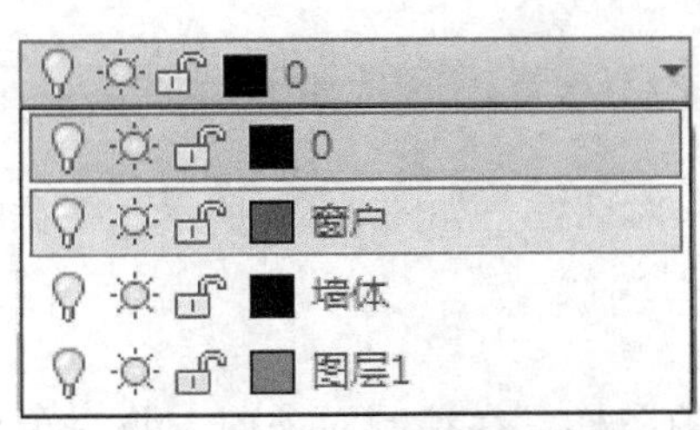


图 3-28　切换当前图层

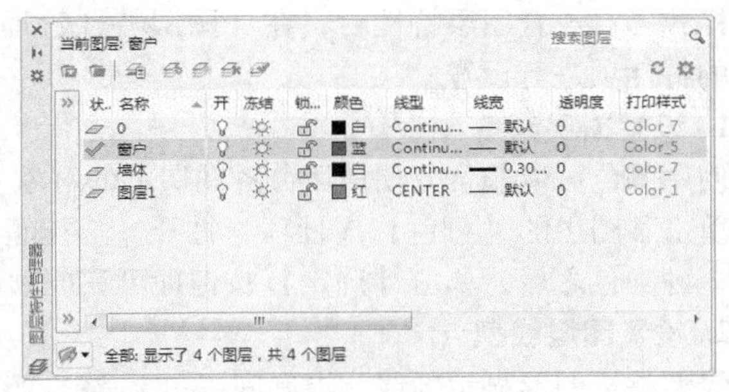


图 3-29　【图层特性管理器】面板设置图层

## 3.4.3 切换图形所在图层

在 AutoCAD 2016 中还可以十分灵活地进行图层转换，即将某一图层内的图形转换至另一个图层，同时使其颜色、线型、线宽等特性发生改变。

**1. 通过【快捷特性】选项板切换图层**

选择需要切换图层的图形，右击图形，在快捷菜单中选择【快捷特性】命令，选择【图层】下拉列表中所需的图层即可切换图形所在图层，如图 3-30 所示。

**2. 通过【图层控制】列表切换图层**

选择图形对象后，在【图层控制】下拉列表选择所需图层。操作结束后，列表框自动关闭，被选择的图形对象转移到刚选择的图层上。

**3. 通过【特性】选项板切换图层**

选择图形之后，再在命令行中输入“PR”并按〈Enter〉键，系统弹出【特性】选项板。在【图层】下拉列表中选择所需图层，如图 3-31 所示，即可切换图层。

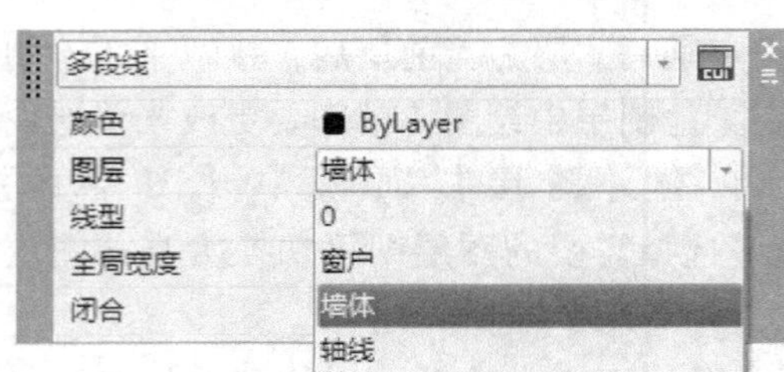

图 3-30　切换图层

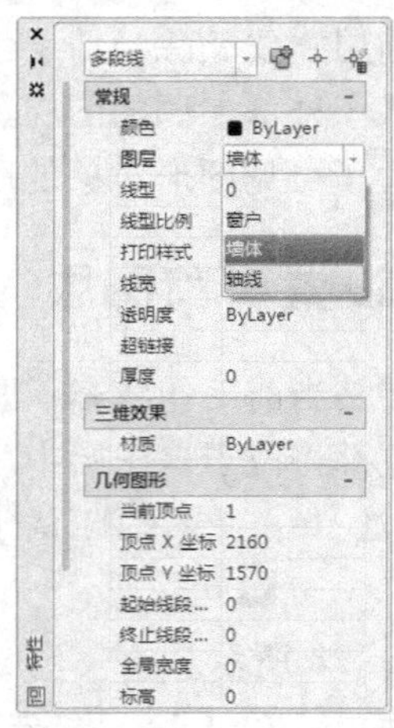

图 3-31　【特性】选项板

## 3.4.4　设置图层特性

图层特性是属于该图层的图形对象所共有的外观特性，包括层名、颜色、线型、线宽和打印样式等。设置图层特性时，在【图层特性管理器】面板中选中某图层，然后双击需要设置的特性项进行设置。

**1. 设置图层颜色**

使用颜色可以非常方便地区分各图层上的对象。

单击某图层的【颜色】属性项，打开【选择颜色】对话框，如图 3-32 所示。根据需要选择一种颜色之后，单击【确定】按钮即可完成颜色选择。

**2. 设置图层线型**

线型是沿图形显示的线、点和间隔（窗格）组成的图样。在绘制对象时，将对象设置为不同的线型，可以方便对象间的相互区分，而且使图形也易于观看。

单击图层的【线型】属性项，打开【选择线型】对话框，如图 3-33 所示。该对话框显示了目前已经加载的线型样式列表，在一个新的 AutoCAD 文档中，仅加载了实线样式。

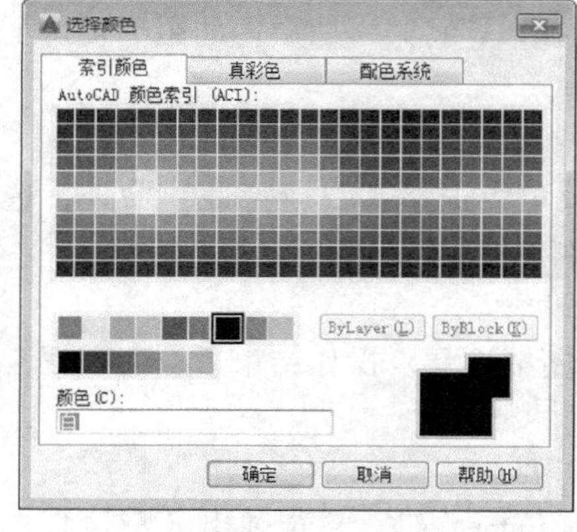

图 3-32　【选择颜色】对话框

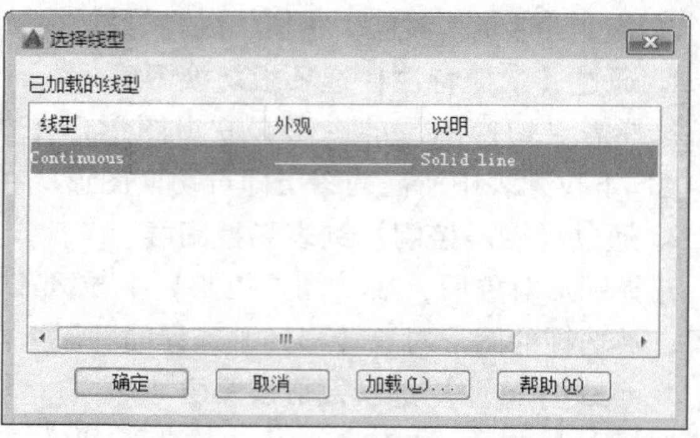

图 3-33　【选择线型】对话框

单击对话框中的【加载】按钮，打开【加载或重载线型】对话框，如图 3-34 所示。选择所需的线型，单击【确定】按钮，返回至【选择线型】对话框，即可看到刚才加载的线型，从中选择所需的线型，单击【确定】按钮关闭对话框，即可完成图层线型的设置。

**3. 设置图层线宽**

单击【线宽】属性项，打开图 3-35 所示的【线宽】对话框，选择合适线宽作为图层的线宽，然后单击【确定】按钮。

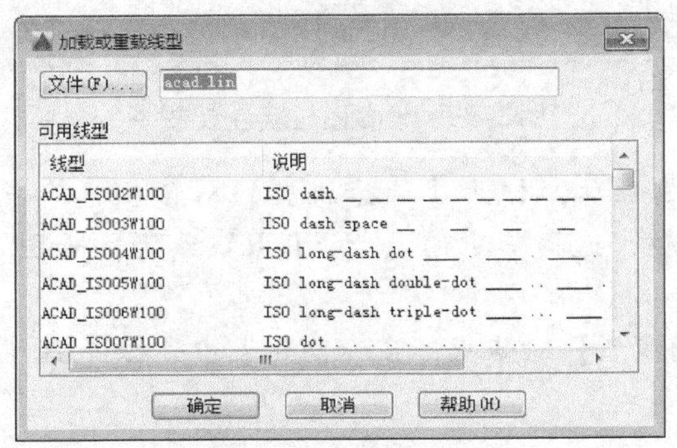


图 3-34 【加载或重载线型】对话框

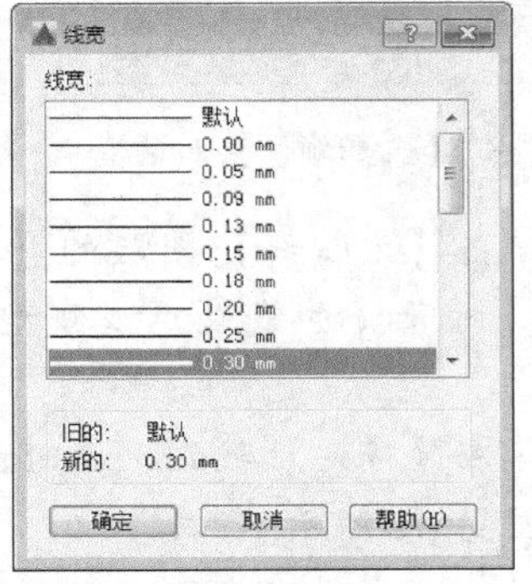


图 3-35 【线宽】对话框

为图层设置了线宽后，如果要在屏幕上显示出线宽，还需要打开线宽显示开关。单击工作区状态栏的【线宽】开关，可以控制线宽是否显示。

## 3.4.5 实战——创建【中心线】图层并设置相关特性

**01** 单击【快速访问】工具栏中的【新建】按钮，新建空白文件。

**02** 在【默认】选项卡中，单击【图层】面板中的【图层特性】按钮，打开【图层特性管理器】面板，如图 3-36 所示。

**03** 单击面板左上角的【新建图层】按钮，新建一个图层，并命名为【中心线】，如图 3-37 所示。

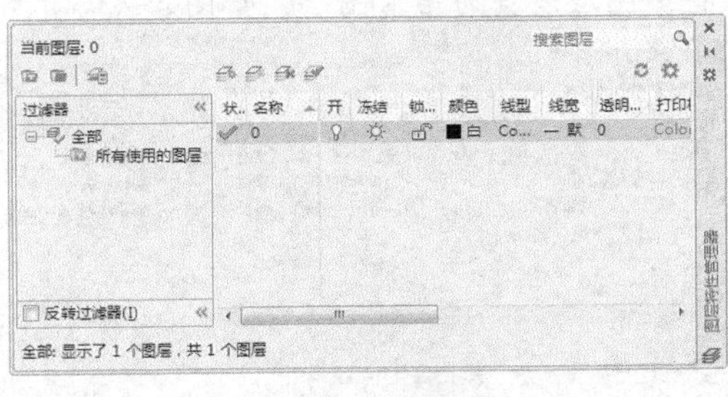


图 3-36 【图层特性管理器】面板

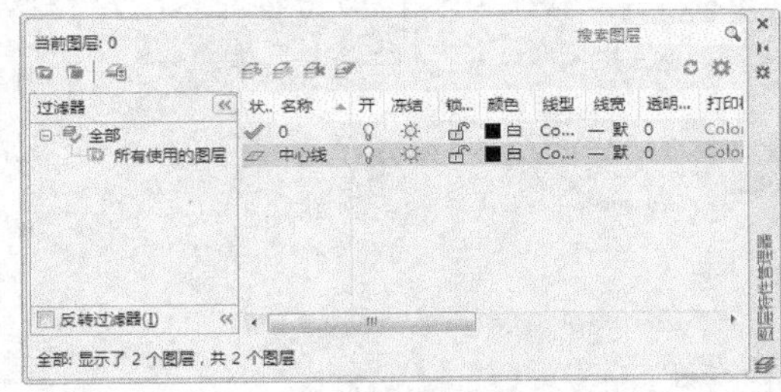


图 3-37 新建图层

**04** 单击【中心线】图层的【颜色】属性项，打开【选择颜色】对话框，选择【索引颜色：1】，如图 3-38 所示。

**05** 单击【确定】按钮，返回至【图层特性管理器】面板，即可看到刚才设置的图层颜色，如图 3-39 所示。

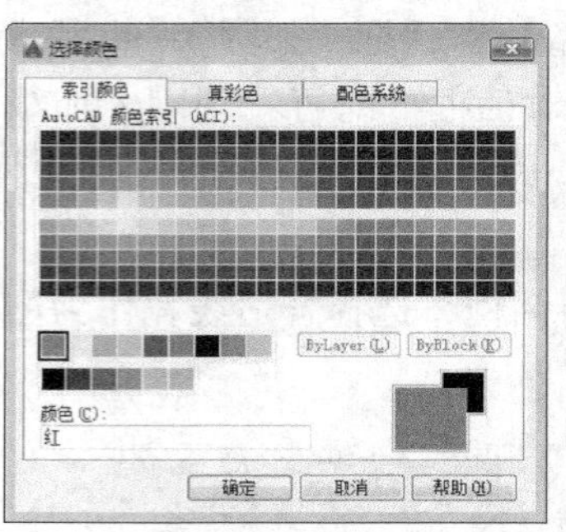

图3-38 【选择颜色】对话框

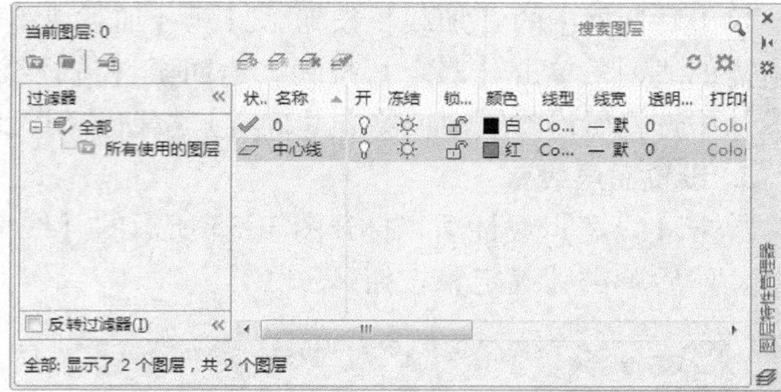

图3-39 设置图层颜色效果

**06** 单击【中心线】图层的【线型】属性项，打开【选择线型】对话框，单击【加载】按钮。打开【加载或重载线型】对话框，选择其中的【CENTER】线型，如图3-40所示。

**07** 单击【确定】按钮，返回至【选择线型】对话框，在线型列表中选择【CENTER】线型，如图3-41所示。

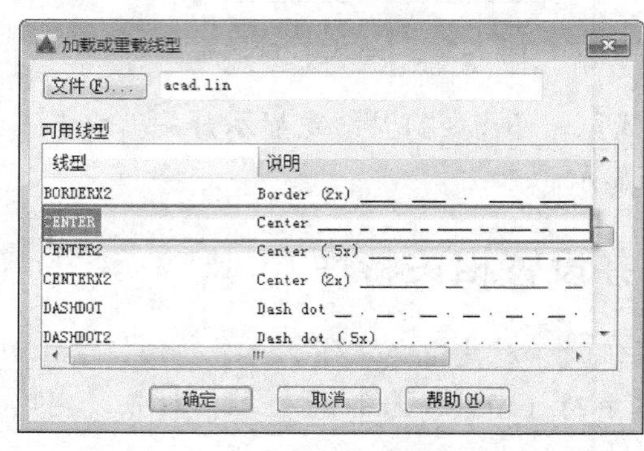

图3-40 【加载或重载线型】对话框

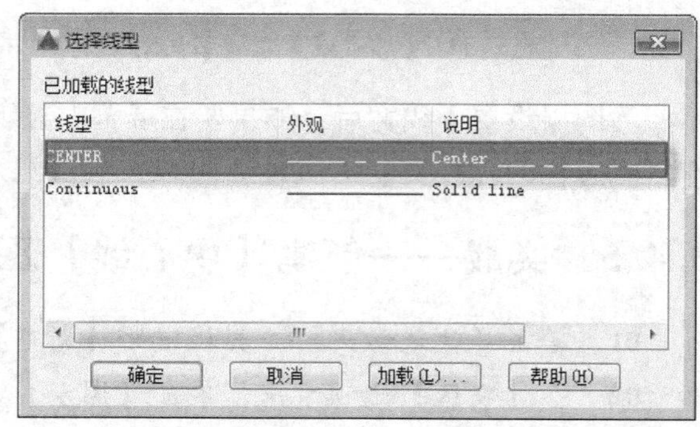

图3-41 【选择线型】对话框

**08** 单击【确定】按钮，关闭对话框，效果如图3-42所示。

**09** 双击【中心线】图层的【状态】属性项，将该图层设置为当前图层，如图3-43所示。

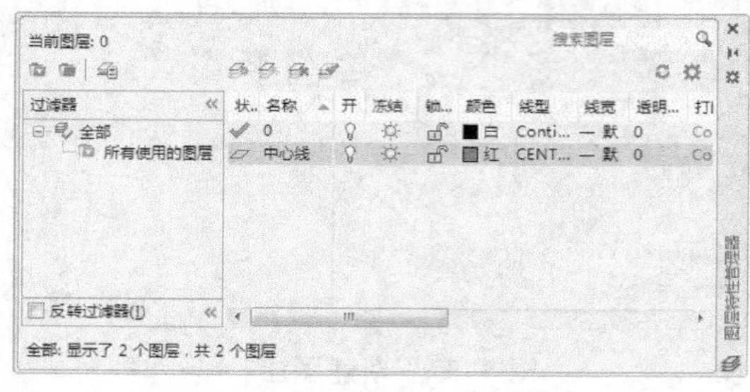

图3-42 效果

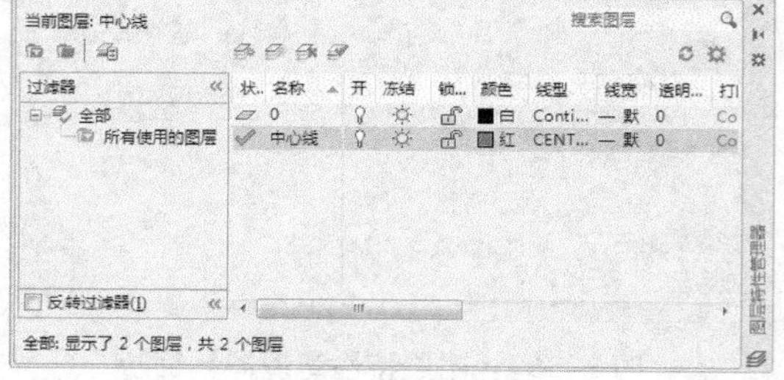

图3-43 【状态】属性项

## 3.4.6 设置图层状态

图层状态是用户对图层整体特性的开/关设置，包括开/关、冻结/解冻、锁定/解锁、打印/不打印等。对图层的状态进行控制，可以更好地管理图层上的图形对象。

图层状态设置在【图层特性管理器】面板中进行，首先选择需要设置图层状态的图层，然后单击相关的状态图标，即可控制其图层状态。

- 打开与关闭：单击【开/关图层】图标💡，即可打开或关闭图层。打开的图层可见，可被打印。关闭的图层为不可见，不能被打印。
- 冻结与解冻：单击【在所有视口中冻结/解冻】图标☼，即可冻结或解冻某图层。冻结长期不需要显示的图层，可以提高系统运行速度，减少图形刷新时间。与关闭图层一样，冻结图层不能被打印。
- 锁定与解锁：单击【锁定/解锁图层】图标🔓，即可锁定或解锁某图层。被锁定的图层不能被编辑、选择和删除，但该图层仍然可见，而且可以在该图层上添加新的图形对象。
- 打印与不打印：单击【打印】图标🖨，即可设置图层是否被打印。指定某图层不被打印，该图层上的图形对象仍然在图形窗口可见。

## 3.4.7 实战——创建室内绘图图层

绘制室内装潢施工图需要创建轴线、墙体、门、窗、楼梯、标注、节点、电气、吊顶、地面、填充、立面和家具等图层。下面以创建轴线图层为例，介绍室内图层的创建与设置方法。

**01** 在命令行中输入“LAYER/LA”并按〈Enter〉键，或选择【格式】|【图层】命令，打开图3-44所示【图层特性管理器】面板。

**02** 单击对话框中的【新建图层】按钮，创建一个新的图层，在【名称】框中输入新图层名称“ZX_轴线”，如图3-45所示。

**提示：** 为了避免外来图层（如从其他文件中复制的图块或图形）与当前图像中的图层掺杂在一起而产生混乱，每个图层名称前面使用了字母（中文图层名的缩写）与数字的组合。同时也可以保证新增的图层能够与其相似的图层排列在一起，从而方便查找。

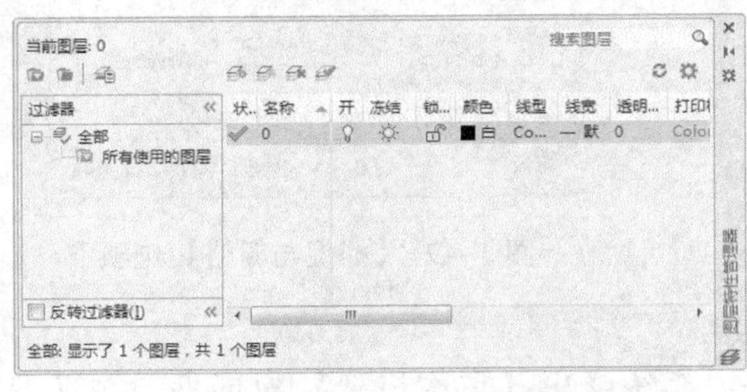


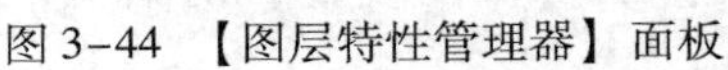
图3-44 【图层特性管理器】面板

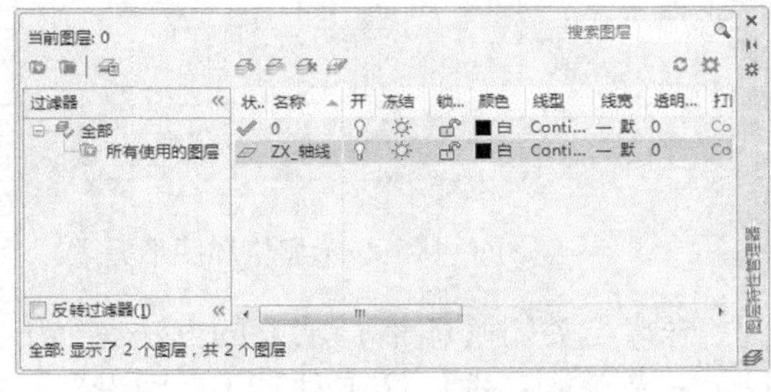


图3-45 创建“轴线”图层

**03** 设置图层颜色。为了区分不同图层上的图线，增加图形不同部分的对比性，可以在【图层特性管理器】面板中单击相应图层【颜色】标签下的颜色色块，打开【选择颜色】对话框，如图3-46所示。在该对话框中选择需要的颜色。

**04** 【ZX_轴线】图层其他特性保持默认值，图层创建完成，使用相同的方法创建其他图层，创建完成的图层如图3-47所示。

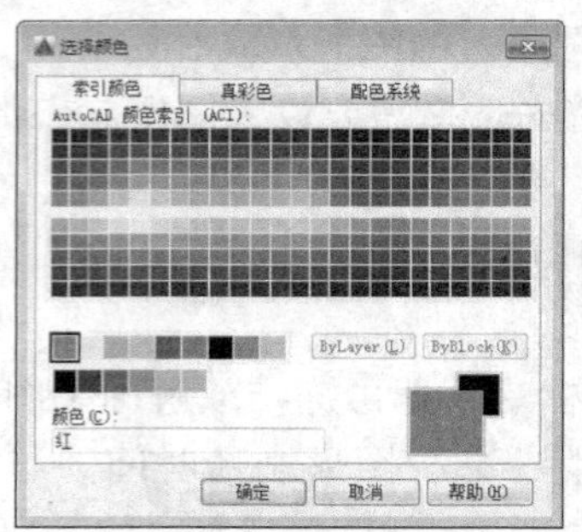

图 3-46 【选择颜色】对话框

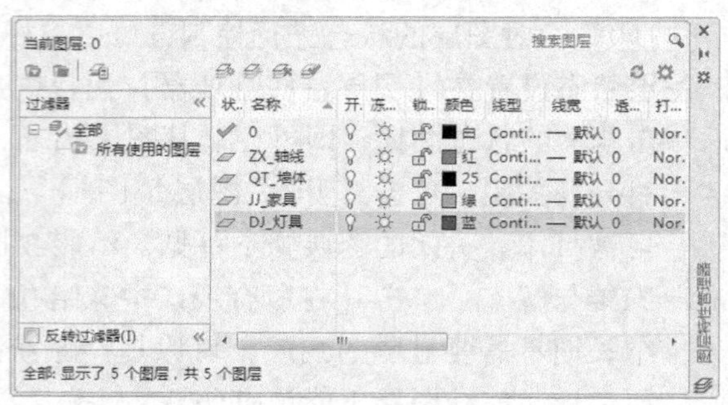

图 3-47 创建其他图层

## 3.5 栅格、捕捉和正交

在实际绘图中，用鼠标定位虽然方便快捷，但精度不够，为了能快速准确定位，AutoCAD 提供了一些绘图辅助工具，如栅格、捕捉和正交等。灵活使用这些辅助绘图工具，可以大幅提高绘图效率。

### 3.5.1 栅格

栅格是一些按照相等间距排布的网格，就像传统的坐标纸一样，能直观地显示图形界限的范围，如图 3-48 所示。用户可以根据绘图的需要，开启或关闭栅格在绘图区的显示，并在【草图设置】对话框中设置栅格的间距大小，如图 3-49 所示，从而达到精确绘图的目的。栅格不属于图形的一部分，打印时不会被输出。

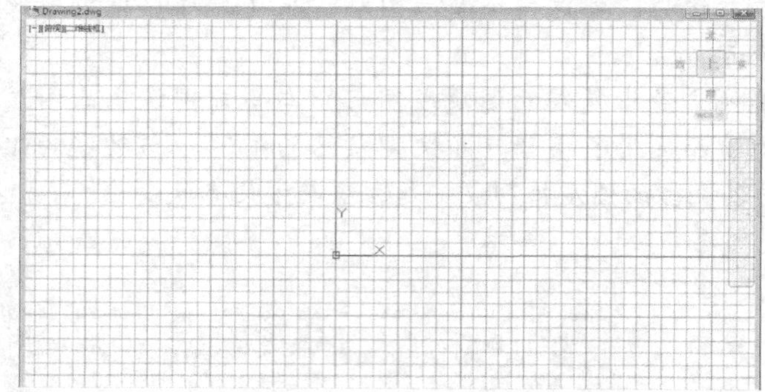

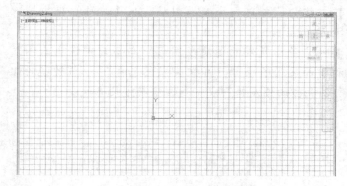

图 3-48 显示栅格和图形界限

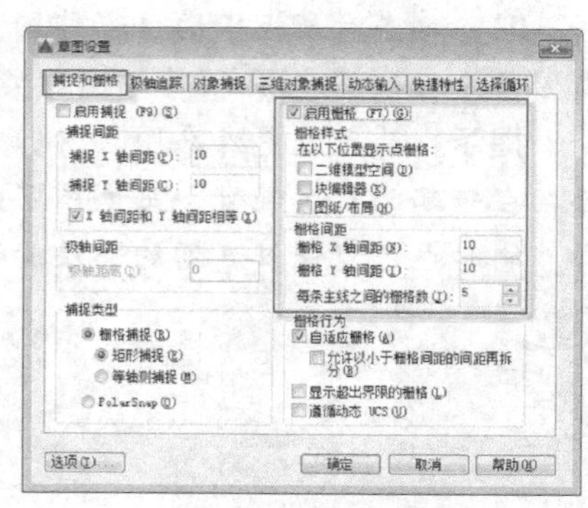

图 3-49 【捕捉与栅格】选项卡

开启与关闭【栅格】功能的方法有如下几种。

- 菜单栏：选择【工具】|【草图设置】命令，系统弹出【草图设置】对话框，在【捕捉和栅格】选项卡中勾选【启用栅格】复选框。
- 状态栏：单击状态栏上【栅格显示】按钮（仅限于打开与关闭）。
- 命令行：在命令行输入“GRID”或“SE”命令。
- 快捷键：按〈F7〉快捷键（仅限于打开与关闭）。

**提示**：在【栅格 X 轴间距】和【栅格 Y 轴间距】文本框中输入数值时，若在【栅格 X 轴间距】文本框中输入一个数值后按〈Enter〉键，系统将自动传送这个值给【栅格 Y 轴间距】，这样可减少工作量。

### 3.5.2 捕捉

【捕捉】功能可以控制光标移动的距离。它经常和【栅格】功能联用。打开【捕捉】功能，光标只能停留在栅格上，此时只能移动栅格间距整数倍的距离。

开启与关闭【捕捉模式】功能的方法有如下几种。

- 快捷键：按〈F9〉键（限于切换开、关状态）。
- 状态栏：单击状态栏上的【捕捉到图形栅格】按钮 。（限于切换开、关状态）。
- 菜单栏：执行【工具】|【绘图设置】命令，在系统弹出的【草图设置】对话框中选择【捕捉与栅格】选项卡，勾选【启用捕捉】复选框。
- 命令行：在命令行中输入“DDOSNAP”命令。

### 3.5.3 正交

无论是机械制图还是建筑制图，有相当一部分直线是水平或垂直的。针对这种情况，AutoCAD 提供了一个正交开关，以方便绘制水平或垂直直线。

开启与关闭【正交】功能的方法有如下几种。

- 快捷键：按〈F8〉快捷键，可在开、关状态间切换。
- 状态栏：单击状态栏上【正交】按钮 。
- 命令行：在命令行输入“ORTHO”命令。

因为【正交】功能限制了直线的方向，打开正交模式后，系统就只能画出水平或垂直的直线。更方便的是，由于正交功能已经限制了直线的方向，所以在绘制一定长度的直线时，用户只需要输入直线的长度即可。图 3-50 所示为使用正交模式绘制的楼梯图形。

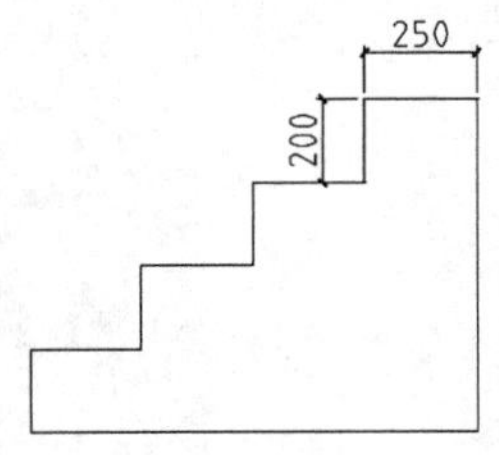


图 3-50 正交模式绘制楼梯

### 3.5.4 开启对象捕捉

根据实际需要，可以打开或关闭对象捕捉，开启和关闭【对象捕捉】功能的方法有如下几种。

- 状态栏：单击状态栏中的【对象捕捉】按钮 。
- 快捷键：按〈F3〉快捷键。
- 菜单栏：执行【工具】|【绘图设置】命令。
- 命令行：在命令行中输入“DDOSNAP”命令。

在命令行输入“DSETTINGS/DS”命令，打开【草图设置】对话框，如图 3-51 所示。单击【对象捕捉】选项卡，选中或取消【启用对象捕捉】复选框，也可以打开或关闭对象捕捉，但由于操作麻烦，在实际工作中并不常用。

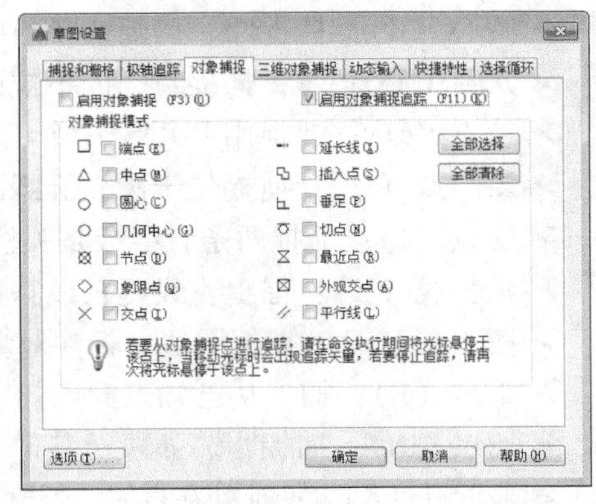


图 3-51 【草图设置】对话框

## 3.5.5 设置对象捕捉点

在使用对象捕捉之前，需要设置好对象捕捉模式，也就是确定当探测到对象特征点时，哪些点捕捉，而哪些点可以忽略，从而避免视图混乱。对象捕捉模式的设置在【草图设置】对话框中进行。

在 AutoCAD 2016 中可以通过以下几种方法启动对象捕捉设置命令。

- 命令行：在命令行中输入“DDOSNAP”命令。
- 菜单栏：执行【工具】|【绘图设置】命令。
- 工具栏：单击【对象捕捉】工具栏中的【对象捕捉设置】按钮。
- 快捷菜单：右键单击状态栏的【对象捕捉】按钮，选择【对象捕捉设置】选项，如图 3-52 所示。

在命令行中输入“DS”并按〈Enter〉键，系统将弹出【草图设置】对话框，选择【对象捕捉】选项卡，如图 3-53 所示，在此对话框的选项组中对对象捕捉方式进行设置。

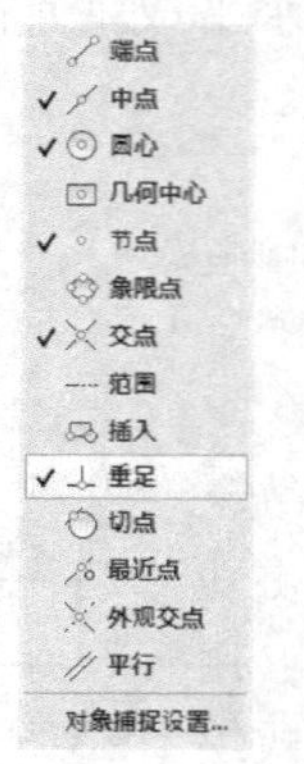


图 3-52　快捷菜单

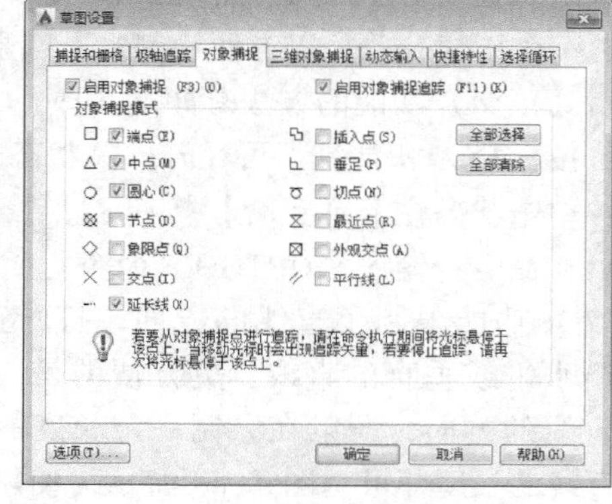


图 3-53　【对象捕捉】选项卡

对话框共列出 14 种对象捕捉点和对应的捕捉标记，其含义如下。

- 端点（E）：捕捉直线或是曲线的端点。
- 中点（M）：捕捉直线或是弧段的中心点。
- 圆心（C）：捕捉圆、椭圆或弧的中心点。
- 几何中心（G）：捕捉封闭的不规则的形状的质心。
- 节点（D）：捕捉用 POINT 命令绘制的点对象。
- 象限点（Q）：捕捉位于圆、椭圆或是弧段上 0°、90°、180°和 270°处的点。
- 交点（I）：捕捉两条直线或是弧段的交点。
- 延长线（X）：捕捉直线延长线路径上的点。
- 插入点（S）：捕捉图块、标注对象或外部参照的插入点。
- 垂足（P）：捕捉从已知点到已知直线的垂线的垂足。
- 切点（N）：捕捉圆、弧段及其他曲线的切点。
- 最近点（R）：捕捉处在直线、弧段、椭圆或样条曲线上距离光标最近的特征点。
- 外观交点（A）捕捉两个对象在视图平面上的交点。若两个对象没有直接相交，则系统自动计算其延长后的交点；若两对象在空间上为异面直线，则系统计算其投影方向上的交点。

➢ 平行线（L）：选定路径上的一点，使通过该点的直线与已知直线平行。

其中【对象捕捉】选项卡的各项含义如下。

➢【启用对象捕捉】复选框：勾选该复选项，在【对象捕捉模式】选项组中勾选的捕捉模式处于激活状态。

➢【启用对象捕捉追踪】复选框：用于打开或关闭自动追踪功能。

➢【对象捕捉模式】选项组：此选项组中列出各种捕捉模式的复选框，被勾选的复选框处于激活状态。单击【全部清除】按钮，则所有模式均被清除。单击【全部选择】按钮，则所有模式均被选中。

**提示：**如果命令行并没有提示输入点位置，则【对象捕捉】功能是不会生效的。因此，【对象捕捉】实际上是通过捕捉特征点的位置来代替命令行输入特征点的坐标。

### 3.5.6 实战——使用对象捕捉绘制窗花

**01** 在【默认】选项卡中，单击【绘图】面板中的【多边形】按钮，绘制一个正五边形，如图 3-54 所示，命令行操作如下。

```
命令:polygon                                          //调用【多边形】命令
输入侧面数 <5>:5                                      //输入侧面数
指定正多边形的中心点或[边(E)]:
输入选项[内接于圆(I)/外切于圆(C)] <C>:C              //输入选项
指定圆的半径:70                                       //指定圆的半径
```

**02** 单击状态栏中的【对象捕捉】按钮，开启对象捕捉，在【对象捕捉】按钮上单击鼠标右键，在弹出的快捷菜单中选择【中点】和【端点】选项，如图 3-55 所示。

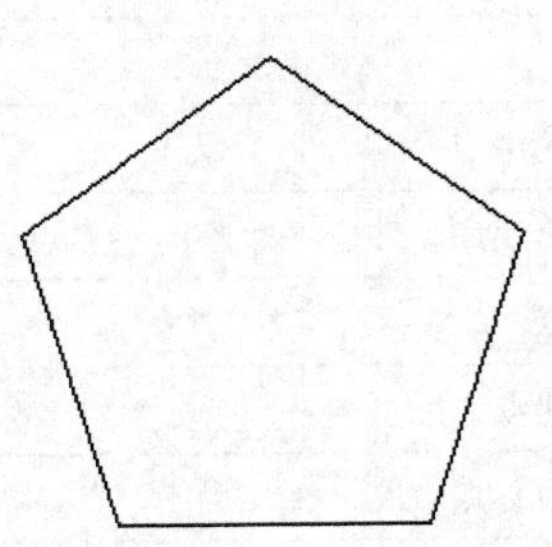

图 3-54 绘制正五边形

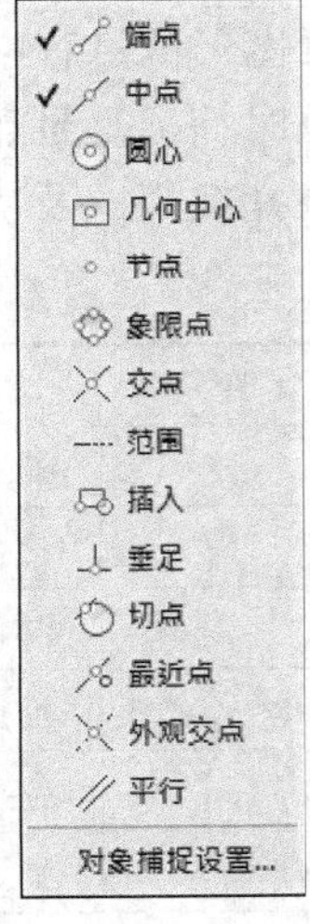


图 3-55 快捷菜单

**03** 在【默认】选项卡中，单击【绘图】面板中的【直线】按钮，配合【中点捕捉】和【端点捕捉】功能，捕捉各边中点绘制直线，如图 3-56 所示。

**04** 单击【修改】面板中的【修剪】按钮，修剪图形，最终效果如图 3-57 所示。

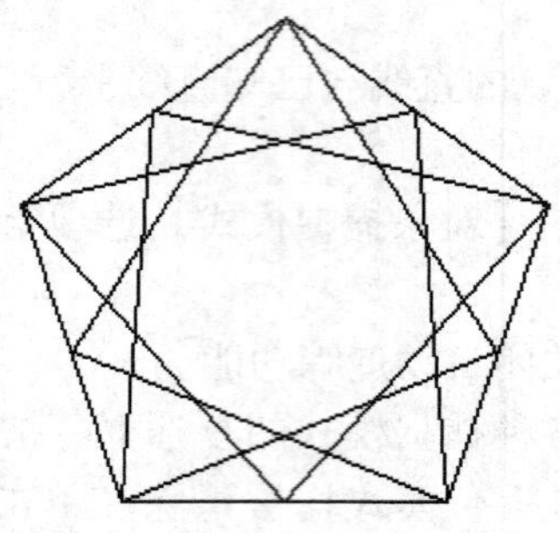
图 3-56　绘制直线

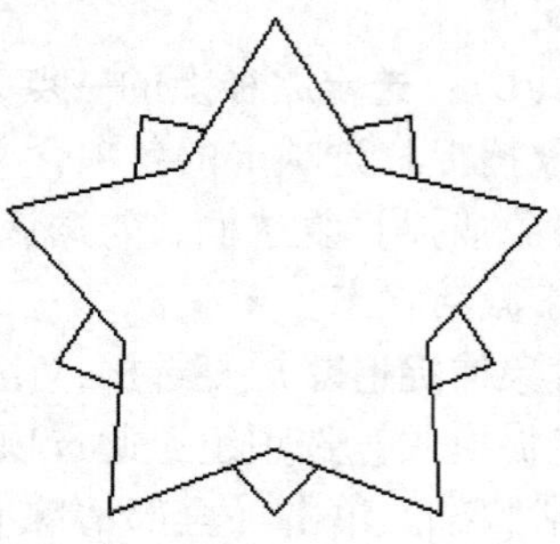
图 3-57　修剪图形

## 3.5.7　自动捕捉和临时捕捉

AutoCAD 提供了两种捕捉模式：自动捕捉和临时捕捉。自动捕捉需要用户在捕捉特征点之前设置需要的捕捉点，当鼠标移动到这些对象捕捉点附近时，系统就会自动捕捉特征点。

临时捕捉是一种一次性捕捉模式，这种模式不需要提前设置，当用户需要时临时设置即可。且这种捕捉只是一次性的，就算是在命令未结束时也不能反复使用。而在下次需要时则要再一次调出。

在命令行提示输入点坐标时，同时按住〈Shift〉键 + 鼠标右键，系统会弹出图 3-58 所示快捷菜单。在其中可以选择需要的捕捉类型。

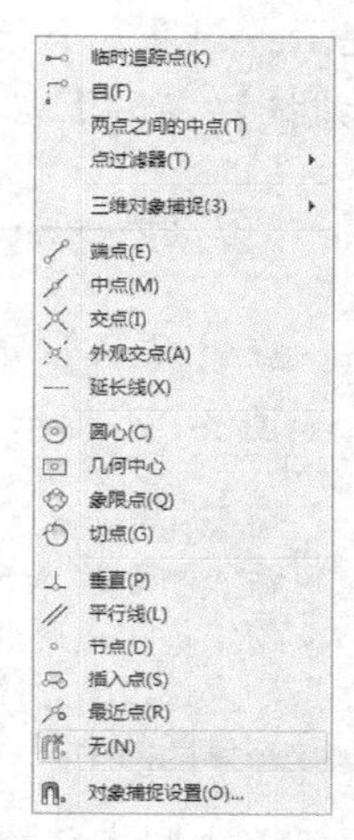

图 3-58　对象捕捉快捷菜单

此外，也可以直接执行捕捉对象的快捷命令来选择捕捉模式。例如在绘制或编辑图形的过程中，输入并执行“MID”快捷命令，将临时捕捉图形的中点，输入“PER”并临时捕捉垂足点。

AutoCAD 常用对象捕捉模式及快捷命令见表 3-1。

**表 3-1　常用对象捕捉及快捷命令**

| 捕捉模式 | 快捷命令 | 含　义 |
| --- | --- | --- |
| 临时追踪点 | TT | 建立临时追踪点 |
| 两点之间的中点 | M2P | 捕捉两个独立点之间的中点 |
| 捕捉自 | FRO | 与其他的捕捉方式配合使用，建立一个临时参考点，作为指出后续点的基点 |
| 端点 | ENDP | 捕捉直线或曲线的端点 |
| 中点 | MID | 捕捉直线或弧段的中间点 |
| 圆心 | CEN | 捕捉圆、椭圆或弧的中心点 |
| 节点 | NOD | 捕捉用 POINT 或 DIVIDE 等命令绘制的点对象 |
| 几何中心 | GCEN | 捕捉封闭的不规则的形状的质心 |
| 象限点 | QUA | 捕捉位于圆、椭圆或弧段上 0°、90°、180°和 270°处的点 |

（续）

| 捕捉模式 | 快捷命令 | 含　义 |
|---|---|---|
| 交点 | INT | 捕捉两条直线或弧段的交点 |
| 延长线 | EXT | 捕捉对象延长线路径上的点 |
| 插入点 | INS | 捕捉图块、标注对象或外部参照等对象的插入点 |
| 垂足 | PER | 捕捉从已知点到已知直线的垂线的垂足 |
| 切点 | TAN | 捕捉圆、弧段及其他曲线的切点 |
| 最近点 | NEA | 捕捉处在直线、弧段、椭圆或样条线上，而且距离光标最近的特征点 |
| 外观交点 | APP | 在三维视图中，从某个角度观察两个对象可能相交，但实际并不一定相交，可以使用【外观交点】捕捉对象在外观上相交的点 |
| 平行 | PAR | 选定路径上一点，使通过该点的直线与已知直线平行 |
| 无 | NON | 关闭对象捕捉模式 |
| 对象捕捉设置 | OSNAP | 设置对象捕捉 |

## 3.5.8　三维捕捉

【三维捕捉】是建立在三维绘图的基础上的一种捕捉功能，与【对象捕捉】功能类似。开启与关闭【三维捕捉】功能的方法有如下几种。

- 快捷键：按〈F4〉快捷键，可在开、关状态间切换。
- 状态栏：单击状态栏上的【三维捕捉】按钮（限于切换开、关状态）。
- 命令行：在命令行中输入“DDOSNAP”命令。
- 菜单栏：执行【工具】|【绘图设置】命令。
- 工具栏：单击【对象捕捉】工具栏中的【对象捕捉设置】按钮。
- 快捷菜单：右键单击状态栏的【三维捕捉】按钮，选择【对象捕捉设置】选项。

鼠标移动到【三维捕捉】按钮上并单击右键，在弹出快捷菜单中选择【设置】选项，如图 3-59 所示。系统自动弹出【草图设置】对话框，勾选需要的选项即可，如图 3-60 所示。

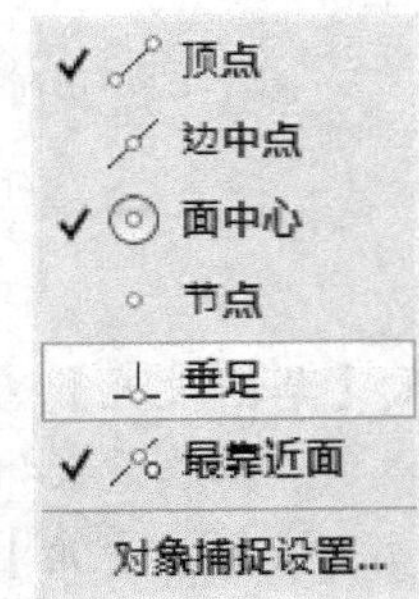


图 3-59　快捷菜单

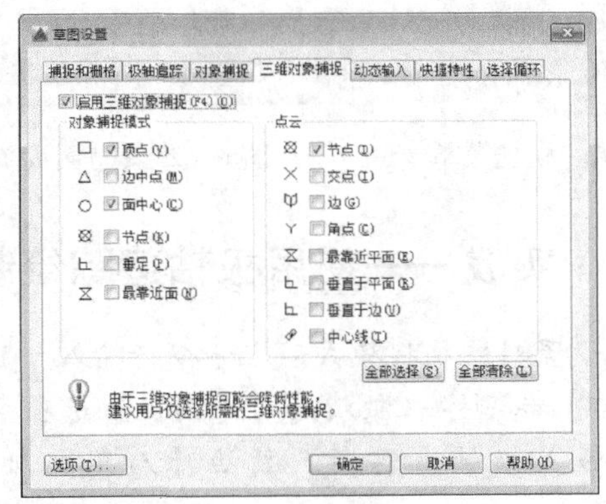


图 3-60　【草图设置】对话框

对话框中共列出 6 种三维捕捉点和对应的捕捉标记，各选项的含义如下。

➢ 顶点：捕捉到三维对象的最近顶点。
➢ 边中点：捕捉到面边的中点。
➢ 面中心：捕捉到面的中心。
➢ 节点：捕捉到样条曲线上的节点。
➢ 垂足：捕捉到垂直于面的点。
➢ 最靠近面：捕捉到最靠近三维对象面的点。

## 3.5.9　极轴追踪

极轴追踪的作用也是辅助精确绘图。制图时，极轴追踪能够显示出许多临时辅助线，帮助用户在精确的角度或位置上创建图形对象。

开启与关闭【极轴追踪】功能的方法有如下几种。

➢ 快捷键：按〈F10〉键（限于切换开、关状态）。
➢ 状态栏：单击状态栏上的【极轴追踪】按钮（限于切换开、关状态）。
➢ 菜单栏：执行【工具】|【绘图设置】命令。
➢ 命令行：在命令行中输入“DDOSNAP”命令。

在使用极轴追踪之前，应设置正确的追踪角度。移动光标到状态栏【极轴追踪】按钮上单击右键，在弹出的快捷菜单中选择【设置】选项，如图 3-61 所示。系统自动弹出【草图设置】对话框，如图 3-62 所示，设置所需的极轴追踪角度和增量角。当光标的相对角度等于该角，或者是该角的整数倍时，屏幕上将显示追踪路径，如图 3-63 所示。

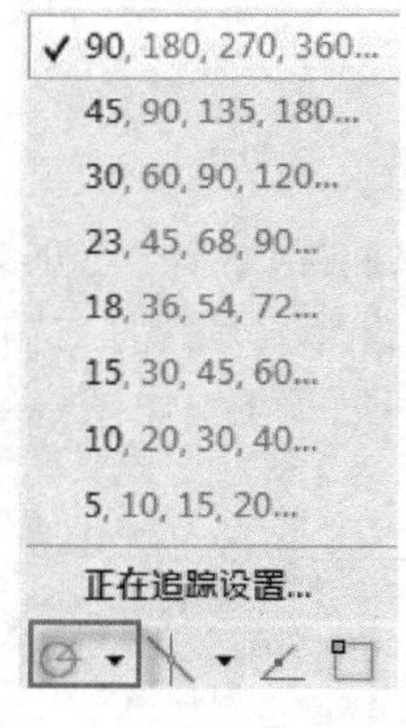


图 3-61　快捷菜单

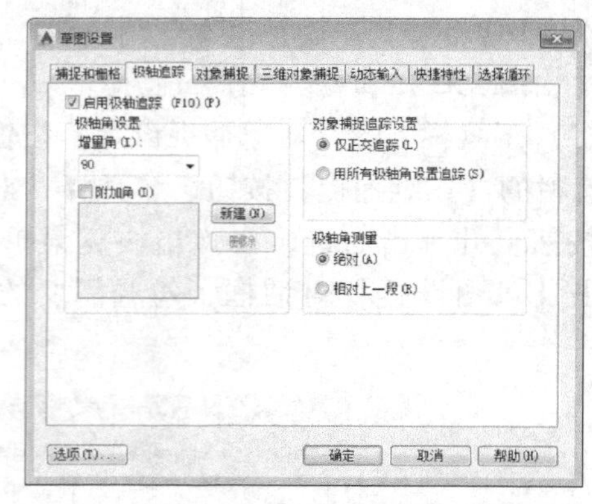


图 3-62　【草图设置】对话框

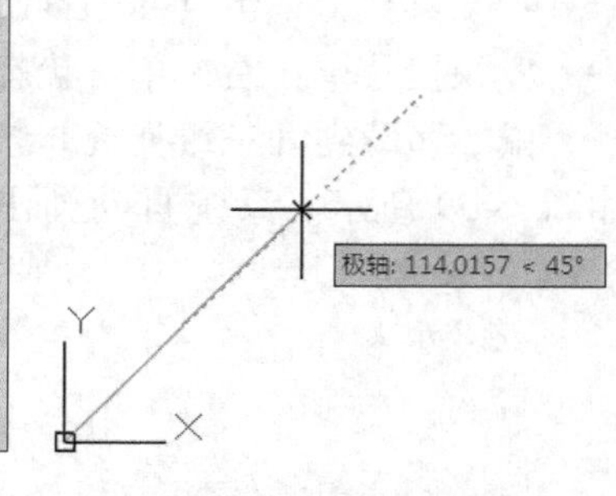


图 3-63　极轴追踪路径

## 3.5.10　实战——使用极轴追踪绘制四边形

**01**　设置对象捕捉模式。在命令行输入“DS”命令，打开【草图设置】对话框，激活【极轴追踪】选项卡，激活【对象捕捉】选项卡，在其中设置参数，如图 3-64 所示。

**02**　设置极轴追踪角。激活【启用极轴追踪】选项，设置【增量角】为 45°，如图 3-65 所示。

**03**　绘制图形。在【默认】选项卡，单击【绘图】面板中的【多段线】按钮，绘制四边形，命令行提示如下。

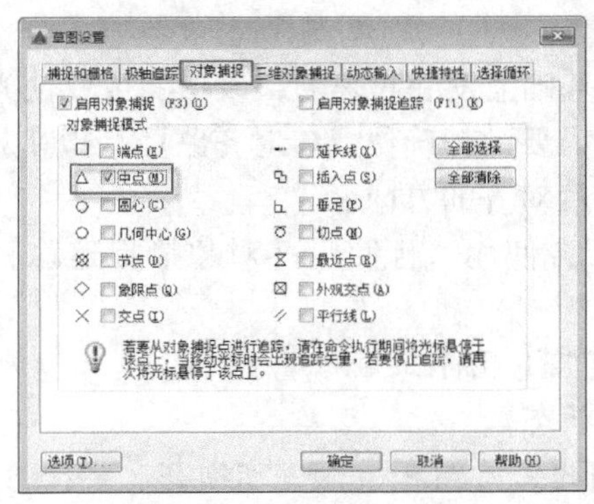

图 3-64 【草图设置】对话框

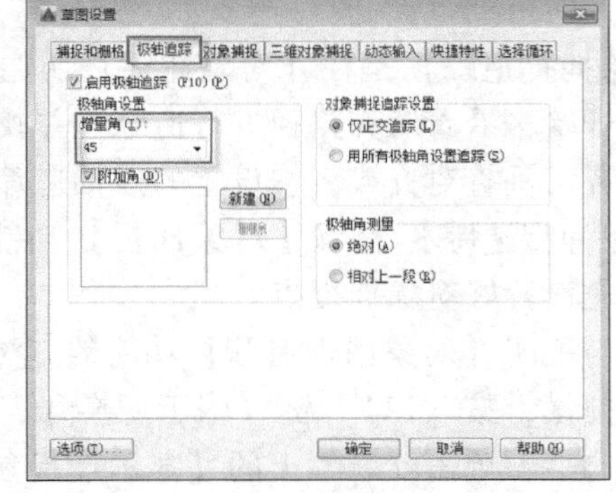

图 3-65 设置追踪角度

命令:PL //调用【多段线】命令
指定起点: //在绘图区任意位置指定一点
当前线宽为 0.0000
指定下一个点或［圆弧(A)/半宽(H)/长度(L)/放弃(U)/宽度(W)］:1000 //将光标移动至起点右下方,引出图 3-66 所示的 315°极轴追踪线,然后输入线段长度数值
指定下一点或［圆弧(A)/闭合(C)/半宽(H)/长度(L)/放弃(U)/宽度(W)］:1000 //将光标移动至上一点左下方,引出图 3-67 所示的 225°极轴追踪线,然后输入线段长度数值
指定下一点或［圆弧(A)/闭合(C)/半宽(H)/长度(L)/放弃(U)/宽度(W)］:1000 //将光标移动至上一点左上方,引出图 3-68 所示的 135°极轴追踪线,然后输入数值
指定下一点或［圆弧(A)/闭合(C)/半宽(H)/长度(L)/放弃(U)/宽度(W)］: //输入 C 闭合图形,结果如图 3-69 所示

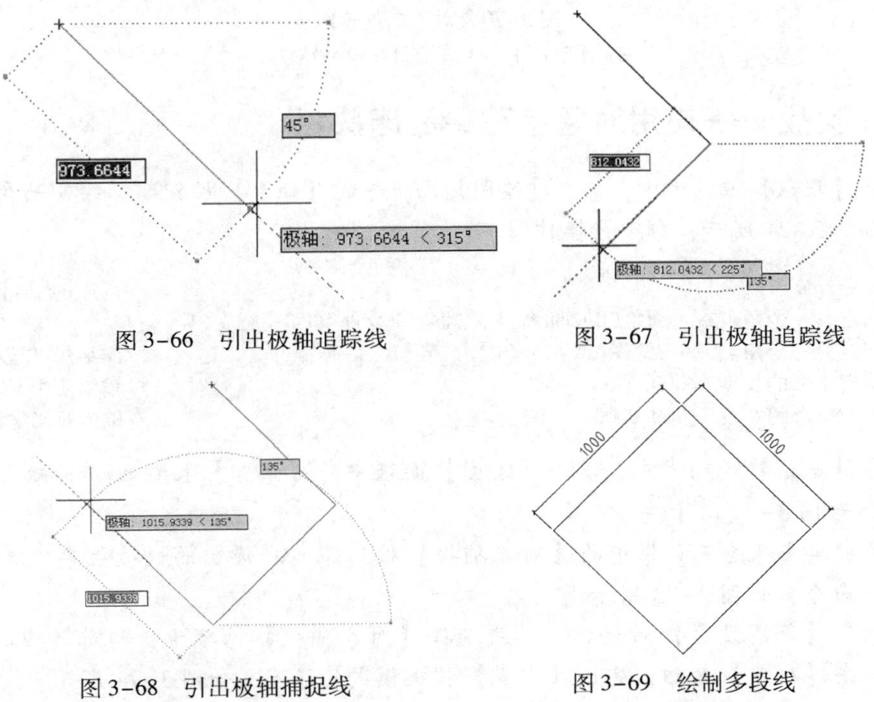


图 3-66 引出极轴追踪线

图 3-67 引出极轴追踪线

图 3-68 引出极轴捕捉线

图 3-69 绘制多段线

## 3.5.11　对象捕捉追踪

【对象捕捉追踪】是在【对象捕捉】功能的基础上发展起来的，该功能可以使光标从对象捕捉点开始，沿着对齐路径进行追踪，并找到需要的精确位置。对齐路径是指和对象捕捉点水平对齐、垂直对齐或者按设置的极轴追踪角度对齐的方向。

【对象捕捉追踪】应与【对象捕捉】功能配合使用。且使用【对象捕捉追踪】功能之前，需要先设置好对象捕捉点。

开启与关闭【对象捕捉追踪】功能的方法有如下几种。

- 快捷键：按〈F11〉键（限于切换开、关状态）。
- 状态栏：单击状态栏上的【显示捕捉参照线】按钮（限于切换开、关状态）。
- 菜单栏：执行【工具】|【绘图设置】命令。
- 命令行：在命令行中输入“DDOSNAP”命令。

在绘图过程中，当要求输入点的位置时，将光标移动到一个对象捕捉点附近，不要单击鼠标，只需暂时停顿即可获取该点。已获取的点显示为一个蓝色靶框标记。可以同时获取多个点。获取点之后，当在绘图路径上移动光标时，相对点的水平、垂直或极轴对齐路径将会显示出来，如图3-70所示，而且还可以显示多条对齐路径的交点。

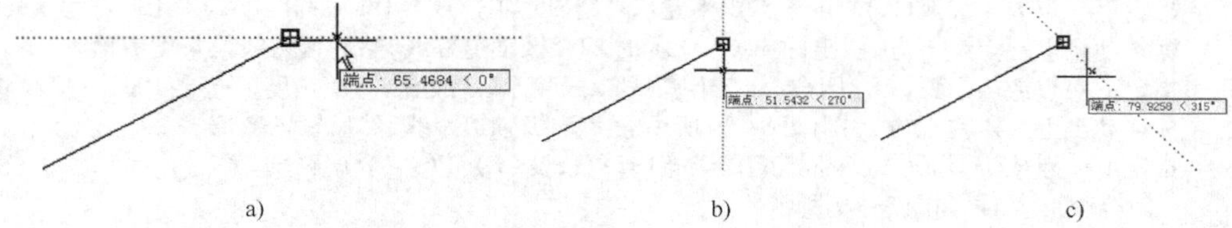


a)　　b)　　c)

图3-70　对象捕捉追踪

a）水平对齐　b）垂直对齐 c）极轴对齐

## 3.5.12　实战——使用对象追踪绘制床头柜

**01**　在【默认】选项卡中，单击【绘图】面板中的【矩形】按钮，绘制一个600×600的矩形，如图3-71所示，命令行操作如下。

```
命令:rec                                                    //调用【矩形】命令
指定第一个角点或［倒角(C)/标高(E)/圆角(F)/厚度(T)/宽度(W)］:
指定另一个角点或［面积(A)/尺寸(D)/旋转(R)］:D               //激活尺寸选项
指定矩形的长度 <600.0000>:600                                //输入矩形长度
指定矩形的宽度 <600.0000>:600                                //输入矩形宽度
```

**02**　在【默认】选项卡中，单击【绘图】面板中的【偏移】按钮，将矩形向内偏移50的距离，如图3-72所示。

**03**　右键单击状态工具栏中的【对象捕捉】按钮，在弹出的快捷菜单中选择【对象捕捉设置】命令，如图3-73所示。

**04**　打开【草图设置】对话框，单击选择【对象捕捉】选项卡，勾选其中的【中点】复选框，单击【确定】按钮，完成【中点】捕捉模式的设置，如图3-74所示。

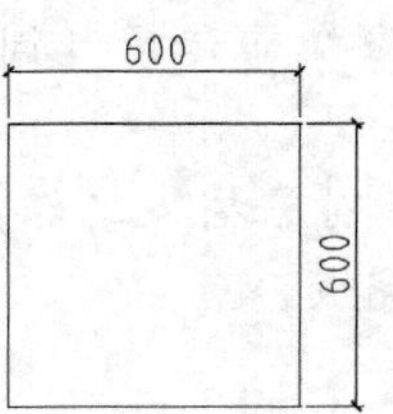

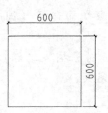

图 3-71　绘制矩形

图 3-72　偏移矩形

图 3-73　选择【对象捕捉设置】命令

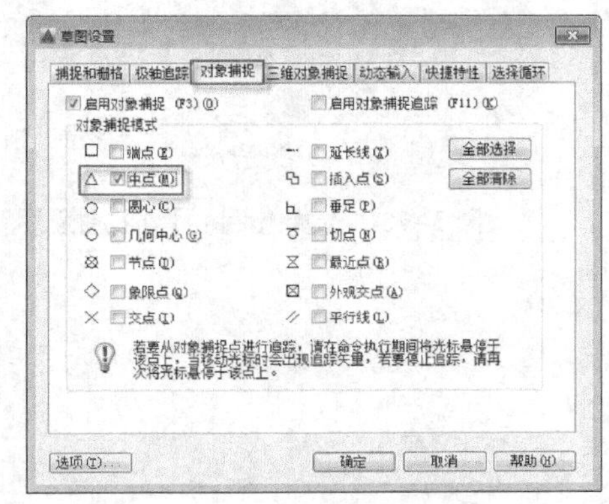


图 3-74　【对象捕捉】选项卡

**05**　单击状态栏中的【对象捕捉追踪】按钮，启用【对象捕捉追踪】功能。

**06**　在【默认】选项卡中，单击【绘图】面板中的【圆】按钮，捕捉内侧矩形上侧边和下侧边的中点，移动鼠标捕捉到矩形的中心点，如图 3-75 所示。绘制一个半径为 140 的圆，如图 3-76 所示。命令行操作如下。

```
命令:circle                                              //调用【圆】命令
指定圆的圆心或[三点(3P)/两点(2P)/切点、切点、半径(T)]:
指定圆的半径或[直径(D)]:140                               //输入半径值
```

**07**　在【默认】选项卡中，单击【绘图】面板中的【偏移】按钮，将圆向内偏移 20 的距离，如图 3-77 所示。

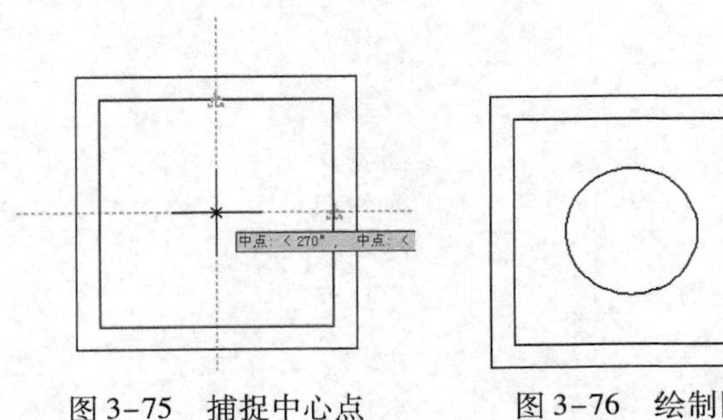


图 3-75　捕捉中心点　　图 3-76　绘制圆

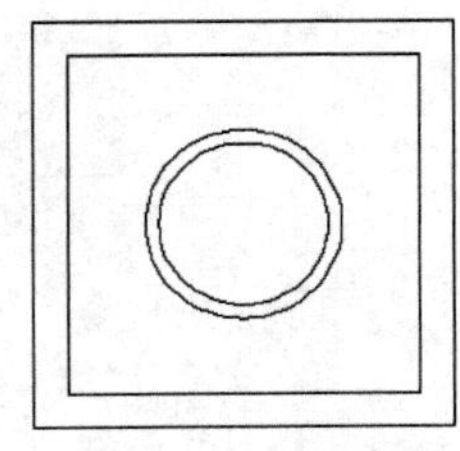

图 3-77　偏移圆

**08** 右击状态栏【对象捕捉】按钮▢·，在弹出的快捷菜单中选择【圆心】捕捉模式，如图3-78所示。

**09** 在命令行输入“L”命令，通过【圆心捕捉】与【对象捕捉追踪】绘制直线，完成床头柜台灯的绘制，如图3-79所示。至此，床头柜绘制完成。

图3-78 选择【圆心】捕捉模式

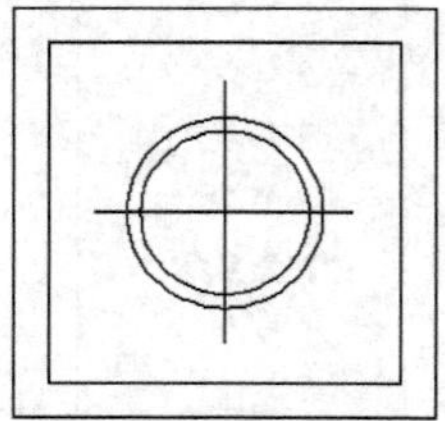

图3-79 绘制灯饰

# 第4章　基本二维图形的绘制

任何复杂的室内图形都是由点、直线、圆和多边形等基本图形组成的，只有熟练掌握这些基本绘图命令的用法，才能绘制出复杂的室内图形。

## 4.1　点对象的绘制

AutoCAD 中的点是组成图形最基本的元素，还可以用来标识图形的某些特殊的部分，比如绘制直线时需要确定中点、绘制矩形时需要确定两个对角点、绘制圆或圆弧时需要确定圆心等。本节介绍点对象的绘制。

### 4.1.1　设置点样式

AutoCAD 默认下的点是没有长度和大小等属性的，在绘图区上仅仅显示为一个小圆点，为了清楚了解点的位置，可以将点设置为不同的显示样式以及显示大小，以方便绘图。

在 AutoCAD 中，设置点样式的方式有：

➢ 命令行：在命令行中输入“DDPTYPE”命令并按〈Enter〉键。

➢ 菜单栏：执行【格式】|【点样式】命令。

➢ 功能区：在【默认】选项卡中，单击【实用工具】面板上的【点样式】按钮 点样式...。

执行以上任意一种操作，系统弹出【点样式】对话框，如图 4-1 所示。设置点的样式以及大小参数，单击【确定】按钮，保存已设置好的点样式，并关闭【点样式】对话框。

返回到绘图区域中，原来的小圆点变成了设置的点样式效果，如图 4-2 所示。

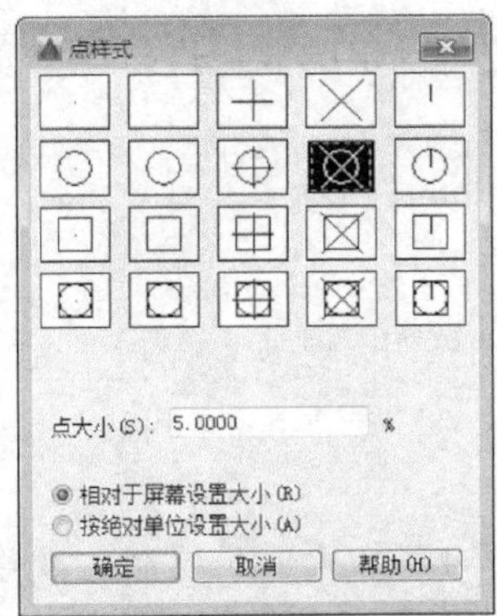


图 4-1　【点样式】对话框

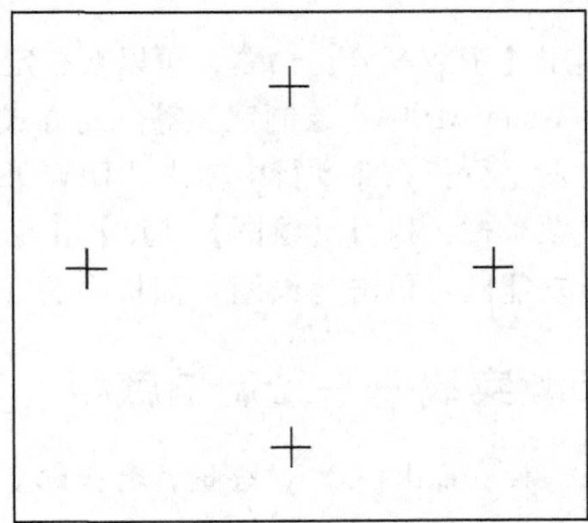

图 4-2　点样式效果

## 4.1.2 绘制单点

【单点】命令可以按照用户的需求确定点的位置及数量以完成绘制。

在 AutoCAD 中，绘制单点的方式有：

➢ 命令行：在命令行中输入“POINT/PO”并按〈Enter〉键。

➢ 菜单栏：执行【绘图】|【点】|【单点】命令。

执行上述任一种操作，调用【单点】命令后，在绘图区中单击鼠标左键，即可创建单点，结果如图 4-3 所示。

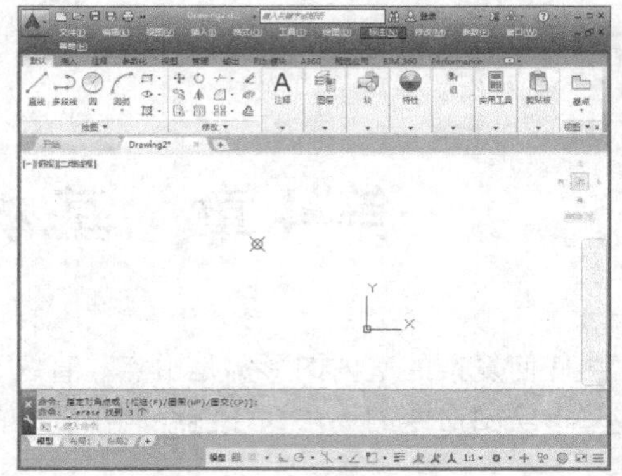

图 4-3 绘制单点

## 4.1.3 绘制多点

调用【多点】命令后，可以在绘图区依次指定多个点，直至按〈Esc〉键结束多点输入状态为止。

在 AutoCAD 中，绘制多点的方式有以下几种。

➢ 菜单栏：执行【绘图】|【点】|【多点】命令。

➢ 功能区：单击【绘图】面板中的【多点】工具按钮。

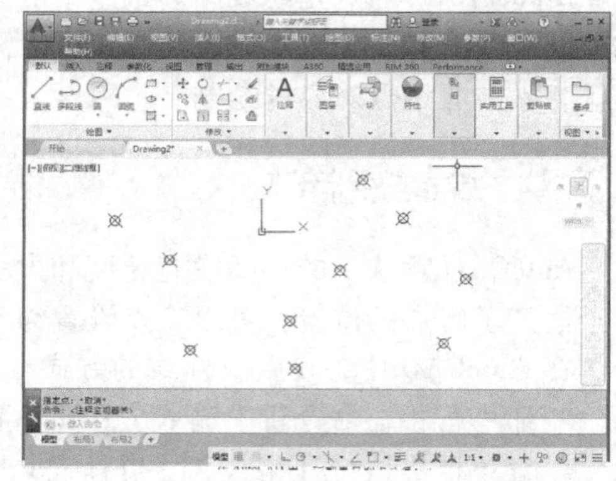

图 4-4 绘制多点

调用【多点】命令后，在绘图区中连续单击鼠标左键，即可创建多点，按〈Esc〉键结束命令，绘制结果如图 4-4 所示。

## 4.1.4 绘制定数等分点

调用【定数等分】命令，可以在指定的图形对象上按照确定的数量进行等分。

在 AutoCAD 中，绘制定数等分的方式有以下几种。

➢ 命令行：在命令行中输入“DIVIDE/DIV”并按〈Enter〉键。

➢ 菜单栏：执行【绘图】|【点】|【定数等分】命令。

➢ 功能区：单击【绘图】面板中的【定数等分】工具按钮。

## 4.1.5 实战——绘制储藏柜

**01** 按〈Ctrl + O〉组合键，打开配套光盘提供的“第 4 章\4.1.5 绘制定数等分.dwg”素材文件，结果如图 4-5 所示。

**02** 调用 DIV【定数等分】命令，根据命令行的提示选择要定数等分的对象，具体操作

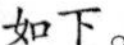

如下。

```
命令:divide                     //调用【定数等分】命令
选择要定数等分的对象:            //选择需要定数等分对象,即矩形,如图 4-6 所示
输入线段数目或［块(B)］:5      //输入等分数,如图 4-7 所示,按〈Enter〉键结束,结果如图 4-8 所示。
```

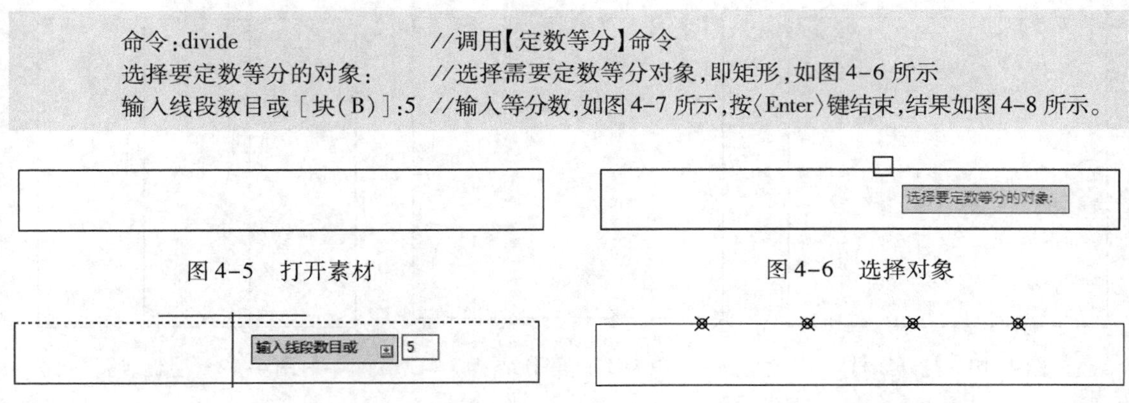


图 4-5　打开素材　　图 4-6　选择对象

图 4-7　指定数目　　图 4-8　等分结果

**03** 调用【直线】命令，以等分点为标准绘制直线，即可完成储藏柜平面图形的绘制，结果如图 4-9 所示。

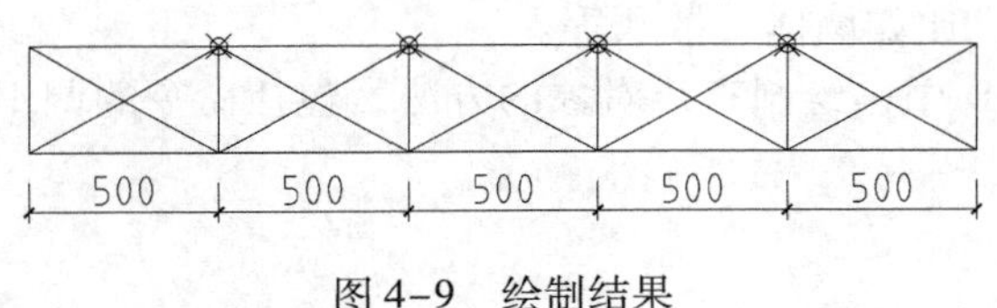


图 4-9　绘制结果

## 4.1.6　绘制定距等分点

调用【定距等分】命令，可以在指定的对象上按照确定的长度进行等分。与定数等分不同的是：因为等分后的子线段数目是线段总长除以等分距，所以由于等分距的不确定性，定距等分后可能会出现剩余线段。

在 AutoCAD 中，绘制定距等分的方式有：

➢ 命令行：在命令行中输入“MEASURE/ME”并按〈Enter〉键。

➢ 菜单栏：执行【绘图】|【点】|【定距等分】命令。

➢ 功能区：单击【绘图】面板中的【定距等分】工具按钮。

## 4.1.7　实战——绘制衣柜立面图

**01** 按〈Ctrl + O〉组合键，打开配套光盘提供的“第 4 章 \ 4.1.7 绘制定数等分 . dwg”素材文件，结果如图 4-10 所示。

**02** 调用【定距等分】命令，选择矩形的下方边为等分对象，具体操作如下。

```
命令:measure                    //调用【定距等分】命令
选择要定距等分的对象:            //选择矩形下方边
指定线段长度或［块(B)］:400     //输入等分长度,按〈Enter〉键应用等分,如图 4-11 所示
```

**03** 调用【直线】命令，以等分点为起点绘制直线；调用【矩形】命令，绘制矩形作

为柜子的把手，绘制柜子的立面图结果如图 4-12 所示。

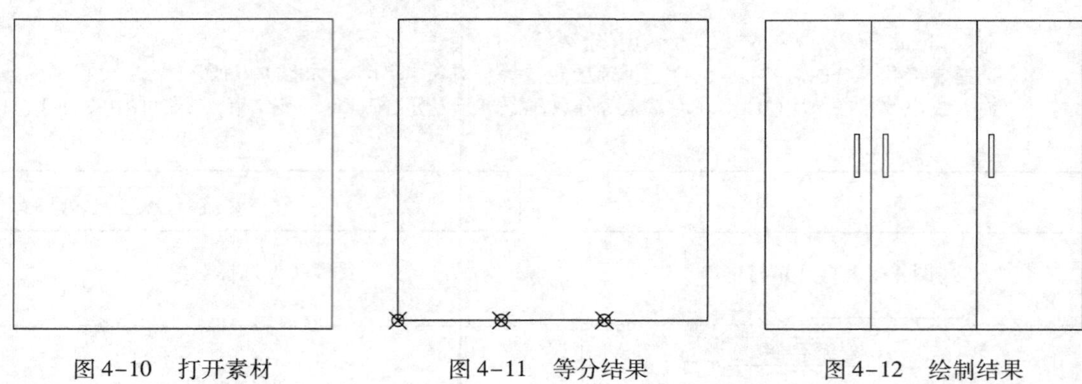

图 4-10　打开素材　　图 4-11　等分结果　　图 4-12　绘制结果

## 4.2　直线型对象的绘制

在绘制室内设计装饰装修施工图样的过程中，直线是最常绘制以及常用到的图形，常常用来表示物体的外轮廓，比如墙体、散水等。

本章介绍在 AutoCAD 中，绘制直线对象的方法，包括命令的调用及图形的绘制。

### 4.2.1　绘制直线

调用【直线】命令，在绘图区指定直线的起点和终点即可绘制一条直线。

当一条直线绘制完成以后，可以继续以该线段的终点作为起点，然后指定下一个终点，依此类推即可绘制首尾相连的图形，按〈Esc〉键就可以退出直线绘制状态。

在 AutoCAD 中，绘制直线的方式有：

➢ 命令行：在命令行中输入“LINE/L”并按〈Enter〉键。
➢ 工具栏：单击【绘图】工具栏上【直线】按钮。
➢ 菜单栏：执行【绘图】|【直线】命令。
➢ 功能区：单击【绘图】面板中的【直线】工具按钮。

### 4.2.2　绘制射线

射线，顾名思义，即一端固定而另一端无限延长的直线。

射线常常作为辅助线出现在绘制图形的过程当中。调用【射线】命令，即可绘制射线；命令操作完成后按〈Esc〉键可退出绘制状态。

在 AutoCAD 中，绘制射线的方式有：

➢ 命令行：在命令行中输入“RAY”并按〈Enter〉键。
➢ 菜单栏：执行【绘图】|【射线】命令。
➢ 功能区：单击【绘图】面板中的【射线】工具按钮。

### 4.2.3　绘制构造线

构造线是指没有起点和终点，两端可以无限延长的直线。

构造线与射线相同，常常作为辅助线出现在绘制图形的过程当中。

在 AutoCAD 中，绘制构造线的方式有：

➢ 命令行：在命令行中输入“XLINE/XL”并按〈Enter〉键。
➢ 菜单栏：执行【绘图】|【构造线】命令。
➢ 工具栏：单击【绘图】工具栏上的【构造线】按钮。
➢ 功能区：单击【绘图】面板中的【构造线】工具按钮。

调用【构造线】命令，命令行提示如下。

```
命令:XLINE↙                                    //调用[构造线]命令
指定点或[水平(H)/垂直(V)/角度(A)/二等分(B)/偏移(O)]：   //选择构造线绘制方式
指定通过点:                                    //单击鼠标左键指定构造线经过的一点
指定通过点:                                    //指定第二点
```

构造线绘制选项的含义如下。

➢ 水平（H）：输入“H”选择该项，即可绘制水平的构造线。
➢ 垂直（V）：输入“V”选择该项，即可绘制垂直的构造线。
➢ 角度（A）：输入“A”选择该项，即可按指定的角度绘制一条构造线。
➢ 二等分（B）：输入“B”选择该项，即可创建已知角的角平分线。使用该选项创建的构造线平分指定的两条线之间的夹角，而且通过该夹角的顶点。在绘制角平分线的时候，系统要求用户指定已知角的定点、起点以及终点。
➢ 偏移（O）：输入“O”选择该项，即可创建平行于另一个对象的平行线，这条平行线可以偏移一段距离与对象平行，也可以通过指定的点与对象平行。

### 4.2.4 绘制和编辑多段线

由等宽或不等宽的直线或圆弧等多条线段构成的特殊线段称为多段线。

在 AutoCAD 中，绘制多段线的方式有：

➢ 命令行：在命令行中输入“PLINE/PL”并按〈Enter〉键。
➢ 菜单栏：执行【绘图】|【多段线】命令。
➢ 工具栏：单击【绘图】工具栏上的【多段线】按钮。
➢ 功能区：单击【绘图】面板中的【多段线】工具按钮。

由多段线所构成的图形是一个整体，可以统一对其进行编辑修改。

### 4.2.5 实战——绘制办公桌

**01** 按〈F10〉键打开极轴追踪功能，并将增量角设置为45°。

**02** 调用【多段线】命令，命令行提示如下。

```
命令:PLINE↙                              //调用[多段线]命令
指定起点:                                //指定多段线的起点
当前线宽为 0
指定下一个点或[圆弧(A)/半宽(H)/长度(L)/放弃(U)/宽度(W)]:760
                                         //鼠标向下移动,输入距离参数
指定下一点或[圆弧(A)/闭合(C)/半宽(H)/长度(L)/放弃(U)/宽度(W)]:269
```

```
                         //根据极轴追踪线,向左下角移动鼠标,输入距离参数
指定下一点或［圆弧(A)/闭合(C)/半宽(H)/长度(L)/放弃(U)/宽度(W)］:1100
                         //鼠标向左移动,输入距离参数
指定下一点或［圆弧(A)/闭合(C)/半宽(H)/长度(L)/放弃(U)/宽度(W)］:600
                         //鼠标向下移动,输入距离参数
指定下一点或［圆弧(A)/闭合(C)/半宽(H)/长度(L)/放弃(U)/宽度(W)］:1419
                         //鼠标向右移动,输入距离参数
指定下一点或［圆弧(A)/闭合(C)/半宽(H)/长度(L)/放弃(U)/宽度(W)］:666
                         //根据极轴追踪线,向右上角移动鼠标,输入距离参数
指定下一点或［圆弧(A)/闭合(C)/半宽(H)/长度(L)/放弃(U)/宽度(W)］:1079
                         //鼠标向上移动,输入距离参数
指定下一点或［圆弧(A)/闭合(C)/半宽(H)/长度(L)/放弃(U)/宽度(W)］:C
                         //输入 C,闭合多段线。绘制办公桌的结果如图 4-13 所示
```

**03** 插入图块。按〈Ctrl + O〉组合键，打开配套光盘提供的“第 4 章\家具图例.dwg”文件，将其中的办公椅、计算机、电话图块复制粘贴至当前图形中，完成办公桌平面图的绘制，结果如图 4-14 所示。

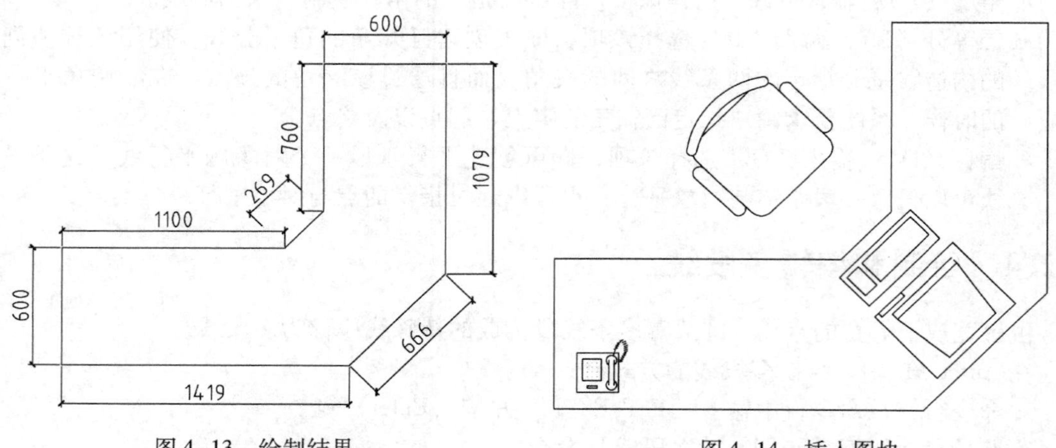


图 4-13　绘制结果　　　　图 4-14　插入图块

多段线在绘制的过程中各选项的含义如下。

- 圆弧（A）：输入“A”选择该项，将以绘制圆弧的方式绘制多段线。
- 半宽（H）：输入“H”选择该项，用来指定多段线的半宽值。系统将提示用户输入多段线的起点半宽值与终点半宽值。
- 长度（L）：输入“L”选择该项，将绘制指定长度的多段线。系统将按照上一条线段的方向绘制这一条多段线。如果上一段是圆弧，就将绘制于此圆弧相切的线段。
- 放弃（U）：输入“U”选择该项，将取消上一次绘制的多段线。
- 宽度（W）：输入“W”选择该项，可以设置多段线的宽度值。

## 4.2.6　实战——编辑多段线

**01** 按〈Ctrl + O〉组合键，打开配套关盘提供的“第 4 章\4.2.6 编辑多段线.dwg”素材文件，结果如图 4-15 所示。

**02** 执行【修改】|【对象】|【多段线】命令，选择素材图形的外轮廓线；在弹出的快捷菜单中选择【闭合】选项，结果如图 4-16 所示。

**03** 按〈Enter〉键结束操作，完成对图形外轮廓的编辑结果如图 4-17 所示。

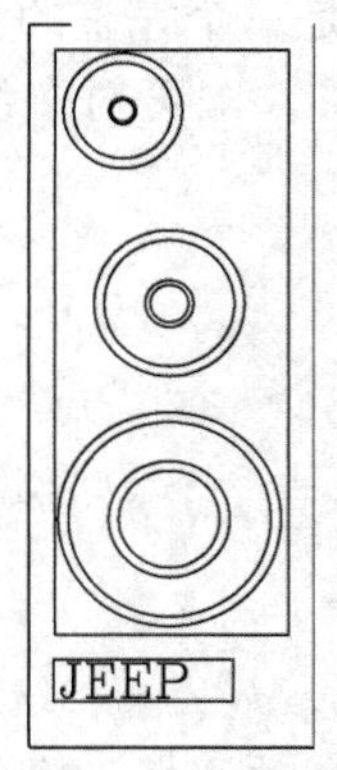


图 4-15 打开素材

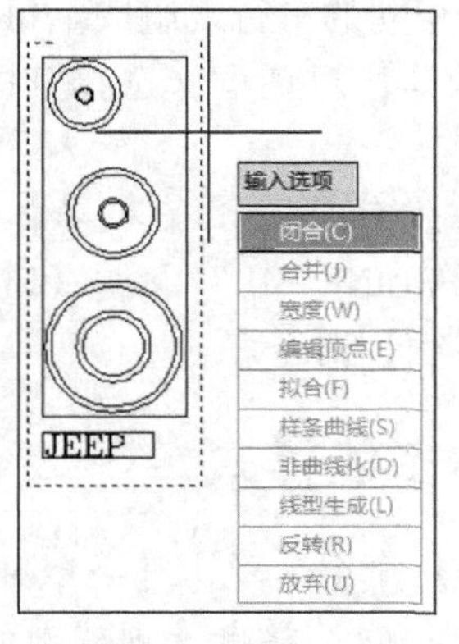


图 4-16 快捷菜单

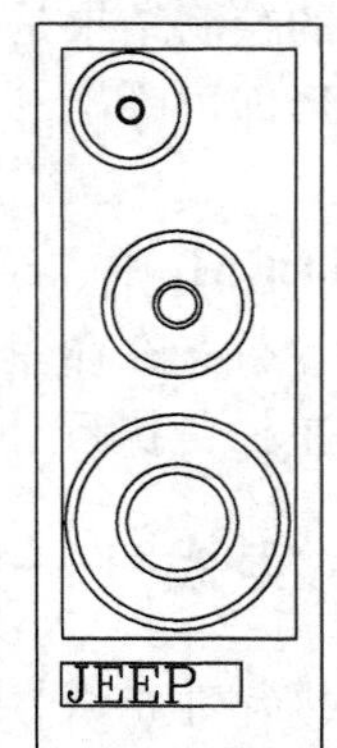


图 4-17 编辑结果

**04** 执行【修改】|【对象】|【多段线】命令，选择素材图形的外轮廓线；在弹出的快捷菜单中选择【宽度】选项，结果如图 4-18 所示。

**05** 输入新的宽度参数，结果如图 4-19 所示。

**06** 按〈Esc〉键退出绘制，编辑修改结果如图 4-20 所示。

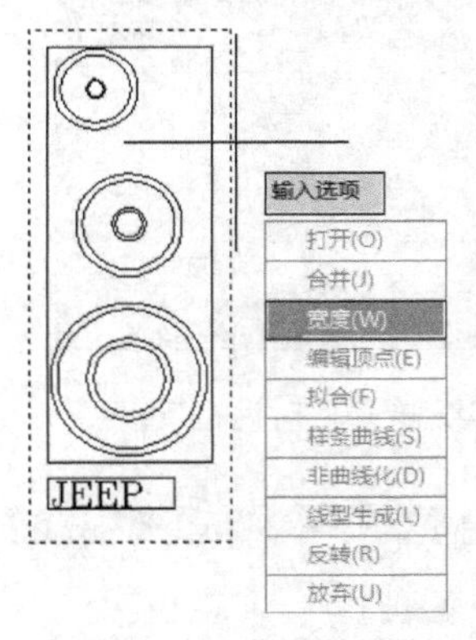


图 4-18 快捷菜单

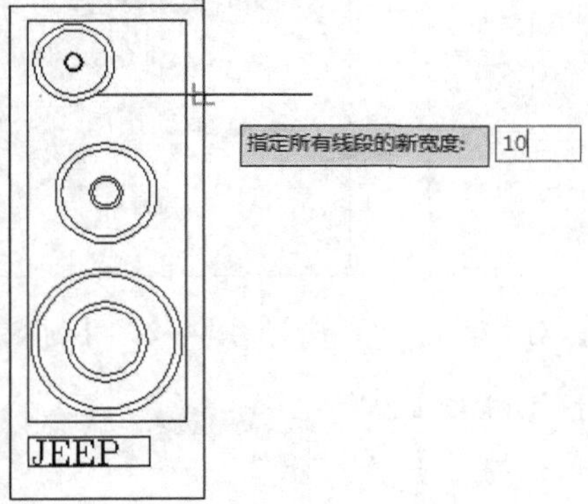


图 4-19 输入参数

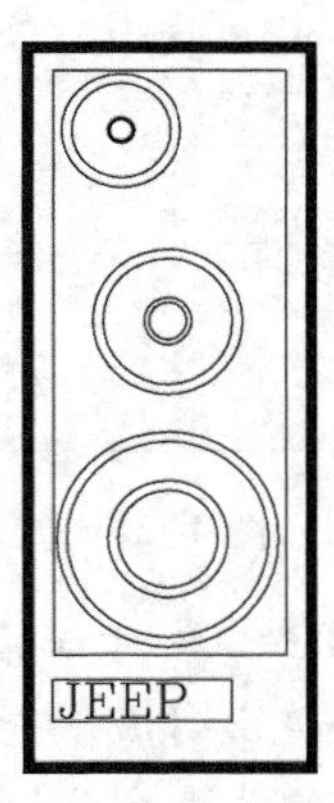


图 4-20 修改结果

## 4.2.7 绘制多线

多线指的是一种由多条平行线组成的组合图形对象。

多线图形在绘制室内设计施工图样的中常用来绘制墙体和窗，是 AutoCAD 中设置项目最多、应用最复杂的直线段对象。

**1. 设置多线样式**

调用【多线】命令之前，可对多线的数量和每条单线的偏移距离、颜色、线型和背景填充等特性进行设置。

在 AutoCAD 中，设置多线样式的方式有：

➢ 命令行：在命令行中输入“MLSTYLE”并按〈Enter〉键。

➢ 菜单栏：执行【格式】|【多线样式】命令。

**2. 绘制多线**

多线的绘制结果是由两条线型相同的平行线组成。每一条多线都是一个完整的整体，双击多线图形即可弹出【多线编辑工具】对话框，选择其中的编辑工具，即可对多线进行编辑修改。

在 AutoCAD 中，绘制多线的方式有：

➢ 命令行：在命令行中输入“MLINE/ML”并按〈Enter〉键。

➢ 菜单栏：执行【绘图】|【多线】命令。

## 4.2.8 实战——创建墙体多线样式

**01** 执行【格式】|【多线样式】命令，弹出【多线样式】对话框，如图 4-21 所示。

**02** 在对话框中单击【新建】按钮，弹出【创建新的多线样式】对话框；输入新样式名称，结果如图 4-22 所示。

图 4-21 【多线样式】对话框

图 4-22 【创建新的多线样式】对话框

**03** 在对话框中单击【继续】按钮，弹出【新建多线样式：墙体】对话框，设置参数如图 4-23 所示。

**04** 参数设置完成后，在对话框中单击【确定】按钮，关闭对话框；返回【多线样式】对话框，将“墙体”样式置为当前，单击【确定】按钮，关闭【多线样式】对话框。

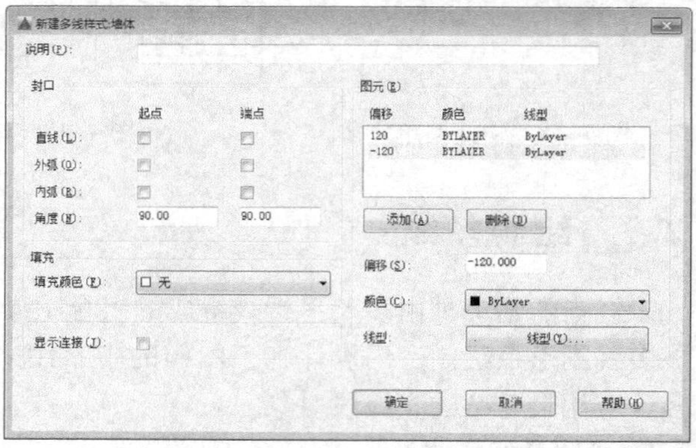

图 4-23 【新建多线样式：外墙】对话框

## 4.2.9 实战——绘制墙体

**01** 按〈Ctrl + O〉组合键，打开配套关盘提供的“第 4 章\4.2.9 绘制多线 . dwg”素材文件，结果如图 4-24 所示。

**02** 调用【多线】命令，绘制墙体，命令行提示如下。

```
命令:MLINE↙                                          //调用[多线]命令
当前设置:对正 = 上,比例 = 1.00,样式 = 外墙
指定起点或 [对正(J)/比例(S)/样式(ST)]:  J            //输入"J",选择"比例"选项
输入对正类型 [上(T)/无(Z)/下(B)] <上>:  Z            //输入"Z",选择"无"选项
当前设置:对正 = 无,比例 = 1.00,样式 = 外墙
指定起点或 [对正(J)/比例(S)/样式(ST)]:                //指定多线的起点
指定下一点:
指定下一点或 [放弃(U)]:
指定下一点或 [闭合(C)/放弃(U)]:
指定下一点或 [闭合(C)/放弃(U)]:                       //绘制墙体的结果如图 4-25 所示
```

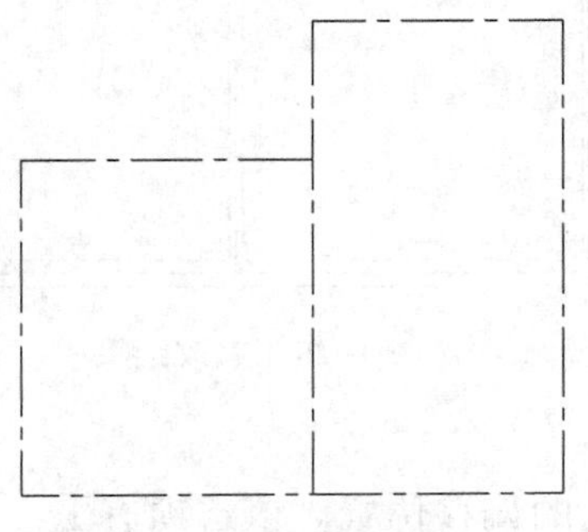

图 4-24　打开素材

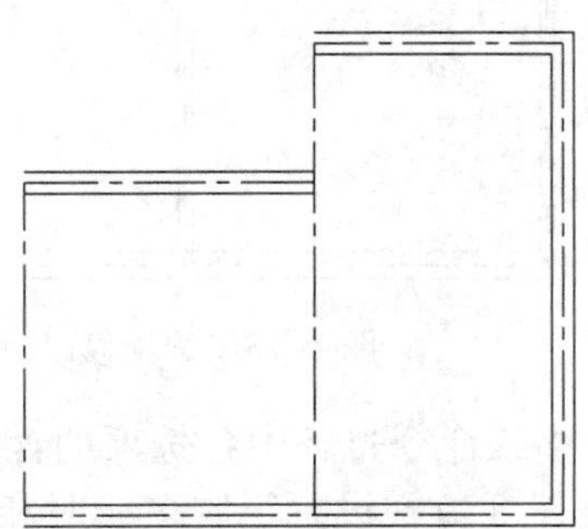

图 4-25　绘制墙体

**03**　调用【多线】命令，绘制隔墙，命令行提示如下。

```
命令:MLINE↙                                     //调用[多线]命令
当前设置:对正 = 无,比例 = 1,样式 = 外墙
指定起点或 [对正(J)/比例(S)/样式(ST)]:  ST//输入"ST",选择"样式"选项
输入多线样式名或 [?]:  STANDARD
当前设置:对正 = 无,比例 = 120,样式 = STANDARD
指定起点或 [对正(J)/比例(S)/样式(ST)]:           //指定多线的起点
指定下一点:
指定下一点或 [放弃(U)]:  *取消*                  //绘制隔墙的结果如图 4-26 所示
```

**04**　双击绘制完成的多线，系统弹出【多线编辑工具】对话框，结果如图 4-27 所示。

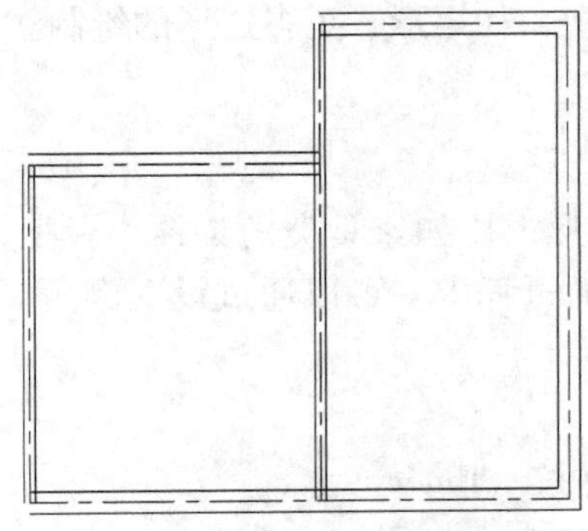

图 4-26　绘制隔墙

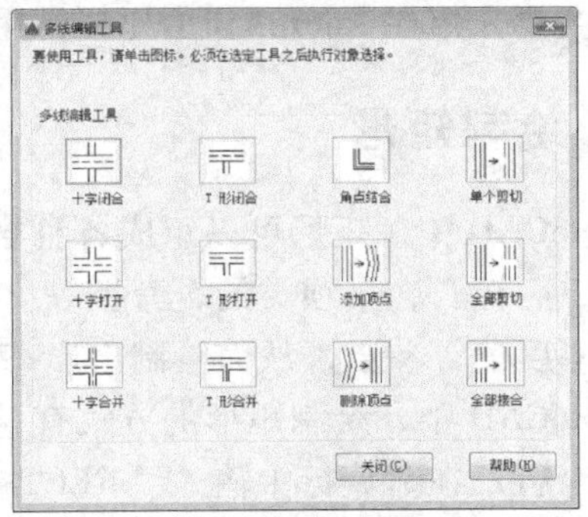


图 4-27　【多线编辑工具】对话框

**05** 在对话框中选择【角点结合】编辑工具，在绘图区中分别选择垂直墙体和水平墙体，对墙体进行编辑修改，结果如图4-28所示。

**06** 在对话框中选择【T形打开】编辑工具，在绘图区中分别选择垂直墙体和水平墙体，对墙体进行编辑修改，结果如图4-29所示。

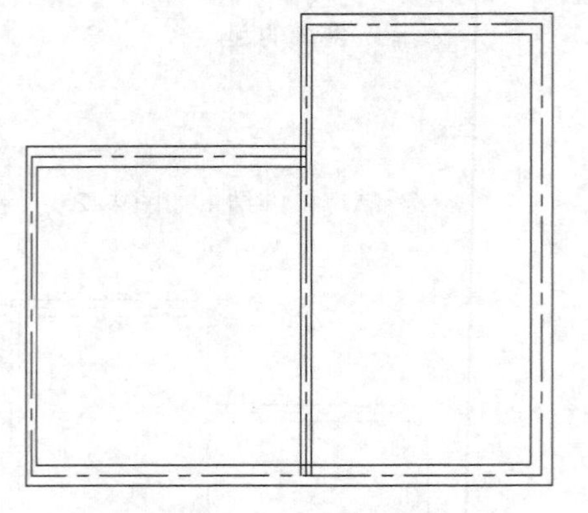

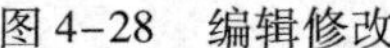
图4-28 编辑修改

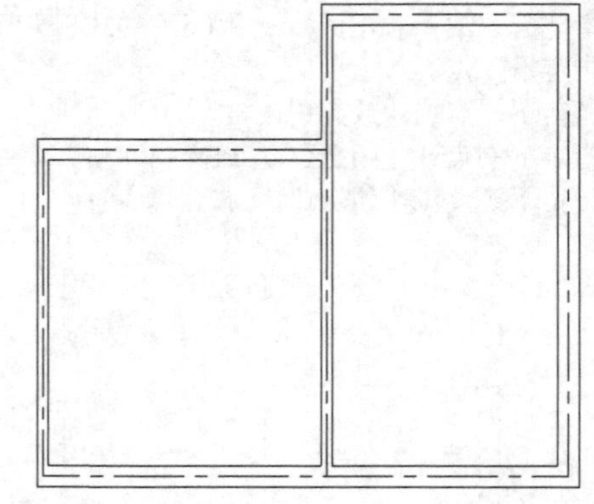
图4-29 修改结果

执行多线命令过程中各选项的含义如下。

- 对正（J）：设置绘制多线时相对于输入点的偏移位置。该选项有上、无和下3个选项，其中“上（T）”为多线顶端的线随着光标移动。“无（Z）”为多线的中心线随着光标移动。“下（B）”为多线底端的线随着光标移动。
- 比例（S）：设置多线样式中平行多线的宽度比例。
- 样式（ST）：设置绘制多线时使用的样式，默认的多线样式为STANDARD。选择该选项后，可以在提示信息“输入多线样式名或［?］”后面输入已定义的样式名，输入“?”则会列出当前图形中所有的多线样式。

## 4.3 多边形对象的绘制

在AutoCAD中的多边形对象主要是指矩形、正多边形等图形对象。这些多边形对象多作为物体的轮廓出现，经编辑修改后，得到常用的图形对象。

本节主要介绍在AutoCAD中比较常用的多边形对象，如矩形、正多边形的绘制。

### 4.3.1 绘制矩形

在AutoCAD中，矩形可以组成各种各样不同的图形；比如家具类的桌椅、台柜，铺贴类的地砖、门槛石，吊顶类的石膏板等。在绘制矩形的过程中，可以通过设置倒角、圆角，宽度以及厚度值等参数，从而绘制出形态不一的矩形。

在AutoCAD中，绘制矩形的方式有：

- 命令行：在命令行中输入“RECTANG/REC”并按〈Enter〉键。
- 工具栏：单击【绘图】工具栏上的【矩形】按钮□。
- 菜单栏：执行【绘图】|【矩形】命令。

➢ 功能区：单击【绘图】面板中的【矩形】工具按钮▭。

## 4.3.2 实战——绘制冰箱平面图

**01** 调用【矩形】命令，命令行提示如下。

```
命令:RECTANG↙
指定第一个角点或[倒角(C)/标高(E)/圆角(F)/厚度(T)/宽度(W)]:
                                            //指定矩形的第一个角点
指定另一个角点或[面积(A)/尺寸(D)/旋转(R)]:D
                                            //输入 D,选择"尺寸"选项
指定矩形的长度 <10>:550
指定矩形的宽度 <10>:480
指定另一个角点或[面积(A)/尺寸(D)/旋转(R)]:     //指定矩形的另一角点,绘制矩形的结
                                                果如图 4-30 所示
```

**02** 重复调用【矩形】命令，绘制尺寸为 523×20 的矩形，结果如图 4-31 所示。

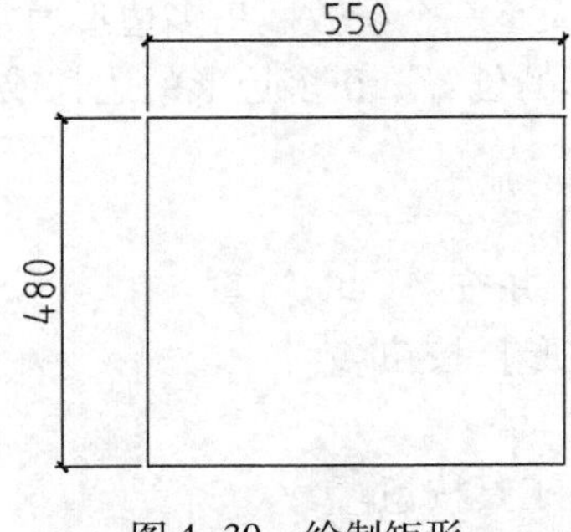


图 4-30 绘制矩形

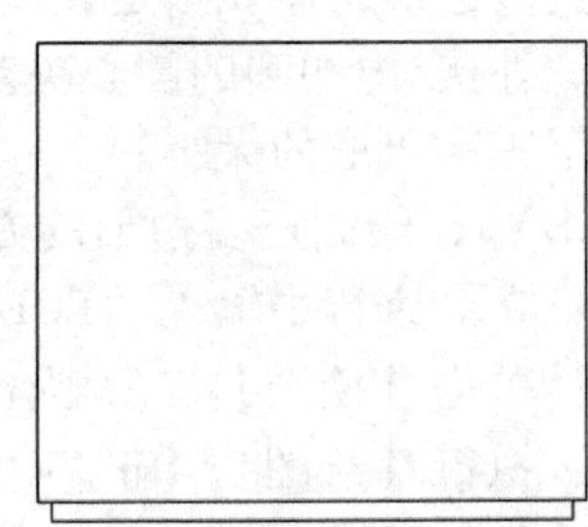

图 4-31 绘制结果

**03** 调用【矩形】命令，绘制尺寸为 550×50、53×19 的矩形，结果如图 4-32 所示。

**04** 调用【直线】命令，绘制对角线，结果如图 4-33 所示。

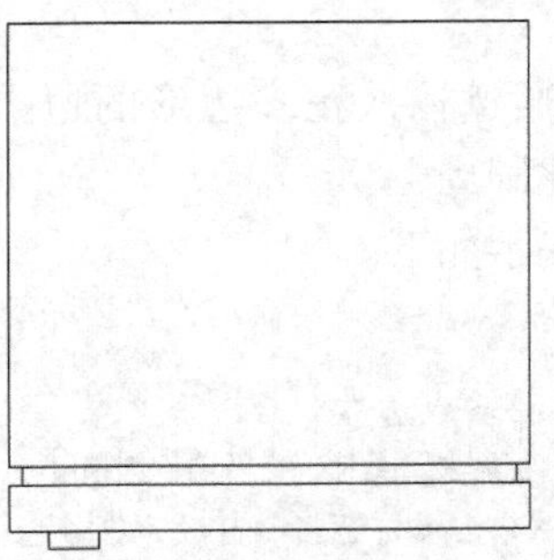

图 4-32 绘制矩形

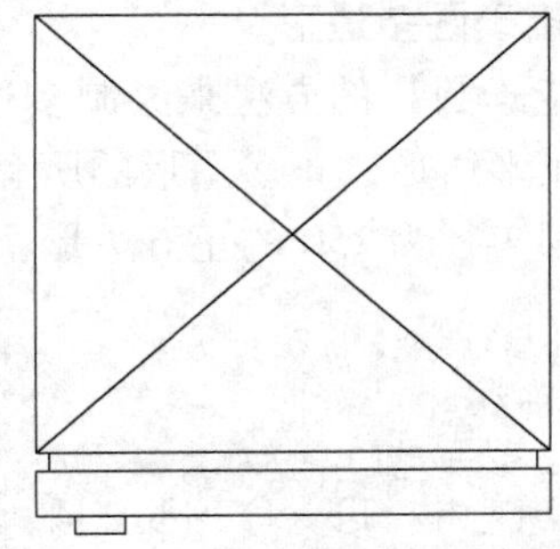

图 4-33 绘制对角线

执行【矩形】命令的过程中，命令行的各选项的含义如下所示。

➢ 倒角（C）：设置矩形的倒角。

➢ 标高（E）：设置矩形的高度。在系统的默认情况下，矩形在 X、Y 平面之内。该选项一般用于三维绘图。

➢ 圆角（F）：设置矩形的圆角。

➢ 厚度（T）：设置矩形的厚度，该选项一般用于三维绘图。

➢ 宽度（W）：设置矩形的宽度。

图 4-34 所示为各种形态的矩形。

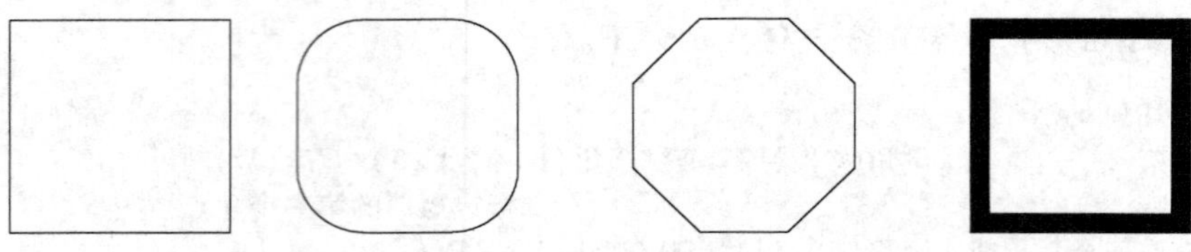

图 4-34　绘制结果

## 4.3.3　绘制正多边形

正多边形是指由三条或三条以上长度相等的线段首尾相接形成的闭合图形。在 AutoCAD 中，正多边形的边数范围在 3 ~ 1024 之间。

绘制一个正多边形，需要指定其边数、位置和大小三个参数。正多边形通常有唯一的外接圆和内切圆。外接/内切圆的圆心决定了正多边形的位置。正多边形的边长或者外接/内切圆的半径决定了正多边形的大小。

在 AutoCAD 中，绘制正多边形的方式有：

➢ 命令行：在命令行中输入“POLYGON/POL”并按〈Enter〉键。

➢ 工具栏：单击【绘图】工具栏上的【正多边形】按钮⬠。

➢ 菜单栏：执行【绘图】|【正多边形】命令。

➢ 功能区：单击【绘图】面板中的【多边形】工具按钮⬠。

多边形通常有唯一的外接圆和内切圆，外接/内切圆的圆心决定了多边形的位置。多边形的边长或者外接/内切圆的半径决定了多边形的大小。

根据边数、位置和大小三个参数的不同，有下列绘制多边形的方法。

**1. 绘制内接于圆多边形**

使用【内接于圆】的方法来绘制多边形，主要通过输入正多边形的边数、外接圆的圆心和半径来画正多边形，正多边形的所有顶点都在此圆周上。

绘制内接圆半径为 250 的正五边形，命令行的提示如下。

```
命令:POLYGON↙
输入侧面数 <4>:5                                    //输入边数
指定正多边形的中心点或[边(E)]:                        //鼠标单击确定外接圆圆心
输入选项[内接于圆(I)/外切于圆(C)] <I>:I             //输入I,选择“内接于圆”选项
指定圆的半径:250                                    //指定圆半径,绘制结果如图4-35所示
```

**2. 绘制外切于圆多边形**

调用【外切于圆】的多边形绘制方法，主要通过输入正多边形的边数、内切圆的圆心位置和内切圆的半径来画正多边形，内切圆的半径也为正多边形中心点到各边中点的距离。

绘制外切圆半径为 250 的正五边形，命令行的提示如下。

```
命令:POLYGON↙
输入侧面数 <4>:5                                    //输入边数
指定正多边形的中心点或[边(E)]:                      //鼠标单击确定外接圆圆心
输入选项[内接于圆(I)/外切于圆(C)] <C>:C //输入 C,选择"外切于圆"选项
指定圆的半径:250                                    //指定圆半径,绘制结果如图 4-36 所示
```

**3. 边长法**

调用【边长法】绘制正多边形，需要指定正多边形的边长和边数。输入边数和某条边的起点和终点，AutoCAD 可以自动生成所需的多边形。

绘制边长为 290 的正五边形，命令行的提示如下。

```
命令:POLYGON↙
输入侧面数 <5>:5                        //输入边数
指定正多边形的中心点或[边(E)]:E         //输入"E",选择"边"选项
指定边的第一个端点:                     //指定边的起点,即 A 点
指定边的第二个端点:290                  //指定边的终点,即 B 点,绘制结果如图 4-37 所示
```

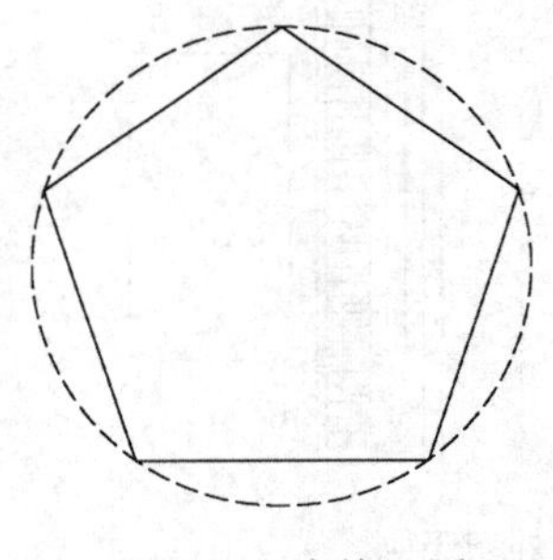

图 4-35　内接于圆

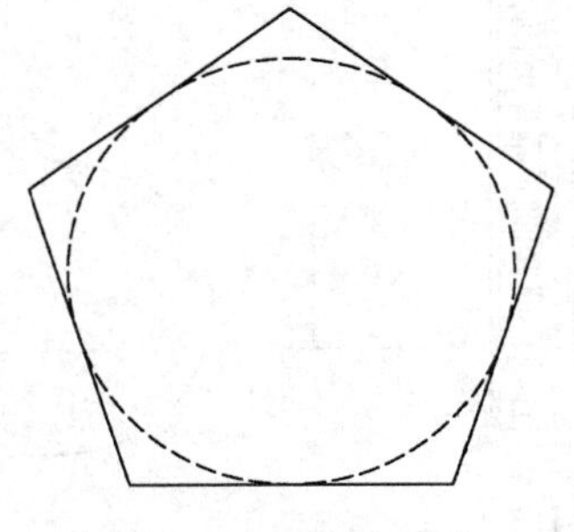

图 4-36　外切于圆

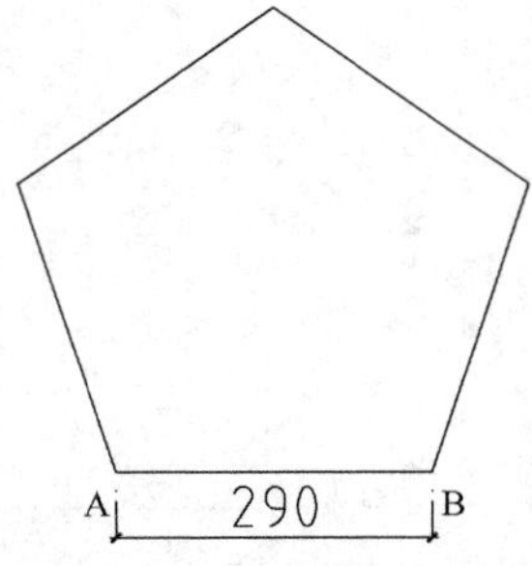


图 4-37　指定边长

## 4.4　曲线对象的绘制

在 AutoCAD 中，圆、圆弧、椭圆、椭圆弧以及圆环都属于曲线对象；在绘制方法上，相对于直线对象来说要复杂一些。

本节介绍绘制曲线对象的方法。

### 4.4.1　绘制样条曲线

样条曲线是指一种能够自由编辑的曲线。

在 AutoCAD 中，绘制样条曲线的方式有。

- 命令行：在命令行中输入 "SPLINE/SPL" 并按〈Enter〉键。
- 工具栏：单击【绘图】工具栏上的【样条曲线】按钮。
- 功能区：单击【绘图】面板的【样条曲线拟合】按钮和【样条曲线控制点】按钮。
- 菜单栏：执行【绘图】|【样条曲线】|【拟合】或【控制点】命令。

## 4.4.2 实战——绘制钢琴外轮廓

**01** 按〈Ctrl+O〉组合键，打开配套光盘提供的“第4章\4.4.2 绘制样条曲线.dwg”素材文件，结果如图4-38所示。

**02** 调用【样条曲线】命令，命令行提示如下。

```
命令： SPLINE↙
当前设置:方式=拟合　节点=弦
指定第一个点或[方式(M)/节点(K)/对象(O)]:                    //指定样条曲线的起点
输入下一个点或[起点切向(T)/公差(L)]:                        //指定样条曲线的下一个点
输入下一个点或[端点相切(T)/公差(L)/放弃(U)]:
输入下一个点或[端点相切(T)/公差(L)/放弃(U)/闭合(C)]    //指定样条曲线的终点,按
                                                        〈Enter〉键结束绘制;绘制
                                                        结果如图4-39所示
```

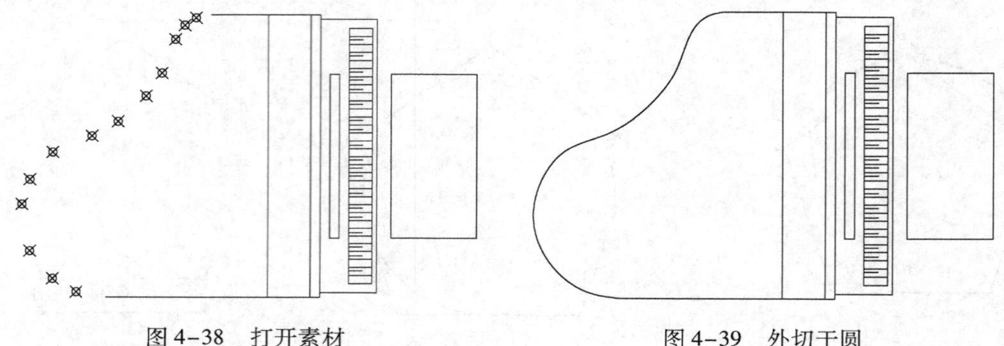

图4-38　打开素材　　　　图4-39　外切于圆

**提示**：在选择需要编辑的样条曲线之后，曲线周围会显示控制点，用户可以根据自己的实际需要，通过调整曲线上的起点、控制点来控制曲线的形状，如图4-40所示。

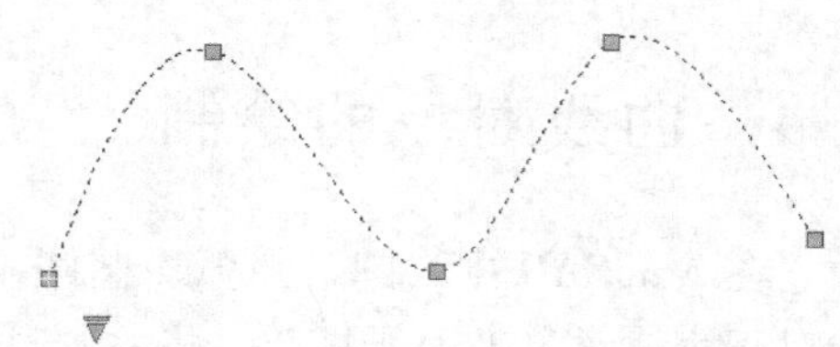

图4-40　样条曲线

## 4.4.3 绘制圆

在室内设计制图中，圆可用来表示简易绘制的椅子、灯具以及管道的分布情况；在工程制图中常常用来表示柱子、孔洞、轴等基本构件。

在AutoCAD中，绘制圆的方式有：

➢ 命令行：在命令行中输入“CIRCLE/C”并按〈Enter〉键。
➢ 工具栏：单击【绘图】工具栏上的【圆】按钮。
➢ 菜单栏：执行【绘图】|【圆】命令。
➢ 功能区：单击【绘图】面板中的【圆】工具按钮。

在AutoCAD 2016中，有6种绘制圆的方法，如图4-41所示。

➢ 圆心、半径：用圆心和半径方式绘制圆。

- 圆心、直径：用圆心和直径方式绘制圆。
- 三点：通过 3 点绘制圆，系统会提示指定第一点、第二点和第三点。
- 两点：通过两个点绘制圆，系统会提示指定圆直径的第一端点和第二端点。
- 相切、相切、半径：通过两个其他对象的切点和输入半径值来绘制圆。系统会提示指定圆的第一切线和第二切线上的点及圆的半径。
- 相切、相切、相切：通过指定 3 个相切对象绘制圆。

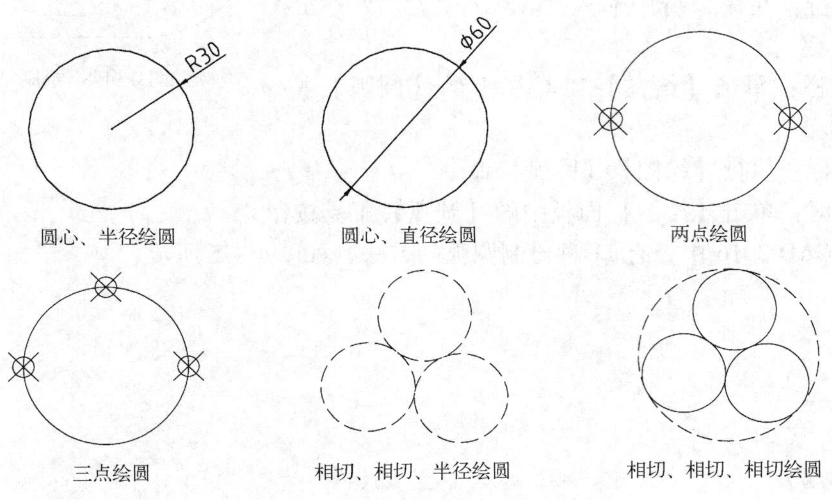


图 4-41　圆的各种绘法

## 4.4.4　实战——完善洗脸盆图形

**01**　按〈Ctrl + O〉组合键，打开配套光盘提供的“第 4 章\4.4.4 绘制圆 .dwg”素材文件，结果如图 4-42 所示。

**02**　调用【圆】命令，命令行提示如下。

```
命令:CIRCLE↙
指定圆的圆心或［三点(3P)/两点(2P)/切点、切点、半径(T)］:            //指定圆形位置
指定圆的半径或［直径(D)］<33>:23       //输入半径参数,绘制圆形的结果如图 4-43 所示
```

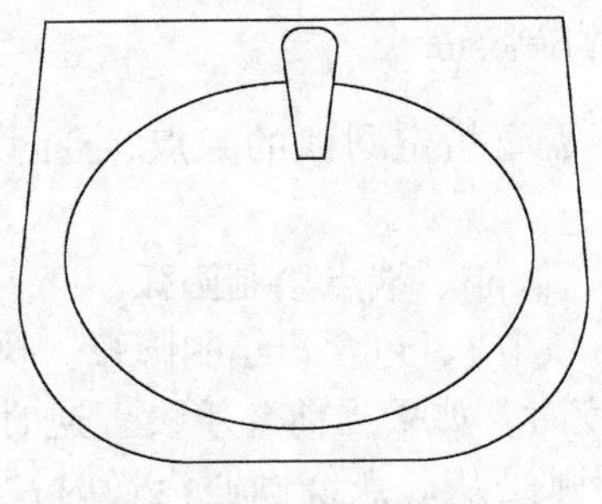

图 4-42　打开素材

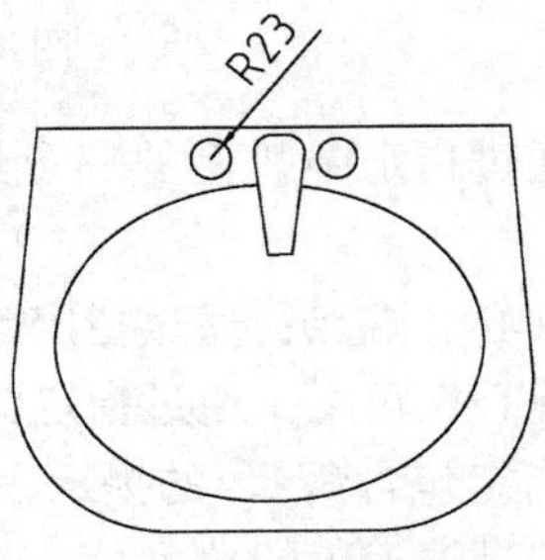


图 4-43　绘制圆形

**03** 重复调用【圆】命令，绘制半径为16的圆形，完成洗脸盆的绘制，结果如图4-44所示。

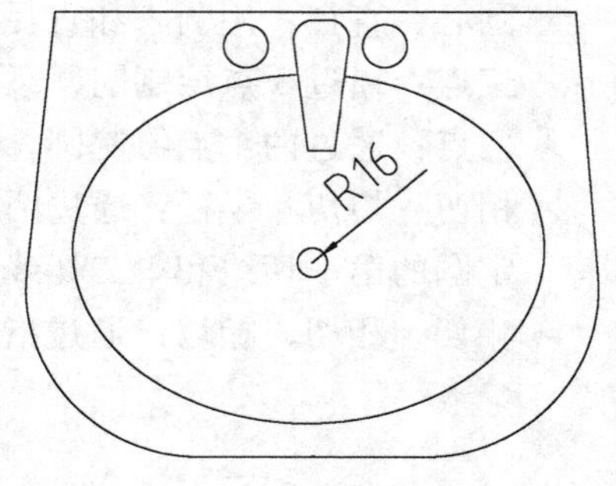


图4-44 绘制结果

## 4.4.5 绘制圆弧

调用【圆弧】命令，可以通过确定三点来绘制圆弧。

在AutoCAD中，绘制圆弧的方式有：

➢ 命令行：在命令行中输入“ARC/A”并按〈Enter〉键。

➢ 工具栏：单击【绘图】工具栏上的【圆弧】按钮。

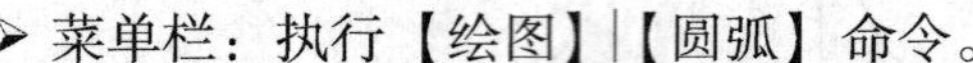

➢ 菜单栏：执行【绘图】|【圆弧】命令。

➢ 功能区：单击【绘图】面板中的【圆弧】工具按钮。

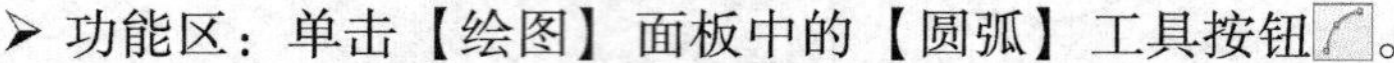

在AutoCAD 2016中，有11种绘制圆弧的方法，如图4-45所示。

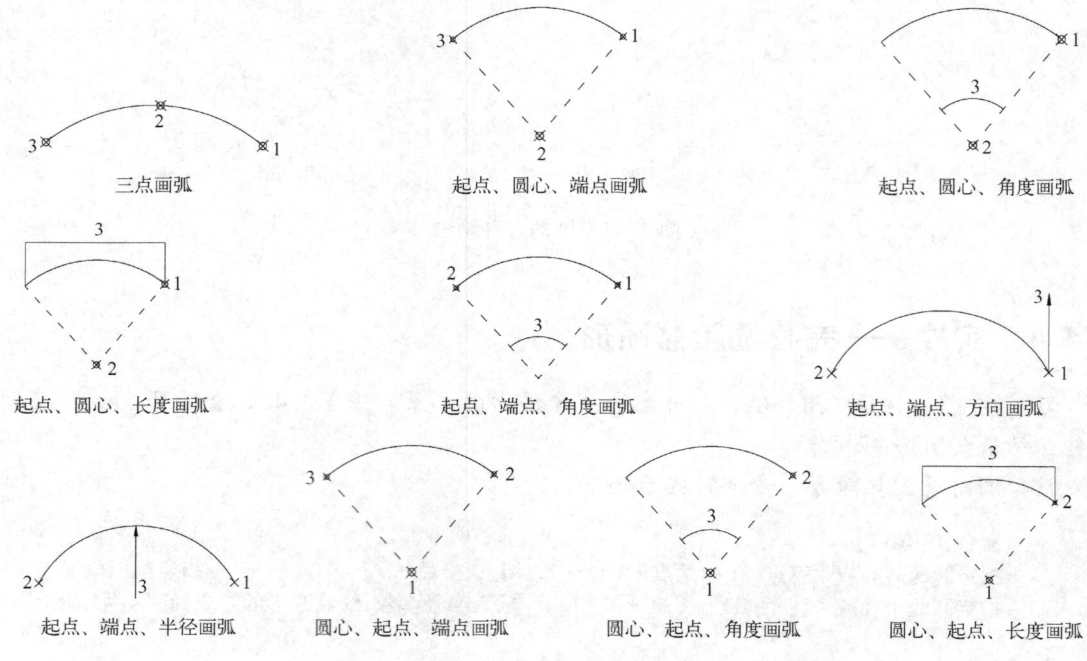


图4-45 圆弧的各种绘法

➢ 三点：通过指定圆弧上的三点绘制圆弧，需要指定圆弧的起点、通过的第二个点和端点。

➢ 起点、圆心、端点：通过指定圆弧的起点、圆心、端点绘制圆弧。

➢ 起点、圆心、角度：通过指定圆弧的起点、圆心、包含角绘制圆弧。执行此命令时会出现“指定包含角：”的提示，在输入角度时，如果当前环境设置逆时针方向为角度正方向，且输入正的角度值，则绘制的圆弧是从起点绕圆心沿逆时针方向绘制，反之则沿顺时针方向绘制。

- 起点、圆心、长度：通过指定圆弧的起点、圆心、弦长绘制圆弧。另外，在命令行提示的“指定弦长:”提示信息下，如果所输入的值为负，则该值的绝对值将作为对应整圆的空缺部分圆弧的弦长。
- 起点、端点、角度：通过指定圆弧的起点、端点、包含角绘制圆弧。
- 起点、端点、方向：通过指定圆弧的起点、端点和圆弧的起点切向绘制圆弧。命令执行过程中会出现“指定圆弧的起点切向:”提示信息，此时拖动鼠标动态地确定圆弧在起始点处的切线方向与水平方向的夹角。拖动鼠标时，AutoCAD 会在当前光标与圆弧起始点之间形成一条线，即为圆弧在起始点处的切线。确定切线方向后，单击拾取键即可得到相应的圆弧。
- 起点、端点、半径：通过指定圆弧的起点、端点和圆弧半径绘制圆弧。
- 圆心、起点、端点：以圆弧的圆心、起点、端点方式绘制圆弧。
- 圆心、起点、角度：以圆弧的圆心、起点、圆心角方式绘制圆弧。
- 圆心、起点、长度：以圆弧的圆心、起点、弦长方式绘制圆弧。
- 继续：绘制其他直线或非封闭曲线后选择【绘图】|【圆弧】|【继续】命令，系统将自动以刚才绘制的对象的终点作为即将绘制的圆弧的起点。

### 4.4.6 实战——调用圆弧命令完善浴缸图形

**01** 按〈Ctrl + O〉组合键，打开配套关盘提供的“第 4 章\4.4.5 绘制圆弧 .dwg”素材文件，结果如图 4-46 所示。

**02** 执行【绘图】|【起点、端点、半径】命令，命令行提示如下。

```
命令:arc
指定圆弧的起点或[圆心(C)]:                              //指定 A 点
指定圆弧的第二个点或[圆心(C)/端点(E)]:e
指定圆弧的端点:                                         //指定 B 点
指定圆弧的圆心或[角度(A)/方向(D)/半径(R)]:r 指定圆弧的半径:320  //绘制圆弧的结果
                                                            如图 4-47 所示
```

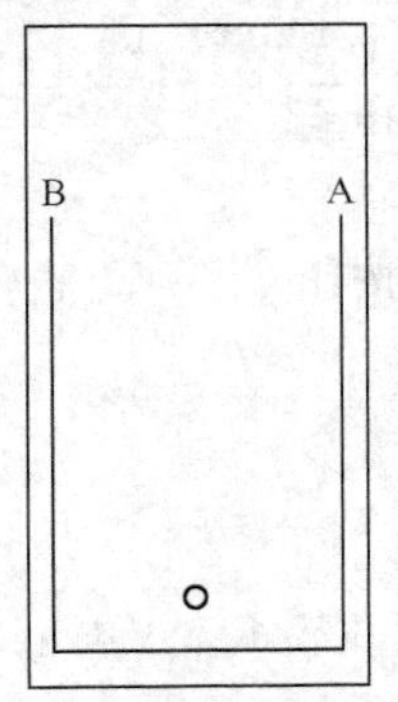


图 4-46 打开素材

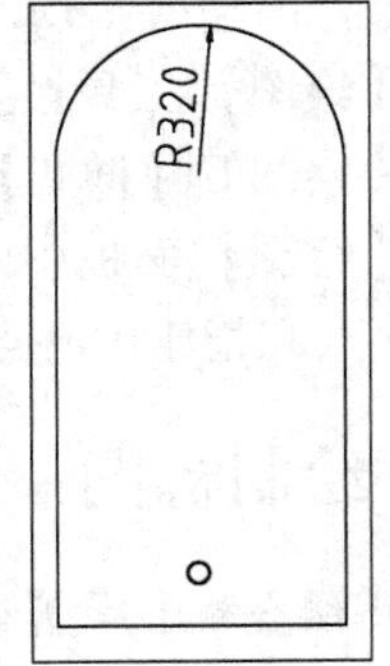


图 4-47 绘制圆弧

### 4.4.7 绘制圆环和填充圆

圆环是指同一圆心、不同直径的两个同心圆组成的图形。

控制圆环的主要参数是圆心、内直径和外直径。如果圆环的内直径为 0，则圆环为填充圆。

在 AutoCAD 中，绘制圆环的方式有：

➢ 命令行：在命令行中输入“DONUT/DO”并按〈Enter〉键。
➢ 菜单栏：执行【绘图】|【圆环】命令。
➢ 功能区：单击【绘图】面板中的【圆环】工具按钮◎。

AutoCAD 的默认情况下，绘制的圆环为填充的实心图形。

在绘制圆环之前，在命令行输入“FILL”命令并按〈Enter〉键，则可以控制圆环或圆的填充可见性。执行“FILL”命令后，命令行提示如下。

```
命令:FILL ↙
输入模式［开(ON)/关(OFF)］<开>:
```

在命令行中输入“ON”，选择【开】模式，表示绘制的圆环和圆要填充，如图 4-48 所示；在命令行中输入“OFF”，选择【关】模式，表示绘制的圆环和圆不要填充，如图 4-49 所示。

图 4-48 【开】模式

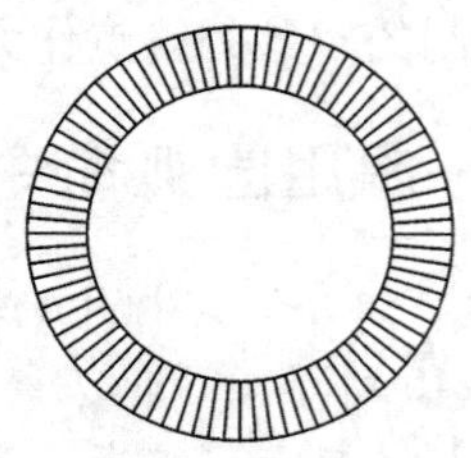

图 4-49 【关】模式

## 4.4.8 绘制椭圆

椭圆是指平面上到定点距离与到指定直线间距离之比为常数的所有点的集合。

在 AutoCAD 中，绘制椭圆的方式有以下几种。

➢ 命令行：在命令行中输入“ELLIPSE/EL”并按〈Enter〉键。
➢ 工具栏：单击【绘图】工具栏上的【椭圆】按钮。
➢ 菜单栏：执行【绘图】|【椭圆】命令。
➢ 功能区：单击【绘图】面板中的【椭圆】工具按钮。

绘制椭圆有指定端点和指定中心点 2 种绘制方法。

## 4.4.9 实战——绘制椭圆

**01** 按〈Ctrl + O〉组合键，打开配套光盘提供的“第 4 章\4.4.8 绘制椭圆.dwg”素材文件，结果如图 4-50 所示。

**02** 调用【椭圆】命令并按〈Enter〉键，命令行提示如下。

```
命令:ELLIPSE↙
指定椭圆的轴端点或［圆弧(A)/中心点(C)］:          //指定椭圆的起点
指定轴的另一个端点:1075                            //指定轴端点参数
```

```
指定另一条半轴长度或［旋转(R)］:60        //指定另一条半轴长度,按〈Enter〉键结束绘制,结果
                                          如图 4-51 所示
```

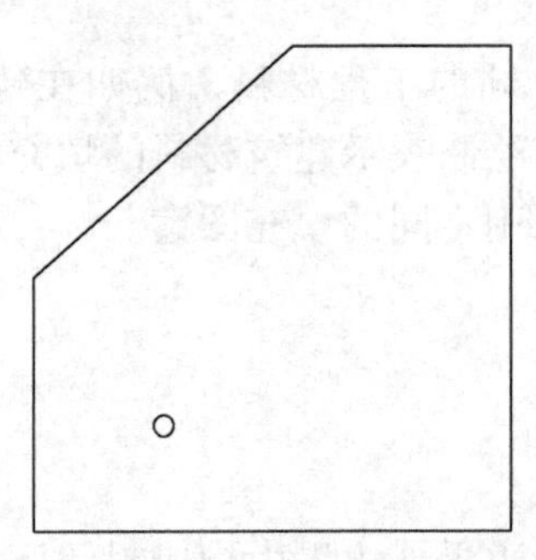
图 4-50　打开素材

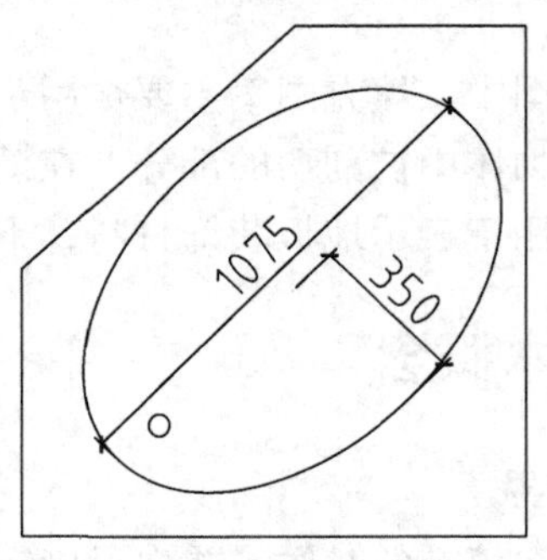

图 4-51　绘制椭圆

**03　指定中心点绘制椭圆**

在命令行中输入“ELLIPSE/EL”并按〈Enter〉键，绘制一个圆心坐标为（0，0），长半轴为 300，短半轴为 60 的椭圆，命令行提示如下。

```
命令:ELLIPSE↙
指定椭圆的轴端点或［圆弧(A)/中心点(C)］:C          //输入 C,选择“中心点”选项
指定椭圆的中心点:0,0                              //指定椭圆的中心点
指定轴的端点:@300,0                               //指定轴的端点
指定另一条半轴长度或［旋转(R)］:@0,60             //指定另一条半轴长度,绘制结
                                                   果如图 4-52 所示
```

## 4.4.10　绘制椭圆弧

绘制椭圆弧需要确定的参数有：椭圆弧所在椭圆的两条轴及椭圆弧的起点和终点的角度。

椭圆弧是椭圆的一部分，和椭圆不同的是它的起点和终点没有闭合。

在 AutoCAD 中，绘制椭圆弧的方式有以下几种。

- 工具栏：单击【绘图】工具栏上的【椭圆弧】按钮。
- 菜单栏：执行【绘图】|【椭圆】|【圆弧】命令。
- 功能区：单击【绘图】面板中的【椭圆弧】工具按钮。

在命令行中输入“ELLIPSE/EL”并按〈Enter〉键，根据命令行的提示，输入“A”，选择“圆弧”选项；在绘图区中指定椭圆弧的中心点以及起始角度和终止角度后，即可完成椭圆弧的绘制，如图 4-53 所示。

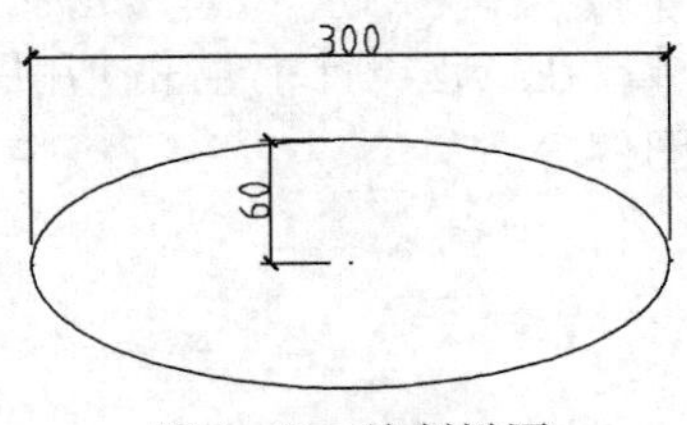

图 4-52　绘制椭圆

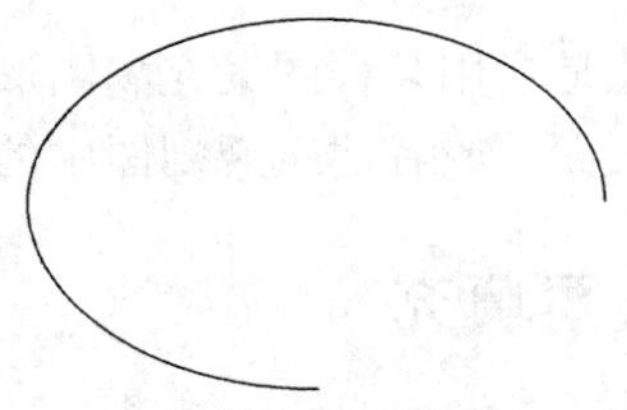
图 4-53　绘制椭圆弧

# 4.5 图案填充

在工程制图中，填充图案主要被用于表达各种不同的工程材料，例如在建筑剖面图中，为了清楚表现物体中被剖切的部分，在横断面上应该绘制表示建筑材料的填充图案；在室内设计图中，常用于表示地板装饰材料，不同的材料采用不同的填充图案。

## 4.5.1 基本概念

**1. 图案边界**

在进行图案填充的时候，首先得确定填充图案的边界，边界由构成封闭区域的对象来确定，而且作为边界的对象在当前图层上必须全部可见。

**2. 孤岛**

图案填充时，通常将位于一个已定义好的填充区域内的封闭区域称为孤岛，如图 4-54 所示。在调用图案填充命令时，AutoCAD 系统允许用户以拾取点的方式确定填充边界，即在所要填充的区域内任意拾取一点，系统就会自动确定填充边界，同时也确定该边界内的孤岛。如果用户以选择对象的方式确定填充边界，则必须确切地选取这些孤岛。

**3. 填充方式**

在进行图案填充时，需要控制填充的范围，AutoCAD 2016 系统为用户设置了图 4-55 所示 3 种填充方式以实现对填充范围的控制。

- ➢ 普通：如图 4-55a 所示，从外部边界向内填充。如果遇到内部孤岛，填充将关闭，直到遇到孤岛中的另一个孤岛。
- ➢ 外部：如图 4-55b 所示，从外部边界向内填充。此选项仅填充指定的区域，不会影响内部孤岛。
- ➢ 忽略：如图 4-55c 所示，忽略所有内部的对象，填充图案时将通过这些对象。

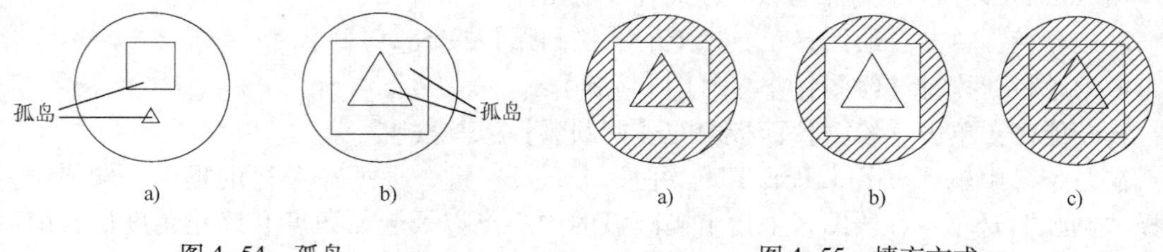


图 4-54　孤岛　　　　图 4-55　填充方式

图案填充是指用某种图案充满图形中指定的区域，在工程设计中经常使用图案填充表示机械和建筑剖面，或者建筑规划图中的林地、草坪图例等。

## 4.5.2 图案填充

使用【图案填充】命令可以创建图案，启动该命令有如下几种方式。

➢ 命令行：输入“BHATCH/BH/H”命令。
➢ 菜单栏：选择【绘图】|【图案填充】命令。
➢ 工具栏：单击【绘图】工具栏中的【图案填充】按钮▣。
➢ 功能区：单击【绘图】面板中的【图案填充】工具按钮▣。

通过以上任意一种方法执行【图案填充】命令后，功能区如图 4-56 所示，命令行提示如下。

拾取内部点或［选择对象(S)/放弃(U)/设置(T)］:

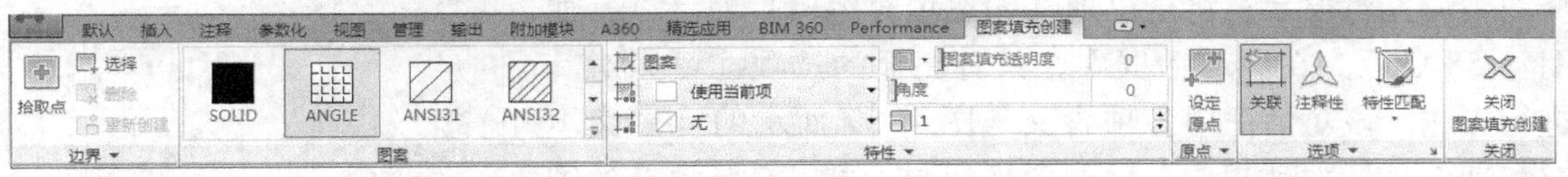


图 4-56　创建图案填充

其中各选项的含义如下。

➢ 选择对象（S）：根据构成封闭区域的选定对象确定边界。
➢ 放弃（U）：放弃对已经选择对象的操作。
➢ 设置（T）：弹出【图案填充和渐变色】对话框，如图 4-57 所示。

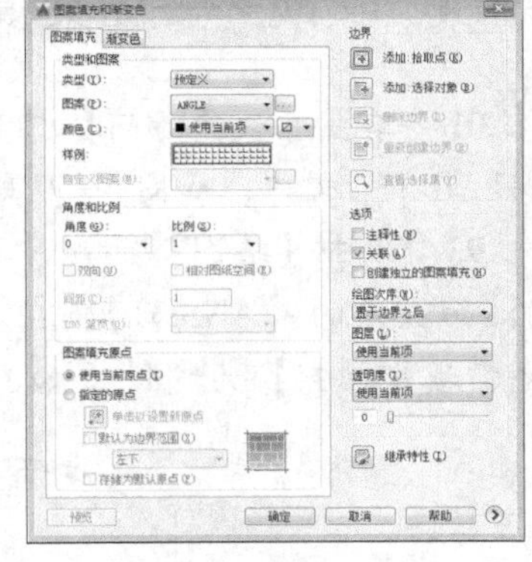

图 4-57　【图案填充和渐变色】对话框

【图案填充和渐变色】对话框中各参数含义如下。

➢【类型和图案】组合框：指定图案填充的类型和图案。
➢【角度和比例】组合框：指定选定填充图案的角度和比例。
➢【图案填充原点】组合框：控制填充图案生成的起始位置。某些图案填充需要与图案填充边界上的一点对齐。默认情况下，所有图案填充原点都对应与当前的 UCS 原点。
➢【边界】组合框：设置拾取点和填充区域的边界。
➢【选项】组合框：控制几个常用的图案填充或填充选项。
➢【继承特性】按钮：使用选定图案填充对象的特性对指定的边界进行填充。

### 4.5.3　编辑填充的图案

在为图形填充了图案后，如果对填充效果不满意，还可以通过图案填充编辑命令对其进行编辑。编辑内容包括填充比例、旋转角度和填充图案等方面。

在 AutoCAD 2016 中可以通过以下几种方法启动编辑填充图案的命令。

➢ 菜单栏：执行【修改】|【对象】|【图案填充】命令。
➢ 绘图区：在绘图区双击图案填充对象。

➢ 命令行：在命令行中输入“HATCHEDIT”命令。
➢ 功能区：在【默认】选项卡中，单击【修改】面板中的【编辑填充图案】按钮。
➢ 工具栏：单击【修改 II】工具栏中的【编辑填充图案】按钮。
➢ 右键快捷的方式：选中要编辑的对象，单击鼠标右键，在弹出的右键快捷菜单中选择【图案填充编辑】选项。

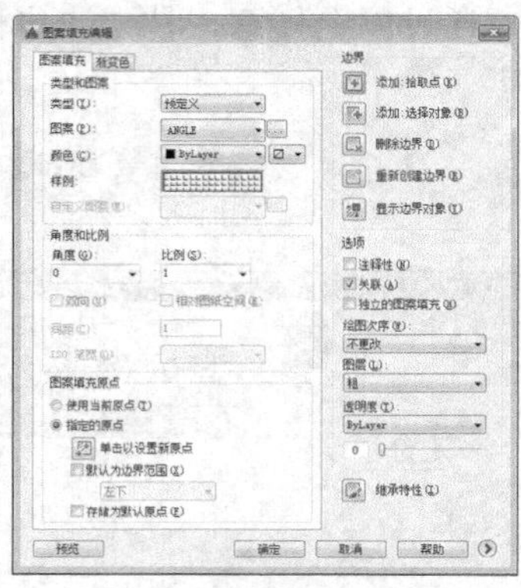
图 4-58 【图案填充编辑】对话框

使用以上任意一种方法启动调用编辑填充图案命令，选择图案填充对象后，将会出现【图案填充编辑】对话框，如图 4-58 所示。在该对话框中，只有亮显的选项才可以对其进行操作。该对话框中各项含义与图 4-57 所示的【图案填充和渐变色】对话框中各项的含义相同，可以对已填充的图案进行一系列的编辑修改。

当图形中填充的图案显示比较密集时，可以通过【图案填充编辑】工具对填充图案的比例进行编辑设置，调整填充图案显示效果。

## 4.5.4 实战——图案填充及编辑

**01** 单击【快速访问】工具栏中的【打开】按钮，打开“第 4 章 \ 4.5.4 图案填充及编辑 . dwg”文件，如图 4-59 所示。

**02** 单击【绘图】面板中的【图案填充】工具按钮，在弹出选项卡中，单击【图案】面板中的【ANSI31】，在【边界】面板中，单击【拾取点】按钮，在圆内拾取点，【图案填充比例】为“1”，如图 4-60 所示。

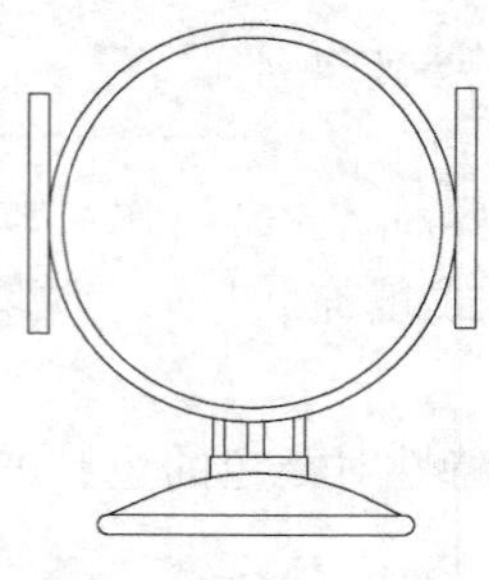
图 4-59 素材文件

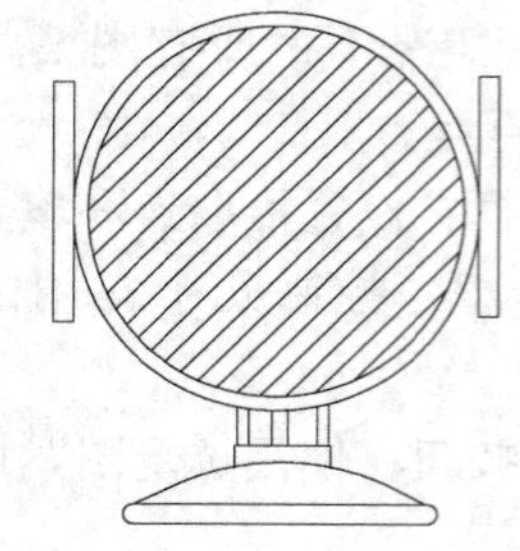
图 4-60 图案填充

**03** 在【默认】选项卡中，单击【修改】面板中的【编辑图案填充】按钮，根据命令行的提示选择左上角的填充图案，弹出【图案填充编辑】对话框，设置【比例】为“2”，如图 4-61 所示。

**04** 单击【确定】按钮，完成比例重设置，最终效果如图 4-62 所示。

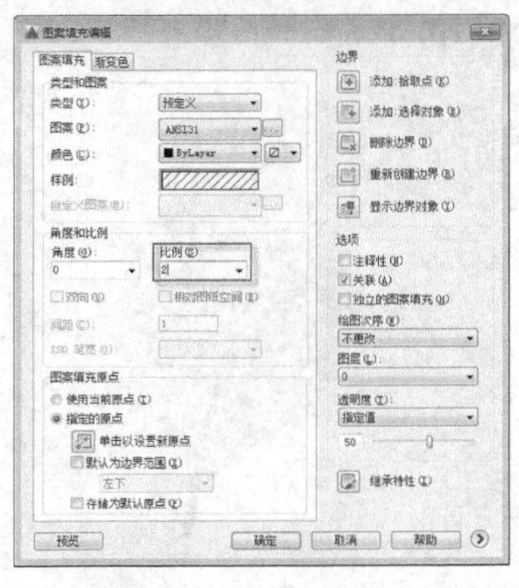

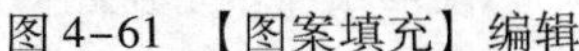

图 4-61 【图案填充】编辑

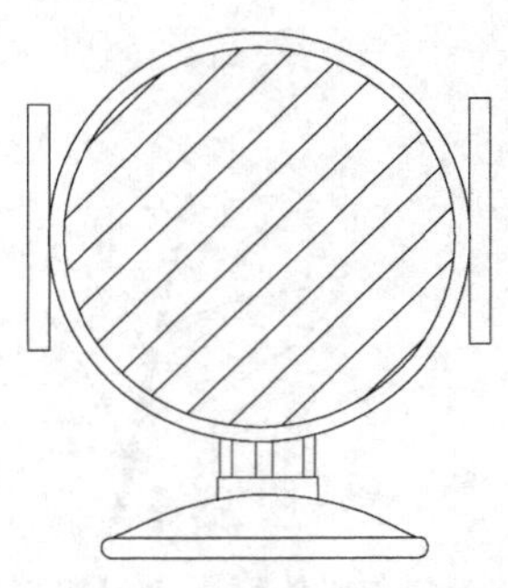

图 4-62 最终效果

### 4.5.5 渐变色填充

在 AutoCAD 2016 中，可以使用一种或两种颜色形成的渐变色来填充图形。

启动【渐变色】命令有以下几种方法。

- 命令行：在命令行中输入“GRADIENT/GD”命令。
- 菜单栏：执行【绘图】|【渐变色】命令。
- 工具栏：单击【绘图】工具栏中的【渐变色】按钮。
- 功能区：在【默认】选项卡中，单击【绘图】面板中的【渐变色】工具按钮。

通过以上任意一种方法执行【渐变色】命令后，将打开【图案填充创建】选项卡，通过该选项卡可设置渐变色颜色类型、填充样式以及方向，以获得绚丽多彩的渐变色填充效果，如图 4-63 所示。

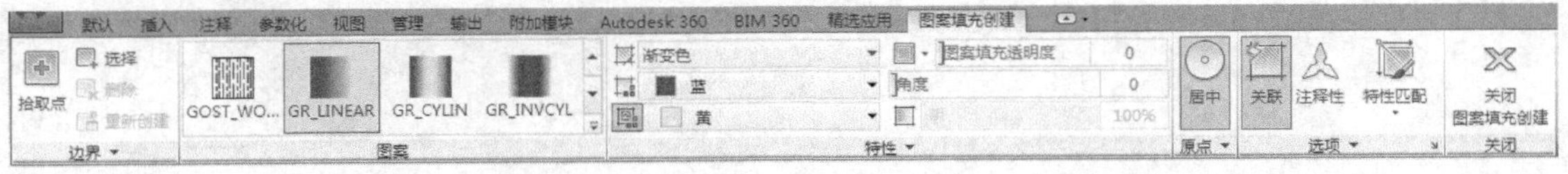


图 4-63 【图案填充创建】选项卡

### 4.5.6 实战——绘制室内装饰叶子渐变色

**01** 选择【文件】|【打开】命令，打开“第 4 章\4.5.6 绘制室内装饰叶子渐变色.dwg”文件，如图 4-64 所示。

**02** 选择【绘图】|【渐变色】命令，在【渐变色】选项卡【特性】选项组中设置【颜色 1】为【索引颜色：2】，设置【颜色 2】为【索引颜色：3】，在【图案】选项组中选择【GR_HEMISP】选项。

**03** 在树叶内部单击拾取一点，再按〈Enter〉键返回【图案填充和渐变色】选项卡，单击【关闭】按钮关闭对话框，渐变色填充结果如图 4-65 所示。

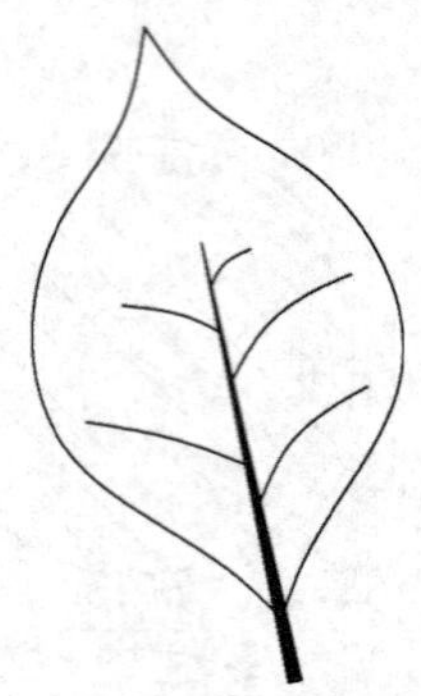

图 4-64　素材图形

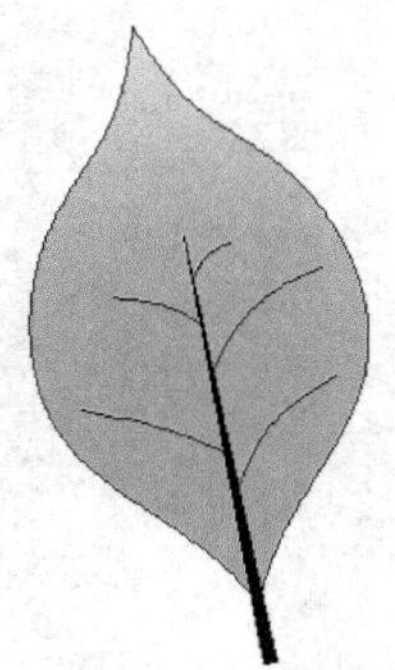

图 4-65　填充渐变色

# 第 5 章　二维图形的编辑

AutoCAD 绘制图形是一个由简单到繁杂的过程，调用 AutoCAD 为用户所提供的一系列二维图形的编辑命令，可以对图形对象进行移动、复制、阵列、修剪、删除等多种操作，从而快速生成复杂的图形。

本章重点讲解二维图形编辑命令的使用方法。

## 5.1　选择对象的方法

在对图形对象进行编辑修改之前，首先要对亟待编辑的图形进行选择。在 AutoCAD 中，图形对象被选中后，便以虚线高亮显示；这些对象构成了选择集。选择集既可以包含单个对象，也可以包含复杂的对象编组。

本节介绍在 AutoCAD 中常用的几种选择对象的方法。

### 5.1.1　直接选取

直接选取也可称为点取对象，将鼠标的拾取点移动到欲选取对象上，然后单击鼠标左键即可完成选择对象的操作，如图 5-1 所示。

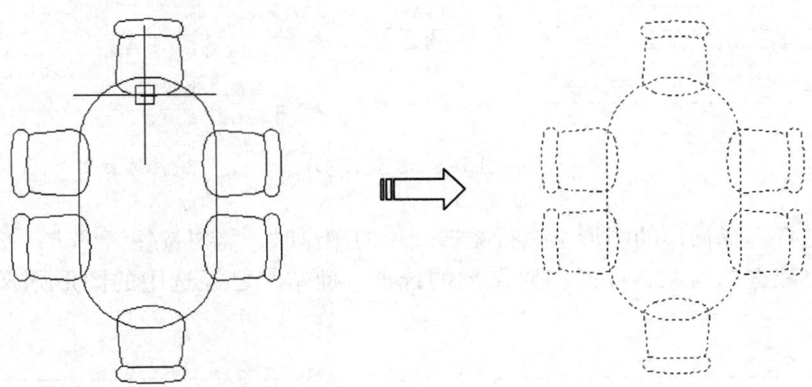

图 5-1　直接选取

**提示：** 连续单击需要选择的对象，可以同时选择多个对象。按下〈Shift〉键并再次单击已经选中的对象，可以将这些对象从当前选择集中删除。按〈Esc〉键，可以取消对当前全部选定对象的选择。

### 5.1.2 窗口选取

使用窗口选取对象，是以在图形上指定对角点的方式定义矩形选取图形范围的一种选取方法。使用该方法选取图形对象时，从左往右拉出选择框，只有全部位于矩形窗口中的图形对象才会被选中，如图 5-2 所示。

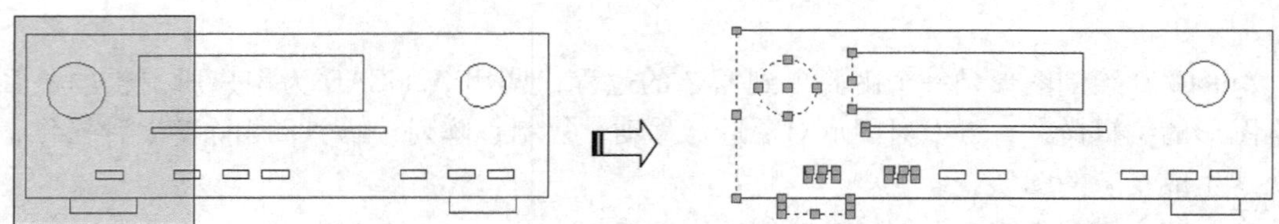

图 5-2 窗口选取

### 5.1.3 加选和减选图形

图形对象被选中后，可能会因操作问题而导致某些需要选择的图形未被选中，而一些不需要的图形则被选中。针对此类情况，AutoCAD 为用户提供了图形对象的加选和减选的方法。

在已经进行选择操作后的图形上执行加选图形的操作时，需要按住〈Alt〉键不放，同时鼠标单击需要加选的对象，即可将图形选中，而本来已经选中的图形则保持不变，如图 5-3 所示。

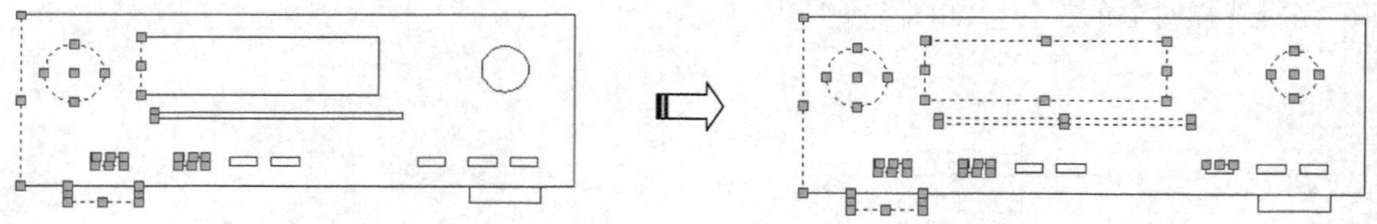

图 5-3 加选图形

在已经进行选择操作的图形上执行减选图形的操作时，需要按住〈Shift〉键不放，同时鼠标单击需要减选的对象，即撤销对图形的选择，而本来已经选中的图形则保持不变，如图 5-4 所示。

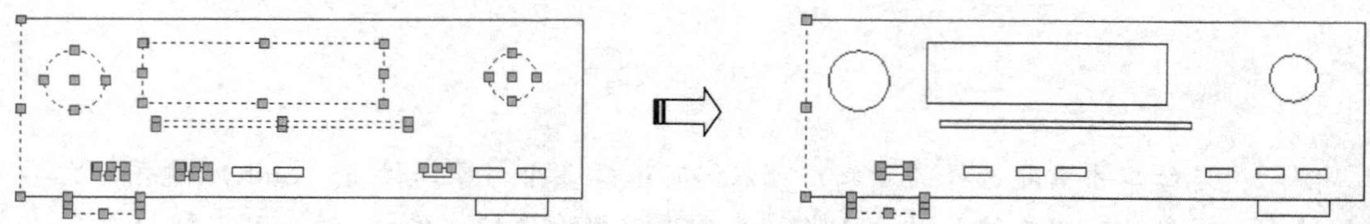

图 5-4 减选图形

### 5.1.4　窗交选取

窗交选取对象的方式与窗口选取对象的方式恰好相反，该选取方法是从右往左拉出选择框，无论是全部还是部分位于选择框中的图形对象都将被选中，如图 5-5 所示。

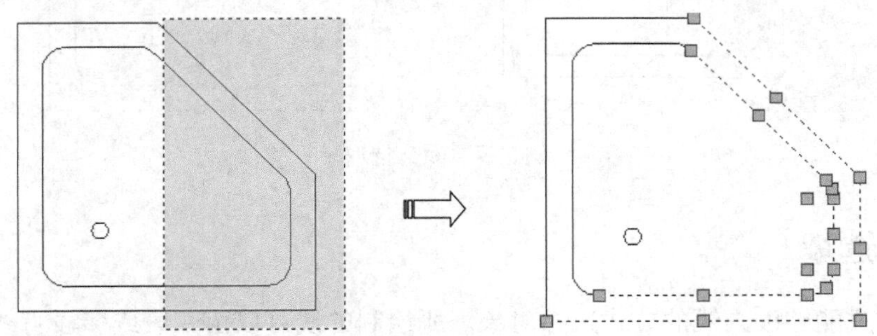

图 5-5　交叉窗口选取

### 5.1.5　不规则窗口选取

不规则窗口的选取方式，是指在图形对象上以指定若干点的方式定义不规则形状的区域来选择对象。

不规则窗口的选取包括圈围选取和圈交选取两种方式。

圈围选取是多边形窗口选择完全包含在内的对象，而圈交选取的多边形可以选择包含在内或相交的对象，相当于窗口选取和交叉窗口选取的区别。

在命令行中输入“SELECT”并按〈Enter〉键，命令行提示如下。

```
命令:SELECT↙
选择对象:?                              //在命令行中输入“?”
需要点或窗口(W)/上一个(L)/窗交(C)/框(BOX)/全部(ALL)/栏选(F)/圈围(WP)/圈交
(CP)/编组(G)/添加(A)/删除(R)/多个(M)/前一个(P)/放弃(U)/自动(AU)/单个(SI)/子
对象(SU)/对象(O)
```

根据命令行的提示，输入“WP”，选择“圈围”选项，结果如图 5-6 所示；或者输入“CP”，选择“圈交”选项，结果如图 5-7 所示。

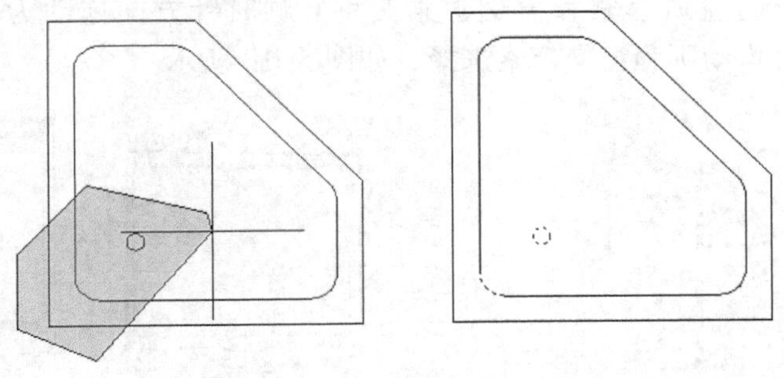

图 5-6　圈围选取

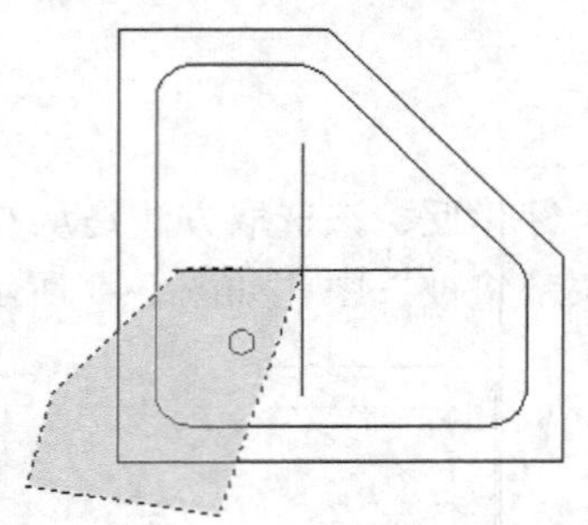
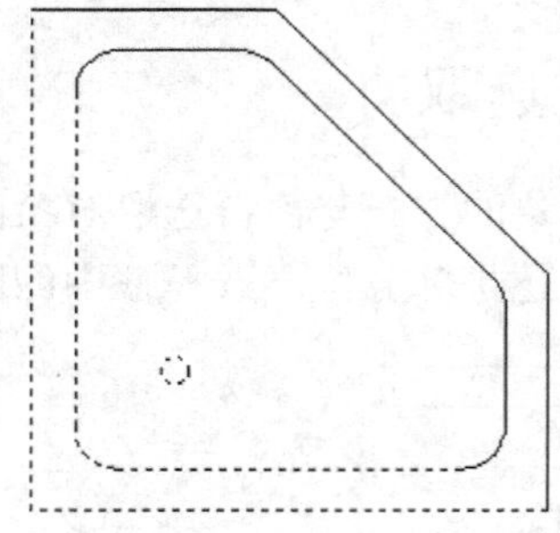

图 5-7　圈交选取

## 5.1.6　栏选取

栏选取方式能够以画线的方式选择对象。所绘制的线可以由一段或多段直线组成，所有与其相交的对象均被选中。

在命令行提示选择对象时，输入“F”，选择“栏选”选项，在需要选取的对象上绘制线段后按〈Enter〉键，选取结果如图 5-8 所示。

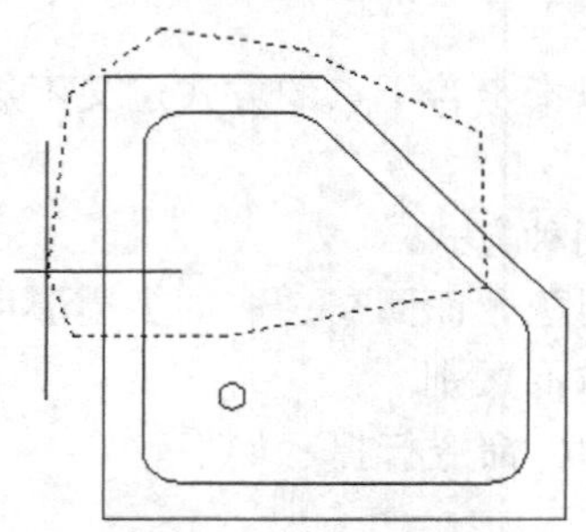
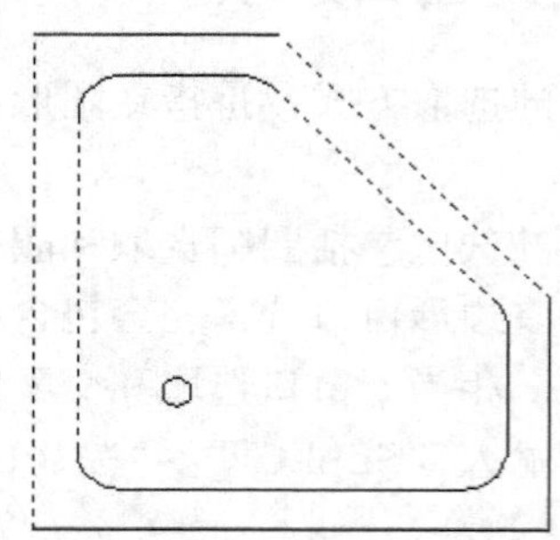

图 5-8　栏选取

## 5.1.7　套索选择

套索选择是框选命令的一种延伸，使用方法跟以前版本的“框选”命令类似。只是当拖动鼠标围绕对象拖动时，将生成不规则的套索选区，使用起来更加人性化。根据拖动方向的不同，套索选择分为窗口套索和窗交套索两种。顺时针方向拖动为窗口套索选择，如图 5-9 所示。逆时针拖动则为窗交套索选择，如图 5-10 所示。

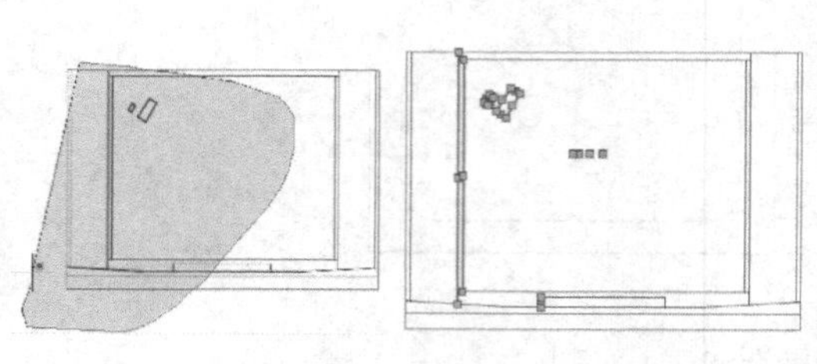

图 5-9　窗口套索选择效果

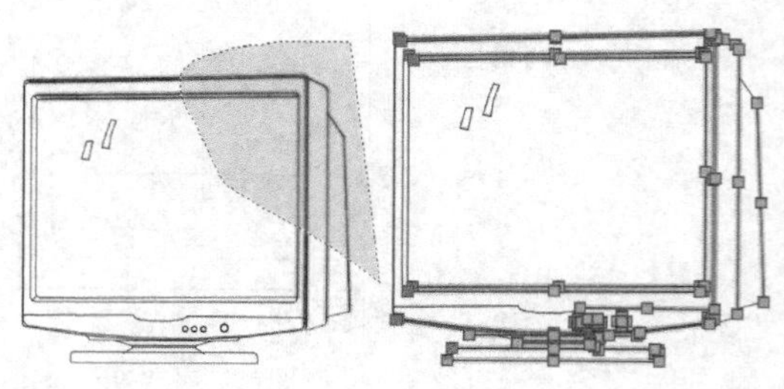

图 5-10　窗交套索选择效果

### 5.1.8 快速选择

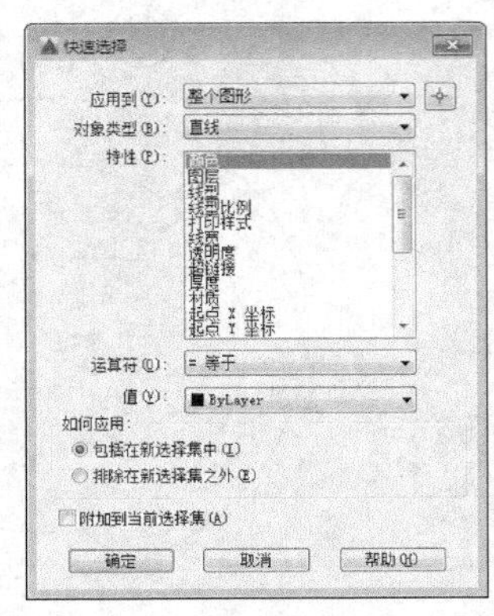

图 5-11 【快速选择】对话框

快速选择方式可以根据图形对象的图层、线型、颜色、图案填充等特性和类型创建选择集，可以快速准确地从繁杂的图形中选择满足所需特性的图形对象。

执行【工具】|【快速选择】命令，弹出【快速选择】对话框，如图 5-11 所示。根据选取要求设置选择范围，在对话框中单击【确定】按钮，完成选择操作。

## 5.2 移动和旋转对象

AutoCAD 中的移动和旋转命令主要对图形的位置进行调整。该类工具在 AutoCAD 中的使用非常频繁，本节介绍移动命令和旋转命令的使用方法。

### 5.2.1 移动对象

【移动】命令可以在指定的方向上按指定距离移动对象。在执行命令的过程中，需要确定移动的对象、移动的基点和第二点这三个参数。

在 AutoCAD 中，调用【移动】命令的方式有以下几种方式。

➢ 命令行：在命令行中输入“MOVE/M”并按〈Enter〉键。
➢ 工具栏：单击【修改】工具栏上的【移动】按钮。
➢ 菜单栏：执行【修改】|【移动】命令。
➢ 功能区：在【默认】选项卡，单击【修改】面板中的【移动】按钮 移动。

### 5.2.2 实战——完善洗脸盆

**01** 按〈Ctrl + O〉组合键，打开配套光盘提供的“第 5 章\5.2.2 移动对象 .dwg”素材文件，结果如图 5-12 所示。

**02** 在命令行中输入“M”【移动】命令并按〈Enter〉键，命令行提示如下。

```
命令： MOVE↙                                    //调用[移动]命令
选择对象:找到 1 个                              //选择待移动的对象,如图 5-13 所示
选择对象:
指定基点或 [位移(D)] <位移>:                    //指定基点,如图 5-14 所示
指定第二个点或 <使用第一个点作为位移>:          //指定第二个点,如图 5-15 所示;完成图形的移
                                                  动结果如图 5-16 所示
```

**03** 重复调用【移动】命令，移动其他的图形，结果如图 5-17 所示。

**提示：** 移动对象还可以利用输入坐标值的方式定义基点、目标的具体位置。

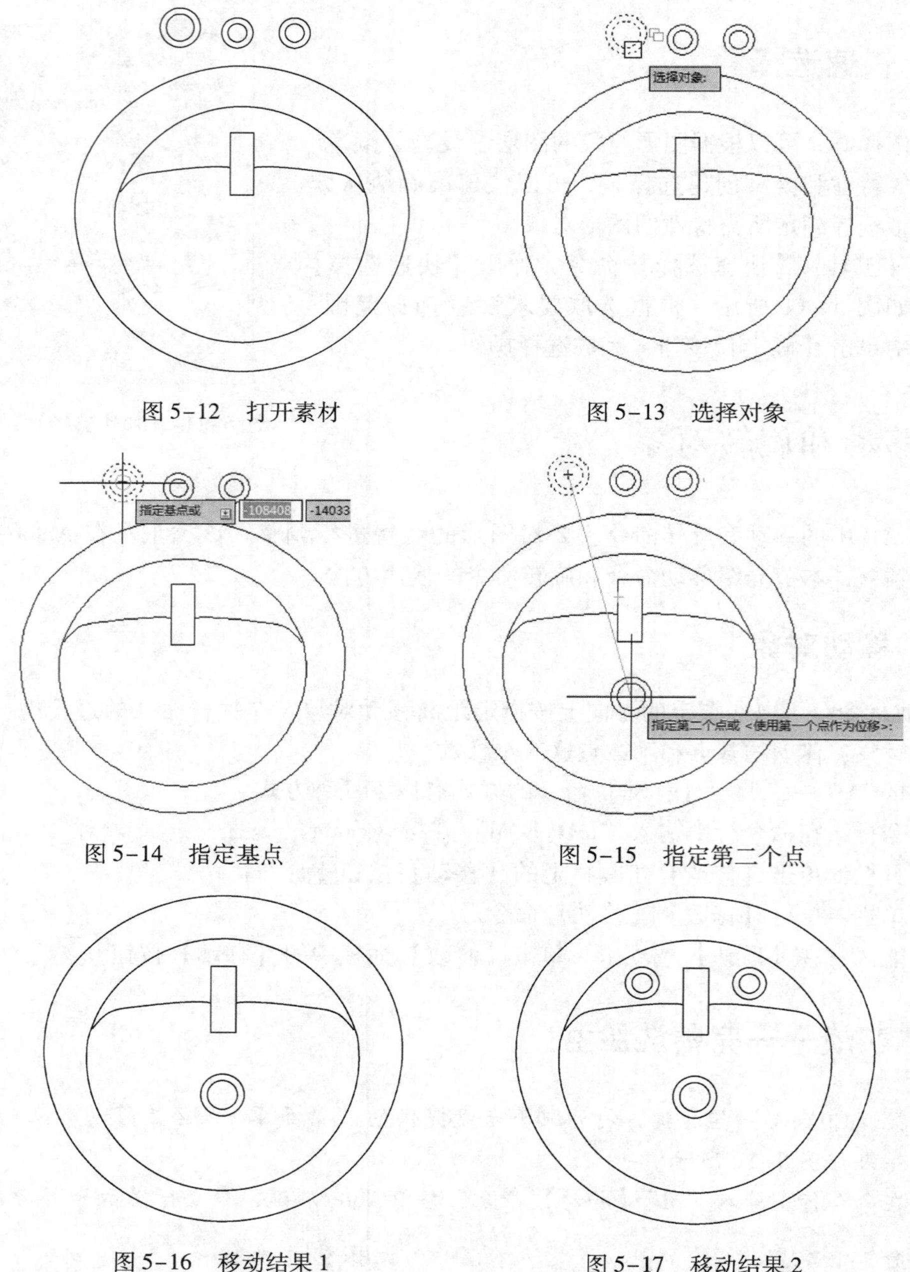


图 5-12　打开素材

图 5-13　选择对象

图 5-14　指定基点

图 5-15　指定第二个点

图 5-16　移动结果 1

图 5-17　移动结果 2

## 5.2.3　旋转对象

【旋转】命令可以将选定对象绕指定点旋转或旋转复制任意角度，以调整图形的放置方向和位置。

在 AutoCAD 中，调用【旋转】命令的方式有以下几种方式。

➢ 命令行：在命令行中输入“ROTATE/RO”并按〈Enter〉键。

➢ 工具栏：单击【修改】工具栏上的【旋转】按钮。
➢ 菜单栏：执行【修改】|【旋转】命令。
➢ 功能区：在【默认】选项卡，单击【修改】面板中的【旋转】按钮。

旋转对象有默认旋转和复制旋转两种方式。

**1. 默认旋转**

使用【默认旋转】方式旋转图形时，源对象按指定的旋转中心和旋转角度旋转至新位置，不保留对象的原始副本。

**2. 复制旋转**

使用【复制旋转】方式进行图形对象的旋转时，不仅可以将图形对象的放置方向调整一定的角度，还可以在旋转出新图形对象时保留源对象。

## 5.2.4 实战——旋转调整椅子方向

**01** 按〈Ctrl + O〉组合键，打开配套光盘提供的“第 5 章\5.2.4 旋转对象.dwg”素材文件，结果如图 5-18 所示。

**02** 调用【旋转】命令并按〈Enter〉键，命令行提示如下。

```
命令:ROTATE↙
UCS 当前的正角方向:  ANGDIR = 逆时针    ANGBASE = 0
选择对象:找到 1 个                //选择对象,如图 5-19 所示
指定基点:                         //指定旋转基点,如图 5-20 所示
指定旋转角度,或[复制(C)/参照(R)] <0>:  35    //指定旋转角度,如图 5-21 所示;按
                                              〈Enter〉键,完成图形的旋转,结果
                                              如图 5-22 所示
```

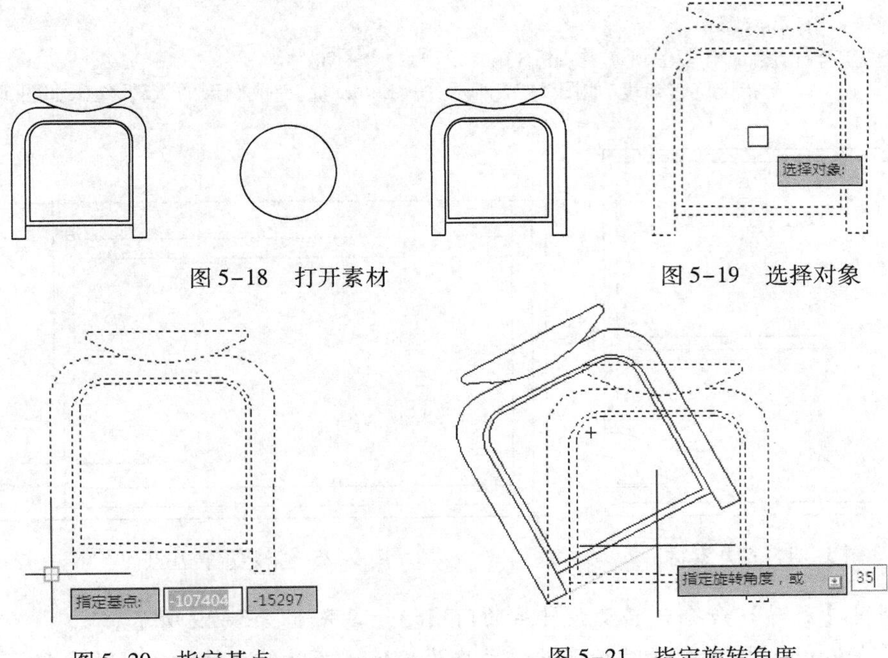


图 5-18 打开素材

图 5-19 选择对象

图 5-20 指定基点

图 5-21 指定旋转角度

**03** 重复调用【旋转】命令并按〈Enter〉键，对另一个椅子图形进行旋转操作，结果如图 5-23 所示。

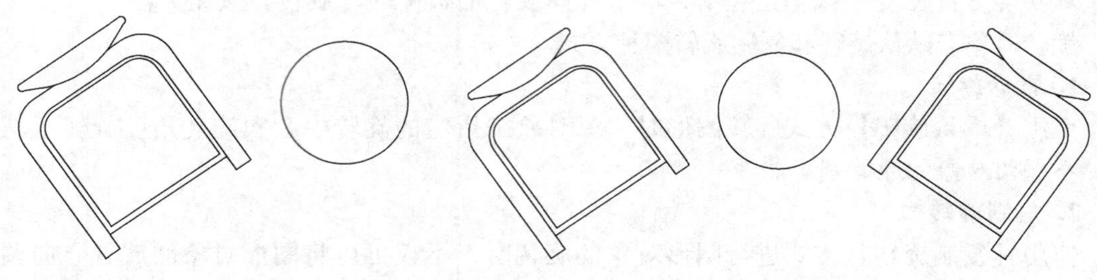

图 5-22 旋转结果　　图 5-23 操作结果

## 5.2.5 实战——复制旋转绘制门

**01** 按〈Ctrl + O〉组合键，打开配套光盘提供的“第 5 章\5.2.5 复制旋转对象 .dwg”素材文件，结果如图 5-24 所示。

**02** 调用【旋转】命令并按〈Enter〉键，命令行提示如下。

```
命令:ROTATE↙
UCS 当前的正角方向:  ANGDIR = 逆时针    ANGBASE = 0
选择对象:找到 1 个
选择对象:                               //选择对象
指定基点:                               //指定旋转基点,如图 5-25 所示
指定旋转角度,或[复制(C)/参照(R)] <270 >:  C  //输入“C”,选择【复制】选项,如图 5-26
                                               所示
旋转一组选定对象
指定旋转角度,或[复制(C)/参照(R)] <270 >:  -90
          //指定旋转角度,如图 5-27 所示;按〈Enter〉键,完成图形的旋转,结果如图 5-28 所示
```

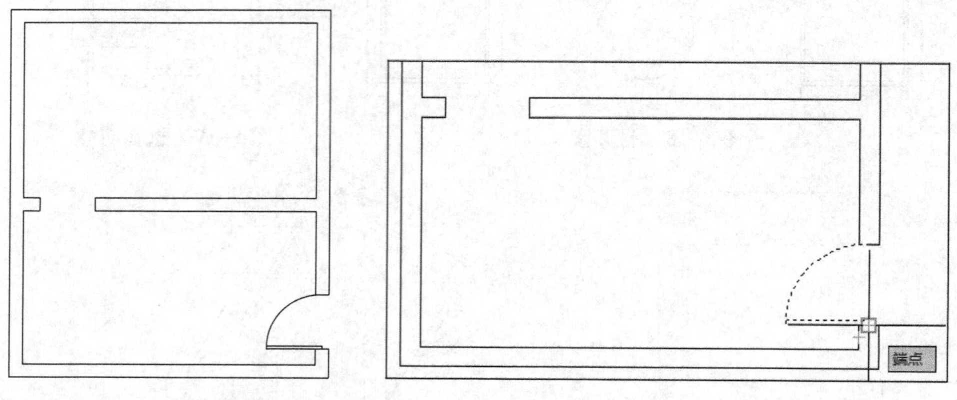


图 5-24 打开素材　　图 5-25 指定旋转基点

**03** 调用【移动】命令，移动旋转后的门图形，结果如图 5-29 所示。

**提示：**在 AutoCAD 中，逆时针旋转的角度为正值，顺时针旋转的角度为负值。

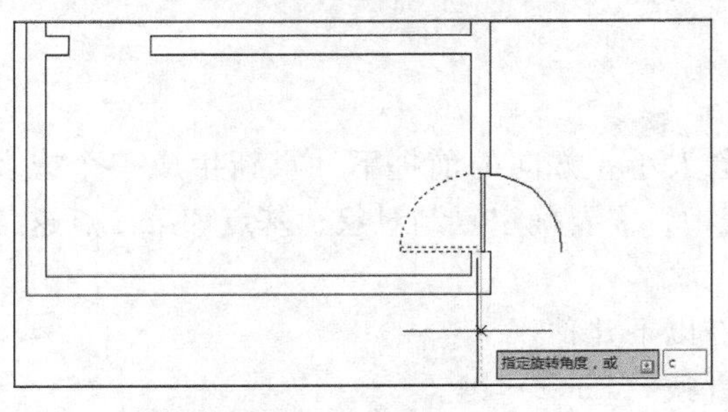


图 5-26　输入“C”

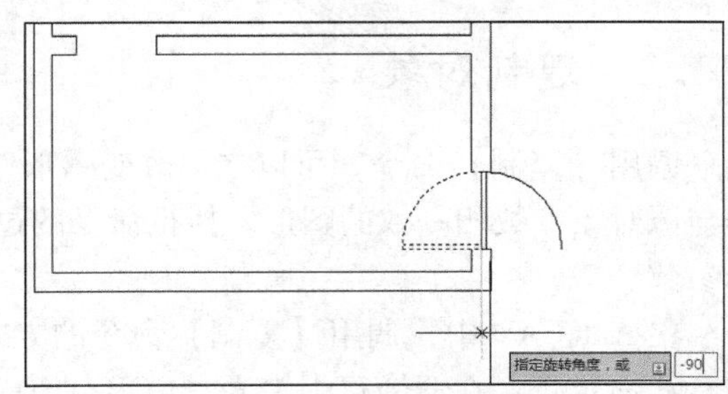


图 5-27　指定角度

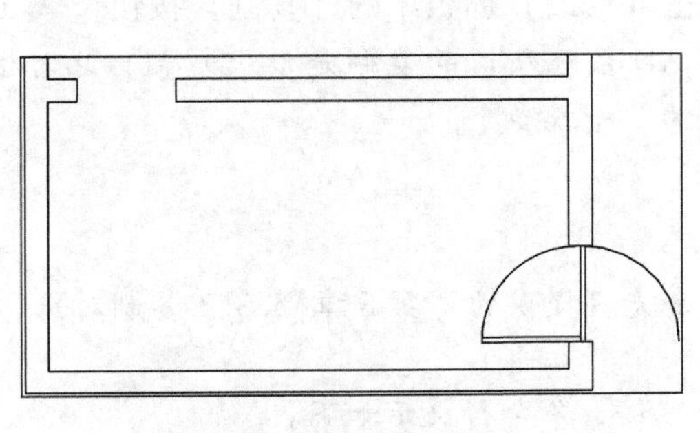

图 5-28　旋转结果

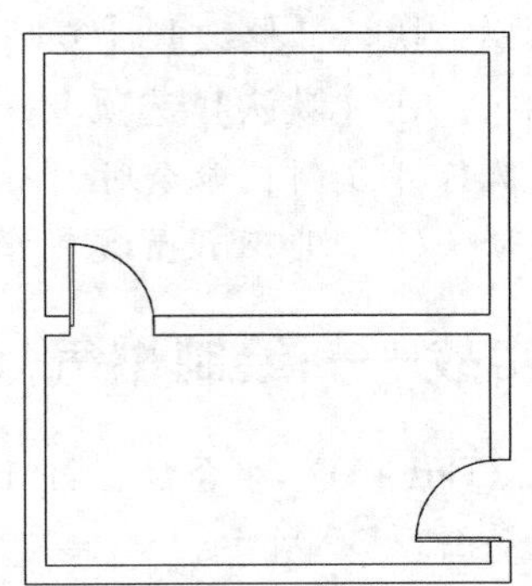

图 5-29　移动结果

## 5.3　删除与复制对象

AutoCAD 为用户提供的复制对象命令，可以以现有图形对象为源对象，绘制出与源对象相同或相似的图形。该类命令实现了绘制图形的简捷化，在绘制具有重复性或近似性特点图形的时候，既可减少工作量，也可保证图形的准确性，以起到提高绘图效率和绘图精度的作用。

本节介绍复制对象命令的使用方法，包括删除、复制、镜像对象等命令的使用。

### 5.3.1　删除对象

调用【删除】命令，可以将所选择的图形对象进行删除。

在 AutoCAD 中，调用【删除】命令的方式有以下几种。

- 命令行：在命令行中输入“ERASE/E”并按〈Enter〉键。
- 工具栏：单击【修改】工具栏上的【删除】按钮。
- 菜单栏：执行【修改】|【删除】命令。

在命令行中输入“ERASE/E”并按〈Enter〉键后，命令行提示如下。

```
命令：ERASE↙
选择对象：
```

调用命令后，选择亟待删除的图形对象，按〈Enter〉键即可完成操作。

### 5.3.2 复制对象

调用【复制】命令，可以在不改变图形对象大小、方向的前提下，重新生成一个或多个与原对象参数相一致的图形。执行命令的过程中，需要确定复制对象、基点和第二点这三个参数。

在 AutoCAD 中，调用【复制】命令的方式有以下几种。

➢ 命令行：在命令行中输入“COPY/CO”并按〈Enter〉键。

➢ 工具栏：单击【修改】工具栏上的【复制】按钮。

➢ 菜单栏：执行【修改】|【复制】命令。

➢ 功能区：在【默认】选项卡，单击【修改】面板中的【复制】按钮复制。

**提示：** 执行［复制］命令时，AutoCAD 系统默认的复制是多次复制，此时根据命令行提示输入字母“O”，即可设置复制模式为单个或多个。

### 5.3.3 实战——绘制燃气灶

**01** 按〈Ctrl + O〉组合键，打开配套光盘提供的“第 5 章\5.3.3 复制对象.dwg”素材文件，结果如图 5-30 所示。

**02** 调用【复制】命令并按〈Enter〉键，命令行提示如下。

```
命令:COPY↙
选择对象:找到 1 个                              //选择对象,如图 5-31 所示
当前设置:  复制模式 = 多个
指定基点或[位移(D)/模式(O)]<位移>:  //指定基点,如图 5-32 所示
指定第二个点或[阵列(A)]<使用第一个点作为位移>:    //指定第二个点,如图 5-33 所
                                                 示;按〈Enter〉键结束绘制,结
                                                 果如图 5-34 所示
```

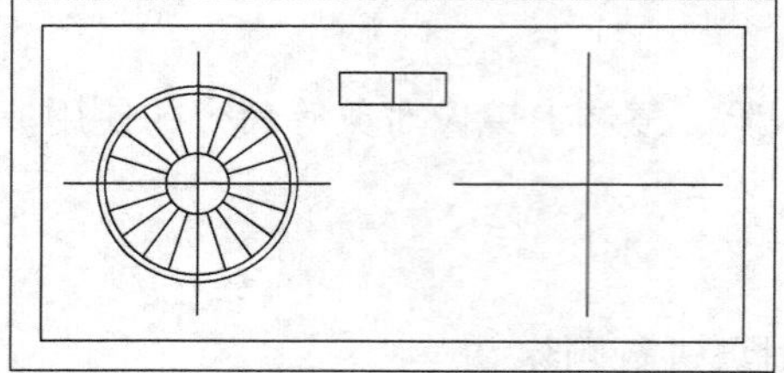

图 5-30 打开素材

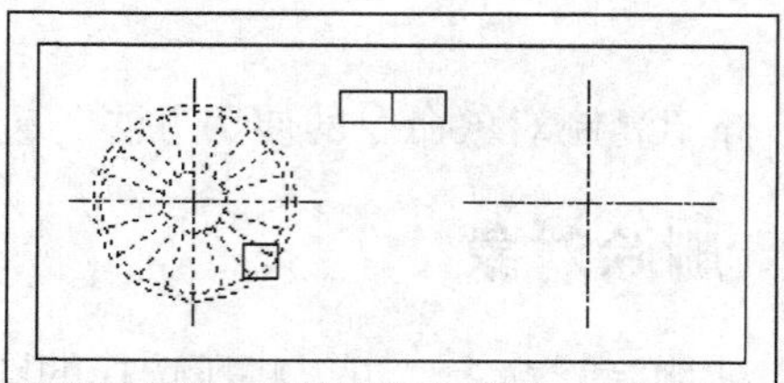

图 5-31 选择对象

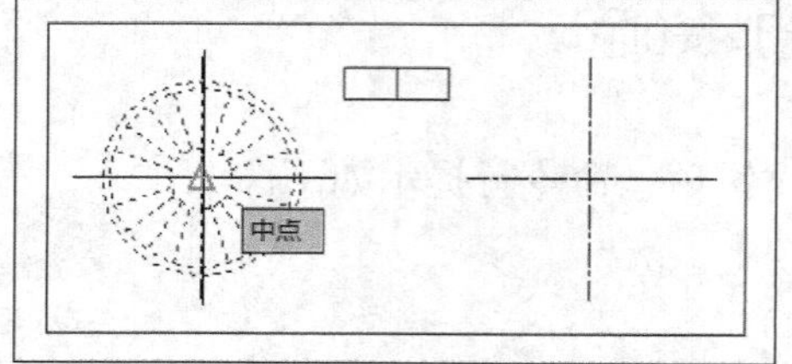


图 5-32 指定基点

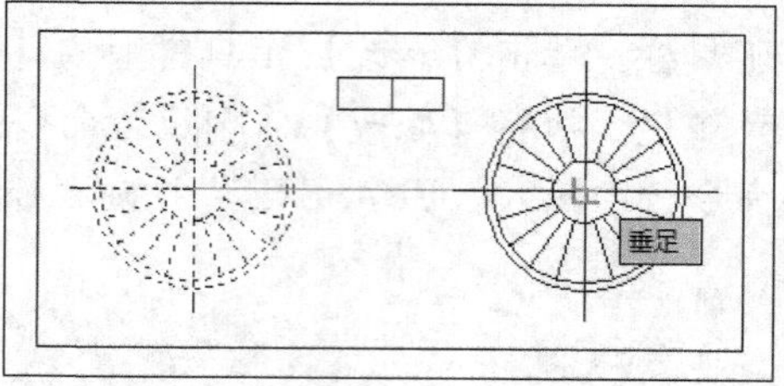


图 5-33 指定第二个点

**技巧**：在 AutoCAD 2016 中，为复制命令增加了“［阵列(A)］”选项，在“指定第二个点或［阵列(A)］”命令行提示下输入“A”，即可以线性阵列的方式快速大量复制对象，从而大大提高了操作效率。

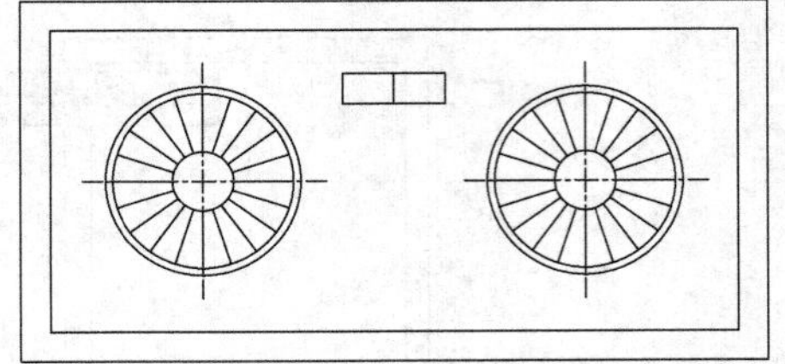

图 5-34　复制结果

## 5.3.4　镜像对象

调用【镜像】命令，可以创建所选择对象的镜像副本。该命令常用于绘制结构规则且有对称特点的图形。

在 AutoCAD 中，调用【镜像】命令的方式有以下几种。

➢ 命令行：在命令行中输入“MIRROR/MI”并按〈Enter〉键。
➢ 工具栏：单击【修改】工具栏上的【镜像】按钮。
➢ 菜单栏：执行【修改】|【镜像】命令。
➢ 功能区：在【默认】选项卡，单击【修改】面板中的【镜像】按钮。

## 5.3.5　实战——镜像复制餐椅

**01**　按〈Ctrl+O〉组合键，打开配套光盘提供的“第 5 章\5.3.5 镜像对象.dwg”素材文件，结果如图 5-35 所示。

**02**　调用【镜像】命令并按〈Enter〉键，命令行提示如下。

```
命令:MIRROR↙
选择对象:找到 1 个                        //选择对象,如图 5-36 所示
选择对象: 指定镜像线的第一点:             //指定镜像线的第一点,如图 5-37 所示
指定镜像线的第二点:                       //指定镜像线的第二点,如图 5-38 所示
要删除源对象吗? [是(Y)/否(N)] <N>:N       //输入 N,选择"否"选项,如图 5-39 所示;按
                                            〈Enter〉键结束绘制,镜像复制结果如
                                            图 5-40 所示
```

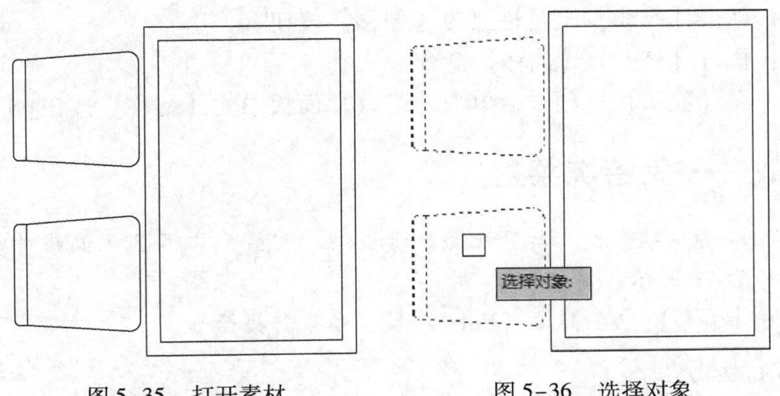


图 5-35　打开素材　　图 5-36　选择对象

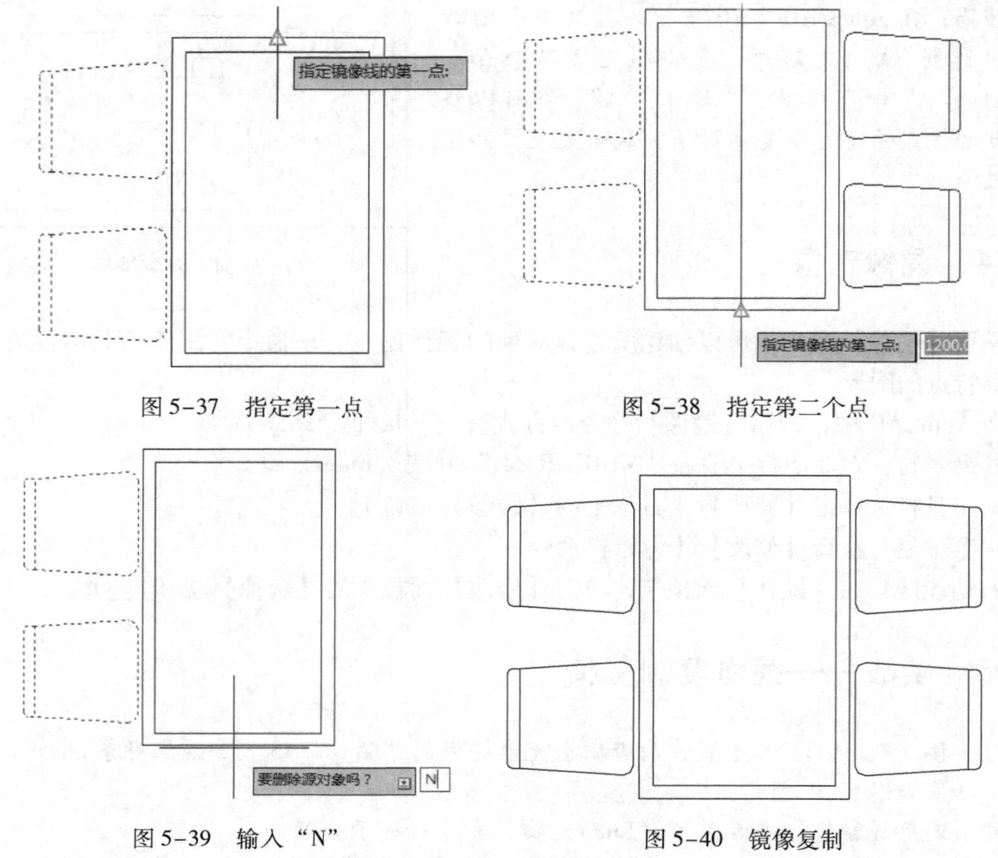


图 5-37　指定第一点

图 5-38　指定第二个点

图 5-39　输入“N”

图 5-40　镜像复制

## 5.3.6　偏移对象

调用【偏移】命令，可以创建与图形源对象成一定距离的形状相同或相似的新图形对象。直线、曲线、多边形、圆、弧等图形对象都可调用【偏移】命令来进行编辑修改。

在 AutoCAD 中，调用【偏移】命令的方式有以下几种。

- 命令行：在命令行中输入“OFFSET/O”并按〈Enter〉键。
- 工具栏：单击【修改】工具栏上的【偏移】按钮。
- 菜单栏：执行【修改】|【偏移】命令。
- 功能区：在【默认】选项卡，单击【修改】面板中的【偏移】按钮。

## 5.3.7　实战——完善洗菜盆

**01**　按〈Ctrl + O〉组合键，打开配套光盘提供的“第 5 章\5.3.7 偏移对象 . dwg”素材文件，结果如图 5-41 所示。

**02**　在调用【偏移】命令并按〈Enter〉键，命令行提示如下。

```
命令:OFFSET↙
当前设置:删除源 = 否　图层 = 源　OFFSETGAPTYPE = 0
```

```
指定偏移距离或［通过(T)/删除(E)/图层(L)］<0>:      //指定偏移距离,如图 5-42 所示
选择要偏移的对象,或［退出(E)/放弃(U)］<退出>:      //鼠标移至洗菜盆的外轮廓上
指定要偏移的那一侧上的点,或［退出(E)/多个(M)/放弃(U)］<退出>:
                                   //单击洗菜盆的外轮廓,鼠标向内移动,如图 5-43 所示
选择要偏移的对象,或［退出(E)/放弃(U)］<退出>:  *取消*
                                   //按〈Esc〉键退出绘制,偏移结果如图 5-44 所示
```

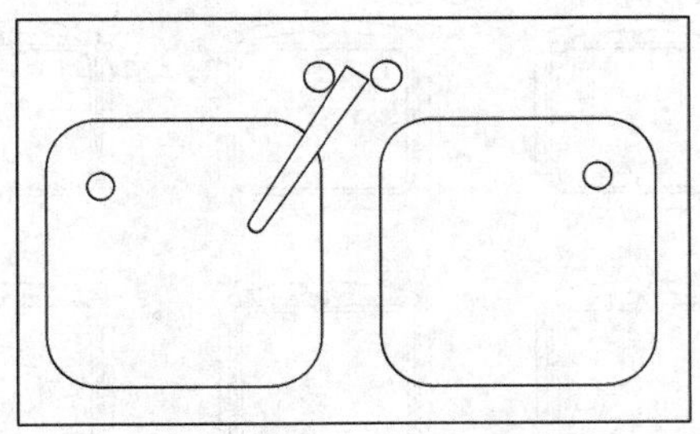

图 5-41　打开素材

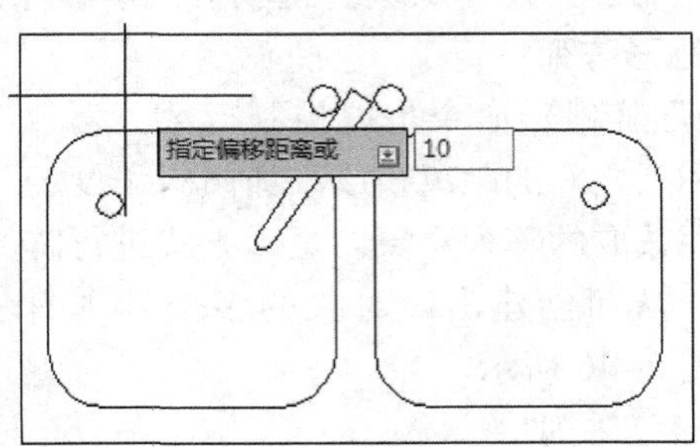


图 5-42　指定偏移距离

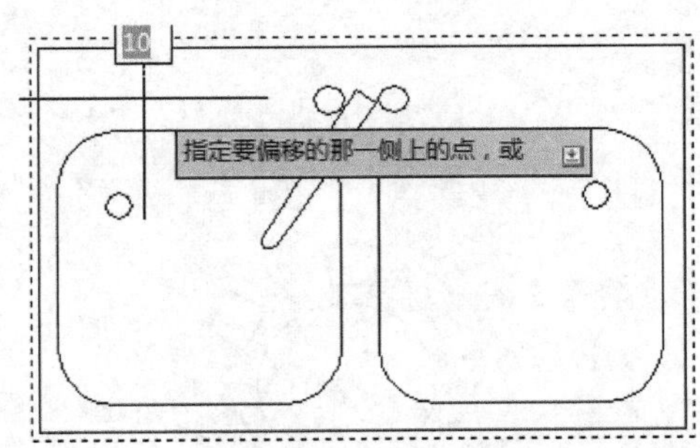


图 5-43　鼠标向内移动

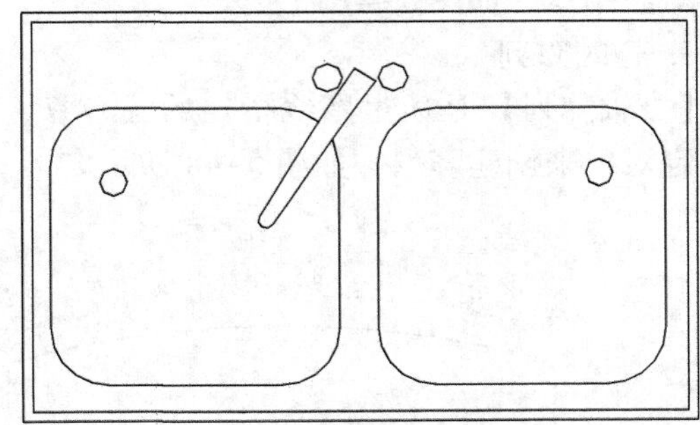

图 5-44　偏移结果

**03**　重复调用【偏移】命令，继续绘制洗菜盆图形，结果如图 5-45 所示。

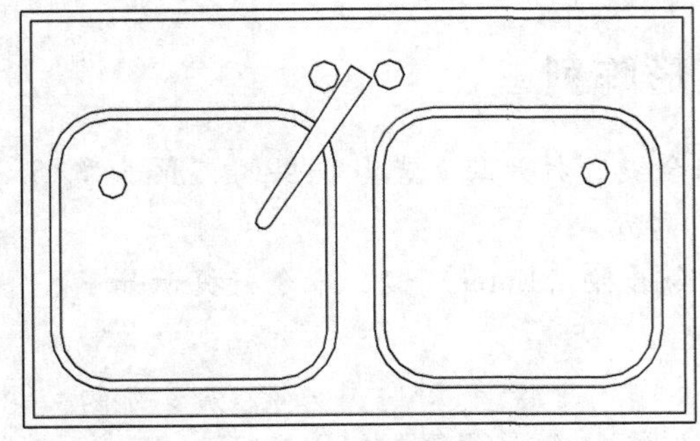

图 5-45　绘制结果

## 5.3.8　阵列对象

AutoCAD 为用户提供了三种阵列方式，分别是矩形阵列、极轴阵列和路径阵列。这三种阵列

方式都按独有的阵列复制方法复制图形对象，本小节为读者介绍这 3 种阵列方式的使用方法。

在 AutoCAD 中，调用【阵列】命令的方式有以下几种。

➢ 命令行：在命令行中输入“ARRAY/AR”并按〈Enter〉键。

➢ 工具栏：单击【修改】工具栏上的【阵列】按钮。

➢ 菜单栏：执行【修改】|【阵列】命令。

➢ 功能区：在【默认】选项卡，单击【修改】面板中的【矩形阵列】按钮。

**1. 矩形阵列**

【矩形阵列】命令是以控制行数、列数以及行和列之间的距离，或添加倾斜角度的方式，使选取的阵列对象以矩形方式进行阵列复制，从而创建出源对象的多个副本对象，如图 5-46 所示。

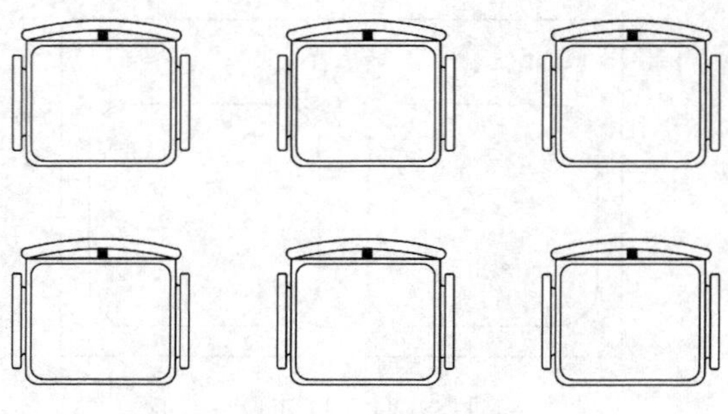

图 5-46　矩形阵列

**2. 路径阵列**

【路径阵列】是沿路径或部分路径均匀分布对象副本，如图 5-47 所示。

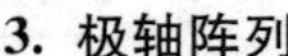

**3. 极轴阵列**

【极轴阵列】是通过围绕指定的圆心复制选定对象来创建阵列，如图 5-48 所示。

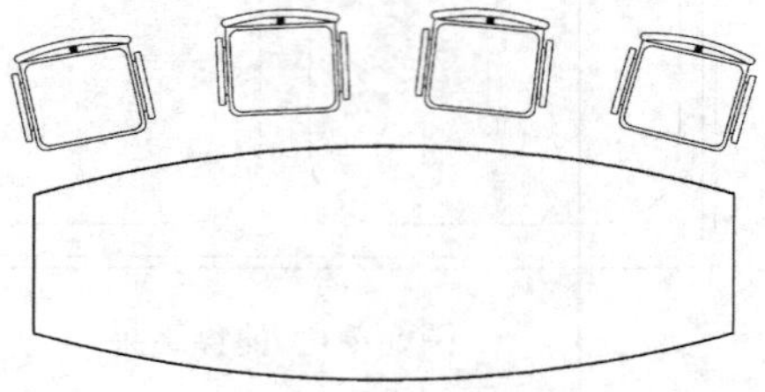

图 5-47　路径阵列

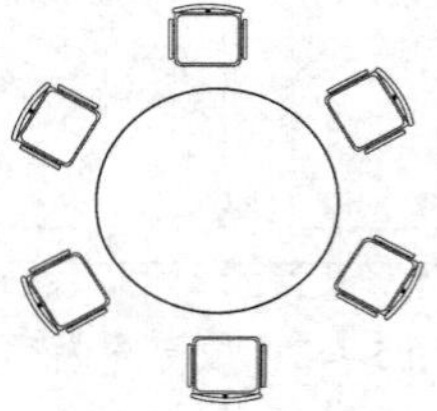

图 5-48　极轴阵列

## 5.3.9　实战——矩形阵列

**01**　按〈Ctrl + O〉组合键，打开配套光盘提供的“第 5 章\5.3.9 矩形阵列对象.dwg”素材文件，结果如图 5-49 所示。

**02**　调用【阵列】命令并按〈Enter〉键，命令行提示如下。

```
命令:ARRAY↙
选择对象:找到 1 个                                //选择对象,如图 5-50 所示
选择对象:  输入阵列类型［矩形(R)/路径(PA)/极轴(PO)］<矩形>:R
                                                  //输入“R”,选择“矩形”选项
类型 = 矩形   关联 = 是
选择夹点以编辑阵列或［关联(AS)/基点(B)/计数(COU)/间距(S)/列数(COL)/行数(R)/层
数(L)/退出(X)］<退出>:COL                          //输入“COL”,选择“列数”选项
输入列数数或［表达式(E)］<4>:3
指定 列数 之间的距离或［总计(T)/表达式(E)］<225>:390
```

```
选择夹点以编辑阵列或［关联(AS)/基点(B)/计数(COU)/间距(S)/列数(COL)/行数(R)/层
数(L)/退出(X)］<退出>:R                //输入 R,选择“行数”选项
输入行数数或［表达式(E)］<3>:2
指定 行数 之间的距离或［总计(T)/表达式(E)］<1260>: -1010
                                       //矩形阵列结果如图 5-51 所示
选择夹点以编辑阵列或［关联(AS)/基点(B)/计数(COU)/间距(S)/列数(COL)/行数(R)/层
数(L)/退出(X)］<退出>: *取消*          //按〈Esc〉键退出绘制
```

图 5-49　打开素材

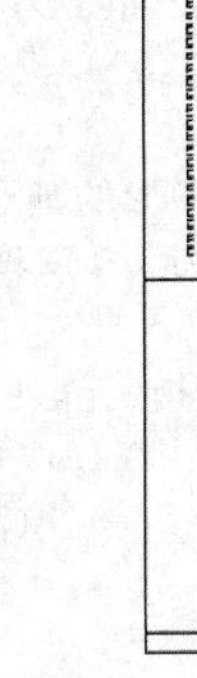

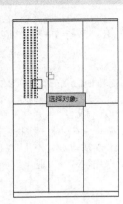

图 5-50　选择对象

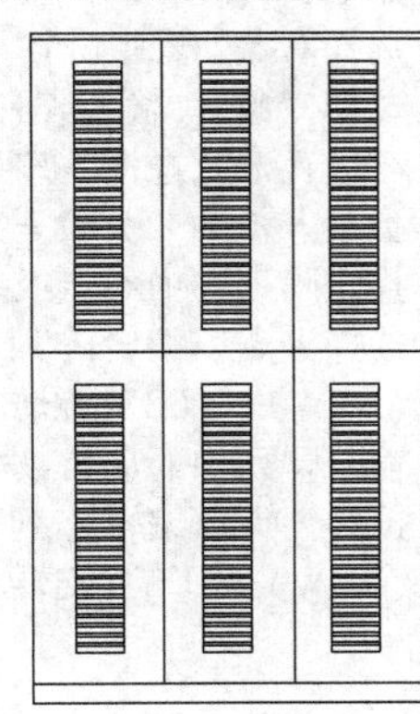
图 5-51　矩形阵列

## 5.3.10　实战——路径阵列

**01**　按〈Ctrl+O〉组合键，打开配套光盘提供的“第 5 章\5.3.10 路径阵列对象.dwg”素材文件，如图 5-52 所示。

**02**　调用【阵列】命令并按〈Enter〉键，命令行提示如下。

```
命令:ARRAY↙
选择对象:找到 1 个                      //选择五边形
选择对象:  输入阵列类型［矩形(R)/路径(PA)/极轴(PO)］<路径>:PA
                                        //输入 PA,选择“路径”选项
类型 = 路径　关联 = 是
选择路径曲线:                           //选择曲线
选择夹点以编辑阵列或［关联(AS)/方法(M)/基点(B)/切向(T)/项目(I)/行(R)/层(L)/对
齐项目(A)/Z 方向(Z)/退出(X)］<退出>:I   //输入 I,选择“项目”选项
指定沿路径的项目之间的距离或［表达式(E)］<189>:250
最大项目数 = 10
指定项目数或［填写完整路径(F)/表达式(E)］<10>: *取消*
选择夹点以编辑阵列或［关联(AS)/方法(M)/基点(B)/切向(T)/项目(I)/行(R)/层(L)/对
齐项目(A)/Z 方向(Z)/退出(X)］<退出>: *取消*      //路径阵列的结果如图 5-53 所示
```

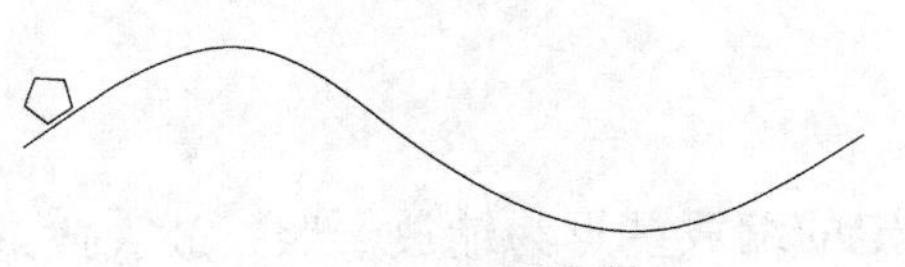
图 5-52　打开素材

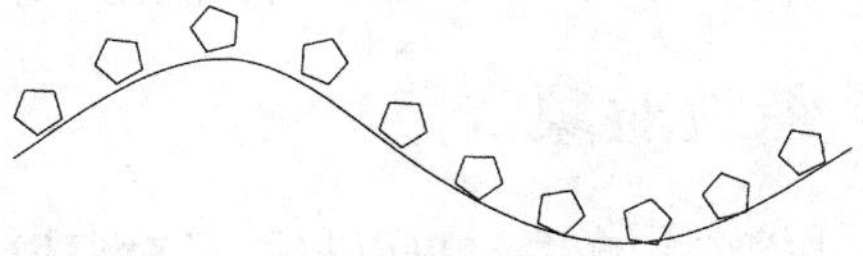
图 5-53　路径阵列

### 5.3.11 实战——极轴阵列

**01** 按〈Ctrl+O〉组合键，打开配套光盘提供的“第5章\5.3.11 极轴阵列对象.dwg”素材文件，如图5-54所示。

**02** 调用【阵列】命令并按〈Enter〉键，命令行提示如下。

```
命令:ARRAY↙
选择对象:找到 1 个                              //选择对象,如图 5-55 所示
选择对象:  输入阵列类型[矩形(R)/路径(PA)/极轴(PO)]<路径>:PO
//输入 PO,选择“极轴”选项
类型=极轴  关联=是
指定阵列的中心点或[基点(B)/旋转轴(A)]:指定图形的圆心为中心点
选择夹点以编辑阵列或[关联(AS)/基点(B)/项目(I)/项目间角度(A)/填充角度(F)/行(ROW)/层(L)/旋转项目(ROT)/退出(X)]<退出>:I      //输入 I,选择“项目”选项
输入阵列中的项目数或[表达式(E)]<6>:8  //指定阵列的项目数,阵列结果如图 5-56 所示
选择夹点以编辑阵列或[关联(AS)/基点(B)/项目(I)/项目间角度(A)/填充角度(F)/行(ROW)/层(L)/旋转项目(ROT)/退出(X)]<退出>:*取消*按〈Esc〉键退出绘制
```

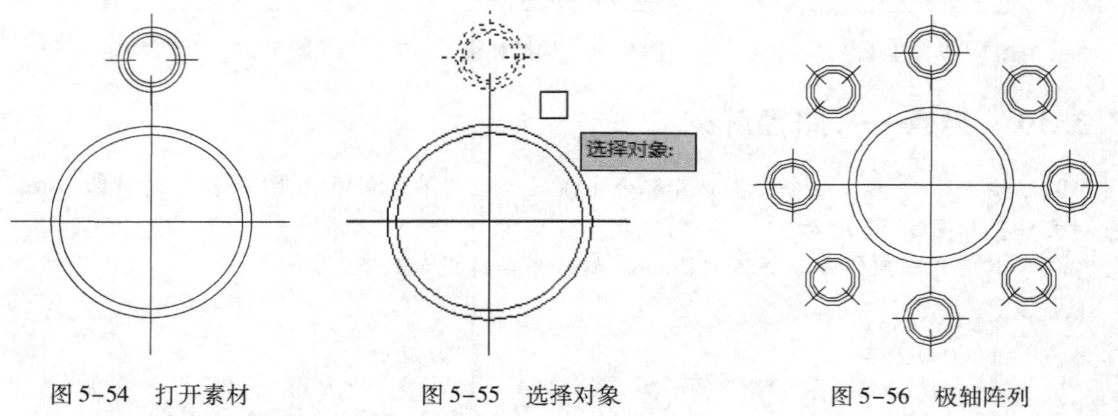


图5-54 打开素材　　图5-55 选择对象　　图5-56 极轴阵列

## 5.4 修整对象

AutoCAD为用户提供的修整图形对象的命令包括【修剪】命令、【延伸】命令、【缩放】命令、【拉伸】命令。其中【修剪】和【延伸】命令可以剪短或延长对象，以与其他对象的边相接；【缩放】和【拉伸】命令可以在一个方向上调整对象的大小或按比例增大或缩小对象。

本节为读者介绍AutoCAD中修整图形对象命令的使用方法。

### 5.4.1 缩放对象

调用【缩放】命令，可以将图形对象以指定的缩放基点为缩放参照，放大或缩小一定比例，创建出与源对象成一定比例且形状相同的新图形对象。

在执行命令的过程中，需要确定缩放对象、基点和比例因子三个参数。

比例因子即缩小或放大的比例值，比例因子大于 1 时，缩放结果是使图形变大，反之则使图形变小。

在 AutoCAD 中，调用【缩放】命令的方式有以下几种。

- 命令行：在命令行中输入“SCALE/SC”并按〈Enter〉键。
- 工具栏：单击【修改】工具栏上【缩放】按钮。
- 菜单栏：执行【修改】|【缩放】命令。
- 功能区：在【默认】选项卡，单击【修改】面板中的【缩放】按钮。

## 5.4.2 实战——缩放对象

**01** 按〈Ctrl + O〉组合键，打开配套光盘提供的“第 5 章\5.4.2 缩放对象 .dwg”素材文件，如图 5-57 所示。

**02** 调用【缩放】命令并按〈Enter〉键，命令行提示如下。

```
命令:SCALE↙
选择对象:找到 1 个                          //选择对象,如图 5-58 所示
指定基点:                                   //指定基点,如图 5-59 所示
指定比例因子或［复制(C)/参照(R)］:          //指定比例因子,如图 5-60 所示;缩放结果如图 5-61
                                              所示
*取消*                                      //按〈Esc〉键退出绘制
```

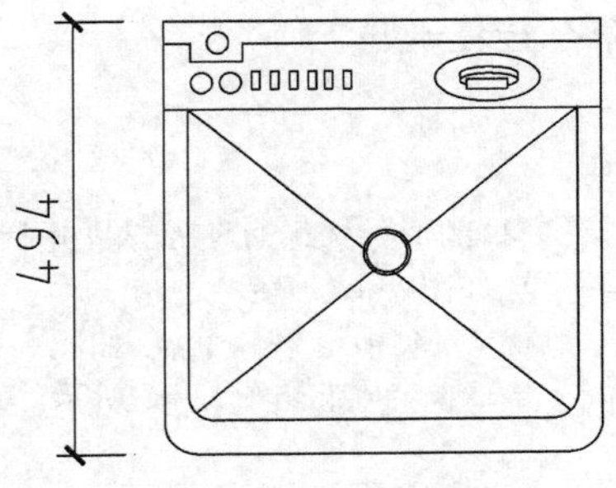


图 5-57　打开素材

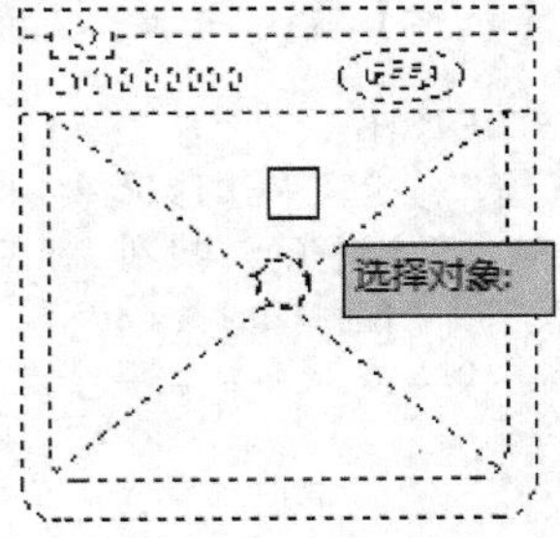


图 5-58　选择对象

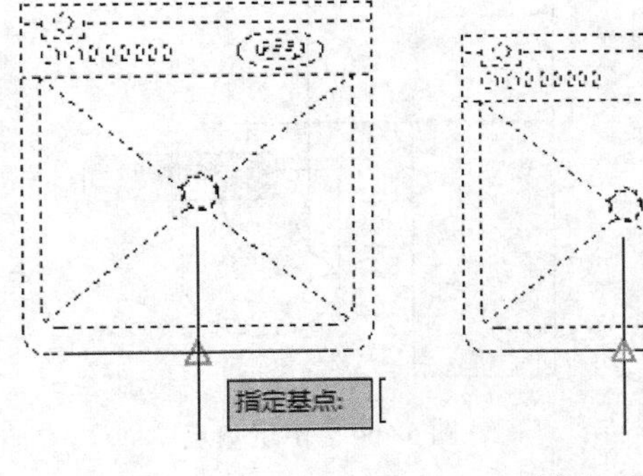


图 5-59　指定基点

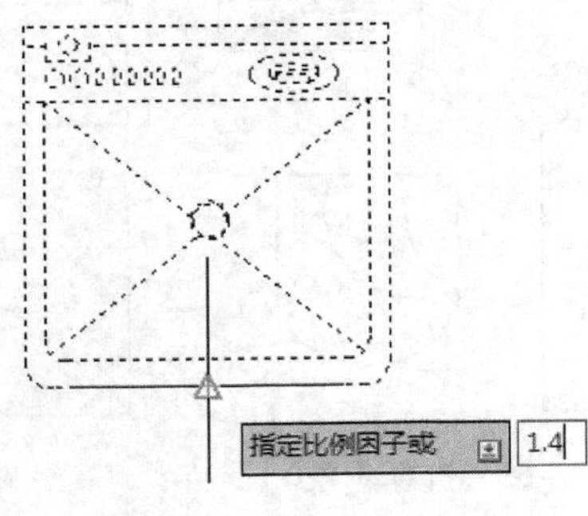


图 5-60　指定比例因子

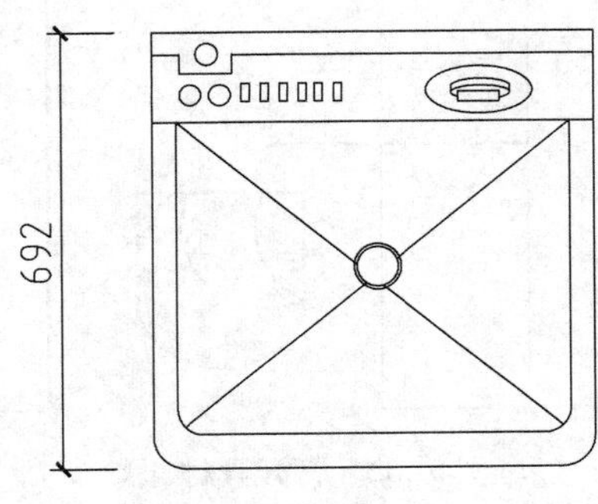


图 5-61　缩放结果

## 5.4.3 拉伸对象

调用【拉伸】命令，通过沿拉伸路径平移图形夹点的位置，可以使图形产生拉伸变形的效果。它可以对选择的对象按规定方向和角度拉伸或缩短，并且使对象的形状发生改变。

在 AutoCAD 中，调用【拉伸】命令的方式有以下几种。

- 命令行：在命令行中输入“STRETCH/S”并按〈Enter〉键。
- 工具栏：单击【修改】工具栏上【拉伸】按钮。
- 菜单栏：执行【修改】|【拉伸】命令。
- 功能区：在【默认】选项卡，单击【修改】面板中的【拉伸】按钮。

在命令执行过程中，需要确定拉伸对象、拉伸基点的起点和拉伸的位移。

拉伸需要遵循以下原则。

- 通过单击选择和窗口选择获得的拉伸对象将其只被平移，不被拉伸。
- 通过交叉选择获得的拉伸对象，如果所有夹点都落入选择框内，图形将发生平移；如果只有部分夹点落入选择框，图形将沿拉伸位移拉伸；如果没有夹点落入选择窗口，图形将保持不变。

## 5.4.4 实战——拉伸对象

**01** 按〈Ctrl+O〉组合键，打开配套光盘提供的“第5章\5.4.4 拉伸对象.dwg”素材文件，如图5-62所示。

**02** 调用【拉伸】命令并按〈Enter〉键，命令行提示如下。

```
命令:STRETCH↙
以交叉窗口或交叉多边形选择要拉伸的对象…
选择对象:指定对角点:找到 3 个          //以交叉窗口的形式选择对象,结果如图 5-63 所示
指定基点或[位移(D)]<位移>:           //指定基点,如图 5-64 所示
指定第二个点或 <使用第一个点作为位移>: 700      //指定第二个点,如图 5-65 所示;拉伸
                                                结果如图 5-66 所示
```

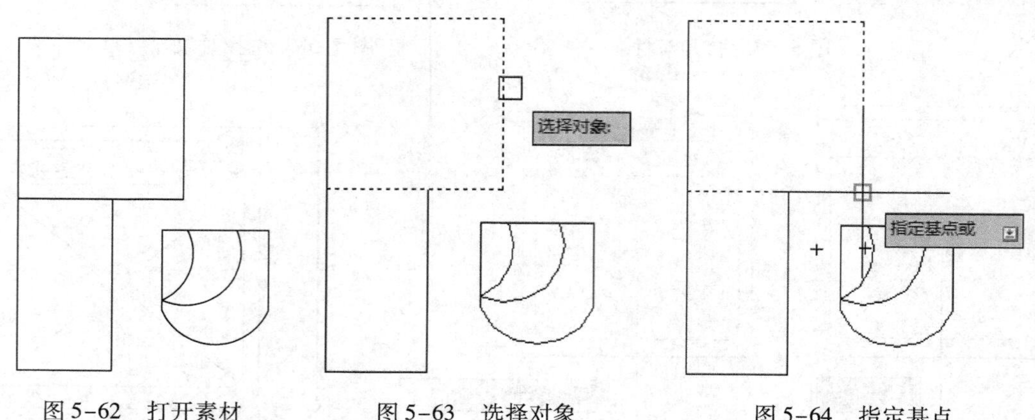


图5-62 打开素材　　图5-63 选择对象　　图5-64 指定基点

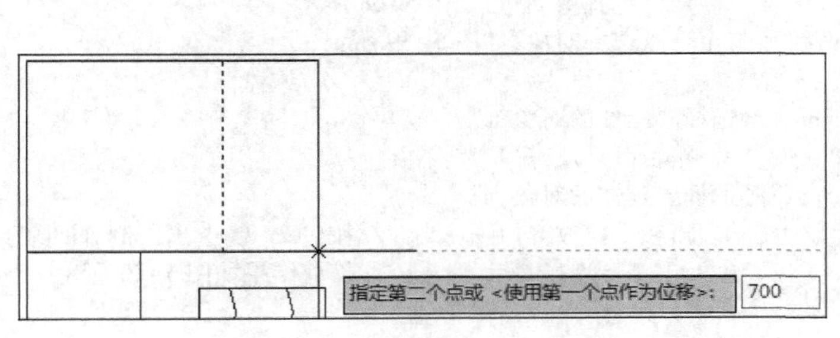

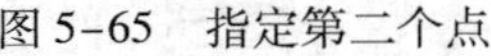
图 5-65　指定第二个点

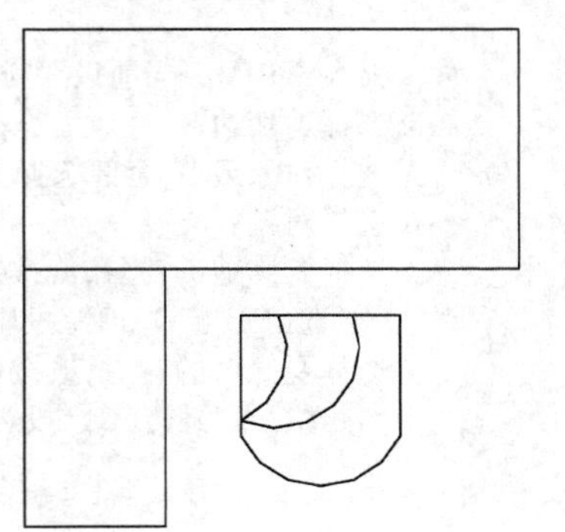
图 5-66　拉伸结果

## 5.4.5　修剪对象

调用【修剪】命令，可以修剪线段以适应其他对象的边。

在 AutoCAD 中，调用【修剪】命令的方式有以下几种。

➢ 命令行：在命令行中输入“TRIM/TR”并按〈Enter〉键。

➢ 工具栏：单击【修改】工具栏上【修剪】按钮![修剪]。

➢ 菜单栏：执行【修改】|【修剪】命令。

➢ 功能区：在【默认】选项卡，单击【修改】面板中的【修剪】按钮![修剪]。

剪切边也可以同时作为被剪边。默认情况下，选择要修剪的对象（即选择被剪边），系统将以剪切边为界，将被剪切对象上位于拾取点一侧的部分剪切掉。该命令提示中主要选项的功能如下。

➢ 投影：可以指定执行修剪的空间，主要应用于三维空间中两个对象的修剪，可将对象投影到某一平面上执行修剪操作。

➢ 边：选择该选项时，命令行显示“输入隐含边延伸模式［延伸（E）/不延伸（N）］<延伸>:”提示信息。如果选择“延伸”选项，则当剪切边太短而且没有与被修剪对象相交时，可延伸修剪边，然后进行修剪；如果选择“不修剪”选项，只有当剪切边与被修剪对象真正相交时，才能进行修剪。

➢ 放弃：取消上一次操作。

**注意：** 自 AutoCAD 2002 开始，修剪和延伸功能已经可以联用。在修剪命令中可以完成延伸操作，在延伸命令中也可以完成修剪操作。在修剪命令中，选择修剪对象时按住〈Shift〉键，可以将该对象向边界延伸；在延伸命令中，选择延伸对象时按住〈Shift〉键，可以将该对象超过边界的部分修剪删除。

## 5.4.6　实战——修剪对象

**01**　按〈Ctrl + O〉组合键，打开配套光盘提供的“第 5 章\5.4.6 修剪对象 . dwg”素材文件，如图 5-67 所示。

**02**　调用【修剪】命令并按〈Enter〉键，命令行提示如下。

命令:TRIM↙当前设置:投影 = UCS,边 = 无
选择剪切边… //选择剪切边,如图 5-68 所示
选择对象或 <全部选择>: 找到 1 个 //选择对象,如图 5-69 所示
选择对象:
选择要修剪的对象,或按住〈Shift〉键选择要延伸的对象,或
[栏选(F)/窗交(C)/投影(P)/边(E)/删除(R)/放弃(U)]:
选择要修剪的对象,或按住〈Shift〉键选择要延伸的对象,或
[栏选(F)/窗交(C)/投影(P)/边(E)/删除(R)/放弃(U)]: //按〈Esc〉键退出绘制,图形的修剪结果如图 5-70 所示

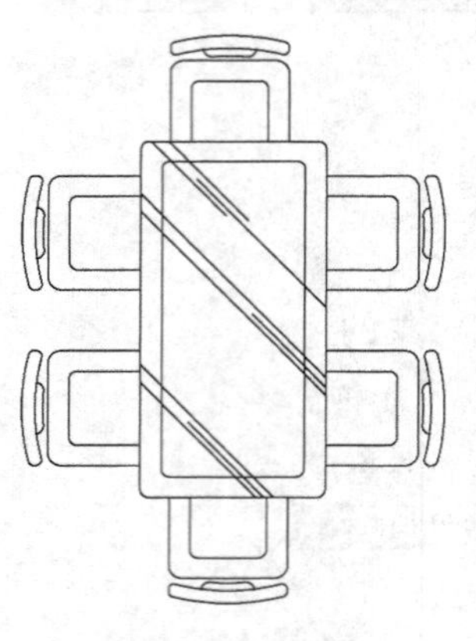

图 5-67 打开素材

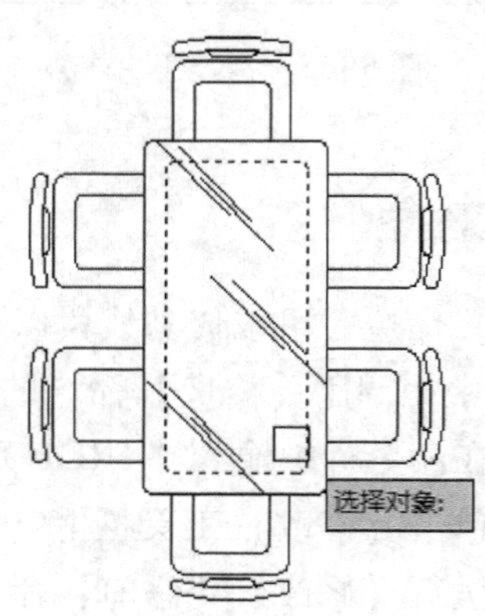


图 5-68 选择剪切边

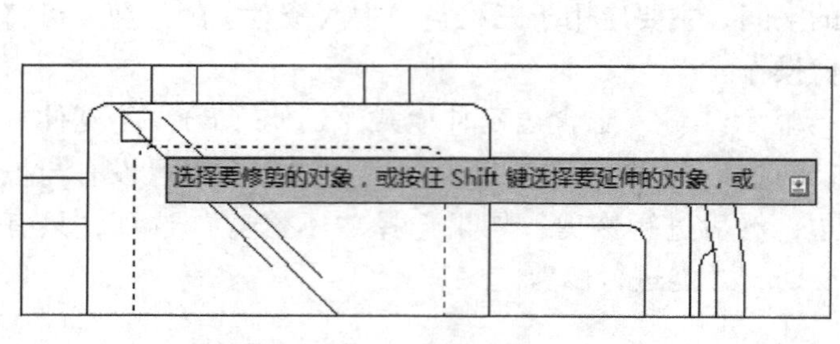


图 5-69 选择对象

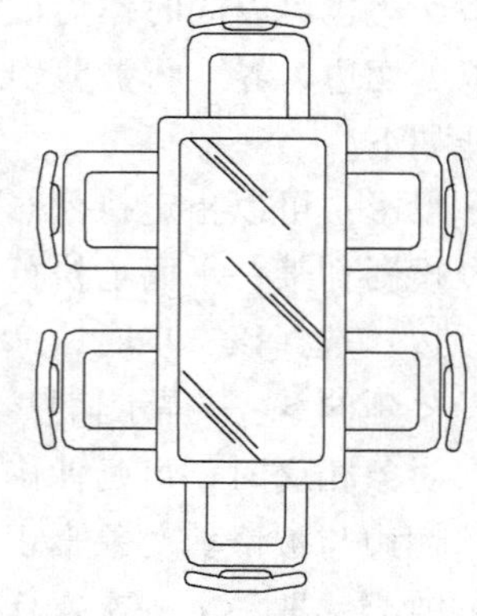

图 5-70 修剪结果

## 5.4.7 延伸对象

调用【延伸】命令，可以延伸线段以适应其他线段的边。

在使用【延伸】命令时，如果在按下〈Shift〉键的同时选择对象，则可以切换执行【修剪】命令。

在 AutoCAD 中，调用【延伸】命令的方式有以下几种。

➢ 命令行：在命令行中输入“EXTEND/EX”并按〈Enter〉键。

➢ 工具栏：单击【修改】工具栏上【延伸】按钮。

➢ 菜单栏：执行【修改】|【延伸】命令。
➢ 功能区：在【默认】选项卡，单击【修改】面板中的【延伸】按钮[延伸]。

## 5.4.8 实战——延伸对象

**01** 按〈Ctrl+O〉组合键，打开配套光盘提供的“第5章\5.4.8 延伸对象.dwg”素材文件，如图5-71所示。

**02** 调用【延伸】命令并按〈Enter〉键，命令行提示如下。

```
命令:EXTEND↙
当前设置:投影=UCS,边=无
选择边界的边…                //选择边界的边,如图5-72所示
选择对象或 <全部选择>:  找到 1 个
选择要延伸的对象,或按住〈Shift〉键选择要修剪的对象,或[栏选(F)/窗交(C)/投影(P)/边
(E)/放弃(U)]:                //选择对象,如图5-73所示;延伸结果如图5-74所示
```

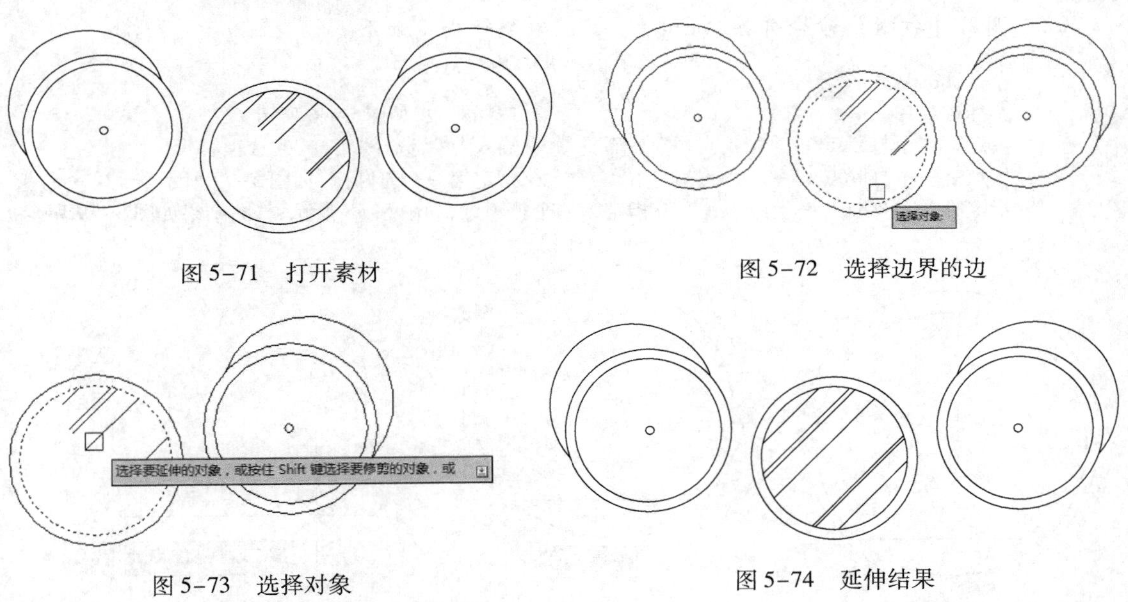


图5-71 打开素材

图5-72 选择边界的边

图5-73 选择对象

图5-74 延伸结果

# 5.5 打断、合并和分解对象

AutoCAD为用户提供了【打断】命令、【合并】命令、【分解】命令、【光顺曲线】命令，可以使图形在总体形状不变的情况下，对局部进行调整。

本节介绍这4种命令的操作方法。

## 5.5.1 打断对象

AutoCAD中打断对象的方式分为两种，分别是打断和打断于点两种，下面介绍这两种方式的使用方法。

**1. 打断**

调用【打断】命令，可以在两点之间打断选定的对象。

在 AutoCAD 中，调用【打断】命令的方式有以下几种。

➢ 命令行：在命令行中输入“BREAK/BR”并按〈Enter〉键。
➢ 工具栏：单击【修改】工具栏上【打断】按钮。
➢ 菜单栏：执行【修改】|【打断】命令。
➢ 能区：在【默认】选项卡，单击【修改】面板中的【打断】按钮。

**2. 打断于点**

调用【打断于点】命令，可以在一点打断选定的对象。

## 5.5.2 实战——打断对象

**01** 按〈Ctrl + O〉组合键，打开配套光盘提供的“第 5 章\5.5.2 打断对象.dwg”素材文件，如图 5-75 所示。

**02** 调用【打断】命令并按〈Enter〉键，命令行提示如下。

```
命令:break↙
选择对象:                                   //选择对象,如图 5-76 所示
指定第二个打断点 或 [第一点(F)]:F            //输入“F”,选择“第一点”选项
指定第一个打断点:                            //指定第一个打断点,如图 5-77 所示
指定第二个打断点:              //指定第二个打断点,如图 5-78 所示;打断结果如图 5-79 所示
```

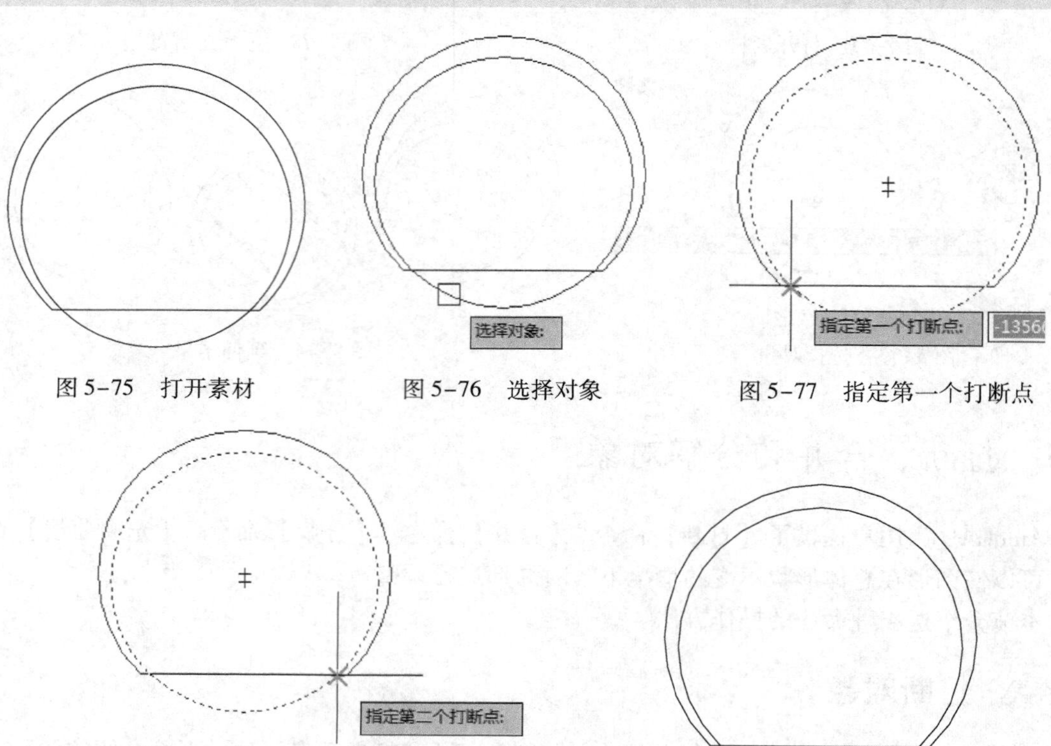


图 5-75 打开素材　图 5-76 选择对象　图 5-77 指定第一个打断点

图 5-78 指定第二个打断点　图 5-79 打断结果

提示：在命令行输入字母“F”后，才能选择打断第一点。

### 5.5.3 实战——打断于点

**01** 按〈Ctrl + O〉组合键，打开配套光盘提供的“第 5 章\ 5.5.3 打断于点对象 . dwg”素材文件，如图 5-80 所示。

**02** 单击【修改】工具栏上【打断于点】按钮，命令行提示如下。

```
命令:break↙
选择对象:              //选择对象,如图 5-81 所示
指定第二个打断点 或 [第一点(F)]:f
指定第一个打断点:  //指定第一个打断点,如图 5-82 所示;打断结果如图 5-83 所示
指定第二个打断点:@
```

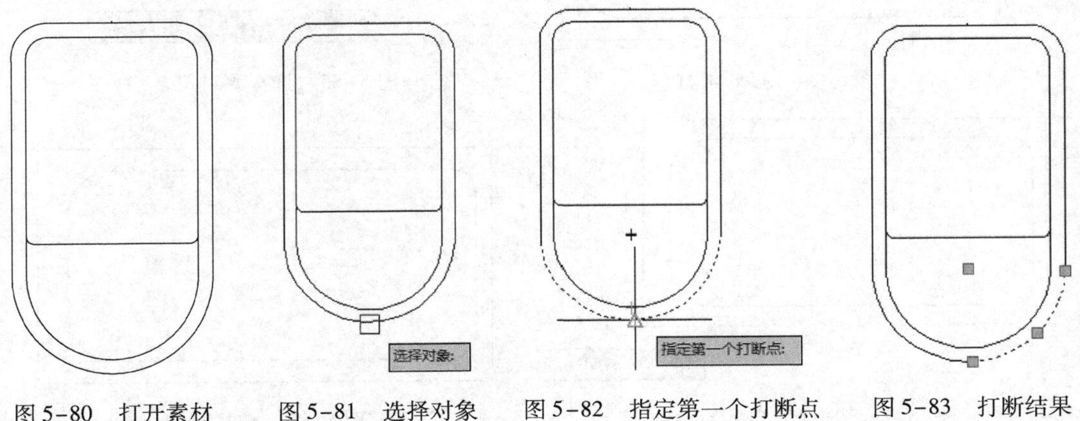


图 5-80 打开素材　图 5-81 选择对象　图 5-82 指定第一个打断点　图 5-83 打断结果

### 5.5.4 合并对象

调用【合并】命令，可以将独立的图形对象合并为一个整体，包括圆弧、椭圆弧、直线、多段线和样条曲线等，在执行合并命令时，直线对象必须共线，但它们之间可以有间隙；圆弧对象必须位于同一假想的圆上，它们之间可以有间隙；多段线可以与直线、多段线或圆弧合并，但对象之间不能有间隙，并且必须位于同一平面上。

在 AutoCAD 中，调用【合并】命令的方式有以下几种。

- 命令行：在命令行中输入“JOIN/J”并按〈Enter〉键。
- 工具栏：单击【修改】工具栏上【合并】按钮。
- 菜单栏：执行【修改】|【合并】命令。
- 功能区：在【默认】选项卡，单击【修改】面板中的【合并】按钮。

### 5.5.5 实战——合并对象

**01** 按〈Ctrl + O〉组合键，打开配套光盘提供的“第 5 章\5. 5. 5 合并对象 . dwg”素材文件，如图 5-84 所示。

**02** 调用【合并】命令并按〈Enter〉键，命令行提示如下。

```
命令:JOIN↙
选择源对象或要一次合并的多个对象:找到 1 个          //选择源对象,如图 5-85 所示
选择要合并的对象:找到 1 个,总计 2 个               //选择要合并的对象,如图 5-86 所示
选择要合并的对象:
2 条直线已合并为 1 条直线                          //合并结果如图 5-87 所示
```

图 5-84　打开素材

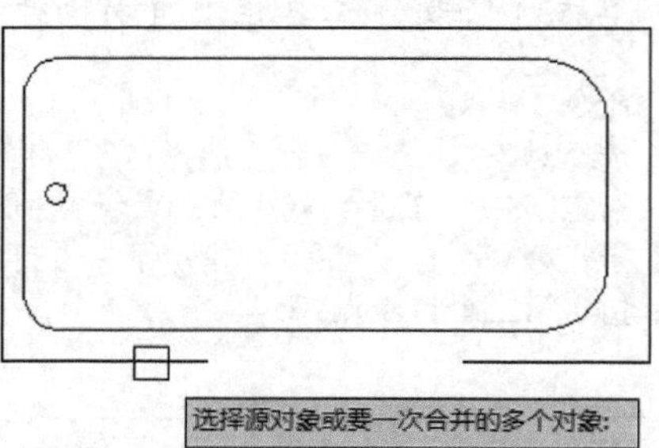


图 5-85　选择源对象

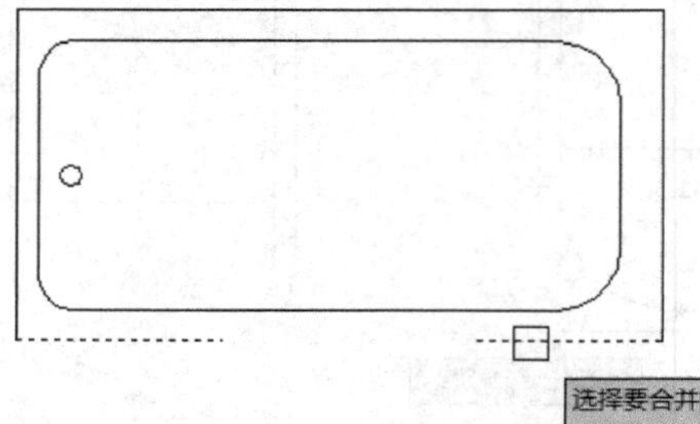


图 5-86　选择要合并的对象

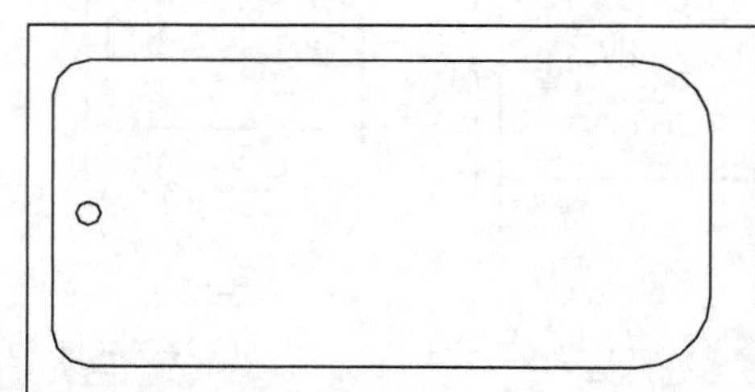

图 5-87　合并结果

## 5.5.6　光顺曲线

调用【光顺曲线】命令，可以在两条开放曲线的端点之间创建相切或平滑的样条曲线。在 AutoCAD 中，调用光顺曲线命令的方式有以下几种。

- 命令行：在命令行中输入“BLEND/BL”并按〈Enter〉键。
- 工具栏：单击【修改】工具栏上【光顺曲线】按钮。
- 菜单栏：执行【修改】|【光顺曲线】命令。
- 功能区：在【默认】选项卡，单击【修改】面板中的【光顺曲线】按钮光顺曲线。

## 5.5.7　实战——光顺曲线操作

**01** 按〈Ctrl + O〉组合键，打开配套光盘提供的“第 5 章\5.5.7 光顺曲线 .dwg”素材文件，如图 5-88 所示。

**02** 调用【光顺曲线】命令并按〈Enter〉键，命令行提示如下。

```
命令:BLEND↙
连续性 = 相切
```

选择第一个对象或［连续性(CON)］：  //选择第一个对象，如图 5-89 所示
选择第二个点：                    //选择第二个点，如图 5-90 所示；绘制结果如图 5-91 所示

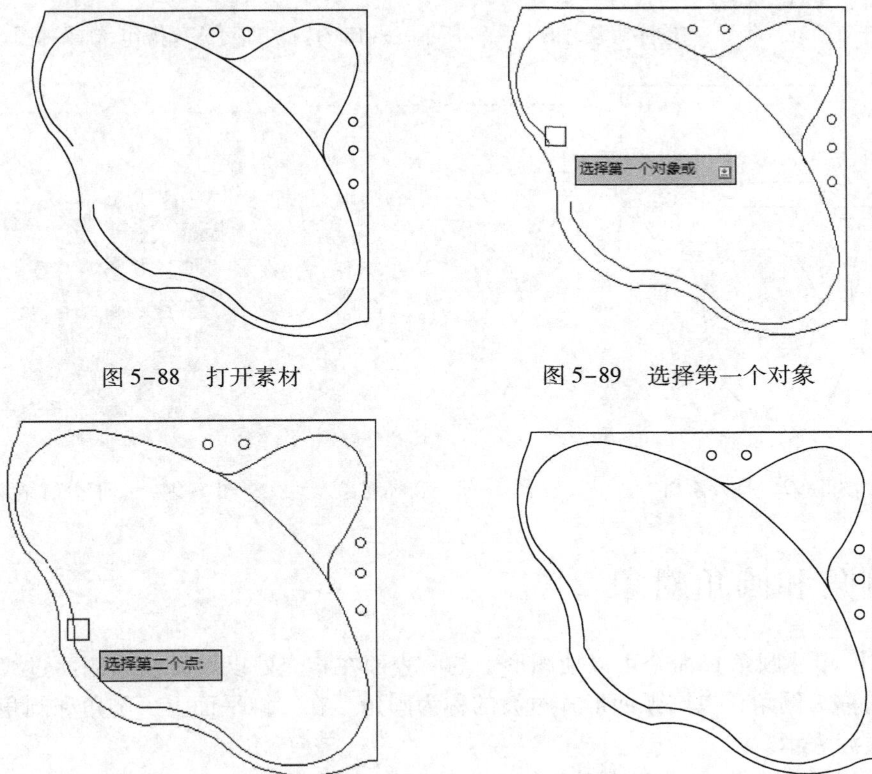


图 5-88　打开素材　　图 5-89　选择第一个对象

图 5-90　选择第二个点　　图 5-91　绘制结果

## 5.5.8　分解对象

调用【分解】命令，可以将复合对象分解为其部件。

对于矩形、块、多边形以及各类尺寸标注等由多个对象组成的组合对象，如果需要对其中的单个对象进行编辑操作，就需要先利用【分解】工具将这些对象拆分为单个的图形对象，然后再利用编辑工具进行编辑。

在 AutoCAD 中，调用【分解】命令的方式有以下几种。

➢ 命令行：在命令行中输入“EXPLODE/X”并按〈Enter〉键。
➢ 工具栏：单击【修改】工具栏上【分解】按钮。
➢ 菜单栏：执行【修改】|【分解】命令。
➢ 功能区：在【默认】选项卡，单击【修改】面板中的【分解】按钮。

## 5.5.9　实战——分解对象

**01**　按〈Ctrl＋O〉组合键，打开配套光盘提供的“第 5 章\5.5.9 分解对象.dwg”素材

文件，如图5-92所示。

**02** 调用【分解】命令并按〈Enter〉键，命令行提示如下。

```
命令:EXPLODE↙
选择对象:        //选择对象,如图5-93所示;按〈Enter〉键,即可完成操作,结果如图5-94所示
```

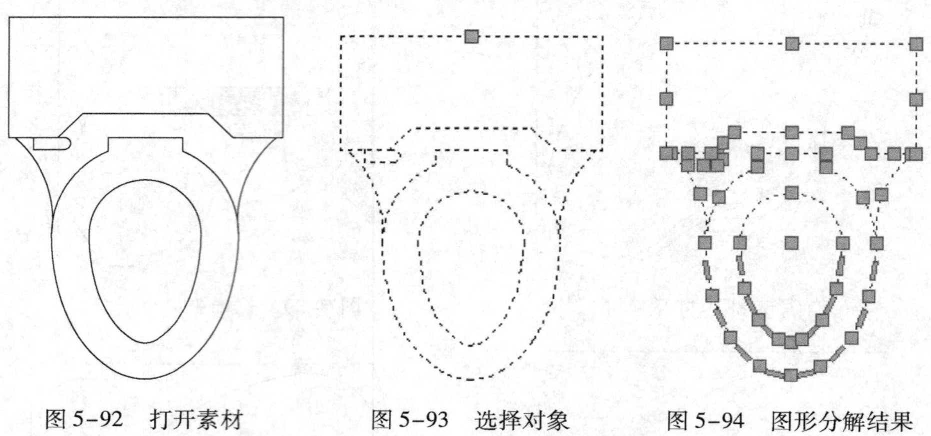

图5-92 打开素材　　图5-93 选择对象　　图5-94 图形分解结果

## 5.6 倒角和圆角对象

【倒角】和【圆角】命令可以使图形上的两表面在相交处以斜面或圆弧面过渡。以斜面形式过渡的称为倒角，以圆弧面形式过渡的称为圆角。在二维平面上，倒角和圆角分别用直线和圆弧过渡表示。

本节介绍【倒角】命令和【圆角】命令的操作方法。

### 5.6.1 倒角对象

调用【倒角】命令，可以将两条非平行直线或多段线以一斜线相连。

在AutoCAD中，调用【倒角】命令的方式有以下几种。

- 命令行：在命令行中输入“CHAMFER/CHA”并按〈Enter〉键。
- 工具栏：单击【修改】工具栏上【倒角】按钮。
- 菜单栏：执行【修改】|【倒角】命令。
- 功能区：在【默认】选项卡，单击【修改】面板中的【倒角】按钮倒角。

### 5.6.2 实战——倒角对象

**01** 按〈Ctrl+O〉组合键，打开配套光盘提供的“第5章\5.6.2倒角对象.dwg”素材文件，如图5-95所示。

**02** 调用【倒角】命令并按〈Enter〉键，命令行提示如下。

```
命令:CHAMFER↙
(“修剪”模式)当前倒角距离1=700,距离2=700
```

选择第一条直线或［放弃(U)/多段线(P)/距离(D)/角度(A)/修剪(T)/方式(E)/多个(M)］:D
//输入 D,选择"距离"
指定 第一个 倒角距离 <700>:600
指定 第二个 倒角距离 <600>:
选择第一条直线或［放弃(U)/多段线(P)/距离(D)/角度(A)/修剪(T)/方式(E)/多个(M)］:
//选择第一条直线,如图 5-96 所示
选择第二条直线,或按住 Shift 键选择直线以应用角点或［距离(D)/角度(A)/方法(M)］:
//选择第二条直线,如图 5-97 所示;倒角结果如图 5-98 所示

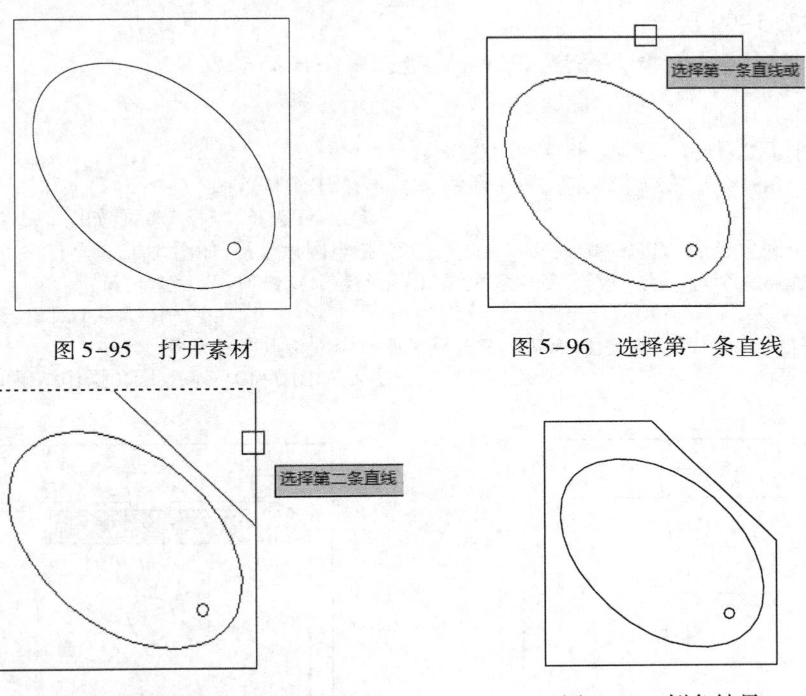


图 5-95　打开素材　　图 5-96　选择第一条直线

图 5-97　选择第二条直线　　图 5-98　倒角结果

该命令提示中主要选项的功能如下。

- 多段线（P）：以当前设置的倒角大小对多段线的各顶点（交点）倒角。
- 距离（D）：设置倒角距离尺寸。
- 角度（A）：根据第一个倒角距离和角度来设置倒角尺寸。
- 修剪（T）：倒角后是否保留原拐角边。
- 方式（E）：设置倒角方式，选择此选项命令行显示"输入修剪方法［距离（D）/角度（A）］<距离>:"提示信息。选择其中一项，进行倒角。
- 多个（M）：对多个对象进行倒角。

**提示：** 绘制倒角时，倒角距离或倒角角度不能太大，否则倒角无效。

### 5.6.3　圆角对象

调用【圆角】命令可以将两条相交的直线通过一个圆弧连接起来。

在 AutoCAD 中，调用【圆角】命令的方式有以下几种。

➢ 命令行：在命令行中输入“FILLET/F”并按〈Enter〉键。
➢ 工具栏：单击【修改】工具栏上【圆角】按钮。
➢ 菜单栏：执行【修改】|【圆角】命令。
➢ 功能区：在【默认】选项卡中，单击【修改】面板中的【圆角】按钮。

## 5.6.4 实战——圆角对象

**01** 按〈Ctrl+O〉组合键，打开配套光盘提供的“第5章\5.6.4 圆角对象.dwg”素材文件，如图5-99所示。

**02** 调用【圆角】命令并按〈Enter〉键，命令行提示如下。

```
命令:FILLET↙
当前设置:模式=修剪,半径=0.0000
选择第一个对象或[放弃(U)/多段线(P)/半径(R)/修剪(T)/多个(M)]:R
                                    //输入R,选择“半径”选项,如图5-100所示
指定圆角半径 <0.0000>:38             //指定圆角半径,如图5-101所示
选择第一个对象或[放弃(U)/多段线(P)/半径(R)/修剪(T)/多个(M)]:
                                    //选择第一个对象,如图5-102所示
选择第二个对象,或按住〈Shift〉键选择对象以应用角点或[半径(R)]:
                    //选择第二个对象,如图5-103所示;圆角操作结果如图5-104所示
```

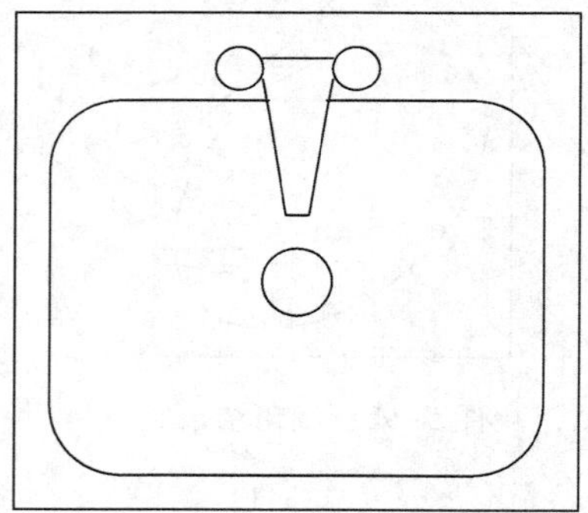

图5-99 打开素材

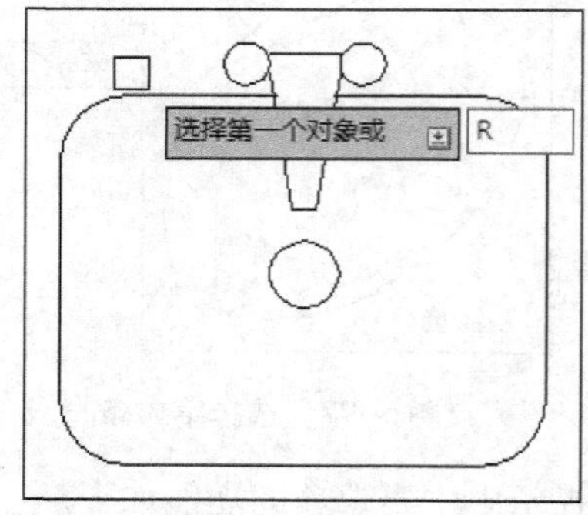


图5-100 输入R

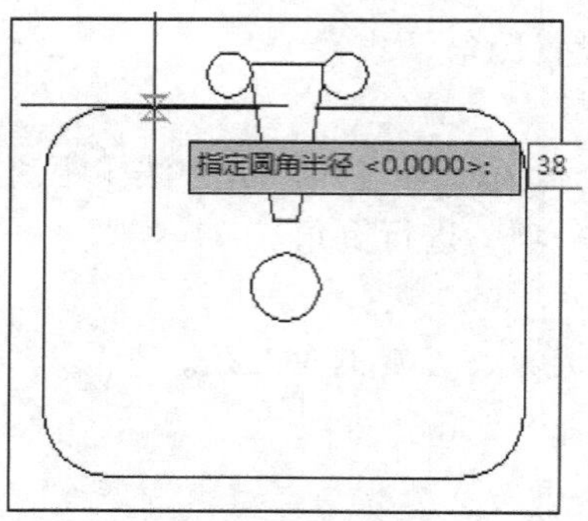


图5-101 指定圆角半径

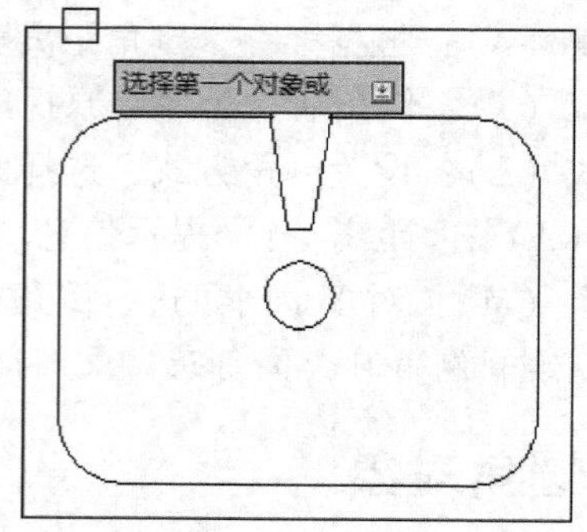


图5-102 选择第一个对象

**03** 重复圆角操作，完成对图形的编辑修改结果如图 5-105 所示。

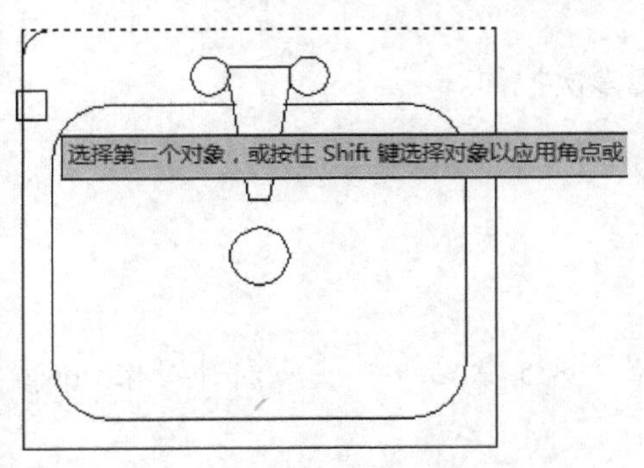
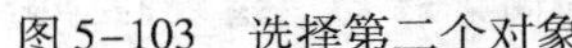


图 5-103 选择第二个对象

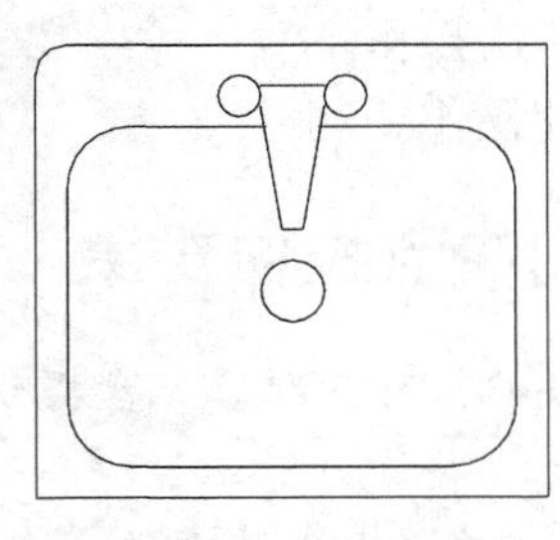

图 5-104 圆角操作结果

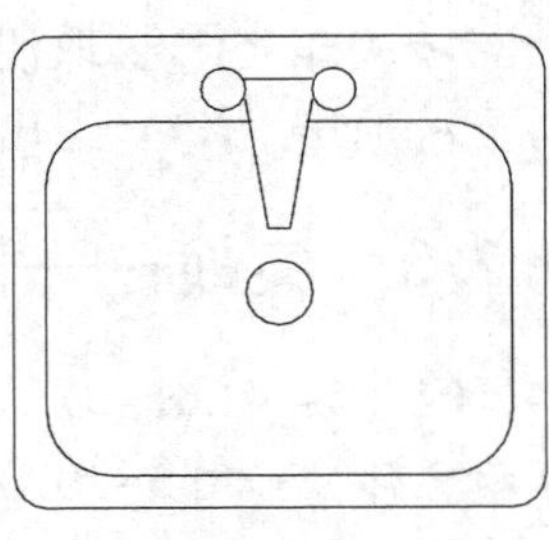

图 5-105 编辑修改结果

# 5.7 使用夹点编辑对象

图形上的端点、顶点、中点、中心点等特征点统称夹点。夹点的位置确定了图形的位置和形状。在 AutoCAD 中，夹点是一种集成的编辑模式，利用夹点可以编辑图形的大小、位置、方向以及对图形进行镜像复制操作等。

## 5.7.1 夹点模式概述

选中图形对象后，图形对象以虚线显示。图形对象上的端点、圆心、象限点等特征点即显示为蓝色小方框，这些方框称为夹点，如图 5-106 所示。

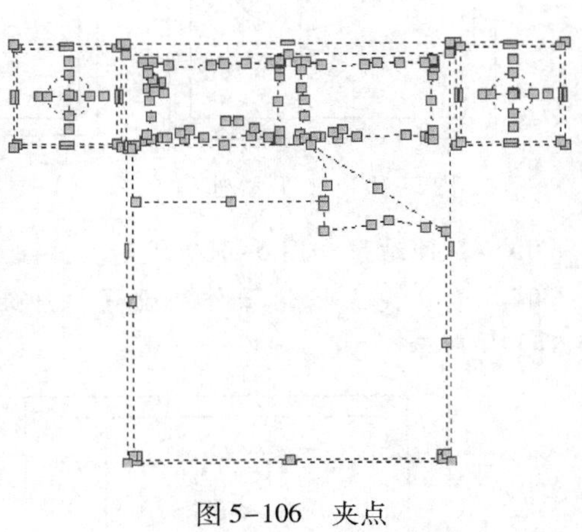

图 5-106 夹点

夹点分为为两种状态，分别是未激活状态和被激活状态。蓝色小方框显示的夹点处于未激活状态，单击某个未激活夹点，该夹点以红色小方框显示，处于被激活状态。被激活的夹点称为热夹点。以热夹点为基点，可以对图形对象进行拉伸、平移、复制、缩放和镜像等操作。

**提示：**激活热夹点时按住〈Shift〉键，可以选择激活多个热夹点。

## 5.7.2 夹点拉伸

在不执行任何命令的情况下选择对象，将显示其夹点。单击选中其中一个夹点，进入编辑状态。

AutoCAD 会自动将其作为拉伸的基点，进入【拉伸】编辑模式，命令行将显示如下提示信息。

```
** 拉伸 **
指定拉伸点或 [基点(B)/复制(C)/放弃(U)/退出(X)]:
```

命令行选项的功能如下。

➢ 基点（B）：重新确定拉伸基点。
➢ 复制（C）：允许确定一系列的拉伸点，以实现多次拉伸。
➢ 放弃（U）：取消上一次操作。
➢ 退出（X）：退出当前操作。

## 5.7.3 实战——使用夹点拉伸对象

**01** 按〈Ctrl＋O〉组合键，打开配套光盘提供的“第5章\5.7.3夹点拉伸对象.dwg”素材文件，如图5-107所示。

**02** 选择要拉伸的对象，单击选中其中的一个夹点；鼠标向右移动，输入拉伸距离，如图5-108所示。

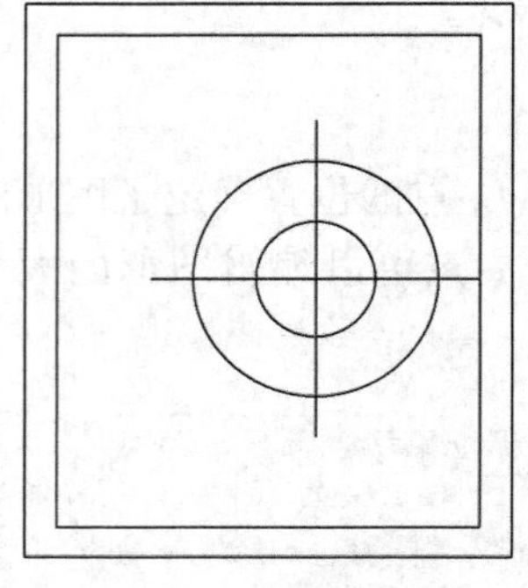

图5-107 打开素材

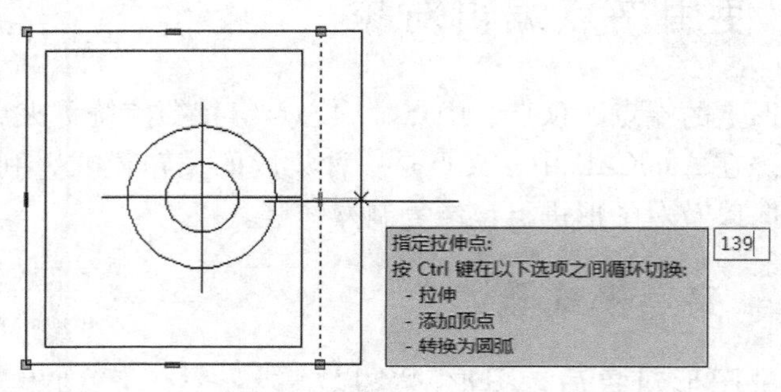


图5-108 输入参数

**03** 拉伸结果如图5-109所示。

**04** 重复夹点拉伸操作，设置拉伸距离为“139”，对内矩形进行拉伸操作，结果如图5-110所示。

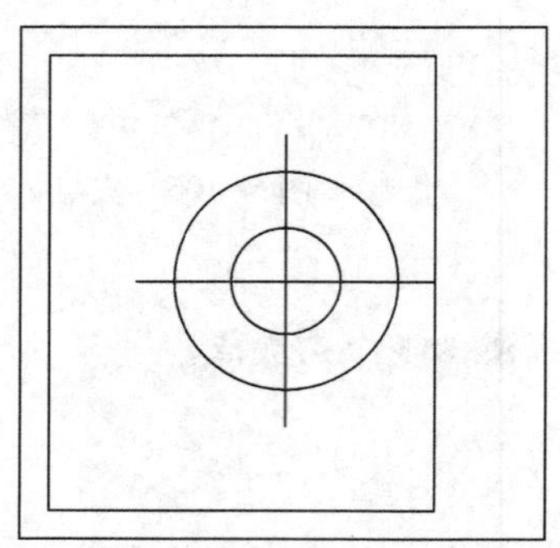

图5-109 拉伸结果

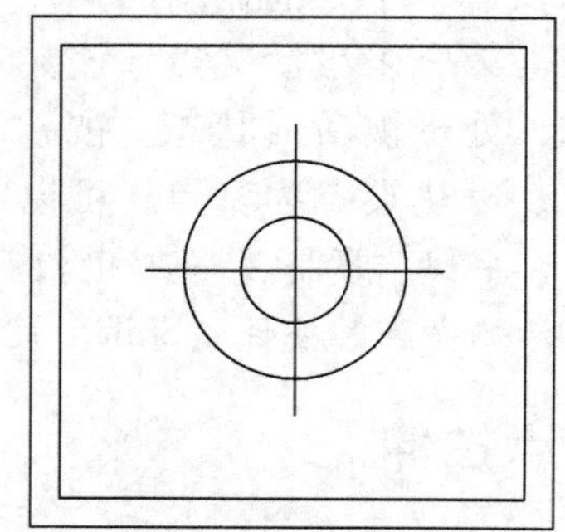

图5-110 操作结果

**提示：**对于某些夹点，移动时只能移动对象而不能拉伸对象，如文字、块、直线中点、圆心、椭圆中心和点对象上的夹点。

### 5.7.4 夹点移动

在对热夹点进行编辑修改时，可以在命令行输入基本的修改命令，比如 S、M、CO、SC、MI 等，也可以按〈Enter〉键或空格键在不同的修改命令间切换。

在命令提示下输入 MO 进入【移动】模式，命令行提示如下。

```
** MOVE **
指定移动点 或 [基点(B)/复制(C)/放弃(U)/退出(X)]: *取消*
```

通过输入点的坐标或拾取点的方式来确定平移对象的目的点后，即可以基点为平移的起点，以目的点为终点将所选对象平移到新位置。

### 5.7.5 夹点旋转

在夹点编辑模式下确定基点后，在命令提示下输入“RO”进入【旋转】模式，命令行提示如下。

```
** 旋转 **
指定旋转角度或 [基点(B)/复制(C)/放弃(U)/参照(R)/退出(X)]:
```

默认情况下，输入旋转角度值或通过拖动方式确定旋转角度后，即可将对象绕基点旋转指定的角度。也可以选择“参照”选项，以参照方式旋转对象。

### 5.7.6 实战——使用夹点旋转对象

**01** 按〈Ctrl + O〉组合键，打开配套光盘提供的“第 5 章\5.7.6 夹点旋转对象.dwg”素材文件，如图 5-111 所示。

**02** 选择要旋转的对象，单击选中其中的一个夹点；输入旋转命令，如图 5-112 所示。

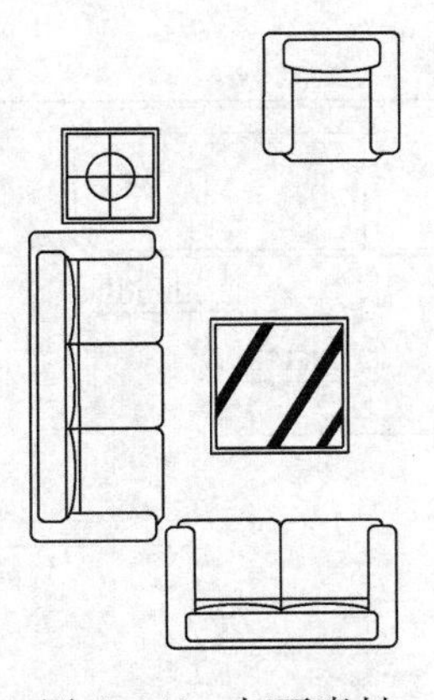

图 5-111　打开素材

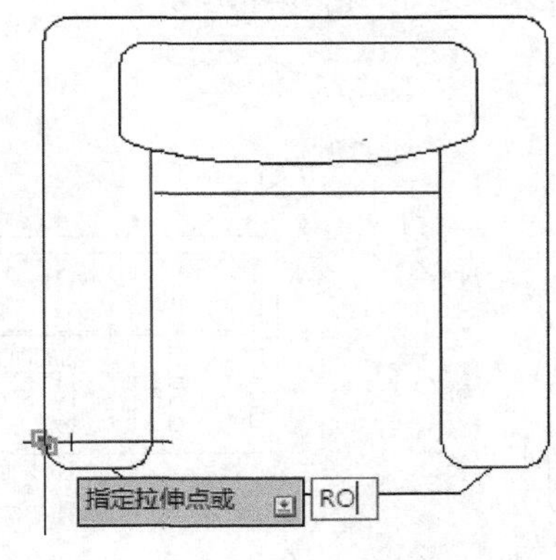


图 5-112　输入命令

**03** 输入旋转角度参数，如图 5-113 所示。

**04** 旋转的结果如图 5-114 所示。

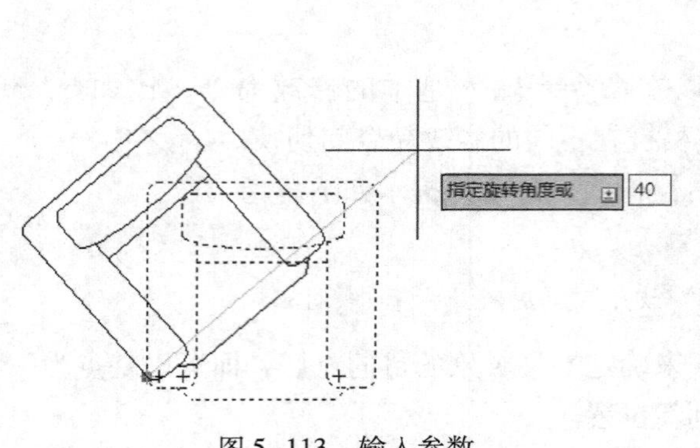


图 5-113　输入参数

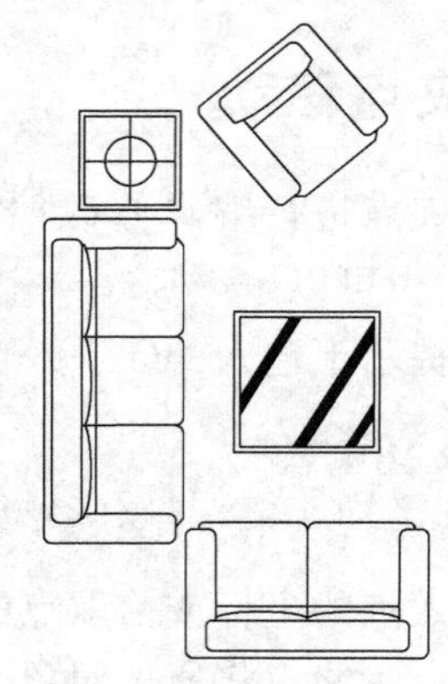

图 5-114　旋转结果

## 5.7.7　夹点缩放

在夹点编辑模式下确定基点后，在命令提示下输入“SC”进入【缩放】模式，命令行提示如下。

```
** 比例缩放 **
指定比例因子或［基点(B)/复制(C)/放弃(U)/参照(R)/退出(X)]:
```

默认情况下，当确定了缩放的比例因子后，AutoCAD 将相对于基点执行缩放对象操作。当比例因子大于 1 时放大对象；当比例因子大于 0 而小于 1 时缩小对象。

## 5.7.8　实战——夹点缩放对象

**01**　按〈Ctrl + O〉组合键，打开配套光盘提供的“第 5 章\5.7.8 夹点缩放对象.dwg”素材文件，如图 5-115 所示。

**02**　选择要缩放的对象，单击选中其中的一个夹点；单击鼠标右键，在弹出的快捷菜单中选择【缩放】命令，如图 5-116 所示。

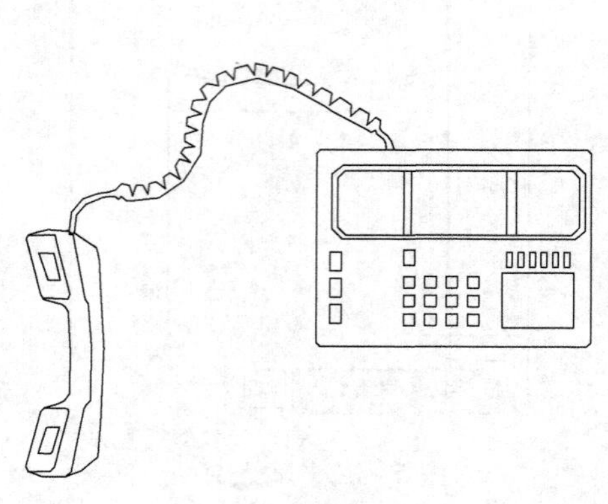

图 5-115　打开素材

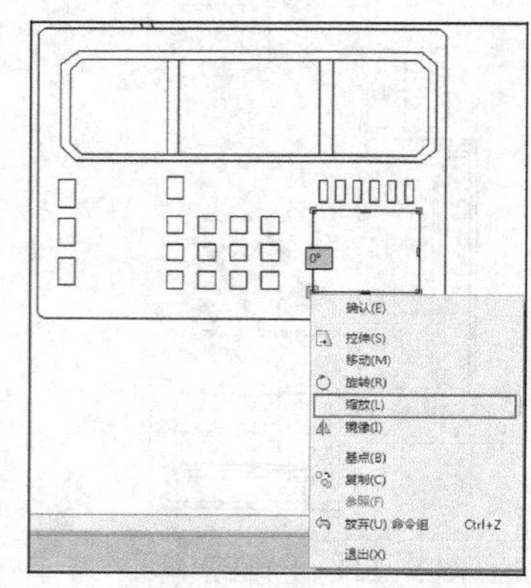

图 5-116　快捷菜单

**03**　指定比例因子，如图 5-117 所示。

**04** 缩放结果如图5-118所示。

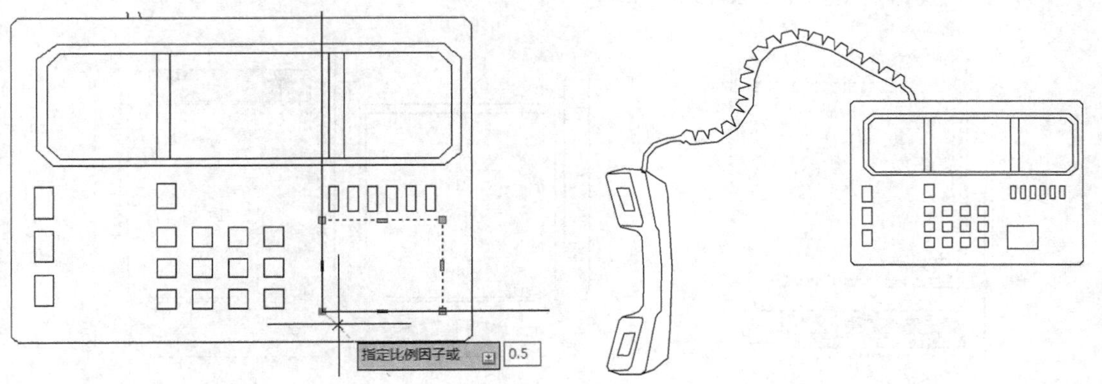


图5-117 指定比例因子　　图5-118 缩放结果

## 5.7.9 夹点镜像

在夹点编辑模式下确定基点后，在命令提示下输入“MI”进入【镜像】模式，命令行提示如下。

```
** 镜像 **
指定第二点或[基点(B)/复制(C)/放弃(U)/退出(X)]:
```

指定镜像线上的第二点后，AutoCAD将以基点作为镜像线上的第一点，将对象进行镜像并删除源对象。

## 5.7.10 实战——夹点镜像对象

**01** 按〈Ctrl+O〉组合键，打开配套光盘提供的“第5章\5.7.10夹点镜像对象.dwg”素材文件，如图5-119所示。

**02** 选择要镜像复制的对象，单击选中其中的一个夹点；输入【镜像】命令，如图5-120所示。

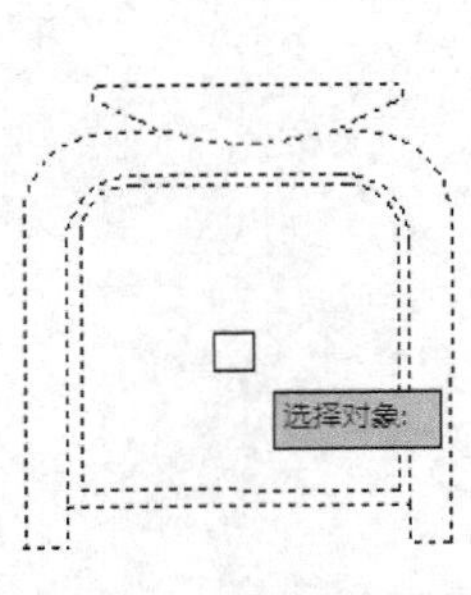


图5-119 打开素材

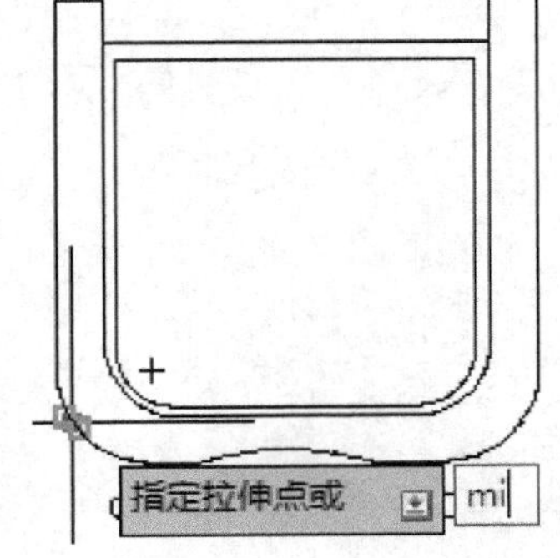


图5-120 输入命令

**03** 根据命令行的提示，输入“C”，选择【复制】选项，如图 5-121 所示。

**04** 指定镜像的第二点，如图 5-122 所示。

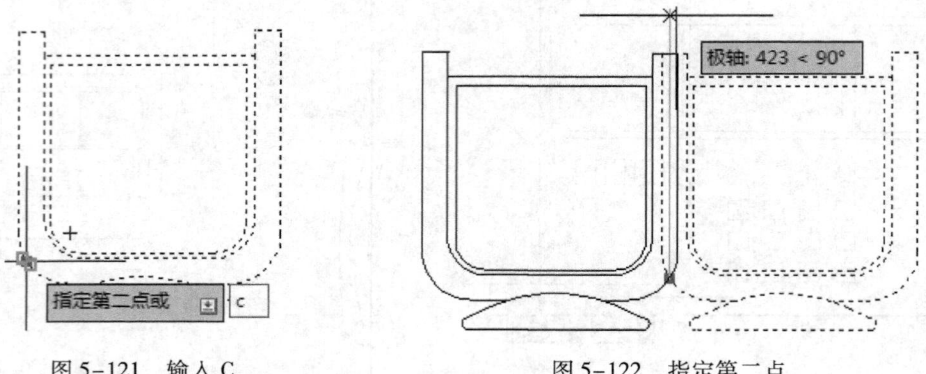


图 5-121 输入 C　　图 5-122 指定第二点

**05** 按〈Enter〉键即可完成对象的镜像复制，调用【移动】命令，移动镜像复制得到的图形，结果如图 5-123 所示。

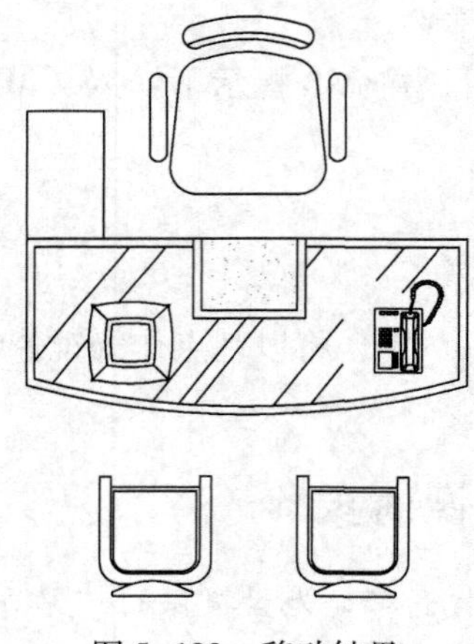

图 5-123 移动结果

# 第6章 图形标注与表格

文字标注可以对图形中不便于表达的内容加以说明，使图形更清晰、更完整。表格则通过行与列以一种简洁清晰的形式提供信息。

尺寸标注是对图形对象形状和位置的定量化说明，AutoCAD 2016 包含了一套完整的尺寸标注命令和实用程序，可以对直径、半径、角度、直线及圆心位置等进行标注，轻松完成图样中要求的尺寸标注。

本章为读者介绍在 AutoCAD 中对图形进行文字标注、尺寸标注的操作方法，以及创建表格的步骤。

## 6.1 设置尺寸标注样式

尺寸的标注样式用来控制尺寸标注的外观，如箭头样式、文字位置和尺寸公差等。在同一个 AutoCAD 文档中，可以同时定义多个不同的命名样式。修改某个尺寸标注样式后，就可以自动修改所有用该标注样式创建的对象。

### 6.1.1 创建标注样式

创建新的尺寸标注样式可以在【标注样式和管理器】对话框中完成。

在 AutoCAD 中，打开【标注样式和管理器】对话框的方式有以下几种。

- 命令行：在命令行中输入“DIMSTYLE/D”并按〈Enter〉键。
- 工具栏：单击【标注】工具栏上【标注样式】按钮。
- 菜单栏：执行【格式】|【标注样式】命令。
- 功能区：单击【注释】面板中的【标注】面板右下角按钮。

执行上述任何一种操作后，都将打开【标注样式管理器】对话框，在该对话框中可以创建新的尺寸标注样式，下面通过具体实战讲解创建标注样式的方法。

### 6.1.2 实战——创建标注样式

**01** 在命令行中输入“DIMSTYLE/D”并按〈Enter〉键，弹出【标注样式和管理器】对话框，如图 6-1 所示。

**02** 在对话框中单击【新建】按钮，弹出【创建新标注样式】对话框；在对话框中设置新标注样式名，如图 6-2 所示。

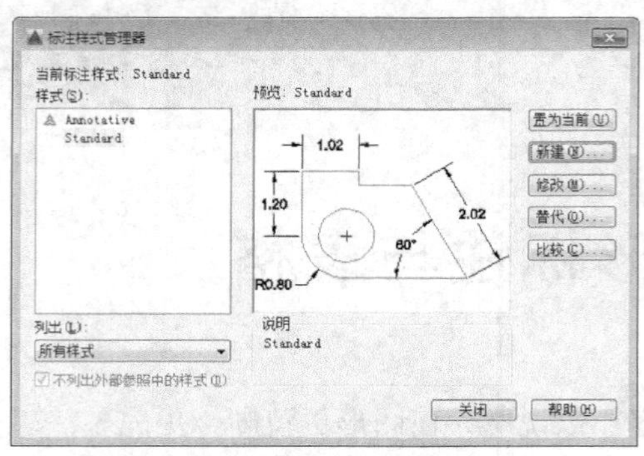


图6-1 【标注样式管理器】对话框

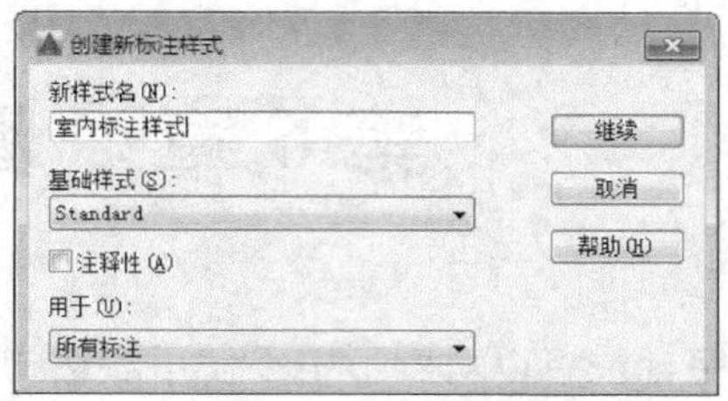


图6-2 【创建新标注样式】对话框

**03** 在对话框中单击【继续】按钮，弹出【新建标注样式：室内标注样式】对话框；单击其中的【线】选项卡，设置参数如图6-3所示。

**04** 在对话框中单击其中的【符号和箭头】选项卡，设置参数如图6-4所示。

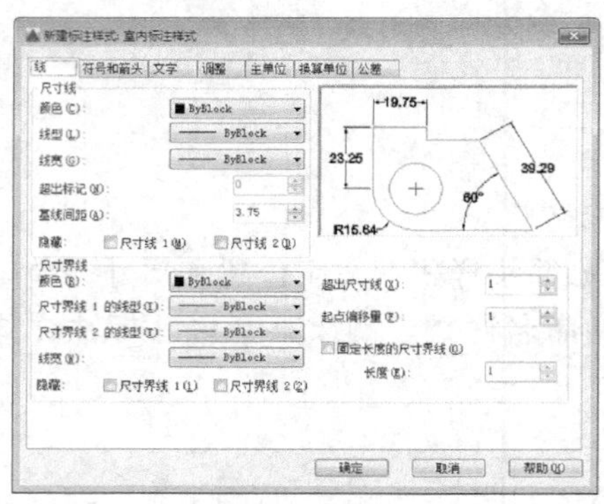


图6-3 【线】选项卡

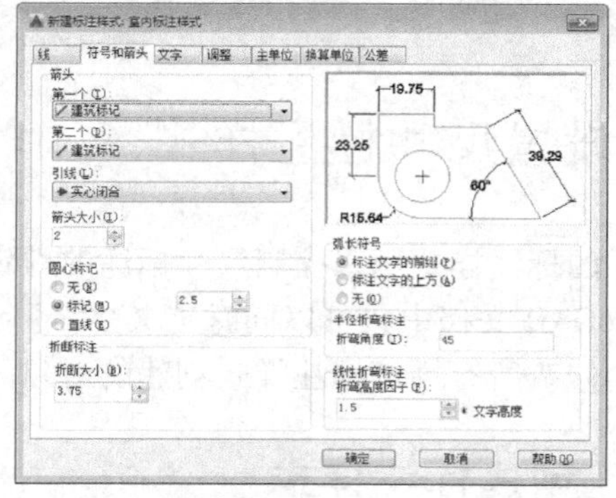


图6-4 【符号和箭头】选项卡

**05** 在对话框中选择【文字】选项卡，单击【文字外观】选项组中的【文字样式】选项后的…，弹出【文字样式】对话框，如图6-5所示。

**06** 在对话框中单击【新建】按钮，弹出【新建文字样式】对话框，设置新样式名，如图6-6所示。

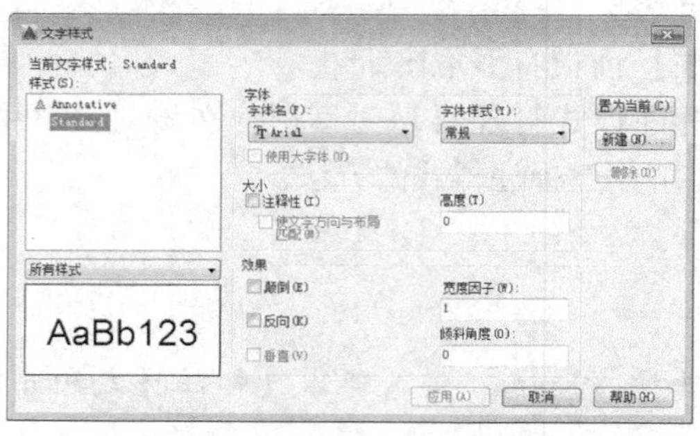


图6-5 【文字样式】对话框

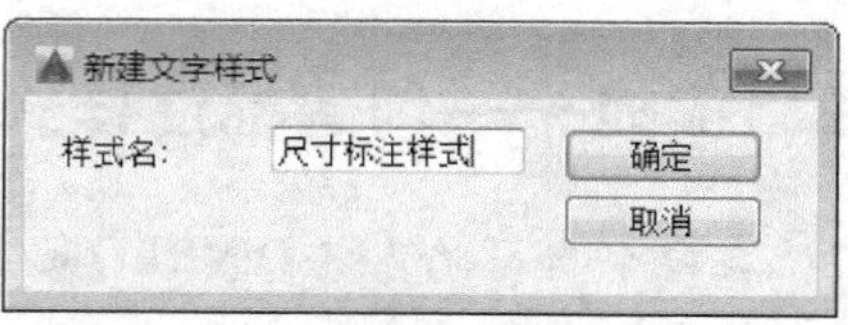


图6-6 【新建文字样式】对话框

**07** 在对话框中单击【确定】按钮，返回【文字样式】对话框，设置标注样式的参数，如图6-7所示。

**08** 单击【应用】按钮，将设置后的标注样式设为应用并保存，单击【关闭】按钮，关闭【文字样式】对话框。

**09** 返回【修改标注样式：室内标注样式】对话框，选择上一步所创建的尺寸标注的文字样式，如图 6–8 所示。

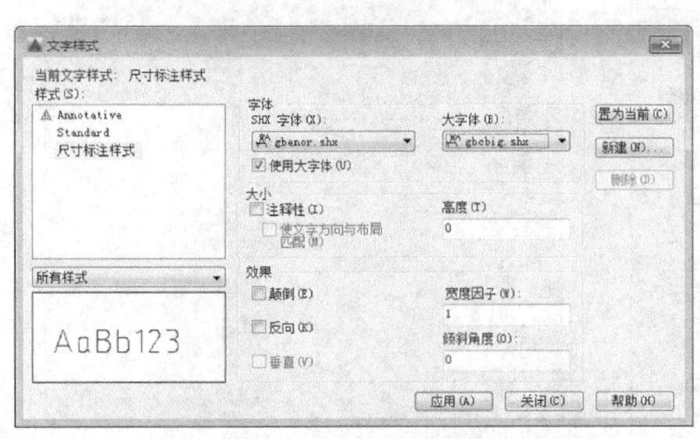

图 6–7 设置参数

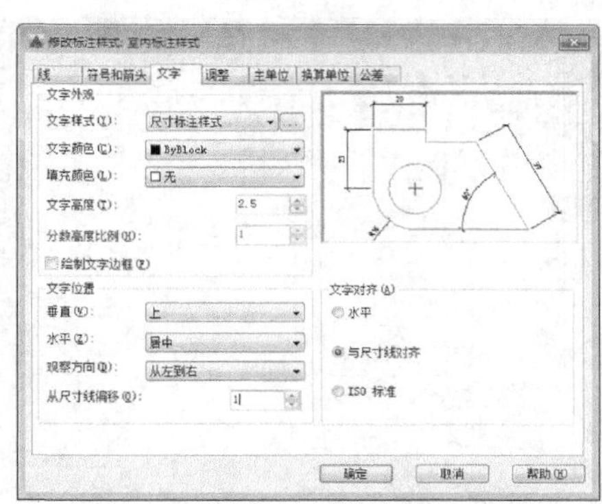

图 6–8 设置结果

**10** 选择【主单位】选项卡，设置单位的精度参数，如图 6–9 所示。

**11** 单击【确定】按钮，关闭【新建标注样式：室内标注样式】对话框；返回【标注样式管理器】对话框，将【室内标注样式】置为当前样式，单击【关闭】按钮，关闭对话框。

**12** 图 6–10 所示为使用【室内标注样式】所创建的尺寸标注。

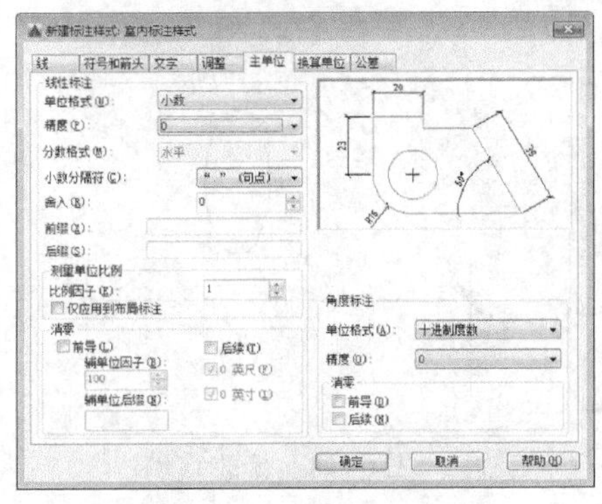

图 6–9 【主单位】选项卡

图 6–10 尺寸标注

## 6. 1. 3 编辑并修改标注样式

在使用所创建的尺寸标注样式进行图形的尺寸标注后，如果对标注效果不满意，可以在【标注样式管理器】对话框对其进行编辑修改。修改样式后，图样中使用该标注样式的尺寸将随即更新。

## 6. 1. 4 实战——修改标注样式

下面以 6. 1. 2 节所创建的室内标注样式为例，介绍对尺寸标注样式编辑修改的步骤。

**01** 在命令行中输入“DIMSTYLE/D”并按〈Enter〉键，弹出【标注样式管理器】对话框，如图6-11所示。

**02** 在对话框中单击【修改】按钮，进入【修改标注样式：室内标注样式】对话框。选择【符号和箭头】选项卡，修改箭头的大小参数，如图6-12所示。

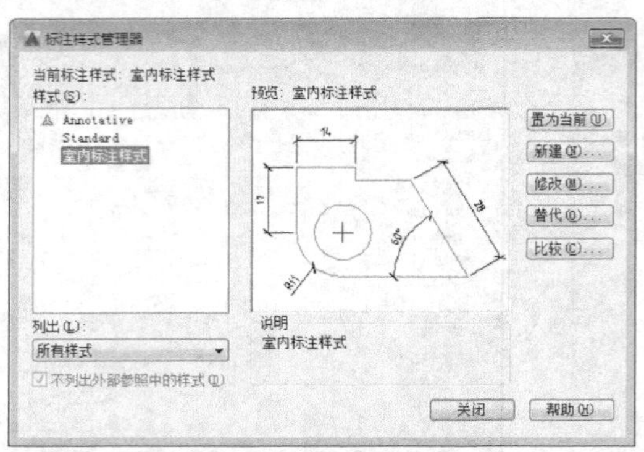


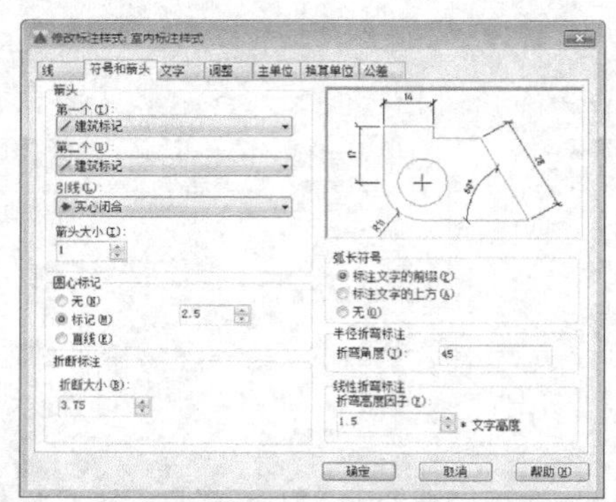


图6-11 【标注样式和管理器】对话框　　　　图6-12 修改参数

**03** 选择【文字】选项卡，修改文字的大小参数，如图6-13所示。

**04** 单击【确定】按钮关闭对话框，返回【标注样式管理器】对话框。将修改后的【室内标注样式】置为当前，单击【关闭】按钮关闭对话框。

**05** 修改后的标注样式如图6-14所示。

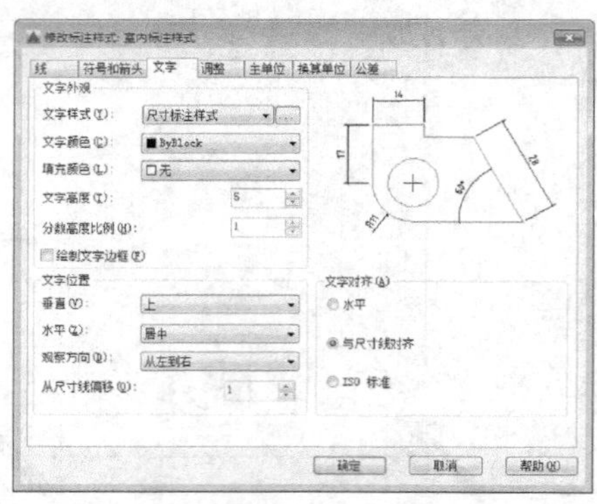

图6-13 修改文字大小　　　　图6-14 修改结果

## 6.2 图形尺寸的标注和编辑

尺寸标注样式创建完成后，即可调用尺寸标注命令，对图形进行尺寸标注。本节主要介绍尺寸标注的基本组成要素、各种尺寸标注的类型和对图形进行尺寸标注的方法，以及标注完成后对尺寸标注的编辑方法。

### 6.2.1 尺寸标注的基本要素

一个完整的尺寸标注对象由尺寸界线、尺寸线、尺寸箭头和尺寸文字四个要素构成，如图6-15所示。

**1. 尺寸界线**

尺寸界线用于表示所注尺寸的起止范围。尺寸界线一般从图形的轮廓线、轴线或对称中心线处引出。

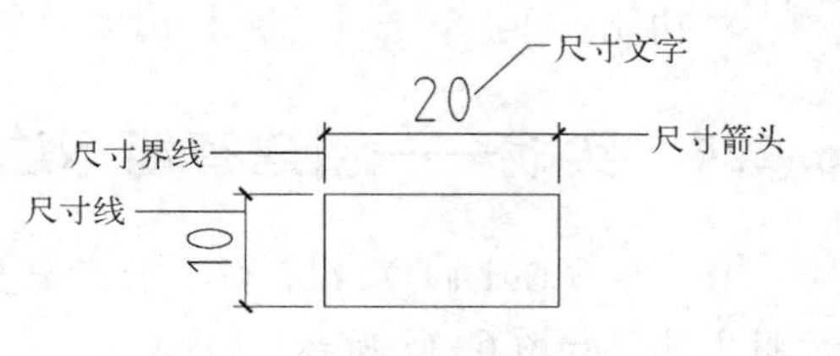


图 6-15　尺寸标注

**2. 尺寸线**

尺寸线绘制在尺寸界线之间，用于表示尺寸的度量方向。尺寸线不能用图形轮廓线代替，也不能和其他图线重合或在其他图线的延长线上，必须单独绘制。标注线性尺寸时，尺寸线必须与所标注的线段平行。一般从图形的轮廓线、轴线或对称中心线处引出。

**3. 箭头**

箭头用于标识尺寸线的起点和终点。建筑制图的箭头以 45°的粗短斜线表示，而机械制图的箭头以实心三角形箭头表示。

**4. 尺寸文字**

尺寸文字一律不需要根据图纸的输出比例变换，而直接标注尺寸的实际数值大小，一般由 AutoCAD 自动测量得到。尺寸单位为 mm 时，尺寸文字中不标注单位。

尺寸文字包括数字形式的尺寸文字（尺寸数字）和非数字形式的尺寸文字（如注释，需要手工来输入）。

## 6.2.2　尺寸标注的各种类型

AutoCAD 2016 提供了十余种标注工具以标注图形对象，分别位于“标注”菜单或“注释”面板中。使用它们可以进行角度、直径、半径、线性、对齐、连续、圆心及基线等标注，如图 6-16 所示。

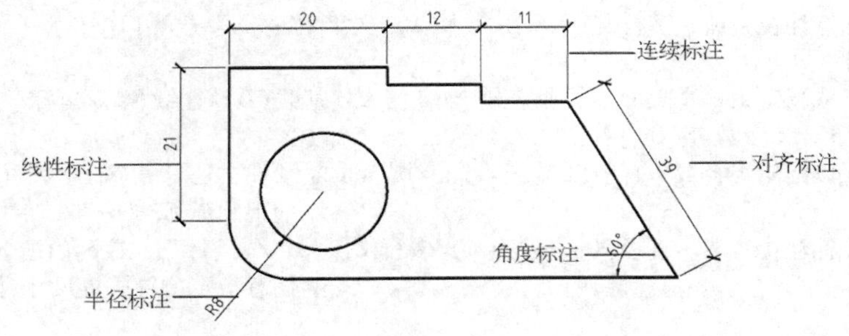


图 6-16　标注的类型

## 6.2.3　智能标注

标注 DIM 命令为 AutoCAD 2016 新添的功能，可理解为智能标注，根据选定对象的类型自动创建相应的标注，几乎一个命令即可设置日常的标注，非常的实用，这样大大减少了对指定标注选项的需要。

在 AutoCAD 中，调用【智能标注】命令有以下几种方式。

- 命令行：输入“DIM”命令并按〈Enter〉键。
- 功能区 1：单击【默认】选项卡中【注释】面板中的【标注】按钮。

➢ 功能区2：单击【注释】选项卡中【标注】面板中的【标注】按钮。

## 6.2.4 实战——创建智能标注

**01** 按〈Ctrl+O〉组合键，打开配套光盘提供的“第6章\6.2.4 创建智能标注.dwg”素材文件，如图6-17所示。

**02** 单击【注释】面板中的【标注】按钮，命令行提示如下。

```
命令:dim
选择对象或指定第一个尺寸界线原点或[角度(A)/基线(B)/连续(C)/坐标(O)/对齐(G)/分
发(D)/图层(L)/放弃(U)]:                    //捕捉A点为第一角点
指定第一个尺寸界线原点或[角度(A)/基线(B)/继续(C)/坐标(O)/对齐(G)/分发(D)/图层
(L)/放弃(U)]:
指定第二个尺寸界线原点或[放弃(U)]:            //捕捉B点为第一角点
指定尺寸界线位置或第二条线的角度[多行文字(M)/文字(T)/文字角度(N)/放弃(U)]:
  //任意指定位置放置尺寸
选择对象或指定第一个尺寸界线原点或[角度(A)/基线(B)/连续(C)/坐标(O)/对齐(G)/分
发(D)/图层(L)/放弃(U)]:                    //捕捉A点为第一角点
指定第一个尺寸界线原点或[角度(A)/基线(B)/继续(C)/坐标(O)/对齐(G)/分发(D)/图层
(L)/放弃(U)]:
指定第二个尺寸界线原点或[放弃(U)]:            //捕捉C点为第一角点
指定尺寸界线位置或第二条线的角度[多行文字(M)/文字(T)/文字角度(N)/放弃(U)]:
  //任意指定位置放置尺寸
选择对象或指定第一个尺寸界线原点或[角度(A)/基线(B)/连续(C)/坐标(O)/对齐(G)/分
发(D)/图层(L)/放弃(U)]:                    //捕捉AC直线为第一直线
选择直线以指定尺寸界线原点:
选择直线以指定角度的第二条边:                  //捕捉CD直线为第二条直线
指定角度标注位置或[多行文字(M)/文字(T)/文字角度(N)/放弃(U)]:     //任意指定位置
放置尺寸
选择对象或指定第一个尺寸界线原点或[角度(A)/基线(B)/连续(C)/坐标(O)/对齐(G)/分
发(D)/图层(L)/放弃(U)]:
选择圆弧以指定半径或[直径(D)/折弯(J)/圆弧长度(L)/中心标记(C)/角度(A)]:
                                          //捕捉圆弧E
指定半径标注位置或[直径(D)/角度(A)/多行文字(M)/文字(T)/文字角度(N)/放弃(U)]:
                                          //任意指定位置放置尺寸,如图6-18所示
```

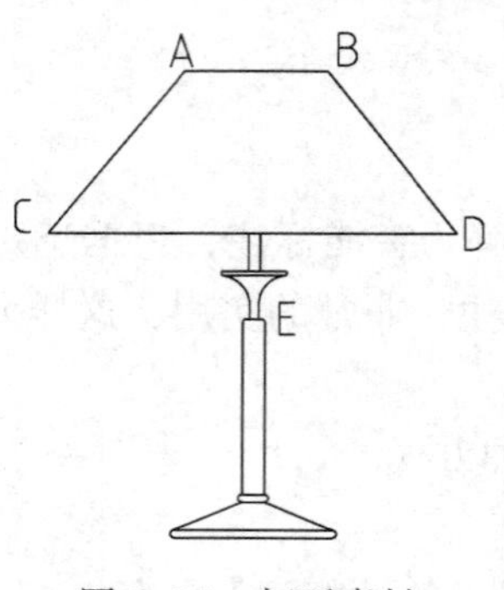

图6-17　打开素材

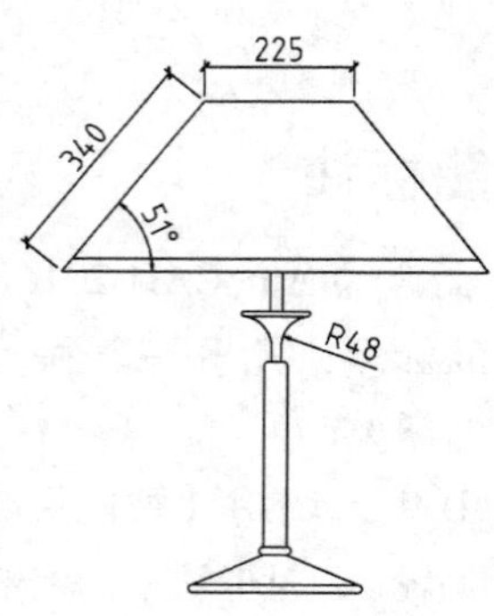

图6-18　智能标注

命令行中其他各选项的功能说明如下。

➢ 角度（A）：创建一个角度标注来显示三个点或两条直线之间的角度，操作方法基本同【角度标注】。
➢ 基线（B）：从上一个或选定标准的第一条界线创建线性、角度或坐标标注，操作方法基本同【基线标注】。
➢ 连续（C）：从选定标注的第二条尺寸界线创建线性、角度或坐标标注，操作方法基本同【连续标注】。
➢ 坐标（O）：创建坐标标注，提示选取部件上的点，如端点、交点或对象中心点。
➢ 对齐（G）：将多个平行、同心或同基准的标注对齐到选定的基准标注。
➢ 分发（D）：指定可用于分发一组选定的孤立线性标注或坐标标注的方法。
➢ 图层（L）：为指定的图层指定新标注，以替代当前图层。输入“Use Current”或“.”以使用当前图层。

**提示：** 无论创建哪种类型的标注，DIM 命令都会保持活动状态，以便用户可以轻松地放置其他标注，直到退出命令。

## 6.2.5 线性标注

线性标注用于标注对象的水平或垂直尺寸。即使所需对象是倾斜的，仍生成水平或竖直方向的标注。

在 AutoCAD 中，调用【线性标注】命令的方式有。

➢ 命令行：在命令行中输入“DIMLINEAR/DLI”并按〈Enter〉键。
➢ 工具栏：单击【标注】工具栏上【线性标注】按钮⊢。
➢ 菜单栏：执行【标注】|【线性标注】命令。
➢ 功能区：单击【注释】选项卡的【标注】面板中的【线性】工具按钮⊢线性。

## 6.2.6 实战——创建线性标注

**01** 按〈Ctrl + O〉组合键，打开配套光盘提供的“第 6 章\6.2.6 创建线性标注.dwg”素材文件，如图 6-19 所示。

**02** 在命令行中输入“DIMLINEAR/DLI”并按〈Enter〉键，命令行提示如下。

```
命令:DIMLINEAR↙                                  //调用命令
指定第一个尺寸界线原点或 <选择对象>:               //指定第一个原点
指定第二条尺寸界线原点:                            //指定第二个原点
指定尺寸线位置或[多行文字(M)/文字(T)/角度(A)/水平(H)/垂直(V)/旋转(R)]:
                                                  //指定尺寸线位置
……                                                //重复操作,完成线性标注的结果如图 6-20
                                                    所示
```

命令行中其他各选项的功能说明如下。

➢ 多行文字：选择该选项将进入多行文字编辑模式，可以使用【多行文字编辑器】对话框输入并设置标注文字。其中，文字输入窗口中的尖括号（< >）表示系统测量值。

➢ 文字：以单行文字形式输入尺寸文字。
➢ 角度：设置标注文字的旋转角度。
➢ 水平和垂直：标注水平尺寸和垂直尺寸。可以直接确定尺寸线的位置，也可以选择其他选项来指定标注的标注文字内容或标注文字的旋转角度。
➢ 旋转：旋转标注对象的尺寸线。

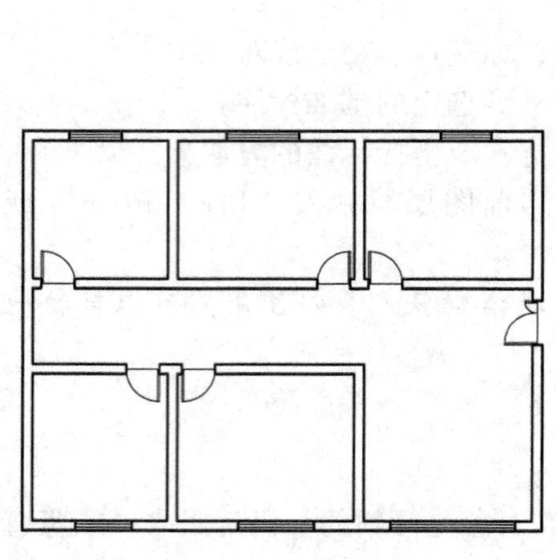

图 6-19　打开素材

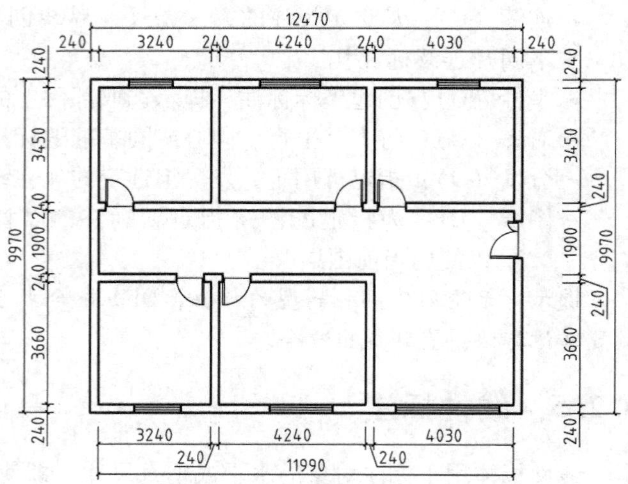


图 6-20　线性标注

## 6.2.7　对齐标注

对齐标注在标注时，系统自动默认为尺寸线与两点的连线平行，常常用于标注倾斜对象的真实长度。除了依次指定尺寸线的起点和终点，对齐标注还可以通过直接选择标注对象的方法生成尺寸标注。

在 AutoCAD 中，调用【对齐标注】命令的方式有：

➢ 命令行：在命令行中输入“DIMALIGNED/DAL”并按〈Enter〉键。
➢ 工具栏：单击【标注】工具栏上【对齐标注】按钮。
➢ 菜单栏：执行【标注】|【对齐标注】命令。
➢ 功能区：单击【注释】选项卡的【标注】面板中的【对齐】工具按钮。

## 6.2.8　实战——创建对齐标注

**01**　按〈Ctrl + O〉组合键，打开配套光盘提供的“第 6 章\6.2.8 创建对齐标注 . dwg”素材文件，如图 6-21 所示。

**02**　在命令行中输入“DIMALIGNED/DAL”并按〈Enter〉键，命令行提示如下。

```
命令:DIMALIGNED↙                                      //调用命令
指定第一个尺寸界线原点或 <选择对象>:                   //指定第一个原点
指定第二条尺寸界线原点:                                //指定第二个原点
指定尺寸线位置或[多行文字(M)/文字(T)/角度(A)]:        //指定尺寸线位置,完成对齐标注
                                                          的结果如图 6-22 所示
```

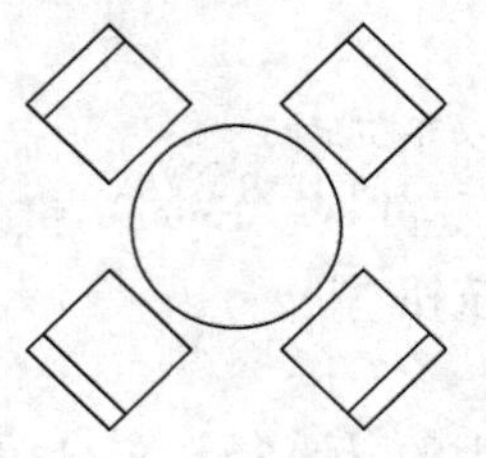
图 6-21　打开素材

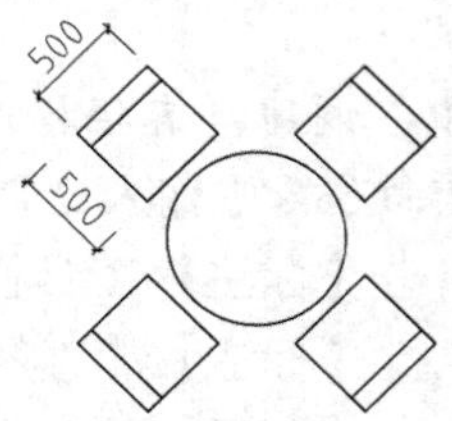

图 6-22　对齐标注

## 6.2.9　半径标注

半径标注就是标注圆或圆弧的半径尺寸，并显示前面带有字母 R 的标注文字。

在 AutoCAD 中，调用【半径标注】命令的方式有以下几种。

- 命令行：在命令行中输入“DIMRADIUS/DRA”并按〈Enter〉键。
- 工具栏：单击【标注】工具栏上【半径标注】按钮。
- 菜单栏：执行【标注】|【半径标注】命令。
- 功能区：单击【注释】选项卡的【标注】面板中的【半径】工具按钮。

## 6.2.10　实战——创建半径标注

**01**　按〈Ctrl + O〉组合键，打开配套光盘提供的“第 6 章\6.2.10 创建半径标注 .dwg”素材文件，如图 6-23 所示。

**02**　在命令行中输入“DIMRADIUS/DRA”并按〈Enter〉键，命令行提示如下。

```
命令:DIMRADIUS↙                                    //调用命令
选择圆弧或圆:                                      //选择图形
标注文字 = 160
指定尺寸线位置或[多行文字(M)/文字(T)/角度(A)]:    //指定尺寸线位置,完成半径标注
                                                     的结果如图 6-24 所示
```

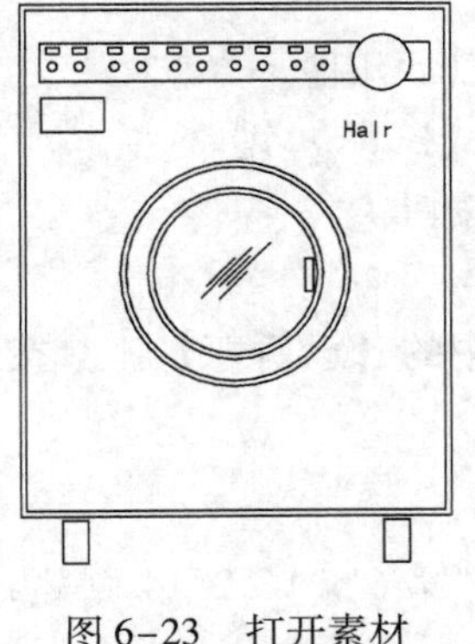

图 6-23　打开素材

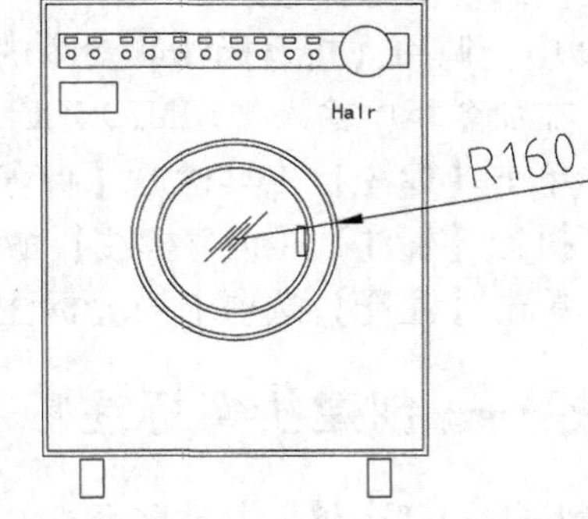

图 6-24　半径标注

## 6.2.11　直径标注

直径标注用于标注圆或圆弧的直径尺寸，直径标注除了显示直径的数值，在数值前还会

显示直径符号“ϕ”。

在 AutoCAD 中，调用【直径标注】命令的方式有以下几种。

➢ 命令行：在命令行中输入“DIMDIAMETER/DDI”并按〈Enter〉键。
➢ 工具栏：单击【标注】工具栏上【直径标注】按钮。
➢ 菜单栏：执行【标注】|【直径标注】命令。
➢ 功能区：单击【注释】选项卡的【标注】面板中的【直径】工具按钮。

## 6.2.12 实战——创建直径标注

**01** 按〈Ctrl + O〉组合键，打开配套光盘提供的“第 6 章\6.2.12 创建直径标注.dwg”素材文件，如图 6-25 所示。

**02** 在命令行中输入“DIMDIAMETER/DDI”并按〈Enter〉键，命令行提示如下。

```
命令:DIMDIAMETER↙                                    //调用命令
选择圆弧或圆:                                         //选择图形
标注文字 = 526
指定尺寸线位置或[多行文字(M)/文字(T)/角度(A)]:
//指定尺寸线位置,完成直径标注的结果如图 6-26 所示
```

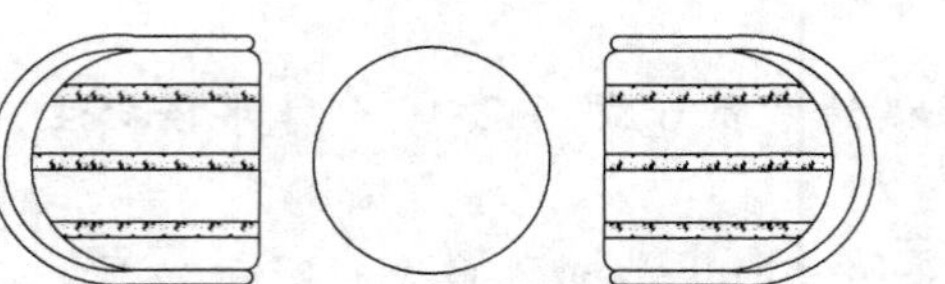

图 6-25 打开素材

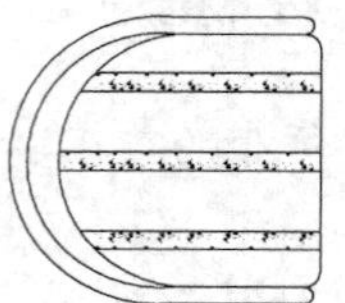

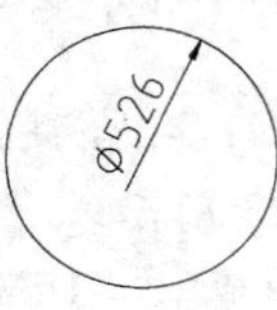


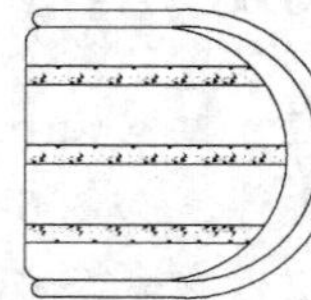

图 6-26 直径标注

## 6.2.13 折弯标注

如果相对于整个图形圆弧的半径比较大，则标注的半径尺寸线会很长。这种情况下一般不使用半径标注，而是使用折弯标注。

在 AutoCAD 中，调用【折弯标注】命令的方式有以下几种。

➢ 命令行：在命令行中输入“DIMJOGGED”并按〈Enter〉键。
➢ 工具栏：单击【标注】工具栏上【折弯标注】按钮。
➢ 菜单栏：执行【标注】|【折弯标注】命令。
➢ 功能区：单击【注释】选项卡的【标注】面板中的【已折弯】工具按钮。

## 6.2.14 实战——创建折弯标注

**01** 按〈Ctrl + O〉组合键，打开配套光盘提供的“第 6 章\6.2.14 创建折弯标注.dwg”素材文件，如图 6-27 所示。

**02** 在命令行中输入“DIMJOGGED”并按〈Enter〉键，命令行提示如下。

```
命令:DIMJOGGED↙                                      //调用[折弯标注]命令
选择圆弧或圆:                                         //选择图形
```

```
指定图示中心位置:                       //指定图示中心位置
标注文字 = 15
指定尺寸线位置或[多行文字(M)/文字(T)/角度(A)]:       //指定尺寸线位置
指定折弯位置:                       //指定尺寸的折弯位置,创建折弯尺寸的结果如图 6-28 所示
```

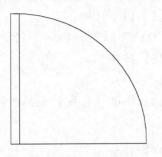

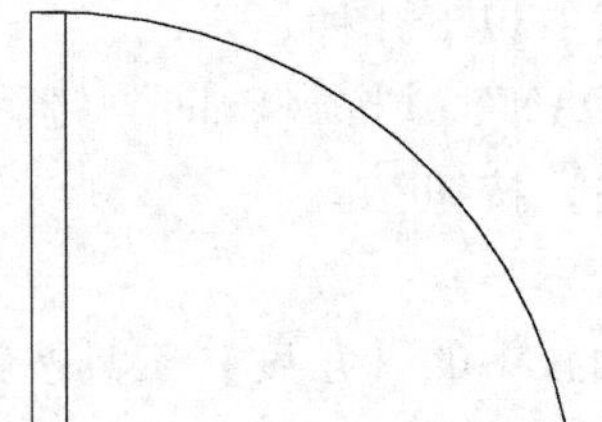
图 6-27　打开素材

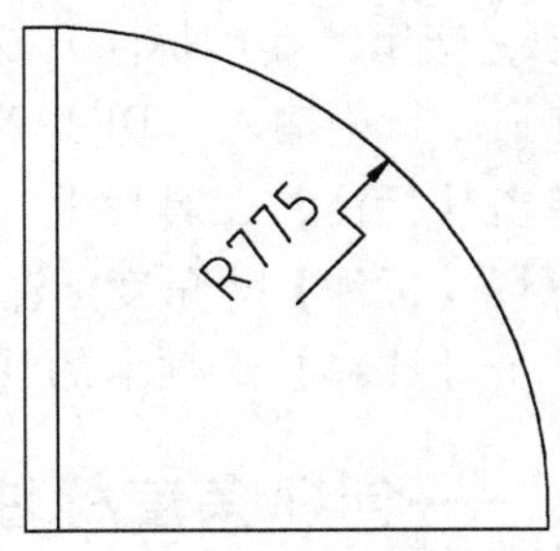

图 6-28　折弯标注

### 6.2.15　折弯线性标注

在 AutoCAD 中，调用【折弯线性标注】命令的方式有以下几种。

➢ 命令行：在命令行中输入“DIMJOGLINE”并按〈Enter〉键。

➢ 工具栏：单击【标注】工具栏上【折弯线性标注】按钮。

➢ 菜单栏：执行【标注】|【折弯线性标注】命令。

➢ 功能区：单击【注释】选项卡的【标注】面板中的【已折弯】工具按钮。

### 6.2.16　实战——创建折弯线性标注

**01**　按〈Ctrl + O〉组合键，打开配套光盘提供的“第 6 章\6.2.16 创建折弯线性标注 .dwg”素材文件，如图 6-29 所示。

**02**　在命令行中输入“DIMJOGLINE”并按〈Enter〉键，命令行提示如下。

```
命令:DIMJOGLINE↙                       //调用命令
选择要添加折弯的标注或[删除(R)]:        //选择尺寸标注
指定折弯位置(或按 ENTER 键):            //指定折弯位置,创建折弯的线性标注的结果如
                                          图 6-30 所示
```

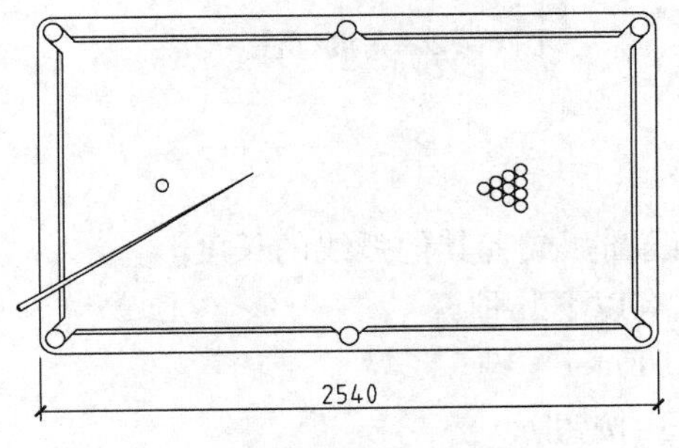

图 6-29　打开素材

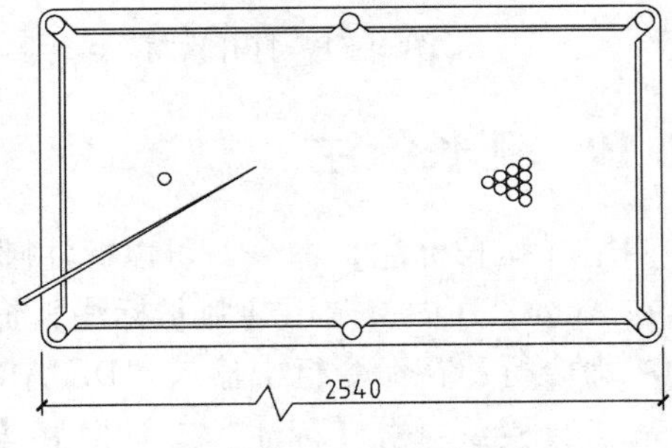

图 6-30　折弯线性标注

### 6.2.17 角度标注

【角度标注】命令，可以标注两条呈一定角度的直线或3个点之间的夹角，还可以标注圆弧的圆心角。

在AutoCAD中，调用【角度标注】命令的方式有以下几种。

➢ 命令行：在命令行中输入“DIMANGULAR/DAN”并按〈Enter〉键。
➢ 工具栏：单击【标注】工具栏上【角度标注】按钮。
➢ 菜单栏：执行【标注】|【角度标注】命令。
➢ 功能区：单击【注释】选项卡的【标注】面板中的【角度】工具按钮。

### 6.2.18 实战——创建角度标注

**01** 按〈Ctrl + O〉组合键，打开配套光盘提供的“第6章\6.2.18 创建角度标注.dwg”素材文件，如图6-31所示。

**02** 在命令行中输入“DIMANGULAR/DAN”并按〈Enter〉键，命令行提示如下。

```
命令：DIMANGULAR↙                      //调用命令
选择圆弧、圆、直线或 <指定顶点>：//选择第一条直线
选择第二条直线：                       //选择第二条直线
指定标注弧线位置或[多行文字(M)/文字(T)/角度(A)/象限点(Q)]：
                                       //指定标注弧线位置,创建角度标注的结果如图6-32所示
标注文字 = 85
```

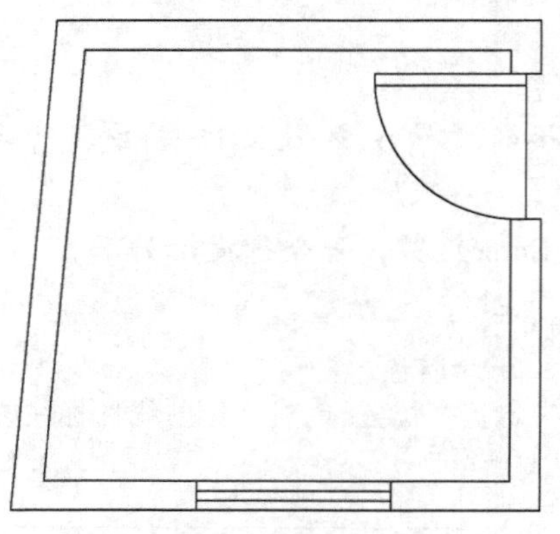
图6-31 打开素材

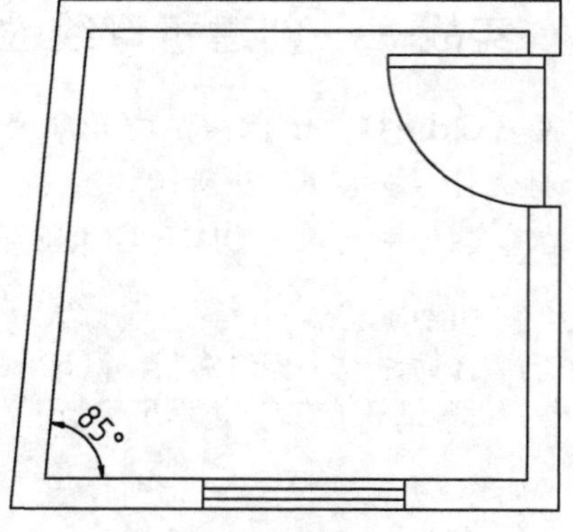

图6-32 角度标注

### 6.2.19 弧长标注

调用【弧长标注】命令，可以标注圆弧、多段线圆弧或者其他弧线的长度。

在AutoCAD中，调用【弧长标注】命令的方式有以下几种。

➢ 命令行：在命令行中输入“DIMARC”并按〈Enter〉键。
➢ 工具栏：单击【标注】工具栏上【弧长标注】按钮。
➢ 菜单栏：执行【标注】|【弧长标注】命令。

➢ 功能区：单击【注释】选项卡的【标注】面板中的【弧长】工具按钮 弧长 。

## 6.2.20 实战——创建弧长标注

**01** 按〈Ctrl+O〉组合键，打开配套光盘提供的“第6章\6.2.20 创建弧长标注.dwg”素材文件，如图6-33所示。

**02** 在命令行中输入“DIMARC”并按〈Enter〉键，命令行提示如下。

```
命令：DIMARC ↙                                   //调用命令
选择弧线段或多段线圆弧段：                       //选择圆弧
指定弧长标注位置或［多行文字(M)/文字(T)/角度(A)/部分(P)/引线(L)］：
                                    //指定弧长标注位置，创建弧长标注的结果如图6-34所示
```

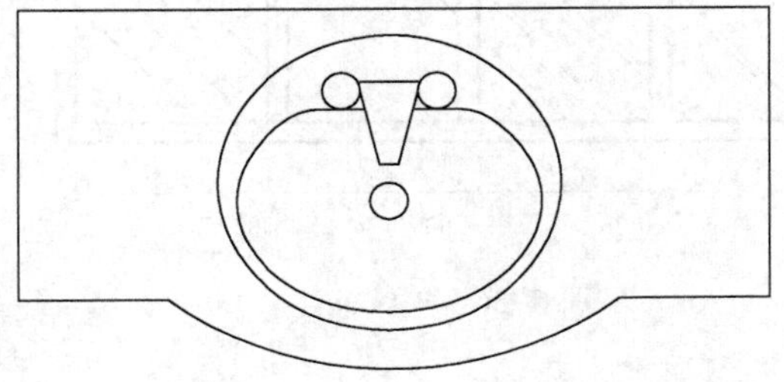

图6-33 打开素材

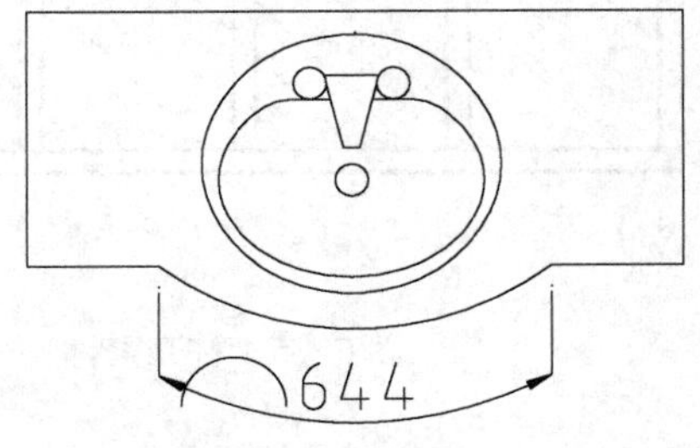


图6-34 弧长标注

## 6.2.21 连续标注

【连续标注】是指以线性标注、坐标标注、角度标注的尺寸界线为基线进行的标注。【连续标注】所指定的基线仅作为与该尺寸标注相邻的连续标注尺寸的基线，依次类推，下一个尺寸标注都以前一个标注与其相邻的尺寸界线为基线进行标注。

在AutoCAD中，调用【连续标注】命令的方式有以下几种。

➢ 命令行：在命令行中输入“DIMCONTINUE/DCO”并按〈Enter〉键。

➢ 工具栏：单击【标注】工具栏上【连续标注】按钮 。

➢ 菜单栏：执行【标注】|【连续标注】命令。

➢ 功能区：单击【注释】选项卡的【标注】面板中的【连续】工具按钮 连续 。

## 6.2.22 实战——创建连续标注

**01** 按〈Ctrl+O〉组合键，打开配套光盘提供的“第6章\6.2.22 创建连续标注.dwg”素材文件，如图6-35所示。

**02** 在命令行中输入“DIMCONTINUE/DCO”并按〈Enter〉键，命令行提示如下。

```
命令：DIMCONTINUE ↙                                          //调用命令
选择连续标注：                                               //选择标注
指定第二条尺寸界线原点或［放弃(U)/选择(S)］<选择>：          //指定第二条尺寸界线原点
标注文字 = 670
指定第二条尺寸界线原点或［放弃(U)/选择(S)］<选择>：
```

```
标注文字 = 80
……
指定第二条尺寸界线原点或［放弃(U)/选择(S)］<选择>：*取消*
                //按〈Esc〉键退出绘制,完成连续标注的结果如图6-36所示
```

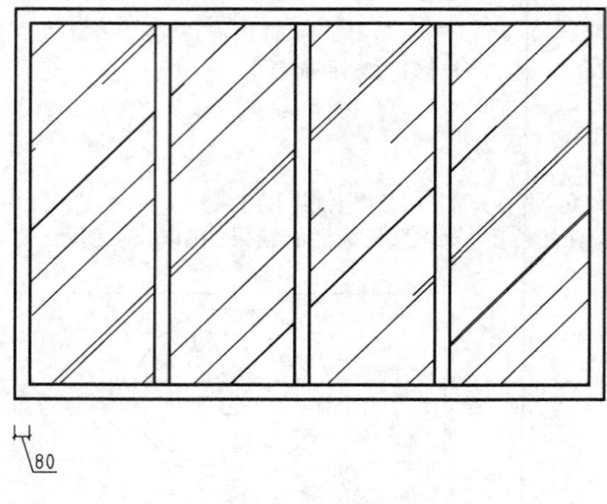


图6-35　打开素材

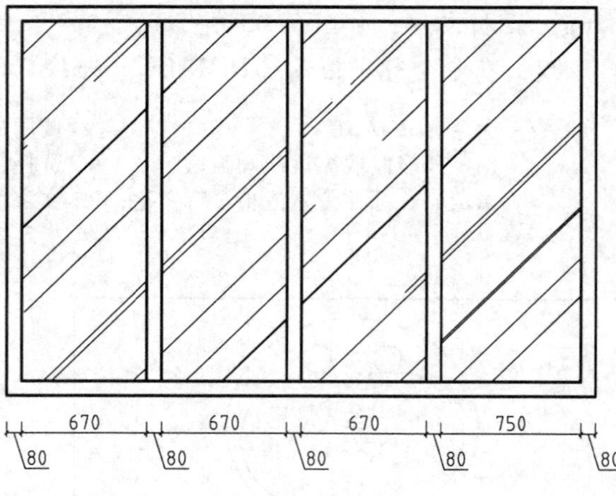


图6-36　连续标注

## 6.2.23　基线标注

调用【基线标注】命令，可以创建以同一尺寸界线为基准的一系列尺寸标注，即从某一点引出的尺寸界线作为第一条尺寸界线，依次进行多个对象的尺寸标注。

在AutoCAD中，调用【基线标注】命令的方式有以下几种。

➢ 命令行：在命令行中输入“DIMBASELINE/DBA”并按〈Enter〉键。
➢ 工具栏：单击【标注】工具栏上【基线标注】按钮。
➢ 菜单栏：执行【标注】|【基线标注】命令。
➢ 功能区：单击【注释】选项卡的【标注】面板中的【基线】工具按钮 基线 。

## 6.2.24　实战——创建基线标注

**01**　按〈Ctrl+O〉组合键，打开配套光盘提供的“第6章\6.2.24创建基线标注.dwg”素材文件，如图6-37所示。

**02**　在命令行中输入“DIMBASELINE/DBA”并按〈Enter〉键，命令行提示如下。

```
命令：DIMBASELINE↙                                          //调用命令
指定第二条尺寸界线原点或［放弃(U)/选择(S)］<选择>：  //指定第二条尺寸界线原点
标注文字 = 2178
指定第二条尺寸界线原点或［放弃(U)/选择(S)］<选择>：
标注文字 = 3567
指定第二条尺寸界线原点或［放弃(U)/选择(S)］<选择>：*取消*
                //按〈Esc〉键退出标注,创建基线标注的结果如图6-38所示
```

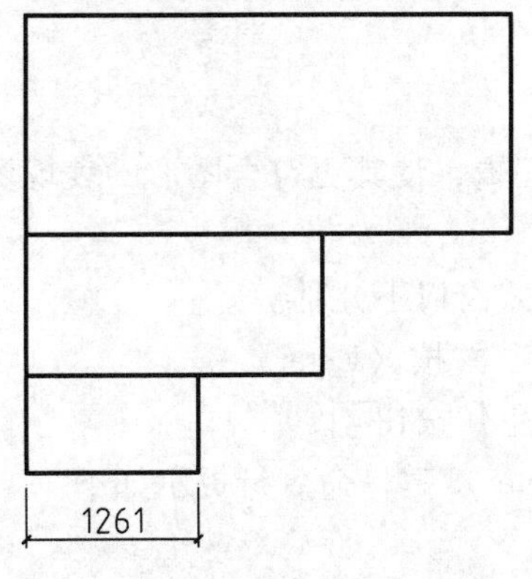

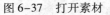

图 6-37　打开素材

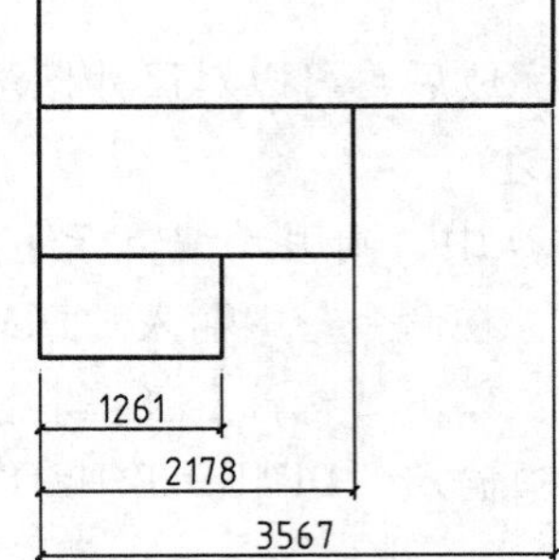


图 6-38　基线标注

## 6.2.25　坐标标注

【坐标标注】用于标注某些点相对于 UCS 坐标原点的 X 和 Y 坐标。

在 AutoCAD 中，调用坐标标注命令的方式有以下几种。

➢ 命令行：在命令行中输入“DIMORDINATE/DOR”并按〈Enter〉键。

➢ 工具栏：单击【标注】工具栏上【坐标标注】按钮。

➢ 菜单栏：执行【标注】|【坐标标注】命令。

➢ 功能区：单击【注释】选项卡的【标注】面板中的【坐标标注】工具按钮坐标。

## 6.2.26　实战——创建坐标标注

**01**　按〈Ctrl + O〉组合键，打开配套光盘提供的“第 6 章\6.2.26 创建坐标标注.dwg”素材文件，如图 6-39 所示。

**02**　在命令行中输入“DIMORDINATE/DOR”并按〈Enter〉键，命令行提示如下。

```
命令：DIMORDINATE↙                     //调用命令
指定点坐标：                           //指定需要进行坐标标注的点
指定引线端点或［X 基准(X)/Y 基准(Y)/多行文字(M)/文字(T)/角度(A)］：
                                       //指定引线端点，创建坐标标注的结果如图 6-40 所示
```

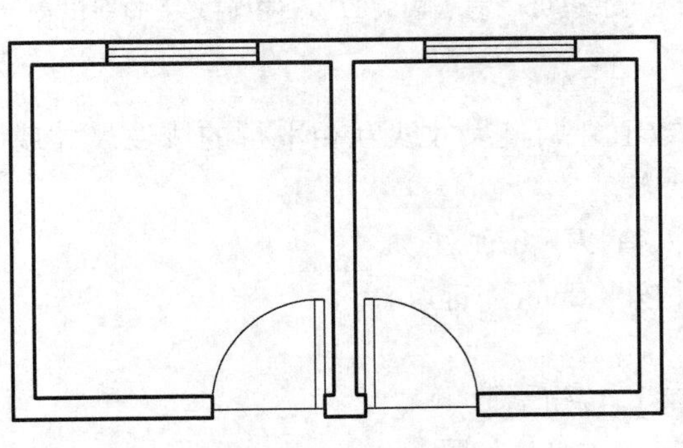

图 6-39　打开素材

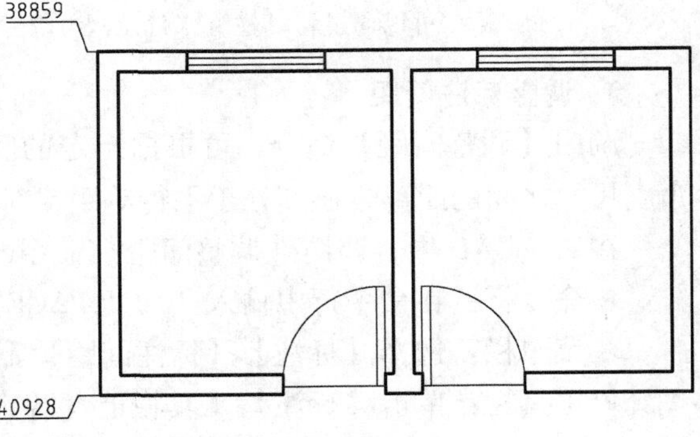


图 6-40　坐标标注

## 6.2.27 尺寸标注的编辑方法

尺寸标注完成后，可以对尺寸标注对象进行编辑，使其更符合图形的表现要求。

### 1. 编辑标注

在 AutoCAD 中，调用【编辑标注】命令的方式有以下几种。

- 命令行：在命令行中输入“DIMEDIT/DED”并按〈Enter〉键。
- 工具栏：单击【标注】工具栏上【编辑标注】按钮。

在命令行中输入“DIMEDIT/DED”并按〈Enter〉键，命令行提示如下。

```
命令：dimedit ↙
输入标注编辑类型［默认(H)/新建(N)/旋转(R)/倾斜(O)］<默认>：
```

命令行选项的各项含义如下。

- 默认：选择该选项并选择尺寸对象，可以按默认位置和方向放置尺寸文字。
- 新建：选择该选项可以修改尺寸文字，此时系统将显示“文字格式”工具栏和文字输入窗口。修改或输入尺寸文字后，选择需要修改的尺寸对象即可。
- 旋转：选择该选项可以将尺寸文字旋转一定的角度，同样是先设置角度值，然后选择尺寸对象。
- 倾斜：选择该选项可以使非角度标注的延伸线倾斜一角度。这时需要先选择尺寸对象，然后设置倾斜角度值。

### 2. 编辑标注文字

调用【编辑标注文字】命令，可以对标注文字的位置进行更改。

在 AutoCAD 中，调用【编辑标注文字】命令的方式有以下几种。

- 命令行：在命令行中输入“DIMTEDIT”并按〈Enter〉键。
- 菜单栏：选择【标注】|【对齐文字】命令。
- 工具栏：单击【标注】工具栏上【编辑标注文字】按钮。

在命令行中输入“DIMTEDIT”并按〈Enter〉键，命令行提示如下。

```
命令：dimtedit ↙
选择标注：          //选择要编辑修改的标注对象
为标注文字指定新位置或［左对齐(L)/右对齐(R)/居中(C)/默认(H)/角度(A)］：
        //可以通过移动光标来确定尺寸文字的新位置，也可以输入相应的选项指定文字的新位置
```

### 3. 调整标注间距

调用【调整间距】命令，可根据指定的间距数值，调整尺寸线互相平行的线性尺寸或角度尺寸之间的距离，使其处于平行等距或对齐状态。

在 AutoCAD 中，调用【调整间距】命令的方式有以下几种。

- 命令行：在命令行中输入“DIMSPACE”并按〈Enter〉键。
- 菜单栏：选择【标注】|【标注间距】命令。
- 工具栏：单击【标注】工具栏上【等距标注】按钮。
- 功能区：单击【标注】面板中的【调整间距】工具按钮。

## 6.2.28 实战——调整标注间距

**01** 按〈Ctrl + O〉组合键，打开配套光盘提供的“第 6 章\ 6.2.28 调整标注间距 .dwg”素材文件，如图 6-41 所示。

**02** 在命令行中输入“DIMSPACE”并按〈Enter〉键，命令行提示如下。

```
命令：DIMSPACE↙
选择基准标注：                              //选择标注文字为 14 的尺寸标注为基准标注
选择要产生间距的标注:找到 1 个
选择要产生间距的标注:找到 1 个,总计 2 个        //选择其余两个标注对象
输入值或[自动(A)]<自动>:A     //输入 A,选择“自动”选项,完成等距标注的结果如图 6-42 所示
```

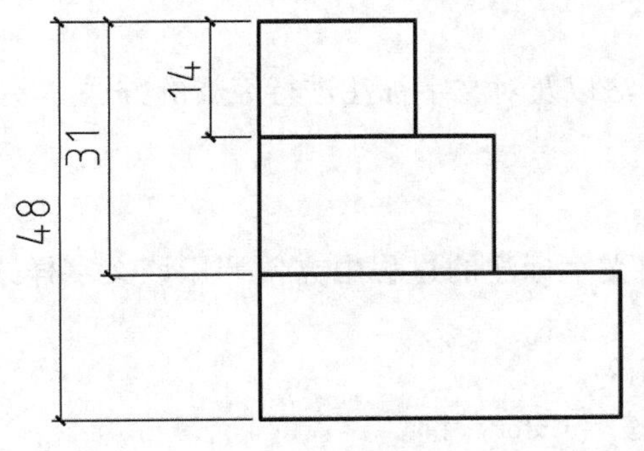


图 6-41 打开素材

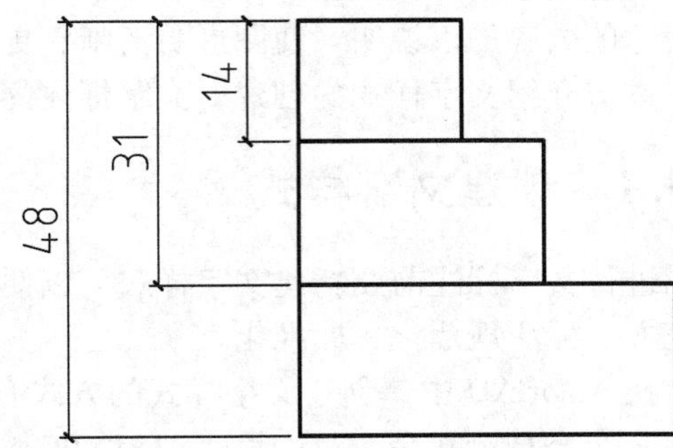


图 6-42 调整结果

**提示：** 在执行【等距标注】命令的过程中，也可以自行输入尺寸标注的间距尺寸。

调用【打断标注】命令，可以在尺寸标注的尺寸线、尺寸界线或引伸线与其他的尺寸标注或图形中线段的交点处形成隔断，可以提高尺寸标注的清晰度和准确性。

在 AutoCAD 中，调用【打断标注】命令的方式有以下几种。

➢ 命令行：在命令行中输入“DIMBREAK”并按〈Enter〉键。

➢ 菜单栏：选择【标注】|【标注打断】命令。

➢ 工具栏：单击【标注】工具栏上【打断标注】按钮。

➢ 功能区：单击【标注】面板中的【打断】工具按钮。

## 6.2.29 实战——打断标注

**01** 按〈Ctrl + O〉组合键，打开配套光盘提供的“第 6 章\ 6.2.29 打断标注 .dwg”素材文件，如图 6-43 所示。

**02** 在命令行中输入“DIMBREAK”并按〈Enter〉键，命令行提示如下。

```
命令：DIMBREAK↙
选择要添加/删除折断的标注或[多个(M)]：      //选择要进行编辑的标注
选择要折断标注的对象或[自动(A)/手动(M)/删除(R)]<自动>：
                          //按〈Enter〉键,即可完成标注对象的更改,如图 6-44 所示
一个对象已修改
```

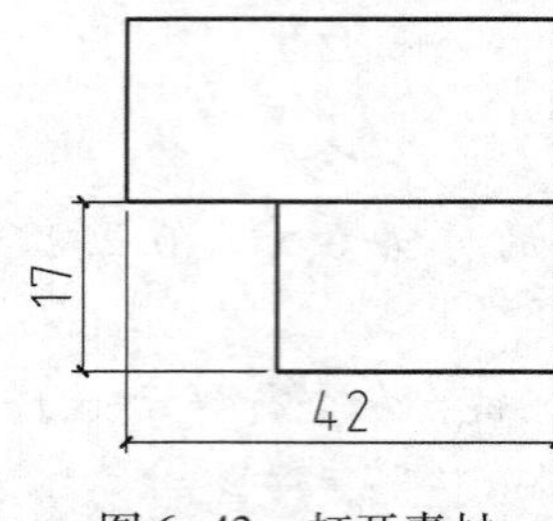

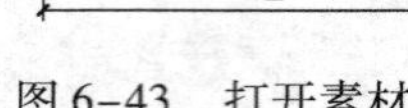


图 6-43　打开素材

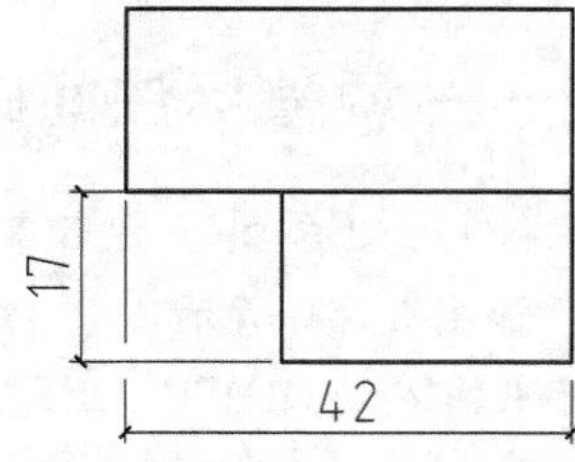


图 6-44　打断标注

## 6.3　文字标注的创建和编辑

在绘制室内装潢施工图样的过程中，文字是必不可少的组成部分。它可以对图形中不便于表达的内容加以说明，使图形更清晰、更完整。

本节介绍文字样式的创建、文字标注的绘制方法以及对文字标注进行编辑的方法。

### 6.3.1　创建文字样式

进行文字标注前要新建文字样式，以便在绘制文字标注的过程中方便调用该文字样式，以使文字标注规范化、标准化。

在 AutoCAD 中，创建文字样式的方式有以下几种。

- 命令行：在命令行中输入“STYLE/ST”并按〈Enter〉键。
- 工具栏：单击【样式】工具栏上【文字样式】按钮A。
- 菜单栏：执行【格式】|【文字样式】命令。
- 能区：单击【注释】选项卡【文字】面板右下角↘按钮。

### 6.3.2　实战——创建文字样式

**01**　在命令行中输入“STYLE/ST”并按〈Enter〉键，打开【文字样式】对话框，如图 6-45 所示。

**02**　在对话框中单击【新建】按钮，打开【新建文字样式】对话框，新建样式名，如图 6-46 所示。

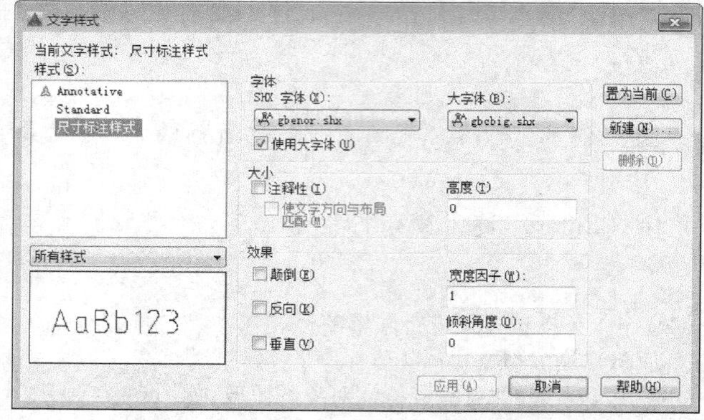


图 6-45　【文字样式】对话框

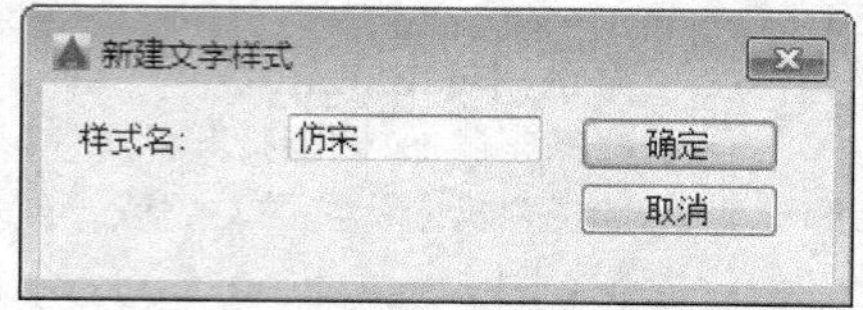


图 6-46　新建样式名

**03** 单击【确定】按钮，在【文字格式】对话框中设置文字参数，如图 6-47 所示。

**04** 单击【置为当前】按钮，将设置完成的文字样式置为当前；单击【关闭】按钮，关闭【文字样式】对话框。

**05** 图 6-48 所示为新建文字样式的效果。

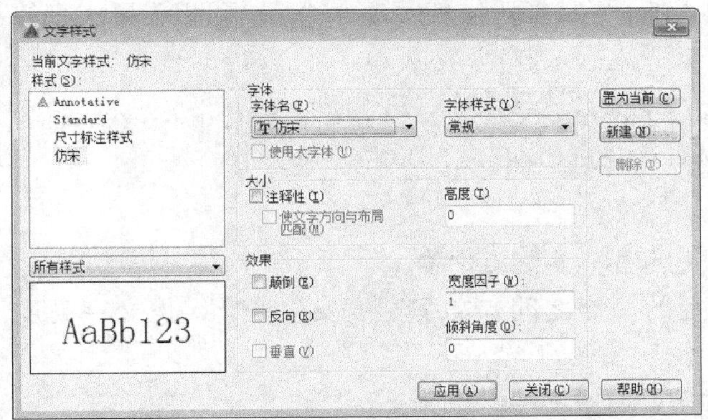


图 6-47　设置参数

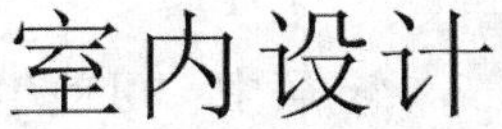

室内设计

图 6-48　创建结果

## 6.3.3　创建单行文字

对图形进行文字标注的时候，最常调用的命令即是单行文字命令。

在 AutoCAD 中，创建单行文字的方式有以下几种。

- 命令行：在命令行中输入“DTEXT/DT”并按〈Enter〉键。
- 工具栏：单击【文字】工具栏上的【单行文字】按钮 A。
- 菜单栏：执行【绘图】|【文字】|【单行文字】命令。
- 功能区：在【注释】选项卡，单击【文字】面板中的【单行文字】按钮 A。

在命令行中输入“DTEXT/DT”并按〈Enter〉键，命令行提示如下。

```
命令：TEXT↙                                              //调用命令
当前文字样式：“仿宋”  文字高度：2.5000  注释性：否
                                                         //显示当前文字样式及相应参数
指定文字的起点或[对正(J)/样式(S)]：                          //指定文字的起点，以及文字的样式和对正方式
指定高度 <2.5000>：                                        //按〈Enter〉键，默认文字的高度
指定文字的旋转角度 <0>：
                              //按〈Enter〉键，默认文字的旋转角度，创建单行文字的结果如图 6-49 所示
```

AutoCAD 2016

图 6-49　单行文字

在执行单行文字命令的命令行提示中有“指定文字的起点”“对正”和“样式”3 个选项，其含义如下。

(1) 指定文字的起点

默认情况下，所指定的起点位置即是文字行基线的起点位置。在指定起点位置后，继续

输入文字的旋转角度即可进行文字的输入。

在输入完成后，按两次〈Enter〉键，或将鼠标移至图样的其他任意位置并单击，然后按〈Esc〉键即可结束单行文字的输入。

（2）对正

在“指定文字的起点或[对正(J)/样式(S)]:”提示信息后输入“J”，可以设置文字的对正方式。此时命令行显示如下提示信息。

```
输入选项 [左(L)/居中(C)/右(R)/对齐(A)/中间(M)/布满(F)/左上(TL)/中上(TC)/右上(TR)/左中(ML)/正中(MC)/右中(MR)/左下(BL)/中下(BC)/右下(BR)]:
```

此提示中的各选项含义如下。

- 对齐：要求确定所标注文字行基线的起始点与终点位置。
- 布满：可使生成的文字充满在指定的两点之间，文字宽度发生变化，但文字高度不变。
- 居中：可使生成的文字以插入点为中心向两边排列。
- 中间：此选项要求确定一点，AutoCAD 把该点作为所标注文字行的中间点，即以该点作为文字行在水平、垂直方向上的中点。
- 右（左）：此选项要求确定一点，AutoCAD 把该点作为文字行基线的右（左）端点。
- 左上：以指定的点作为文字的最上点并左对齐文字。
- 中上：以指定的点作为文字的最上点并居中对齐文字。
- 右上：以指定的点作为文字的最上点并右对齐文字。
- 左中：以指定的点作为文字的中央点并左对齐文字。
- 正中：以指定的点作为文字的中央点并居中对齐文字。
- 右中：以指定的点作为文字的中央点并右对齐文字。
- 左下：以指定的点作为文字的基线并左对齐文字。
- 中下：以指定的点作为文字的基线并居中对齐文字。
- 右下：以指定的点作为文字的基线并右对齐文字。

（3）样式

在“指定文字的起点或[对正(J)/样式(S)]:”提示信息后输入“S”，可以设置当前使用的文字样式。选择该选项时，命令行显示如下提示信息。

```
输入样式名或 [?] <仿宋>: *取消*
```

可以在命令行中直接输入文字样式的名称，也可输入“?”，在“AutoCAD 文本窗口”中显示当前图形已有的文字样式。

### 6.3.4 创建多行文字

【多行文字】又称为段落文字，是一种更易于管理的文字对象，可以由两行以上的文字组成，而且各行文字都是作为一个整体处理。

在 AutoCAD 中，调用【多行文字】命令的方式有以下几种。

- 命令行：在命令行中输入“MTEXT/MT/T”并按〈Enter〉键。

➢ 工具栏：单击【文字】工具栏上【多行文字】按钮A。
➢ 菜单栏：执行【绘图】|【文字】|【多行文字】命令。
➢ 功能区：在【注释】选项卡，单击【文字】面板中的【多行文字】按钮A。

## 6.3.5 实战——创建多行文字

**01** 在命令行中输入“MTEXT/MT/T”并按〈Enter〉键，命令行提示如下。

```
命令：MTEXT↙                                    //调用[多行文字]命令
当前文字样式："仿宋"  文字高度： 2.5  注释性： 否 //显示当前文字样式
指定第一角点://指定多行文字输入区的第一个角点
指定对角点或［高度(H)/对正(J)/行距(L)/旋转(R)/样式(S)/宽度(W)/栏(C)］:
                              //指定多行文字输入区的另一个角点,如图6-50所示
```

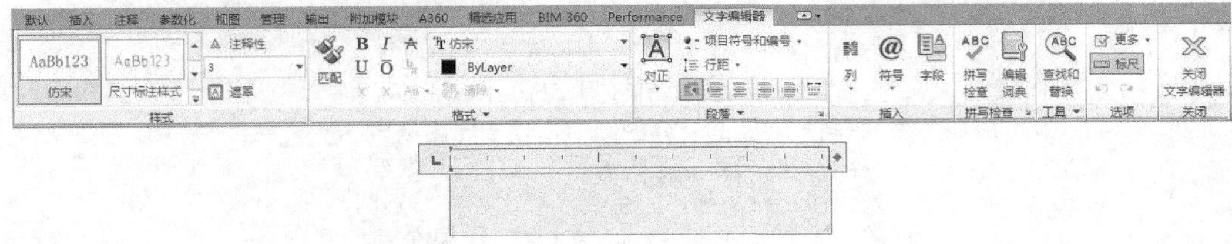

图6-50 指定对角点

**02** 在【多行文字编辑器】对话框中输入多行文字，结果如图6-51所示。

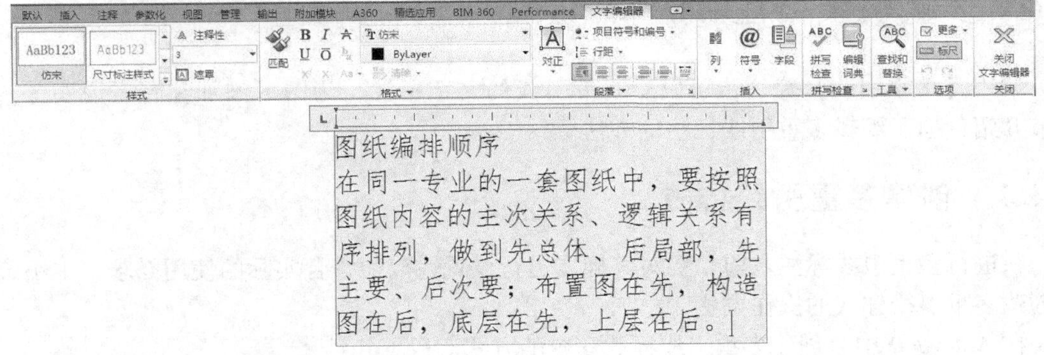
图纸编排顺序
在同一专业的一套图纸中，要按照图纸内容的主次关系、逻辑关系有序排列，做到先总体、后局部，先主要、后次要；布置图在先，构造图在后，底层在先，上层在后。

图6-51 输入文字

**03** 选择段落文字，改变其大小，结果如图6-52所示。

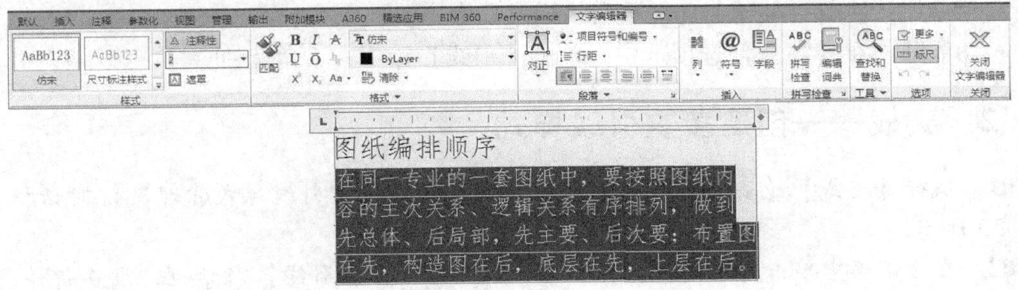
图纸编排顺序
在同一专业的一套图纸中，要按照图纸内容的主次关系、逻辑关系有序排列，做到先总体、后局部，先主要、后次要；布置图在先，构造图在后，底层在先，上层在后。

图6-52 改变大小

**04** 选择标题文字，单击对画框中的【居中】按钮，调整标题位置的结果如图 6-53 所示。

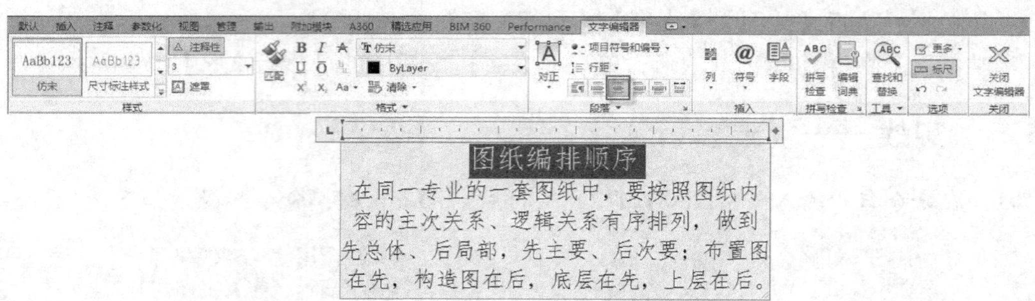
图纸编排顺序
在同一专业的一套图纸中，要按照图纸内
容的主次关系、逻辑关系有序排列，做到
先总体、后局部，先主要、后次要；布置图
在先，构造图在后，底层在先，上层在后。

图 6-53 居中显示

**05** 在【多行文字编辑器】对话框中单击【确定】按钮，创建多行文字的结果如图 6-54 所示。

图纸编排顺序
在同一专业的一套图纸中，要按照图纸内
容的主次关系、逻辑关系有序排列，做到
先总体、后局部，先主要、后次要；布置图
在先，构造图在后，底层在先，上层在后。

图 6-54 创建结果

## 6.4 多重引线标注和编辑

调用【多重引线】命令，可以绘制带引线的文字标注，为图形添加注释、说明等。本小节介绍创建于编辑多重引线标注的方法。

### 6.4.1 创建多重引线样式

在进行多重引线标注之前，要对其样式进行设置，以便符合实际的使用需求。本小节介绍创建多重引线样式的操作方法。

在 AutoCAD 中，创建多重引线样式命令的方式有以下几种。

- 命令行：在命令行中输入“MLEADERSTYLE/MLS”并按〈Enter〉键。
- 工具栏：单击【多重引线】工具栏上【多重引线标注】按钮。
- 菜单栏：执行【格式】|【多重引线样式】命令。
- 功能区：在【注释】选项卡中，单击【引线】面板右下角按钮。

### 6.4.2 实战——创建多重引线样式

**01** 执行【格式】|【多重引线样式】命令，打开【多重引线样式管理器】对话框，如图 6-55 所示。

**02** 在对话框中单击【新建】按钮，弹出【创建新多重引线】对话框，设置新样式名，如图 6-56 所示。

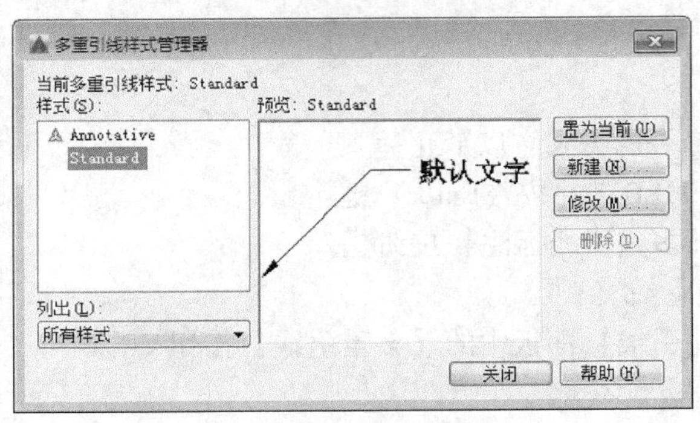


图 6-55　设置参数

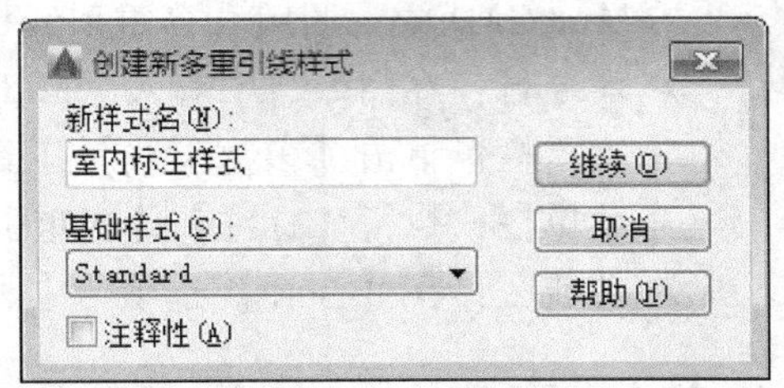


图 6-56　设置结果

**03**　在对话框中单击【继续】按钮，弹出【修改多重引线样式：室内标注样式】对话框。选择【引线格式】选项卡，设置参数如图 6-57 所示。

**04**　选择【引线结构】选项卡，设置参数如图 6-58 所示。

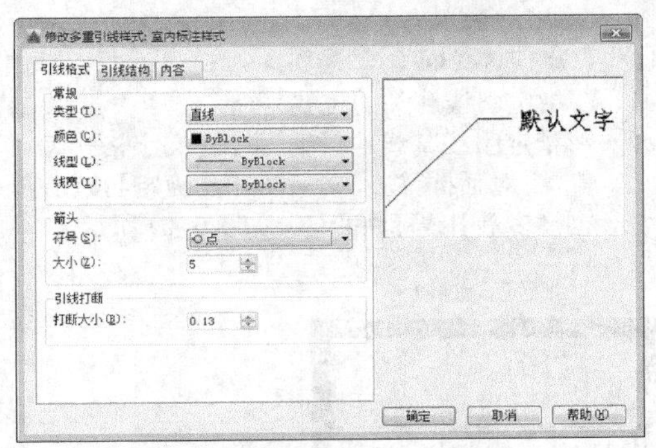


图 6-57　【引线格式】选项卡

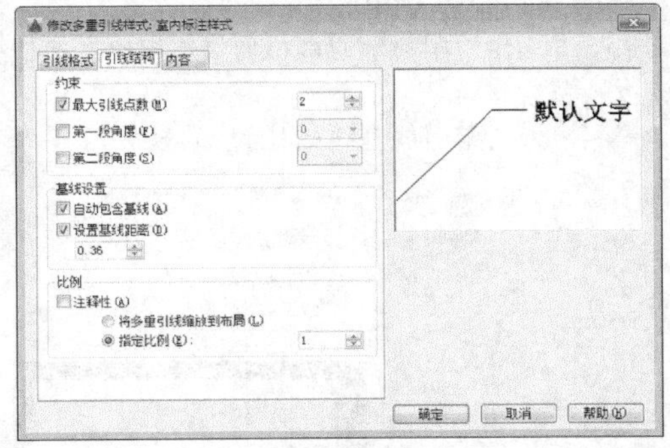


图 6-58　【引线结构】选项卡

**05**　选择【内容】选项卡，设置参数如图 6-59 所示。

**06**　单击【确定】按钮，关闭【修改多重引线样式：室内标注样式】对话框。返回【多重引线样式管理器】对话框，将【室内标注样式】置为当前，单击【关闭】按钮，关闭【多重引线样式管理器】对话框。

**07**　多重引线的创建结果如图 6-60 所示。

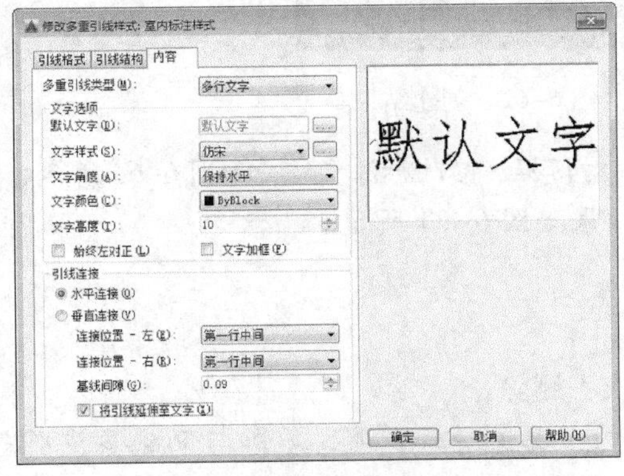


图 6-59　“内容”选项卡

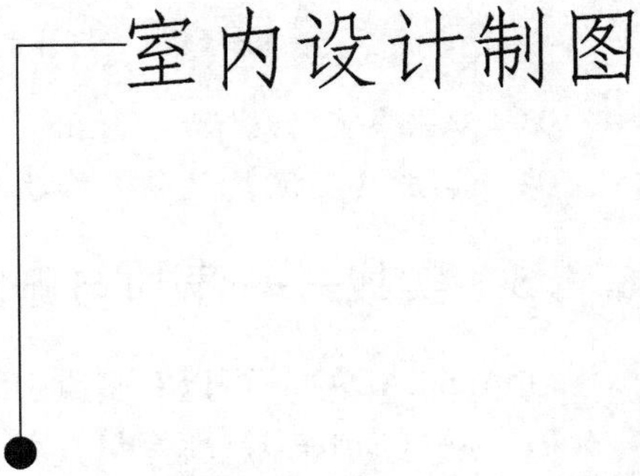

室内设计制图

图 6-60　创建结果

### 6.4.3 创建多重引线

在 AutoCAD 中，调用【多重引线标注】命令的方式有以下几种。

➢ 命令行：在命令行中输入“MLEADER/MLD”并按〈Enter〉键。
➢ 工具栏：单击【多重引线】工具栏上【多重引线标注】按钮。
➢ 菜单栏：执行【标注】|【多重引线标注】命令。
➢ 功能区：在【注释】选项卡中，单击【引线】面板中的【多重引线】按钮。

### 6.4.4 实战——创建多重引线

**01** 按〈Ctrl+O〉组合键，打开配套光盘提供的“第 6 章\6.4.4 创建与修改多重引线.dwg”素材文件，如图 6-61 所示。

**02** 在命令行中输入“MLEADER/MLD”并按〈Enter〉键，命令行提示如下。

```
命令：MLEADER ↙                                              //调用命令
指定引线箭头的位置或[引线基线优先(L)/内容优先(C)/选项(O)]<选项>：
                                                              //指定引线箭头的位置
指定引线基线的位置：                                          //指定引线基线的位置，弹出【文字格式编
                                                              辑器】对话框，输入文字，单击【确定】按钮；
                                                              创建多重引线标注的结果如图 6-62 所示
```

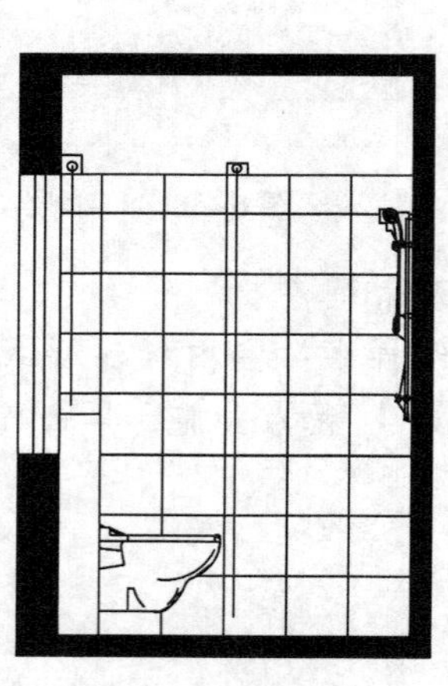

图 6-61 打开素材

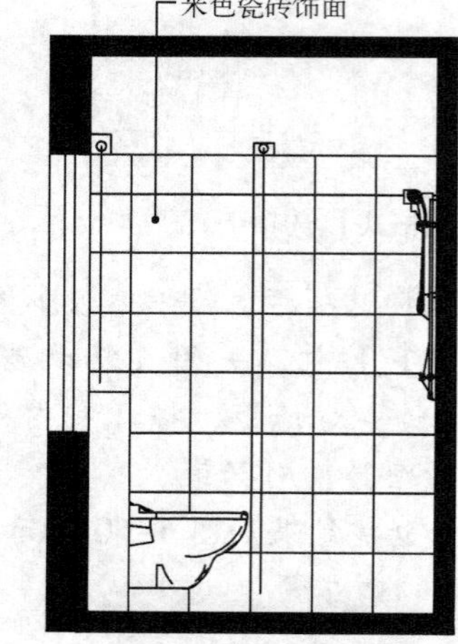


图 6-62 创建结果

**03** 双击多重引线标注，弹出【文字格式编辑器】对话框，修改标注文字，如图 6-63 所示。

**04** 单击【确定】按钮。修改多重引线标注的结果如图 6-64 所示。

### 6.4.5 实战——添加与删除多重引线

在 AutoCAD 中，可以对多重引线标注进行添加或者删除。

**01** 按〈Ctrl+O〉组合键，打开配套光盘提供的“第 6 章\6.4.5 添加与删除多重引线.dwg”素材文件，结果如图 6-65 所示。

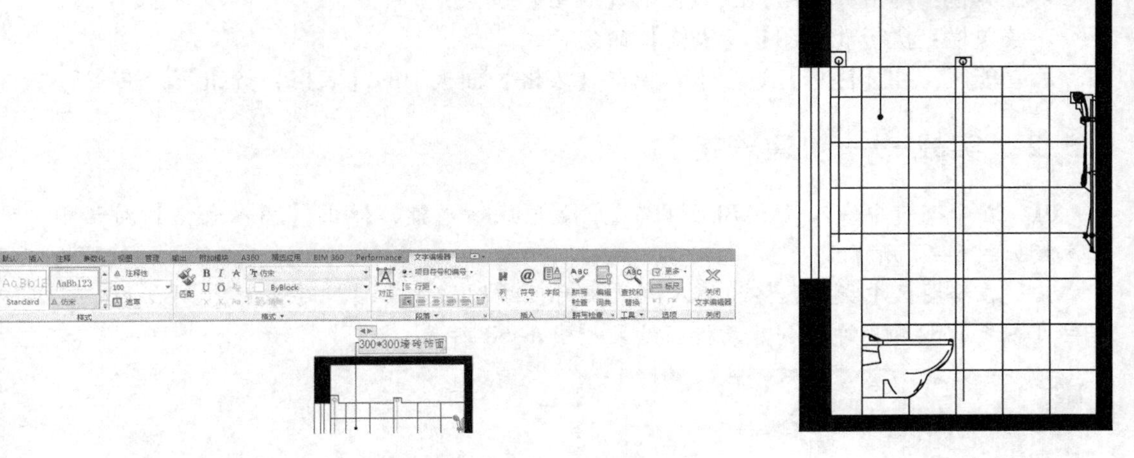


图 6-63　修改标注文字　　　　图 6-64　修改结果

**02**　单击【多重引线】工具栏上【添加引线】按钮，在绘图区中选择多重引线，指定引线箭头位置，添加引线的结果如图 6-66 所示。

**03**　单击【多重引线】工具栏上【删除引线】按钮，指定要删除的引线，可以将引线从现有的多重引线标注中删除，即恢复素材初始打开的样子。

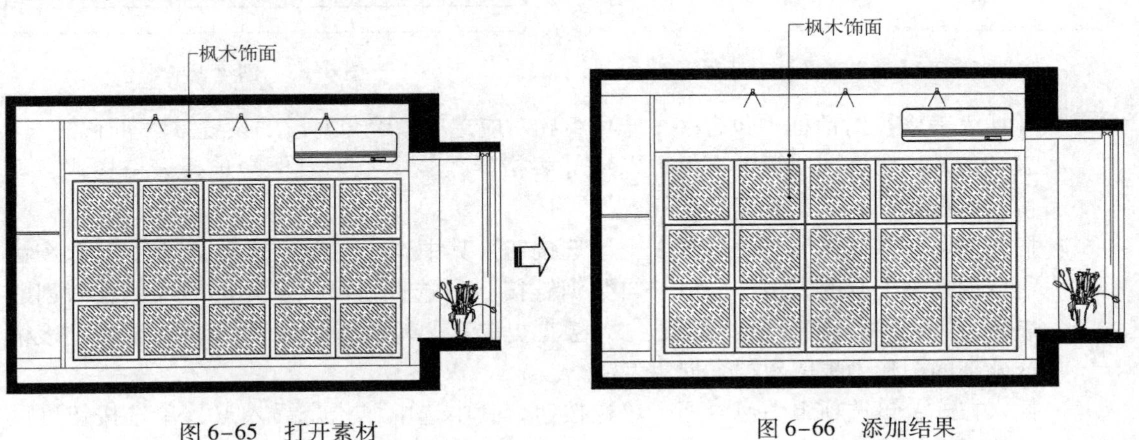


图 6-65　打开素材　　　　图 6-66　添加结果

## 6.5　表格的创建和编辑

表格主要用来展示与图形相关的标准、数据信息、材料和装配信息等内容。不同性质的图样需要制作类型不同的表格来进行解释说明图样中的重要信息，如门窗表、材料表等。简洁明了的表格有助于清晰的表达图形信息。

本节介绍表格的创建和编辑方法。

### 6.5.1　创建表格

在 AutoCAD 中，创建表格的方式有以下几种。

➢ 命令行：在命令行中输入“TABLE/TB”并按〈Enter〉键。
➢ 工具栏：单击【绘图】工具栏上【表格】按钮▦。
➢ 菜单栏：执行【绘图】|【表格】命令。
➢ 功能区：在【注释】选项卡，单击【表格】面板中的【表格】按钮▦。

## 6.5.2 实战——创建表格

**01** 在命令行中输入“TABLE/TB”并按〈Enter〉键，弹出【插入表格】对话框，设置参数如图6-67所示。

**02** 在绘图区中指定表格的插入点，此时，绘图区弹出【文字表格】对话框。在其中单击【确定】按钮，即可创建表格，结果如图6-68所示。

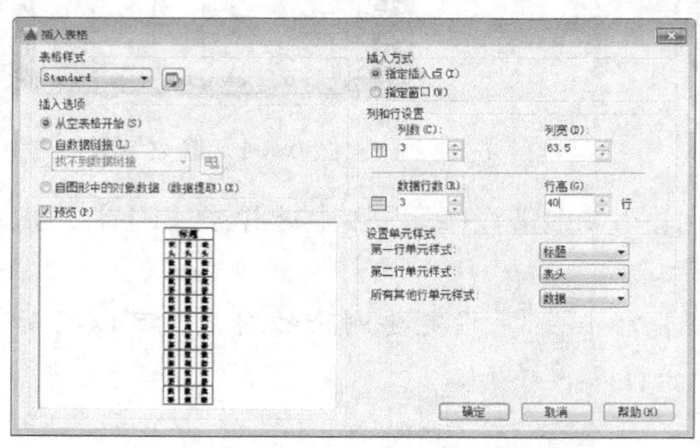


图6-67 【插入表格】对话框

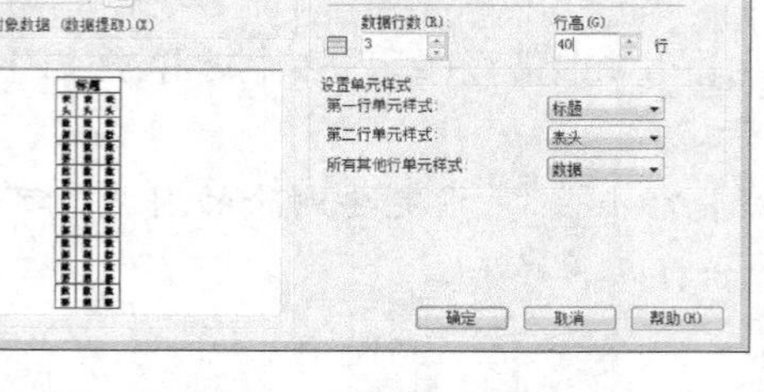

图6-68 创建表格

在【插入表格】对话框中包含多个选项组和对应选项，参数对应的设置方法如下。

➢ 表格样式：在该选项组中不仅可以从【表格样式】下拉列表框中选择表格样式，也可以单击▣按钮后创建新表格样式。
➢ 插入选项：在该选项组中包含3个单选按钮，其中选中“从空表格开始”单选按钮可以创建一个空的表格；选中“自数据链接”单选按钮可以从外部导入数据来创建表格；选中“自图形中的对象数据（数据提取）”单选按钮可以用于从可输出到表格或外部的图形中提取数据来创建表格。
➢ 插入方式：该选项组中包含两个单选按钮，其中选中“指定插入点”单选按钮可以在绘图窗口中的某点插入固定大小的表格；选中“指定窗口”单选按钮可以在绘图窗口中通过指定表格两对角点的方式来创建任意大小的表格。
➢ 列和行设置：在此选项区域中，可以通过改变【列数】、【列宽】、【数据行数】和【行高】文本框中的数值来调整表格的外观大小。
➢ 设置单元样式：在此选项组中可以设置【第一行单元样式】、【第二行单元样式】和【所有其他行单元样式】选项。默认情况下，系统均以【从空表格开始】方式插入表格。

## 6.5.3 编辑表格

表格创建完成后，可以对表格的列宽和行高进行拉伸调整，还可以输入文本信息，以完整、清晰的表达图纸信息。

**1. 编辑表格**

选择整个表格，单击鼠标右键，系统将弹出快捷菜单，可以在其中对表格进行剪切、复制、删除、移动、缩放和旋转等简单操作，也可以均匀调整表格的行、列大小，删除所有特性替代。当选择“输出”命令时，还可以打开“输出数据”对话框，以csv格式输出表格中的数据。

**2. 编辑单元格**

单击表格中的某个单元格后，系统将弹出【表格单元】选项卡，如图6-69所示，可以在其中编辑单元格。

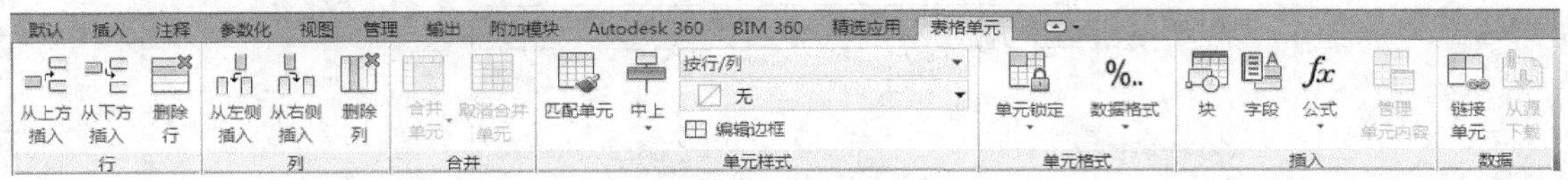


图6-69 【表格单元】选项卡

【表格单元】选项卡中常用到的命令选项的功能如下：

- 【对齐】下拉列表：用于设置单元格中内容的对齐方式。其下拉列表中包含各种对齐命令，如左上、左中、中上等。
- 【编辑边框】选项：用于设置单元格边框的线宽、线型等特性。单击该选项，将打开【单元边框特性】对话框。
- 【匹配单元】选项：指用当前选中的表格单元格式匹配其他表格单元。单击该选项，鼠标指针将变为刷子形状，单击目标对象即可进行匹配。
- 【插入】选项：用于插入块、字段或公式等。如选择【块】命令，将打开【在表格单元中插入块】对话框，在其中可以选择要插入的块，同时还可以对插入块在表格单元中的对齐方式、比例和旋转角度等特性。

**提示：**单击单元格时，按住Shift键，可以选择多个连续的单元格。通过【特性】管理器也可以修改单元格的属性。

**3. 夹点编辑**

单击表格的任意一条表格线，将在表格的拐角处和其他几个单元的连接处可以看到夹点。要理解使用夹点编辑表格，可以将表格的左边想象成稳定的一边，表格右边则是活动的，左上角的夹点是整个表格的基点，从而对表格进行移动、水平拉伸、垂直拉伸等编辑。

## 6.5.4 实战——调整表格操作

**01** 合并表格。单击表格，弹出【表格】对话框；选择要合并的单元格，在对话框中单击【合并单元】按钮；在其下拉菜单中选择【合并全部】选项，对所选的单元格进行合并，如图6-70所示。

**02** 重复操作，对单元格进行合并操作，结果如图6-71所示。

**03** 调整行高。单击表格，选择要编辑的行，激活夹点；当夹点变成红色的时候，选择夹点向上拉伸，如图6-72所示。

**04** 调整行高的结果如图6-73所示。

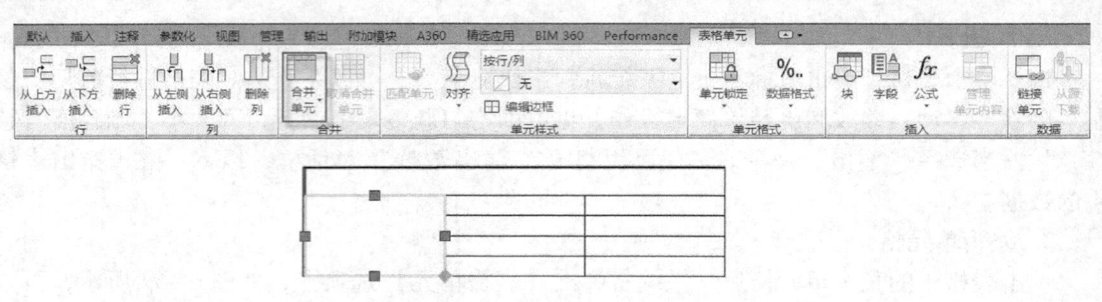


图 6-70　合并表格

图 6-71　合并结果

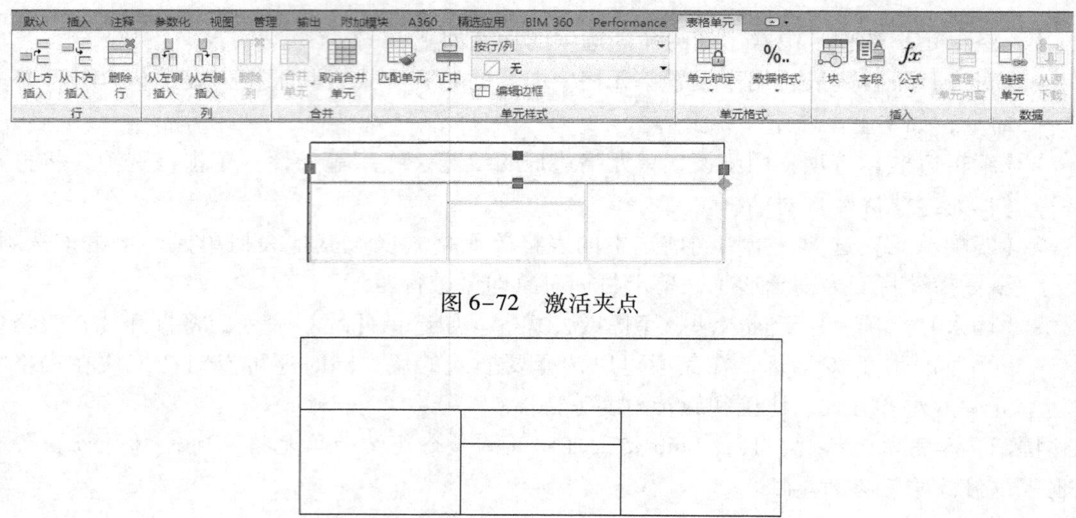


图 6-72　激活夹点

图 6-73　调整行高

## 6.5.5　实战——输入文字

**01**　双击单元格，弹出【文字格式】对话框；输入文字，如图 6-74 所示。

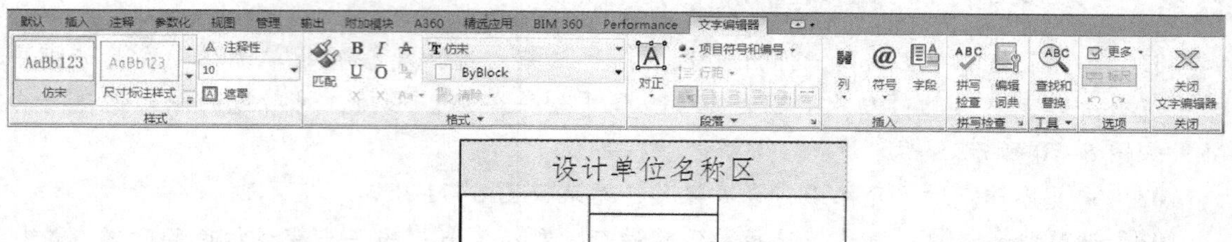


图 6-74　输入文字

**02** 单击【确定】按钮，关闭对话框，结果如图 6-75 所示。

| 设计单位名称区 | | |
|---|---|---|
| | | |
| | | |

图 6-75　输入结果

**03** 重复操作，为表格输入文字，结果如图 6-76 所示。

| 设计单位名称区 | | |
|---|---|---|
| 签字区 | 工程名称区 | 图号区 |
| | 图名区 | |

图 6-76　重复输入文字后的结果

# 第 7 章　图块及设计中心

在绘制图形时，假如图形中有大量相同或相似的内容，或者所绘制的图形与已有的图形文件相同，则可以把要重复绘制的图形创建成块（也称为图块），并根据需要为块创建属性，指定块的名称、用途及设计者等信息，可以在需要时直接插入它们，从而提高绘图效率。

在设计过程中，需要反复调用图形文件、样式、图块、标注、线型等内容，为了提高 AutoCAD 系统的效率，AutoCAD 提供了设计中心这一资源管理工具，对这些资源分门别类地管理。

本章主要介绍关于图块的知识以及设计中心的使用。

## 7.1　图块及其属性

图块是指一个或多个对象组成的对象集合，经常用于绘制复杂、重复的图形。将图形创建成块可以提高绘图速度、节省存储空间、便于修改图形。

本节介绍创建块及定义属性的方法。

### 7.1.1　定义块

调用 BLOCK【块定义】命令，可以将所选的图形创建成块。在执行 BLOCK【块定义】命令之前，首先要调用绘图命令和修改命令绘制出所有的图形对象。

在 AutoCAD 中，调用【块定义】命令的方式有以下几种。

- 命令行：在命令行中输入“BLOCK/B”并按〈Enter〉键。
- 工具栏：单击【绘图】工具栏上【创建块】按钮。
- 菜单栏：执行【绘图】|【块】|【创建】命令。
- 功能区：在【默认】选项卡，单击【块】面板中的【创建块】按钮。

### 7.1.2　实战——创建门图块

**01**　绘制门图形。调用【矩形】命令，绘制尺寸为 800×50 的矩形；调用【圆弧】命令，绘制圆弧，结果如图 7-1 所示。

**02**　调用【块定义】命令，打开【块定义】对话框，如图 7-2 所示。

**03**　在【对象】选项组中单击【选择对象】按钮，在绘图区中框选图形对象；在【基点】选项组中单击【拾取点】按钮，单击矩形的左下角点为拾取点；返回【块定义】对话框，设置图块名称，如图 7-3 所示。

**04**　单击【确定】按钮关闭对话框，创建图块的结果如图 7-4 所示。

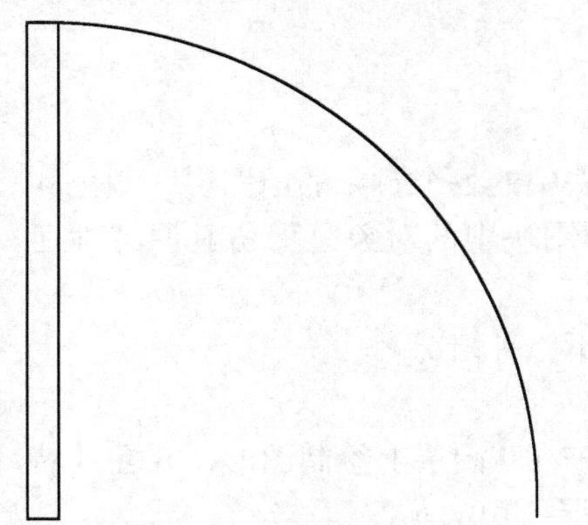

图 7-1 绘制结果

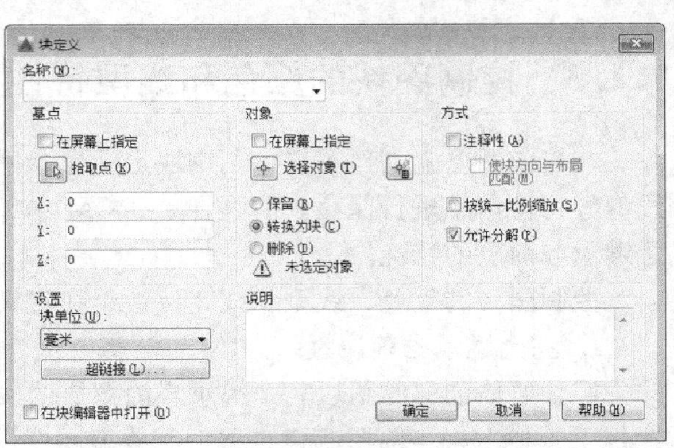


图 7-2 【块定义】对话框

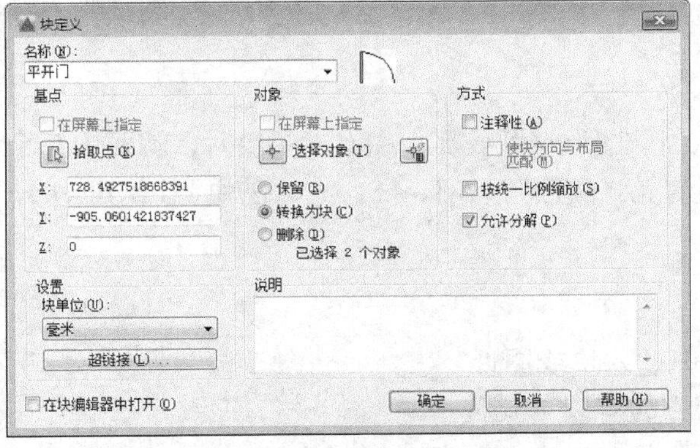


图 7-3 设置参数

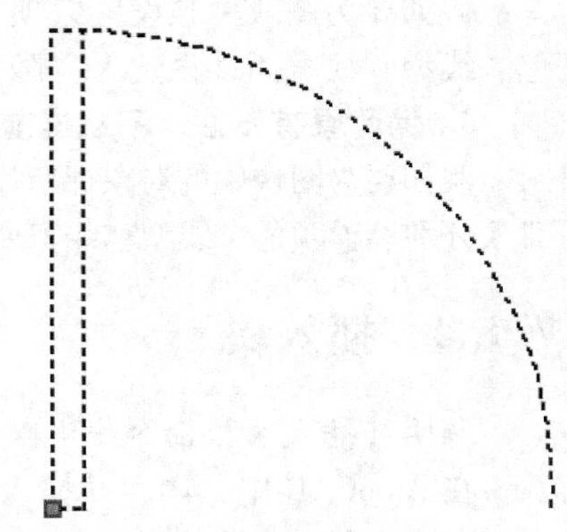

图 7-4 创建图块的结果

【块定义】对话框中主要选项的功能说明如下。

- 【名称】文本框：输入块名称，还可以在下拉列表框中选择已有的块。
- 【基点】选项区：设置块的插入基点位置。用户可以直接在 X、Y、Z 文本框中输入，也可以单击【拾取点】按钮，切换到绘图窗口并选择基点。一般基点选在块的对称中心、左下角或其他有特征的位置。
- 【对象】选项区：设置组成块的对象。其中，单击【选择对象】按钮，可切换到绘图窗口选择组成块的各对象；单击【快速选择】按钮，可以使用弹出的【快速选择】对话框设置所选择对象的过滤条件；选中【保留】单选按钮，创建块后仍在绘图窗口中保留组成块的各对象；选中【转换为块】单选按钮，创建块后将组成块的各对象保留并把它们转换成块；选中【删除】单选按钮，创建块后删除绘图窗口上组成块的原对象。
- 【方式】选项区：设置组成块的对象显示方式。选择【注释性】复选框，可以将对象设置成注释性对象；选择【按统一比例缩放】复选框，设置对象是否按统一的比例进行缩放；选择【允许分解】复选框，设置对象是否允许被分解。
- 【设置】选项区域：设置块的基本属性。单击【超链接】按钮，将弹出【插入超链接】对话框，在该对话框中可以插入超链接文档。
- 【说明】文本框：用来输入当前块的说明部分。

### 7.1.3 控制图块的颜色和线型特性

在当前图层上创建图块，调用块定义命令后，即将图块中的各个对象的原图层、颜色和线型等特性信息进行保存。但是在AutoCAD中，可以控制图块中的对象是保留其原特性还是继承当前层的特性。

控制图块的颜色、线型和线宽特性，在定义块时有如下三种情况。

**1. 完全继承当前属性**

假如要使创建的图块完全继承当前图层的属性，就应该在0图层上绘制图形，并在【特性】工具栏上将当前层颜色、线型和线宽属性设置为“随层”（ByLayer）。

**2. 单独设置块属性**

假如要为图块单独设置各项属性，在定义块的时候，在【特性】工具栏上将当前层颜色、线型和线宽属性设置为“随块”（ByBlock）。

**3. 保留原有属性，不从当前图层继承**

假如要为图块中的对象保留属性，而不从当前图层继承，那么在定义图块时，就要为每个对象分别设置颜色、线型和线宽属性，不应设置为“随层”（ByLayer）或“随块”（ByBlock）。

### 7.1.4 插入块

调用【插入块】命令，可以在当前图形中插入块或图形。

在AutoCAD中，调用【插入块】命令的方式有以下几种。

- 命令行：在命令行中输入“INSERT/I”并按〈Enter〉键。
- 工具栏：单击【绘图】工具栏上【插入块】按钮。
- 菜单栏：执行【插入】|【块】命令。
- 功能区：在【默认】选项卡，单击【块】面板中的【插入】按钮。

### 7.1.5 实战——插入门图块

**01** 按〈Ctrl + O〉组合键，打开配套光盘提供的“第7章\7.1.5插入块.dwg”素材文件，如图7-5所示。

**02** 调用【插入】命令，打开【插入】对话框，选择【平开门】图块，如图7-6所示。

**03** 单击【确定】按钮，关闭对话框；在绘图区中指定插入点，插入图块的结果如图7-7所示。

**04** 调用【插入】命令，打开【插入】对话框，选择【平开门】图块，在【插入】对话框中的【比例】选项组中更改X、Y文本框中的比例参数，如图7-8所示。

**05** 单击【确定】按钮，关闭对话框；在绘图区中指定插入点，插入尺寸为720的门图形，结果如图7-9所示。

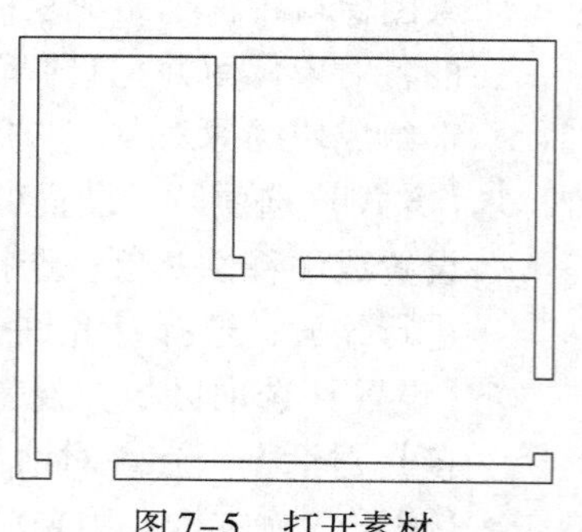

图7-5 打开素材

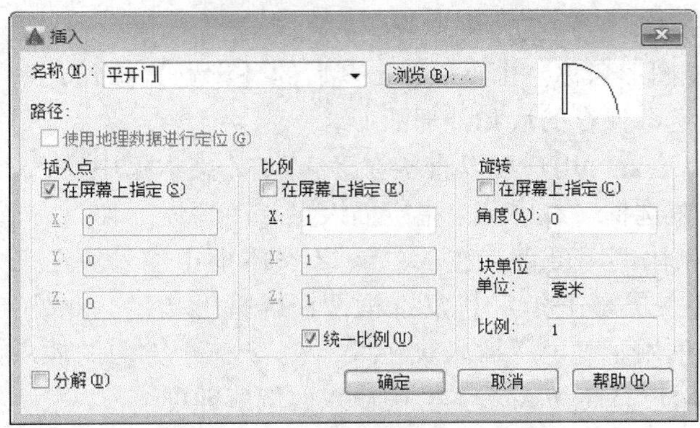


图 7-6 【插入】对话框（1）

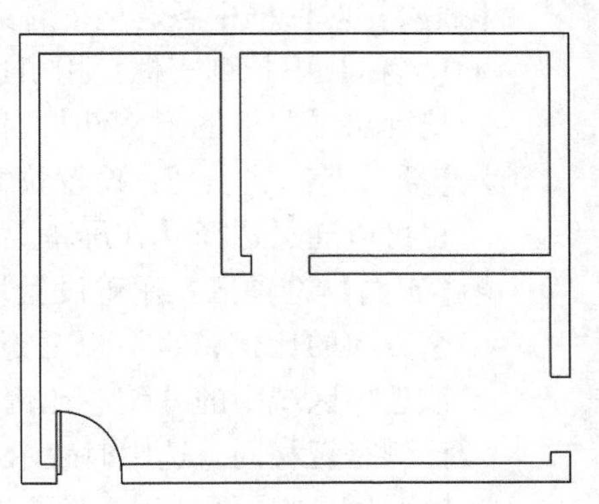

图 7-7 插入图块（1）

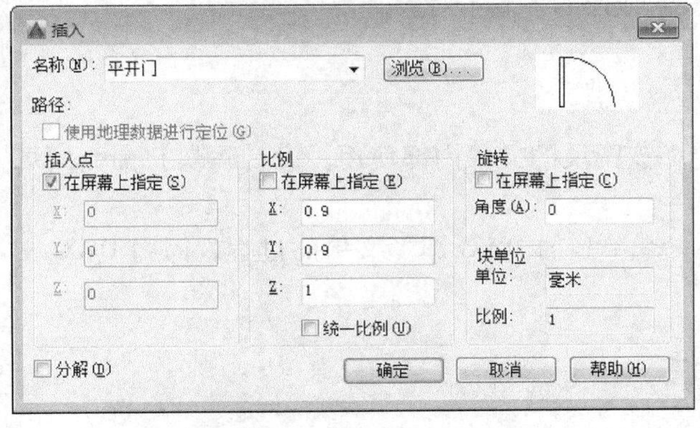


图 7-8 【插入】对话框（2）

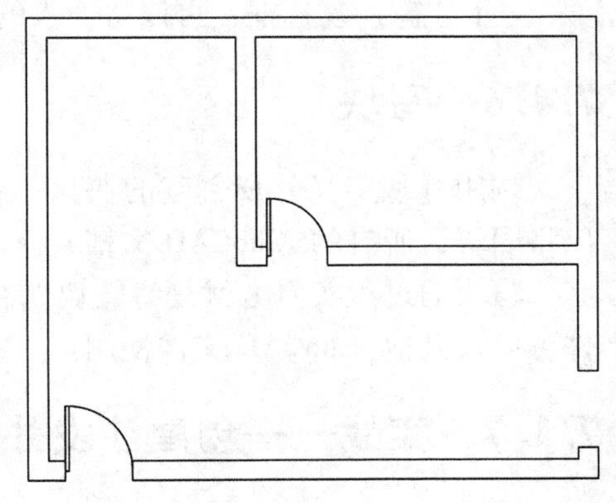

图 7-9 插入图块（2）

**06** 调用【插入】命令，打开【插入】对话框；在【比例】选项组中更改 X、Y 文本框中的比例参数，在【旋转】选项组中设置角度参数，结果如图 7-10 所示。

**07** 单击【确定】按钮，关闭对话框；在绘图区中指定插入点，插入尺寸为 960 的门图形，结果如图 7-11 所示。

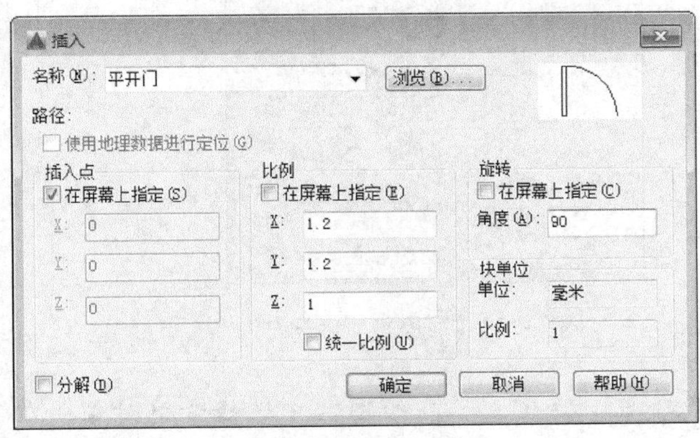


图 7-10 设置参数

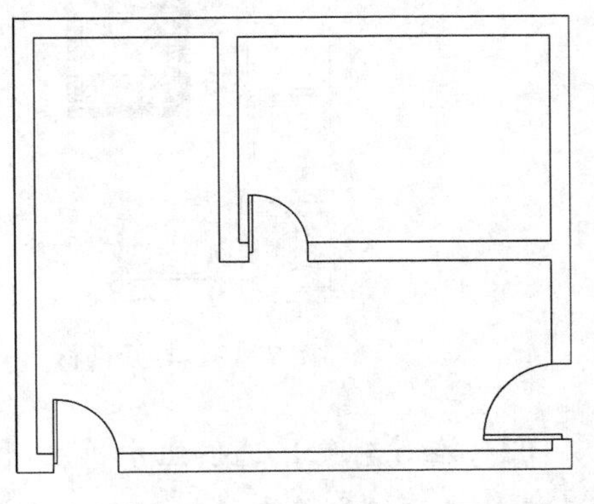

图 7-11 插入图块（3）

【插入】对话框中各选项的含义如下。

- 【名称】下拉列表框：用于选择块或图形名称。也可以单击其后的【浏览】按钮，系统弹出【打开图形文件】对话框，选择保存的块和外部图形。
- 【插入点】选项区：设置块的插入点位置。用户可以直接在X、Y、Z文本框中输入，也可以通过选择【在屏幕上指定】复选框，在屏幕上指定插入点。
- 【比例】选项区：用于设置块的插入比例。可直接在X、Y、Z文本框中输入块在三个方向的比例；也可以通过选择【在屏幕上指定】复选框，在屏幕上指定。此外，该选项区域中的【统一比例】复选框用于确定所插入块在X、Y、Z三个方向的插入比例是否相同，选中时表示相同，用户只需在X文本框中输入比例值即可。
- 【旋转】选项区：用于设置块的旋转角度。可直接在【角度】文本框中输入角度值，也可以通过选择【在屏幕上指定】复选框，在屏幕上指定旋转角度。
- 【分解】复选框：可以将插入的块分解成块的各基本对象。

### 7.1.6 写块

调用【块定义】所创建的块只能在定义该图块的文件内部使用，而【写块】命令则可以将图块让所有的AutoCAD文档共享。

写块的过程实质上就是将图块保存为一个单独的DWG图形文件的过程，因为DWG文件可以被其他AutoCAD文件使用。

### 7.1.7 实战——创建沙发外部块

**01** 按〈Ctrl+O〉组合键，打开配套光盘提供的“第7章\7.1.7写块.dwg”素材文件，如图7-12所示。

**02** 调用【写块】命令，系统弹出【写块】对话框，如图7-13所示。

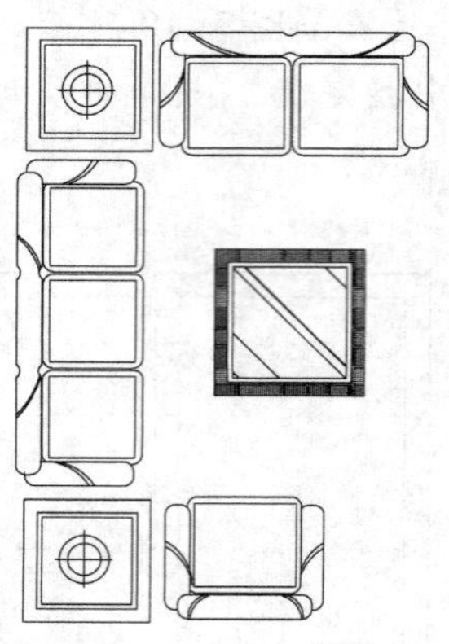

图7-12 打开素材

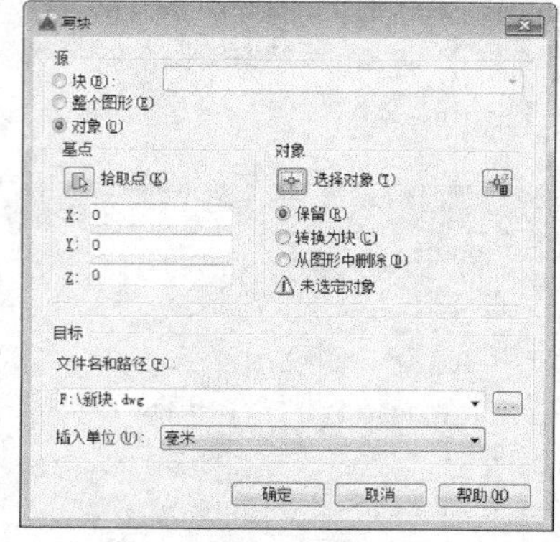


图7-13 【写块】对话框

**03** 在【对象】选项组中单击【选择对象】按钮，在绘图区中选择素材对象；在【基点】选项组中单击【拾取点】按钮，单击素材对象的左下角为拾取点。

**04** 在【写块】对话框中单击按钮，弹出【浏览图形文件】对话框，如图7-14所示；设置文件名称及保存路径，单击【保存】按钮，即可完成写块的操作。

【写块】对话框中各选项的含义如下。

- 【源】选项组：【块】将已经定义好的块保存，可以在下拉列表中选择已有的内部块。如果当前文件中没有定义的块，该单选按钮不可用。【整个图形】将当前工作区中的全部图形保存为外部块。【对象】选择图形对象定义外部块。该项是默认选项，一般情况下选择此项即可。
- 【基点】选项组：该选项组确定插入基点。方法同块定义。

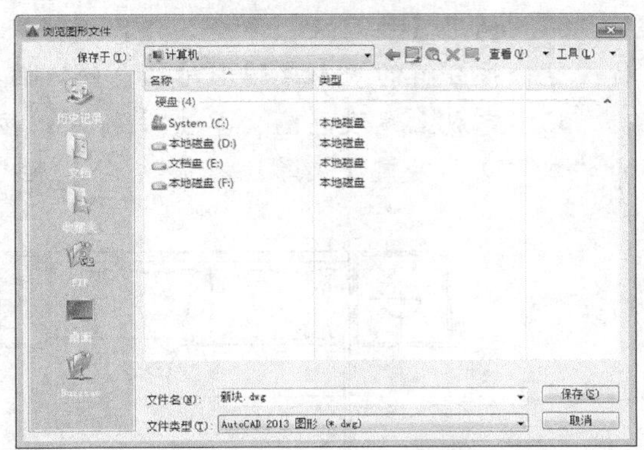


图 7-14 【浏览图形文件】对话框

- 【对象】选项组：该选项组选择保存为块的图形对象，操作方法与定义块时相同。
- 【目标】选项组：设置写块文件的保存路径和文件名。

### 7.1.8 分解块

图形创建成块后不能对其进行编辑修改，假如要对图形进行编辑，必须要调用【分解】命令，将图形进行分解。

在 AutoCAD 中，调用【分解】命令的方式有以下几种。

- 命令行：在命令行中输入“EXPLODE/X”并按〈Enter〉键。
- 工具栏：单击【修改】工具栏上【分解】按钮。
- 菜单栏：执行【修改】|【分解】命令。
- 功能区：单击【修改】面板中【分解】按钮。

在命令行中输入“EXPLODE/X”并按〈Enter〉键，命令行提示如下。

```
命令:EXPLODE↙                          //调用[分解]命令
选择对象:指定对角点:找到 1 个   //选择待分解的图形,按〈Enter〉键即可完成操作并退出命令
```

**提示：** 除去已创建成块的图形外，【分解】命令还可以对尺寸标注、填充区域等图形对象进行分解操作。

### 7.1.9 图块的重定义

要对已进行【块定义】的图形进行重新定义，必须调用【分解】命令，将其分解后才能重新进行定义。

### 7.1.10 实战——重定义床图块

**01** 按〈Ctrl + O〉组合键，打开配套光盘提供的“第 7 章\7.1.10 图块的重定义.dwg”素材文件，如图 7-15 所示。

**02** 调用【分解】命令，将图块分解。

**03** 调用【删除】命令，删除床头柜图形，结果如图 7-16 所示。

**04** 调用【块定义】命令，弹出【块定义】对话框；在【名称】文本框中设置图块名称，选择被分解的双人床图形对象，确定插入基点。

**05** 完成上述设置后，单击【确定】按钮。此时，AutoCAD 会提示是否替代已经存在的“双人床”块定义，单击【是（Y）】按钮确定。重定义块操作完成。

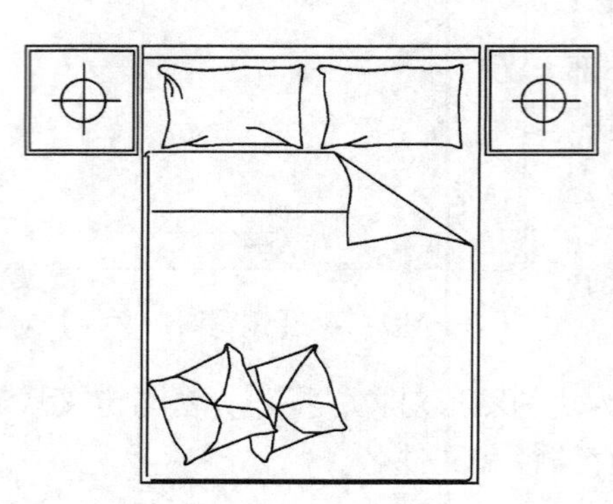

图 7-15 打开素材

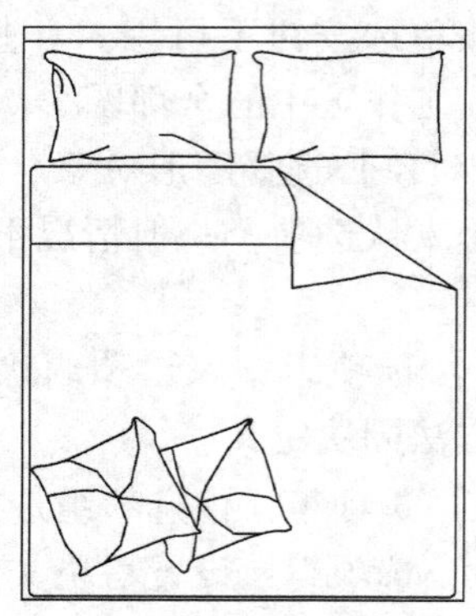

图 7-16 删除结果

## 7.1.11 图块属性

图块包含两类信息：图形信息和非图形信息；图块属性指的是图块的非图形信息，比如图块上的编号、文字信息等。

在 AutoCAD 中，调用【定义属性】命令的方式有以下几种。

- 命令行：在命令行中输入“ATTDEF/ATT”并按〈Enter〉键。
- 菜单栏：执行【绘图】|【块】|【定义属性】命令。
- 功能区：在【默认】选项卡，单击【块】面板中的【定义属性】按钮。

## 7.1.12 实战——创建图块属性

**01** 按〈Ctrl + O〉组合键，打开配套光盘提供的“第 7 章\7.1.12 创建图块属性.dwg”素材文件，如图 7-17 所示。

图 7-17 打开素材

**02** 调用【定义属性】命令，系统弹出【属性定义】对话框，设置参数如图 7-18 所示。

**03** 在对话框中单击【确定】按钮，将属性参数置于合适区域，即可完成属性定义操作，结果如图 7-19 所示。

**04** 在【属性定义】对话框，修改参数如图 7-20 所示。

**05** 在对话框中单击【确定】按钮，将属性参数置于合适区域，即可完成属性定义操作，结果如图 7-21 所示。

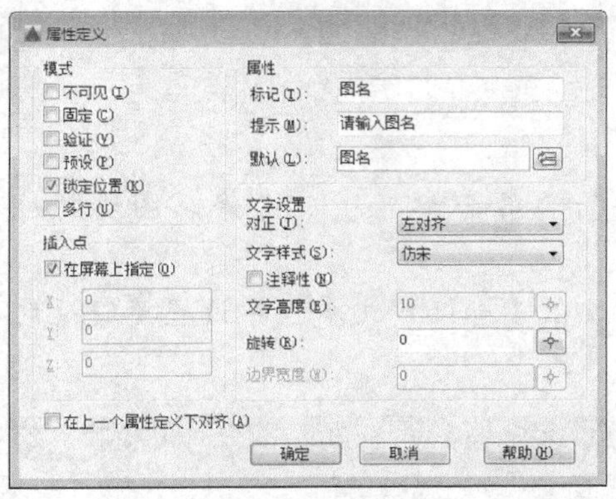


图 7-18　设置参数

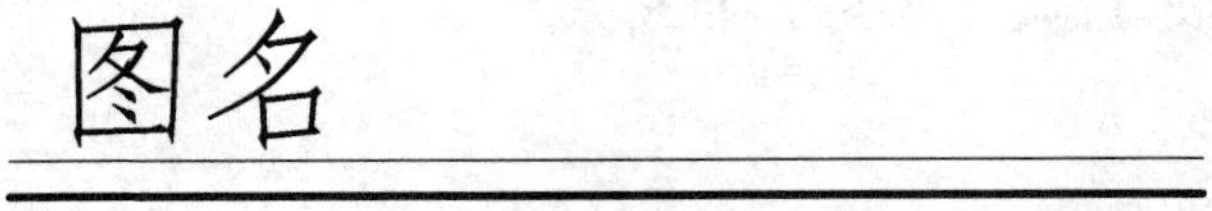

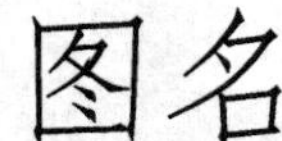


图 7-19　属性定义

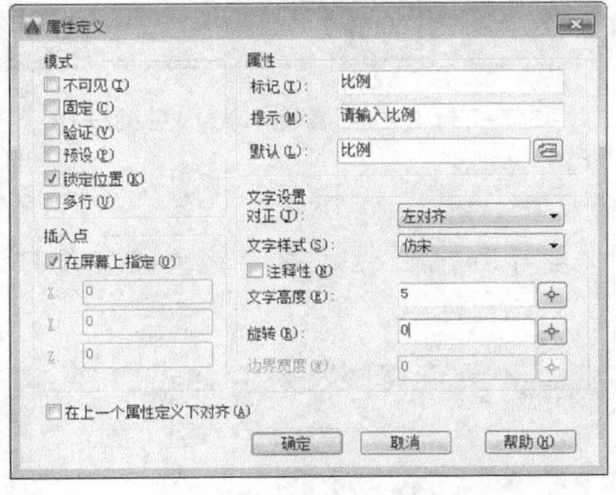


图 7-20　修改参数

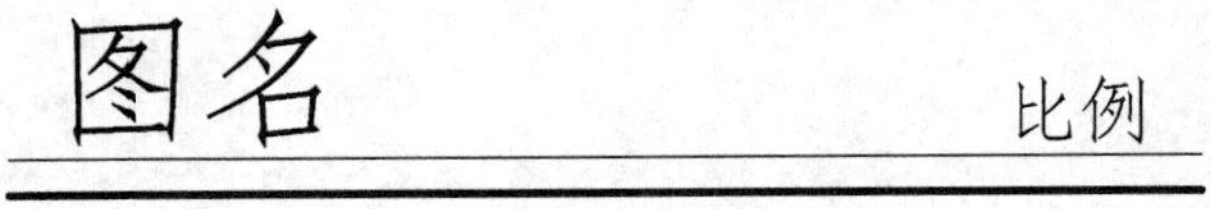

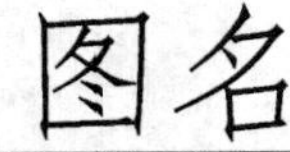


比例

图 7-21　定义结果

【属性定义】对话框中各选项的含义如下。

- 模式：用于设置属性模式，其包括【不可见】、【固定】、【验证】、【预设】、【锁定位置】和【多行】5 个复选框，利用复选框可设置相应的属性值。
- 属性：用于设置属性数据，包括【标记】、【提示】、【默认】三个文本框。
- 插入点：该选项组用于指定图块属性的位置，若选中【在屏幕上指定】复选框，则在绘图区中指定插入点，用户可以直接在 X、Y、Z 文本框中输入坐标值确定插入点。
- 文字设置：该选项组用于设置属性文字的对正、样式、高度和旋转。其中包括【对正】、【文字样式】、【文字高度】、【旋转】和【边界宽度】五个选项。
- 在上一个属性定义下对齐：选择该复选框，将属性标记直接置于定义的上一个属性的下面。若之前没有创建属性定义，则此项不可用。

## 7.1.13　修改块属性

块属性与其他图形对象一样，也可以根据实际绘图需要进行编辑。

下面介绍 3 种修改属性的方法。

- 在命令行中输入【EATTEDIT】命令。
- 选择【修改】菜单栏中的【对象】|【属性】|【单一】命令。

➢ 在【默认】选项卡中，单击【块】面板中的【编辑属性】按钮。

### 7.1.14 实战——修改图名属性

**01** 按〈Ctrl + O〉组合键，打开配套光盘提供的“第 7 章\7.1.14 修改图块属性 .dwg”素材文件，如图 7-22 所示。

**02** 双击块属性，弹出【编辑属性定义】对话框。在【标记】文本框中设置要修改的文字属性，如图 7-23 所示。

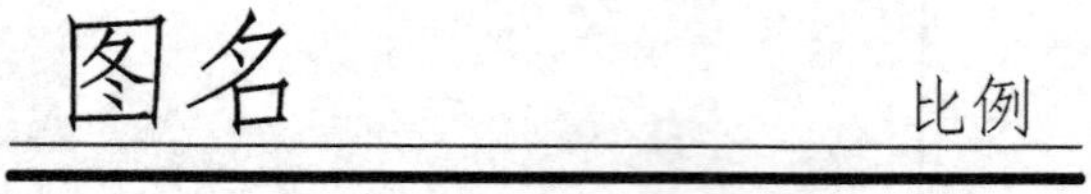

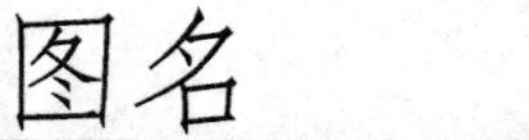

图 7-22 打开素材

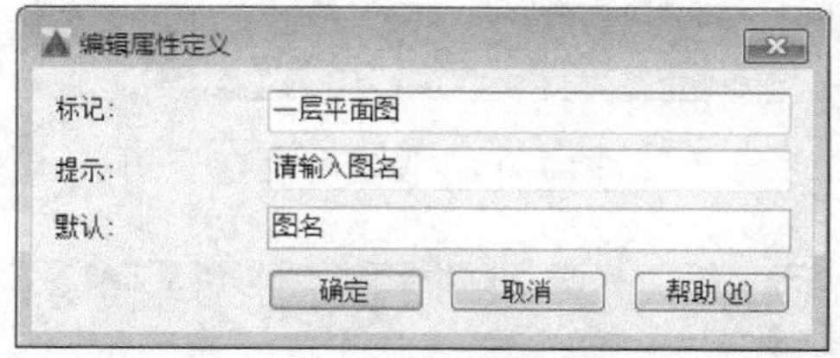


图 7-23 【编辑属性定义】对话框

**03** 在对话框中单击【确定】按钮，修改块属性的结果如图 7-24 所示。

**04** 双击块属性，弹出【编辑属性定义】对话框。在【标记】文本框中再次设置要修改的文字属性，如图 7-25 所示。

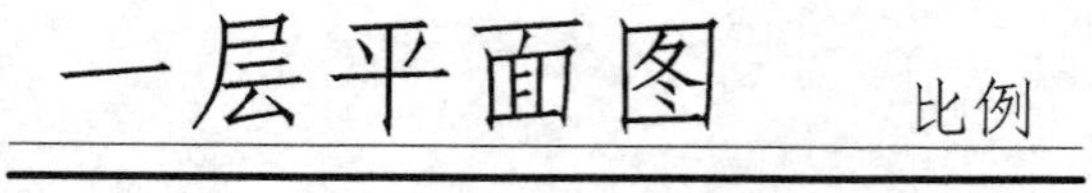

一层平面图 比例

图 7-24 修改结果

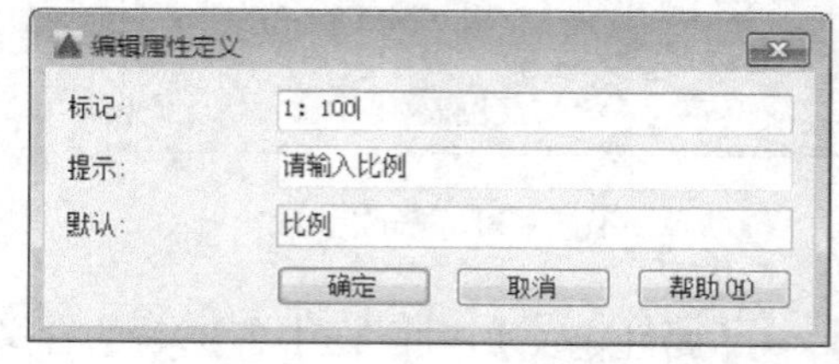


图 7-25 设置参数

**05** 在对话框中单击【确定】按钮，修改块属性的结果如图 7-26 所示。

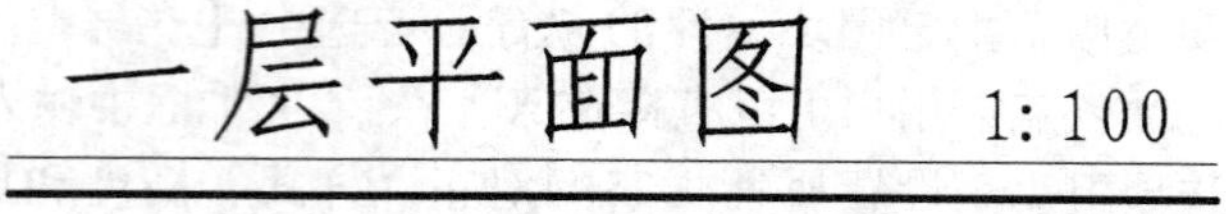

一层平面图 1:100

图 7-26 修改结果

## 7.2 设计中心与工具选项板

本节介绍 AutoCAD 设计中心开启和使用的方法，在设计中心中可以便捷地管理图形文件，如更改图形文件信息、调用并共享图形文件等。

### 7.2.1 设计中心

AutoCAD 设计中心类似于 Windows 资源管理器。用户可以浏览、查找、预览、管理、利用和共享 AutoCAD 图形，可执行对图形、块、图案填充和其他图形内容的访问等辅助操作，并在图形之间复制和粘贴其他内容，从而使设计者更好地管理外部参照、块参照和线型等图形内容。这种操作不仅可简化绘图过程，而且可通过网络资源共享来服务当前产品设计，从而提高图形管理和图形设计的效率。

## 7.2.2 设计中心窗口

在 AutoCAD 中，打开【设计中心】窗口的方式有以下几种。

- 命令行：按〈Ctrl +2〉组合键。
- 工具栏：单击【标准】工具栏上的【设计中心】按钮。
- 命令行：输入“ADCENTER/ADC”设计中心命令。
- 功能区：在【视图】选项卡，单击【选项板】面板【设计中心】工具按钮。

按〈Ctrl +2〉组合键，打开【设计中心】窗口，如图 7-27 所示。

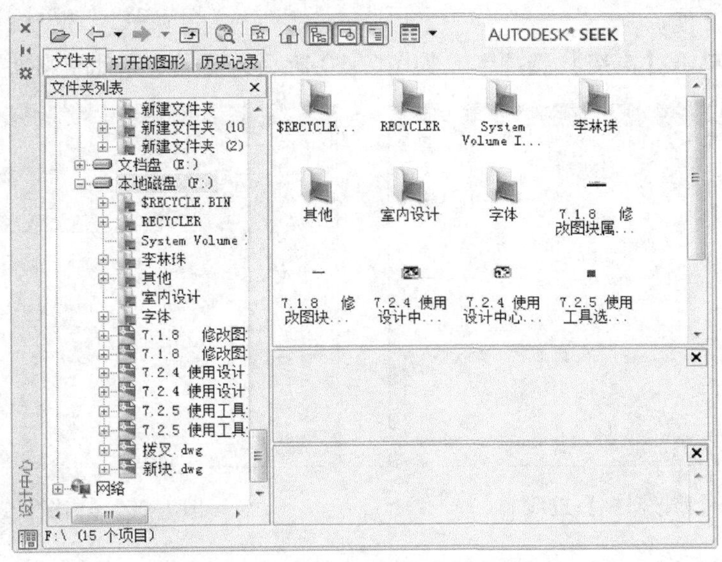


图 7-27 【设计中心】窗口

【设计中心】窗口中有三个选项卡，其含义分别如下。

- 文件夹：该选项卡中显示设计中心的资源，包括显示计算机或网络驱动器中文件和文件夹的层次结构。可将设计中心内容设置为本计算机、本地计算机或网络信息。要使用该选项卡调出图形文件，可指定文件夹列表框中的文件路径（包括网络路径），右侧将显示图形信息。
- 打开的图形：该选项卡中显示当前已打开的所有图形，并在右侧的列表框中包括图形中的块、图层、线型、文字样式、标注样式和打印样式。单击某个图形文件，然后单击列表中的一个定义表，可以将图形文件的内容加载到内容区域中。
- 历史记录：该选项卡中显示最近在设计中心打开的文件列表，双击列表中的某个图形文件，可以在【文件夹】选项卡的树状视图中定位此图形文件，并将其内容加载到内容区域。

## 7.2.3 设计中心查找功能

设计中心中的【查找】功能可以快速查找图形、块特征、图层特征和尺寸样式等内容，并将这些资源插入当前图形，辅助当前设计。

在设计中心窗口中单击【搜索】按钮，弹出【搜索】对话框；在对话框中选择【图形】选项卡，如图 7-28 所示；设置搜索文字参数，单击【立即搜索】按钮，即可按照所定义的条件来搜索图形。

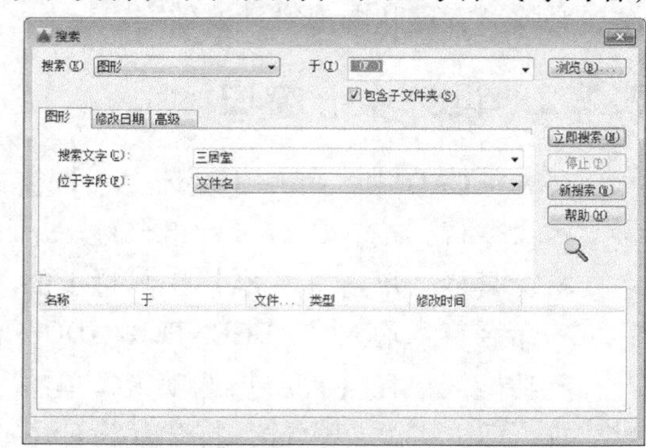


图 7-28 【图形】选项卡

在对话框中单击【修改日期】选项卡，如图 7-29 所示，可指定图形文件创建或修改的日期范围。默认情况下不指定日期，需要在此之前指定图形修改日期。

在对话框中单击【高级】选项卡，如图 7-30 所示，可指定其他搜索参数。

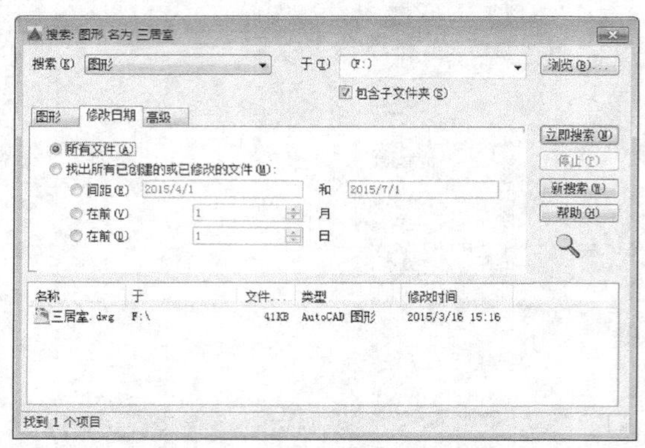


图 7-29 【修改日期】选项卡

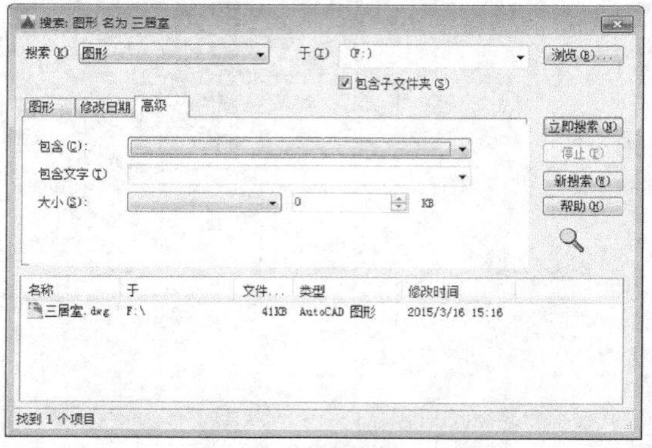


图 7-30 【高级】选项卡

## 7.2.4 调用设计中心的图形资源

使用设计中心，可以直接在设计中心中选择图形插入到当前图形中。设计中心中的图形相互之间可以复制块、图层、线型、文字样式、标注样式以及用户定义的内容等。

在设计中心中插入图块主要有以下几种方法。

- 自动换算比例插入块：选择该方法插入块时，可从设计中心窗口中选择要插入的块，并拖动到绘图窗口。移到插入位置时释放鼠标，即可实现块的插入操作。
- 常规插入块：采用插入时确定插入点、插入比例和旋转角度的方法插入块特征，可在【设计中心】对话框中选择要插入的块，单击鼠标右键，此时将弹出一个快捷菜单，选择【插入块】选项，弹出【插入块】对话框，可按照插入块的方法确定插入点、插入比例和旋转角度，将该块插入到当前图形中。

## 7.2.5 实战——使用设计中心插入图块

**01** 按〈Ctrl+O〉组合键，打开配套光盘提供的“第7章\7.2.5 使用设计中心插入图块.dwg”素材文件，如图7-31所示。

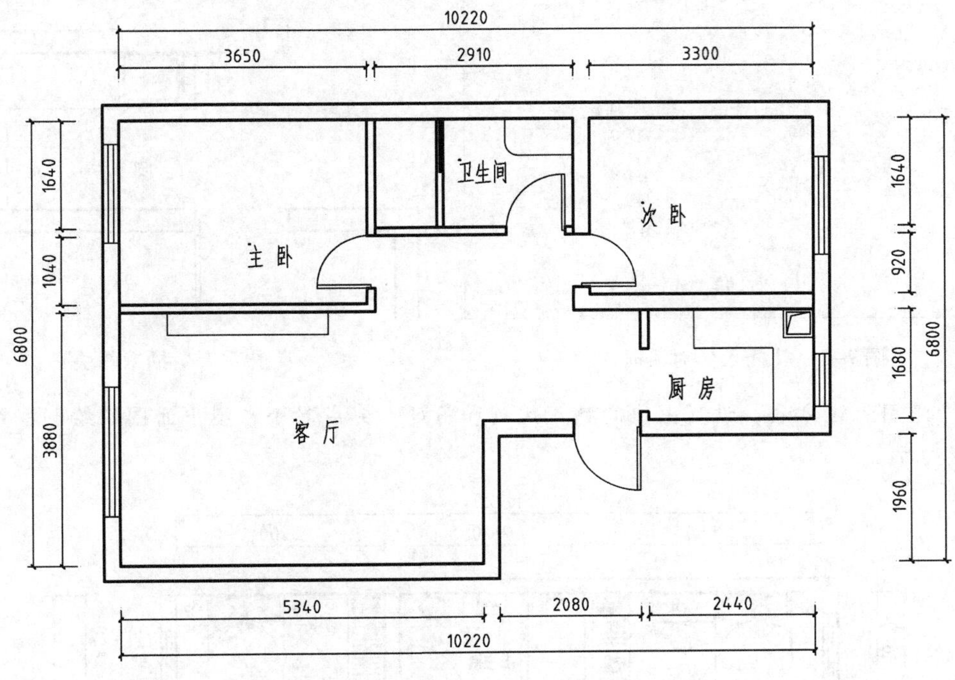


图7-31 打开素材

**02** 按〈Ctrl+2〉组合键，打开【设计中心】窗口。在文件夹列表中选择“小户型图块.dwg”文件，在其下拉列表中选择【块】选项，右边的窗口将显示图形中所包含的图块，如图7-32所示。

**03** 选择图块，单击鼠标右键，在弹出的快捷菜单中选择【插入块】选项，如图7-33所示。

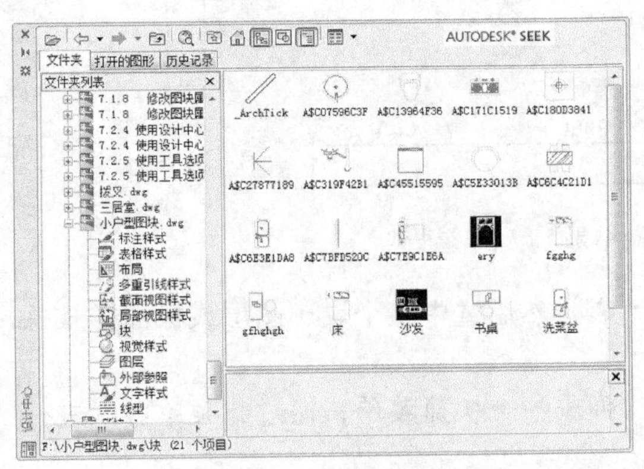


图7-32 【设计中心】窗口

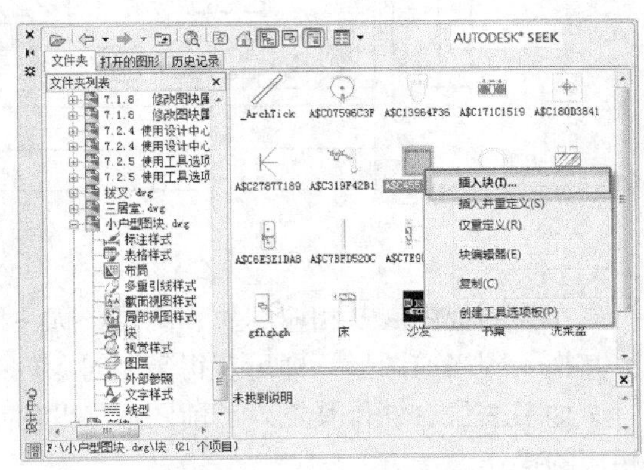


图7-33 快捷菜单

**04** 选择【插入块】选项后，系统弹出【插入】对话框，在其中设置图块的插入比例，如图 7-34 所示。

**05** 在绘图区中指定图块的插入点，结果如图 7-35 所示。

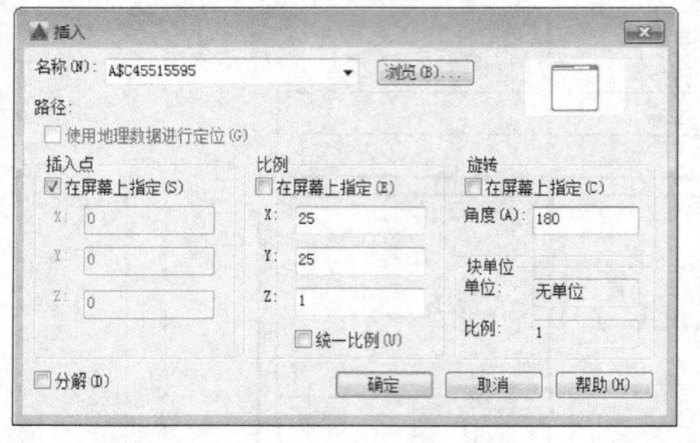


图 7-34 【插入】对话框

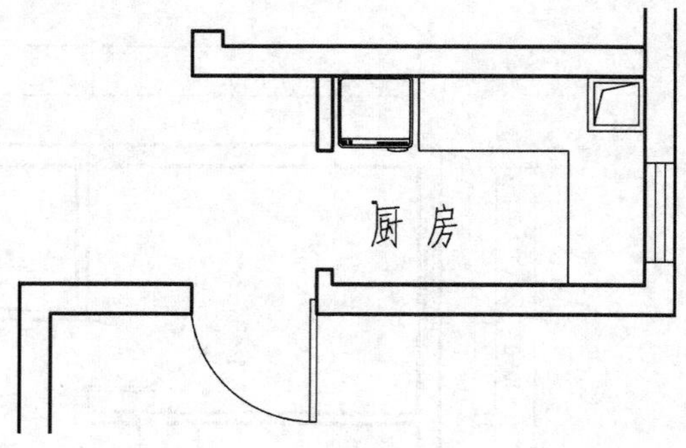


图 7-35 插入图块

**06** 沿用上述方法，设置图块的插入比例和角度，完成对小户型平面图的绘制，结果如图 7-36 所示。

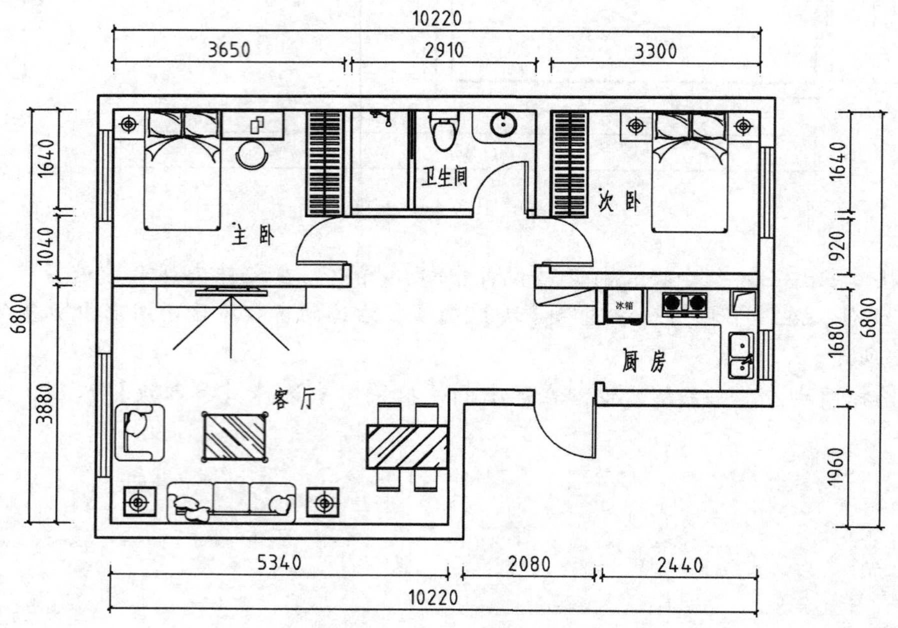


图 7-36 绘制结果

在控制板中展开相应的块、图层、标注样式列表，然后选中某个块、图层或标注样式并将其拖入到当前图形，即可获得复制对象效果。

如果按住右键将其拖入当前图形，此时系统将弹出一个快捷菜单，通过此菜单可以进行相应的操作。

## 7.2.6 实战——使用设计中心进行复制图形或样式的操作

**01** 按〈Ctrl+2〉组合键，打开【设计中心】窗口。在文件夹列表中选择【小户型图块.dwg】文件，在其下拉列表中选择【块】选项，右边的窗口将显示图形中所包含的图块。

**02** 选择要复制的图块，按住鼠标右键拖至绘图区，在弹出的快捷菜单中选择【复制到此处】选项，如图7-37所示，即可将所选图形复制。

**03** 打开【小户型图块.dwg】文件，调用【文字样式】命令。打开【文字样式】对话框，该图形中现有的文字样式如图7-38所示。

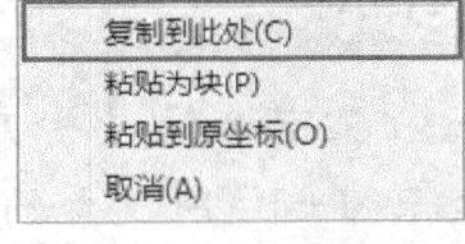


图7-37 快捷菜单

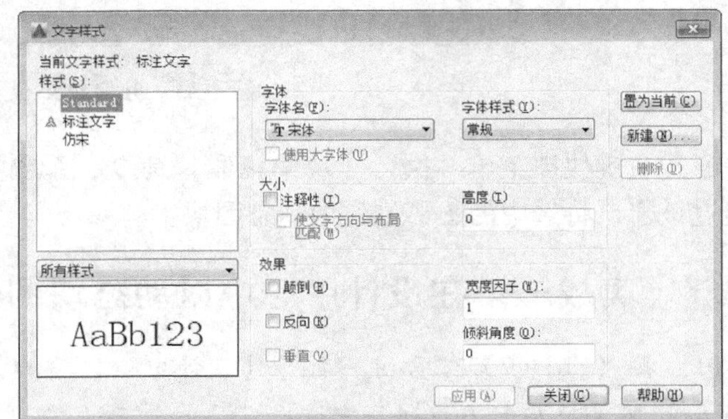


图7-38 文字样式

**04** 打开【设计中心】窗口，在文件夹列表中选择【新块.dwg】文件，在其下拉列表中选择【文字样式】选项。右边的区域将显示图形中所包含的文字样式，结果如图7-39所示。

**05** 选中【ST】文字样式，单击鼠标右键，在弹出的快捷菜单中选择【添加文字样式】选项，如图7-40所示。

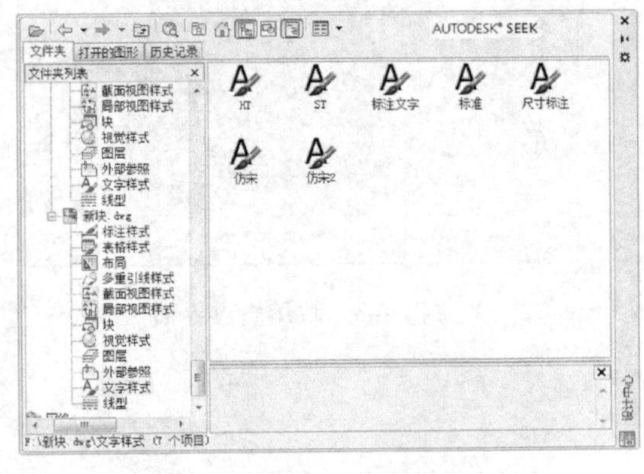


图7-39 显示结果

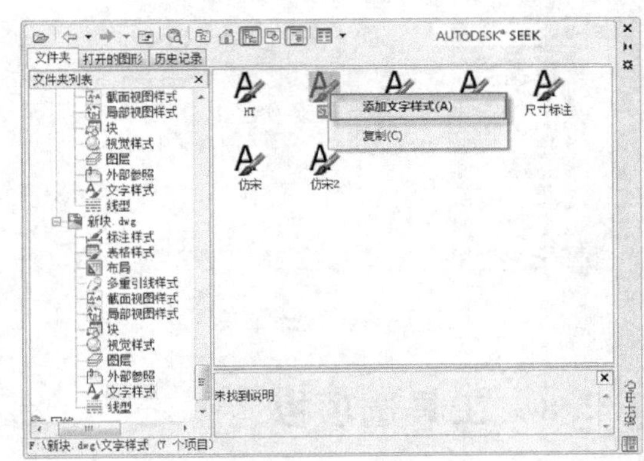


图7-40 快捷菜单

**06** 在【小户型图块.dwg】文件中，调用【文字样式】命令，打开【文字样式】对话框，即可观察到所复制得到文字样式，结果如图7-41所示。

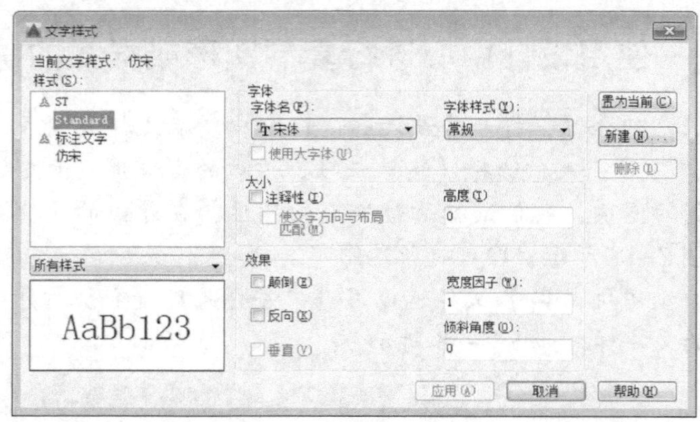


图 7-41　复制结果

通过右键快捷菜单，执行【块编辑器】命令，系统将打开【块编辑器】窗口，用户可以通过该窗口将选中的图形创建为动态图块。

## 7.2.7　实战——在设计中心中以动态块的形式插入图块

**01**　按〈Ctrl+2〉组合键，打开【设计中心】窗口。在文件夹列表中选择【小户型图块.dwg】文件，在其下拉列表中选择【块】选项，右边的窗口将显示图形中所包含的图块。

**02**　选择图块，单击鼠标右键。在弹出的快捷菜单中选择【块编辑器】选项，如图 7-42 所示。

**03**　系统弹出块编辑器界面，如图 7-43 所示，用户可在当中将图块创建为动态块。

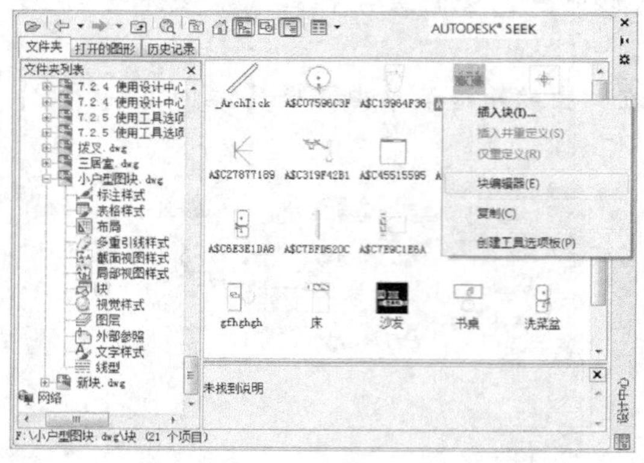


图 7-42　快捷菜单

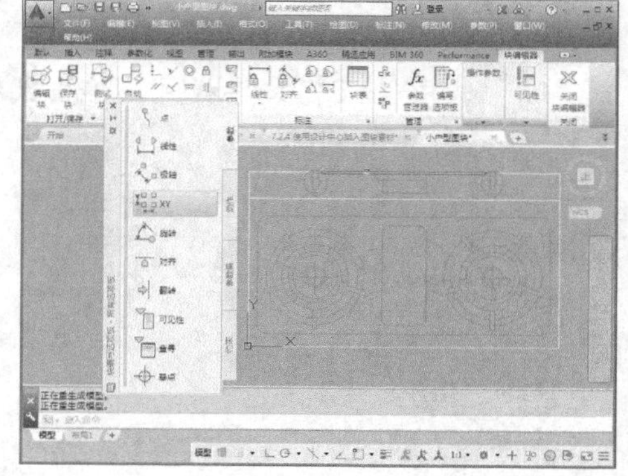

图 7-43　块编辑器界面

## 7.2.8　工具选项板

AutoCAD 的工具选项板默认在绘图区的右边，工具选项板的右边有多个选项卡，包含了 CAD 各应用领域，包括建筑、土木、电力、结构等各方面。工具选项板提供了各个应用领域的图形图块，在绘制图形的过程当中，可以直接从工具选项板调用图形，较之【插入】命令，使用工具选项板更要方便快捷。

在 AutoCAD 中，打开工具选项板的方式有以下几种。

➢ 命令行：按〈Ctrl+3〉组合键。

➢ 菜单栏：执行【工具】|【选项板】|【工具选项板】命令。

## 7.2.9 实战——使用工具选项板填充地面图案

**01** 按〈Ctrl+O〉组合键，打开配套光盘提供的“第7章\7.2.9 使用工具选项板填充地面图案.dwg”素材文件，如图7-44所示。

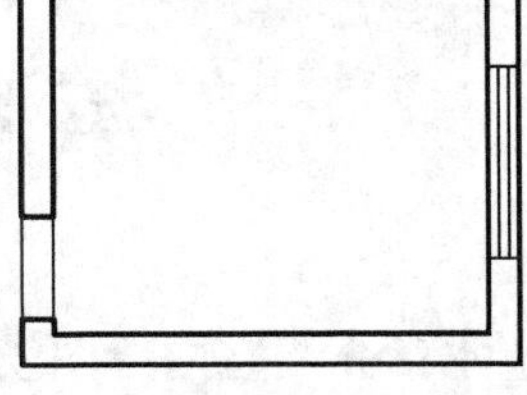

图7-44 打开素材

**02** 按〈Ctrl+3〉组合键，开启工具选项板，如图7-45所示。

**03** 在选项板中选择【图案填充】选项，如图7-46所示。

**04** 在选定的图案上单击鼠标右键，在弹出的快捷菜单中选择【特性】选项，如图7-47所示。

图7-45 工具选项板

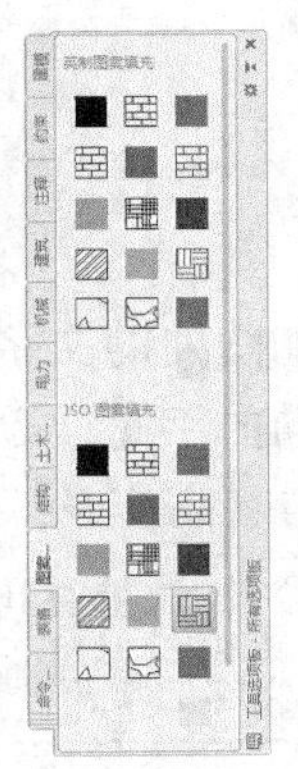

图7-46 【图案填充】选项

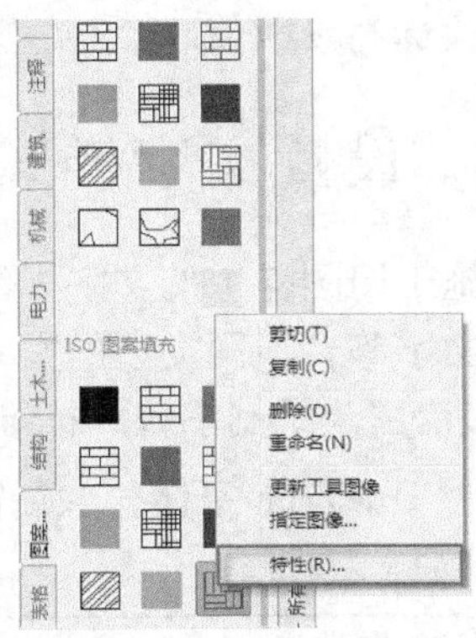


图7-47 【特性】选项

**05** 在弹出的【工具特性】对话框中设置填充图案的比例参数，如图7-48所示。

**06** 单击【确定】按钮，关闭【工具特性】对话框。在工具选项板上选择设置参数后的图案，按住鼠标左键不放，将图案拖至填充区域中，填充结果如图7-49所示。

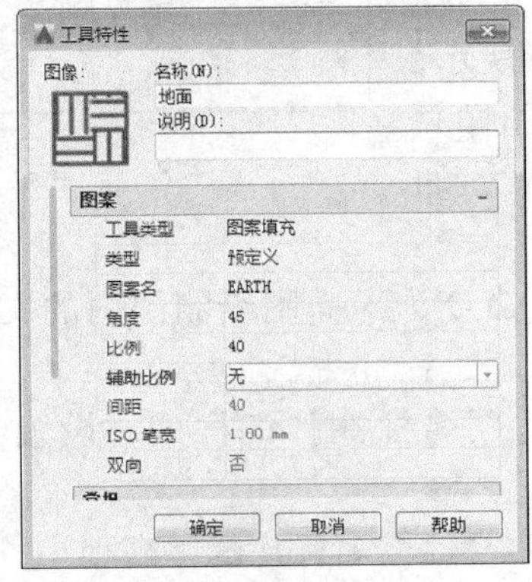


图7-48 设置参数

图7-49 填充结果

# 第二篇　家装设计篇

# 第 8 章　创建室内绘图模板

本章介绍室内绘图模板的创建方法，包括文字样式、标注样式、多重引线样式的创建，另外，创建各类图层可以有效管理图形，绘制标高图形并将其创建成块，可以随时调用并实时修改标高参数值。

## 8.1　设置文字样式

施工图图样中的文字标注有各种类型，如图内的文字标注、图名标注、尺寸文字、施工说明文字等，不同类型的文字标注应设置不同的字高，以符合标注要求。

《房屋建筑制图统一标准》规定了文字的字高应从表 8-1 中选用。字高大于 10 的文字宜采用 TrueType 字体，假如需要标注更大的文字，其高度应按照$\sqrt{2}$的倍数来递增。

**表 8-1　文字的字高**　（单位：mm）

| 字 体 种 类 | 中文矢量字体 | TrueType 字体及非中文矢量字体 |
|---|---|---|
| 字高 | 3. 5、5、7、10、14、20 | 3、4、6、8、10、14、20 |

本节介绍文字样式的设置方法。在【文字样式】对话框中设置文字样式的各项参数，在绘图的过程中绘制文字标注时就可以使用所设置的文字样式。

调用【文字样式】命令，在【文字样式】对话框中单击【新建】按钮，在【新建文字样式】对话框中创建一个名称为【平面图标注】的新样式，如图 8-1 所示；接着在【文字样式】对话框中分别设置其字体、图样文字高度等参数，并将其置为当前正在使用的样式，如图 8-2 所示。

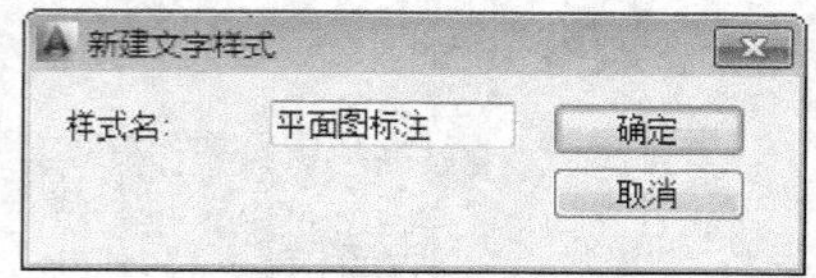


图 8-1　新建样式

文字样式创建完成之后，调用【多行文字】命令为平面图绘制图内的文字标注，结果如图 8-3 所示。

在【文字样式】对话框中新建一个名称为【图名标注】的样式，设置其高度为 700，如图 8-4 所示。

图名标注由图名与比例组成，但比例标注的字高比图名标注的字高稍小，所以需要修改比例标注的字高。选中文字标注，按下〈Ctrl＋1〉组合键，在【特性】选项板中修改【文字高度】选项中的参数，如图 8-5 所示。关闭选项板可以完成修改字高的操作。

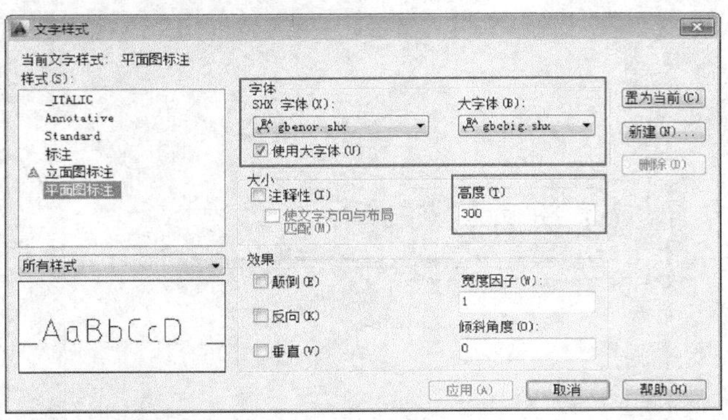


图 8-2　设置样式参数

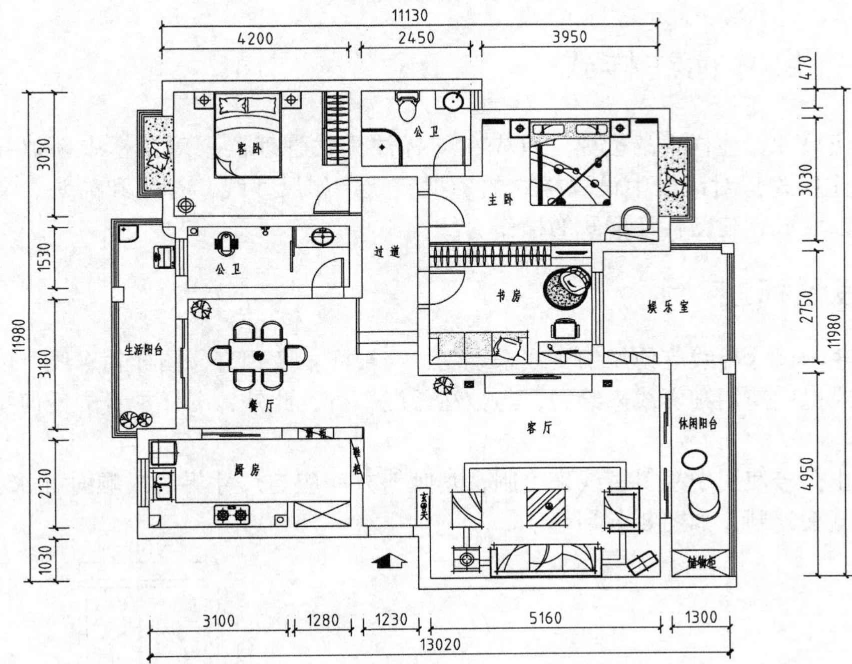


图 8-3　绘制图内文字标注

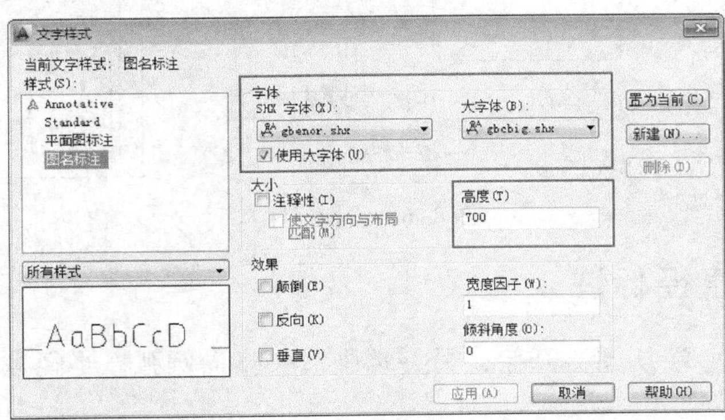


图 8-4　【文字样式】对话框

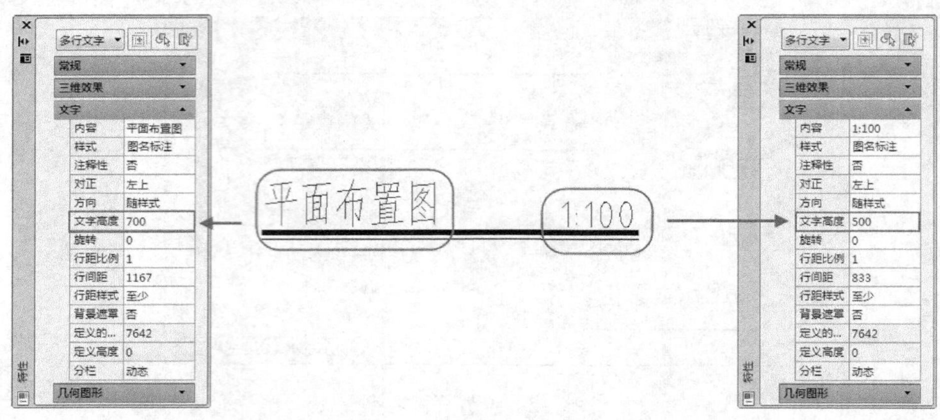


图 8-5　修改字高参数

## 8.2　设置尺寸标注样式

本节介绍尺寸标注样式的创建。首先在【标注样式管理器】对话框中新建样式，接着在【新建标注样式】对话框中设置样式的各项参数，如尺寸线、符号和箭头、文字等，关闭对话框可以完成创建新标注样式的操作。

### 8.2.1　线性标注

线性标注的尺寸界线应使用细实线来绘制，与被注长度垂直，图样轮廓线可以用作尺寸界线。尺寸线也应使用细实线来绘制，与被注长度平行，此外，图样本身的任何图线都不得用作尺寸线。

尺寸起止符号使用中粗斜短线来绘制，其倾斜方向应与尺寸界线成顺时针 45°角，也可以用黑色圆点来绘制，如图 8-6 所示。

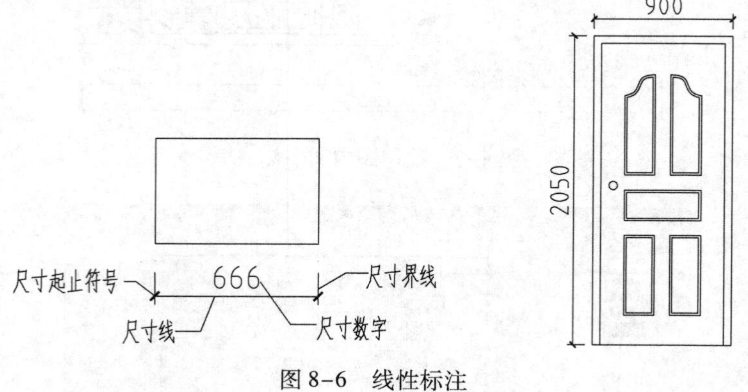


图 8-6　线性标注

### 8.2.2　半径、直径标注

半径的尺寸线应一端从圆心开始，另一端画箭头指向圆弧。半径数字前应加注半径符号“R”。

加注半径符号 R 时，“R235” 不能注写为 “R = 235” 或 “r = 235” 的形式，如图 8-7

所示。

标注圆的直径尺寸时，直径数字前应加直径符号 ϕ。在圆内标注的尺寸线应通过圆心，两端画箭头指向至圆弧。

加注直径符号 ϕ 时，“ϕ”不能注写为“ϕ = 750”“D = 750”“d = 750”的形式，如图 8–8 所示。

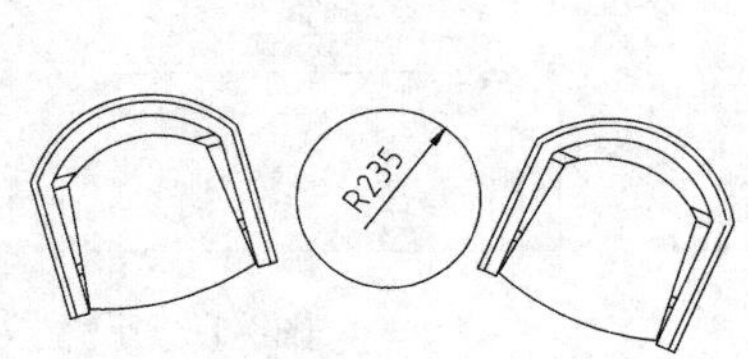


图 8–7　半径标注

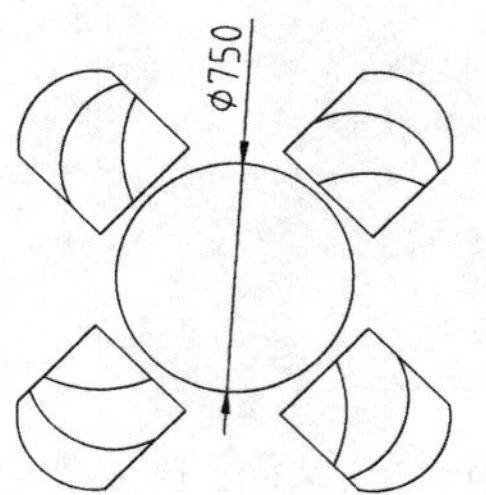


图 8–8　直径标注

## 8.2.3　创建线性标注样式

“标注样式”用来控制标注的格式和外观，即决定尺寸标注的形式，包括尺寸线、延伸线、箭头和中心标记的形式、尺寸文本的文字、特性等。

在【标注样式管理器】对话框中可以创建新样式、设置当前样式、修改样式、设置当前样式的替代以及比较样式等，用户可以方便地在预览框中浏览尺寸标注样式。

**01**　调用【标注样式】命令，调出图 8–9 所示的【标注样式管理器】对话框。

**02**　单击【新建】按钮，在【创建新标注样式】对话框中创建名称为【平面图尺寸标注】的新样式，如图 8–10 所示。

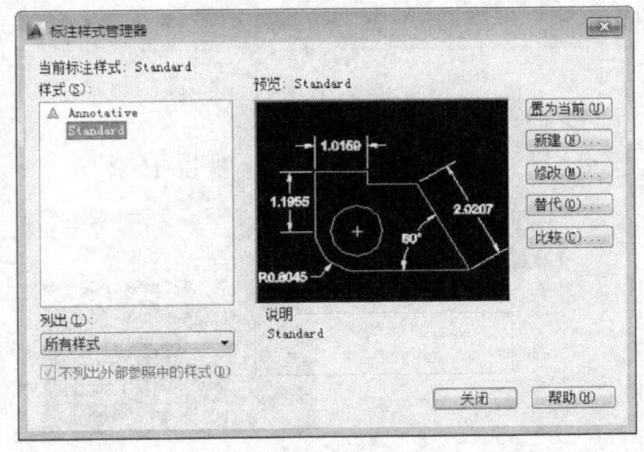


图 8–9　【标注样式管理器】对话框

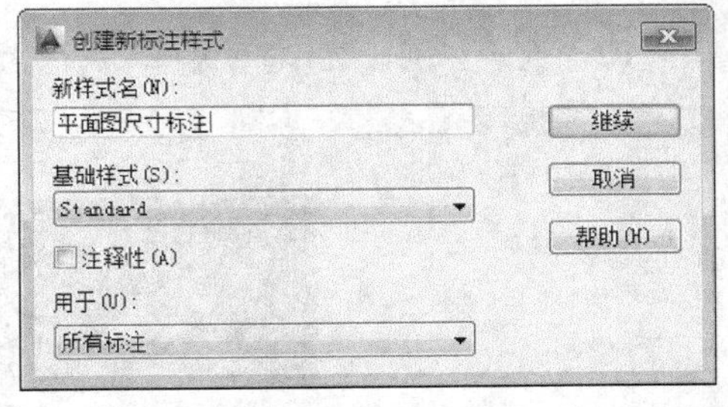


图 8–10　【创建新标注样式】对话框

**03**　单击【继续】按钮调出【新建标注样式：平面图尺寸标注】对话框，在【文字】选项卡中单击【文字样式】选项后的矩形按钮，在【文字样式】对话框中选择【Standard】文字样式，设置字体类型，如图 8–11 所示。

**04**　在【新建标注样式：平面图尺寸标注】对话框中设置文字的高度，以及从尺寸线偏移的距离参数，如图 8–12 所示。

**05**　在【调整】选项卡中设置【使用全局比例】参数为 100，如图 8–13 所示，因为平面图通常使用 1:100 的比例打印输出。

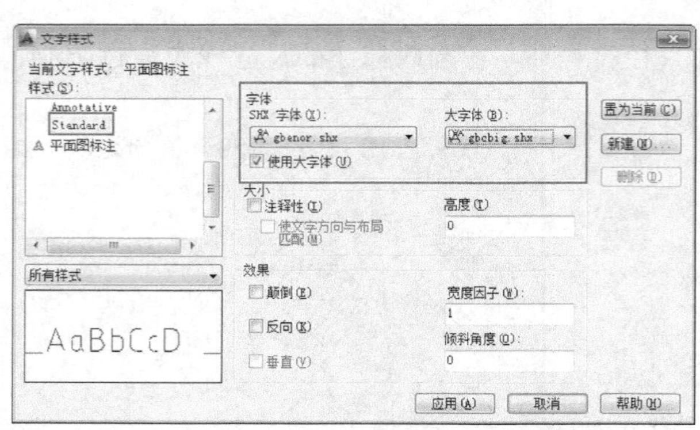


图8-11　设置字体类型

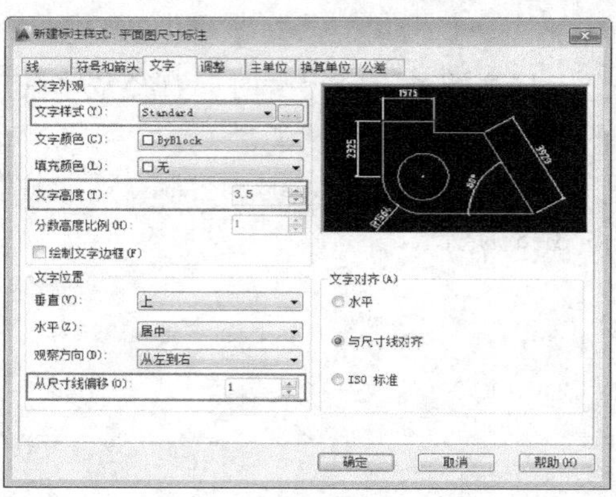


图8-12　设置文字高度

**06**　在【主单位】选项卡中设置【单位格式】与【精度】参数，如图8-14所示。

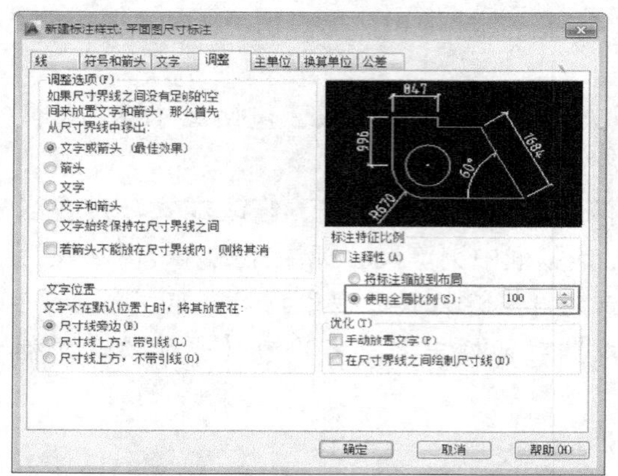

图8-13　设置全局比例

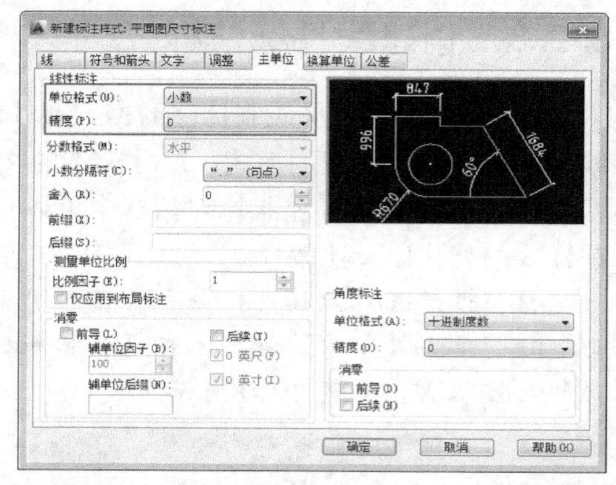


图8-14　设置单位格式与精度

**07**　最后分别设置【符号和箭头】选项卡、【线】选项卡中的参数，如图8-15和图8-16所示。

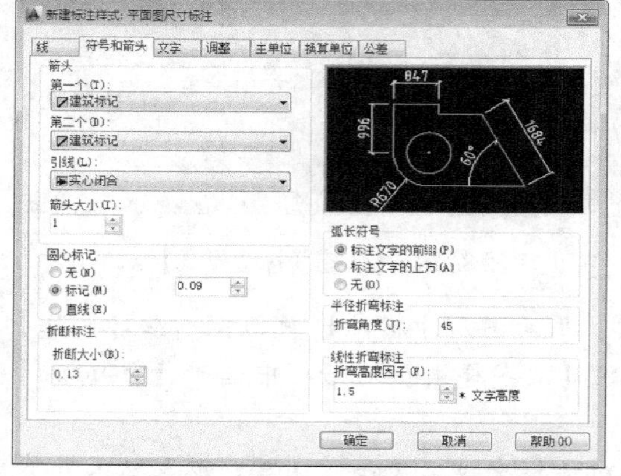


图8-15　设置【符号和箭头】选项卡参数

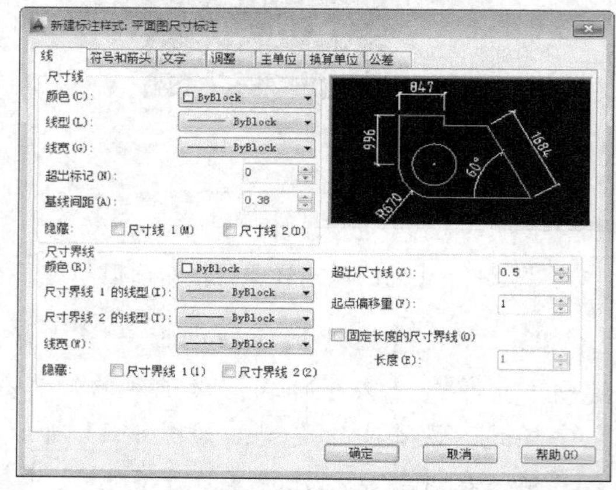


图8-16　设置【线】选项卡参数

**08**　单击【确定】按钮关闭对话框，在【标注样式管理器】对话框中将【平面图尺寸标注】样式设置为当前正在使用的样式，关闭对话框即可完成创建标注样式的操作。

**09** 调用【线性标注】命令，为平面图绘制尺寸标注，来查看标注样式的效果，如图 8-17 所示。

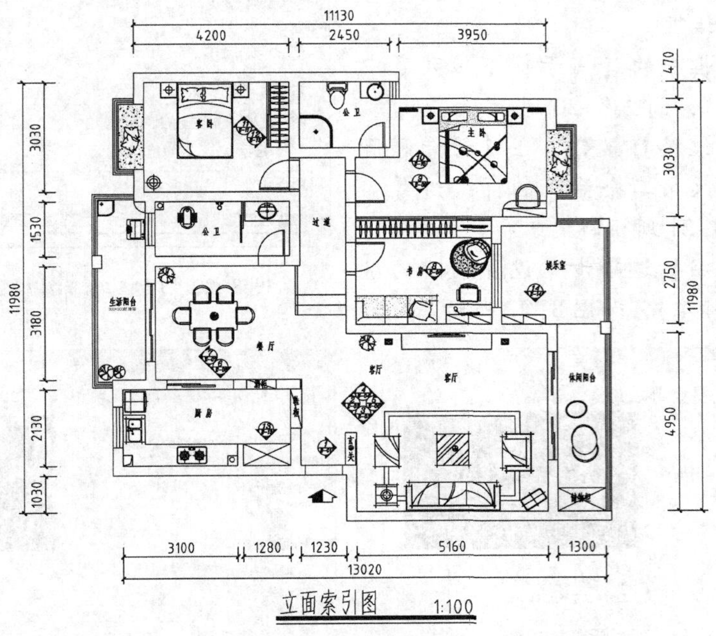


图 8-17　绘制平面图尺寸标注

以“平面图尺寸标注”为基础样式，创建一个名为“立面图尺寸标注”的样式，各选项卡参数保持不变，在【调整】选项卡中修改【使用全局比例】选项中的参数为 50，如图 8-18 所示，因为立面图通常使用 1∶50 的比例来打印输出。

调用【线性标注】命令，为立面图绘制尺寸标注，以查看标注样式的设置效果，如图 8-19 所示。

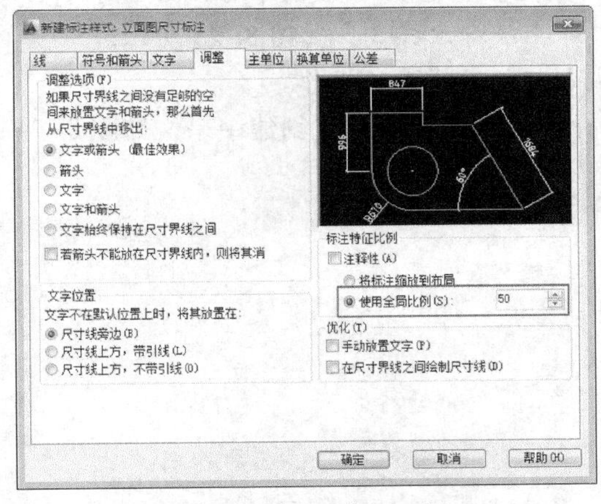


图 8-18　【调整】选项卡

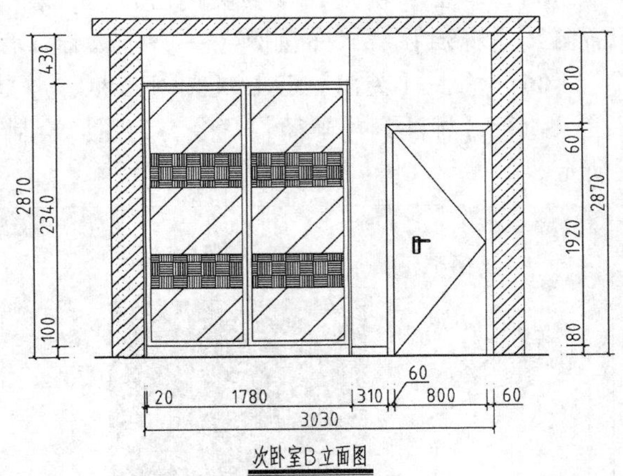


图 8-19　绘制立面图尺寸标注

## 8.2.4　创建半径标注样式

本节介绍半径标注样式的创建方法。

**01** 调用【标注样式】命令，在【标注样式管理器】对话框中选择【平面图尺寸标注】样式，单击【新建】按钮，调出【创建新标注样式】对话框。

**02** 在对话框中的【用于】下拉列表中选择【半径标注】，如图8-20所示。

**03** 单击【继续】按钮，在【符号和箭头】选项卡中修改第二个箭头的样式为【实心闭合】，如图8-21所示。

**04** 在【文字】选项卡中设置文字的对齐方式为【ISO标准】，如图8-22所示。

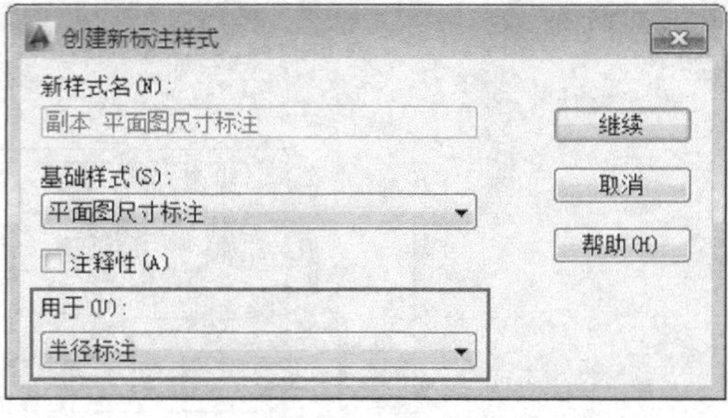


图8-20 【创建新标注样式】对话框

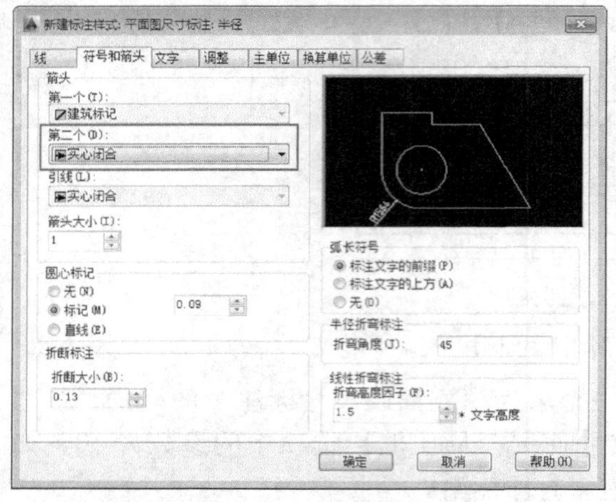


图8-21 【符号和箭头】选项卡

图8-22 【文字】选项卡

**05** 单击【确定】按钮关闭对话框，在【标注样式管理器】对话框中可以发现在【平面图尺寸标注】样式下创建了一个子级标注样式，即半径标注样式，如图8-23所示。

**06** 单击【关闭】按钮关闭对话框，即可完成创建标注样式的操作。

执行【标注】|【半径】命令，为图形绘制半径标注，以查看样式的创建结果，如图8-24所示。

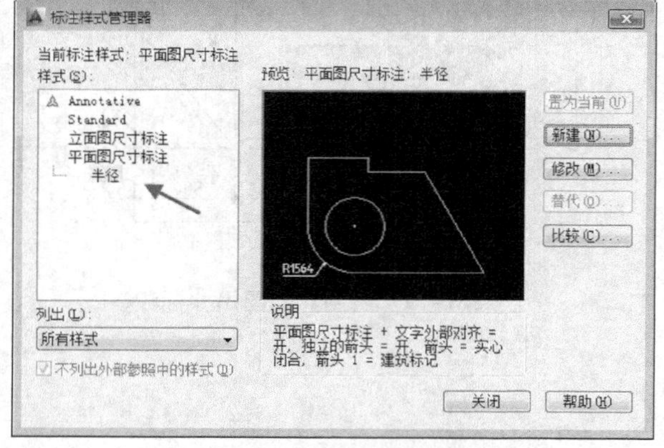


图8-23 创建结果

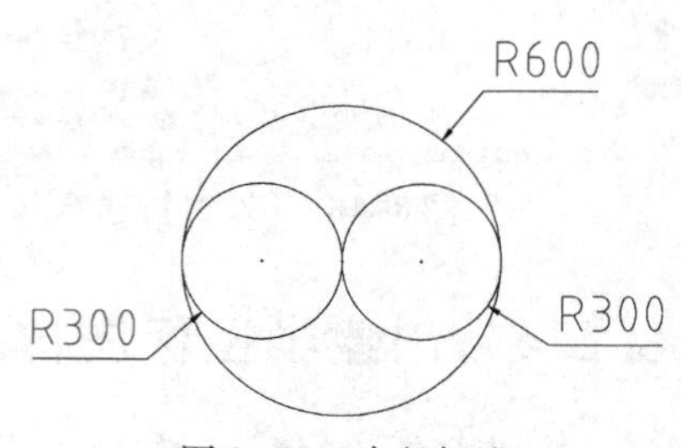


图8-24 半径标注

## 8.2.5 创建直径标注样式

本节介绍直径标注样式的创建方法。

**01** 调用【标注样式】命令，在【标注样式管理器】对话框中选择【平面图尺寸标注】样式，单击【新建】按钮，调出【创建新标注样式】对话框。

**02** 在对话框中的【用于】下拉列表中选择【直径标注】，如图 8-25 所示。

**03** 单击【继续】按钮，在【符号和箭头】选项卡中设置第一个、第二个箭头样式均为【实心闭合】，如图 8-26 所示。

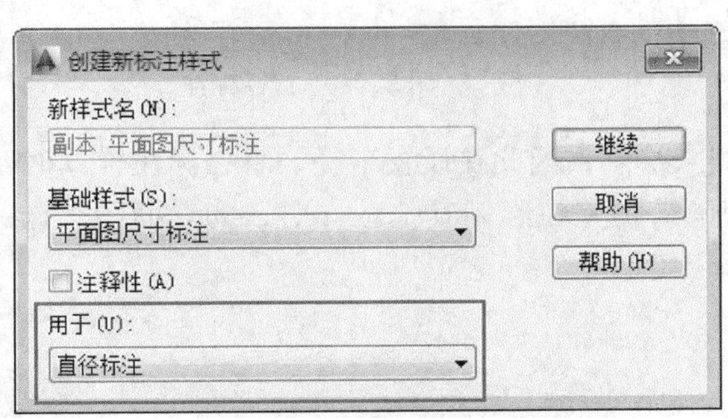

图 8-25 【创建新标注样式】对话框

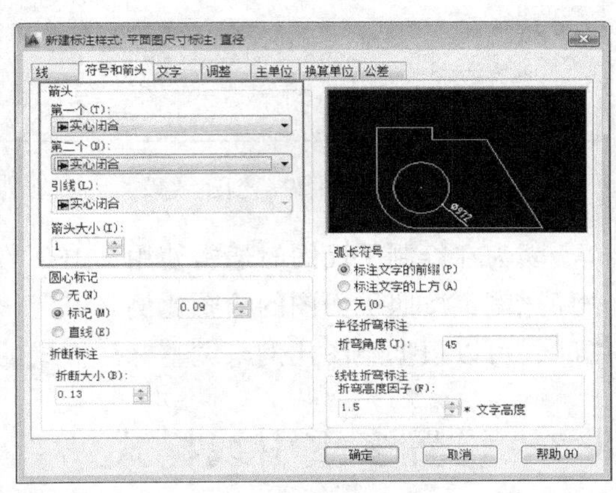

图 8-26 【符号和箭头】选项卡

**04** 在【文字】选项卡中设置文字对齐方式为【ISO 标准】，如图 8-27 所示。

**05** 在【调整】选项卡中的【调整选项】选项组中选择【文字和箭头】选项，如图 8-28 所示。

图 8-27 【文字】选项卡

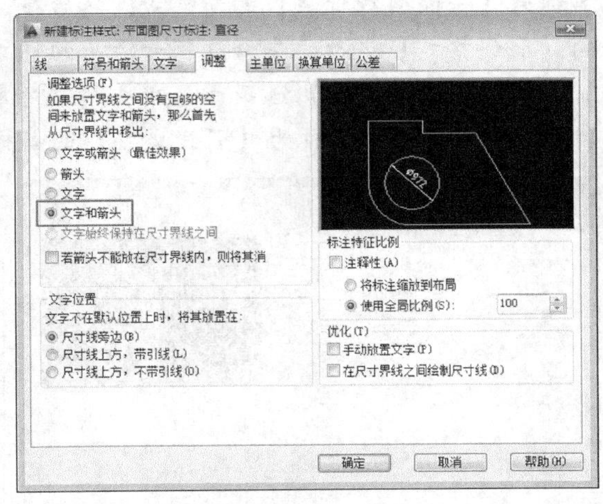

图 8-28 【调整】选项卡

**06** 单击【确定】按钮，返回【标注样式管理器】对话框查看创建效果，如图 8-29 所示。

**07** 单击【关闭】按钮关闭对话框可以完成创建标注样式的操作。

执行【标注】|【直径】命令，为图形绘制直径标注，结果如图 8-30 所示。

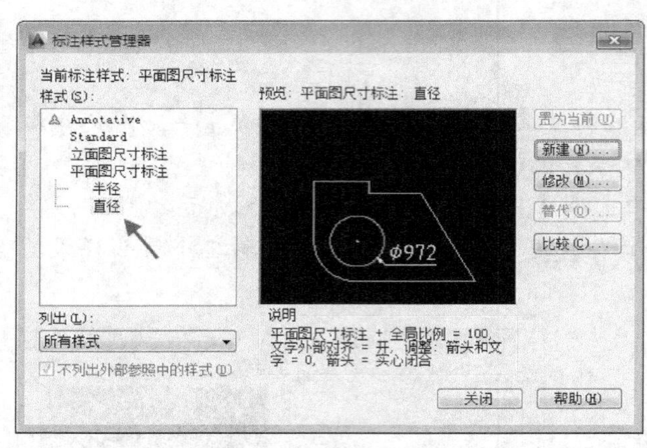


图 8-29　创建效果

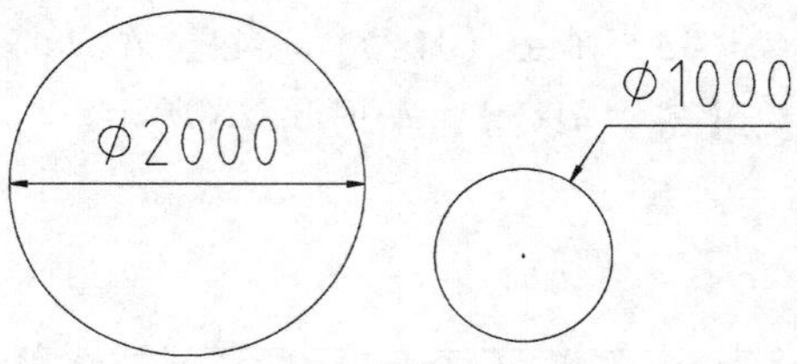

Φ2000

Φ1000

图 8-30　直径标注

因为在绘制平面图时通常使用 1∶100 的比例来绘制，因此在设置半径、直径标注样式时全局比例也按照平面图的绘图比例来设置，即 100。但是在绘制其他图样时，如立面图、详图时，可以根据绘图比例来调整标注样式的全局比例。

## 8.3　设置多重引线样式

多重引线标注在绘制图形标注时特别常用，因为其可以将图形与文字标注联系起来，方便识读。本节介绍多重引线标注样式的创建方法，同理，可以分别创建适合在绘制平面图、立面图、详图时使用的引线标注样式。

**01**　执行【格式】|【多重引线样式】命令，在【多重引线样式管理器】对话框中创建名称为【平面引线标注】的新样式，然后在【修改多重引线样式：平面引线标注】对话框的【引线格式】选项卡中修改符号箭头的样式及大小，如图 8-31 所示。

**02**　选择【内容】选项卡，单击【文字样式】选项后的矩形按钮，在【文字样式】对话框中新建一个名称为【引线文字】的新样式，设置其字体及字高参数如图 8-32 所示。

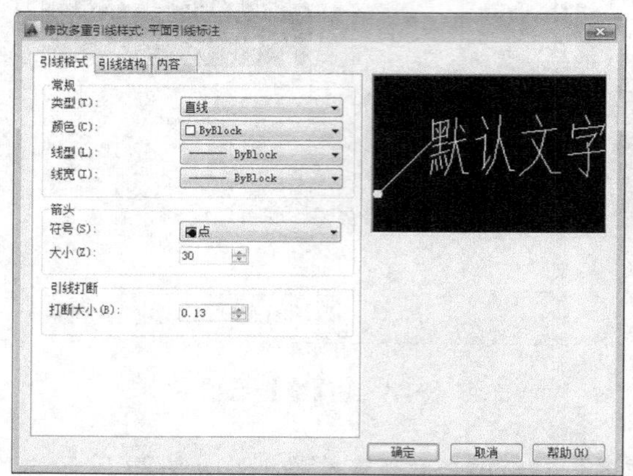


图 8-31　【引线格式】选项卡

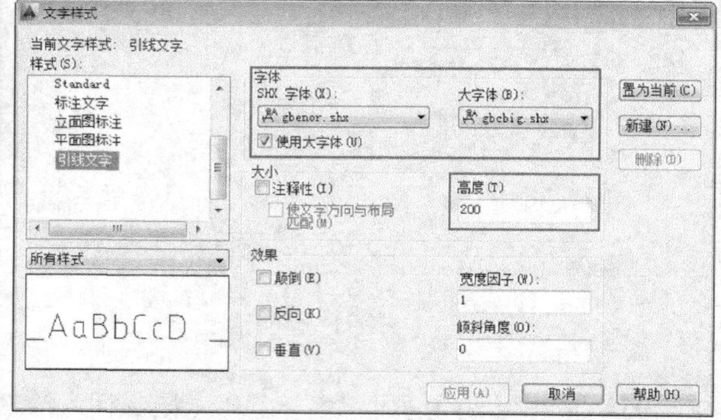


图 8-32　【文字样式】对话框

**03** 关闭对话框返回【修改多重引线样式：平面引线标注】对话框，在【文字样式】选项下选择【引线文字】样式，如图 8-33 所示。

**04** 单击“确定”按钮关闭对话框，将新样式设置为当前正在使用的样式，单击【关闭】按钮关闭对话框可以完成创建多重引线样式的操作。

指定【标注】|【多重引线】命令，为立面图绘制材料标注，查看引线样式的创建效果，如图 8-34 所示。

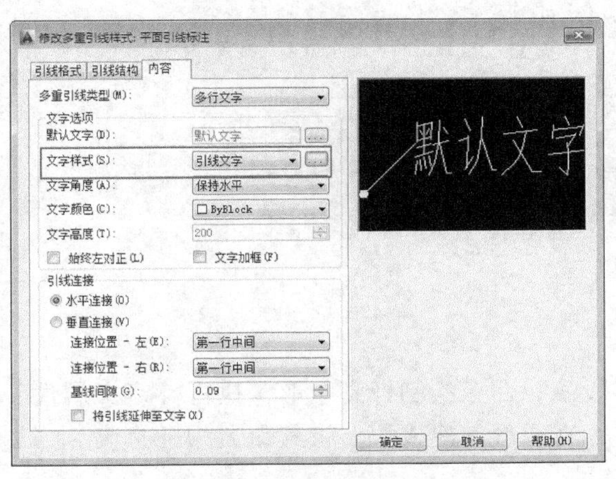


图 8-33 【内容】选项卡

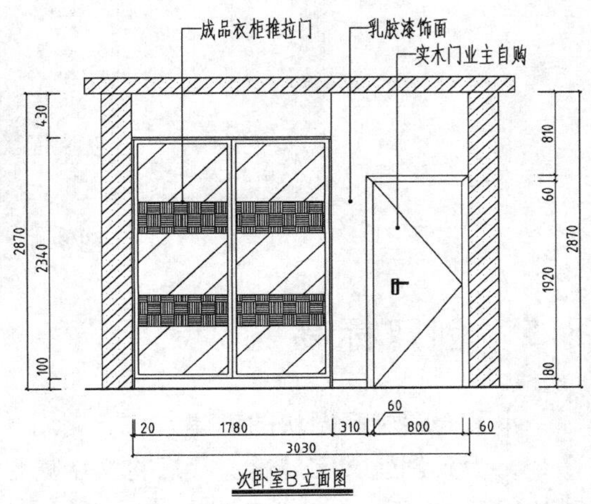


图 8-34 绘制引线标注

## 8.4 创建图层

绘制施工图时需要创建很多图形，创建图层可以方便管理图形，如“墙体”图层、“门窗”图层、“标注”图层等。

本节介绍图层的创建方法。

**01** 调用【图层特性管理器】命令，在【图层特性管理器】对话框中创建各类图层，如图 8-35 所示。

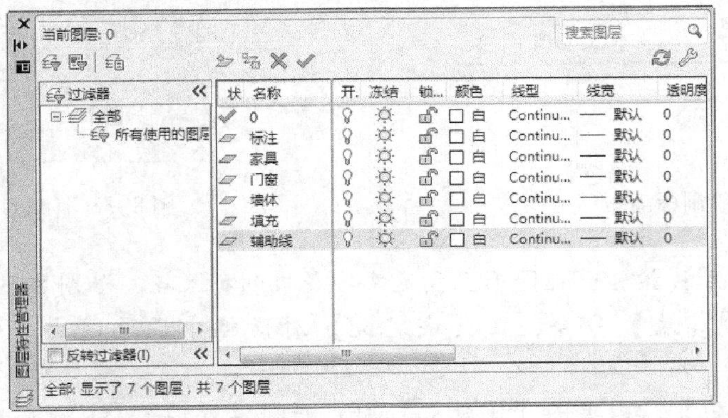


图 8-35 创建各类图层

**02** 分别修改各图层的颜色属性，双击图层名称前的状态图标，待图标转换成✓时，表示该图层被置为当前正在使用的图层，如图8-36所示。

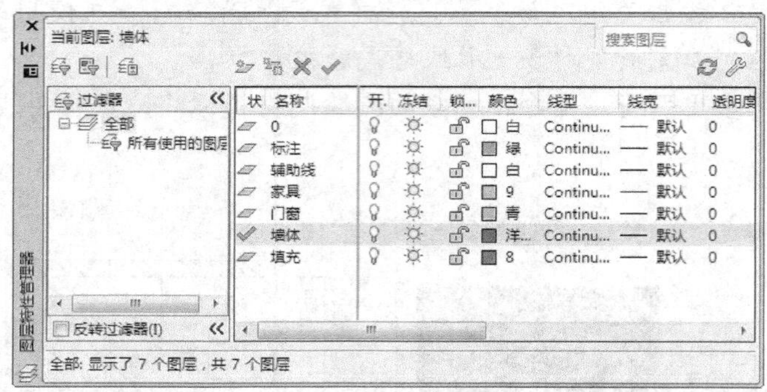

图8-36 修改图层属性

## 8.5 创建标高

本节介绍标高图块的创建方法。调用【多段线】命令绘制标高图形，执行【定义属性】命令，为其创建文字属性。最后将文字属性与标高图形创建成块，将其命名为【标高】，通过执行【插入】命令可以调入【标高】图块。

**01** 调用【多段线】命令绘制标高图形，如图8-37所示。

**02** 执行【绘图】|【块】|【定义属性】命令，在【属性定义】对话框中设置属性参数值，如图8-38所示。

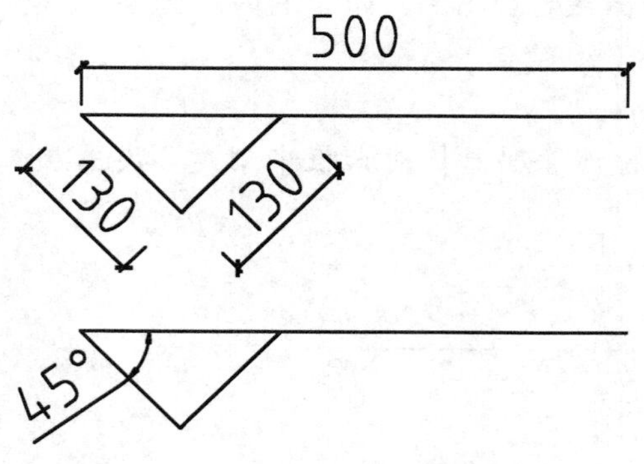


图8-37 绘制标高图形

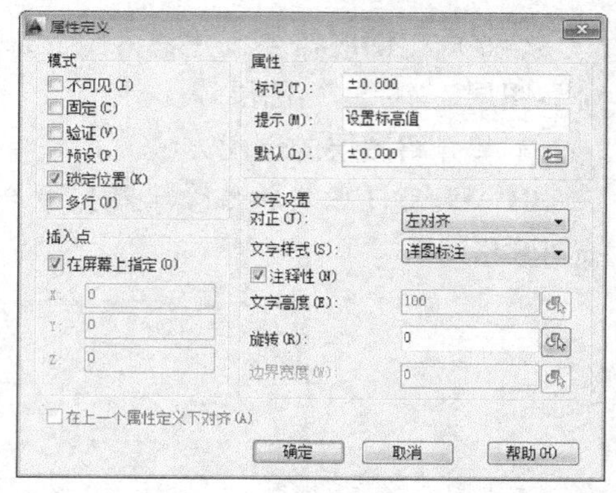

图8-38 【属性定义】对话框

**03** 单击【确定】按钮，在图形上指定文字属性的插入点，如图8-39所示。

**04** 调用【创建块】命令，在【块定义】对话框中设置图块名称为【标高】，如图8-40所示。

**05** 单击【确定】按钮关闭【块定义】对话框，可在图8-41所示的【编辑属性】对话框中实时修改标高值。

双击标高图块，在【增强属性编辑器】对话框中可以修改标高值，如图8-42所示。

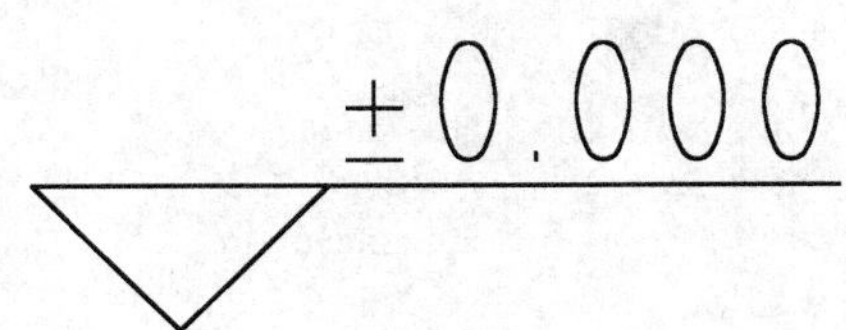


图 8-39　创建文字属性

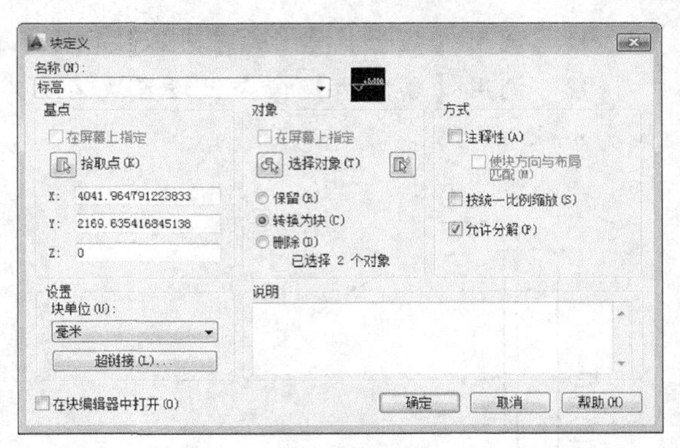


图 8-40　【块定义】对话框

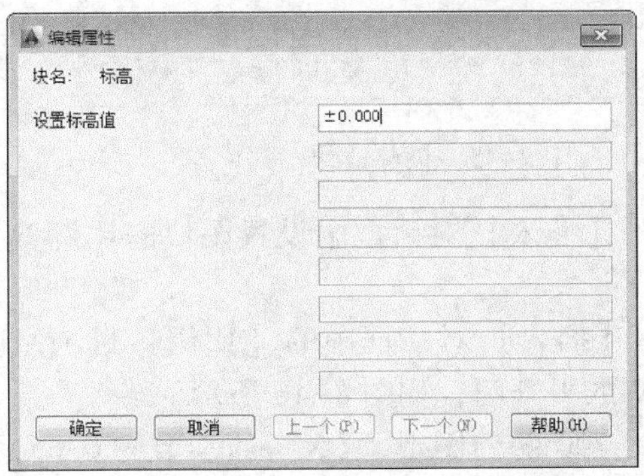


图 8-41　【编辑属性】对话框

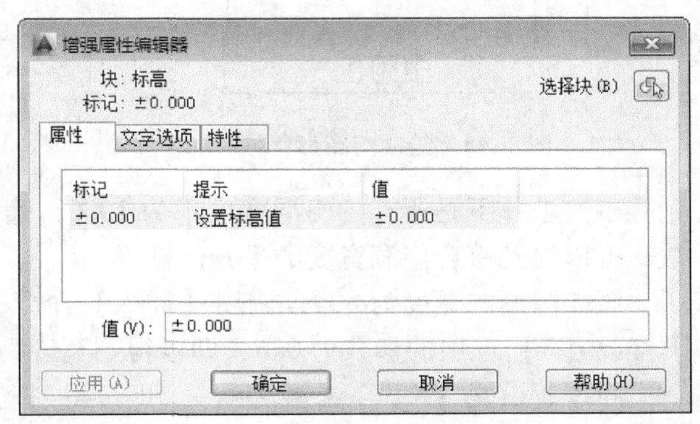


图 8-42　【增强属性编辑器】对话框

## 8.6　创建门图块

在绘制平面布置图时，经常会遇到需要逐个绘制各房间门图形的情况，但是逐个绘制会很浪费时间，此时可以先创建门图块，在绘图时插入图块即可。

### 8.6.1　绘制平开门

平开门指向内开启（左内开，右内开）、向外开启（左外开，右外开）的门，如图 8-43 所示。在绘制门图形时，使用矩形来表示门扇，绘制弧线来表示门的开启方向。

图 8-43　平开门

**01** 调用【矩形】命令、【圆弧】命令，绘制平开门图形，如图 8-44 所示。

**02** 调用【创建块】命令，设置块名称为【平开门（1000）】，将平开门图形创建成块，如图 8-45 所示。

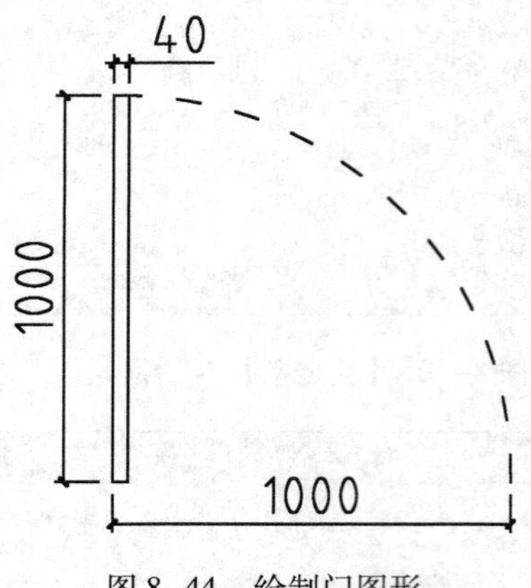


图 8-44　绘制门图形

图 8-45　创建成块

事实上并不是所有的门洞宽度都为 1000，通过在【插入】对话框中设置图块的比例参数，可以得到符合门洞宽度的平开门图形。

假如门洞的宽度为 800，调用【插入】命令，在【插入】对话框中的【比例】选项组下修改【X】选项的参数为 0.8，即可得到宽度为 800 的平开门，如图 8-46 所示。

同理，设置【X】的参数为 0.7，即可得到宽度为 700 的门图形，【X】的参数为 0.65，即可得到宽度为 650 的门图形。

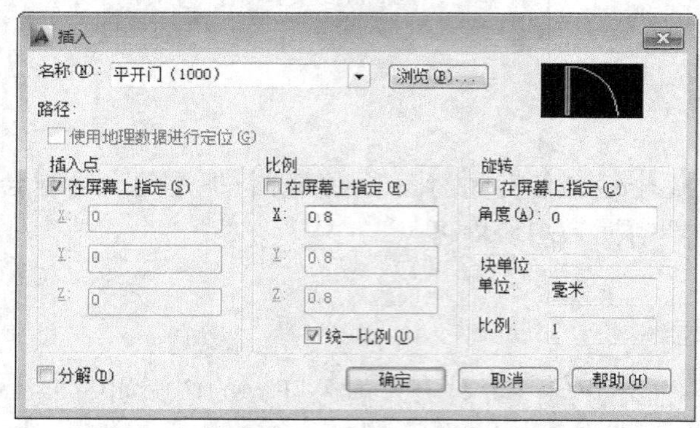

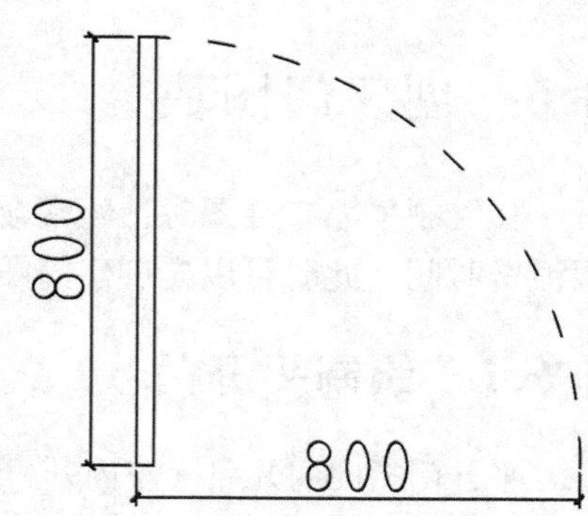


图 8-46　得到宽度为 800 的门图形

镜像复制单开门可以得到双开门图形，如图 8-47 所示。

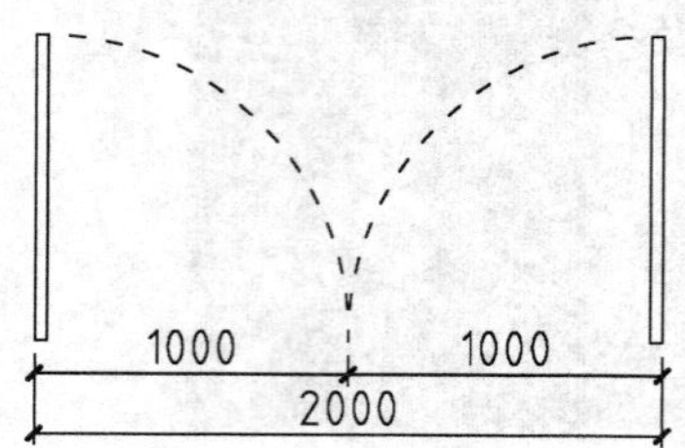


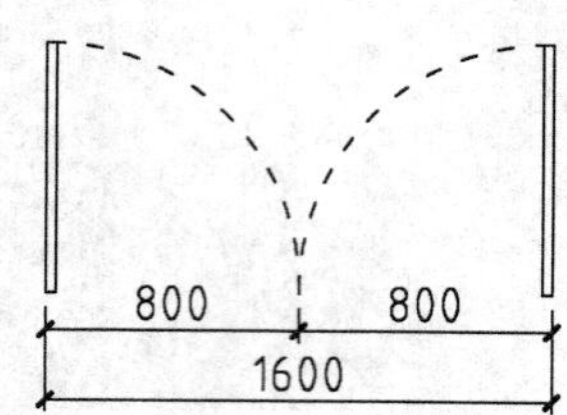


图 8-47　绘制不同尺寸的双开门

平开门常见的表达样式还有另外一种，如图 8-48 所示，沿用上述的介绍方法来绘制图形，并将其创建成图块。

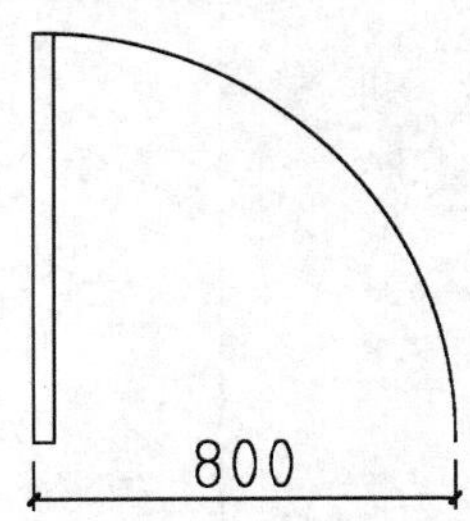

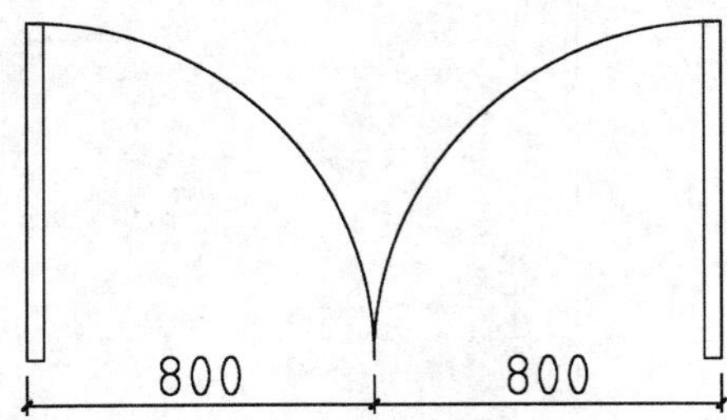


图 8-48　另一种表达方式

## 8.6.2　绘制推拉门

推拉门是可以推动或拉动的门，广泛用于衣柜、书柜、壁柜、卧室、客厅、展示厅的门，如图 8-49 所示。在绘制推拉门时，首先绘制矩形，接着镜像复制矩形或者移动复制矩形即可以完成门的绘制。

图 8-49　推拉门

**01**　调用【矩形】命令，绘制尺寸为 1000×40 的矩形，如图 8-50 所示。

图 8-50　绘制矩形

**02**　调用【复制】命令，移动复制矩形，完成推拉门的绘制结果如图 8-51 所示。

图 8-51　移动复制矩形

**03**　调用【创建块】命令，将推拉门创建成图块，如图 8-52 所示。

调用【插入】命令，在【插入】对话框中的【比例】选项组下设置【X】选项的比例因子，系统可以按照所设定的参数来缩放推拉门图形，如图 8-53 所示。

修改比例因子，可以得到不同宽度的推拉门图形。假如将 X 选项的比例因子设置为 0.8，则推拉门的宽度为 3000×0.8＝2400，依此类推。

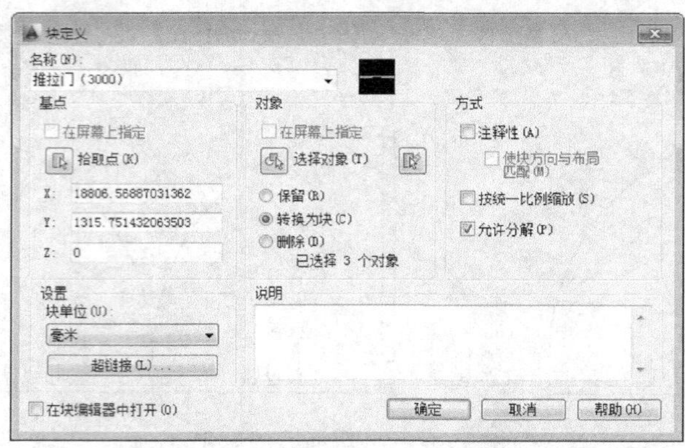


图 8-52　创建门图块

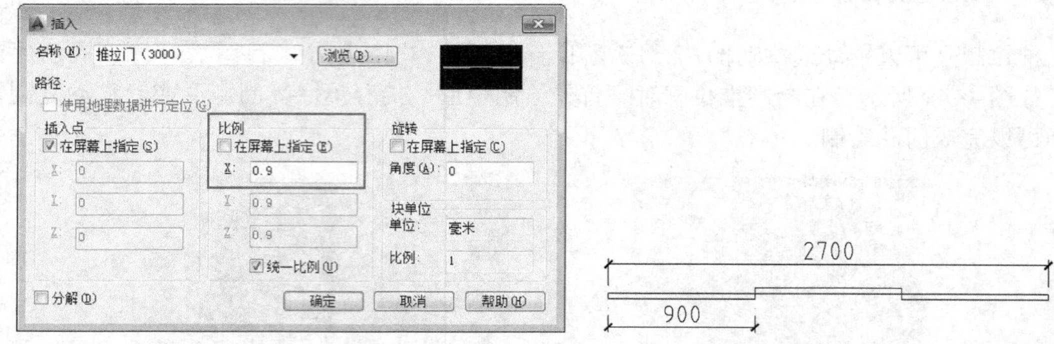


图 8-53　缩放推拉门图块

# 8.7　绘制符号

施工图样中常常需要绘制各类符号来表示图形意义，例如剖切符号用来表示图形的剖切位置，索引符号用来表示图样所在的图样编号等。本节介绍各类图形符号的绘制方法。

## 8.7.1　剖切索引符号

剖切索引符号用来表示剖切面在界面上的位置或图样所在图样编号，要在被索引的界面或图样上使用剖切索引符号。

**01**　调用【圆】命令，绘制半径为100的圆形，如图8-54所示。

**02**　调用【直线】命令，过圆心绘制直线，并捕捉圆的切点来绘制斜线，如图8-55所示。

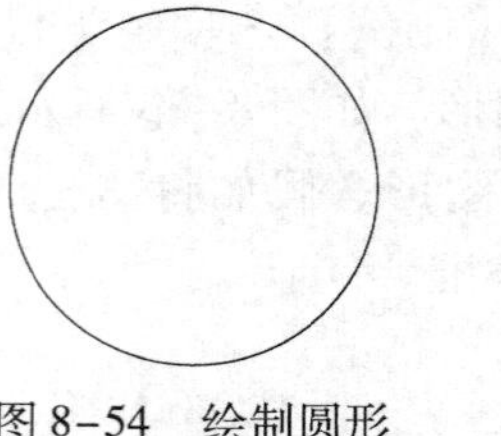

图 8-54　绘制圆形

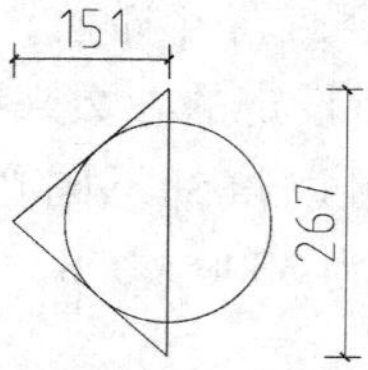

图 8-55　绘制线段

**03** 调用【图案填充】命令，在【图案填充和渐变色】对话框中选择 SOLID 图案，如图 8-56 所示。

**04** 在图形中拾取填充区域，填充图案的结果如图 8-57 所示。

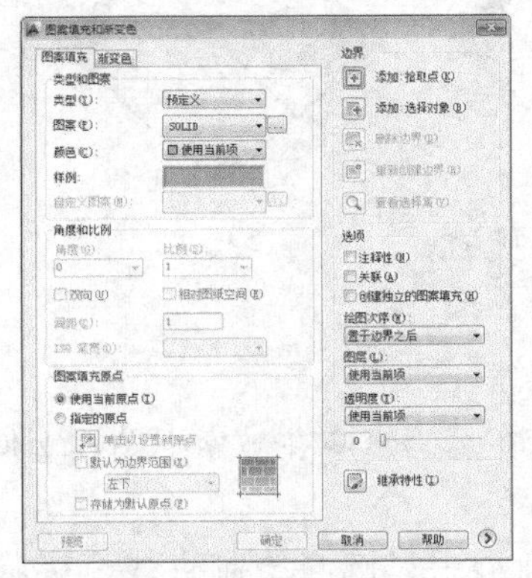

图 8-56 选择 SOLID 图案

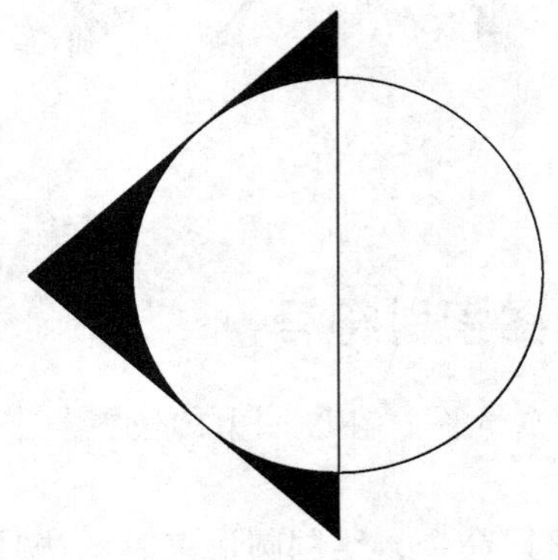

图 8-57 填充图案

**05** 调用【多行文字】命令，分别绘制剖面编号及剖面所在图样的编号，如图 8-58 所示。

剖切索引符号的另一种表示方法是省略实心指示箭头，绘制结果如图 8-59 所示。

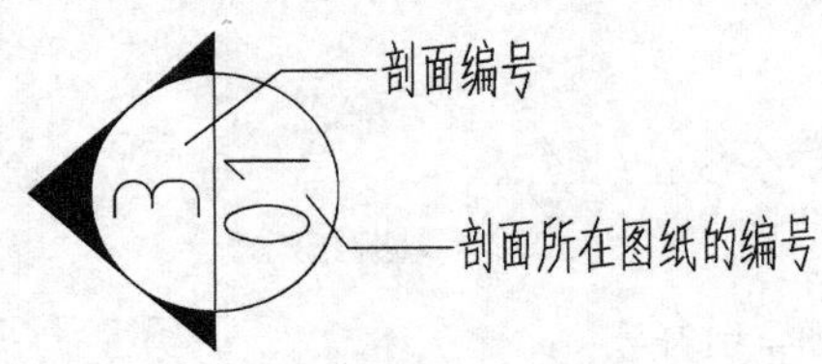


图 8-58 绘制文字编号

图 8-59 另一种绘制方法

## 8.7.2 立面索引符号

表示室内立面在平面上的位置及立面图所在的图样编号，应该在平面图上使用立面索引符号。

沿用 8.7.1 节所介绍的绘制剖切索引符号的方式来绘制立面索引符号，如图 8-60 所示。

镜像复制单个立面索引符号，使其可以同时对室内四面墙进行索引指向，如图 8-61 所示，其中立面编号按照顺时针方向标注。

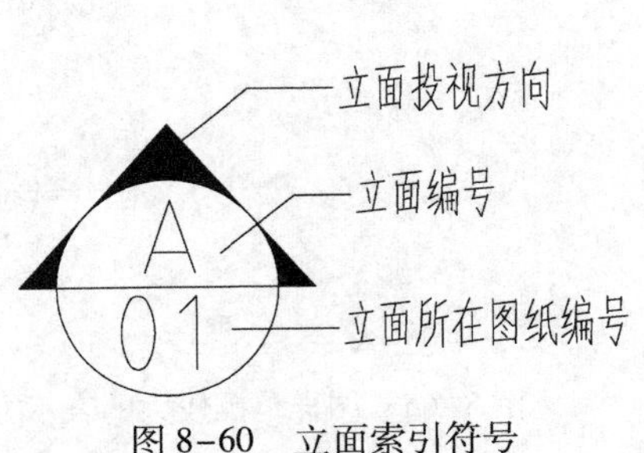


图 8-60 立面索引符号

图 8-61 另一种绘制方法

同时，立面索引符号还有以下三种表示方法，如图 8-62 所示。

图 8-62　其他绘制方法

## 8.7.3　详图索引符号

表示局部放大图样在原图上的位置及本图样所在页码，应在被索引图样上使用详图索引符号。

调用【圆】命令，绘制圆形来表示符号；在圆形中过圆心绘制直线，接着分别标注编号文字，可以完成详图索引符号的绘制，如图 8-63 所示为详图索引符号的几种表示方法。

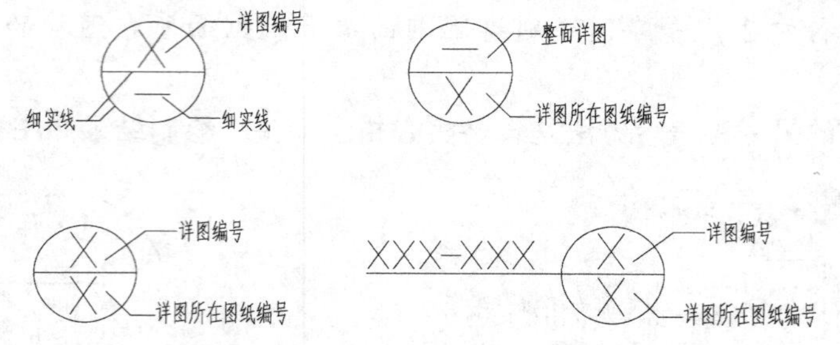


图 8-63　详图索引符号

## 8.7.4　索引图样的表示方法

索引图样时，需要使用引出圈将被放大的图样范围完整圈出，并由引出线连接引出圈和详图索引符号。

图样范围较小的引出圈以圆形中粗线来绘制。调用【圆】命令绘制圆形分别表示引出圈及详图，其中表示引出圈的线型要设置为虚线，如图 8-64 所示。

图样范围较大的引出圈以有弧角的矩形中粗线绘制。调用【矩形】命令，输入 F 选择【圆角】选项，设置其圆角半径后绘制圆角矩形，并将矩形的线型设置为虚线，如图 8-65 所示。

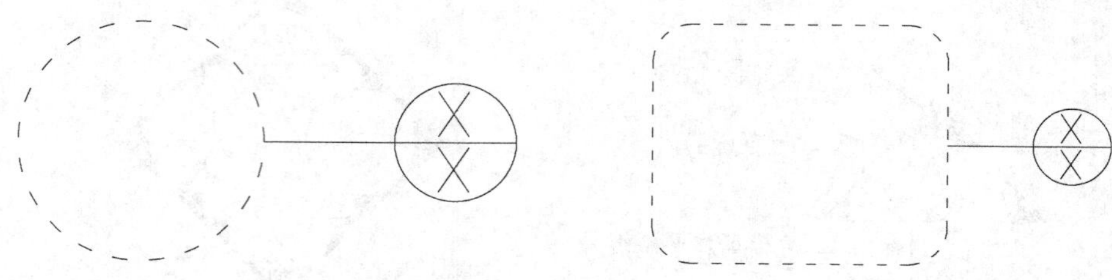

图 8-64　图样范围较小的表示方法　　　图 8-65　图样范围较大的表示方法

同时还可以使用修订云线来表示较大范围的引出圈。单击【绘图】工具栏上的【修订云线】按钮，命令行提示如下。

```
命令：_revcloud ↙
最小弧长：0.5　最大弧长：0.5　样式：普通
指定起点或［弧长(A)/对象(O)/样式(S)］<对象>：S ↙
选择圆弧样式［普通(N)/手绘(C)］<普通>:C ↙
手绘
指定起点或［弧长(A)/对象(O)/样式(S)］<对象>：A ↙
指定最小弧长 <0.5>：100 ↙
指定最大弧长 <100>：150 ↙
指定起点或［弧长(A)/对象(O)/样式(S)］<对象>：
沿云线路径引导十字光标...
修订云线完成
```

绘制直线连接修订云线与详图索引符号，可以完成索引图样的操作，如图 8-66 所示。

图 8-66　绘制修订云线

## 8.8　绘制图框

图框上包含了如设计单位名称、绘图员的姓名、工程名称、图号等各种信息，通过图框上的信息，识图者可以很方便地了解图样的相关情况。

室内施工图样通常以 A3 幅面来打印输出，因此本节介绍 A0 ~ A3 图纸幅面的绘制方法。

**01**　调用【矩形】命令，绘制尺寸为 1210 × 1720 的矩形，如图 8-67 所示。

**02**　按〈Enter〉键重新调用【矩形】命令，输入 W 选择【宽度】选项，设置宽度为 10，绘制尺寸为 1590 × 1150 的矩形，如图 8-68 所示。

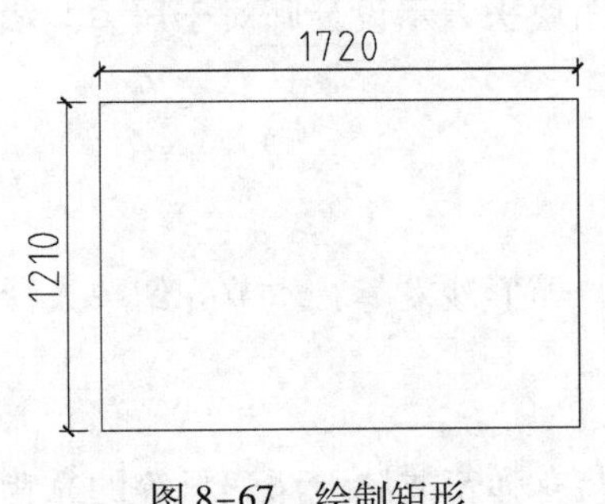


图 8-67　绘制矩形

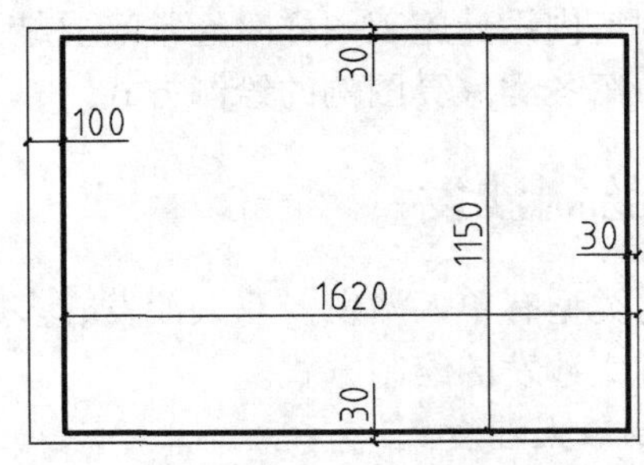


图 8-68　设置矩形的宽度

**03**　调用【偏移】命令、【修剪】命令，绘制标题栏的结果如图 8-69 所示。

**04**　调用【多行文字】命令，绘制标题栏上的文字标注，如图 8-70 所示。

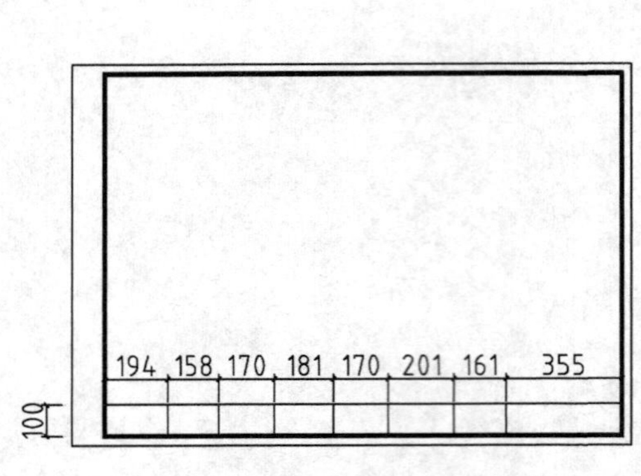


图 8-69　绘制标题栏

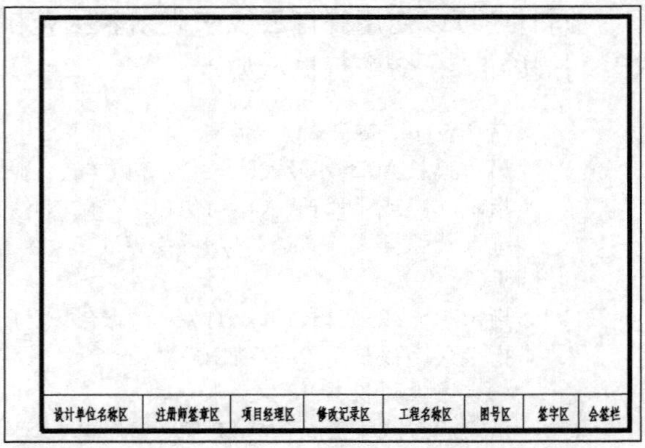

图 8-70　绘制文字标注

A0 ~ A3 图纸幅面的另一种绘制方法如图 8-71 所示，其中将标题栏移到了幅面的右侧。

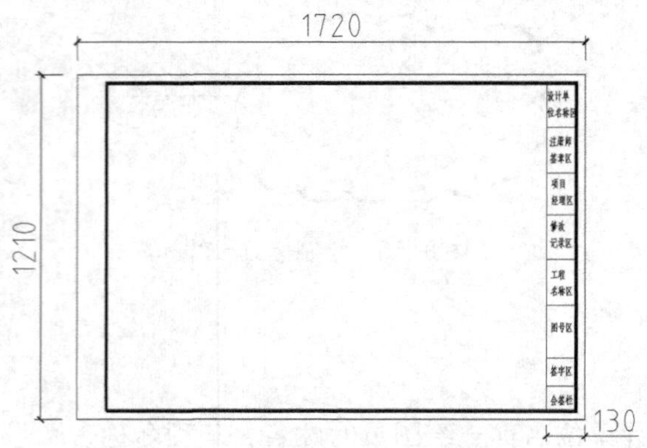


图 8-71　A0 ~ A3 图纸幅面

# 8.9　常用家具图例

室内施工图中常用的家具图例有沙发、办公桌椅、休闲椅、躺椅、床、柜子、餐桌椅等，在绘制室内设计施工图样时经常需要结合各类图块来表示设计师对于居室装潢的设想。

本节介绍各类家具图例的绘制方式。

## 8.9.1　绘制沙发

沙发的类型有单人沙发、双人沙发、多人沙发、异形沙发等，本节介绍单人沙发、双人沙发、三人座沙发的绘制方式。

**1. 绘制单人沙发**

沙发是一种装有软垫的单座位或多座位椅子，装有弹簧或厚泡沫塑料等的靠背椅，两边有扶手，是软家具的一种。常见的单人沙发如图 8-72 所示，材质有布艺、皮质、藤艺等。

**01**　绘制沙发外轮廓。调用【矩形】命令、【分解】命令绘制并分解矩形，调用【偏移】命令，选择矩形边向内偏移，如图 8-73 所示。

图 8-72　单人沙发

**02**　绘制扶手。调用【圆角】命令，分别设置圆角半径为 134、52，对矩形边执行圆角操作的结果如图 8-74 所示。

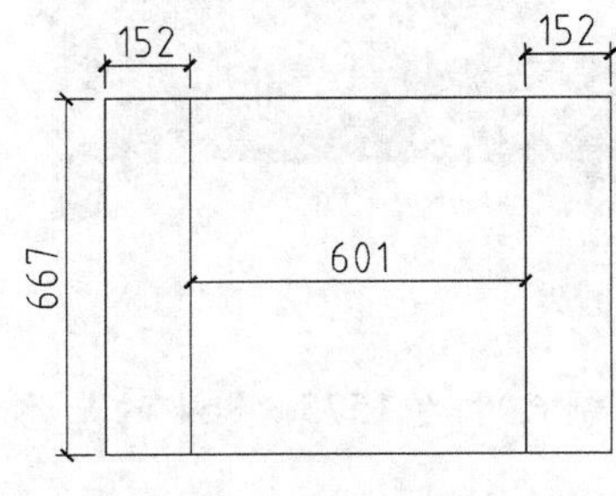


图 8-73　绘制沙发外轮廓

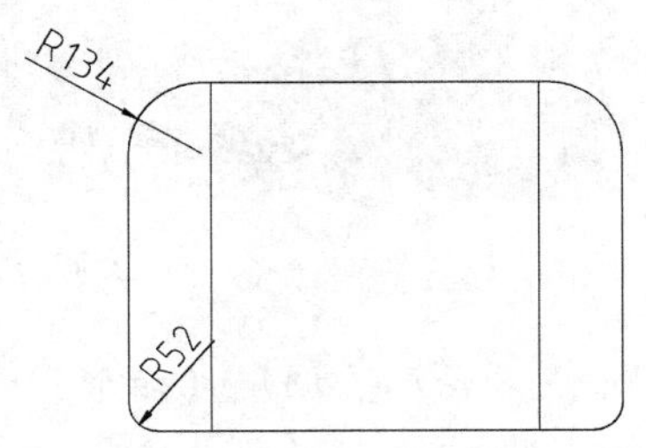


图 8-74　绘制扶手

**03**　绘制沙发靠垫及坐垫。调用【偏移】命令偏移矩形边，结果如图 8-75 所示。

**04**　调用【圆角】命令，将圆角半径修改为 42、52，对线段执行圆角操作的结果如图 8-76 所示。

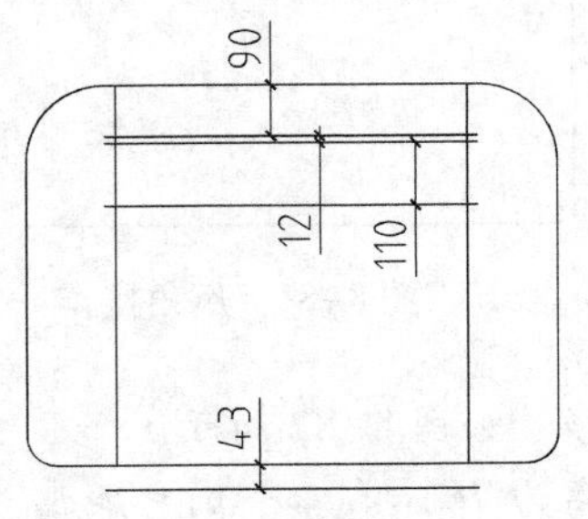


图 8-75　绘制沙发靠垫及坐垫

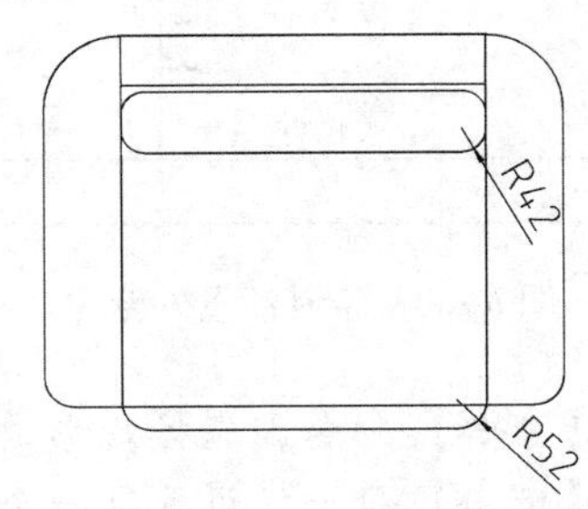


图 8-76　圆角操作

**05**　绘制沙发靠背。调用【偏移】命令、【圆角】命令，偏移并对线段执行圆角操作，结果如图 8-77 所示。

**06**　调用【修剪】命令、【删除】命令，修剪并删除线段，完成单人沙发的绘制，结果如图 8-78 所示。

**2. 绘制双人座沙发**

沙发使人们能更舒适的依靠坐卧，多置于客厅及等候室，常见的双人座沙发如图 8-79 所示，本节介绍双人座沙发的绘制方法。

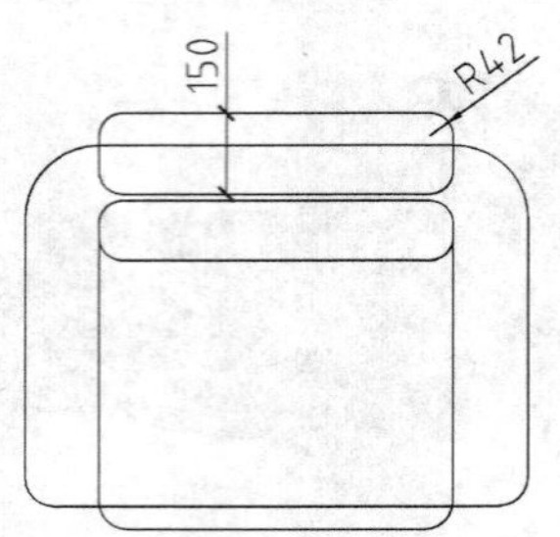


图 8-77　绘制沙发靠背

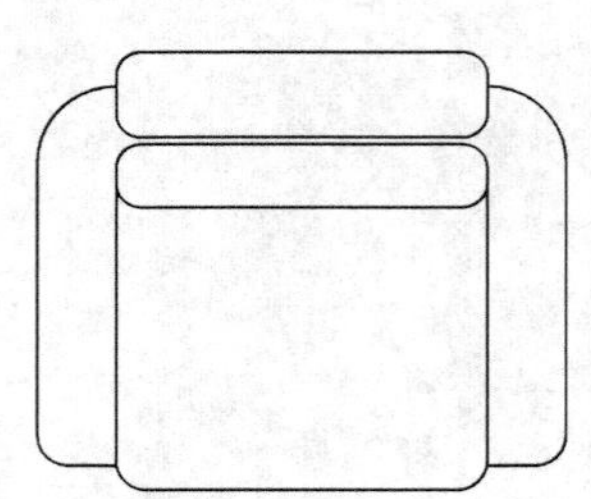

图 8-78　单人沙发

图 8-79　双人座沙发

**01**　绘制沙发外轮廓。调用【矩形】命令，绘制尺寸为 1575×864 的矩形，如图 8-80 所示。

**02**　调用【倒角】命令，设置第一个倒角距离为 76，第二个倒角距离为 127，对矩形执行倒角操作的结果如图 8-81 所示。

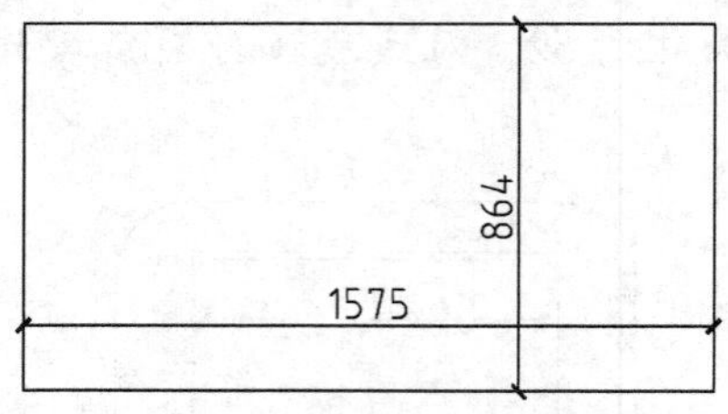


图 8-80　绘制沙发外轮廓

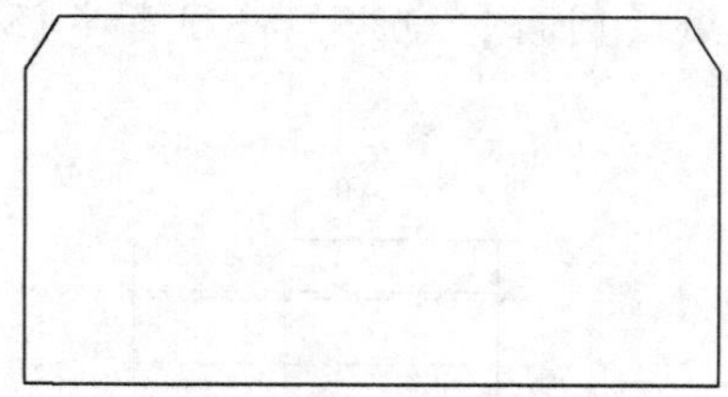

图 8-81　倒角操作

**03**　调用【分解】命令，选择矩形边向内偏移，如图 8-82 所示。

**04**　调用【倒角】命令，设置第一个倒角距离为 76，第二个倒角距离为 25，对矩形边执行倒角操作，结果如图 8-83 所示。

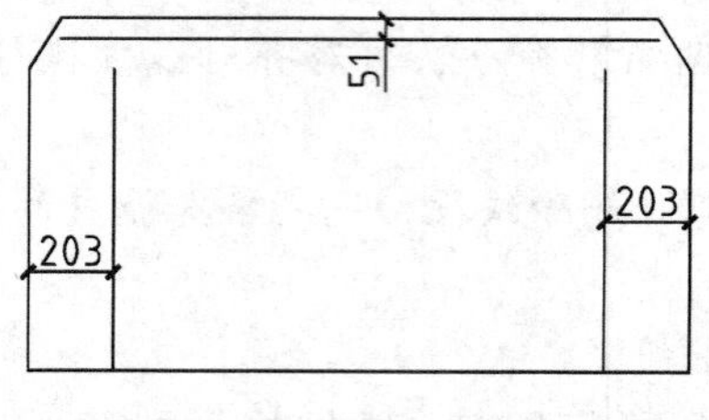


图 8-82　偏移矩形边

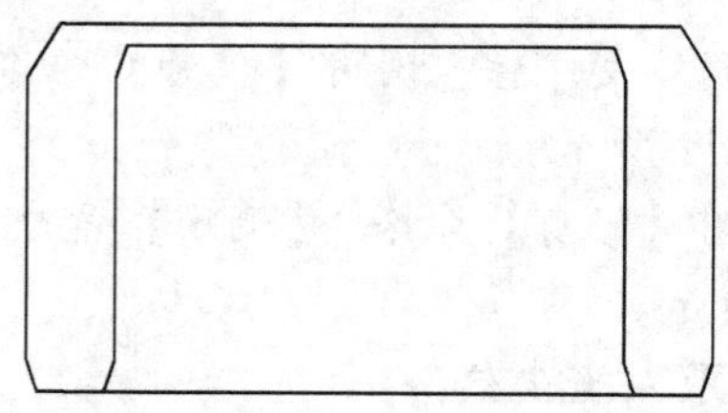

图 8-83　操作结果

**05** 调用【偏移】命令，偏移矩形边，如图 8-84 所示。

**06** 调用【延伸】命令、【修剪】命令，对线段执行延伸或者修剪操作，完成双人沙发的绘制，结果如图 8-85 所示。

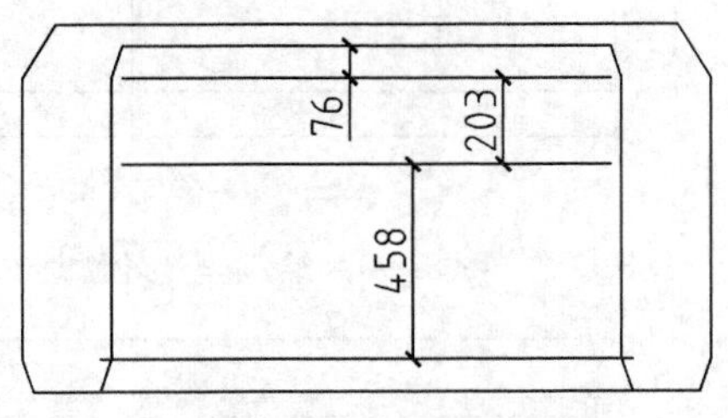


图 8-84 向内偏移矩形边

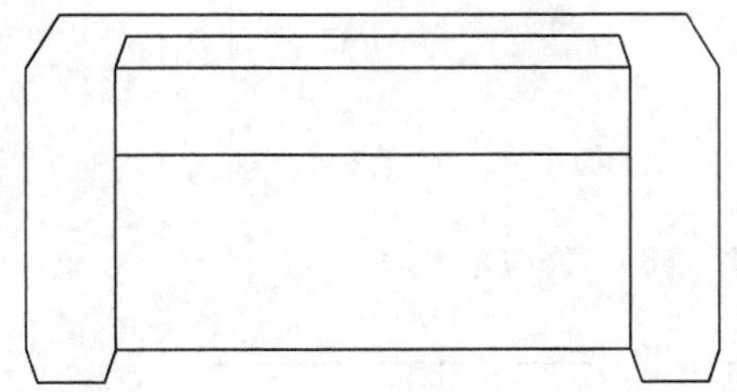

图 8-85 绘制双人沙发

**3. 绘制三人座沙发**

沙发按照风格来分类可以分为美式沙发、日式沙发、中式沙发、欧式沙发、现代沙发；按照使用场所来分，可以分为家用沙发、办公沙发、休息会所沙发等。其所用场合不同，所用的沙发亦各具特色。

图 8-86 所示为三人座沙发的常见样式，本节介绍其绘制方法。

图 8-86 三人座沙发

**01** 绘制沙发靠背及扶手。调用【矩形】命令，分别绘制尺寸为 1873×150、654×150 的矩形，如图 8-87 所示。

**02** 调用【圆角】命令，设置圆角半径为 60，对矩形执行圆角操作，如图 8-88 所示。

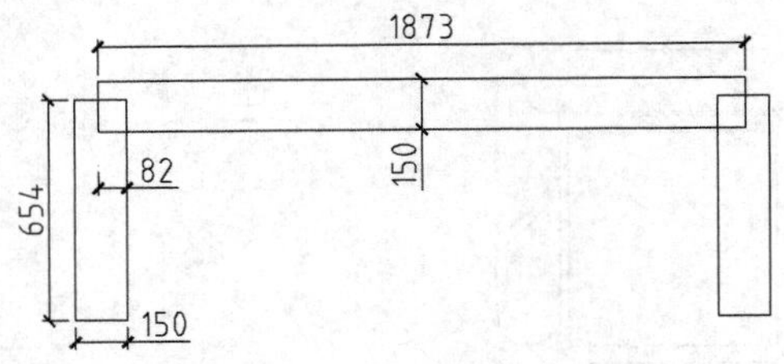


图 8-87 绘制沙发靠背及扶手

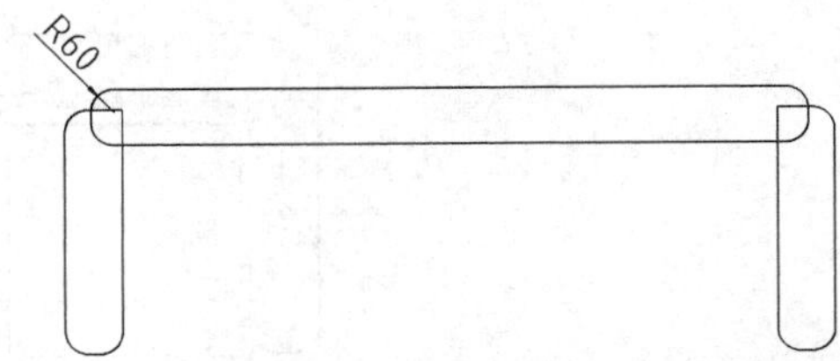


图 8-88 圆角操作

**03** 调用【修剪】命令，修剪矩形边，如图 8-89 所示。

**04** 绘制坐垫。调用【矩形】命令，绘制坐垫轮廓线，如图 8-90 所示。

**05** 调用【圆角】命令，对矩形执行圆角操作，如图 8-91 所示。

**06** 调用【矩形】命令，绘制图 8-92 所示的矩形。

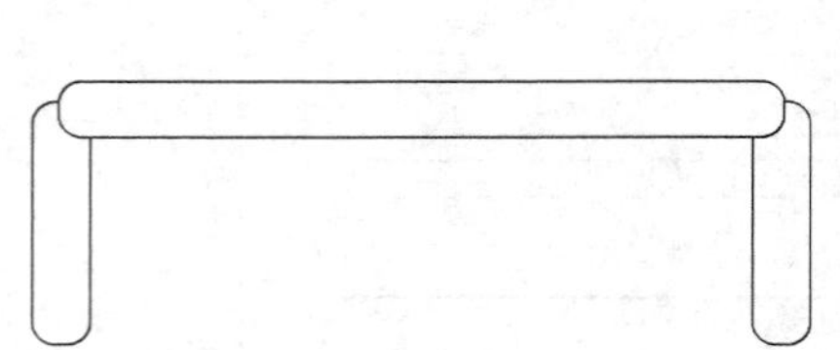
图 8-89　修剪矩形边

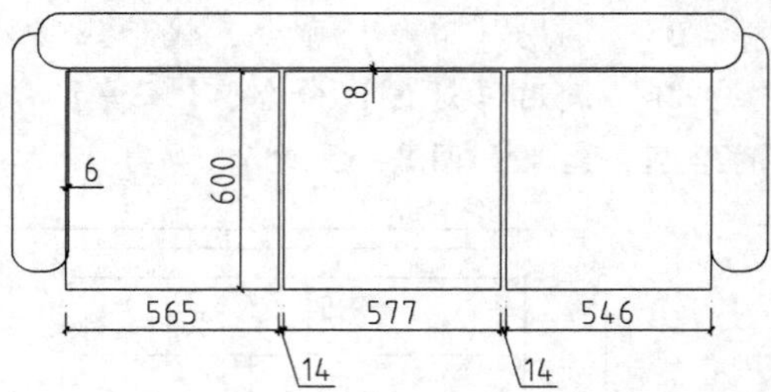

图 8-90　绘制坐垫轮廓线

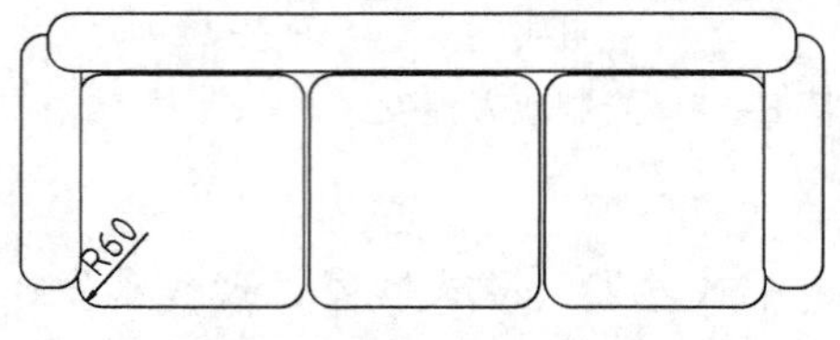

图 8-91　圆角操作

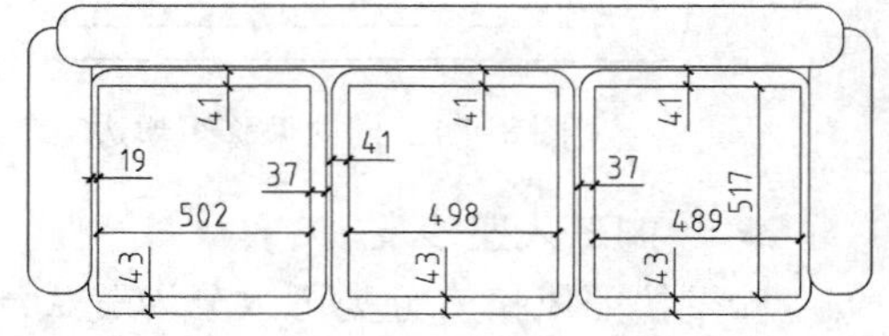

图 8-92　绘制矩形

**07**　绘制靠背造型。调用【圆】命令，绘制半径为 52 的圆形，如图 8-93 所示。

**08**　调用【修剪】命令，修剪图形，绘制靠背造型的结果如图 8-94 所示。

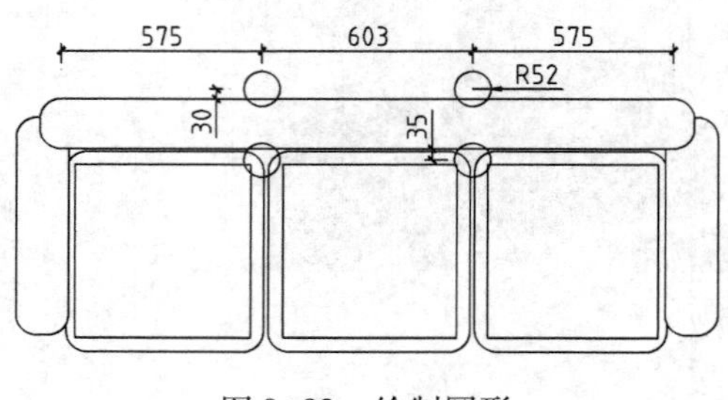

图 8-93　绘制圆形

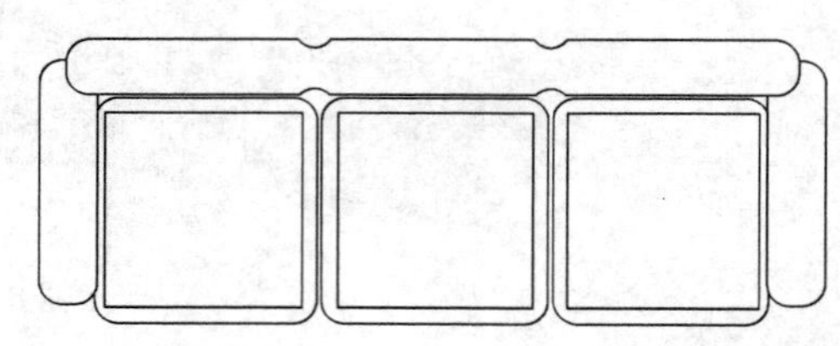
图 8-94　修剪图形

**09**　调用【圆弧】命令，绘制沙发靠背及扶手的圆弧装饰线，完成三人座沙发的绘制，结果如图 8-95 所示。

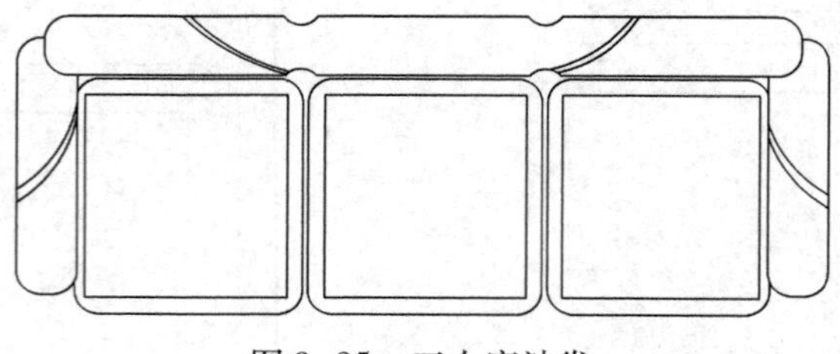
图 8-95　三人座沙发

## 8.9.2　绘制办公桌

办公桌有单人办公桌、卡座式办公桌等，如图 8-96 所示，单人办公桌一般放于独立的办公室中，供指定的人使用，卡座办公桌一般放于开敞办公区中，可以同时供多人使用。

本节介绍卡座办公桌的绘制方式。

图 8-96　办公桌

**01**　调用【直线】命令、【偏移】命令，绘制并偏移线段，如图 8-97 所示。

**02**　调用【直线】命令，绘制短斜线，如图 8-98 所示。

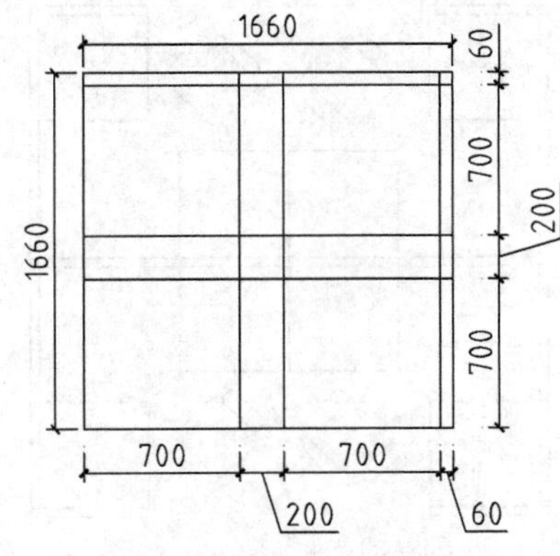


图 8-97　绘制并偏移线段

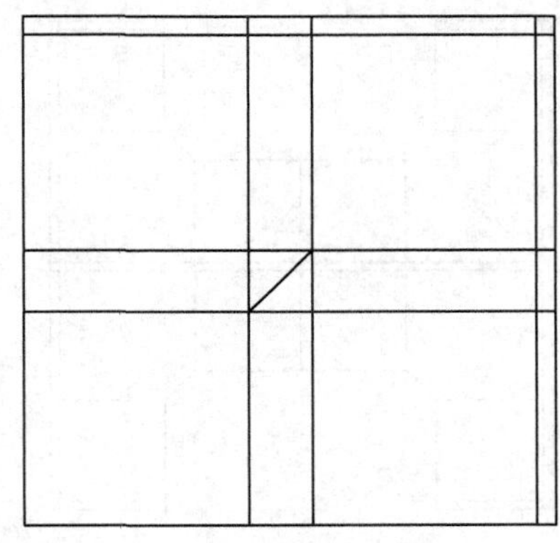

图 8-98　绘制短斜线

**03**　调用【修剪】命令，修剪线段，如图 8-99 所示。

**04**　调用【镜像】命令，选择办公桌向左镜像复制，结果如图 8-100 所示。

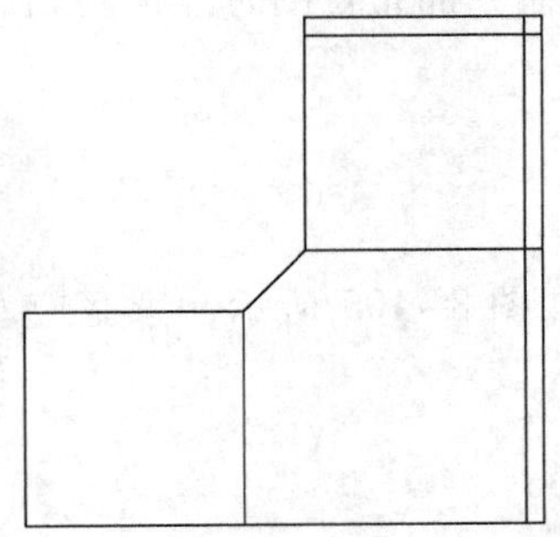

图 8-99　修剪线段

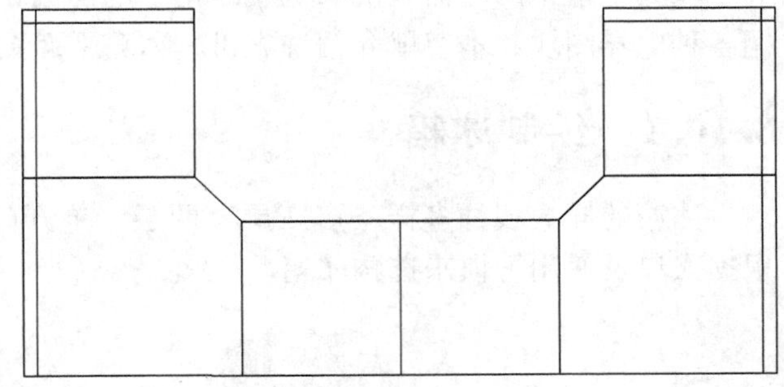

图 8-100　镜像复制图形

**05**　调用【偏移】命令，设置偏移距离为 60，偏移线段，如图 8-101 所示。

**06**　调用【镜像】命令，向下镜像复制办公桌图形，如图 8-102 所示。

**07**　调用【延伸】命令，延伸线段以完成办公桌的绘制，结果如图 8-103 所示。

**08**　调入办公椅图块。打开配套光盘提供的“第 8 章/家具图例 .dwg”文件，将其中的办公椅图块复制粘贴至当前图形中，如图 8-104 所示。

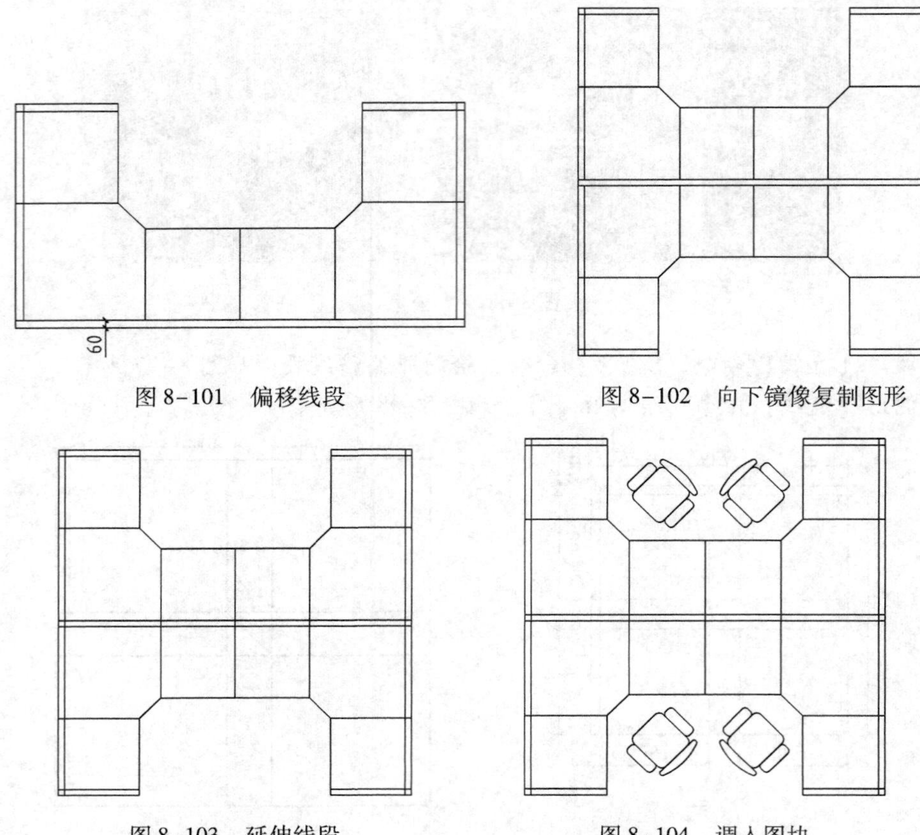


图 8-101　偏移线段

图 8-102　向下镜像复制图形

图 8-103　延伸线段

图 8-104　调入图块

## 8.10　常用电器图例

家庭中常用的电器有洗衣机、冰箱、电视机和饮水机等，在绘制平面布置图时经常要调用各种电器图块，本节就介绍洗衣机、冰箱平面图的绘制方法。

### 8.10.1　绘制冰箱

冰箱的样式多种多样，有三层、两层、单开门、双开门等，如图 8-105 所示，家庭应根据人口及使用习惯来选购冰箱。

图 8-105　电冰箱

本节介绍绘制冰箱图形的方法。

**01** 绘制冰箱外轮廓。调用【矩形】命令，绘制尺寸为 686×579 的矩形，如图 8-106 所示。

**02** 绘制冰箱门。调用【矩形】命令、【直线】命令，绘制冰箱门的结果如图 8-107 所示。

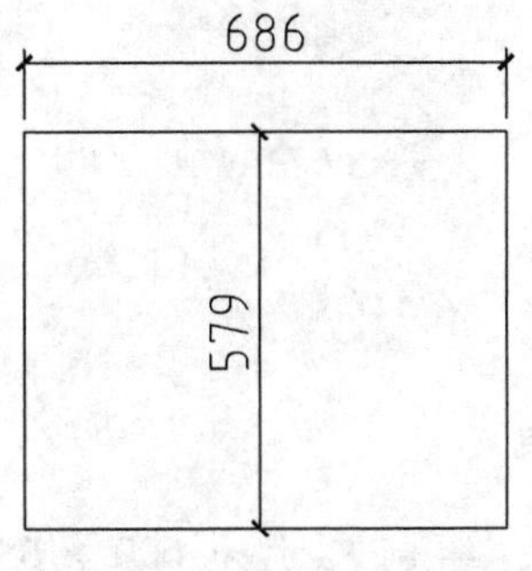

图 8-106 绘制冰箱外轮廓

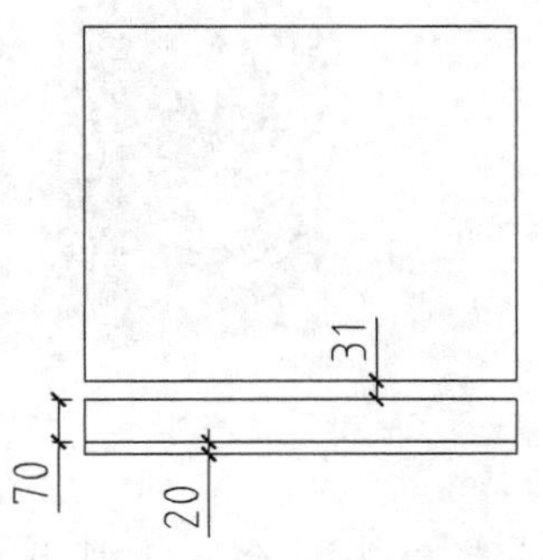

图 8-107 绘制冰箱门

**03** 调用【直线】命令，绘制如图 8-108 所示的图形。

**04** 调用【偏移】命令，选择两侧的轮廓线向内偏移，调用【直线】命令，绘制短斜线，如图 8-109 所示。

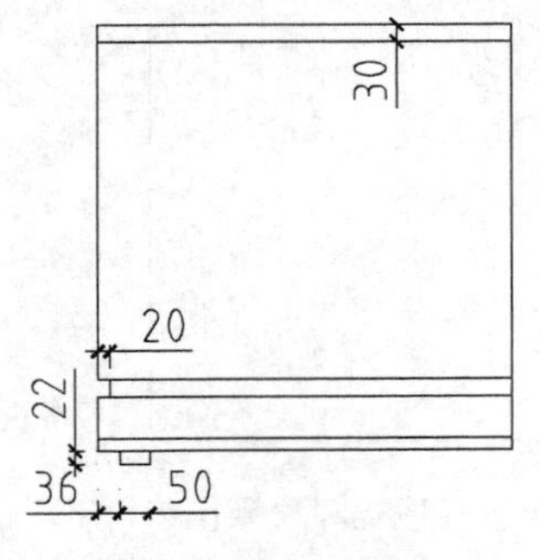

图 8-108 绘制直线

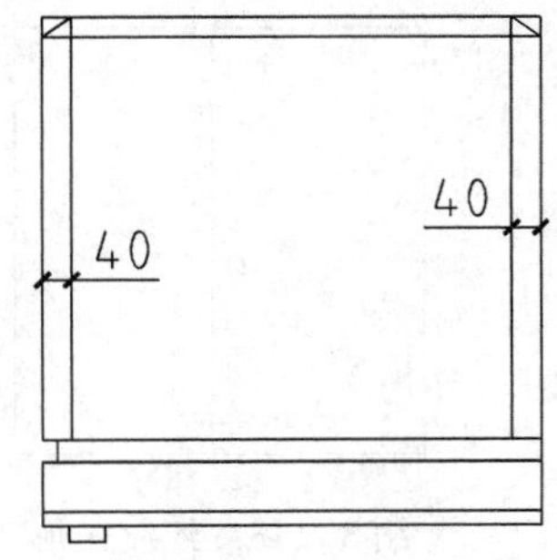

图 8-109 绘制短斜线

**05** 调用【修剪】命令、【删除】命令，修剪并删除线段，如图 8-110 所示。

**06** 调用【直线】命令，绘制对角线以完成冰箱平面图的绘制，如图 8-111 所示。

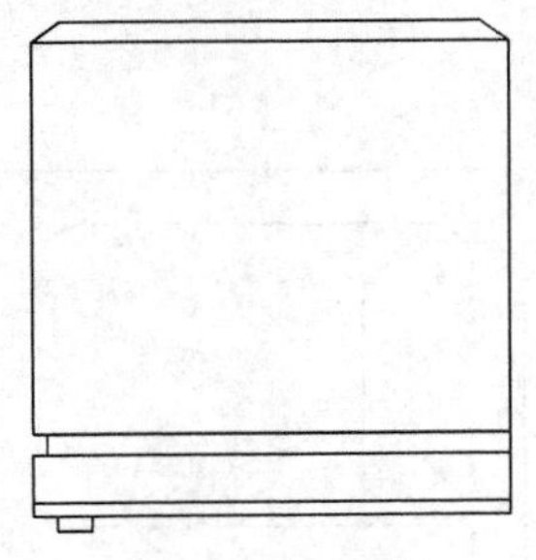
图 8-110 修剪并删除线段

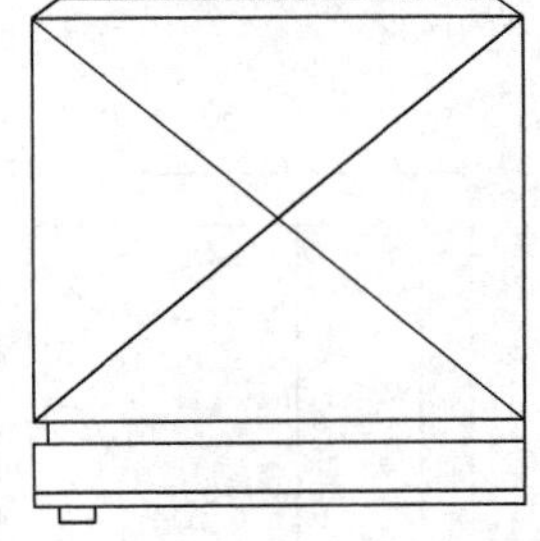
图 8-111 绘制冰箱

## 8.10.2 绘制洗衣机

洗衣机有三种类型，即波轮式、滚筒式和搅拌式，如图 8-112 所示。在购买时应向销售人员咨询各种类型的优缺点，以买到称心如意的洗衣机。

本节介绍洗衣机平面图的绘制方式。

图 8-112　洗衣机

**01**　绘制洗衣机外轮廓。调用【矩形】命令，绘制尺寸为 600 × 650 的矩形，如图 8-113 所示。

**02**　调用【圆角】命令，设置圆角半径为 20，对矩形执行圆角操作，结果如图 8-114 所示。

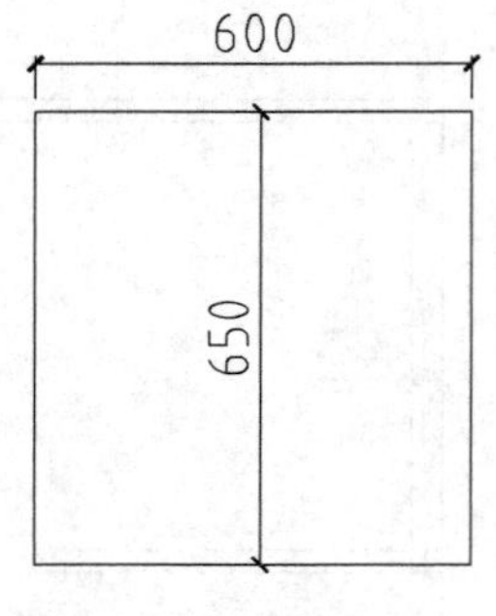


图 8-113　绘制矩形

图 8-114　圆角操作

**03**　调用【矩形】命令，绘制尺寸为 484×473 的矩形。调用【圆角】命令，修改半径为 50，对矩形执行圆角操作的结果如图 8-115 所示。

**04**　调用【直线】命令、【偏移】命令，绘制并偏移直线。调用【修剪】命令修剪图形，如图 8-116 所示。

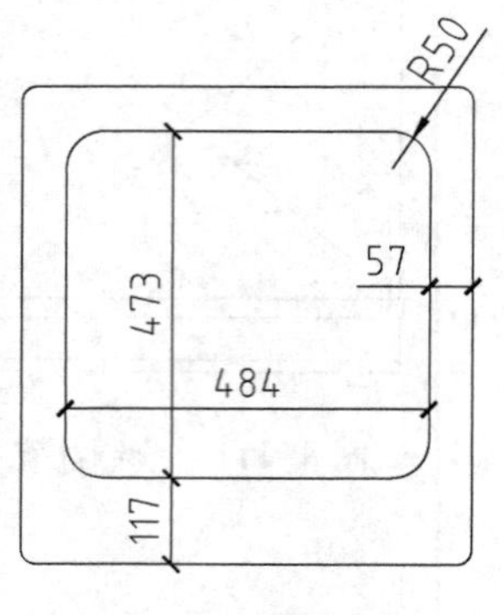


图 8-115　绘制矩形

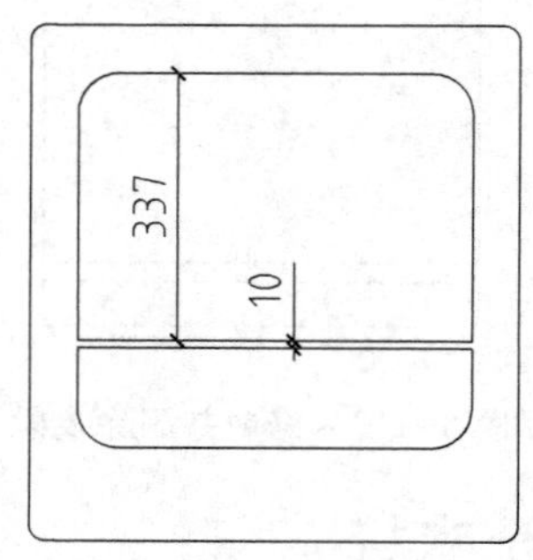


图 8-116　修剪图形

**05** 调用【圆形】命令，分别绘制半径为 29、19 的圆形来表示洗衣机的按钮，如图 8-117所示。

**06** 调用【矩形】命令，绘制尺寸为 61×24 的矩形来表示洗衣机的标签，完成洗衣机平面图的绘制，结果如图 8-118 所示。

图 8-117 绘制按钮

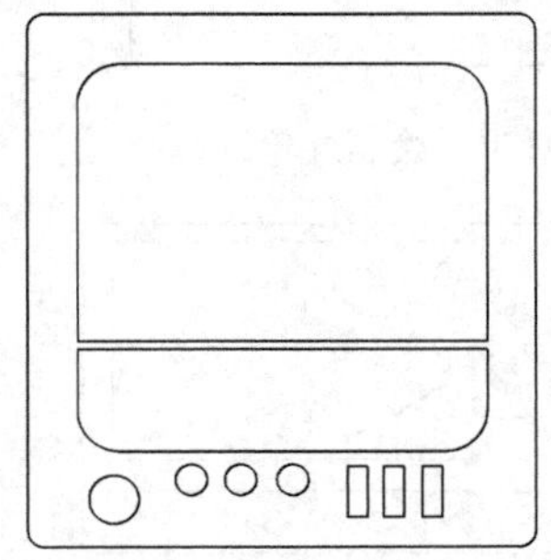

图 8-118 绘制洗衣机

# 8.11 常用厨具图例

厨房的主要用具为燃气灶及洗涤盆，可以分别满足烹饪及洗涤的要求，本节介绍燃气灶及洗涤盆图例的绘制方式。

## 8.11.1 绘制燃气灶

按气源讲，燃气灶主要分为液化气灶、煤气灶和天然气灶；按灶眼讲，分为单灶、双灶和多眼灶，如图 8-119 所示。本节介绍双眼燃气灶平面图的绘制方式。

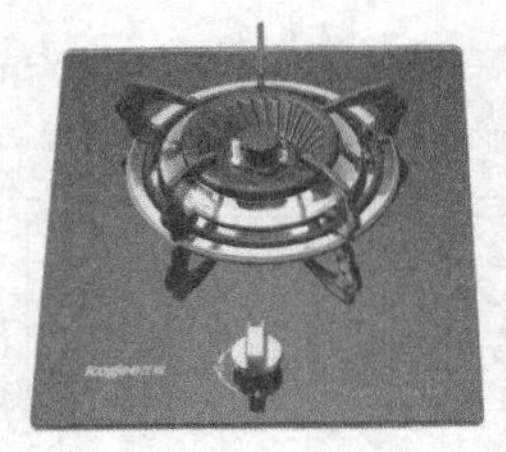

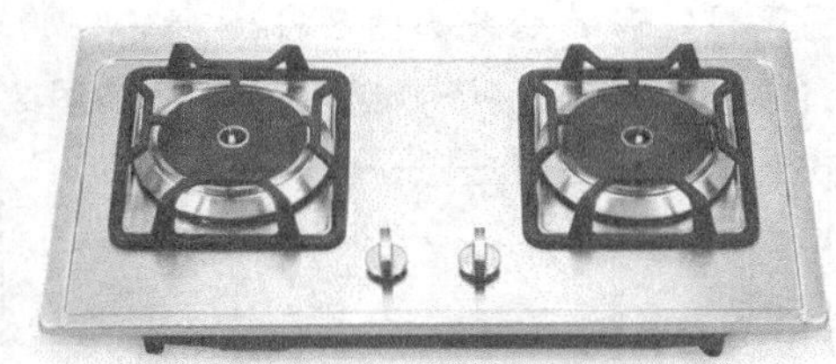

图 8-119 燃气灶

**01** 绘制燃气灶的外轮廓线。调用【矩形】命令，绘制尺寸为 650×400 的矩形，如图 8-120 所示。

**02** 调用【分解】命令分解矩形，调用【偏移】命令、【修剪】命令，向内偏移并修剪矩形边，如图 8-121 所示。

**03** 绘制灶眼。调用【矩形】命令，设置圆角半径为 40，绘制尺寸为 170×170 的矩形，如图 8-122 所示。

**04** 调用【偏移】命令，设置偏移距离为 10，向内偏移圆角矩形，如图 8-123 所示。

**05** 调用【圆】命令，绘制半径为 48 的圆形，调用【偏移】命令，设置偏移距离为 5，选择圆形向内偏移，如图 8-124 所示。

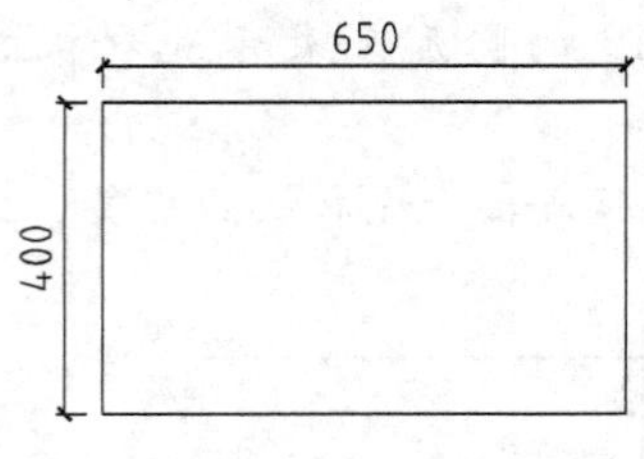

图 8-120　绘制外轮廓线

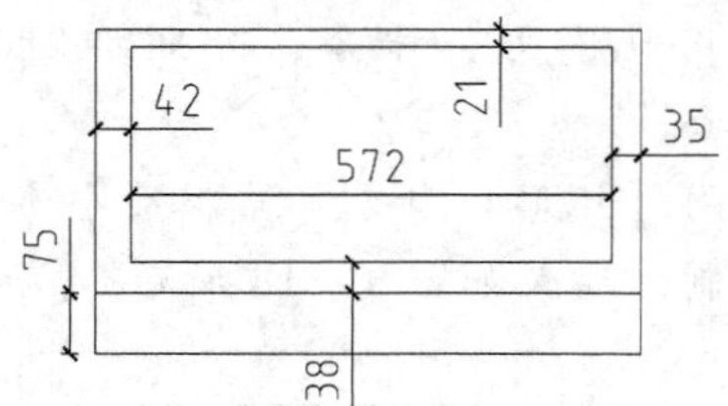

图 8-121　偏移并修剪矩形边

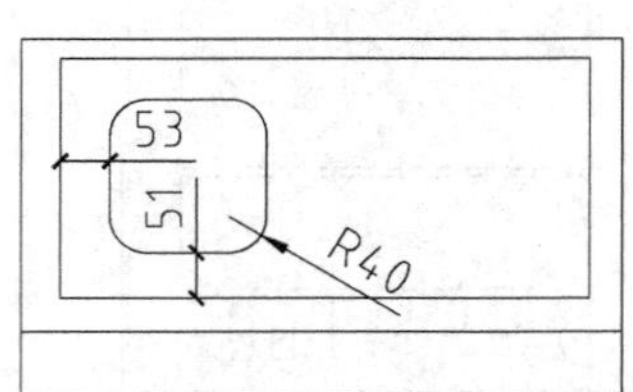

图 8-122　绘制矩形

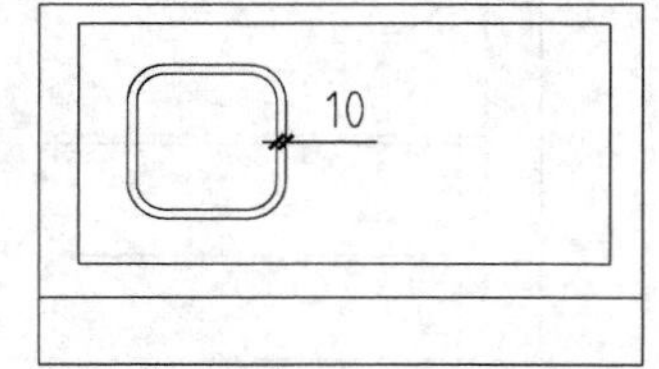

图 8-123　向内偏移圆角矩形

**06**　调用【矩形】命令，绘制尺寸为 23×5 的矩形，如图 8-125 所示。

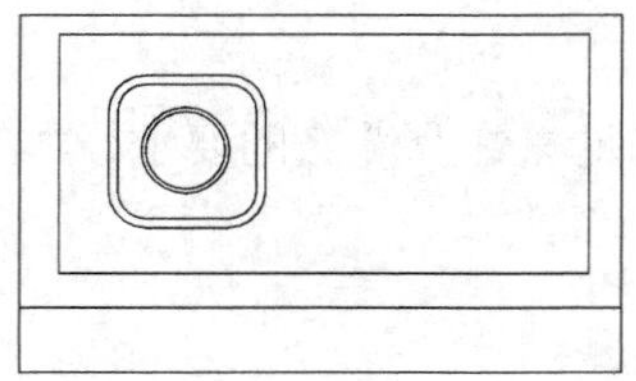
图 8-124　绘制并偏移圆形

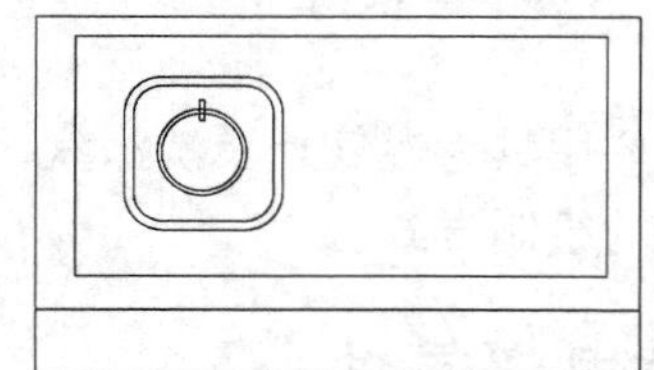
图 8-125　绘制矩形

**07**　执行【环形阵列】命令，选择矩形为源对象，拾取圆心为阵列中心点，设置项目数目为 4，阵列复制矩形的结果如图 8-126 所示。

**08**　调用【修剪】命令，修剪圆形的结果如图 8-127 所示。

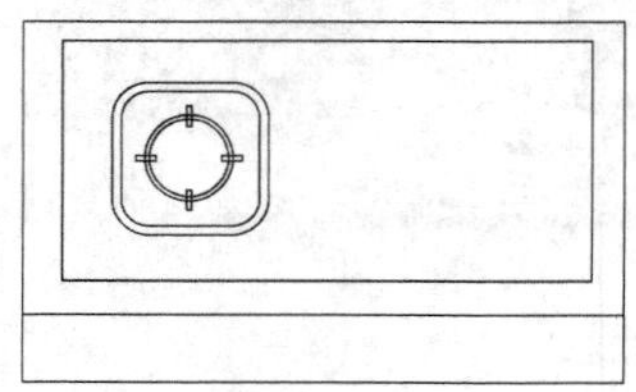
图 8-126　环形阵列

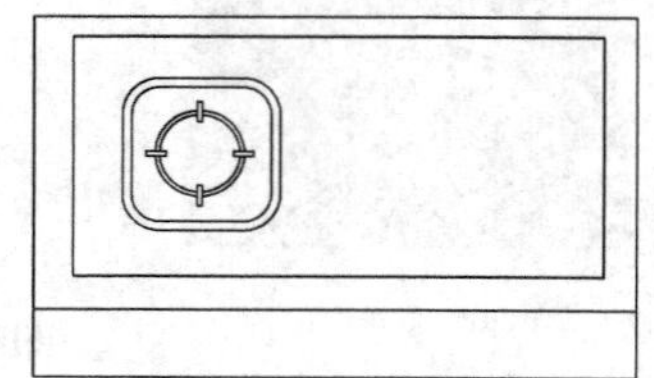
图 8-127　修剪圆形

**09**　绘制燃气灶旋转开关。调用【圆】命令，绘制半径为 24 的圆形，调用【直线】命令绘制直线可以完成开关的绘制，如图 8-128 所示。

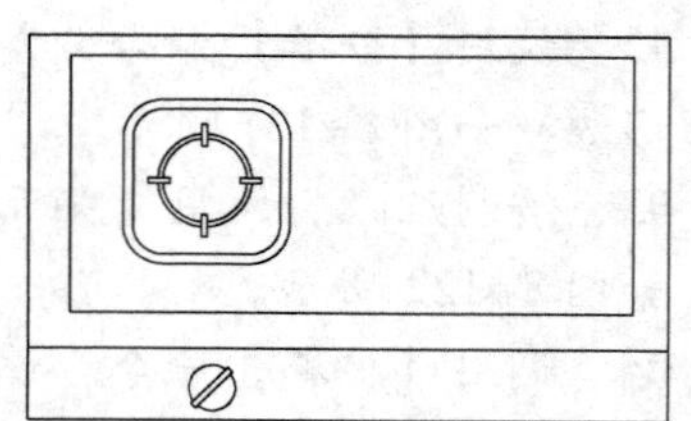
图 8-128　绘制燃气灶旋转开关

**10**　选择左侧的灶眼、旋转开关，调用【镜像】命令，将其镜像复制到右侧，如图 8-129 所示。

**11**　调用【矩形】命令，绘制尺寸为 120×30 的矩形作为燃气灶的标签，完成燃气灶平面图的绘制，结果如图 8-130所示。

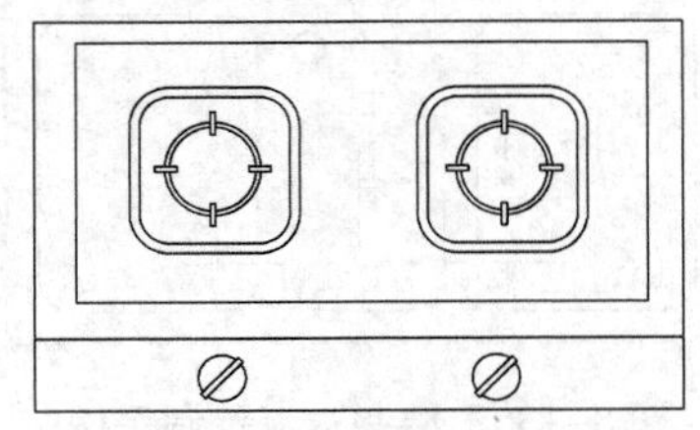

图 8-129　镜像复制图形

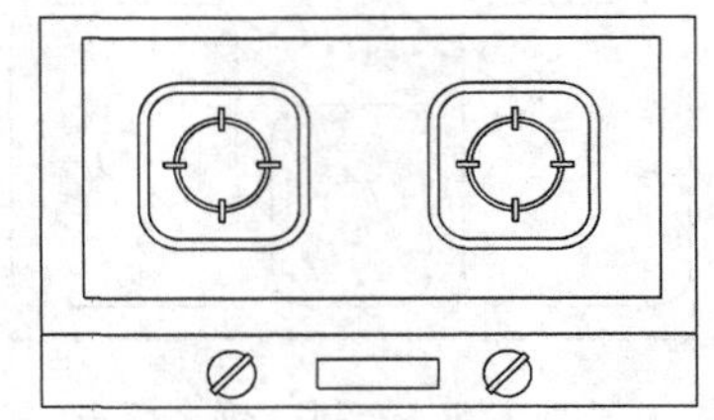

图 8-130　燃气灶平面图

## 8.11.2　绘制洗涤盆

厨房中的洗涤盆主要提供清洗作用，如对于锅碗瓢盆、鱼肉菜蛋等的清洁、分类，图 8-131 所示为常见的厨房洗涤盆样式，本节介绍洗涤盆平面图的绘制方法。

图 8-131　洗涤盆

**01**　绘制外轮廓线。调用【矩形】命令，设置圆角半径为 25，绘制尺寸为 1092×559 的圆角矩形，如图 8-132 所示。

**02**　继续调用【矩形】命令，修改圆角半径为 51，继续绘制圆角矩形，结果如图 8-133 所示。

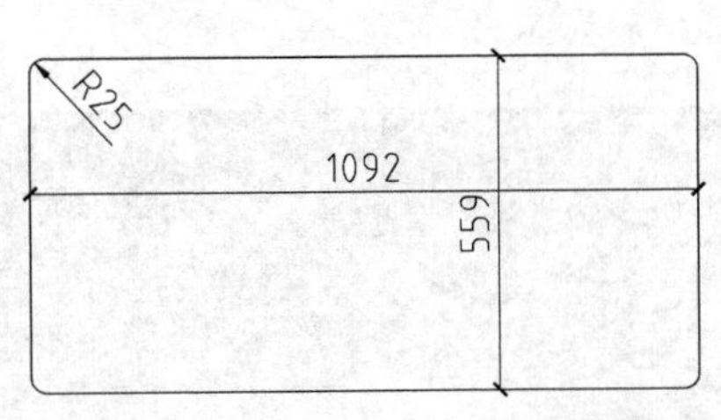


图 8-132　绘制外轮廓线

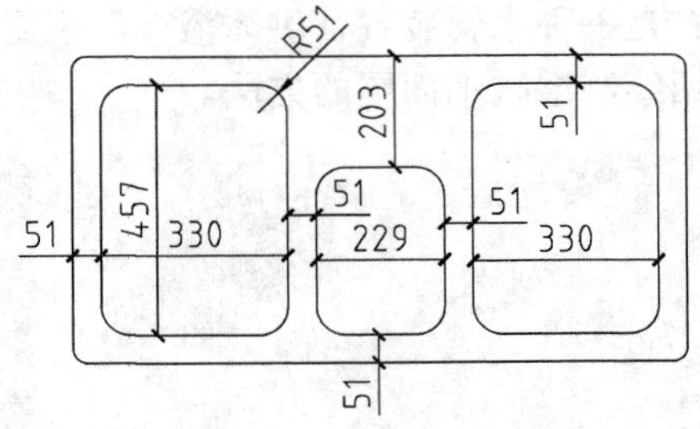


图 8-133　绘制圆角矩形

**03**　绘制流水孔。调用【圆】命令，绘制半径为 38 的圆形来表示流水孔，如图 8-134 所示。

**04**　绘制冷热水标志。调用【圆】命令，绘制半径为 25 的圆形来表示冷热水标志，如图 8-135 所示。

**05**　绘制水流控制手柄。调用【圆】命令，绘制半径为 25 的圆形，调用【偏移】命令，偏移矩形边，如图 8-136 所示。

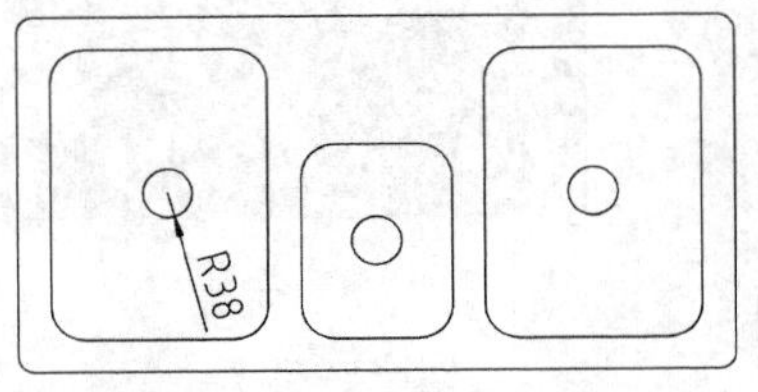


图 8-134　绘制流水孔

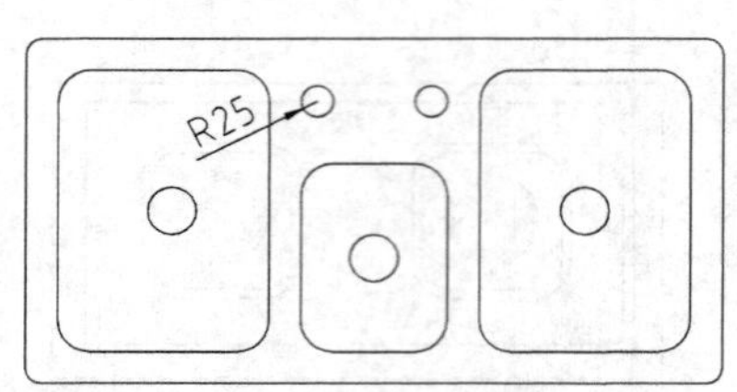


图 8-135　绘制冷热水标志

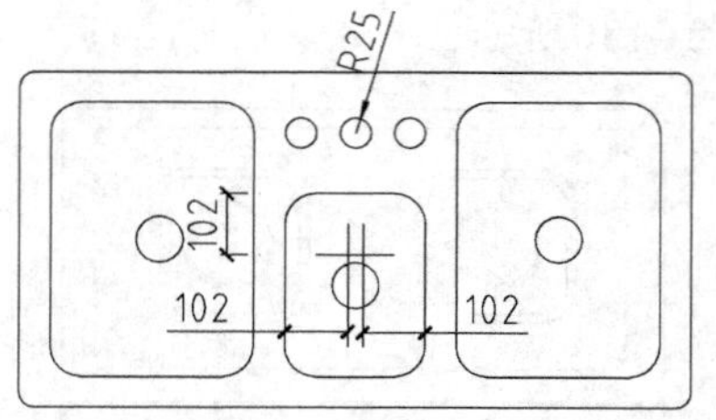


图 8-136　绘制水流控制手柄

**06**　调用【直线】命令，绘制连接直线，如图 8-137 所示。

**07**　调用【修剪】命令、【删除】命令来修剪或删除图形，完成洗涤盆平面图的绘制，结果如图 8-138 所示。

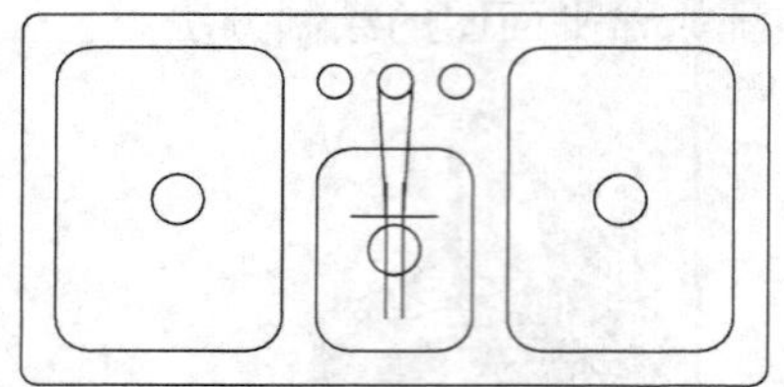

图 8-137　绘制连接直线

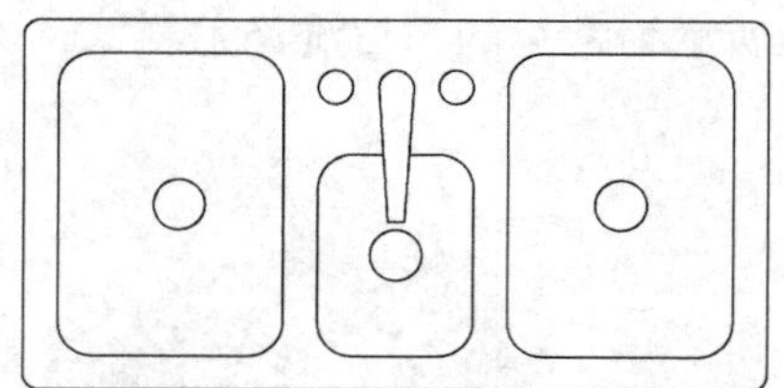

图 8-138　洗涤盆平面图

# 8.12　常用洁具图例

卫生间中的洁具有洗脸盆、浴缸、坐便器、小便器等，按照卫生间的面积大小或者个人爱好来选用洁具，本节介绍浴缸、坐便器、洗脸盆图例的绘制方式。

## 8.12.1　绘制浴缸

浴缸是一种水管装置，供沐浴或淋浴之用，通常装置在家居浴室内，如图 8-139 所示。本节介绍绘制浴缸平面图的方法。

图 8-139　浴缸

**01**　调用【矩形】命令，绘制尺寸为 757 × 1700 的矩形来表示浴缸的外轮廓，如

图 8-140 所示。

**02** 调用【分解】命令分解矩形，调用【偏移】命令向内偏移矩形边，如图 8-141 所示。

**03** 调用【直线】命令，绘制连接直线，如图 8-142 所示。

**04** 调用【修剪】命令、【删除】命令，修剪并删除线段，如图 8-143 所示。

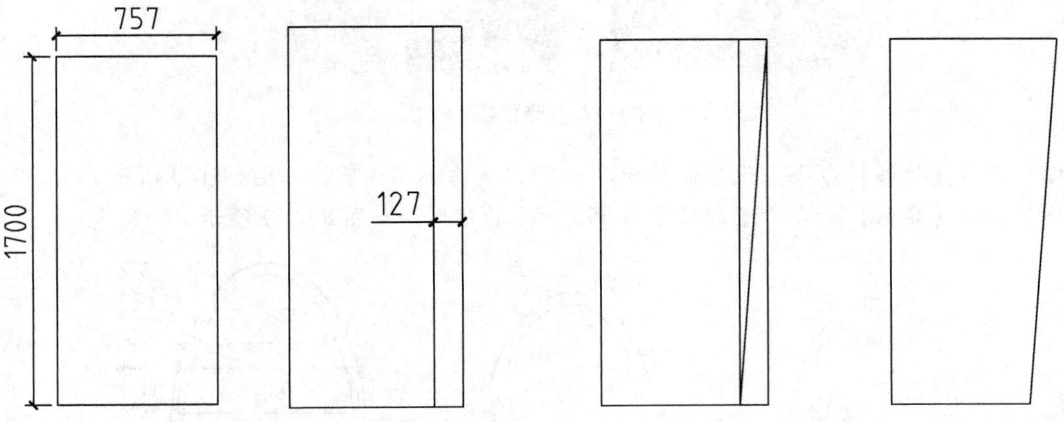


图 8-140 绘制矩形　图 8-141 向内偏移矩形边　图 8-142 绘制连接直线　图 8-143 修剪并删除线段

**05** 调用【偏移】命令，选择轮廓线向内偏移，如图 8-144 所示。

**06** 调用【圆角】命令，设置圆角半径为 40，对线段执行圆角操作，结果如图 8-145 所示。

**07** 绘制流水孔。调用【圆】命令，绘制半径为 24 的圆形，调用【偏移】命令，设置偏移距离为 9，选择圆形向内偏移，完成浴缸平面图的绘制结果如图 8-146 所示。

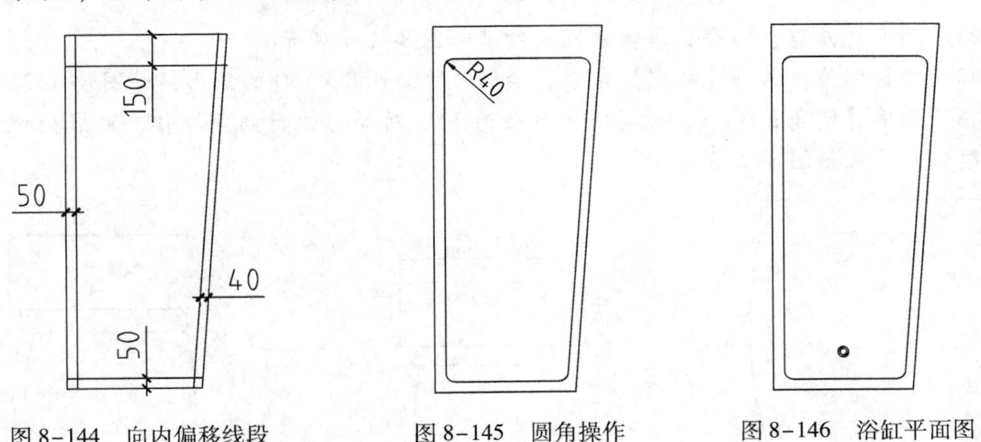


图 8-144 向内偏移线段　图 8-145 圆角操作　图 8-146 浴缸平面图

## 8.12.2 绘制坐便器

坐便器属于建筑给水排水材料领域的一种卫生器具，分为分体坐便器、连体坐便器、直冲式坐便器、虹吸式坐便器等，如图 8-147 所示。本节介绍绘制坐便器平面图的方法。

**01** 调用【椭圆】命令，绘制长轴为 804，短轴为 215 的椭圆，如图 8-148 所示。

图 8-147　坐便器

**02**　调用【偏移】命令，设置偏移距离为27，向内偏移椭圆，如图 8-149 所示。

**03**　调用【矩形】命令，绘制尺寸为 390×55 的矩形，如图 8-150 所示。

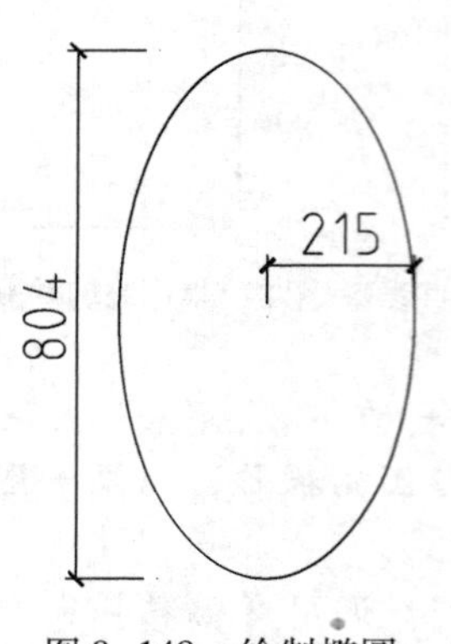

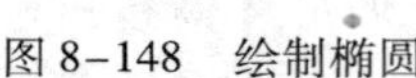

图 8-148　绘制椭圆

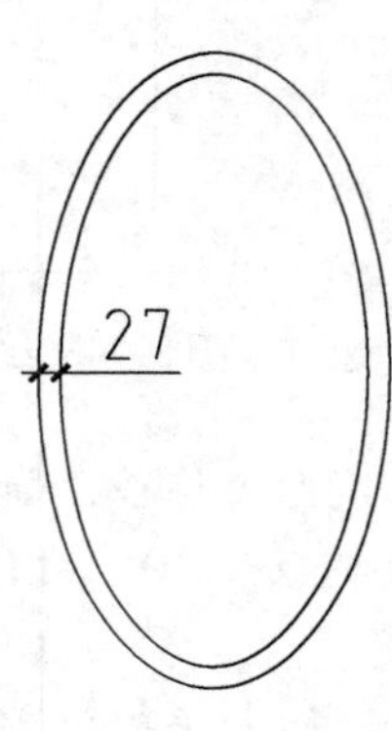


图 8-149　偏移椭圆

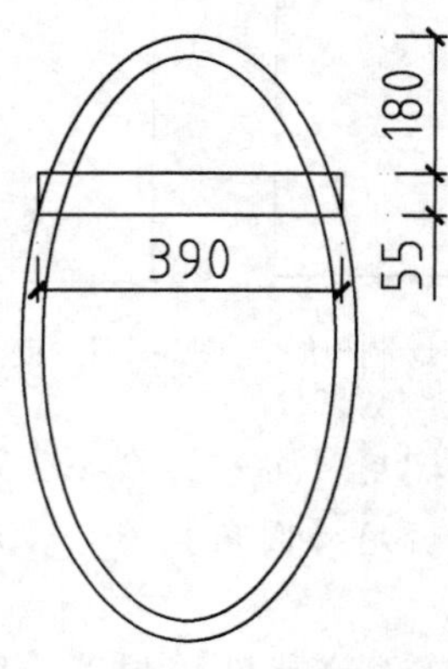


图 8-150　绘制矩形

**04**　调用【修剪】命令，修剪椭圆，结果如图 8-151 所示。

**05**　绘制水箱。调用【矩形】命令，绘制尺寸为 450×180 的矩形，如图 8-152 所示。

**06**　调用【圆角】命令，设置圆角半径为 30，对矩形执行圆角操作，完成坐便器平面图的绘制，结果如图 8-153 所示。

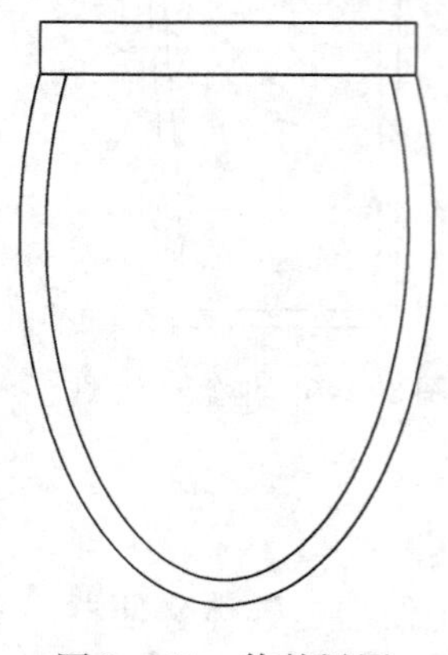

图 8-151　修剪椭圆

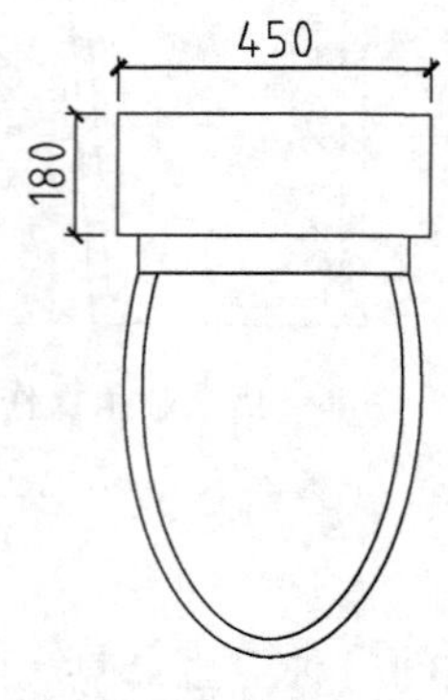


图 8-152　绘制水箱

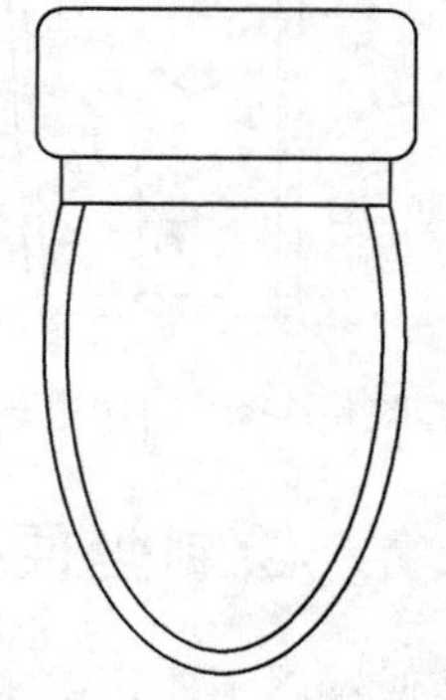

图 8-153　坐便器平面图

## 8.12.3 绘制洗脸盆

洗脸盆是日常生活中不可缺少的卫生洁具，有角形洗脸盆、普通型洗脸盆、立式洗脸盆、有沿台式洗脸盆、无沿台式洗脸盆等类型，如图 8-154 所示。本节介绍绘制洗脸盆平面图的方法。

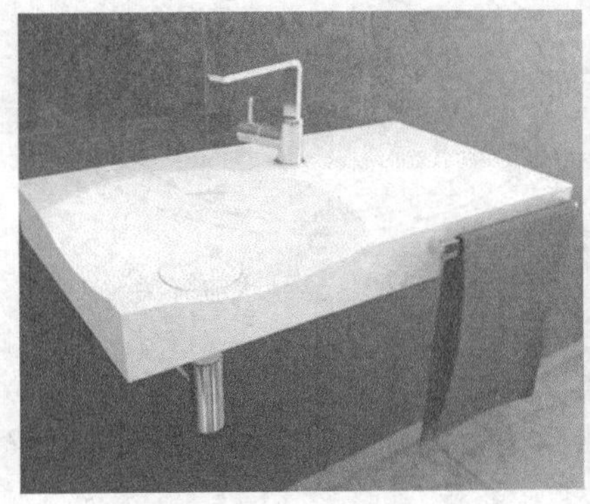

图 8-154　洗脸盆

**01**　调用【椭圆】命令，绘制长轴为 591，短轴为 171 的椭圆作为洗脸盆的外轮廓线，如图 8-155 所示。

**02**　调用【偏移】命令，设置偏移距离为 16，向内偏移椭圆，如图 8-156 所示。

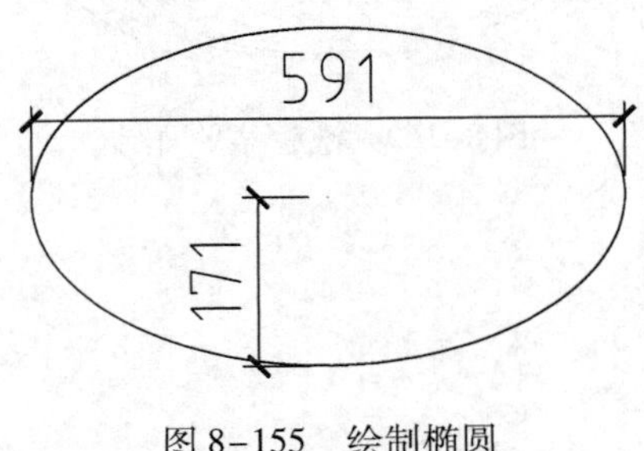


图 8-155　绘制椭圆

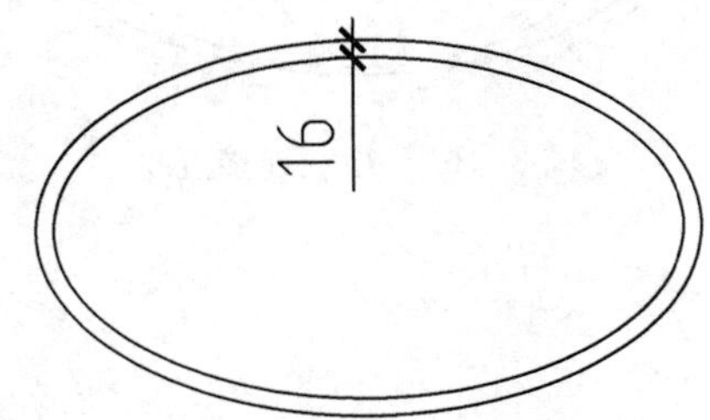


图 8-156　向内偏移椭圆

**03**　调用【椭圆】命令，绘制长轴为 450，短轴为 133 的椭圆，如图 8-157 所示。

**04**　绘制流水孔。调用【圆】命令，绘制半径为 19 的圆形，并调用【直线】命令，在圆形过圆心绘制交叉直线，如图 8-158 所示。

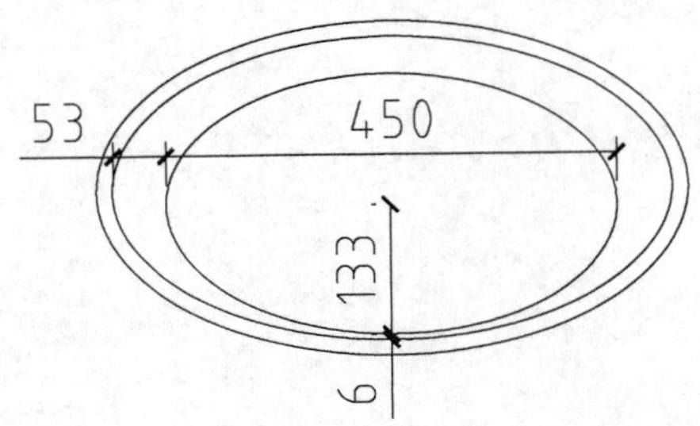


图 8-157　绘制椭圆

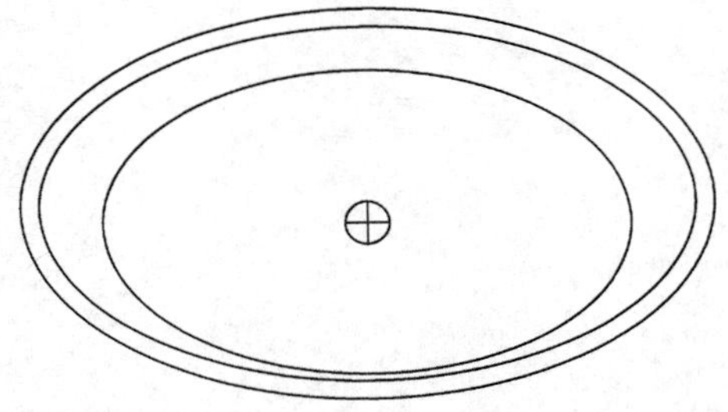

图 8-158　绘制流水孔

**05** 绘制冷热水标志。调用【圆】命令，绘制半径为 28 的圆形，如图 8-159 所示。

**06** 绘制水流开关。调用【圆】命令，分别绘制半径为 30、10 的圆形，调用【偏移】命令，设置偏移距离为 10，选择半径为 30 的圆形向内偏移，如图 8-160 所示。

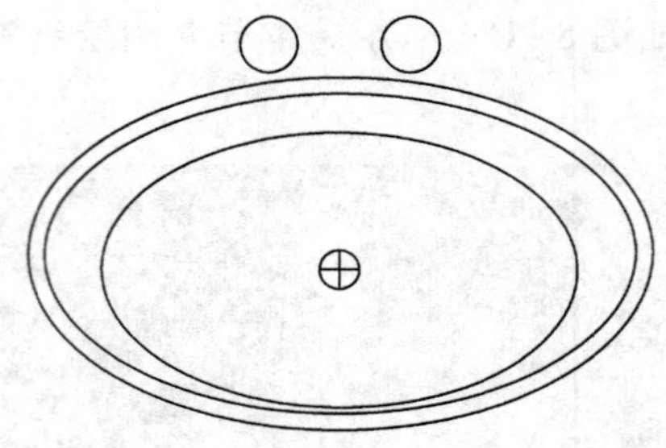

图 8-159　绘制圆形

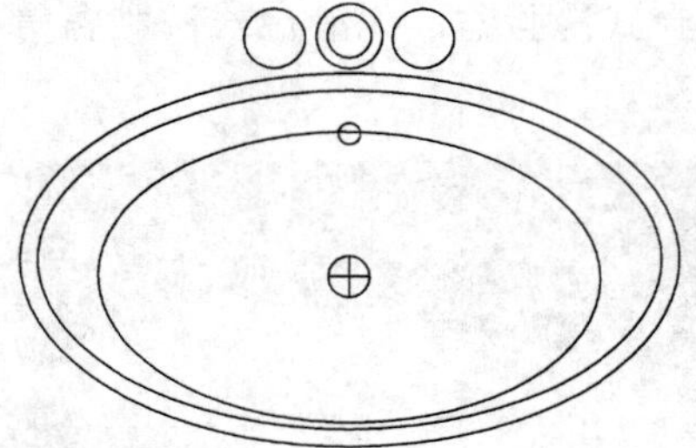

图 8-160　绘制水流开关

**07** 调用【直线】命令，绘制连接直线，如图 8-161 所示。

**08** 调用【修剪】命令，修剪圆形，完成洗脸盆平面图的绘制，结果如图 8-162 所示。

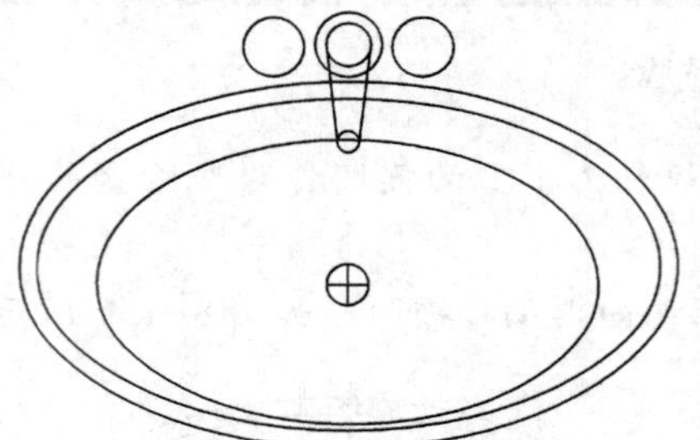

图 8-161　绘制连接直线

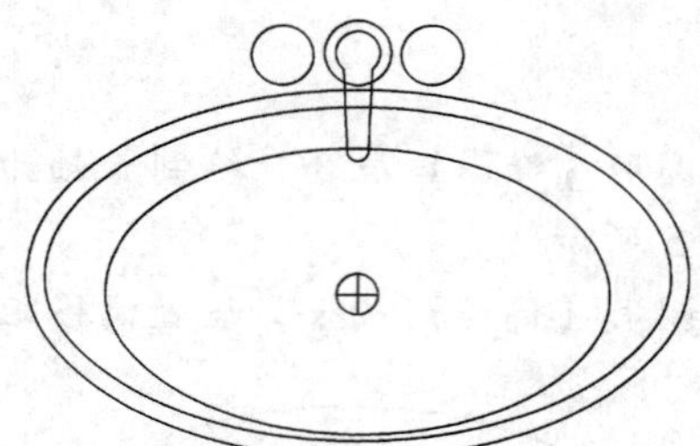

图 8-162　洗脸盆平面图

# 第 9 章　绘制原墙结构图

原墙结构图表示了房屋的原始结构，在图纸上需要绘制的图形有，外墙体、内墙体、门窗、楼梯、管道附件、尺寸标注以及文字标注等。

本章介绍原墙结构图的绘制方法。

## 9.1　绘制原墙结构图

原墙结构图是对户型毛坯房的表达，主要表示墙体、门窗等建筑构件在平面上的关系。在对毛坯房进行实地测量后，首先绘制量房草图，如图 9-1 所示。在草图上大致标识墙体和门窗的位置、尺寸，以及各房间之间的关系，有时候可以在草图上表示大概的功能区划分。

接着在草图的基础上归纳整理，通过操作 AutoCAD 软件来绘制标准的施工图样。本章介绍原墙结构图的绘制方法。

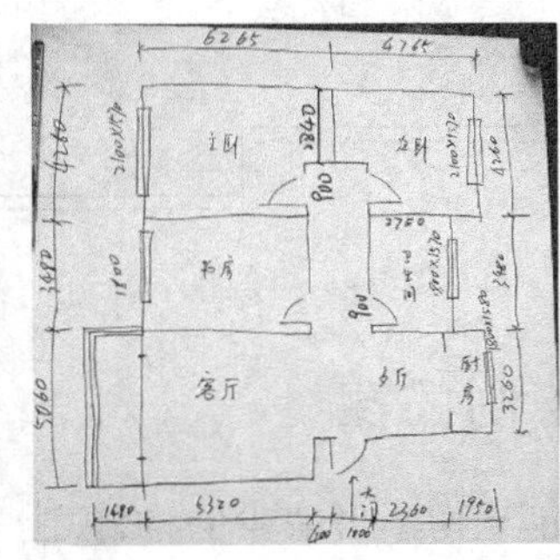


图 9-1　毛坯房与量房草图

### 9.1.1　绘制墙体

本例在绘制墙体时需要调用【多段线】、【偏移】等命令。因为外墙体与内墙体的构造较为简单，因此通过绘制外墙线、偏移外墙线来得到内外墙体。

绘制的方法为，首先调用【多段线】命令来绘制外墙线，又由于外墙的宽度并没有全部一致，因此需要将外墙线分解，设定不同的偏移距离来向内偏移外墙线，以此得到外墙体。

绘制完成外墙体后，再次调用【偏移】命令，选择外墙的内墙线向内偏移，通过调用【修剪】命令修剪所偏移的墙线来得到内墙体。

**01**　按下〈Ctrl + O〉组合键，打开在第 8 章创建的室内绘图模板；按下〈Ctrl + Shift +

S〉组合键，打开【图形另存为】对话框，在其中设置文件名称为【原墙结构图】，单击【保存】按钮完成图形另存为的操作。

**02** 将【墙体】图层置为当前图层。

**03** 绘制外墙线。调用【多段线】命令，指定各段的长度参数，绘制外墙线的结果如图 9-2 所示。

**04** 调用【分解】命令，将外墙线分解；调用【偏移】命令、【修剪】命令，选择外墙线向内偏移，同时对墙线执行修剪操作，绘制外墙体的结果如图 9-3 所示。

**05** 接着再调用【偏移】命令，选择外墙的内墙线向内偏移，执行【修剪】命令，对墙线执行修剪后即可完成内墙的绘制，结果如图 9-4 所示。

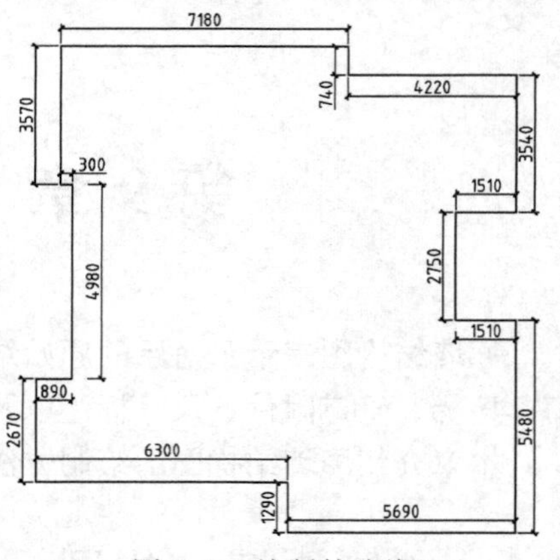


图 9-2　绘制外墙线

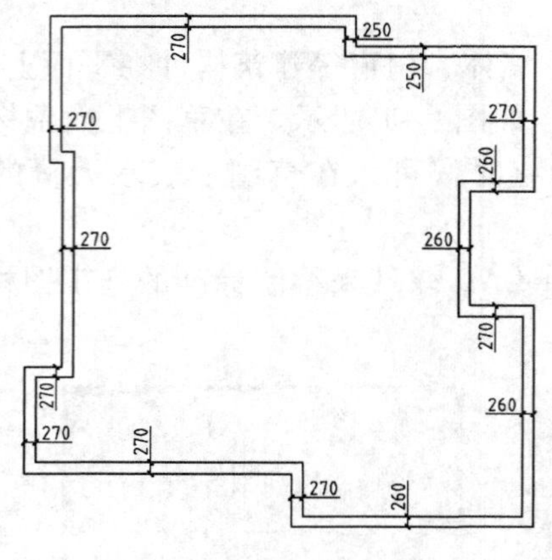


图 9-3　绘制外墙

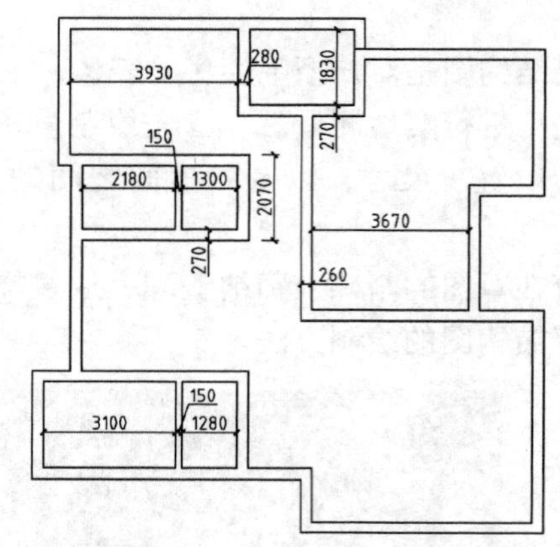


图 9-4　绘制内墙

## 9.1.2　绘制门窗

门窗是建筑物不可缺少的构件之一。目前居室的窗户多为推拉窗、飘窗、平开窗等，入户门开发商早就安装好了，一般为子母门，有的是单扇平开门，内部房间的门可自由购置，有的使用实木门，有的使用玻璃门等。

门窗洞口指的是门窗所在的位置，即在墙体空出一定的位置来安装门窗。在不破坏建筑物构造的情况下，可以更改门窗的宽度、高度，以符合使用需求。

绘制门窗的方法为，首先在墙体上指定门窗洞口的位置，在外墙上指定窗洞，在内墙上指定门洞。接着绘制窗户图形，可以调用【直线】、【偏移】命令来绘制。

本例的入户门为单扇平开门，通过调用【矩形】、【圆弧】命令来绘制。

**01** 将【门窗】图层置为当前图层。

**02** 绘制门窗洞。调用【偏移】命令、【修剪】命令，选择并偏移内墙线，接着再对墙线执行修剪操作，绘制洞口的结果如图 9-5 所示。

**03** 绘制推拉窗。调用【直线】命令，绘制直线闭合窗洞，接着调用【修剪】命令，设置偏移距离为 90，选择两侧的线段向内偏移，绘制平面窗户图形的结果如图 9-6 所示。

**04** 绘制飘窗。调用【多段线】命令，绘制飘窗外轮廓线，然后调用【偏移】命令，设置偏移距离为 50，向内偏移多段线，绘制飘窗平面图形的结果如图 9-7 所示。

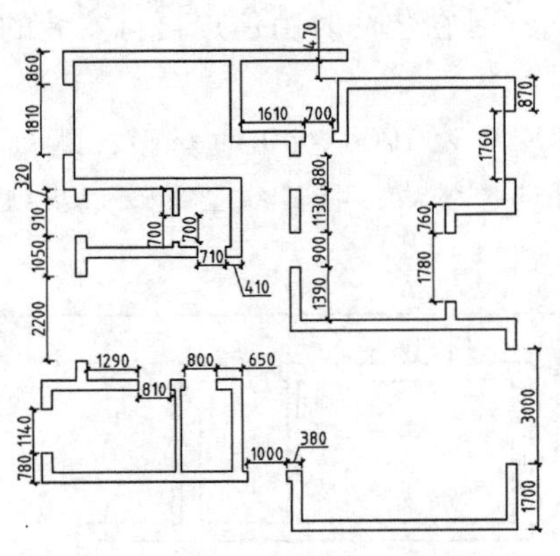


图 9-5 绘制门窗洞口

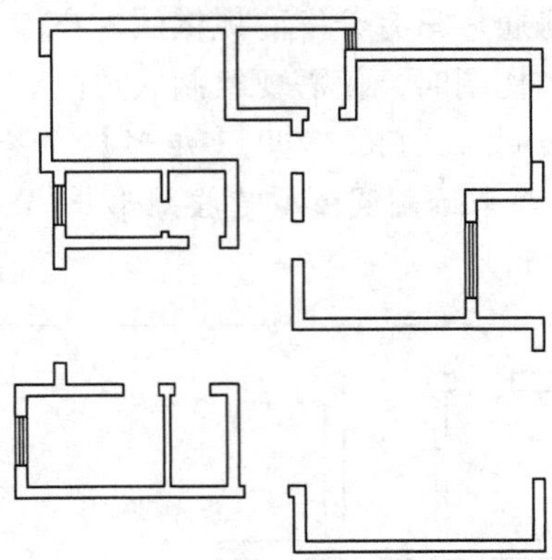

图 9-6 绘制门窗洞口

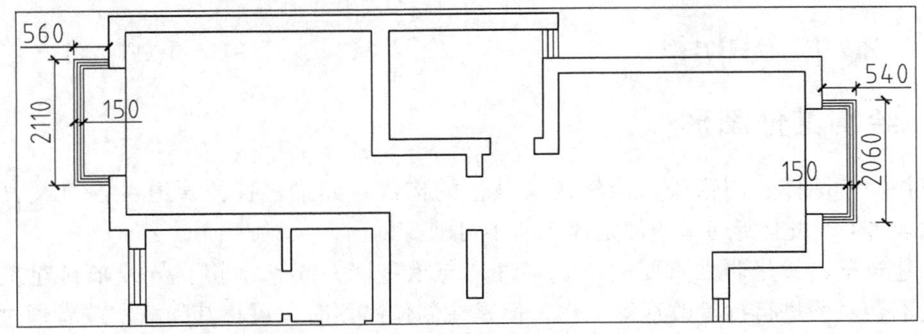


图 9-7 绘制飘窗

**05** 将【墙体】图层置为当前图层。

**06** 绘制墙体。调用【矩形】命令，绘制图 9-8 所示的墙体图形。

**07** 将【门窗】图层置为当前图层。

**08** 绘制窗户。调用【多段线】命令、【偏移】命令，绘制并偏移多段线（偏移距离为 50），完成窗图形的绘制，结果如图 9-9 所示。

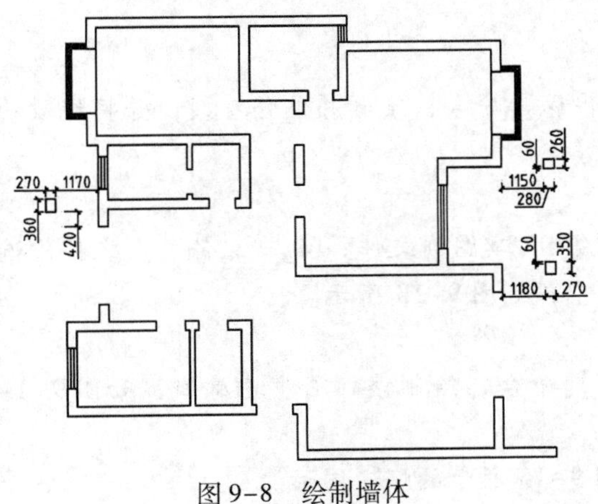


图 9-8 绘制墙体

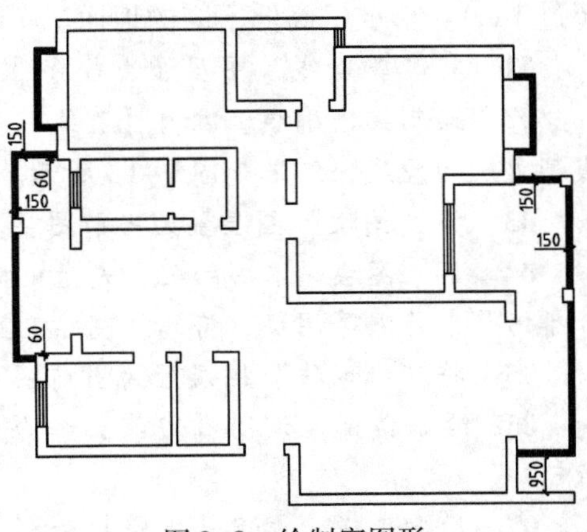


图 9-9 绘制窗图形

**09** 绘制门口线。调用【直线】命令，在门洞处绘制直线以闭合门洞，结果如图 9-10 所示。

毛坯房通常只有开发商提供的入户门，房间门都是在装修时由住户自行安装的，因此在绘制原墙结构图时，仅需要绘制入户门。

**10** 绘制入户门。调用【矩形】命令，绘制尺寸为 1000×40 的矩形，然后通过执行【圆弧】命令来绘制圆弧以连接矩形及门洞，同时选择弧线，将其线型更改为虚线，结果如图 9-11 所示。

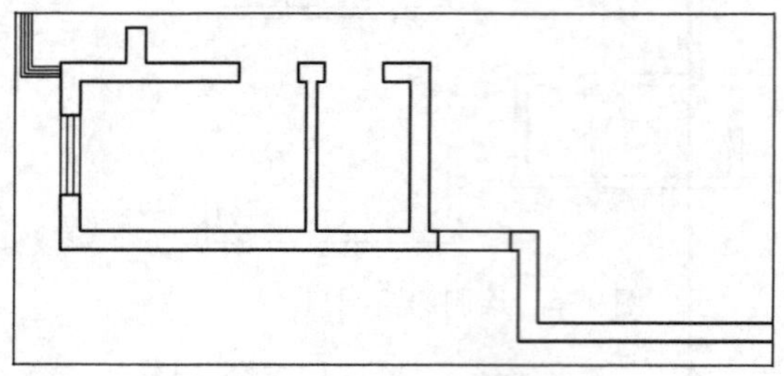

图 9-10　绘制门口线

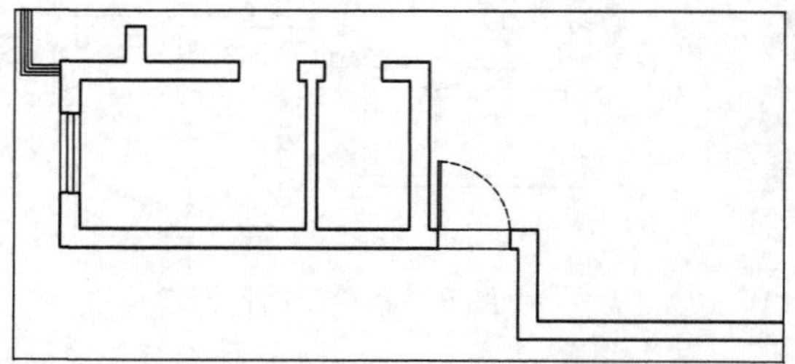

图 9-11　绘制平开门

## 9.1.3　绘制其他图形

建筑物除了墙体、门窗外，当然还有其他的构件，如梁、各类管道、各类仪表（如煤气表、水表等），如上所列举的都是建筑所不可缺少的。

比如建筑梁，梁是非常重要的建筑构件，与承重墙一起来承担、分载来自建筑物的重量，一般不会对梁进行拆除改造等工作，但是在制作吊顶时，可将其隐藏，或者通过划分吊顶面积、设计吊顶的造型，使梁与吊顶成为一体，起到装饰环境的作用。

房屋的给水排水管道是在建筑设计时制作的，与室外的总管网相连。居室内部的给水排水系统可以自行设计，这时需要设计师根据居室的实际情况提出意见和建议，水电工人配合完成。

为了使梁的轮廓线与墙线相区别，因此将梁的轮廓线设置为虚线。

此外，错层之所以称为错层，是指居室内的地面标高有明显的落差（相差的高度不会超过 1 m），形成了高低不同的地面。

**01** 将“辅助线”图层置为当前图层。

**02** 绘制梁轮廓线。调用【直线】命令、【偏移】命令，绘制并偏移直线，并将线段的线型更改为虚线，结果如图 9-12 所示。

**03** 将“图块”图层置为当前图层。

**04** 调入图块。本书的配套光盘中提供了“第 9 章/图例文件 .dwg”文件，在文件中选择排污管、地漏等图块，将其复制粘贴至平面图中，如图 9-13 所示。

**05** 将“辅助线”图层置为当前图层。

**06** 绘制楼梯。调用【直线】命令、【偏移】命令，绘制楼梯踏步轮廓线，如图 9-14 所示。

**07** 绘制烟道。调用【直线】命令，绘制图 9-15 所示的烟道图形。

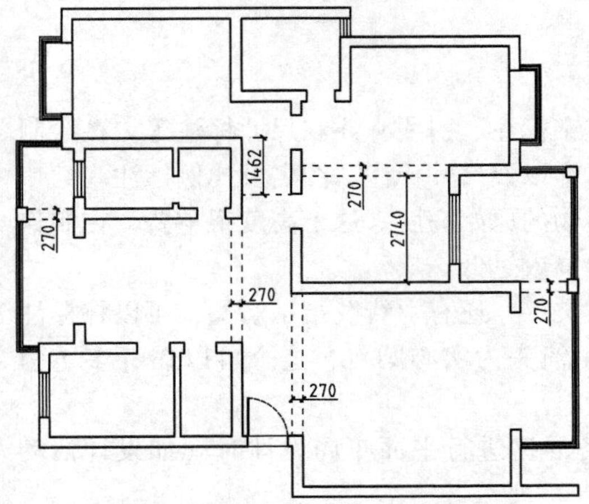


图 9-12　绘制梁轮廓线

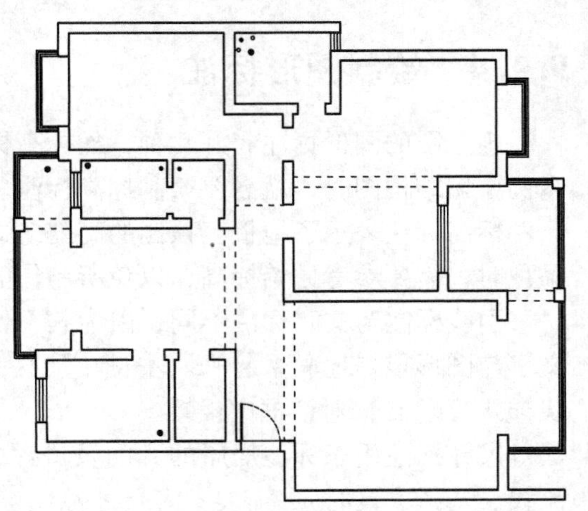

图 9-13　调入图块

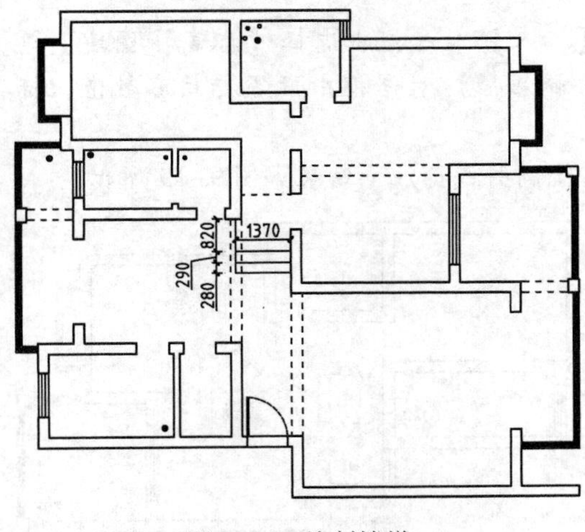


图 9-14　绘制楼梯

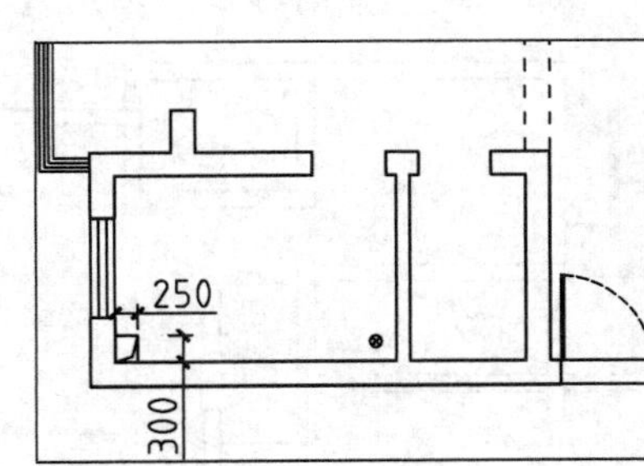


图 9-15　绘制烟道

**08**　绘制入口标识。调用【多段线】命令，在入户门外绘制入口指示箭头，如图 9-16 所示。

**09**　调用【图案填充】命令，在【图案填充和渐变色】对话框中选择 SOLID 图案，对指示箭头执行填充操作，结果如图 9-17 所示。

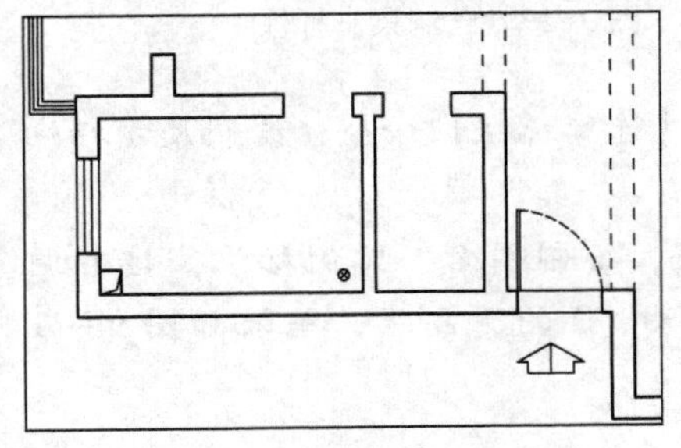

图 9-16　绘制入口标识

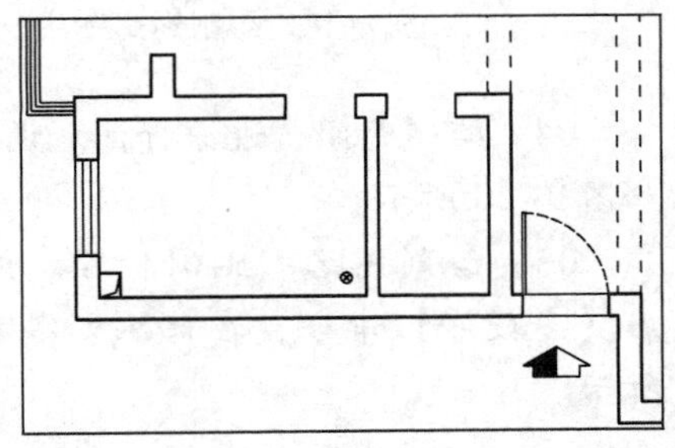

图 9-17　填充图案

## 9.1.4 绘制图形标注

施工图的图形标注有好几种，如标高标注、文字标注、引线标注和尺寸标注等。在绘制本例原墙结构图时，就需要绘制标高标注、引线标注以及尺寸标注、图名及比例标注。

标高标注表示了地板至顶棚的高度，这是建筑物的原始高度。这个高度很重要，在制作吊顶时，需要参考原始标高，以免所制作的吊顶过高或过低。

引线标注与文字标注不同，因为其不仅有标注文字，还有引线及指示箭头，可以将标注文字与图形很好地联系起来。本例中所使用的指示箭头为实心圆点，这个可以在【多重引线样式管理器】对话框中设置。

尺寸标注用来标注房屋的开间及进深，在为各居室进行平面布局设计时（如设计活动流线、选择家具时），需要参考尺寸标注。

图名与比例标注用来标注所绘图形的含义及其绘制比例。

**01** 将“标注”图层设置为当前图层。

**02** 绘制标高标注。调用【插入】命令，在【插入】对话框中选择【标高】图块，单击【确定】按钮并指定插入点，在同时调出的【编辑属性】对话框中设置标高参数值，标注结果如图 9-18 所示。

**03** 绘制梁高标注。调用【多重引线】命令，绘制引线标注，结果如图 9-19 所示。

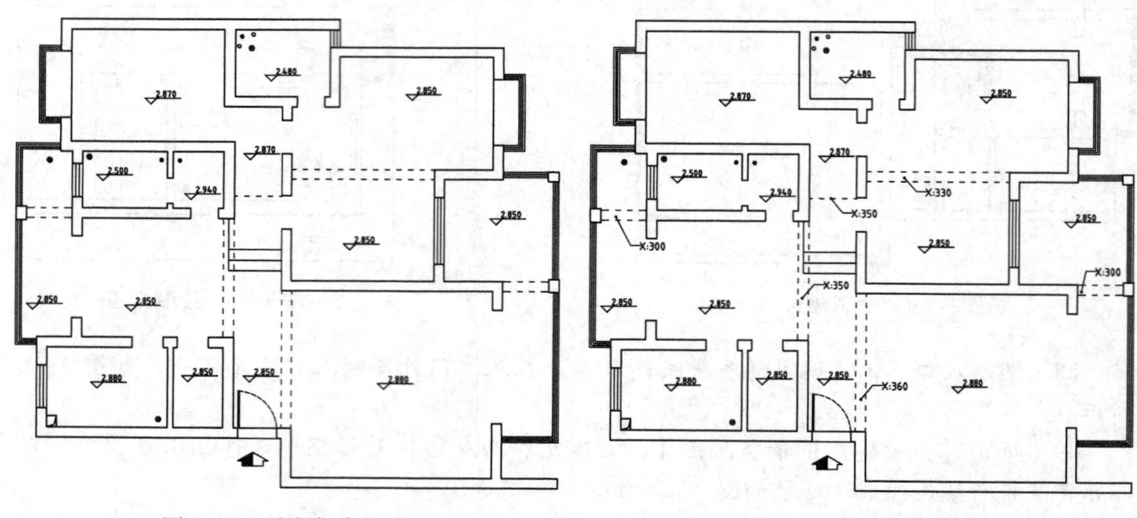


图 9-18 绘制标高标注　　图 9-19 绘制梁高标注

**04** 绘制开间、进深标注。调用【线性标注】命令、【连续标注】命令，绘制尺寸标注如图 9-20 所示。

**05** 绘制图名、比例标注。调用【多行文字】命令，绘制图名、比例标注，接着调用【多段线】命令，在标注文字下方绘制宽度分别为 100、0 的下画线，结果如图 9-21 所示。

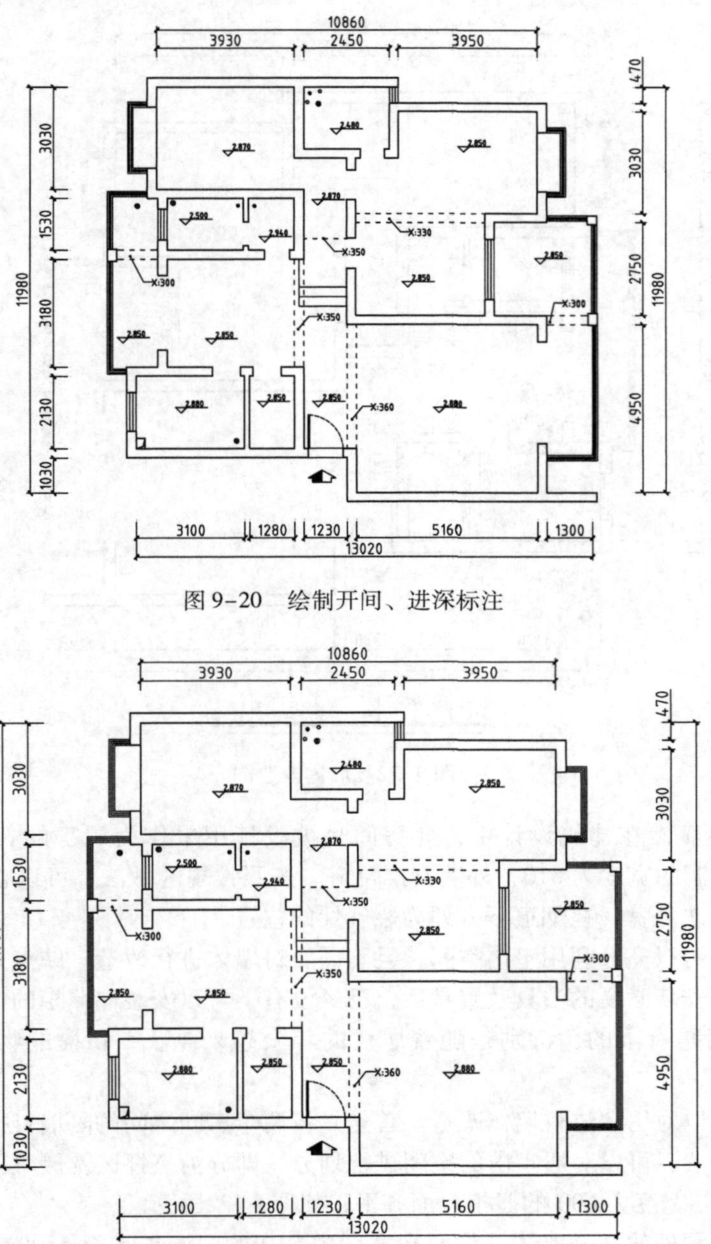


图 9-20　绘制开间、进深标注

图 9-21　绘制图名、比例标注

## 9.2　绘制墙体改造图

墙体改造图，顾名思义就是表示墙体拆建的示意图，如图 9-22 所示。在本例选用的错层实例，主要对厨房的墙体进行了拆除工作，其他区域的墙体保持原有状态。

从图 9-21 的原墙结构图可以得知，入户门左侧有两个相互独立的房间，其中内侧的房

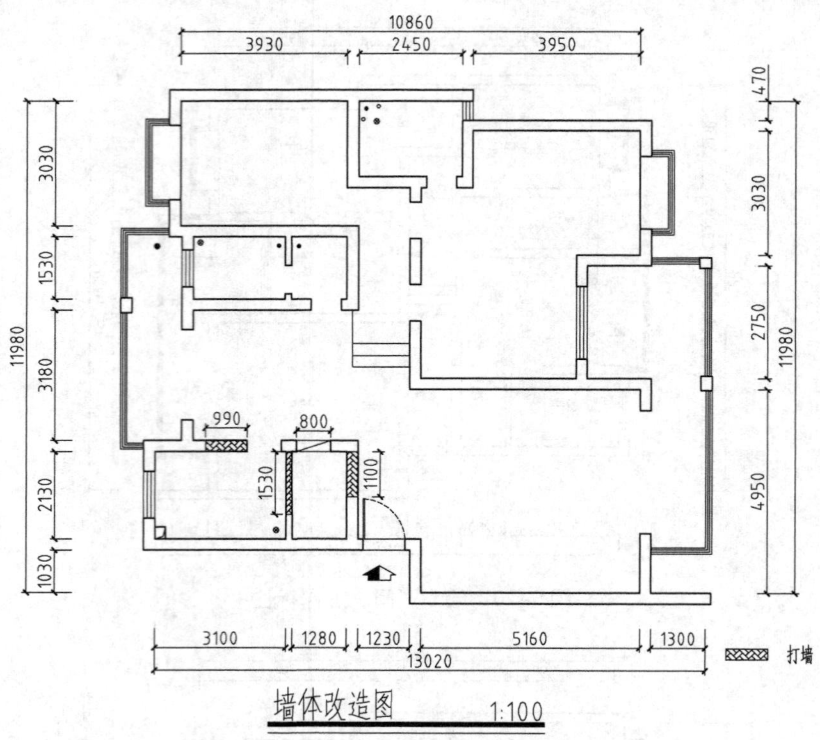


图 9-22 墙体改造图

间里有烟道，很显然在建筑设计中，此房间是被设计用来作为厨房的。该房间的尺寸为2130×3100，门洞的宽度为810，外墙有推拉窗。按照常规的做法，可以在此处设计L形橱柜，即靠窗安装洗涤盆，在烟道下方即为燃气灶的位置。

以上的做法可以充分利用室内空间，且不需要对墙体进行改造。缺点是厨房缺少了储藏的空间，因为在安装必要的洁具及厨具后，已经没有了可以安装储藏柜的空间。而橱柜所能提供的储藏空间是有限的，特别是随着居住的年限越来越长，积攒的物品也越来越多的时候。

鉴于此，可以对厨房进行墙体改造。首先是将两个房间之间的隔墙打掉，但是保留一段长度为600的短墙，可以对居室内的空间进行划分，即分为烹饪区及储藏区。而预留长度为600短墙，可以与宽度为600的橱柜台面齐平，如图9-22所示。

接着打掉门洞处的部分墙体，将原来宽度为810的门洞扩大至1800。这个宽度可以制作双扇推拉门，即提高厨房的通透性，又不需要为门扇的开启预留空间。

然后将与入户门相邻的墙体打掉一部分，宽度为1100，在该位置上制作鞋柜，如图9-22所示。这样做的好处是，既提供了储藏空间，同时也作为厨房储藏间的墙体，起到了围护的作用。

最后将厨房门洞右侧的宽度为800的门洞制作酒柜，开启的方向是面向餐厅，如图9-22所示。要将两个空间合并为一个空间，因此拆建墙体是不可避免的。但是在本例中，在拆除部分墙体的情况下，通过在需要建墙体的部位制作柜子，既可以起到闭合空间的作用，又最大限度地利用了居室空间。

**01** 按〈Ctrl + O〉组合键，打开上一节所绘制的原墙结构图。按〈Ctrl + Shift + S〉组合键，打开【图形另存为】对话框，在其中设置文件名称为【墙体改造图】，单击【保存】按钮可以完成图形另存为的操作。

**02** 整理图形。调用【删除】命令，将平面图上的标高标注、引线标注以及梁轮廓线删除，如图 9-23 所示。

**03** 将【墙体】图层置为当前图层。

**04** 划定拆除范围。调用【直线】命令，在墙体上确定拆除范围，如图 9-24 所示。

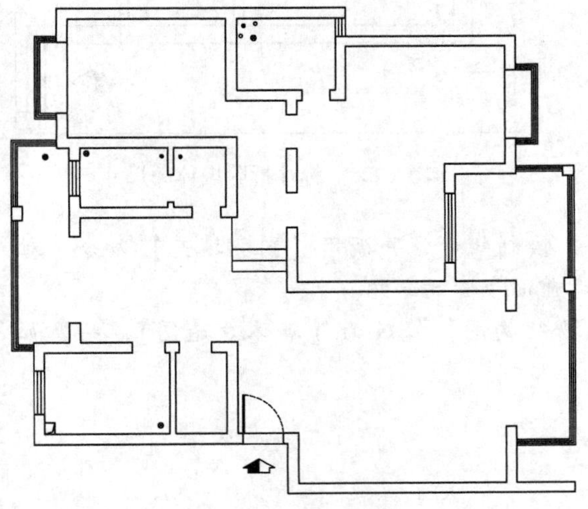

图 9-23　调用原墙结构图

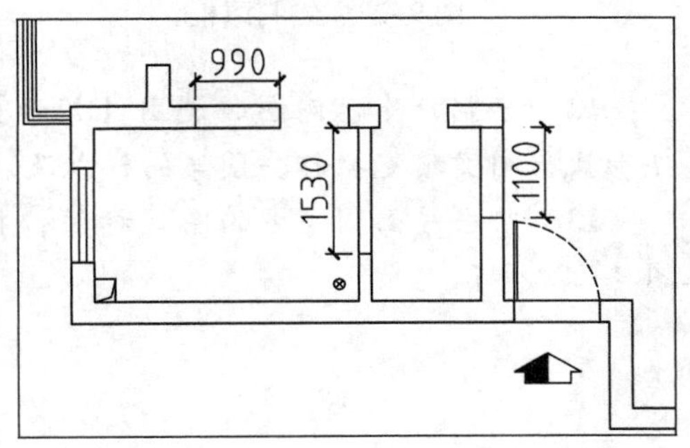


图 9-24　划定拆除范围

**05** 将【填充】图层置为当前图层。

**06** 填充拆除墙体的图案。调用【图案填充】命令，在【图案填充和渐变色】对话框中设置填充图案的类型及比例，如图 9-25 所示。

**07** 选取待拆除的墙体为填充区域，填充图案的结果如图 9-26 所示。

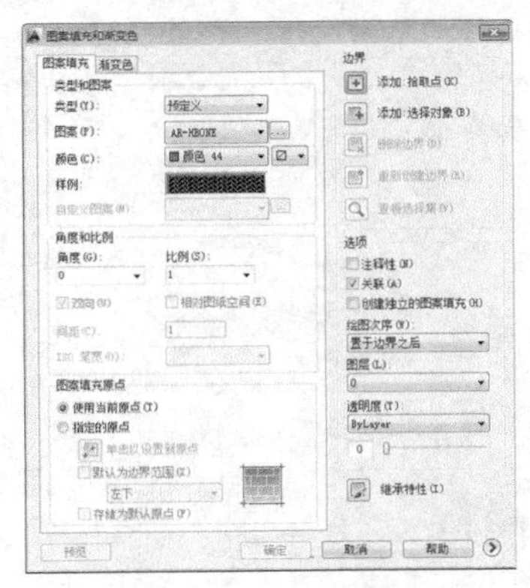

图 9-25　【图案填充和渐变色】对话框

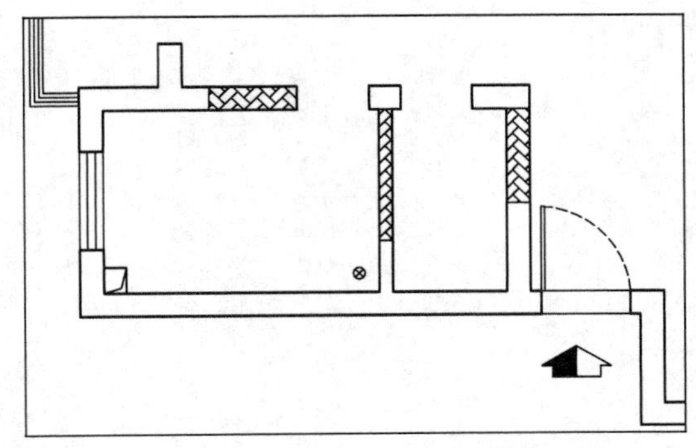

图 9-26　填充拆除墙体的图案

**08** 将“图块”图层置为当前图层。

**09** 绘制酒柜。调用【直线】命令，绘制酒柜轮廓线，如图 9-27 所示。

**10** 将【标注】图层置为当前图层。

**11** 调用【线性标注】命令，标注拆除墙体的尺寸，如图 9-28 所示。

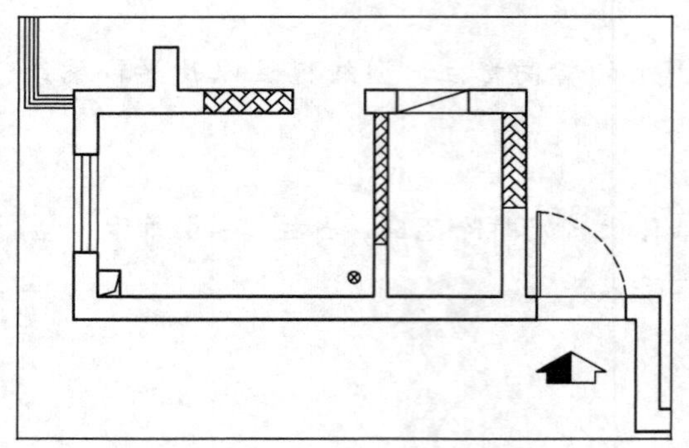

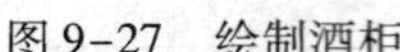

图 9-27 绘制酒柜

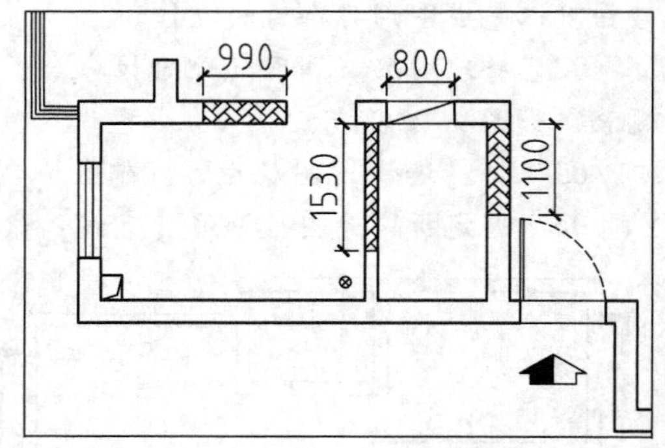


图 9-28 标注拆除墙体的尺寸

**12** 绘制拆除示例图。调用【矩形】命令，绘制矩形，并调用【图案填充】命令，对矩形执行图案填充操作，图案的样式及比例参考前面步骤的介绍。

**13** 双击平面图下方的图名标注，将【原墙结构图】修改为【墙体改造图】，结果如图 9-22 所示。

# 第 10 章　绘制平面布置图

对居室内部各空间的划分及其功能的确定需要在平面布置图上表达出来。如本章将介绍的错层平面布置图，就表达了错层居室内各空间的布置方法。通过阅读错层居室平面布置图，可以得知客餐厅的位置、厨房的功能布局，以及卧室与卫生间之间的交通流线的安排。

## 10.1　平面布置图概述

平面布置图用来表现墙、柱轮廓线以及家具、地面分格线、楼梯、台阶等图形在图样上的表示方法。其中被剖切到的墙、柱轮廓线在平面布置图中用粗实线来表示，未被剖切到的图形，比如家具、地面分格线、楼梯、台阶等，使用细实线来表示。

在平面布置图中应表示门的开启方向，开启方向线应使用细实线来表示。

平面布置图的画法如下。

1）绘制轴网。

2）根据定位轴线绘制墙体。

3）绘制门窗洞口及门窗图形。

4）绘制装饰造型的平面样式。

5）调入各空间图块。

6）绘制文字标注。

7）绘制尺寸标注。

8）绘制图名标注，存档或打印出图。

图 10-1 所示为绘制完成的平面布置图。

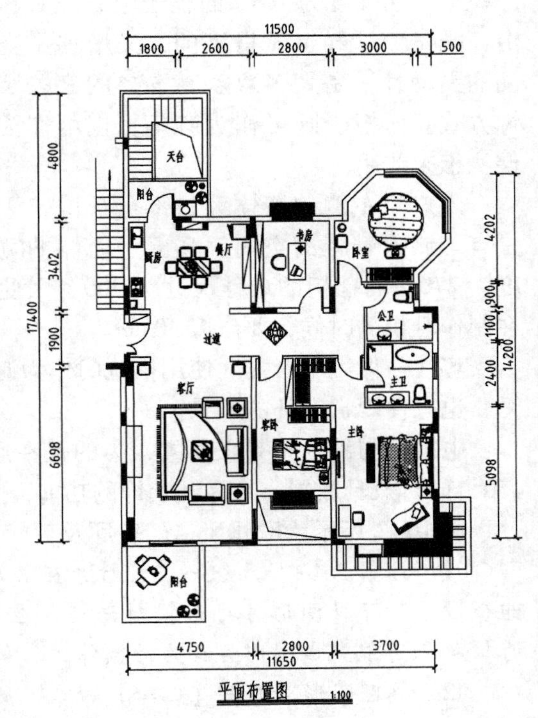


图 10-1　平面布置图

现以图 10-1 所示的三居室平面布置图为例，介绍平面图的识读步骤。

1）浏览平面布置图中各房间的功能布局、图样比例等，了解图中基本内容。从图中可以看到，室内的主要布局为北向为厨房、餐厅、书房、卧室，南向为客厅、客卧、主卧、主卫，中间为过道。绘图比例为 1∶100。

2）注意各功能区域的平面尺寸、地面标高、家具及陈设布局。客厅是住宅中的主要空间，图 10-1 中的客厅开间为4750，进深为6698，布置有组合沙发、电视机、电视柜机等，与过道相连。在平面布局中，家具、陈设等都应该按照比例绘制，不应过大或过小，一般选用细实线来绘制。图中餐厅与厨房相连，以增加使用的便利性。本例有三个卧室，主卧、客卧与客厅相连，室内空间为多边形的卧室与书房和餐厅相连。公卫在过道的尽头，与主卫相邻。

3）理解平面布置图中的内饰符号。在图 10-1 中绘制了四面墙面的内饰符号，表示以该符号为站点，分别以 A、B、C、D 四个方向观看所指的墙面，且以该字母命名所指墙面立面图的编号。

## 10.2 绘制平面布置图

平面布置图应该在原始结构图的基础上绘制，但是本书所选的错层居室其墙体经过了拆改，并绘制墙体改造平面图，因此平面布置图应在墙体改造平面图上绘制。

调用【复制】命令，移动复制墙体改造平面图至一旁，便可以开始平面布置图的绘制。

### 10.2.1 绘制客厅平面布置图

图 10-2 所示为错层居室客厅平面布置图的绘制结果，本节介绍其绘制方法。

客厅是家庭的活动场所，也是招待客人的地方，在室内装饰中是一个重点。本例进门右侧的玄关设置了柜子作为遮挡客厅视线。在高度为 1040 的柜子上方设置珠帘，既避免了气氛显得沉闷，又增加了空间的灵动性，是大多数家庭选择的玄关装饰方式。而柜子既可作为鞋柜，也可作为储物柜来使用。

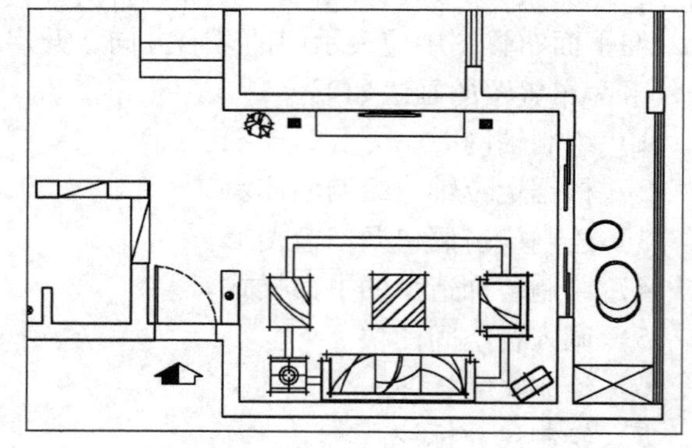

图 10-2　客厅平面布置图

入户门左侧的墙体经过部分拆除，于是有了制作鞋柜的空间。又由于墙体的宽度为 270，而鞋柜的最佳尺寸为 300，因此在制作鞋柜的时候，要出墙 30 cm。

客厅与休闲阳台之间使用推拉门作为遮挡，这也是常用的装饰方式，既增加了室内的采光，也方便观赏室外的风景。

电视机与沙发相对来设置，为的是在欣赏电视节目时有最好的角度。电视柜的宽度为 450，同时兼具放置小物品及装饰的功能，且这个宽度不会对客厅的流线造成障碍。

图 10-3 所示为欧式风格的客厅及现代风格的客厅的装饰效果。

**01**　按〈Ctrl + O〉组合键，打开在第 8 章绘制的调用墙体改造图。按〈Ctrl + Shift + S〉组合键，打开【图形另存为】对话框，在其中设置文件名称为【平面布置图】，单击【保存】按钮可以完成图形另存为的操作。

**02**　整理图形。调用【删除】命令，删除准备拆除的墙体，如图 10-4 所示。

**03**　将【门窗】图层置为当前图层。

图 10-3　客厅装饰效果

**04**　编辑窗户图形。调用【删除】命令、【延伸】命令，删除平行窗户轮廓线，并向下延伸垂直轮廓线，结果如图 10-5 所示。

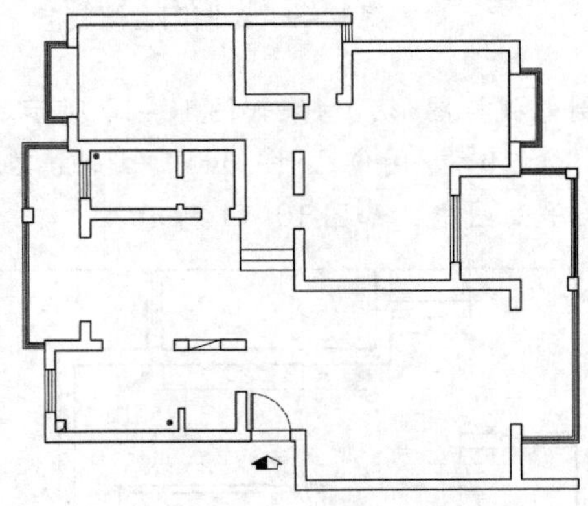

图 10-4　调用墙体改造图

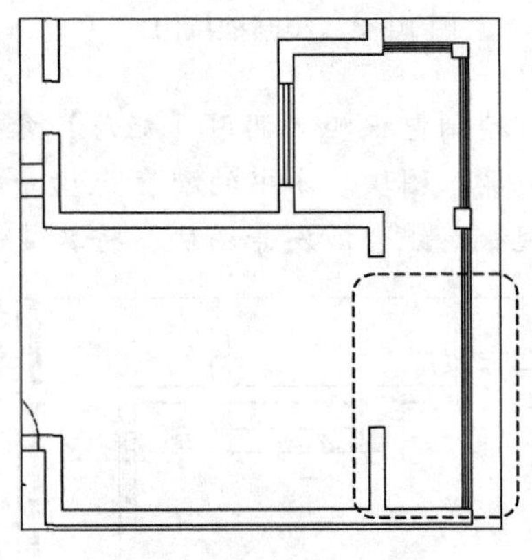

图 10-5　编辑窗户图形

**05**　将【图块】图层置为当前图层。

**06**　绘制鞋柜。调用【直线】命令，绘制宽度为 300 的鞋柜图形，结果如图 10-6 所示。

**07**　绘制玄关。调用【矩形】命令，绘制图 10-7 所示的柜子轮廓线。

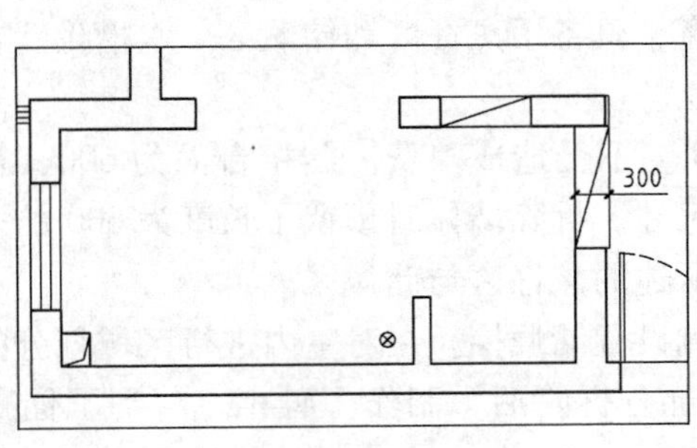


图 10-6　绘制鞋柜

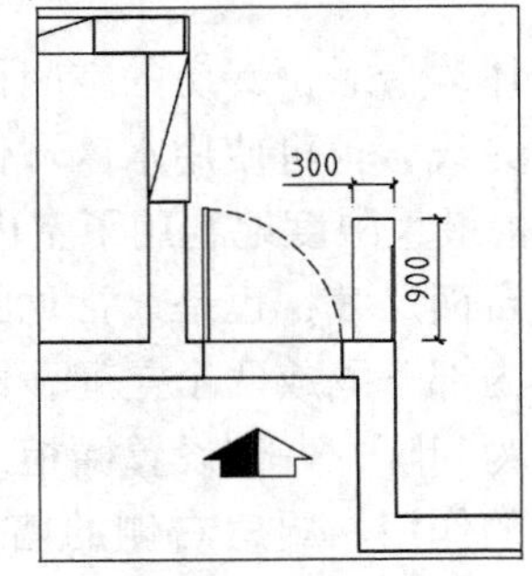


图 10-7　绘制玄关

**08**　绘制推拉门。调用【矩形】命令，绘制尺寸为 750×40 的矩形，接着绘制直线来闭合门洞，结果如图 10-8 所示。

**09** 绘制阳台储藏柜。调用【直线】命令，绘制图形轮廓线的结果如图 10-9 所示。

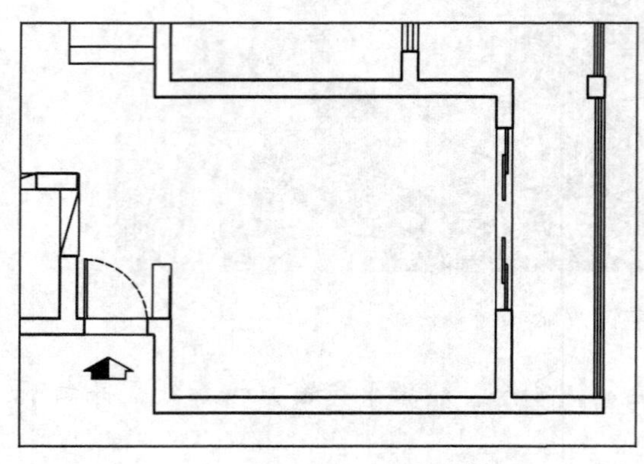

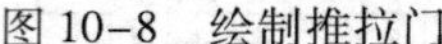

图 10-8　绘制推拉门

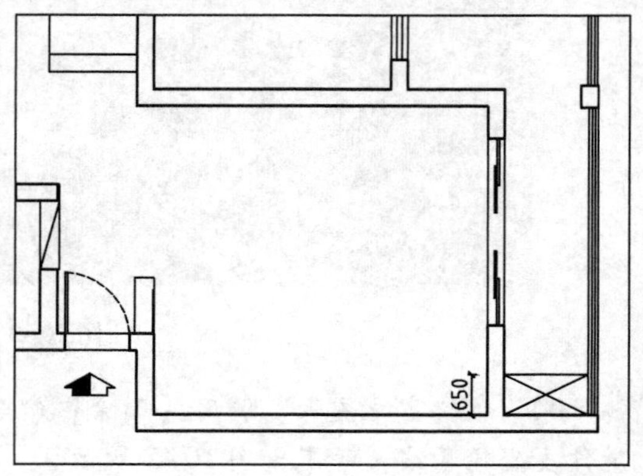


图 10-9　绘制阳台储藏柜

**10** 绘制电视柜。调用【矩形】命令，绘制电视柜图形，结果如图 10-10 所示。

**11** 调入图块。本书的配套光盘中提供了“第 10 章/图例文件 . dwg” 文件，在文件中选择电视机、组合沙发等图块，将其复制粘贴至平面图中，如图 10-11 所示。

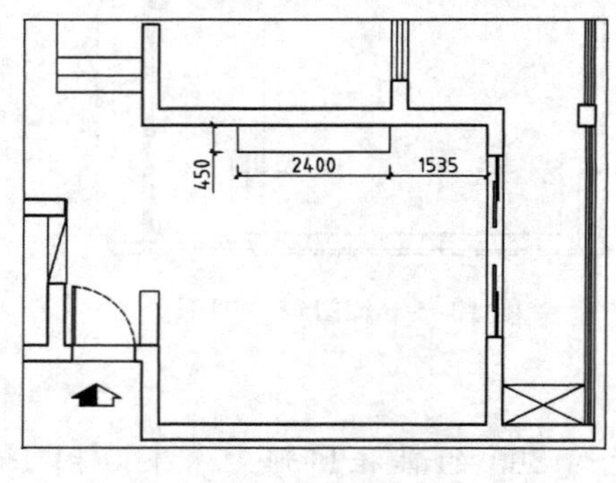


图 10-10　绘制电视柜

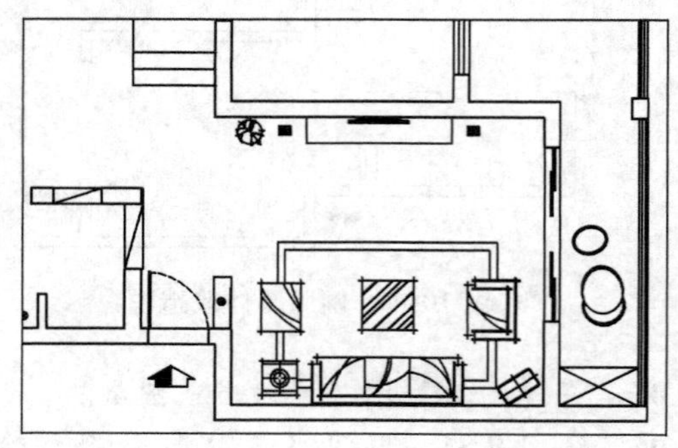

图 10-11　调入图块

## 10.2.2　绘制厨房平面布置图

经过墙体改造后，厨房的空间得以拓宽，具备了烹饪区和储藏区。水槽设置在窗边，不仅有良好的光线，也可使用水区域快速干燥。

L 形橱柜最大限度地利用了室内的空间，不会造成浪费。橱柜台面为 600，符合人工学中所规定的台面尺寸，也是最常见的台面尺寸。拆除墙体时预留了长度为 600 的短墙，目的是将厨房的内部分隔成两个空间，即前面所述的烹饪区与储藏区。

以短墙为间隔，一侧设置橱柜，另一侧设置储藏柜。在对室内进行区域划分的同时，又起到了间隔的作用。厨房右侧的墙体经过部分拆除后，制作了鞋柜，起到了储藏及围护的作用。

在原来的门洞位置设计制作了宽度为 800 的酒柜，酒柜面向餐厅开启，既具有装饰性，又富有实用性。厨房的门洞拓宽后，安装了双扇推拉门。推拉门除了可以最大限度地节约使用空间之外，也增加了室内的通透性。

图 10-12 所示为封闭式厨房及开放式厨房的装饰效果。

图 10-12 厨房装饰效果

**01** 将【门窗】图层置为当前图层。

**02** 绘制推拉门。调用【直线】命令，绘制直线来闭合门洞，接着绘制尺寸为 900×40 的矩形，完成双扇推拉门的绘制，结果如图 10-13 所示。

**03** 将【图块】图层置为当前图层。

**04** 绘制橱柜台面。调用【多段线】命令，绘制图 10-14 所示的台面轮廓线。

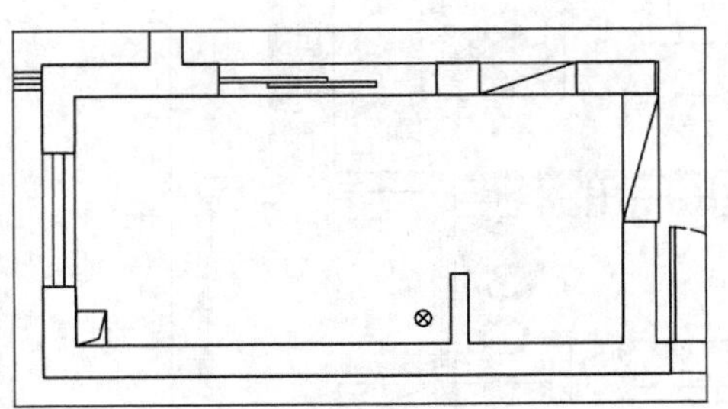

图 10-13 绘制推拉门

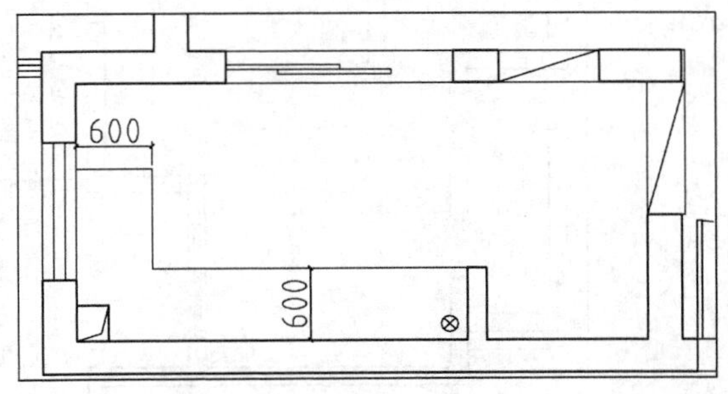


图 10-14 绘制橱柜台面

**05** 绘制立管围护轮廓线。调用【移动】命令，向下移动立管图形，接着绘制直线将立管圈围起来，表示立管围护的制作效果，如图 10-15 所示。

**06** 绘制储藏柜。调用【直线】命令，绘制储藏柜图形，结果如图 10-16 所示。

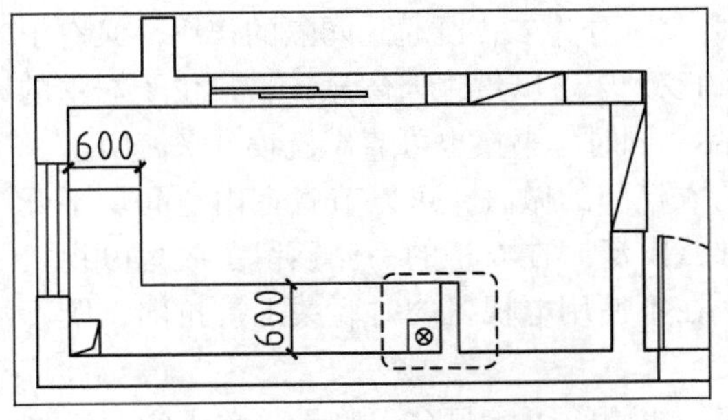


图 10-15 绘制立管围护轮廓线

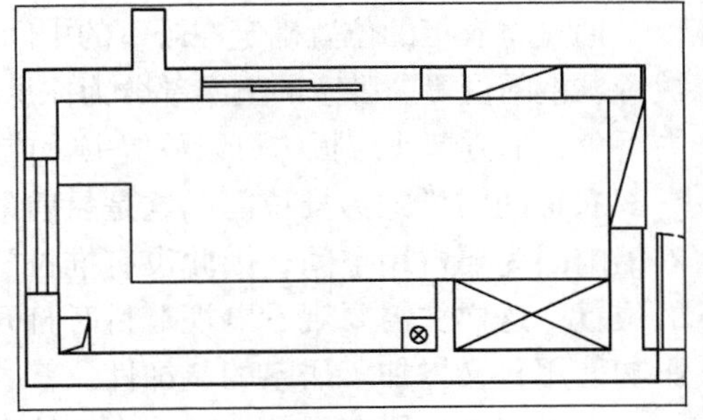

图 10-16 绘制储藏柜

**07** 调入图块。本书的配套光盘中提供了“第 10 章/图例文件 .dwg”文件，在文件中选择冰箱、燃气灶等图块，将其复制粘贴至平面图中，如图 10-17 所示。

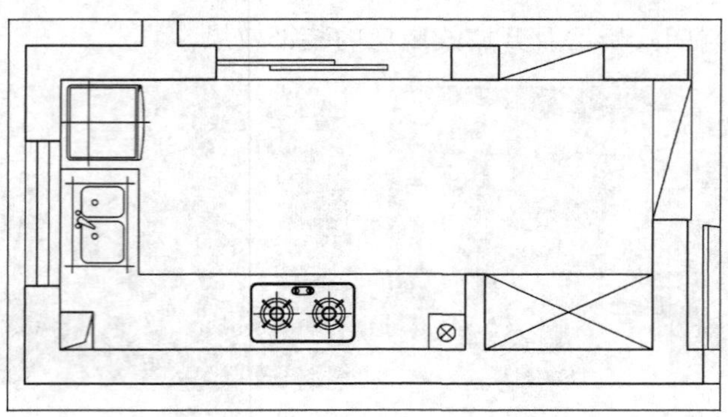

图 10-17　调入图块

## 10.2.3　绘制主卧室平面布置图

如图 10-18 所示为错层居室主卧室平面布置图的绘制结果，本节介绍其绘制方法。

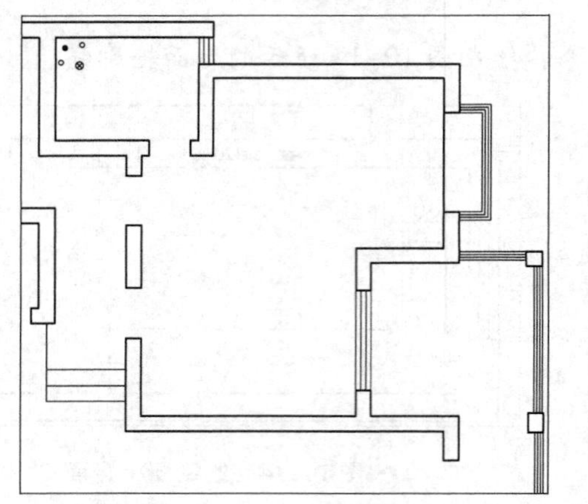

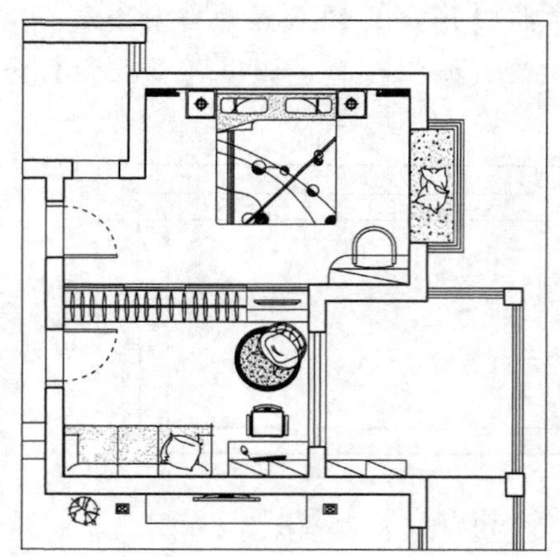

图 10-18　主卧室平面布置图

通过观察原墙结构图可以得知，主卧区域面积较大，因此可以对空间进行划分，分为休息区与起居室兼书房两个部分。

通过将衣柜的位置确定在卧室的中间，可以将卧室一分为二，既起到间隔的作用，又有了放置衣柜的位置。卧室的上半部分为休息区，其中的双人床可以供主人休息，书桌位于居室的右下角，上方制作层板，可以放置书籍或者其他物品。同时，书桌也可兼作梳妆台来使用。

衣柜的门样式为推拉门，这是目前最为流行的衣柜门的做法，可以节省室内空间。平开衣柜门因为要占用空间，因此没有推拉门使用得那么广泛。在衣柜的一侧预留了放置电视机的位置，这样在需要观看电视节目时打开推拉门，在不使用电视机的时候关上推拉门，既不影响使用，又增加了居室的装饰性。

在书房兼起居室区域，有三人座沙发、休闲椅、书桌，可满足多人聊天、单人学习工作等作用。

图 10-19 所示为中式风格与现代风格卧室的装饰效果。

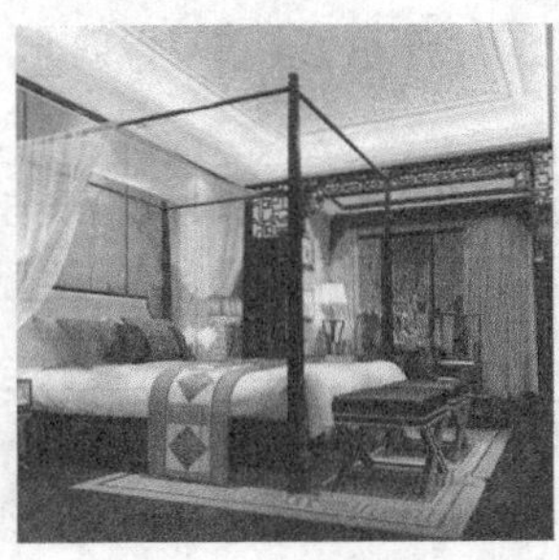

图 10-19　卧室的装饰效果

**01**　将【门窗】图层置为当前图层。

**02**　绘制平开门。调用【插入】命令，分别修改【比例】选项组下的【X】选项参数，以调入不同宽度的平开门图块，结果如图 10-20 所示。

**03**　将【图块】图层置为当前图层。

**04**　绘制衣柜。调用【直线】命令、【偏移】命令，绘制衣柜轮廓线，结果如图 10-21 所示。

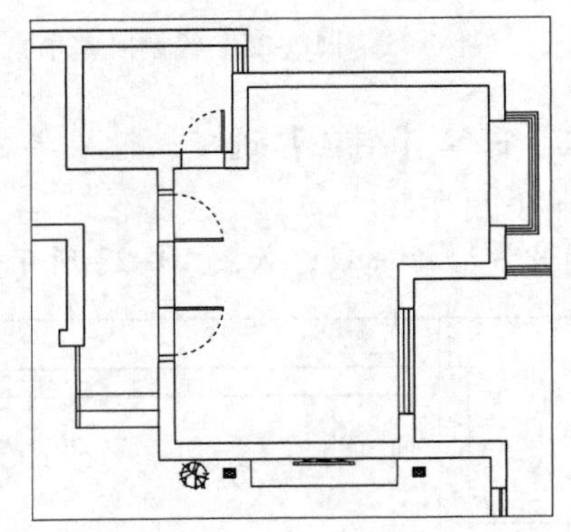

图 10-20　绘制平开门

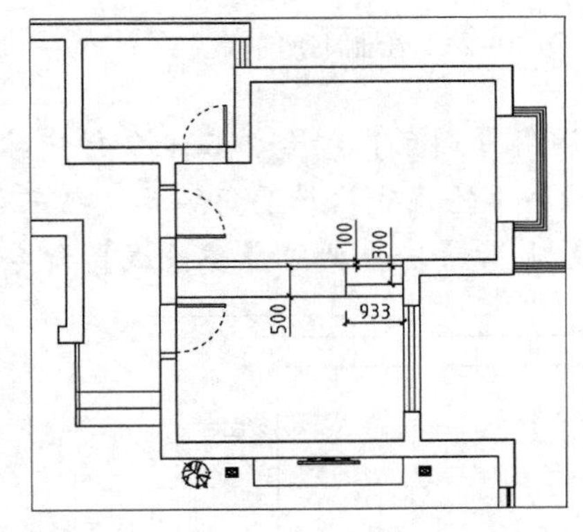


图 10-21　绘制衣柜

**05**　绘制晾衣杆。调用【偏移】命令，向内偏移衣柜外轮廓线，绘制晾衣杆的结果如图 10-22 所示。

**06**　绘制衣柜推拉门。调用【矩形】命令，绘制矩形来表示推拉门图形，结果如图 10-23 所示。

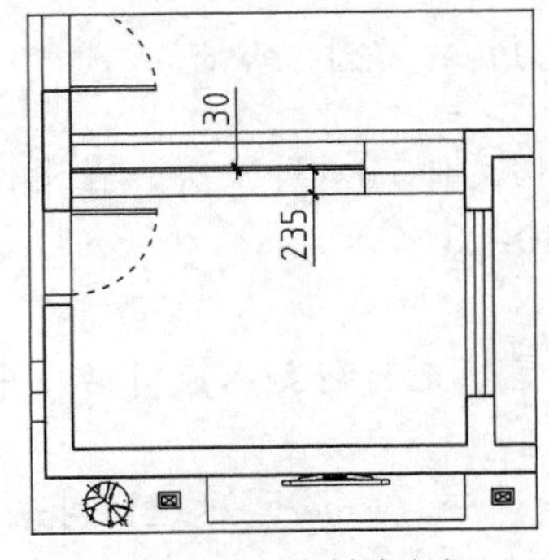


图 10-22　绘制晾衣杆

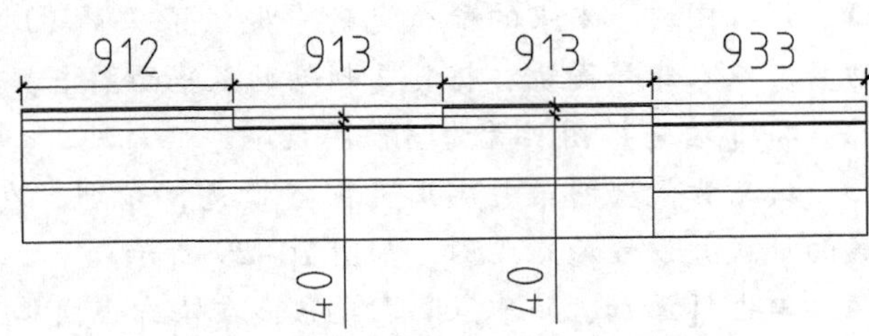


图 10-23　绘制衣柜推拉门

**07** 绘制书房书桌。调用【矩形】命令，绘制书桌的轮廓线，接着调用【直线】命令来绘制对角线，结果如图 10-24 所示。

**08** 绘制卧室书桌。调用【直线】命令，绘制书桌图形，如图 10-25 所示。

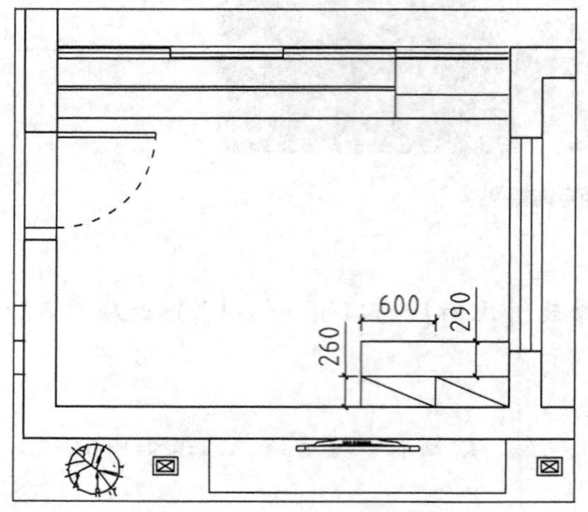


图 10-24　绘制书房书桌

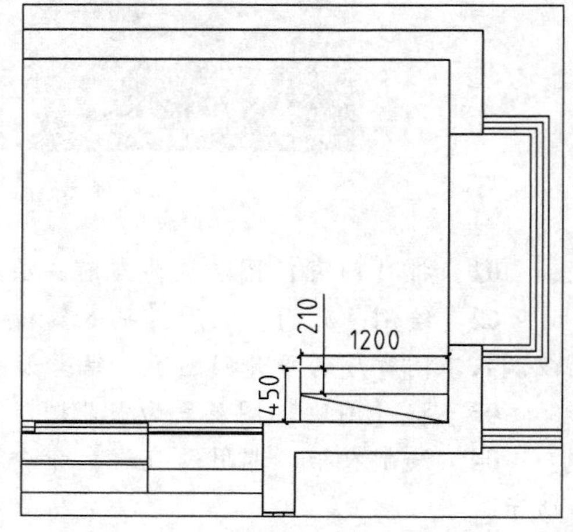


图 10-25　绘制卧室书桌

**09** 调用【圆角】命令，在命令行中输入“R”选择【半径】选项，设置半径参数值为 300，对书桌轮廓线执行圆角编辑，结果如图 10-26 所示。

**10** 绘制背景墙。调用【多段线】命令，绘制背景墙轮廓线，如图 10-27 所示。

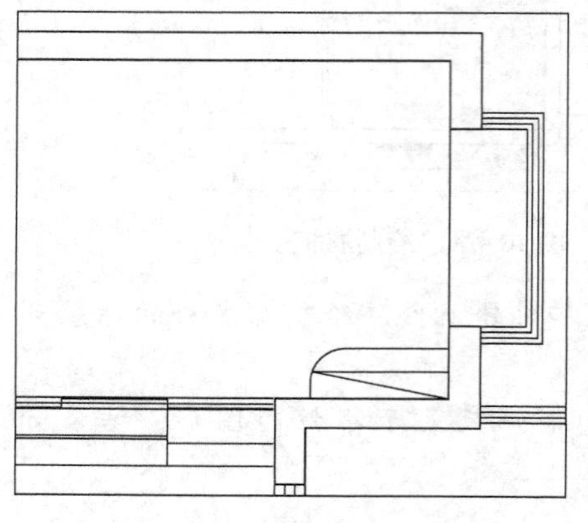

图 10-26　圆角编辑

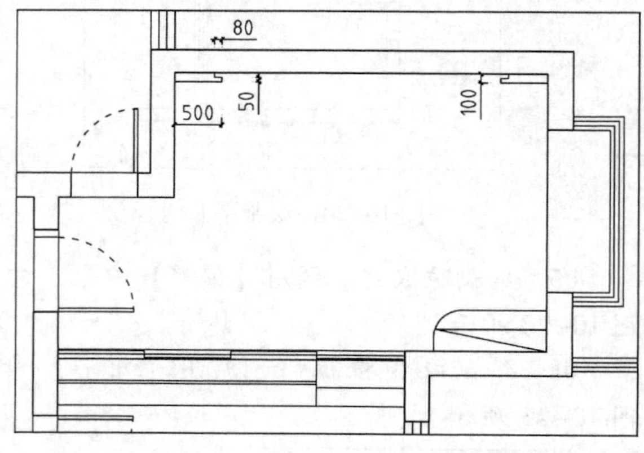


图 10-27　绘制背景墙

**11** 调入图块。本书的配套光盘中提供了“第 10 章/图例文件 . dwg”文件，在文件中选择洁具、双人床等图块，将其复制粘贴至平面图中，如图 10-28 所示。

**12** 将【填充】图层置为当前图层。

**13** 填充背景墙图案。调用【图案填充】命令，在【图案填充和渐变色】对话框中选择图案的样式并设置填充比例，如图 10-29 所示。

**14** 单击【添加：拾取点】按钮，在轮廓线内单击左键，按〈Enter〉键返回对话框，单击【确定】按钮关闭对话框，填充图案的结果如图 10-30 所示。

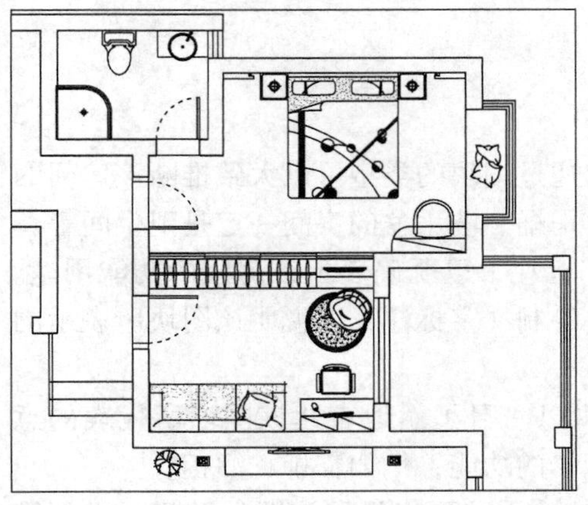

图 10-28 调入图块

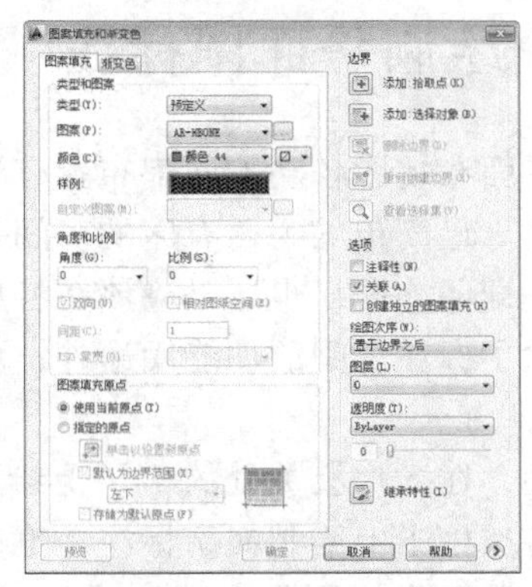


图 10-29 【图案填充和渐变色】对话框

**15** 按〈Enter〉键重新调出【图案填充和渐变色】对话框，选择名称为【AR-CONC】的图案，设置填充比例为“1”，对飘窗执行填充图案的操作，如图 10-31 所示。

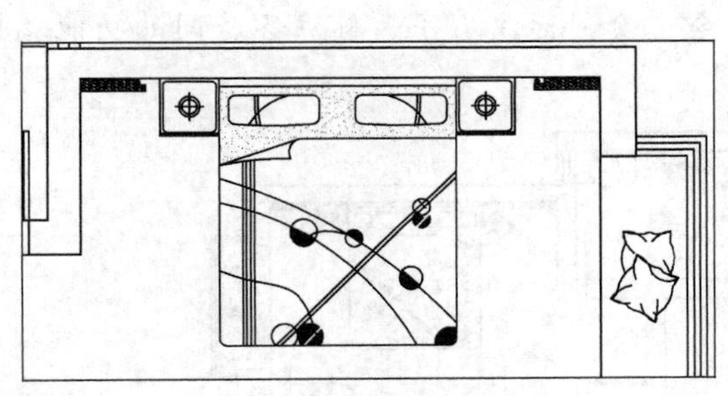

图 10-30 填充图案

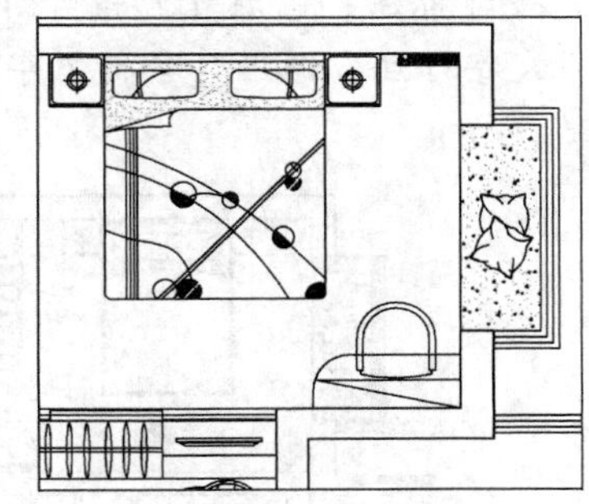

图 10-31 填充飘窗图案

**16** 参考本节所讲述的绘图方法，绘制其他区域的平面布置图，结果如图 10-32 所示。

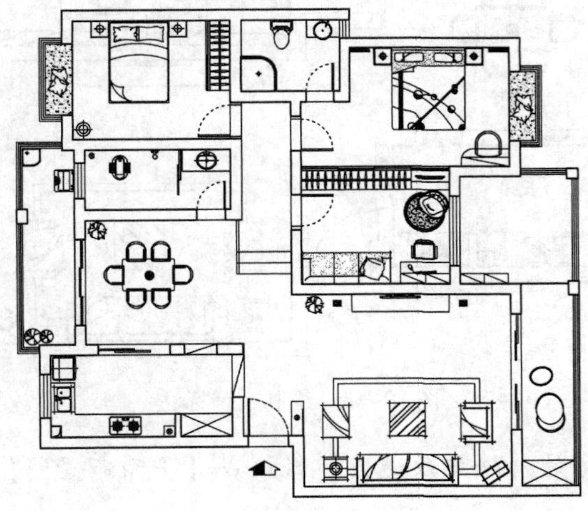

图 10-32 绘制其他区域平面布置图

## 10.3 绘制平面图标注

在平面布置图各功能区都布置有各种家具图块，通过图块的类型可以大致推断该房间的功能属性。最简单的为，有床的房间一定是卧室，有马桶、洗手盆的房间一定是卫生间等。

但是即便如此，也还是应该在各房间内绘制文字标注，以明确表示该房间的功能用途。另外，除了标注房间的功能用途外，可以对一些图块绘制文字标注，以说明该图块所表示的含义。

例如，在入户玄关处的柜子上绘制文字标注，可以一目了然地表达该图形所代表的意义。在各类柜子上绘制文字标注，也有助于区分各柜子的功能，例如鞋柜、酒柜。

由于平面布置图是在墙体改造图的基础上绘制的，因此可以沿用该图的开间、进深尺寸标注，不需要再重新绘制。图名标注以及下画线也不必要删除，双击图名标注文字可以对其进行修改，将【墙体改造图】修改为【平面布置图】即可，绘图比例保持1∶100不变。

**01** 将【标注】图层置为当前图层。

**02** 文字标注。调用【多行文字】命令，绘制标注文字来标注各房间的功能属性，如图10-33所示。

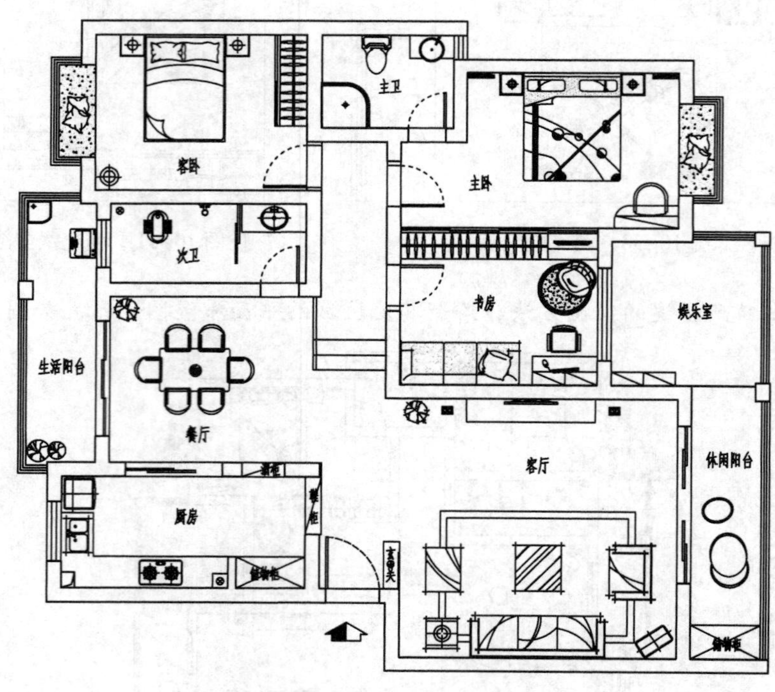


图10-33 绘制文字标注

**03** 双击平面图下方的【墙体改造图】修改成【平面布置图】，操作结果如图10-34所示。

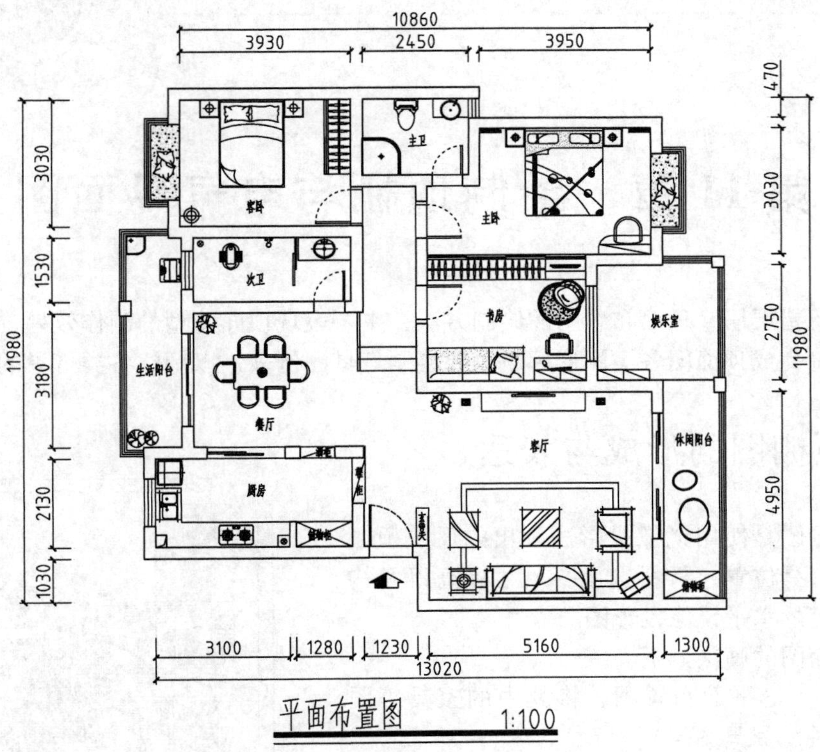


图 10-34　绘制图名标注

# 第 11 章　绘制顶棚与电气平面图

本章介绍错层居室顶面布置图的绘制方法，主要表现顶面造型的制作效果、灯具的布置等信息。绘制完成顶面图各类图形后，需要绘制灯具图例表，以标注各类灯具的名称。

## 11.1　顶棚图的形成与表达

住宅顶棚图是使用镜像投影法画出的反映顶棚平面形状、灯具位置、材料选用、尺寸标高以及构造做法等内容的水平镜像投影图。

顶棚平面图的画法如下。

1）复制一份平面布置图，将其中的家具等图形删除（或关闭家具图层）。

2）划分各功能空间顶面造型区域。

3）绘制各空间的顶面造型。

4）填充顶面造型图案。

5）绘制顶面装饰材料说明。

6）标注各空间标高。

7）绘制图名标注，存档或打印输出。

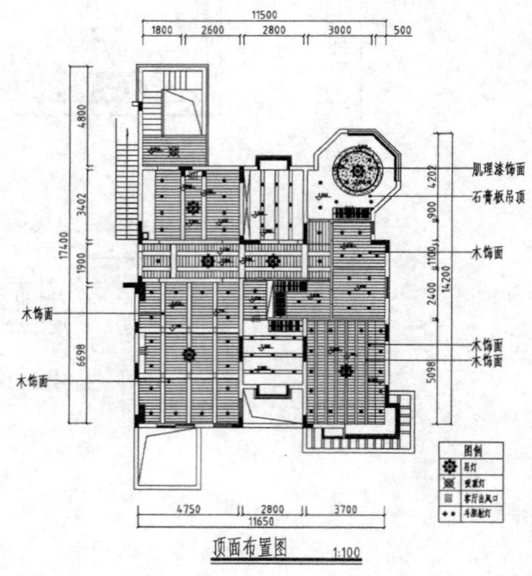


图 11-1　顶棚图

图 11-1 所示为绘制完成的居室顶棚图。

## 11.2　顶棚图的识读

下面以图 11-1 所示的顶棚平面图为例，介绍顶棚图的识读方法。

1）在识读顶棚图之前，应先了解顶棚所在的房间平面布置的基本情况。因为在装饰设计中，平面布置图的功能分区、交通流线及尺寸等与顶棚的形式、顶面标高、选材等有着密切的关系。只有在了解平面布置图的基础上，才能够读懂顶棚布置图。

2）识读顶棚造型、灯具布置及其底面标高。顶棚的底面标高是指顶棚造型制作完成后的表面高度，相当于该部分的建筑标高。为了便于施工和识图，习惯上将顶棚底面标高都按所在楼层底面完成面为起点进行标注。例如图 11-1 中的 2. 850 标高就是指客厅一层地面到顶棚最高处（即直接顶棚）的距离，单位为 m，2. 800 标高处为吊顶做法。2. 750 为顶棚垂直木梁制作完成后的标高，2. 70 为水平木梁制作完成的标高，两者之间有一个高低的落差。

3）明确顶棚的尺寸、做法。图 11-1 中的客厅顶面做法为，2.800 标高为吊顶顶棚标高，此处吊顶的做法为木材饰面，并制作水平方向及垂直方向上的假梁作为装饰。靠左边的墙体安装风口，顶面等距布置斗胆射灯，中间安装艺术吊灯。餐厅吊顶、主卧室吊顶、过道吊顶的做法与客厅相同。

卫生间吊顶为木饰面，等距安装射灯。

4）注意图中各窗口中有无窗帘及窗帘盒做法，并明确其尺寸。图 11-1 中客厅、餐厅、卧室等都没有预留窗帘盒的位置，因此可以通过安装罗马杆来悬挂窗帘。

5）识读图中有无与吊顶相连接的吊柜、壁柜等家具。图 11-1 中与客卧入口右侧有壁柜，在图中用斜线来表示。

## 11.3　绘制顶棚图

图 11-2 所示为错层居室顶棚图的绘制结果，本节介绍其绘制方法。

本例中的错层居室为现代装饰风格，特点是线条流畅，简约时尚，力求使用最简单明了的手法来体现居室风格，也符合现代人快生活的节奏。

因此在顶面装饰的制作上也尽量与简单风格靠拢，仅在玄关、客厅、过道、餐厅制作局部造型吊顶。如在玄关处，在鞋柜上方制作局部吊顶，可以与鞋柜相呼应，共同体现居室风格。过道的顶面装饰也与玄关的顶面造型相统一，制作宽度为 250 的局部吊顶，与吊顶一侧的灯带一起，点缀了单调的居室顶面。

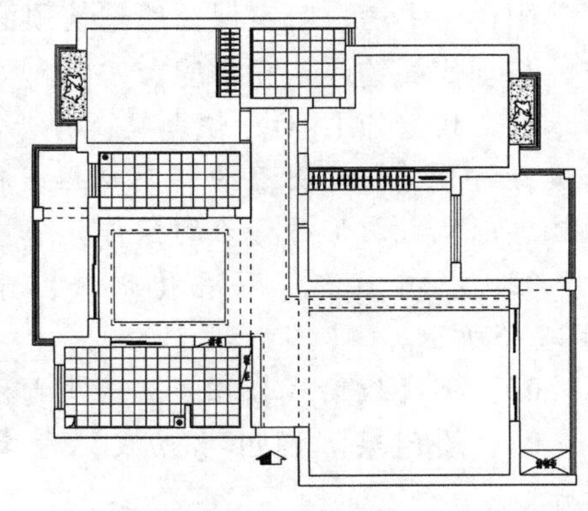

图 11-2　错层居室顶棚图

另外，客厅仅在电视柜上方制作局部吊顶，一来是为衬托电视背景墙，二来在保留了原建筑顶面后，可以使得客厅保持原有的高度，使得空间不会因高度的降低而让活动其中的人觉得压抑。

餐厅制作了矩形吊顶，既与其他区域的吊顶样式保持一致，又在统一中突出了自己风格，可以作为顶面装饰中的一个亮点。

图 11-3 所示为客厅、卧室吊顶的制作效果。

图 11-3　客厅、卧室吊顶的制作效果

厨房、卫生间均制作了铝扣板吊顶，铝扣板有经济实惠、图案多样、美观大方、易清洁等特点，是顶面装饰使用较多的材料之一。

图 11-4 所示为厨房、卫生间吊顶的制作效果。

图 11-4　厨卫、卫生间吊顶的制作效果

阳台、书房、卧室保留原建筑顶面，涂刷乳胶漆。洁白的顶面仅以灯具作装饰，简洁大方，与现代简约风格相呼应。

**01**　按〈Ctrl + O〉组合键，打开在第 8 章绘制的平面布置图。按〈Ctrl + Shift + S〉组合键，打开【图形另存为】对话框，在其中设置文件名称为【顶棚平面图】，单击【保存】按钮可以完成图形另存为的操作。

**02**　整理图形。调用【删除】命令，删除平面布置图上的家具图形，整理结果如图 11-5所示。

**03**　将【辅助线】图层置为当前图层。

**04**　绘制梁。调用【直线】命令、【偏移】命令，标注梁的位置，结果如图 11-6 所示。

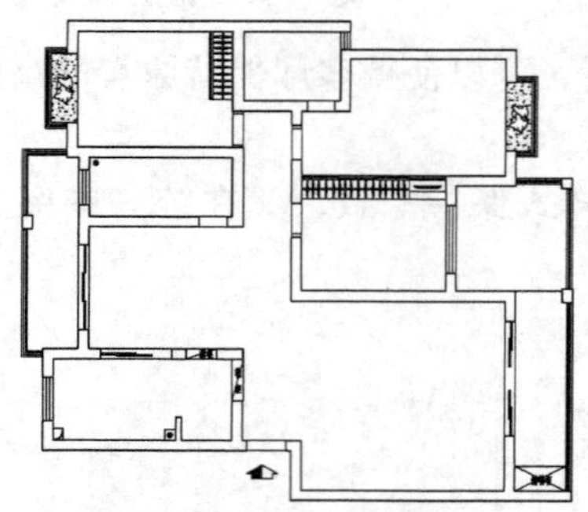

图 11-5　调用平面布置图

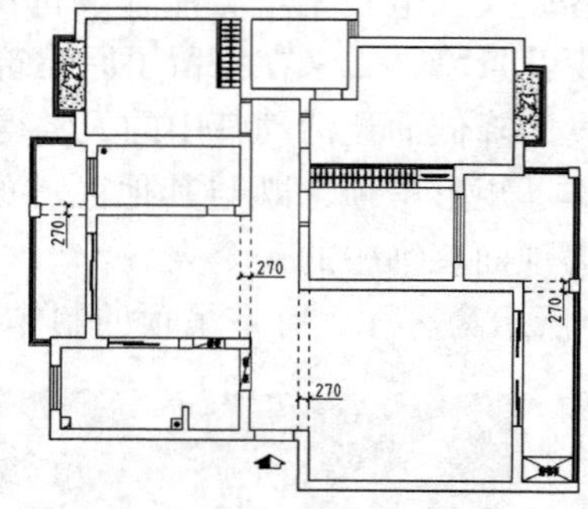


图 11-6　绘制梁

**05**　绘制客厅局部吊顶。调用【偏移】命令，向下偏移墙线，绘制造型轮廓线的结果如图 11-7 所示。

**06**　绘制灯带。调用【偏移】命令，选择造型轮廓线向内偏移，并在【样式】工具栏中修改灯带的线型为虚线，结果如图 11-8 所示。

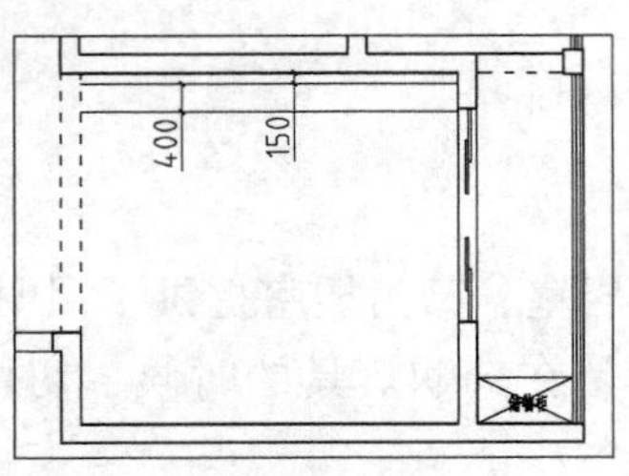


图 11-7　绘制客厅局部吊顶

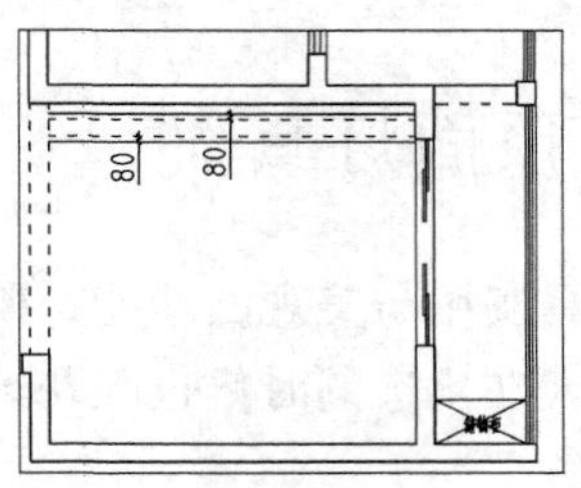


图 11-8　绘制灯带

**07**　绘制玄关、过道吊顶。调用【直线】命令、【偏移】命令，绘制图 11-9 所示的顶面造型轮廓线及灯带图形。

**08**　绘制餐厅吊顶。调用【偏移】命令、【修剪】命令，绘制造型线及灯带，结果如图 11-10 所示。

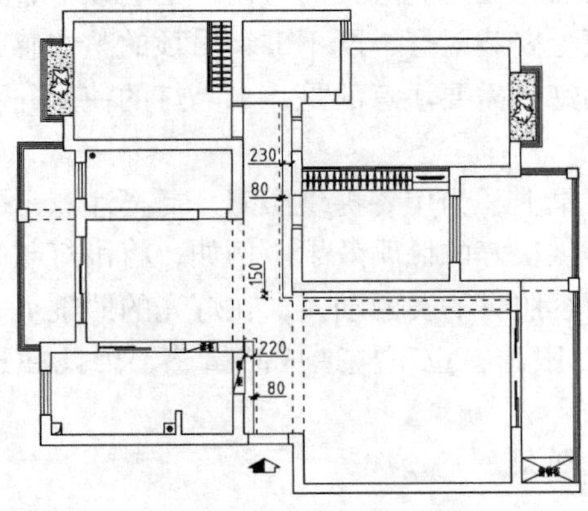


图 11-9　绘制玄关、过道吊顶

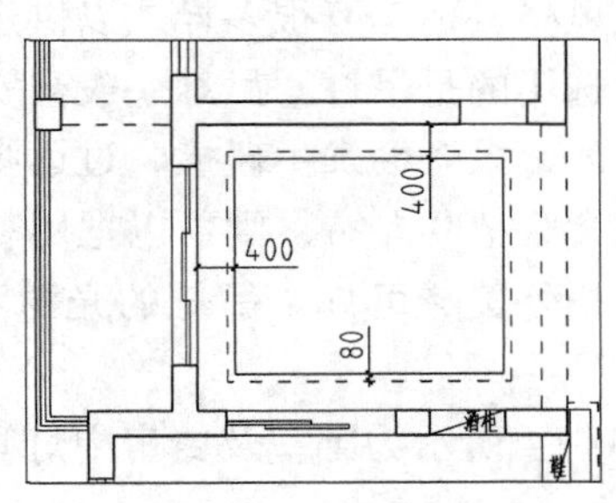


图 11-10　绘制餐厅吊顶

**09**　将【填充】图层置为当前图层。

**10**　绘制厨卫吊顶。调用【图案填充】命令，在【图案填充和渐变色】对话框中设置铝扣板的填充参数，如图 11-11 所示。

**11**　在厨卫空间中单击左键以拾取填充区域，绘制填充图案的结果如图 11-12 所示。

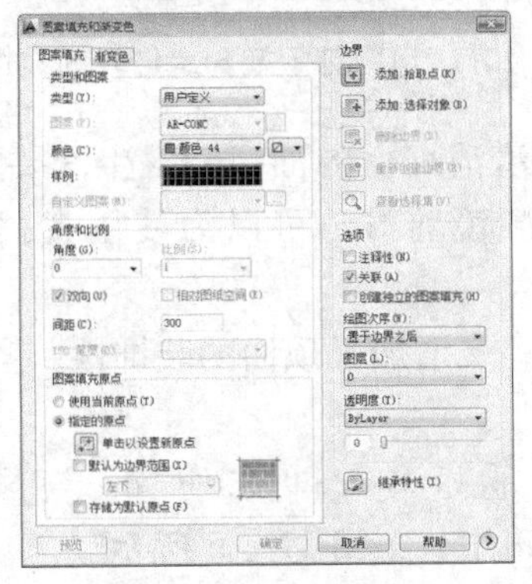

图 11-11　【图案填充和渐变色】对话框

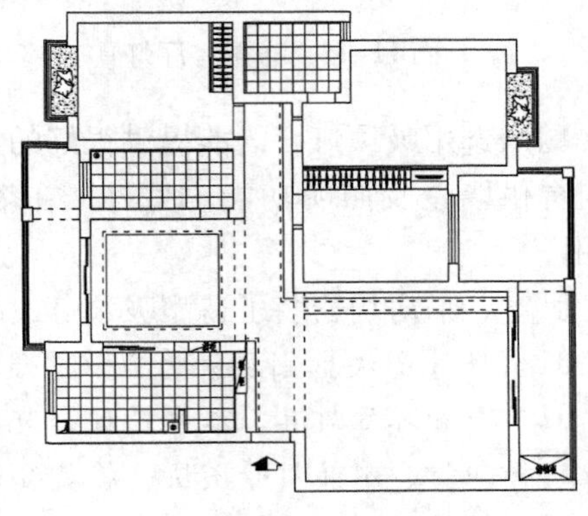

图 11-12　绘制填充图案

## 11.4 布置顶面灯具

顶面灯具兼具实用与美观的功能，既装饰了居室，又为居室提供了照明。市场上的灯具层出不穷，使得人在挑选的时候也眼花缭乱。但是在选购灯具的时候，切忌一味追求好看，而忽视了实用性。

在选购灯具的时候，需要考虑多方面的因素。例如居室的装饰风格、层高、面积。特别是在选择吊灯（如欧式水晶灯）时，尤其要考虑房屋的层高问题。虽然水晶灯层层叠叠，悬挂下来很多串水晶链子，开启的时候美轮美奂，是欧式风格的点睛之笔，但是如果层高过矮，则会使灯具与地面距离过近，产生局促感，从而破坏了水晶灯的美感。

图 11-13 所示为客厅中各类灯具的装饰效果。

本例中的错层居室的装饰风格为现代简约风，在选购灯具的时候，也应该尽量选购线条明朗、造型简单的灯具。如客厅，在局部吊顶上安装射灯，既不破坏吊顶的整体感，又为电视背景墙提供了局部照明。客厅中间悬挂水晶灯，需要注意的是，水晶灯的使用并不仅仅局限于欧式风格，而是有很多样式以供选择。

餐厅选用的是吊灯，吊灯一般会安装在餐桌上，为用餐提供照明。需要注意吊灯与餐桌之间的距离，太矮会发生碰撞，过远则不能提供很好的照明效果。例如，将吊灯与餐桌之间的距离设置为 700 左右，则可以把用餐者的面容照耀的美丽动人，在灯光的照耀下，食物也被衬托得格外美味可口。吊灯的光源不应直射眼睛，也不应造成眩晕感，因此在选择时要注意。

图 11-14 所示为卧室及厨房中灯具的装饰效果。

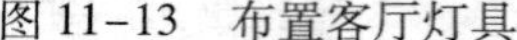

图 11-13 布置客厅灯具

图 11-14 卧室及厨房灯具的装饰效果

厨房选用吸顶灯，既能提供很好的照明，又方便清洁灯上的油污。卫生间要安装浴霸，同时提供取暖及照明功能。另外，在浴室镜前应安装镜前灯，可以为使用者提供很好的照明。

卧室、书房均安装了造型吸顶灯，既提供了照明，又增加了顶面的装饰性。

**01** 将【图块】图层置为当前图层。

**02** 布置客厅灯具。本书的配套光盘中提供了“第 11 章/图例文件 .dwg”文件，在文件中选择射灯、水晶灯等图块，将其复制粘贴至平面图中，如图 11-15 所示。

**03** 从“第 11 章/图例文件 .dwg”文件中选择其他灯具，如吸顶灯、镜前灯等，将其调入顶面布置图中，布置结果如图 11-16 所示。

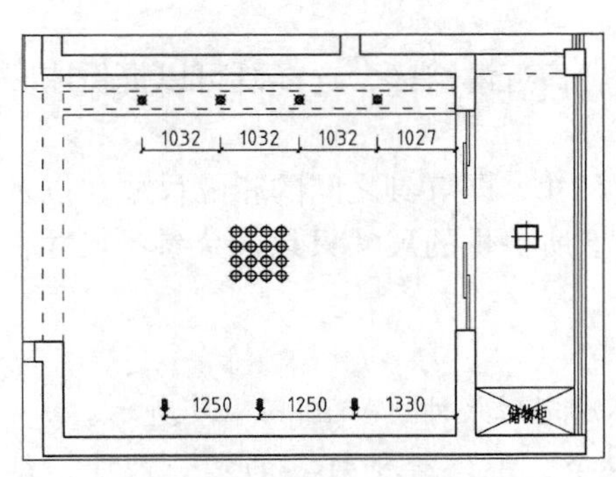


图 11-15　布置客厅灯具

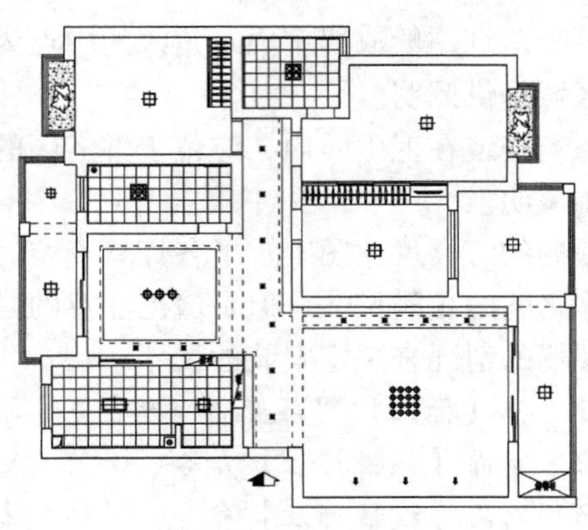

图 11-16　布置顶面灯具

**04**　将【标注】图层置为当前图层。

**05**　绘制灯具图例表。调用【矩形】命令、【分解】命令，绘制并分解矩形，接着调用【偏移】命令，选择矩形边向内偏移，结果如图 11-17 所示。

**06**　调用【复制】命令，从顶面图中移动复制各类灯具图形至图例表格中，再调用【多行文字】命令，绘制灯具名称标注，如图 11-18 所示。

**07**　修改图名标注。双击图名标注，将【平面布置图】修改为【顶棚平面图】，绘制结果如图 11-19 所示。

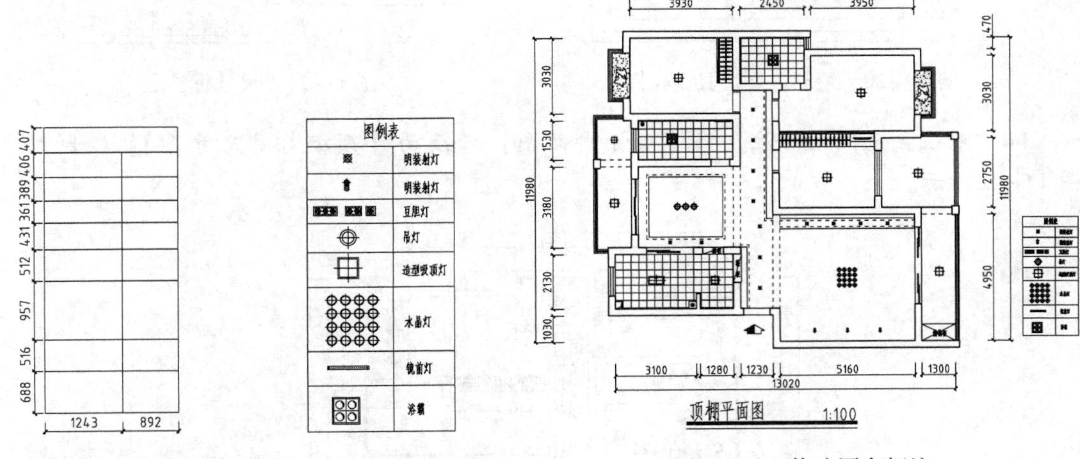


图11-17　绘制灯具图例表　图 11-18　绘制结果　图 11-19　修改图名标注

## 11.5　绘制顶棚灯具尺寸图

灯具应排列整齐才能显得美观大方，主要是指在安装射灯的时候，应该横平竖直，这样才富有美感。如果安装歪歪斜斜，不仅没有起到很好的照明作用，也不美观，丧失了装饰功能。

吊灯的安装则可以根据居室内的具体情况，在安装时确定其位置，但是也要兼顾实用与美观。吸顶灯一般取居室内对角线的中点为安装的位置点，力求使灯具最大限度地为居室内各个区域提供照明。

浴霸安装在卫生间内，应位于淋浴区的上方或者靠近淋浴区，这样既可以提供取暖又可以提供照明。

顶棚的灯具尺寸图表示了各灯具安装时的参考尺寸，即灯具之间的相隔尺寸，以及灯具与墙体之间的相隔尺寸。但是值得注意的是，图样上所提供的尺寸只是一个参考尺寸，具体应以现场的情况来决定安装的尺寸。

**01** 将【标注】图层置为当前图层。

**02** 调用【线性标注】命令，为客厅的灯具标注定位尺寸，如图 11-20 所示。

**03** 调用【线性标注】命令、【连续标注】命令，继续绘制灯具的定位尺寸，结果如图 11-21所示。

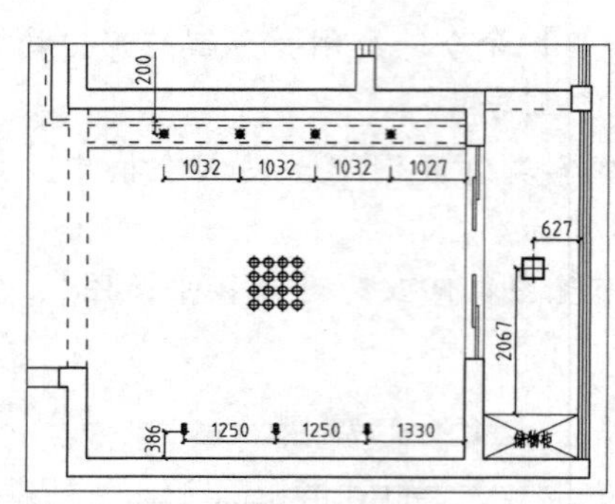


图 11-20 绘制客厅灯具定位图

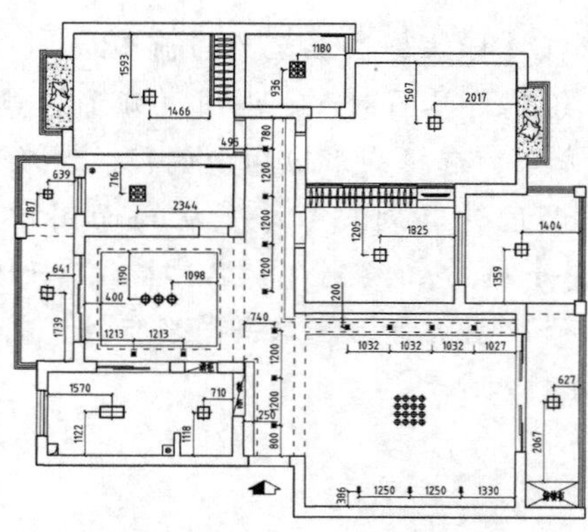


图 11-21 尺寸标注

**04** 双击更改图名标注，将【顶棚平面图】修改为【顶棚灯具尺寸图】，绘制结果如图 11-22所示。

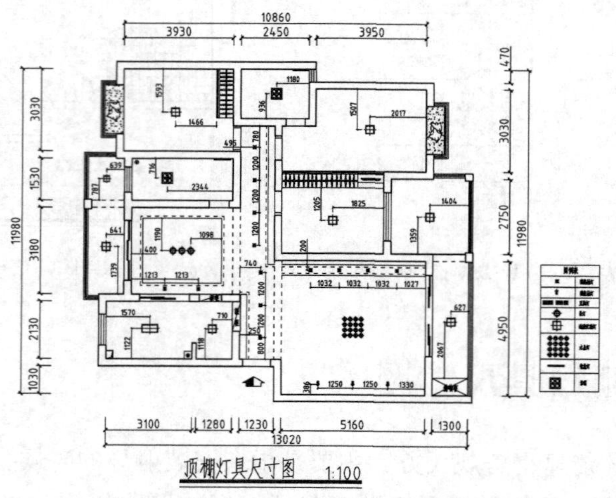


图 11-22 顶棚灯具尺寸图

## 11.6 开关平面图

灯具由开关来控制，应该根据灯具的种类来选择开关的类型。开关的安装应遵循便利原则，以最大限度地为使用者提供便利为准则。开关又分为单极开关、双极开关、三极开关和双控开关等。

一般来说，单盏的灯具使用单极开关来控制，如阳台的吸顶灯、储藏间的灯等。但是客厅中开关的安装情况又有所不同。因为客厅中包含几种类型的灯具，如水晶灯、射灯、灯带等。这个时候应该将这三类灯具的开关就近安装，以方便控制同一个区域内的灯具。可以安装三极开关，即在一个开关面板上有三个按钮，可以分别控制这三类灯具。

卧室的吸顶灯应该使用双控灯关来控制，可以分别将开关安装在门边以及床头柜附近，使人在进门时、躺在床上时，都可以很方便地开、关吸顶灯。

其他空间的灯具可以使用单极开关来控制，即一个开关面板上只有一个按钮，一般用来控制一盏灯，也有同时控制好几盏的，视具体情况来定。

**01** 按〈Ctrl + O〉组合键，打开在11.4节绘制的顶棚平面图。按〈Ctrl + Shift + S〉组合键，打开【图形另存为】对话框，在其中设置文件名称为【开关平面图】，单击【保存】按钮可以完成图形另存为的操作。

**02** 整理图形。调用【删除】命令，删除厨、卫空间内的填充图案，整理结果如图11-23所示。

**03** 将【图块】图层置为当前图层。

**04** 布置客厅开关。本书的配套光盘中提供了“第11章/图例文件.dwg”文件，在文件中选择三极开关图块，将其复制粘贴至平面图中，如图11-24所示。

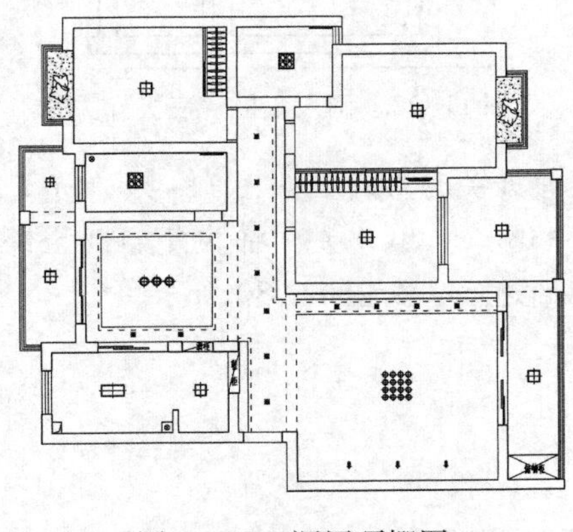

图11-23 调用顶棚图

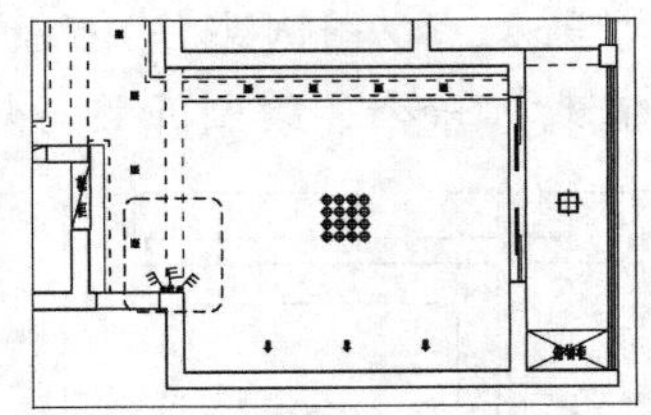

图11-24 布置客厅开关

**05** 调用【直线】命令，绘制直线来连接开关和灯具图形，如图11-25所示。

**06** 从“第11章/图例文件.dwg”文件中选择单极开关，将其复制到过道的尽头处，如图11-26所示。

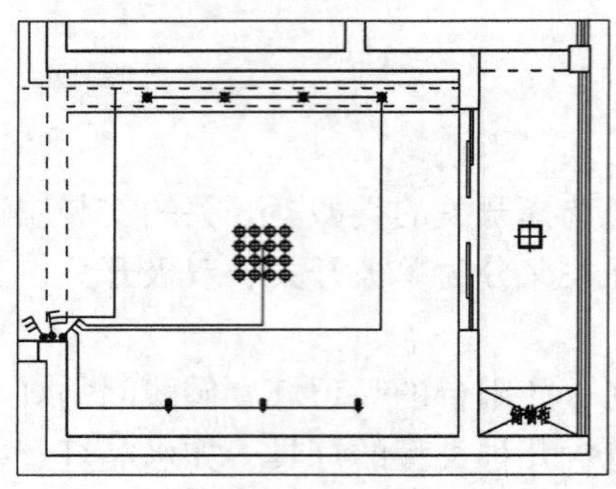

图 11-25　绘制连线

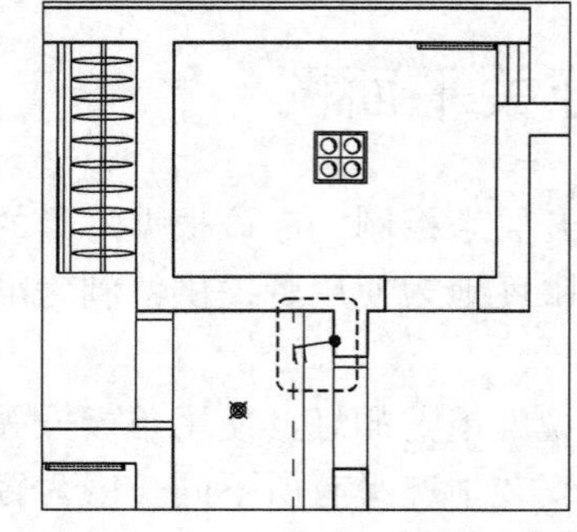

图 11-26　调入单极开关

**07**　调用【直线】命令，连接开关与过道中的射灯与灯带图形，结果如图 11-27 所示。

**08**　从"第 11 章/图例文件 . dwg"文件中选择双极、三极开关，将其复制到餐厅与厨房中，如图 11-28 所示。

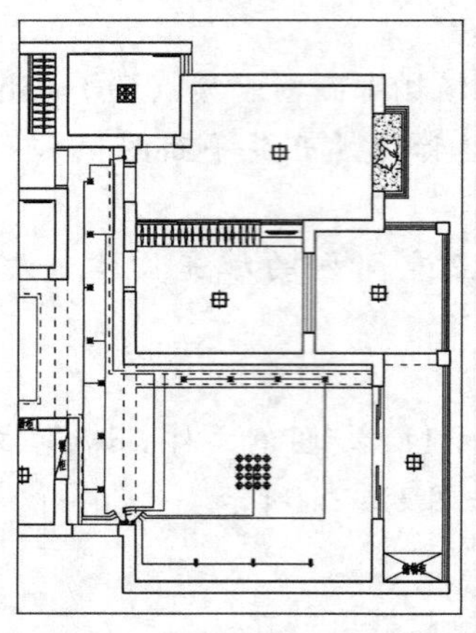

图 11-27　绘制连接线段

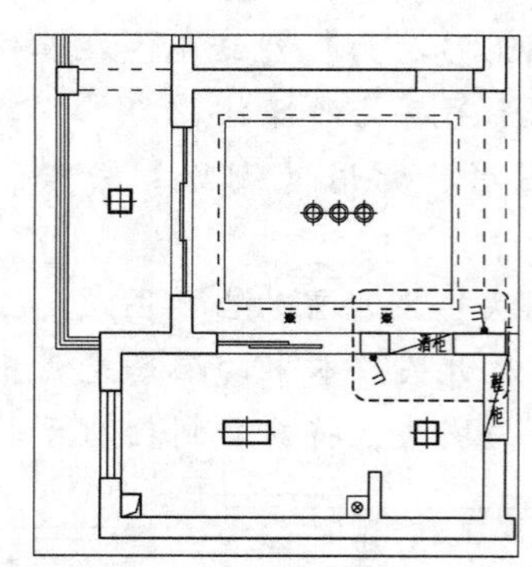

图 11-28　调入双极、三极开关

**09**　调用【多段线】命令，绘制线段来连接开关与灯具，如图 11-29 所示。

**10**　从"第 11 章/图例文件 . dwg"文件中选择双控开关，将其复制到主卧与次卧中，接着调用【直线】命令，绘制开关与灯具之间的连线，如图 11-30 所示。

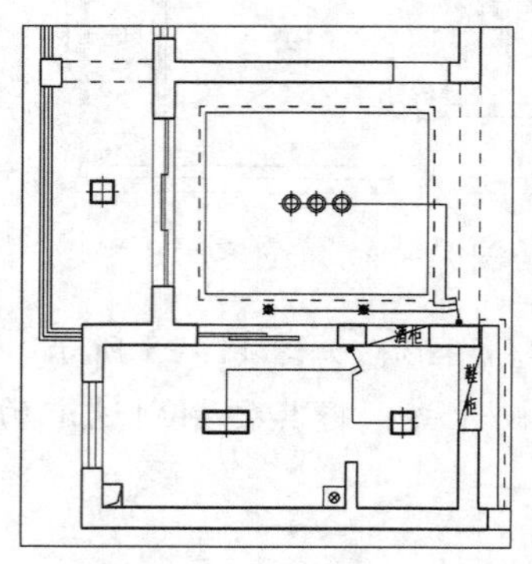

图 11-29　绘制多段线

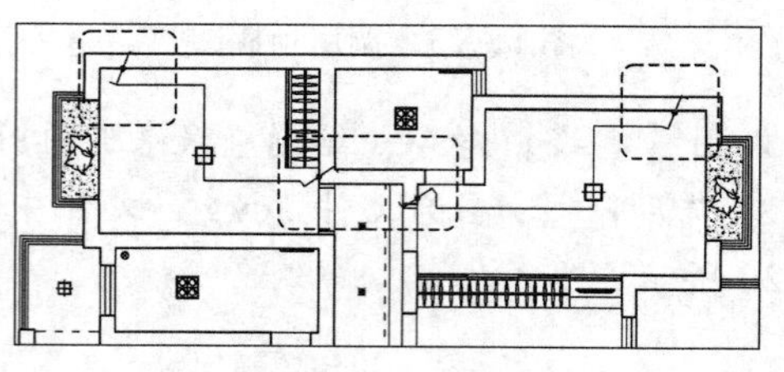

图 11-30　调入双控开关

**11** 沿用上面所介绍的方法，继续调入开关图形，并绘制开关与灯具之间的连线，结果如图 11-31 所示。

**12** 将【标注】图层置为当前图层。

**13** 调用【矩形】命令、【复制】命令、【多行文字】命令，绘制图 11-32 所示的开关图例表。

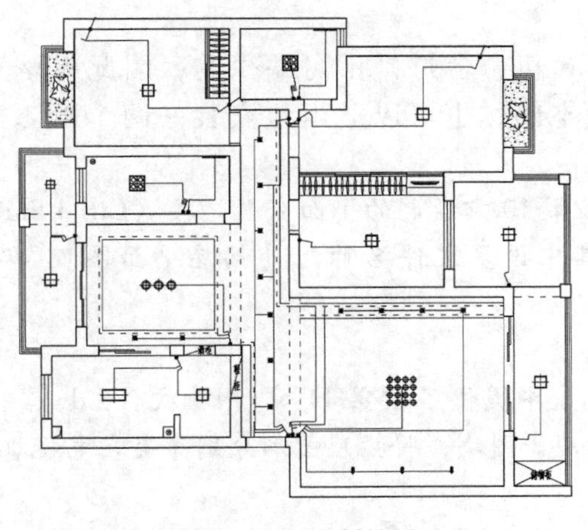

图 11-31 绘制结果

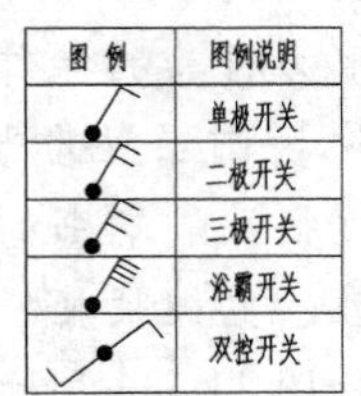

| 图例 | 图例说明 |
|---|---|
| | 单极开关 |
| | 二极开关 |
| | 三极开关 |
| | 浴霸开关 |
| | 双控开关 |

图 11-32 开关图例表

**14** 双击图名标注，将【顶棚平面图】修改为【开关平面图】，结果如图 11-33 所示。

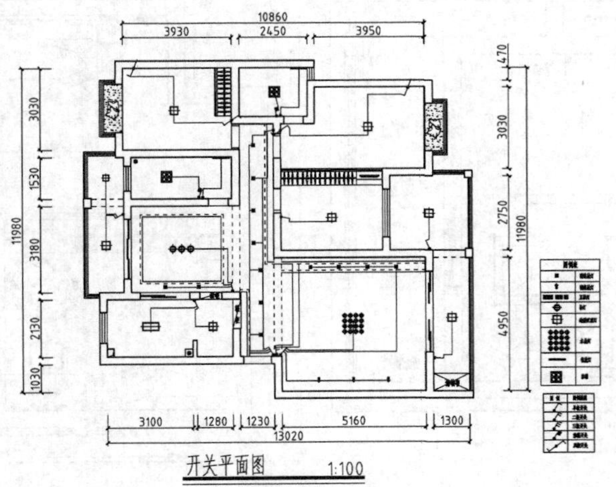


图 11-33 开关布置图

## 11.7 绘制插座平面图

居室里会安装各种各样的插座来满足居住的需求。为电器提供照明是插座最为主要的功能之一。插座的类型也随着电器种类的增多而增多，如空调插座、电视插座和网络插座等。

插座不是随意布置的，应与电器的位置相接近，以方便电器使用电源。如在电视柜下分别安装音响插座、电视插座、安全插座，可以方便音响与电视机连接电源，而安全插座也可为其他电器提供电源。

厨房有油烟，因此可以选用带防护罩的插座，即在插座的表面设置有罩子，在使用的时候将罩子掀起，不使用的时候可以将罩子放下，以防插座被油烟污染。在卫生间中有水汽，同样也可以使用带防护罩的插座。

书桌一般用来学习或者办公，计算机、台灯是不可缺少的，因此应该安装电源插座、网络插座。此外，在居室的其他空间，也可以适当地安装一两个电源插座，以备不时之需。

**01** 按〈Ctrl + O〉组合键，打开在第10章绘制的平面布置。按〈Ctrl + Shift + S〉组合键，打开【图形另存为】对话框，在其中设置文件名称为【插座平面图】，单击【保存】按钮可以完成图形另存为的操作。

**02** 将【图块】图层置为当前图层。

**03** 布置客厅插座。本书的配套光盘中提供了“第11章/图例文件.dwg”文件，在文件中选择电源插座、电视插座、音响插座等图块，将插座图形分别布置在电视机所在墙面以及沙发背景墙，如图11-34所示。

**04** 布置书房、主卧插座。从“第11章/图例文件.dwg”文件中选择电源插座、电视插座、宽带插座等图块，将其分别布置在书桌、床头柜处，结果如图11-35所示。

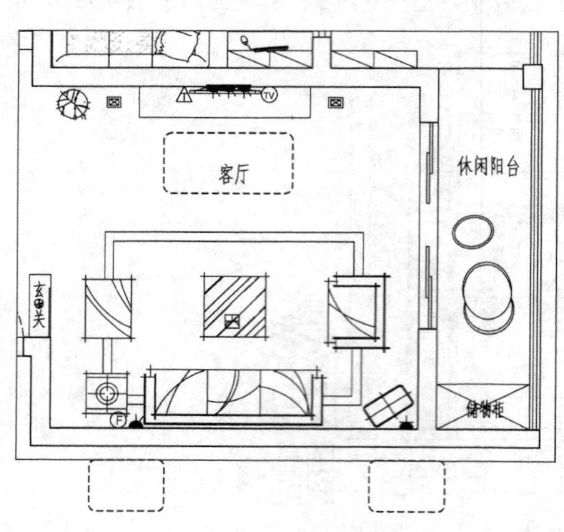

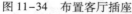

图11-34　布置客厅插座

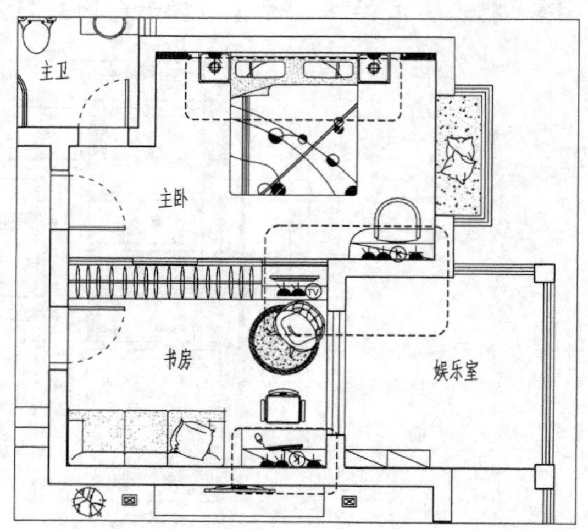


图11-35　布置书房、主卧插座

**05** 从“第11章/图例文件.dwg”文件中选择各类插座图块，将其分别布置于厨房、卫生间以及其他区域，操作结果如图11-36所示。

**06** 将【标注】图层置为当前图层。

**07** 绘制图例表。调用【矩形】命令、【直线】命令，绘制插座图例表，接着调用【复制】命令，从平面图中移动复制插座图例至表格中，操作结果如图11-37所示。

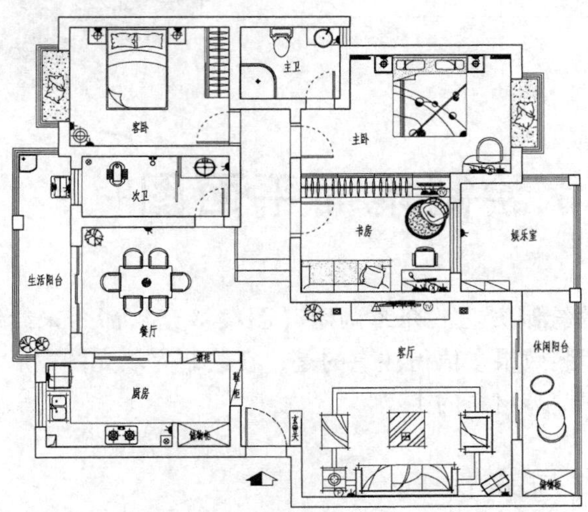


| 图 例 | 图例说明 |
|---|---|
|  | 地面插座 |
|  | 调光板 |
|  | 空调插座 |
| SR | 环绕音响 |
|  | 二三极安全插座 |
| TV | 闭路电视插座 |
| F | 电话插座 |
| H | 门铃电话 |
|  | 后置音箱音频线盒 |
| k | 宽带网 |

图 11-36　布置其他区域插座　　　　图 11-37　绘制图例表

**08**　修改图名标注。双击平面图下方的图名标注，将【平面布置图】修改为【插座平面图】，此外，为了清楚地显示插座的布置效果，特意将部分家具隐藏，结果如图 11-38 所示。

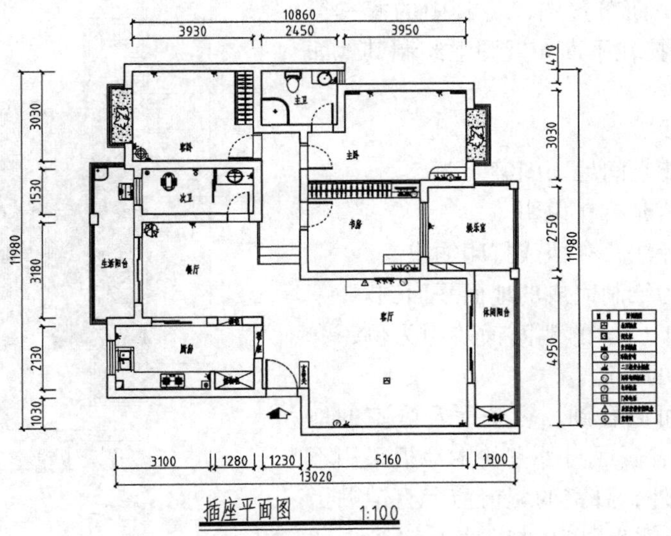


图 11-38　插座平面图

# 第 12 章 绘制地面平面图

本章介绍错层居室地面平面图的绘制方法。介绍调用【图案填充】命令来绘制各类填充图案，以表示各房间不同的地面铺装效果。值得注意的是，在绘制完填充图案后，应另外绘制图例表，以标注图案代表的地面铺装材料的类型。

## 12.1 地面平面图的形成与表达

地面平面图表达了居室内部各空间地面装饰的制作效果，使用各种不同类型、不同比例的图案来表示制作效果。地面平面图的常用绘制比例为 1∶50、1∶100、1∶150。图样中的地面分格采用细线来表示，其他内容按照平面布置图的要求来绘制。

地面平面图的绘制方法如下。

1）复制一份平面布置图，将其中的家具等图形隐藏（也可直接在平面布置图上绘制其地面布置）。

2）绘制门槛线。

3）填充各功能空间地面图案。

4）绘制地面填充材料说明。

5）绘制图名标注，存档或打印输出。

图 12-1 所示为绘制完成的地面平面图。

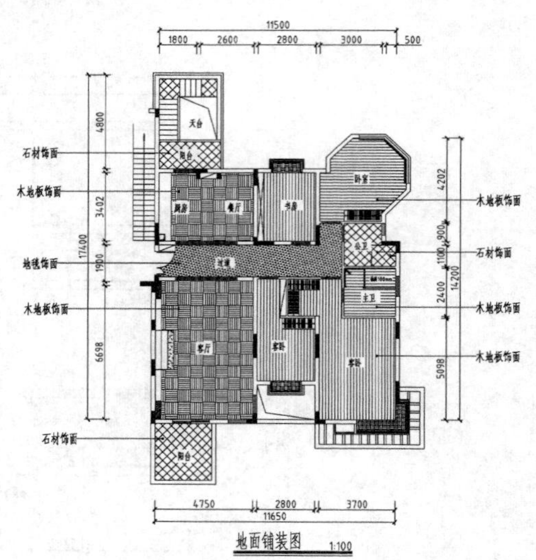

图 12-1 地面铺装图

本节以图 12-1 所示的地面铺装图为例，介绍识读地面铺装图的方法。

从图 12-1 中可以看到，客餐厅及卧室的地面为木地板，其中客餐厅与卧室的木地板采用不同的铺贴方式。此外，卧室的飘窗窗台上铺贴了木地板，可以直接就坐，也可以铺上软垫再就坐。过道地面为地毯，可吸音。主卫生间地面为木地板，一般选用防腐木，可耐腐蚀。公卫、阳台为 300×300 的石材铺贴。

## 12.2 地面铺装设计概述

居室地面的装饰也是室内设计中的一个重点，与墙面、顶面以及其他装饰物共同体现居室的装饰风格。地面装饰的材料多种多样，室内装饰所选用的材料一般为地砖、木材、地毯等。

地面材料的选用除了考虑居室的装饰风格之外，还应该考虑室内空间的用途。例如客厅地面的装饰，就需要考虑客厅的用途。客厅是居室内的公共空间之一，是家人聚会、招待客人的场所。在选择地面装饰材料时，除了要与装饰风格相协调之外，还应考虑防滑、耐磨、易清洗等因素。因为客厅人多，人们在其中活动，做好防滑措施是很有必要的，另外，耐磨、易清洗也是基于人多的原因。

餐厅为就餐场所，一般与客厅相连，在通常情况下会选择与客厅相同的地面装饰材料，以保持空间的整体性，使空间显得开阔。但是也有将餐厅的地面装饰与客厅的地面装饰相区别的做法，这要根据主人的喜好或者设计师的设计构思了。

图 12-2 所示为客厅瓷砖地面与餐厅木地板地面的装饰效果。

厨房一般选择浅色的地面装饰材料，使厨房显得温馨、有食欲，多选择浅色的防滑瓷砖。瓷砖与木地板相比，清洗与维护都较为容易。斜铺瓷砖可以增加地面的趣味性、装饰性，与客餐厅的地面装饰相区别。

阳台铺贴仿古砖也是一个不错的选择，富有质感的仿古砖可以给居室带来一股另类的气息。但是假如将阳台封闭后要与室内连成一体来使用的话，应尽量选择与室内地面相同的材料，易于与室内形成一体。

图 12-3 所示为阳台与卫生间敷设不同种类地砖的装饰效果。

图 12-2　不同的地面材料的装饰效果

图 12-3　不同种类地砖的敷设效果

卫生间的地面铺装材料首选防滑功能较好的防滑瓷砖，因为卫生间用水较多，地面防滑是最基本的要求。选用防滑瓷砖，既易于清洁，又可以防滑，还可以加快室内干燥的速度，是大多数室内装修首选的卫生间地面装饰材料。

本例的错层居室有意将地面抬高的区域与较低的区域相区别，即客餐厅、厨房、阳台为一个区域，卧室、书房、过道、卫生间为一个区域。一般来说，相同区域选择相同的地面材料有利于维护居室的整体感。因此，在过道、卧室、娱乐室都选择了相同的材料，即复合木地板，卫生间则选择了防滑瓷砖。

## 12.3　绘制地面平面图

本节介绍错层居室地面平面图的绘制方法。

**01**　按〈Ctrl + O〉组合键，打开在第 10 章中所绘制的平面布置图。按〈Ctrl + Shift + S〉组合键，打开【图形另存为】对话框，在其中设置文件名称为【地面平面图】，单击【保存】按钮可以完成图形另存为的操作。

**02**　整理图形。调用【删除】命令，删除平面图上的家具图形，整理图形的结果如图 12-4所示。

**03** 将【填充】图层置为当前图层。

**04** 绘制客餐厅地面铺装图案。调用【图案填充】命令，在【图案填充和渐变色】对话框中设置填充参数的样式及其比例，结果如图12-5所示。

**05** 选择客餐厅地面作为填充区域，绘制填充图案的结果如图12-6所示。

**06** 绘制厨房地面铺装图案。按〈Enter〉键重新调出【图案填充和渐变色】对话框，修改填充角度为45°，间距为300，如图12-7所示。

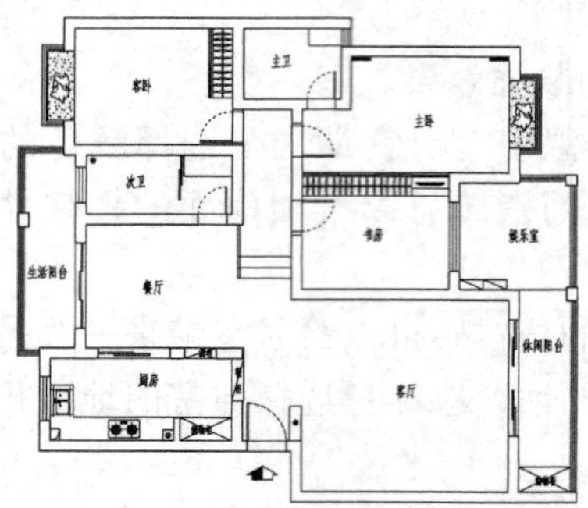

图12-4 整理图形

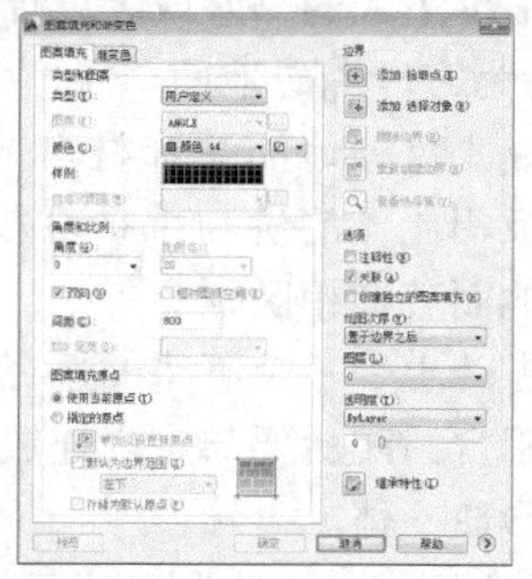

图12-5 【图案填充和渐变色】对话框

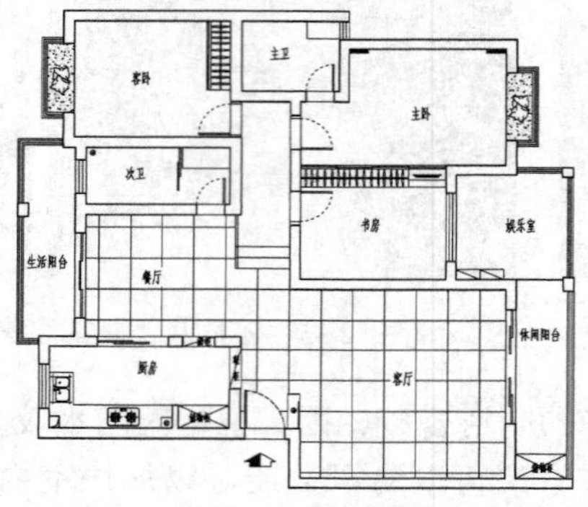

图12-6 绘制客餐厅地面铺装图案

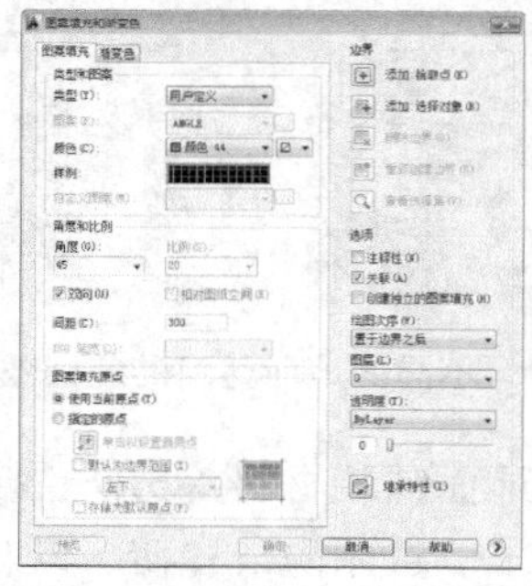

图12-7 设置填充参数

**07** 单击【添加：拾取点】按钮，拾取厨房地面按〈Enter〉键，在对话框中单击【确定】按钮可完成填充操作，结果如图12-8所示。

**08** 在【图案填充和渐变色】对话框中设置仿古砖的填充参数，如图12-9所示。

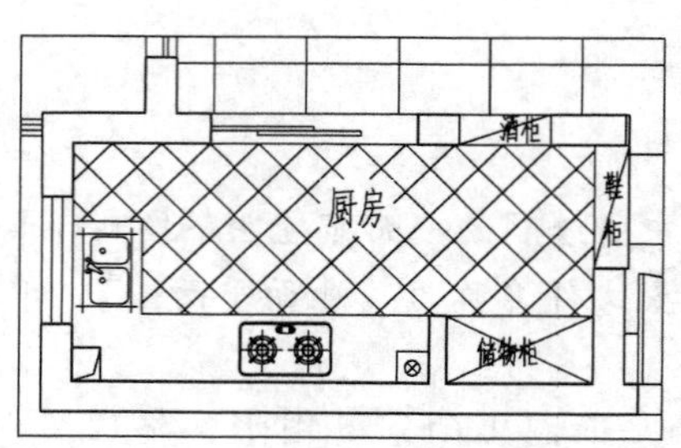


图12-8 绘制厨房地面铺装图案

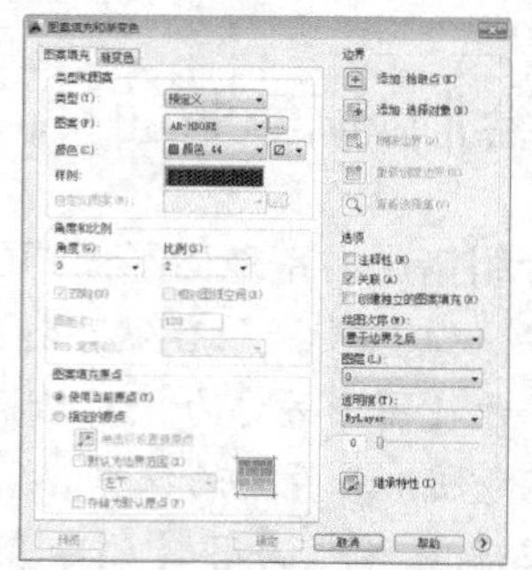

图12-9 设置仿古砖填充参数

**09** 绘制生活阳台、休闲阳台地面铺装图案的结果如图 12-10 所示。

**10** 在【图案填充和渐变色】对话框中设置卫生间防滑瓷砖的填充参数，如图 12-11 所示。

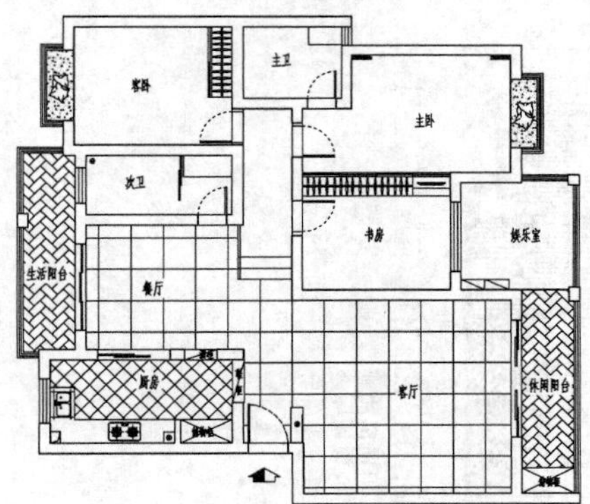


图 12-10 绘制阳台地面铺装图案

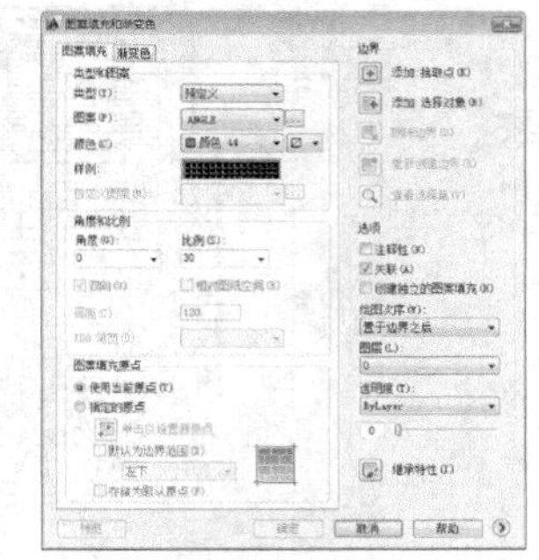

图 12-11 设置防滑瓷砖填充参数

**11** 绘制主卫生间、次卫生间地面防滑瓷砖图案的结果如图 12-12 所示。

**12** 在【图案填充和渐变色】对话框中设置卧室复合木地板的填充参数，如图 12-13 所示。

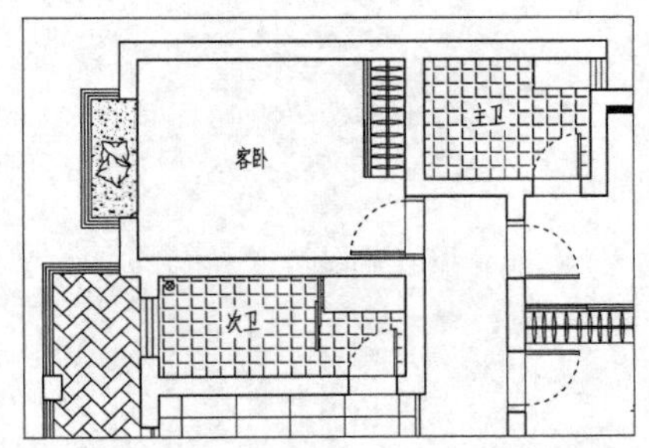


图 12-12 绘制卫生间地面铺装图案

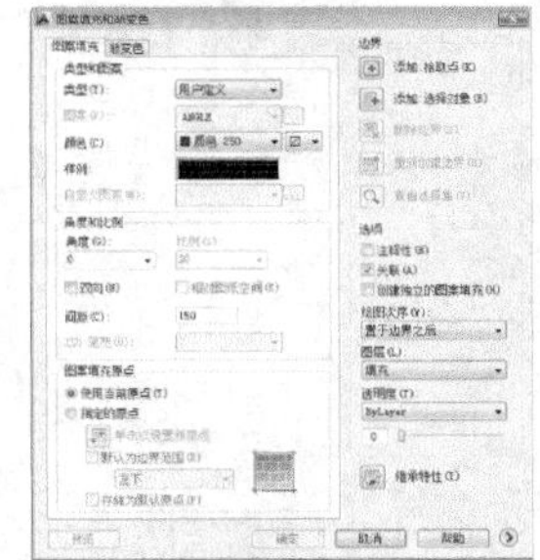

图 12-13 设置木地板填充参数

**13** 绘制主卧、客卧地面复合木地板铺装图案的结果如图 12-14 所示。

**14** 将【标注】图层置为当前图层。

**15** 调用【矩形】命令、【填充】命令、【多行文字】命令，绘制地面材料图例表，如图 12-15 所示。

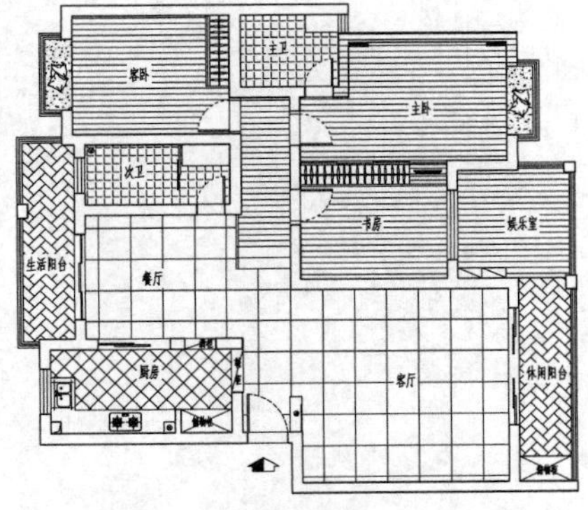


图 12-14 绘制卧室地面铺装图案

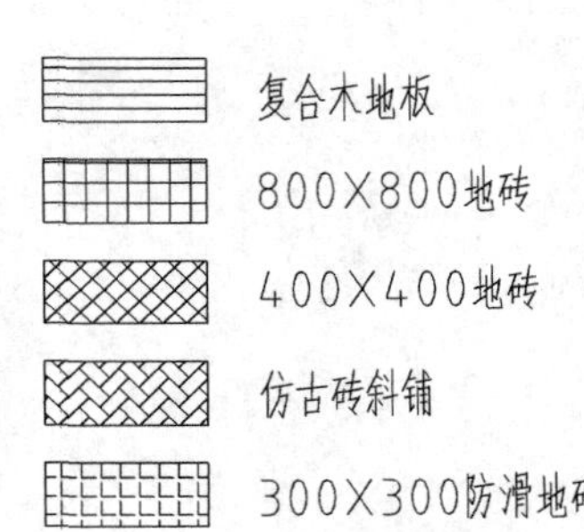


图 12-15 绘制图例表

**16** 双击平面图下方的图名标注，将【平面布置图】修改为【地面平面图】，结果如图 12-16所示。

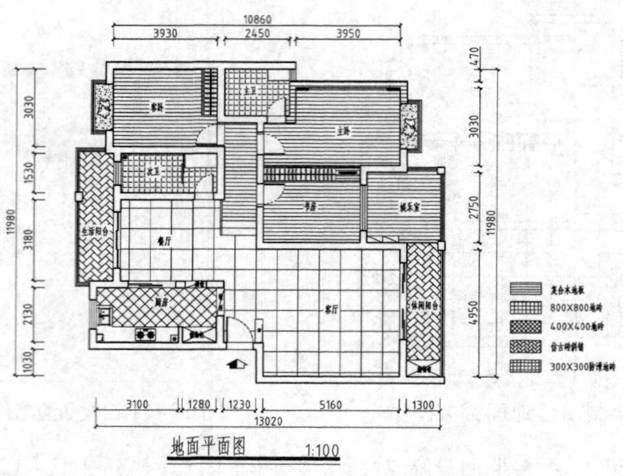


图 12-16　地面平面图

# 第13章　绘制立面图

本章介绍四居室各立面施工图的绘制方法，如电视背景墙立面、餐厅立面图、书房立面图、主卧衣柜立面图等。各立面图均表达了指定墙面的做法及效果，如电视背景墙立面图表现了背景墙的制作效果及制作所需的材料，还标注了背景墙的做法。

## 13.1　立面图的形成与表达

室内立面图除了需要表达非固定家具、装饰构件等情况外，还应包括投影方向可见的室内轮廓线和装饰构造、门窗、构配件、墙面做法、固定家具、灯具等内容以及必要的尺寸和标高。

在绘制室内顶棚轮廓线时，可以依据实际的情况选择只表达吊顶或同时表达吊顶及结构顶棚。

室内立面图一般不绘制虚线，立面图的外轮廓线用粗实线来表示，墙面上的门窗及凹凸于墙面的造型用中实线来表示，另外的图示内容、尺寸标注、引出线等用细实线来表示。

此外，室内立面图的常用绘制比例为1:50。

立面图的绘制方法如下。

1）先在平面图中定义立面图的表达区域。

2）参考平面图上墙体的尺寸来绘制立面图的外轮廓。

3）绘制立面构造，如吊顶位、墙面装饰轮廓线。

4）在绘制完成的墙面装饰轮廓线内填充图案以与未做造型的墙面相区分。

5）调入立面图块。

6）绘制立面尺寸标注。

7）绘制立面材料标注。

8）绘制图名标注，存档或打印出图。

图13-1所示为绘制完成的室内立面图。

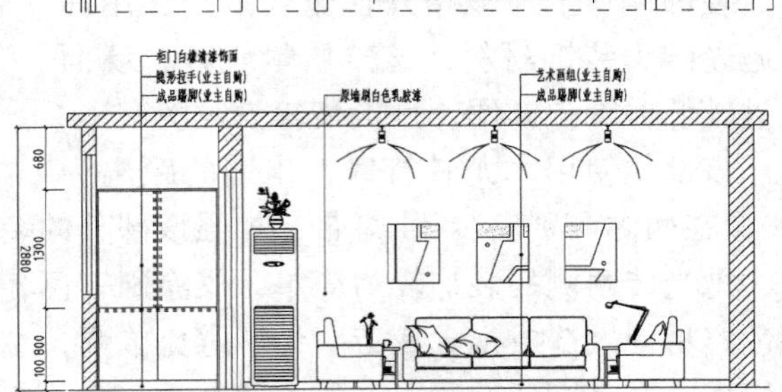

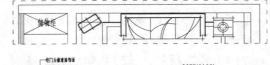

图13-1　室内立面图

## 13.2　立面图的识读

下面以图13-1所示的室内立面图为例，介绍识读立面图的方法。

1）首先确定要读的室内立面图所在的房间位置，按照房间的顺序识读室内立面图。根据平面布置图中内饰符号的指向编号来为立面图命名。

2）在平面布置图中明确该墙面位置有哪些固定家具和室内陈设等，并注意其定形、定位尺寸，做到对所读的墙柱面位置的家具、陈设有一个基本的了解。图 13-1 中虚线所示的储物柜宽度为 1300，高度为 2200，上下柜门为平开式，均制作了隐形拉手。

3）浏览室内立面图，了解所读立面的装饰形式及变化。图 13-1 所示中的立面图反映了从左到右客厅墙面及相连的阳台 C 方向的全貌。

4）识读室内立面图，注意墙面装饰造型及装饰面的尺寸、范围、选材、颜色及相应的做法。从图 13-1 中可以看到，沙发背景墙刷白色乳胶漆，正中悬挂艺术组画，沙发的样式为单人与多人的组合，顶面的射灯采用明装的方式。

5）查看立面标高、其他细部尺寸、索引符号等。客厅顶棚最高为 2880。

## 13.3 绘制电视背景墙立面图

图 13-2 所示为本例电视背景墙立面图的绘制结果，本节介绍其绘制方法。

电视背景墙是立面装饰中的重点，是室内设计中的重要区域之一。本例错层居室的电视背景墙选用了多种材料来装饰，从左往右，装饰材料依次为艺术彩绘、乳胶漆、抛光砖、乳胶漆、车边茶镜。

电视背景墙的重点区域为使用抛光砖所装饰的区域，因为其处于电视背景墙的中间，也是人们视线的落点，因此在选择材料、装饰样式上应该格外慎重。本例选用白色抛光砖为装饰材料，该砖质量较轻，墙面负重较低，维护方便，且价格较为经济实惠。

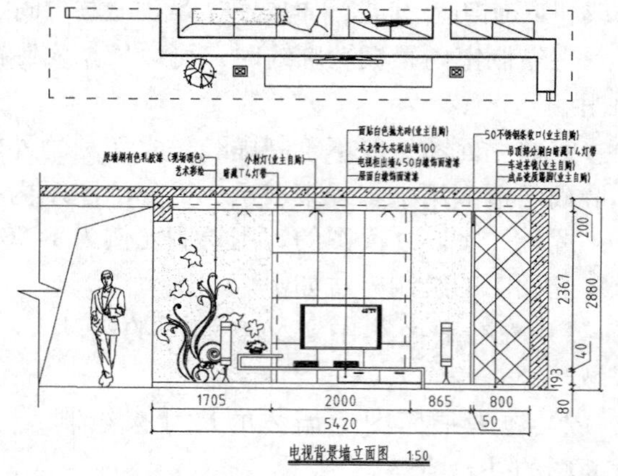

图 13-2　电视背景墙立面图

该部位使用木龙骨打底，出墙的距离为 100，在两侧分别安装 T4 灯带，加强该部分的装饰性。横平竖直的铺贴方式，体现庄重感。

抛光砖两侧的装饰较为简单，仅涂刷有色乳胶漆，颜色要选择较浅的颜色，因为较深的颜色容易使人造成视觉疲劳。为了避免单调，左侧还粘贴了成品的艺术彩绘，具有点缀墙面的作用。在靠墙的右侧，制作了宽度为 800 的车边茶镜，车边镜有镜子的特性，表面的棱边与抛光砖严谨的横竖铺贴效果形成对比，可以增加墙面的丰富性。

图 13-3 所示为各类电视背景墙的制作效果。

图 13-3　电视背景墙

## 13.3.1 绘制立面轮廓线

本节介绍立面图轮廓线的绘制方式，如墙体、梁、吊顶等图形的轮廓线。

**01** 按〈Ctrl + O〉组合键，打开第 10 章所绘制的平面布置图。按〈Ctrl + Shift + S〉组合键，打开【图形另存为】对话框，在其中设置文件名称为【电视背景墙立面图】，单击【保存】按钮可以完成图形另存为的操作。

**02** 调用【矩形】命令，在平面布置图上绘制矩形来框选电视背景墙图形，调用【复制】命令，将选中的部分移动复制到一旁，如图 13-4 所示。

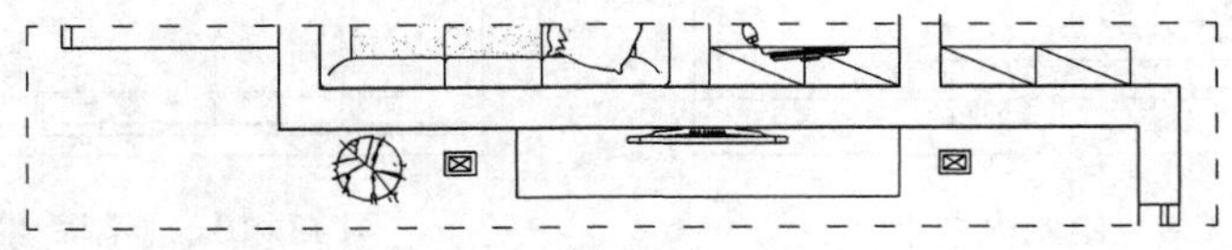

图 13-4 调用平面布置图

**03** 将【辅助线】图层置为当前图层。

**04** 绘制背景墙轮廓线。调用【直线】命令、【偏移】命令，绘制立面轮廓线，结果如图 13-5 所示。

**05** 调用【多段线】命令绘制折断线，如图 13-6 所示。

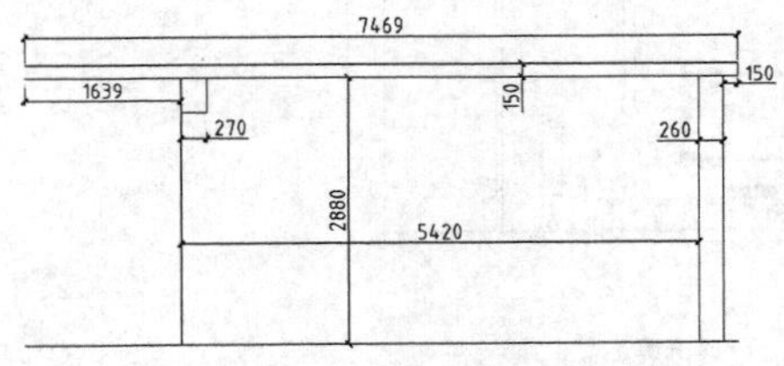


图 13-5 绘制背景墙轮廓线

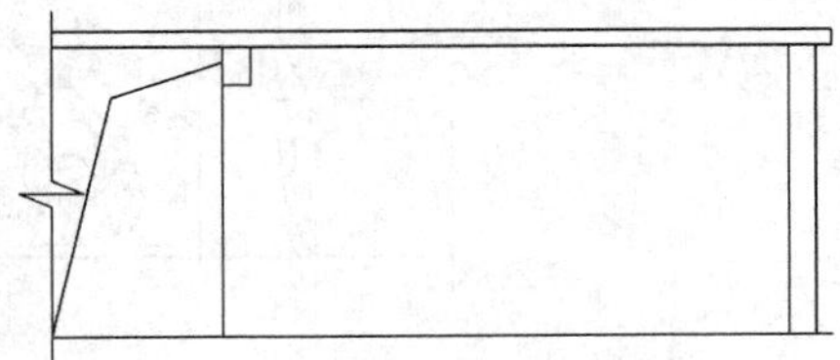

图 13-6 绘制折断线

**06** 绘制吊顶及灯带。调用【偏移】命令，偏移立面轮廓线来绘制吊顶轮廓线及灯带，接着选中灯带图形，将其线型更改为虚线，如图 13-7 所示。

**07** 绘制立面装饰轮廓线。调用【偏移】命令、【修剪】命令，偏移并修剪线段，绘制轮廓线的结果如图 13-8 所示。

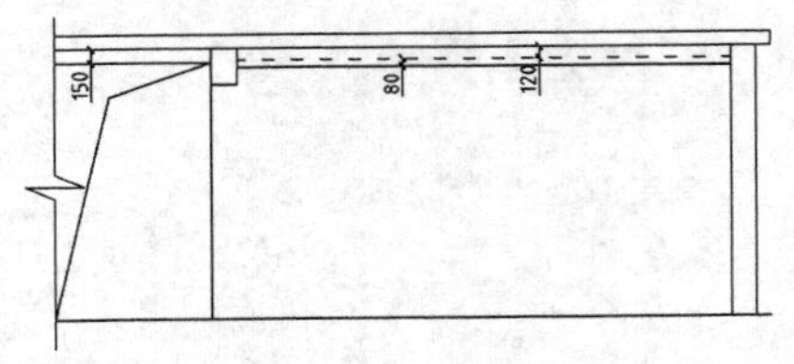


图 13-7 绘制吊顶及灯带

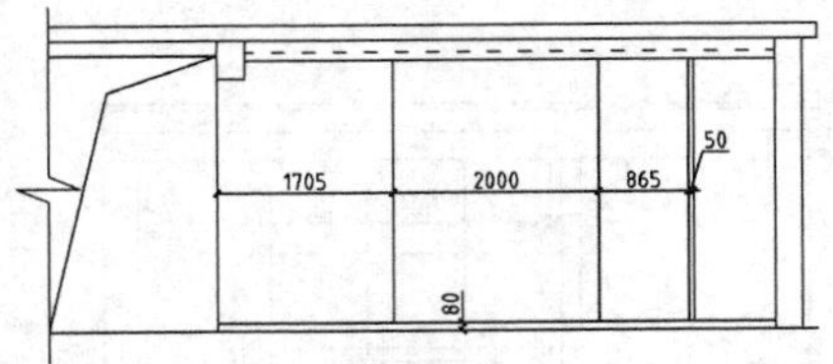


图 13-8 绘制立面装饰轮廓线

## 13.3.2 绘制立面造型

本节介绍绘制立面造型、调入图块、填充墙面装饰图案的操作方式。

**01** 将【图块】图层置为当前图层。

**02** 绘制电视柜。调用【直线】命令、【偏移】命令、【修剪】命令，绘制电视柜轮廓线，如图13-9所示。

**03** 调用【偏移】命令，绘制背景墙灯带，结果如图13-10所示。

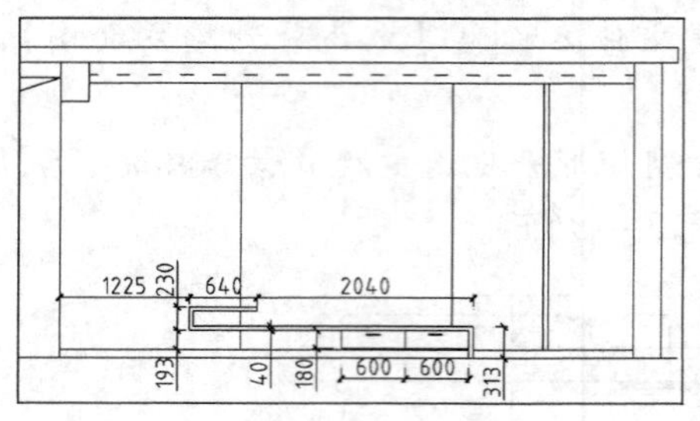


图13-9 绘制电视柜

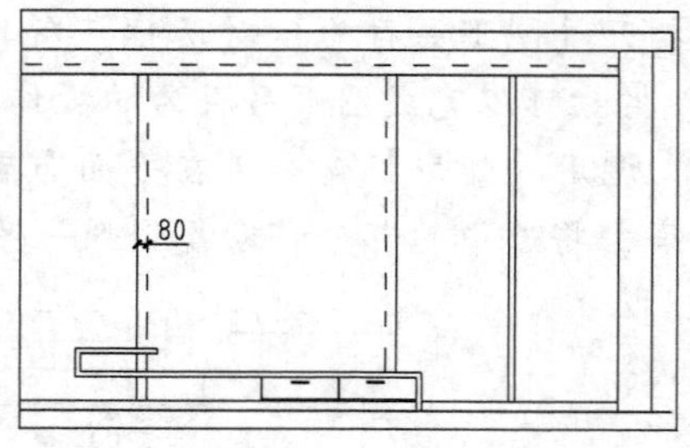


图13-10 绘制背景墙灯带

**04** 布置立面图块。本书的配套光盘中提供了“第13章/图例文件.dwg”文件，在文件中选择射灯、电视机图块，将其复制粘贴至立面图中，如图13-11所示。

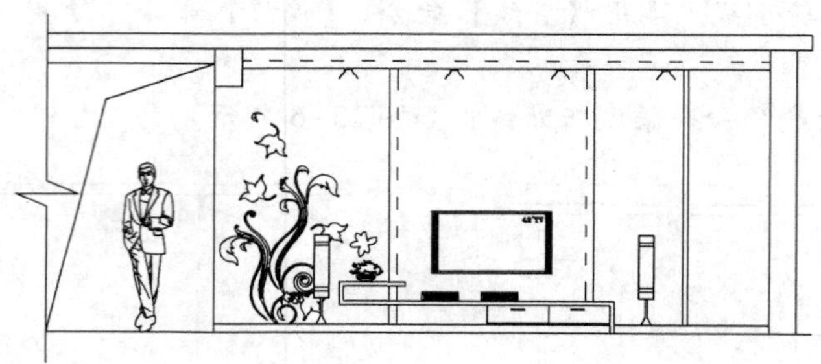

图13-11 布置立面图块

**05** 将【填充】图层置为当前图层。

**06** 绘制抛光砖装饰轮廓线。调用【偏移】命令、【修剪】命令，绘制砖轮廓线的结果如图13-12所示。

**07** 绘制车边茶镜图案。调用【图案填充】命令，在【图案填充和渐变色】对话框中设置茶镜的填充参数，如图13-13所示。

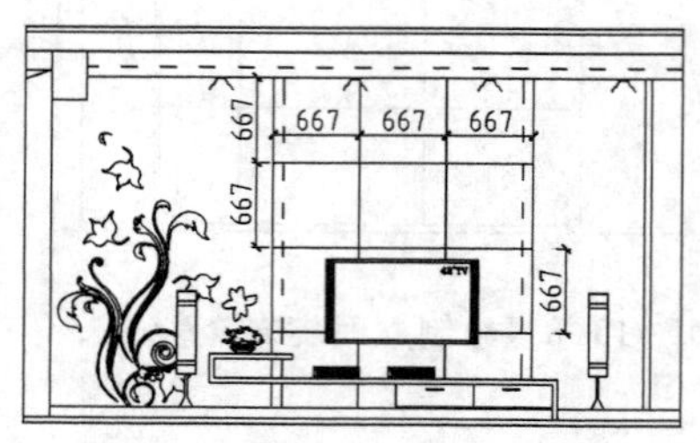


图13-12 绘制砖轮廓线

图13-13 【图案填充和渐变色】对话框

**08** 在立面图中拾取填充区域，填充车边茶镜图案的结果如图13-14所示。

**09** 绘制墙面乳胶漆装饰图案。在【图案填充和渐变色】对话框中设置乳胶漆图案的样式以及填充比例，如图 13-15 所示。

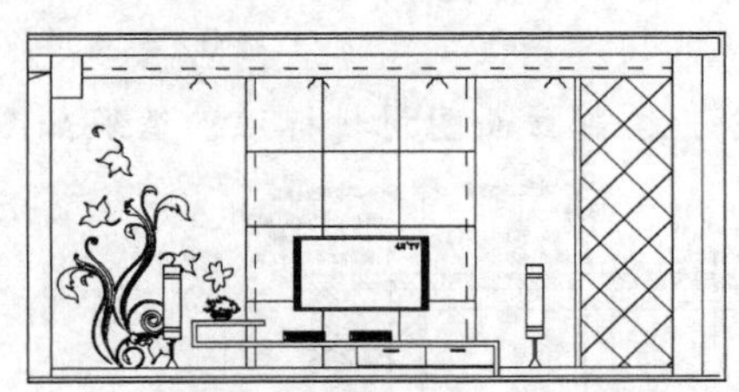

图 13-14 绘制车边茶镜图案

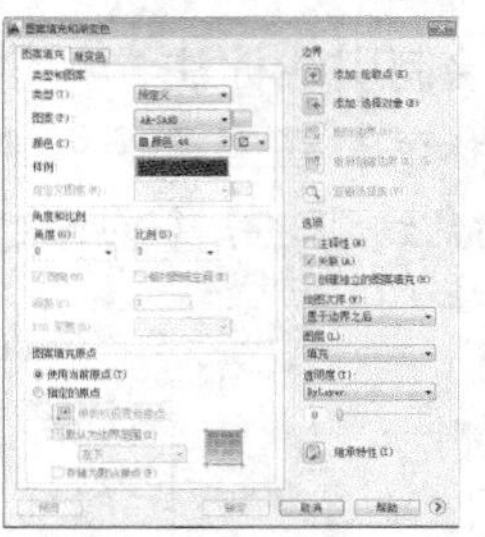

图 13-15 设置参数

**10** 选取填充区域，绘制墙面乳胶漆图案的结果如图 13-16 所示。

**11** 绘制墙、梁钢筋混凝土填充图案。在【图案填充和渐变色】对话框中设置钢筋混凝土图案的样式及填充比例，如图 13-17 所示。

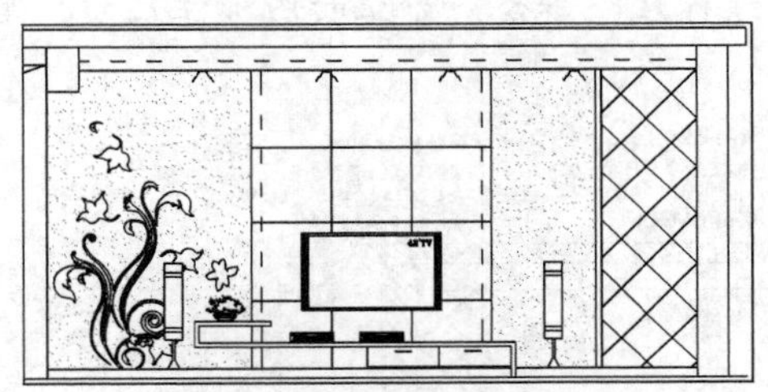

图 13-16 绘制墙面乳胶漆图案

图 13-17 【图案填充和渐变色】对话框

**12** 拾取墙体、梁图形为填充区域，填充图案的结果如图 13-18 所示。

**13** 在【图案填充和渐变色】对话框中设置填充参数，如图 13-19 所示。

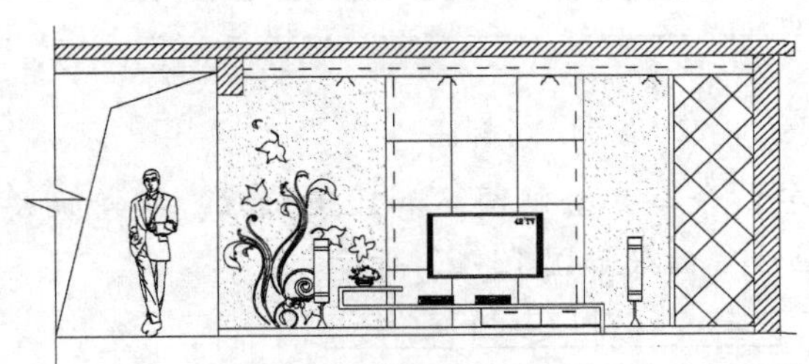

图 13-18 绘制钢筋混凝土填充图案

图 13-19 修改参数

**14** 对墙体、梁图形执行填充操作的结果如图 13-20 所示。

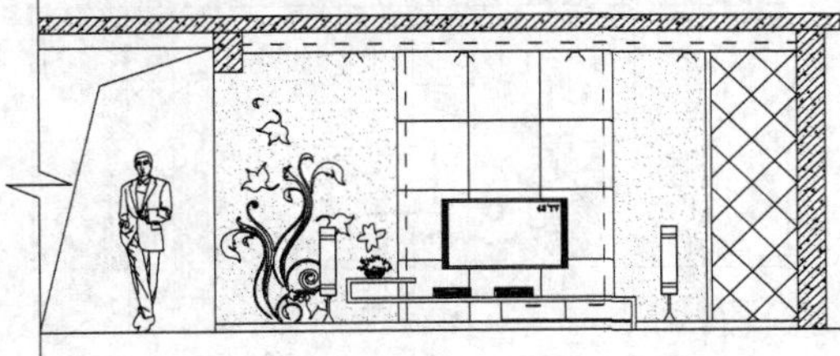

图 13-20 填充图案

## 13.3.3 绘制立面图标注

本节介绍绘制引线标注、尺寸标注、图名标注的方法。

**01** 将【标注】图层置为当前图层。

**02** 材料标注。调用【多重引线】命令，绘制立面图材料标注，结果如图13-21所示。

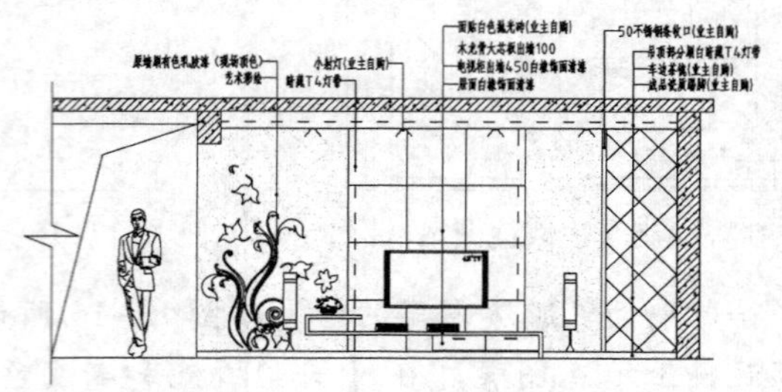

图13-21 绘制立面图材料标注

**03** 尺寸标注。调用【线性标注】命令、【连续标注】命令，为立面图标注尺寸，结果如图13-22所示。

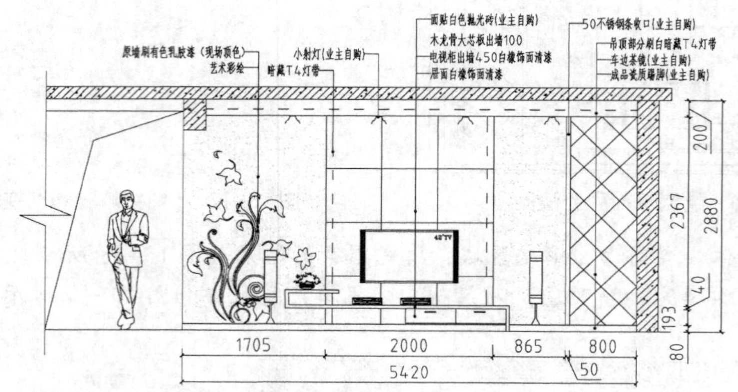


图13-22 绘制尺寸标注

**04** 图名标注。调用【多行文字】命令，绘制图名和比例标注，接着调用【多段线】命令，分别绘制宽度为25、0的下画线，结果如图13-23所示。

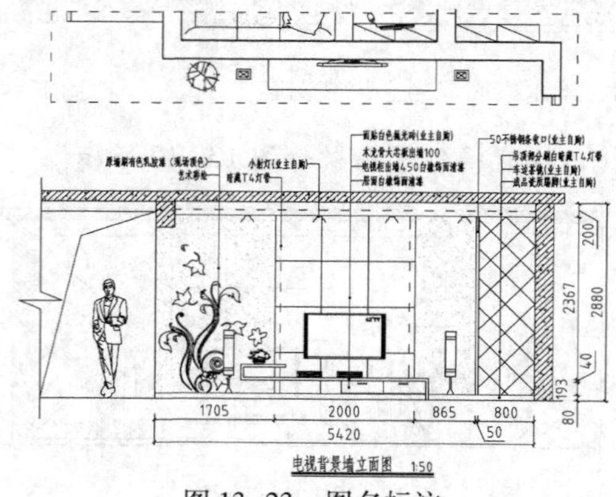


图13-23 图名标注

**提示：**电视柜详细尺寸如图 13-24 所示。

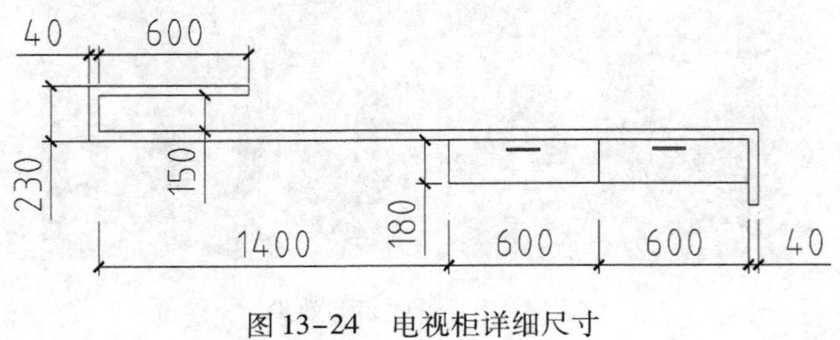


图 13-24　电视柜详细尺寸

## 13.4　绘制餐厅立面图

图 13-25 所示为本例餐厅立面图的绘制结果，本节介绍其绘制方法。

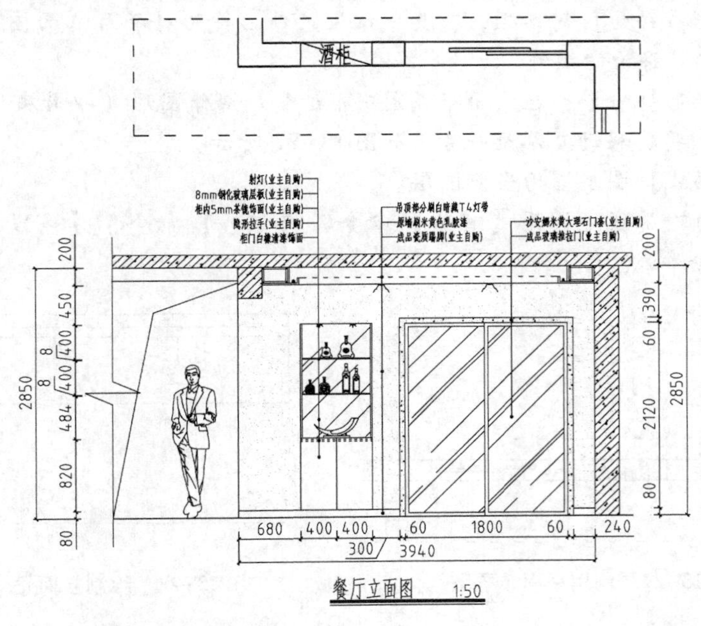


图 13-25　餐厅立面图

厨房的门洞经墙体改造后增大，并且其左侧的原门洞处制作了宽度为 800 的酒柜。通常情况下，酒柜都会制作成上部分为展览区、下部分为储藏区。即在上部分制作层板，有的会安装玻璃门，至于玻璃门是推拉式还是平开式，可依个人喜好选择。但也有的干脆舍弃柜门，直接在层板上摆放各类酒，这在方便取用的同时，也不可避免地会有一些灰尘落到酒瓶上，在清洁时需要特别小心。

酒柜的下半部分通常会安装实木柜门，可以用来储藏酒，也可以放置其他的物品，关上柜门也不影响其装饰性，同时还具有储藏功能，一举两得。

图 13-26 所示为各类餐厅的装饰效果。

图 13-26 餐厅装饰效果

## 13.4.1 绘制立面轮廓线

本节介绍绘制立面图轮廓线的方法，如墙体、吊顶等图形的轮廓线。

**01** 按〈Ctrl + O〉组合键，打开第 10 章所绘制的平面布置图；按〈Ctrl + Shift + S〉组合键，打开【图形另存为】对话框，在其中设置文件名称为【餐厅立面图】，单击【保存】按钮可以完成图形另存为的操作。

**02** 调用【矩形】命令，在平面布置图中框选餐厅墙体图形（即厨房门所在墙面），调用【复制】命令，将其移动复制至一旁，如图 13-27 所示。

**03** 将【辅助线】图层置为当前图层。

**04** 绘制立面轮廓线。调用【直线】命令、【偏移】命令、【多段线】命令，绘制图 13-28 所示的轮廓线。

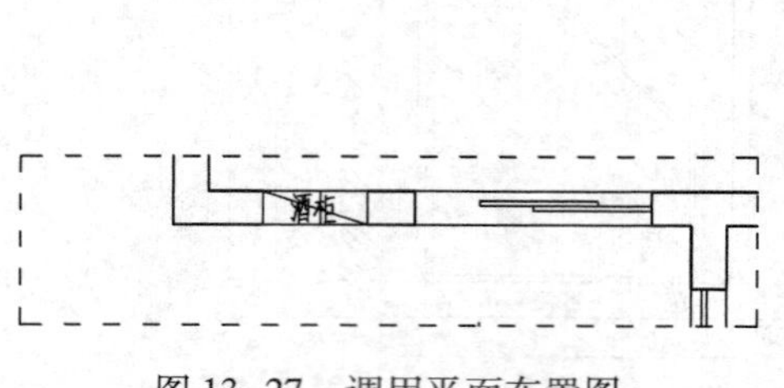


图 13-27 调用平面布置图

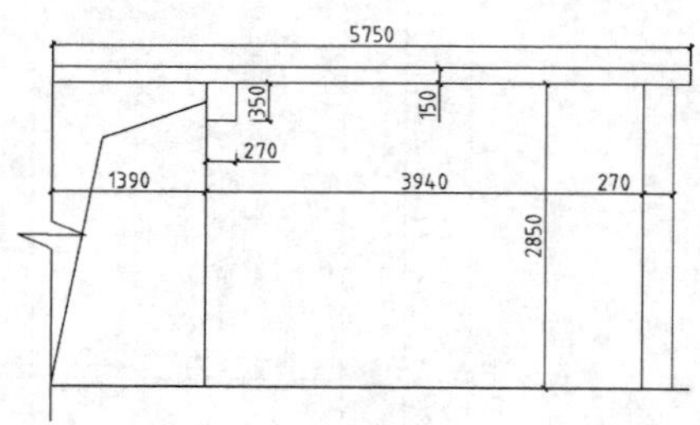


图 13-28 绘制立面轮廓线

**05** 绘制吊顶图形。调用【偏移】命令、【修剪】命令，绘制图 13-29 所示的吊顶轮廓线。

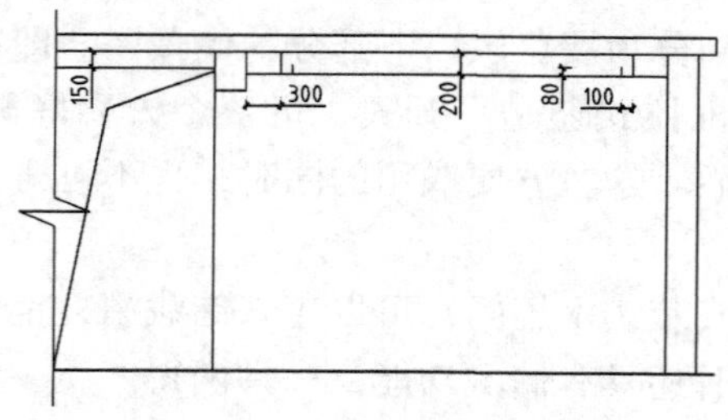


图 13-29 绘制吊顶图形

## 13.4.2 绘制立面图形

本例立面图形包括吊顶的内部构造，如龙骨、灯带的安装等，还有酒柜与推拉门的位置、构造，以及墙面的装饰图案等，本节介绍这些图形的绘制方法。

**01** 调用【偏移】命令，绘制石膏板、木龙骨轮廓线，结果如图 13-30 所示。

**02** 调用【直线】命令，在木龙骨轮廓线内绘制对角线，如图 13-31 所示。

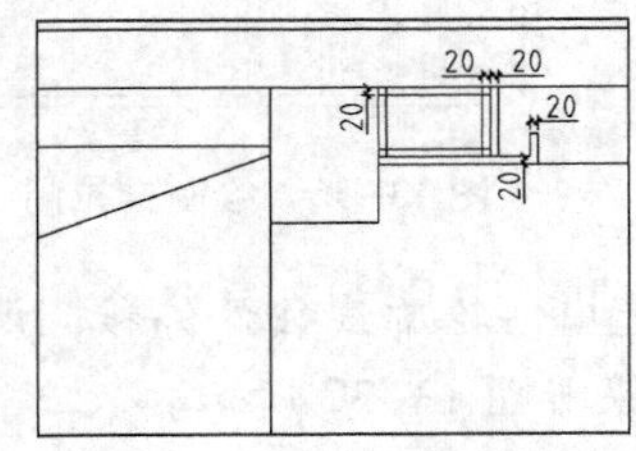


图 13-30 绘制石膏板、木龙骨轮廓线

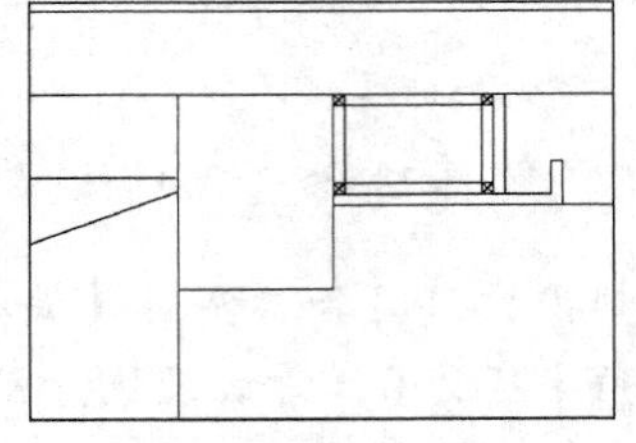

图 13-31 绘制对角线

**03** 调用【镜像】命令，将左侧的吊顶造型镜像复制到右侧，如图 13-32 所示。

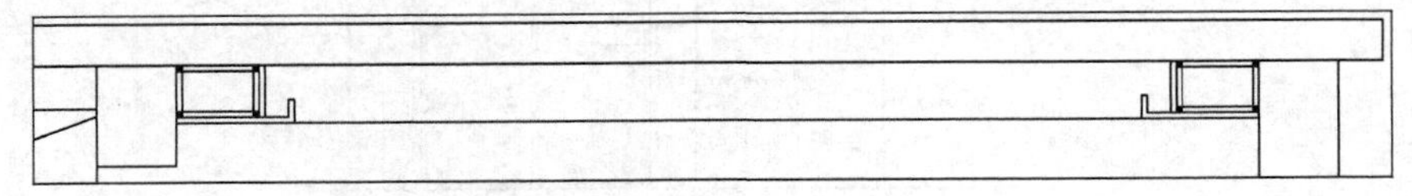

图 13-32 镜像复制图形

**04** 调用【直线】命令，绘制虚线表示灯带，如图 13-33 所示。

**05** 将【图块】图层置为当前图层。

**06** 绘制酒柜及推拉门。调用【偏移】命令、【修剪】命令，分别绘制酒柜、推拉门的轮廓线，如图 13-34 所示。

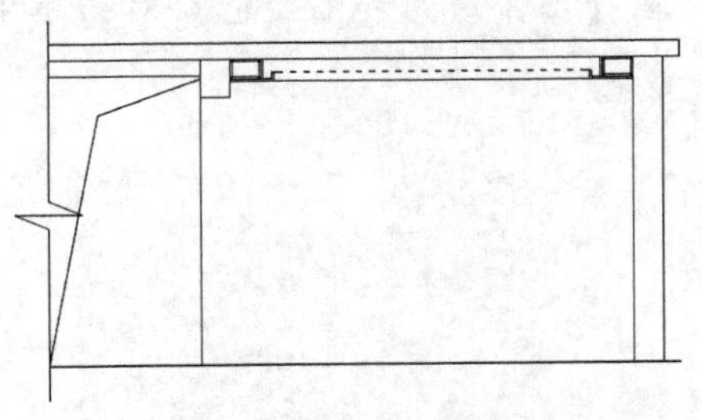

图 13-33 绘制灯带

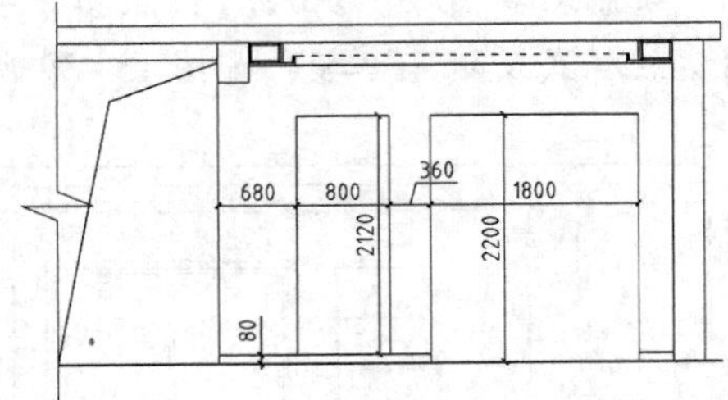


图 13-34 绘制酒柜及推拉门

**07** 绘制酒柜结构线。调用【偏移】命令，向内偏移酒柜轮廓线，调用【修剪】命令，修剪线段即可完成结构线的绘制，结果如图 13-35 所示。

**08** 绘制推拉门。调用【偏移】命令、【修剪】命令，绘制图 13-36 所示的推拉门图形。

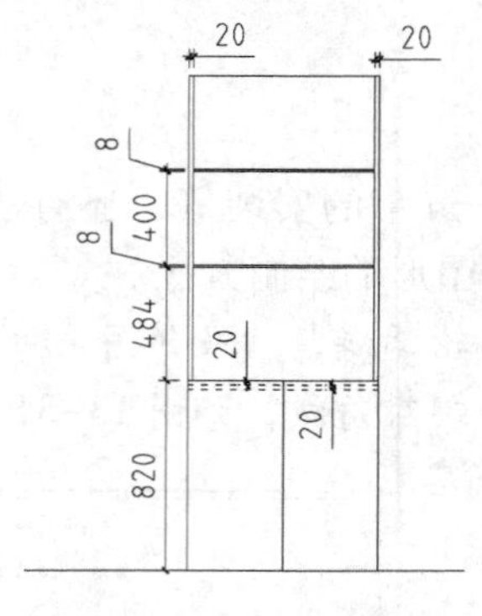


图 13-35　绘制酒柜结构线

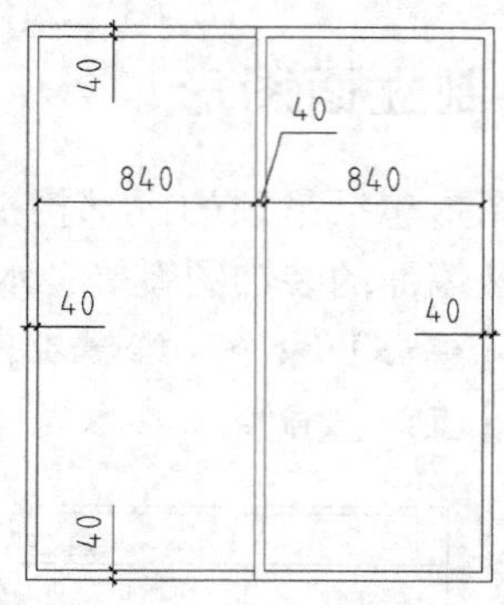


图 13-36　绘制推拉门

**09**　绘制推拉门门套。调用【偏移】命令，选中门轮廓线往外偏移，调用【圆角】命令，设置圆角半径为 0，对线段执行圆角操作，结果如图 13-37 所示。

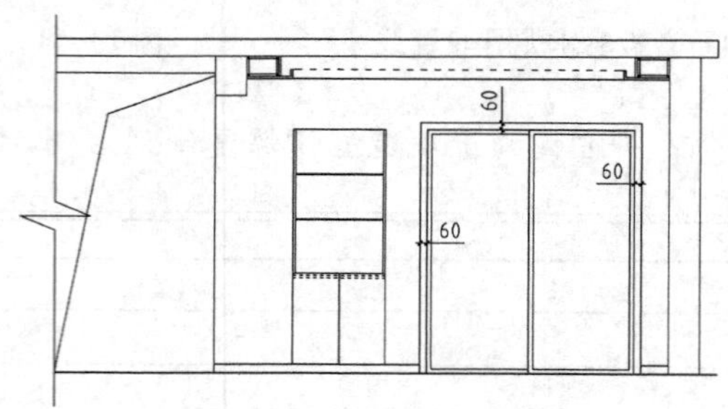


图 13-37　绘制推拉门门套

**10**　布置立面图块。本书的配套光盘中提供了“第 13 章/图例文件 . dwg”文件，在文件中选择射灯、装饰品、酒瓶等图块，将其复制粘贴至立面图中，如图 13-38 所示。

**11**　将【填充】图层置为当前图层。

**12**　绘制玻璃图案。调用【图案填充】命令，在【图案填充和渐变色】对话框中设置玻璃图案的样式及填充参数，如图 13-39 所示。

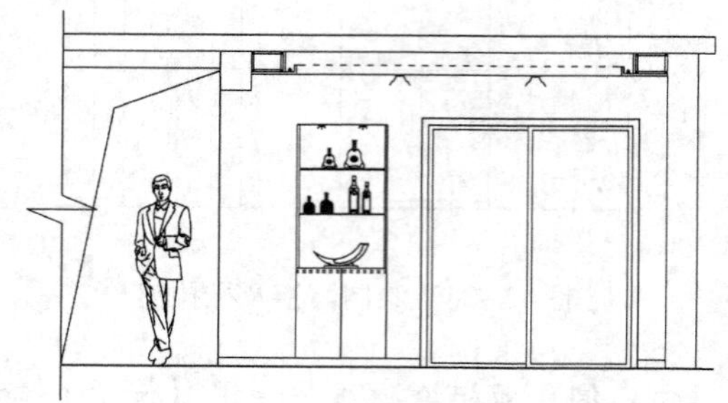

图 13-38　布置立面图块

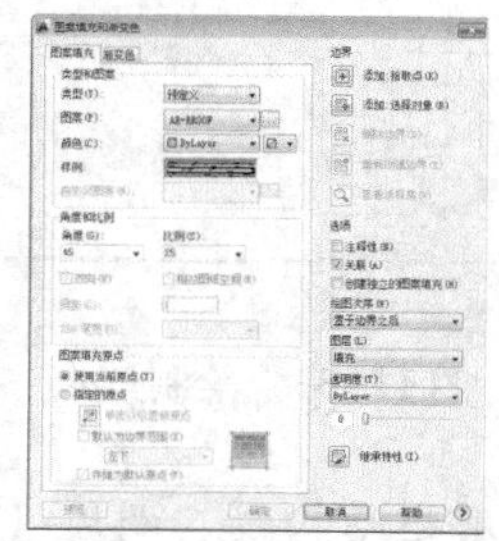

图 13-39　【图案填充和渐变色】对话框

**13**　拾取填充区域，绘制玻璃图案的结果如图 13-40 所示。

**14**　沿用 13.3 节绘制的电视背景墙立面图的填充参数，继续对立面图执行图案填充操作，结果如图 13-41所示。

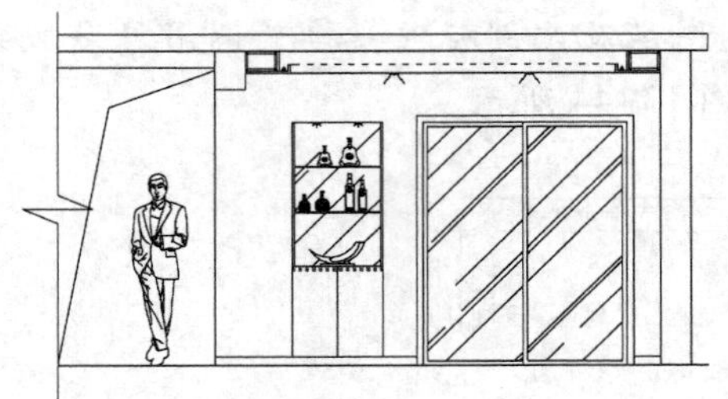

图 13-40　绘制玻璃图案

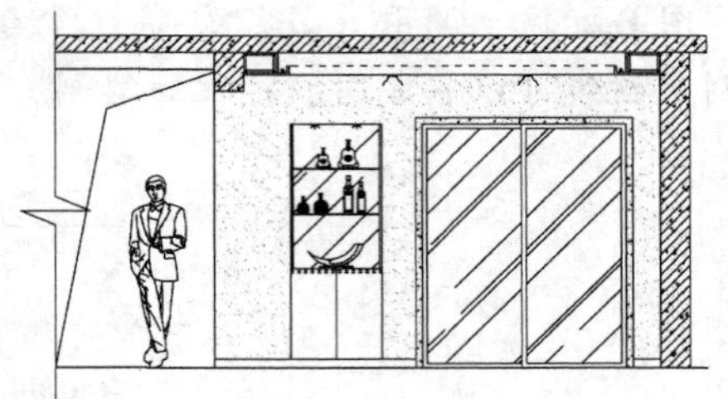

图 13-41　填充立面图案

## 13.4.3　绘制立面图标注

本节介绍立面图标注的绘制方法。

**01**　将【标注】图层置为当前图层。

**02**　绘制材料标注。调用【多重引线】命令，为餐厅立面图绘制材料标注，结果如图 13-42 所示。

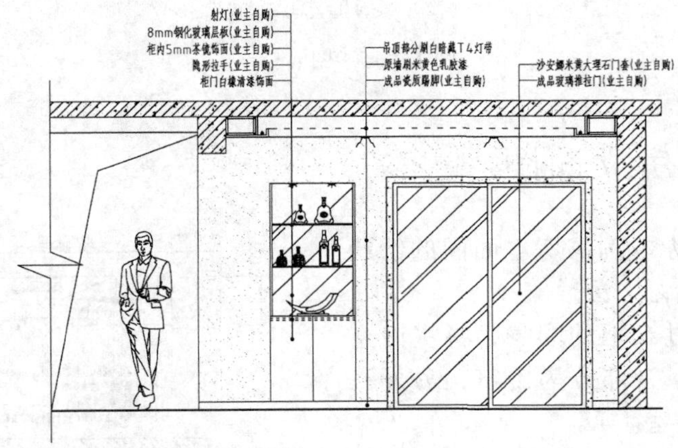


图 13-42　绘制材料标注

**03**　尺寸标注。执行【线性标注】命令、【连续标注】命令，标注立面图尺寸的结果如图 13-43 所示。

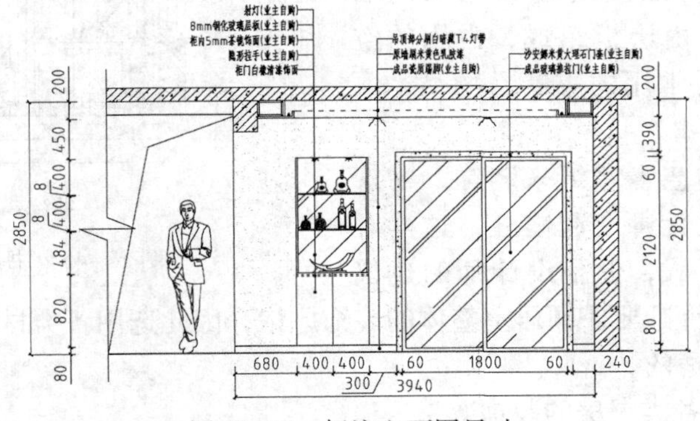


图 13-43　标注立面图尺寸

**04** 图名标注。调用【多行文字】命令，绘制图名及比例标注，接着调用【多段线】命令绘制下画线可以完成图名标注的绘制，结果如图 13-44 所示。

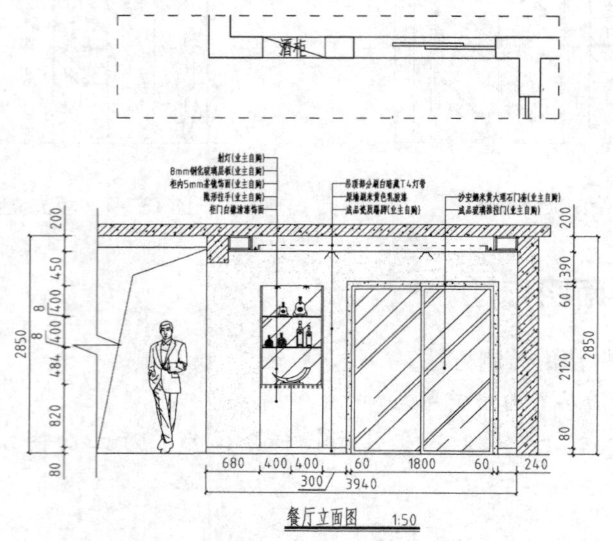


图 13-44　图名标注

## 13.5　绘制书房立面图

图 13-45 所示为本例书房立面图的绘制效果，本节介绍其绘制方法。

在主卧室中通过衣柜的间隔，将室内空间分成了两个部分，一部分为卧室，另外一部分为书房兼作起居室。

在书房里可以学习、工作，还可以与三五好友谈天说地。书桌放置在书房的一角，靠近窗边，白天可以使用自然光学习、工作，在休息时还可观赏窗外的风景。在书桌的墙面制作了简易书架，由层板组成，占用的空间少，又可放置平时常用的书籍、物品，取用方便。

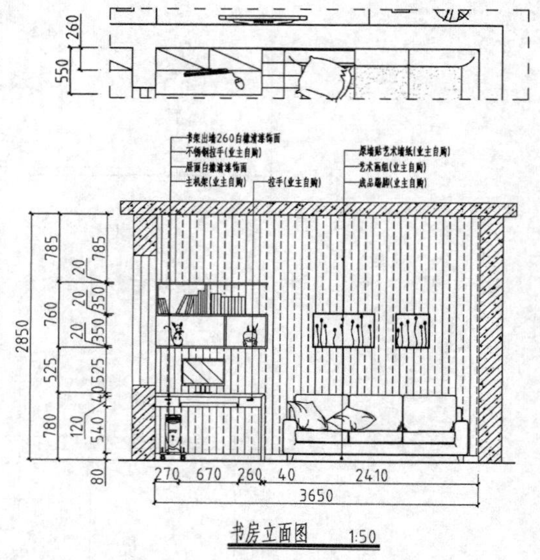


图 13-45　书房立面图

书房的墙面使用艺术墙纸来装饰，在选购墙纸时业主应与设计师一起前往，这样可以选择自己喜欢的样式，但是设计师的建议也应该参考，毕竟设计师要兼顾居室整体的装饰风格，因此选用各类材料都不应该盲目选择喜欢的，应该选择合适的。

图 13-46 所示为各类书房的装饰效果。

图 13-46　书房装饰效果

## 13.5.1　绘制立面轮廓线

本节介绍立面图轮廓线的绘制，如墙体、窗图形的轮廓线。

**01**　按〈Ctrl + O〉组合键，打开第 10 章所绘制的平面布置图。按〈Ctrl + Shift + S〉组合键，打开【图形另存为】对话框，在其中设置文件名称为【书房立面图】，单击【保存】按钮可以完成图形另存为的操作。

**02**　调用【矩形】命令，在平面布置图上的绘制矩形框选书房墙体图形（即书桌及沙发所在墙面），接着通过调用【复制】命令，将被框选的部分移动复制到一旁，如图 13-47 所示。

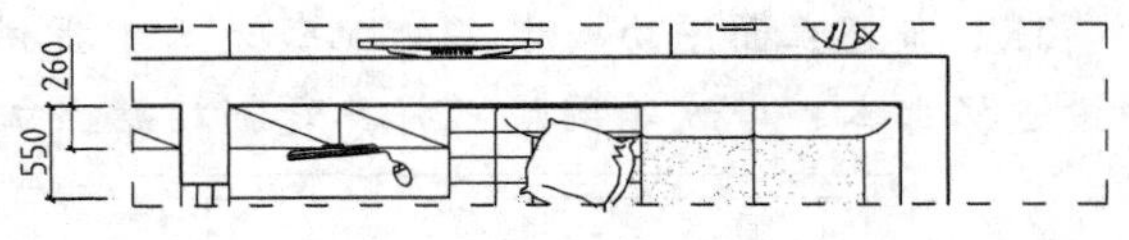


图 13-47　调用平面布置图

**03**　将【辅助线】图层置为当前图层。

**04**　绘制立面轮廓线。调用【直线】命令、【偏移】命令，绘制立面轮廓线如图 13-48 所示。

**05**　将“门窗”图层置为当前图层。

**06**　绘制窗轮廓线。调用【偏移】命令、【修剪】命令，偏移并修剪线段，结果如图 13-49 所示。

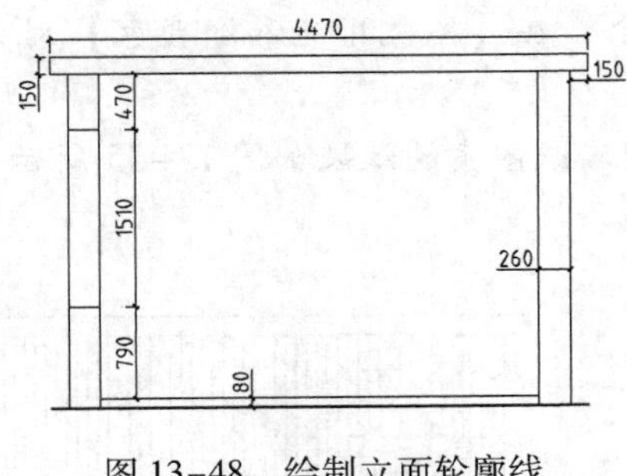

图 13-48　绘制立面轮廓线

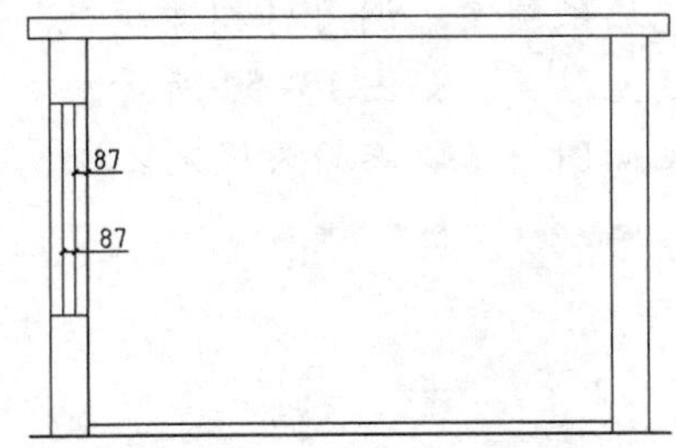


图 13-49　绘制窗轮廓线

## 13.5.2　绘制立面图形

本例立面图所包括的立面图形有，书桌、其他家具图块、墙体填充图案等，本节介绍图形的绘制、图块的调入以及图案的填充。

**01** 将【图块】图层置为当前图层。

**02** 绘制书桌。调用【直线】命令、【偏移】命令，绘制书桌轮廓线，如图13-50所示。

**03** 绘制抽屉、键盘位。调用【矩形】命令、【直线】命令，绘制图13-51所示的书桌结构轮廓线。

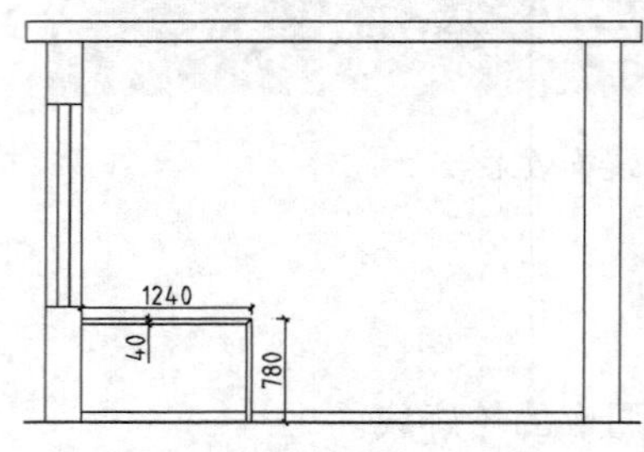


图13-50 绘制书桌轮廓线

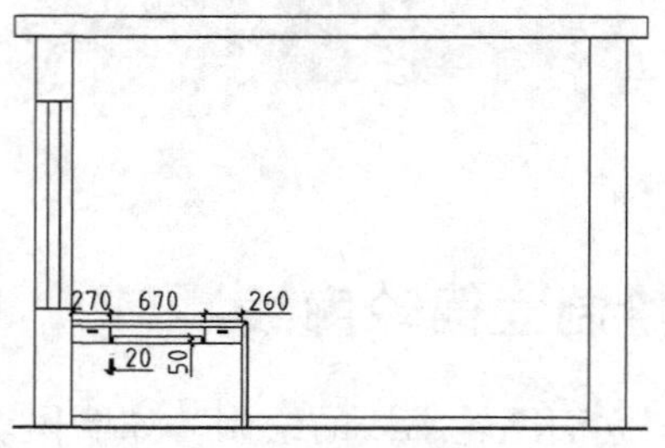


图13-51 绘制抽屉、键盘位

**04** 绘制书架。调用【直线】命令、【偏移】命令，绘制并偏移线段，接着调用【修剪】命令，修剪线段后可完成书架的绘制，如图13-52所示。

**05** 布置立面图块。本书的配套光盘中提供了“第13章/图例文件.dwg”文件，在文件中选择书本、沙发等图块，将其复制粘贴至立面图中，如图13-53所示。

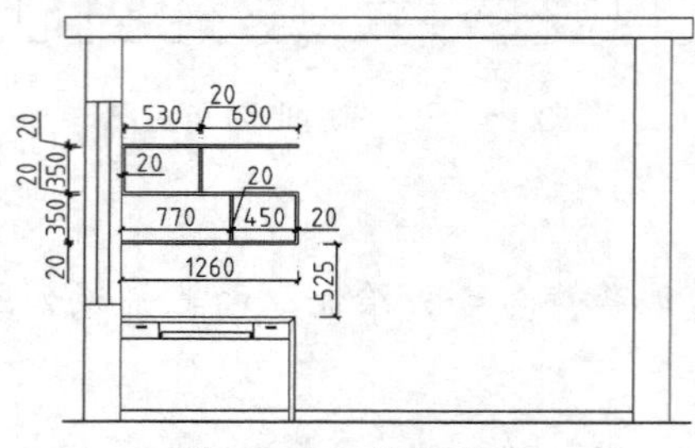


图13-52 绘制书架

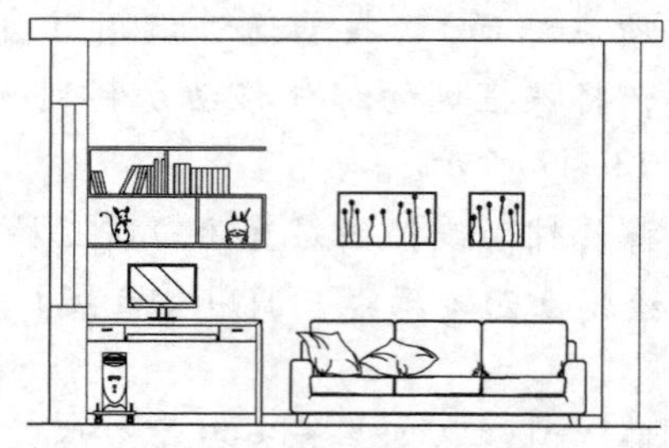

图13-53 布置立面图块

**06** 将【填充】图层置为当前图层。

**07** 填充墙纸图案。调用【图案填充】命令，在【图案填充和渐变色】对话框中设置墙纸图案的填充参数，如图13-54所示。

**08** 在立面图中选取墙面为填充区域，绘制墙纸图案的结果如图13-55所示。

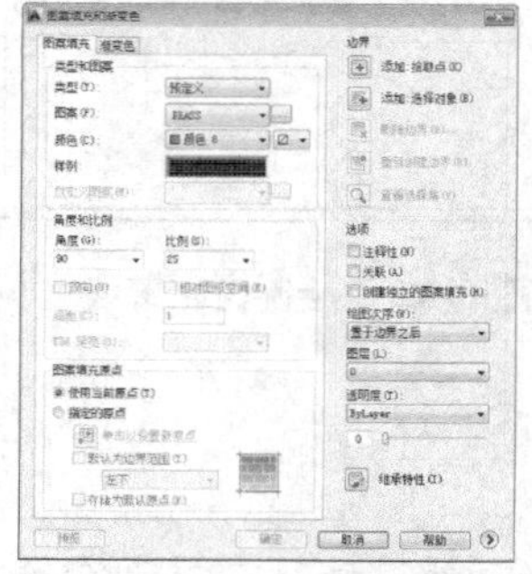

图13-54 【图案填充和渐变色】对话框

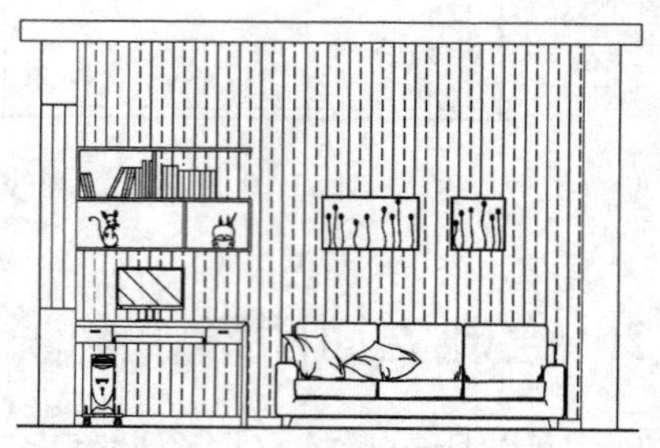

图13-55 填充墙纸图案

**09** 沿用 13.3 节绘制的电视背景墙立面图的填充参数，继续对立面图执行图案填充操作，结果如图 13-56 所示。

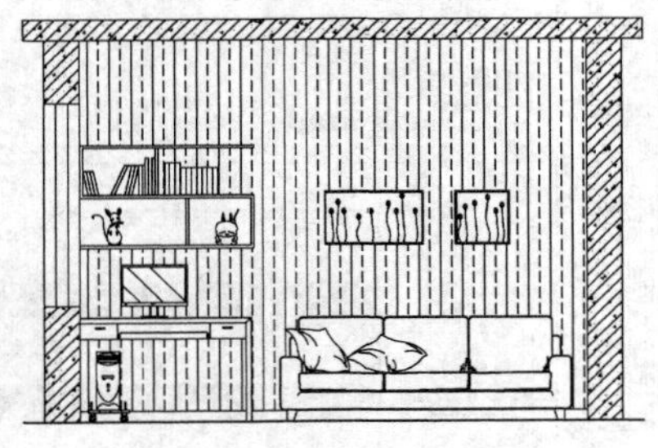

图 13-56 填充立面图案

## 13.5.3 绘制立面图标注

本节介绍立面图图形标注的绘制方法。

**01** 将【标注】图层置为当前图层。

**02** 材料标注。调用【多重引线】命令，绘制引线标注以表示墙面装饰材料的名称，如图 13-57 所示。

**03** 尺寸标注。调用【线性标注】命令、【连续标注】命令，为立面图标注尺寸的结果如图 13-58 所示。

**04** 图名标注。调用【多行文字】命令，分别绘制图名及比例标注，接着调用【多段线】命令，绘制宽度为 25、0 的下画线，完成图名标注的绘制结果如图 13-59 所示。

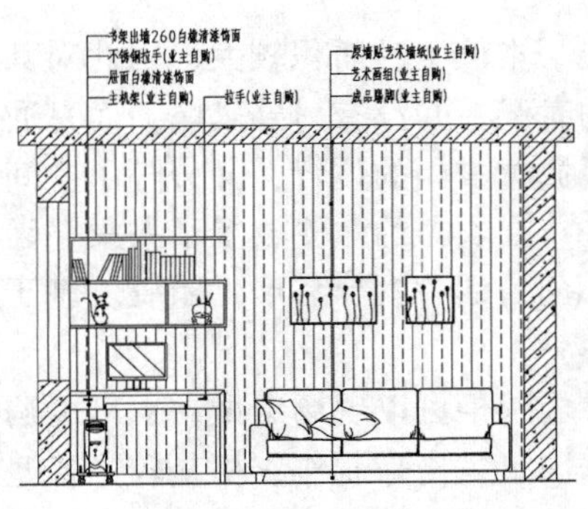


图 13-57 材料标注

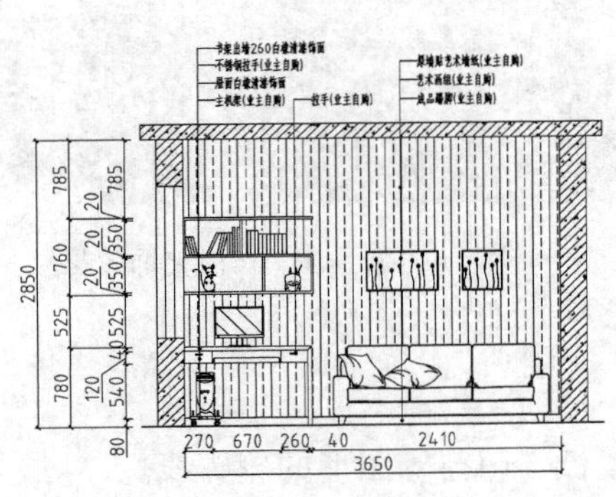


图 13-58 绘制尺寸标注

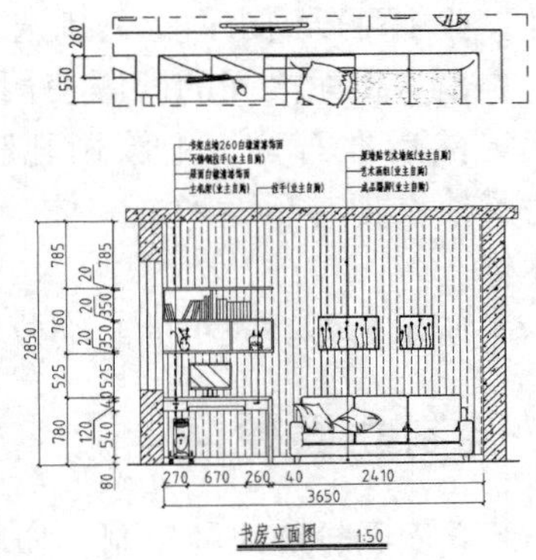


图 13-59 书房立面图

# 13.6 绘制主卧衣柜立面图

图 13-60 所示为本例主卧衣柜立面图的绘制结果，本节介绍其绘制方法。

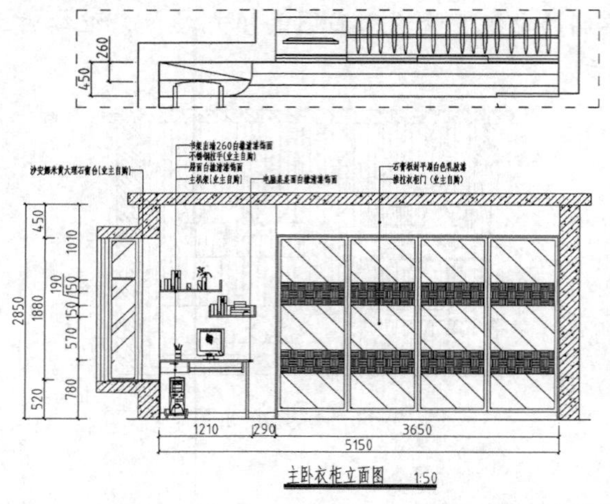

图 13-60　主卧衣柜立面图

本例主卧面积较大，因此对其室内空间进行了分割，以便更好地利用空间。在进行分割的时候，并没有另外砌墙，而是通过衣柜将空间分隔为了两个部分。这样做的好处是既找到了放置衣柜的位置，又分隔了空间。

在衣柜的左侧放置了书桌，因为书房里仅有一个书桌，要是夫妇二人同时需要学习或者办公的话，就容易产生矛盾。基于此，在卧室也预留了书桌的位置，可同时供两人学习或者办公。

衣柜可以现场定做，也可以购买成品。目前请专业的家具公司到现场测量尺寸，然后根据居室风格来制作衣柜是较为普遍的做法。因为成品衣柜有自己的尺寸，有时候会与居室内所预留的摆放衣柜的位置产生偏差，现场定做的衣柜则契合了居室的尺寸，产生偏差的概率被降低了。衣柜门一般使用推拉门，门的样式多种多样，业主可以到市面上去挑选。

另外，衣柜与顶面之间的间隔使用石膏板进行封闭，然后在石膏板上涂刷乳胶漆，这样做是为了使衣柜与顶面形成一体，营造空间的整体感。

图 13-61 所示为各类衣柜的装饰效果。

图 13-61　衣柜装饰效果

## 13.6.1　绘制立面轮廓

本节介绍立面图轮廓线的绘制，如墙体、楼板、门窗等图形的轮廓线。

**01**　按〈Ctrl + O〉组合键，打开第 10 章所绘制的平面布置图。按〈Ctrl + Shift + S〉组合键，打开【图形另存为】对话框，在其中设置文件名称为【主卧衣柜立面图】，单击【保存】按钮可以完成图形另存为的操作。

**02**　调用【矩形】命令，在平面布置图上绘制矩形来框选主卧室墙体图形（即衣柜、书桌所在的墙面），调用【复制】命令，将被框选的部分移动复制到一旁，如图 13-62 所示。

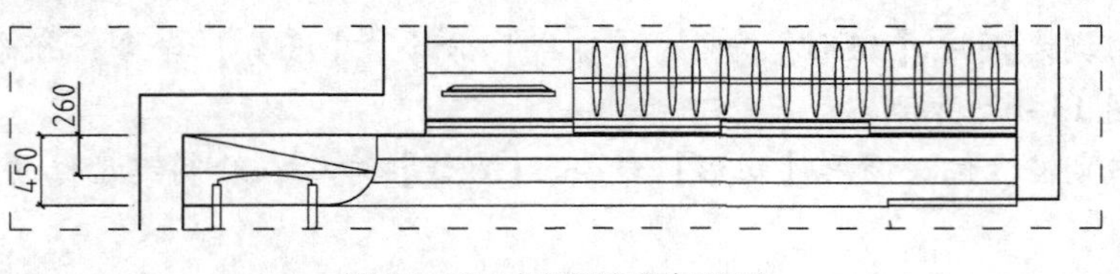

图 13-62　调用平面布置图

**03**　将【辅助线】图层置为当前图层。

**04**　绘制立面轮廓线。调用【直线】命令、【偏移】命令，绘制立面墙体、楼板轮廓线，结果如图 13-63 所示。

**05**　将【门窗】图层置为当前图层。

**06**　绘制立面窗。调用【矩形】命令、【直线】命令、【偏移】命令，绘制立面窗轮廓线，如图 13-64 所示。

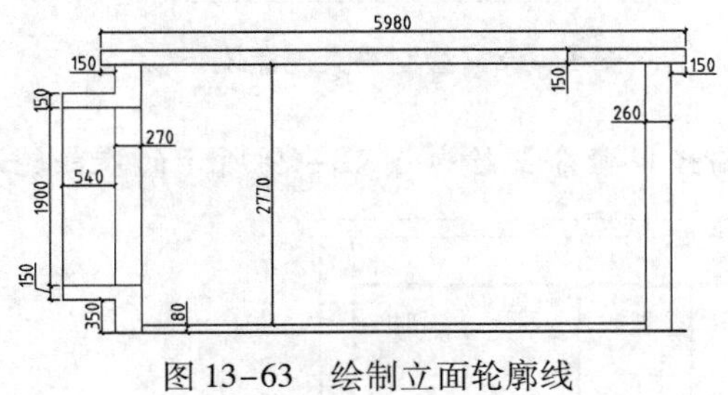

图 13-63　绘制立面轮廓线

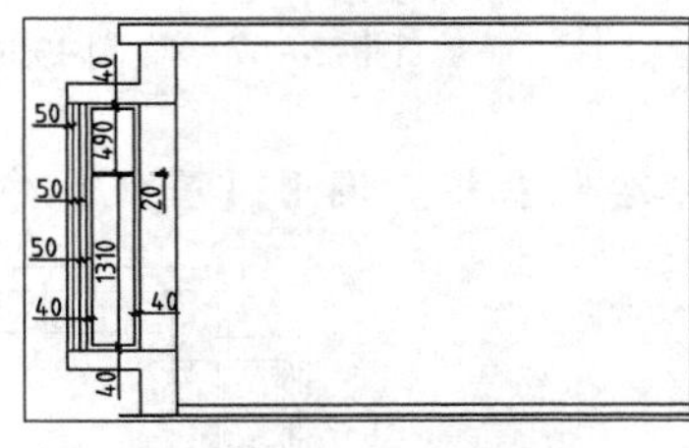

图 13-64　绘制立面窗

**07**　绘制窗台板。调用【偏移】命令、【修剪】命令，绘制窗台板轮廓线，如图 13-65 所示。

## 13.6.2　绘制立面图形

本例立面图图形包括层板架、书桌、衣柜、墙面装饰图案等，本节介绍这些图案的绘制方法。

**01**　将【图块】图层置为当前图层。

**02**　绘制层板架。调用【矩形】命令、【直线】命令，绘制书桌上方的层板架图形，如图 13-66 所示。

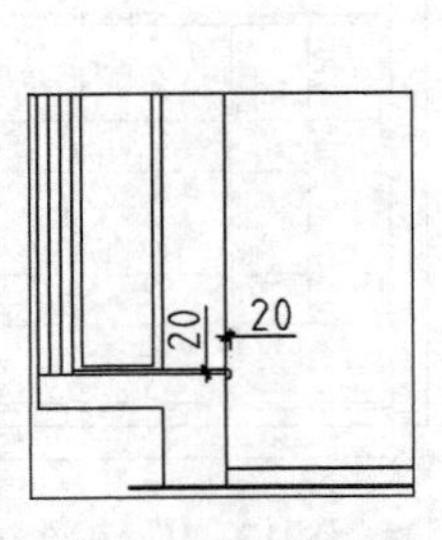

图 13-65　绘制窗台板

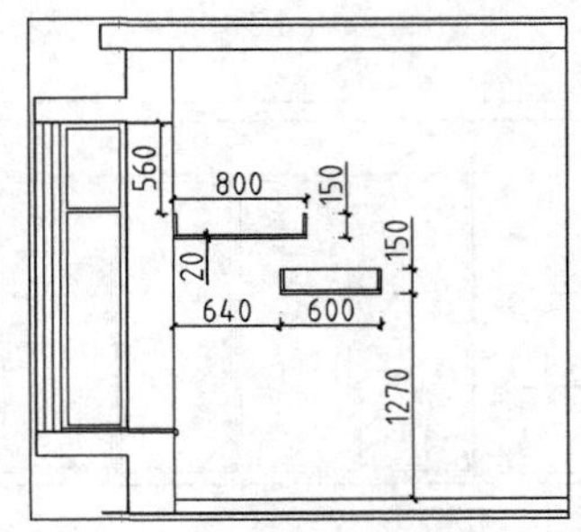

图 13-66　绘制层板架

**03** 绘制书桌。调用【矩形】命令、【直线】命令、【修剪】命令，绘制层板架下方的书桌图形，如图 13-67 所示。

**04** 绘制书桌键盘位。调用【矩形】命令、【直线】命令，绘制键盘位的结果如图 13-68 所示。

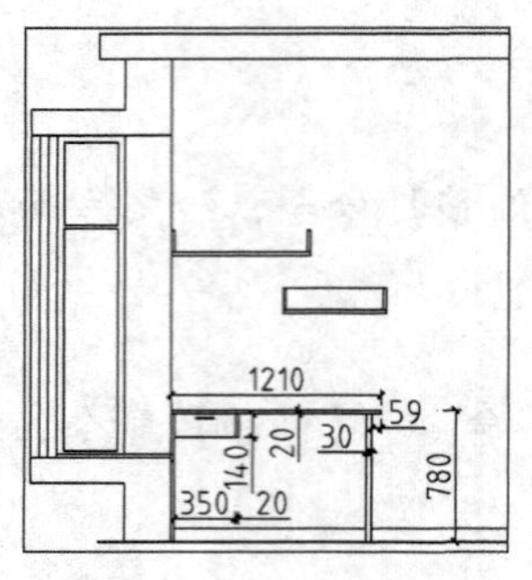

图 13-67 绘制书桌

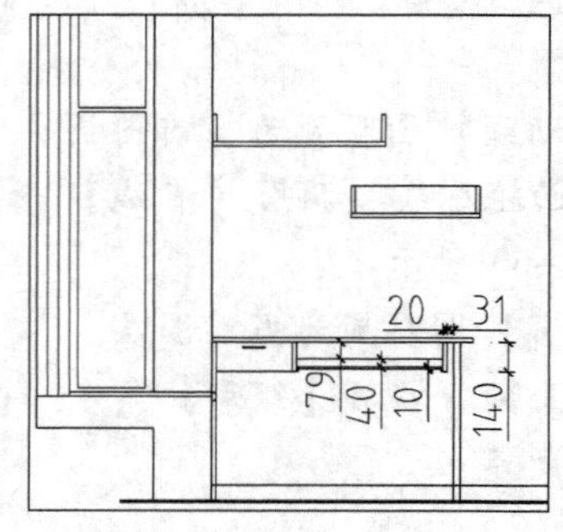

图 13-68 绘制书桌键盘位

**05** 绘制衣柜。调用【直线】命令、【偏移】命令，绘制图 13-69 所示的衣柜轮廓线。

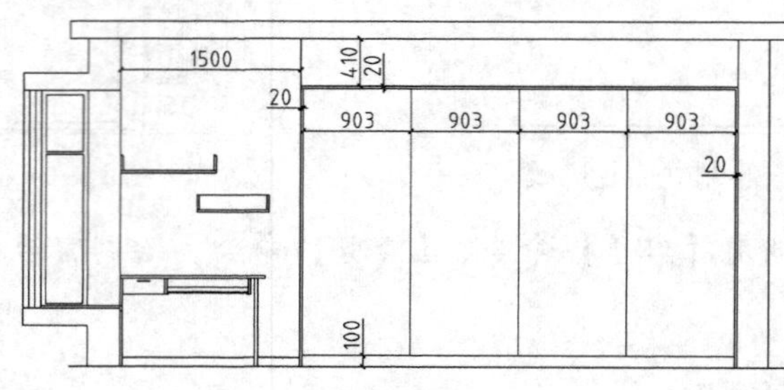

图 13-69 绘制衣柜

**06** 绘制柜门。调用【偏移】命令、【修剪】命令，绘制柜门轮廓线，如图 13-70 所示。

**07** 绘制柜门装饰线。调用【直线】命令、【偏移】命令，绘制图 13-71 所示的装饰轮廓线。

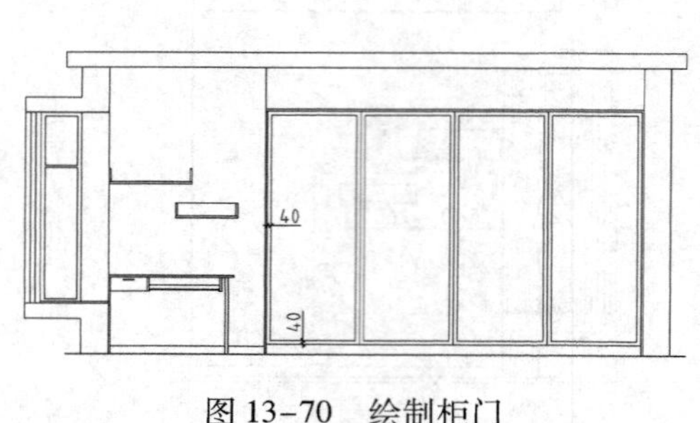

图 13-70 绘制柜门

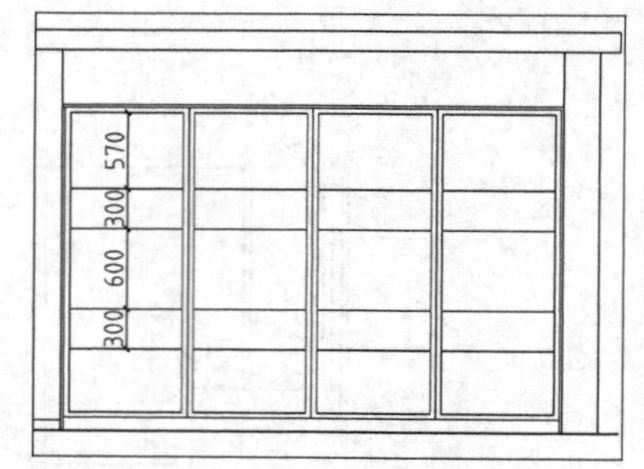

图 13-71 绘制柜门装饰线

**08** 布置立面图块。本书的配套光盘中提供了“第 13 章/图例文件 .dwg”文件，在文件中选择书本、主机等图块，将其复制粘贴至立面图中，如图13-72所示。

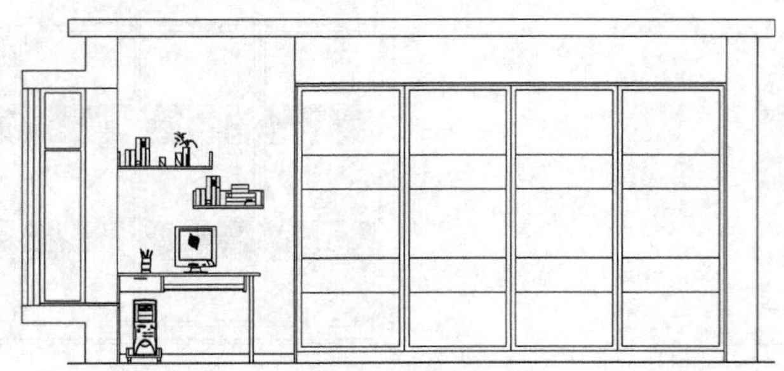

图13-72　布置立面图块

**09**　将【填充】图层置为当前图层。

**10**　绘制玻璃图案。调用【图案填充】命令，在【图案填充和渐变色】对话框中设置玻璃图案的填充参数，结果如图13-73所示。

**11**　在立面图中拾取填充区域，绘制玻璃图案的结果如图13-74所示。

图13-73　【图案填充和渐变色】对话框

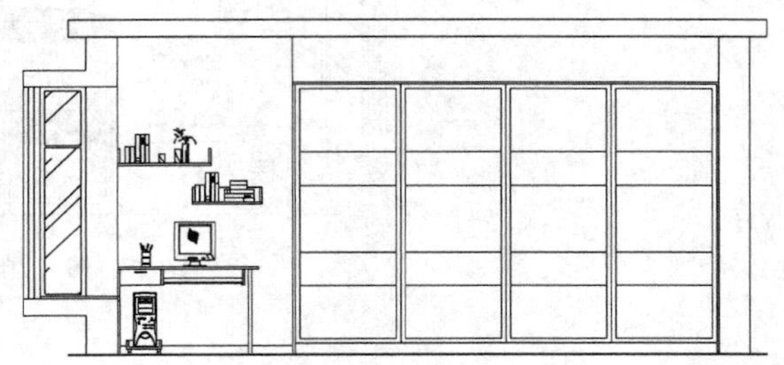

图13-74　绘制玻璃图案

**12**　绘制衣柜门装饰图案。在【图案填充和渐变色】对话框中设置衣柜门图案的样式以及填充比例、角度，如图13-75所示。

**13**　在衣柜立面图中拾取填充区域，填充图案的结果如图13-76所示。

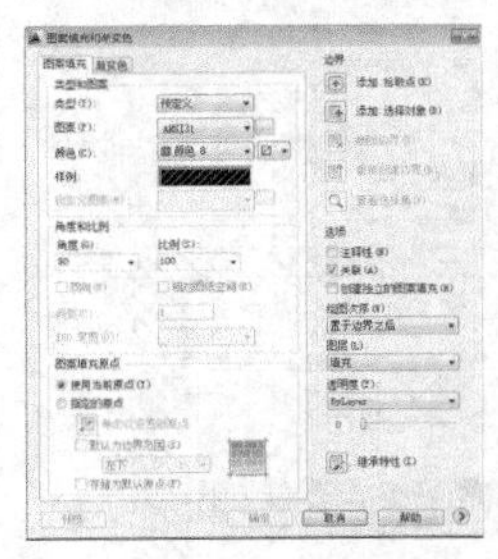

图13-75　设置参数

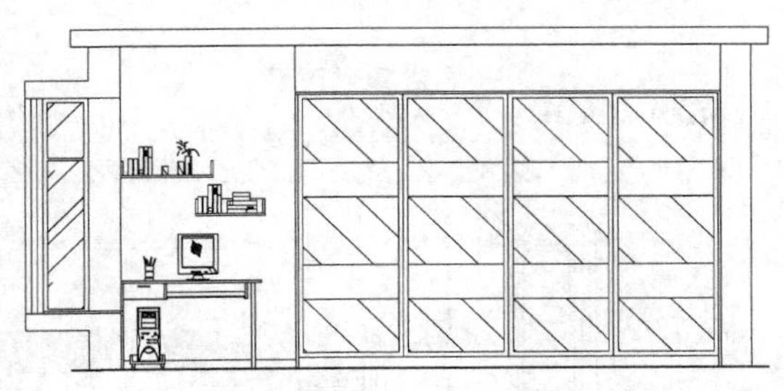

图13-76　绘制衣柜门装饰图案

**14**　在【图案填充和渐变色】对话框中设置衣柜门装饰图案的填充参数，如图13-77所示。

**15**　在装饰轮廓线内单击以拾取该区域为填充区域，绘制填充图案的结果如图13-78所示。

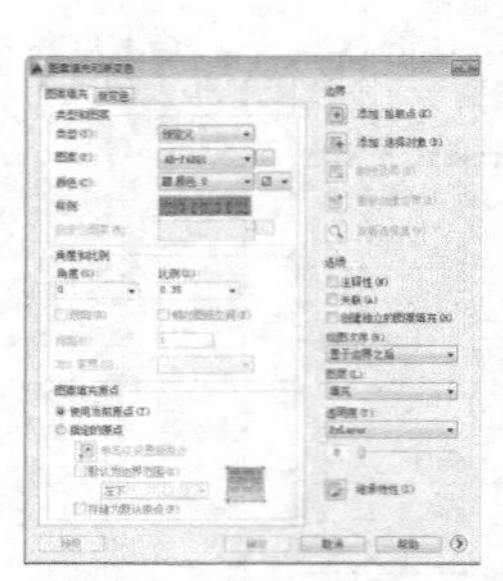

图 13-77　修改填充参数

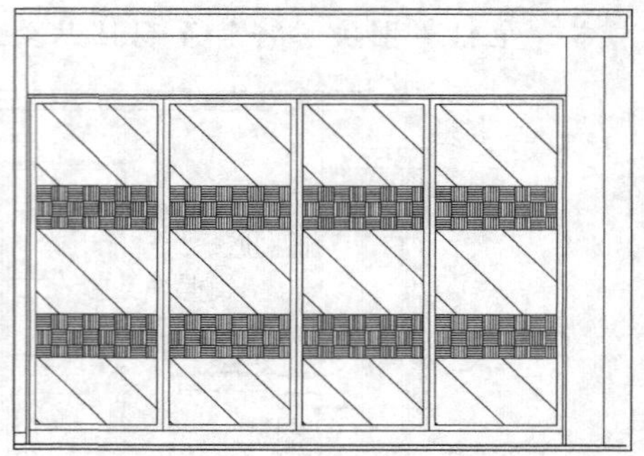

图 13-78　填充图案

**16**　沿用 13.3 节绘制的电视背景墙立面图的填充参数，继续对立面图执行图案填充操作，结果如图 13-79 所示。

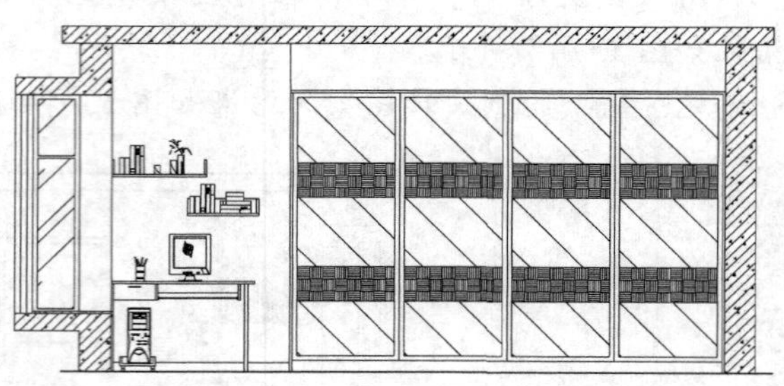

图 13-79　填充立面图案

## 13.6.3　绘制立面图标注

本节介绍立面图标注的绘制方法。

**01**　将【标注】图层置为当前图层。

**02**　材料标注。调用【多重引线】命令，标注各类装饰材料的名称，结果如图 13-80 所示。

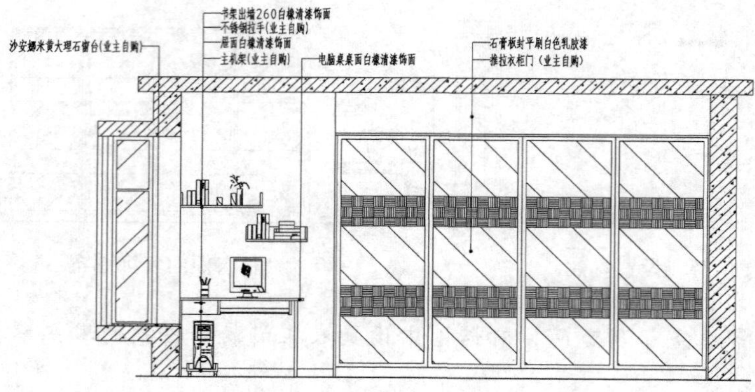


图 13-80　材料标注

**03** 尺寸标注。调用【线性标注】命令、【连续标注】命令，绘制立面图水平方向以及垂直方向上的尺寸，如图 13-81 所示。

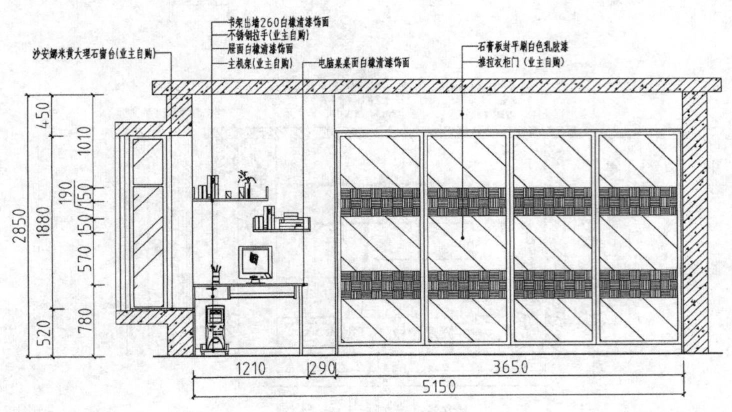


图 13-81　尺寸标注

**04** 图名标注。调用【多行文字】命令，绘制图名标注文字，并设置绘图比例为 1:50。

**05** 调用【多段线】命令，指定起点后在命令行中输入“W”选择【宽度】选项，设置宽度为 25，在图名标注下方绘制宽度为 25 的下画线，接着调用【直线】命令，在多段线下方绘制细线，完成图名标注的操作结果如图 13-82 所示。

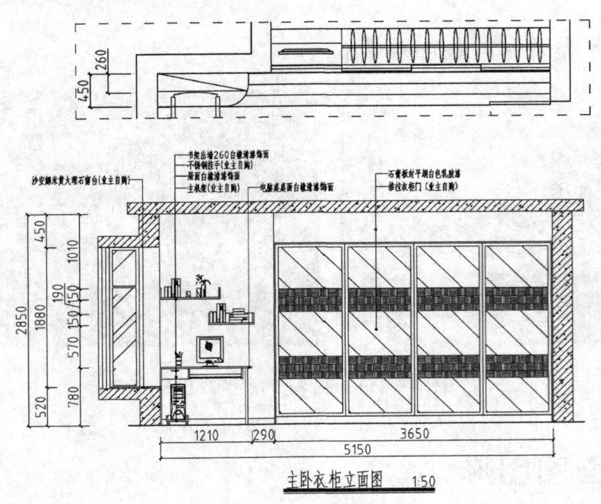


图 13-82　图名标注

## 13.7　绘制主卧室背景墙立面图

图 13-83 所示为本例主卧室背景墙立面图的绘制结果，本节介绍其绘制方法。

在卧室中双人床所在的墙面一般为装饰的重点，本例卧室背景墙上制作了左右对称的造型装饰板。装饰底板为大芯板，出墙 100，刷白后在板上粘贴艺术彩绘。造型简单、大气，且艺术彩绘的装饰与客厅背景墙上的彩绘互相对应，营造居室的整体氛围。

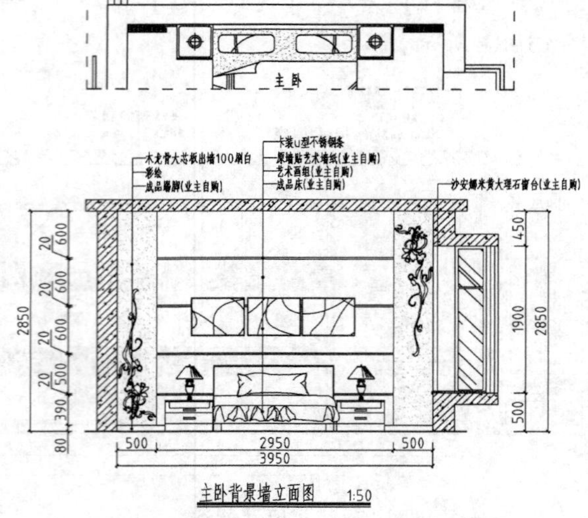


图 13-83　主卧背景墙立面图

在造型板的中间贴艺术墙纸，为了使墙面不那么单调，特意卡装了 U 形不锈钢条，另外还悬挂了与居室风格相配套的艺术画。造型板靠近墙纸饰面的两侧还安装了灯带，打开开关后，在局部灯光的照耀下，墙纸与造型板的装饰效果相得益彰，有利于营造卧室温馨、安静的氛围。

图 13-84 所示为各类卧室的装饰效果。

图 13-84　卧室的装饰效果

## 13.7.1　绘制立面图图形

本例立面图图形有墙体、背景墙装饰构件、各类家具图块以及墙面的装饰图案，本节介绍图形的绘制、图案的填充方法。

**01**　按〈Ctrl + O〉组合键，打开第 10 章所绘制的平面布置图。按〈Ctrl + Shift + S〉组合键，打开【图形另存为】对话框，在其中设置文件名称为【主卧背景墙立面图】，单击【保存】按钮可以完成图形另存为的操作。

**02**　调用【矩形】命令，在平面布置图上绘制矩形框选主卧室墙体图形（即双人床所在的墙面），调用【复制】命令，将被选中的图形移动复制到一旁，如图 13-85 所示。

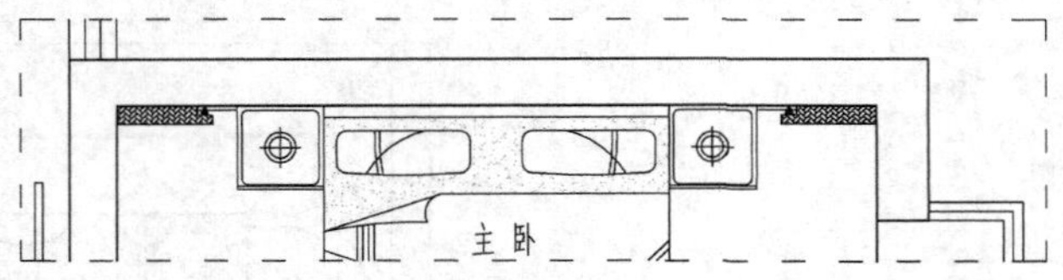


图13-85　调用平面布置图

**03**　将【辅助线】图层置为当前图层。

**04**　绘制立面轮廓线。调用【直线】命令、【修剪】命令、【修剪】命令，绘制立面墙体、楼板、飘窗等图形，如图13-86所示。

**05**　绘制背景墙造型装饰轮廓线。调用【偏移】命令，偏移立面轮廓线，并将表示灯带的线段的线型设置为虚线，如图13-87所示。

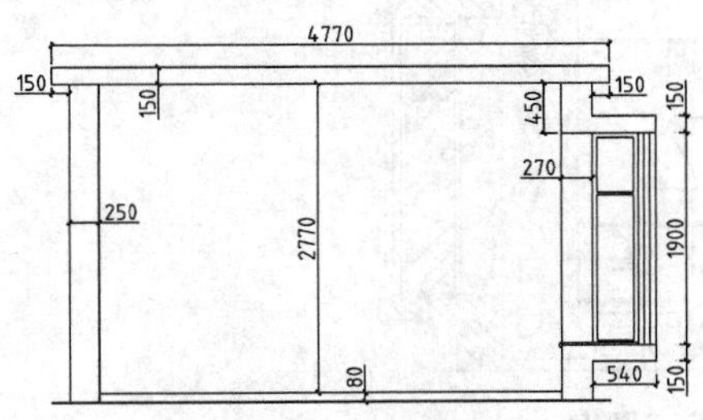


图13-86　绘制立面轮廓线

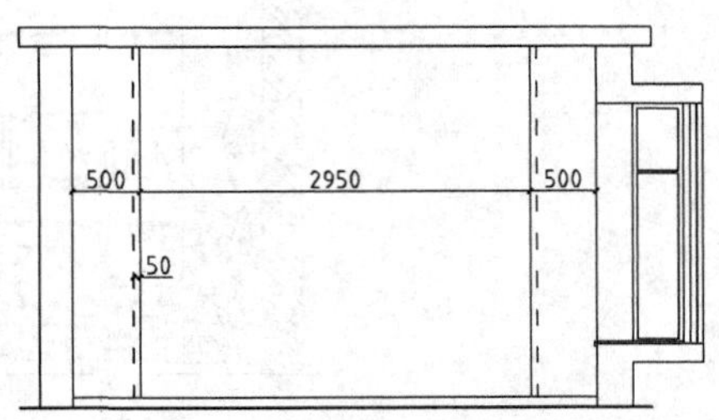


图13-87　绘制背景墙造型装饰轮廓线

**提示：**飘窗的尺寸请参考14.6节绘制的主卧衣柜立面图中关于飘窗的尺寸标注。

**06**　绘制U形不锈钢条。调用【偏移】命令，选择立面轮廓线向下偏移，调用【修剪】命令修剪线段，绘制结果如图13-88所示。

**07**　将【图块】图层置为当前图层。

**08**　布置立面图块。本书的配套光盘中提供了“第13章/图例文件.dwg”文件，在文件中选择装饰画、双人床组合等图块，将其复制粘贴至立面图中，接着调用【修剪】命令，修剪与图块重叠的造型装饰线，如图13-89所示。

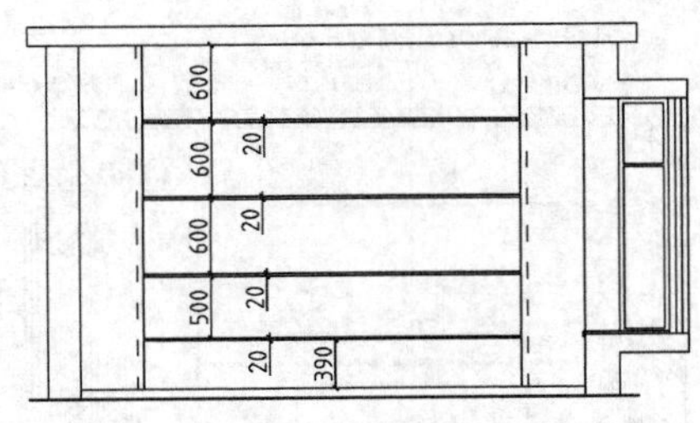


图13-88　绘制U形不锈钢条

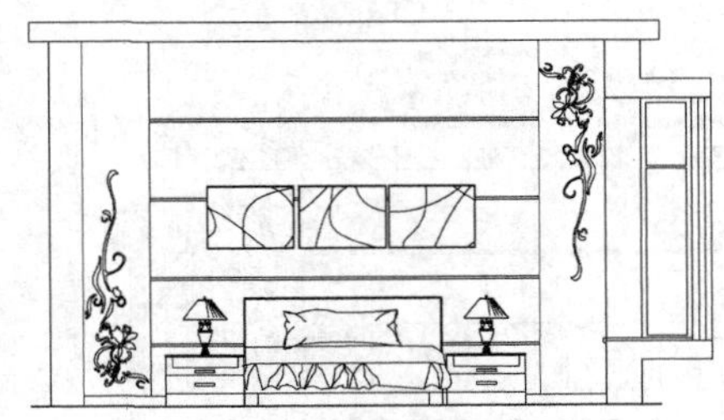

图13-89　布置立面图块

**09**　将【填充】图层置为当前图层。

**10**　绘制乳胶漆图案。调用【图案填充】命令，在【图案填充和渐变色】对话框中设置乳胶漆图案的填充参数，如图13-90所示。

**11**　在立面图中单击拾取填充区域，绘制乳胶漆图案的结果如图13-91所示。

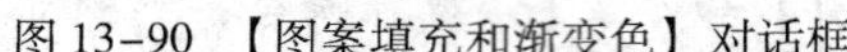

图 13-90 【图案填充和渐变色】对话框

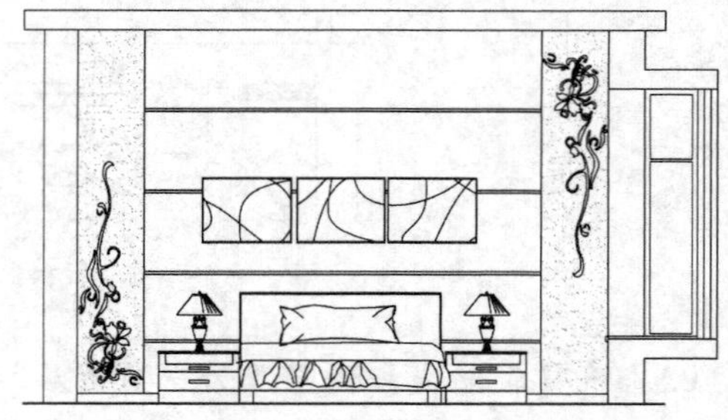

图 13-91　绘制乳胶漆图案

**12**　参考前面小节所介绍的立面填充参数，继续为立面图填充图案，结果如图 13-92 所示。

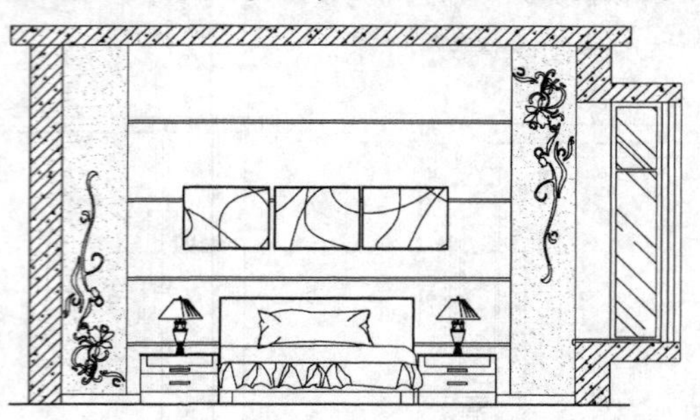

图 13-92　填充立面图案

## 13.7.2　绘制图形标注

本节介绍立面图图形标注的绘制方法。

**01**　将【标注】图层置为当前图层。

**02**　材料标注。调用【多重引线】命令，根据命令行的提示，分别指定引线箭头的位置、引线基线的位置来为立面图绘制材料标注，结果如图 13-93 所示。

**03**　尺寸标注。调用【线性标注】命令、【连续标注】命令，标注立面图尺寸的结果如图 13-94 所示。

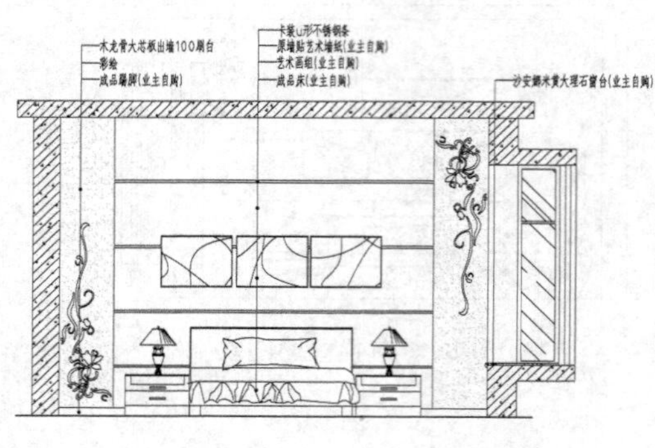


图 13-93　材料标注

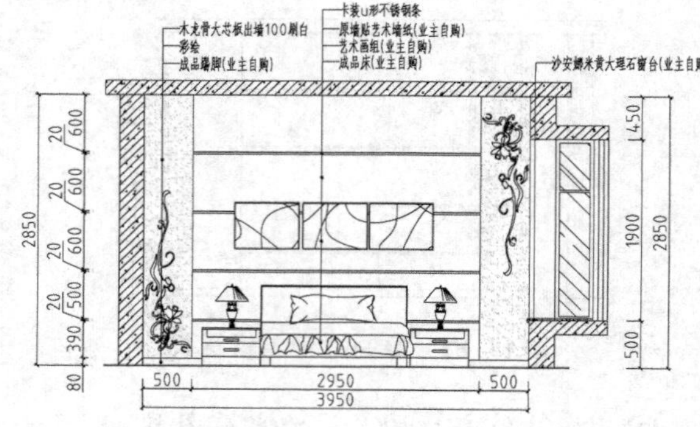


图 13-94　尺寸标注

**04**　图名标注。分别调用【多行文字】命令、【多段线】命令，绘制立面图图名标注的结果如图 13-95 所示。

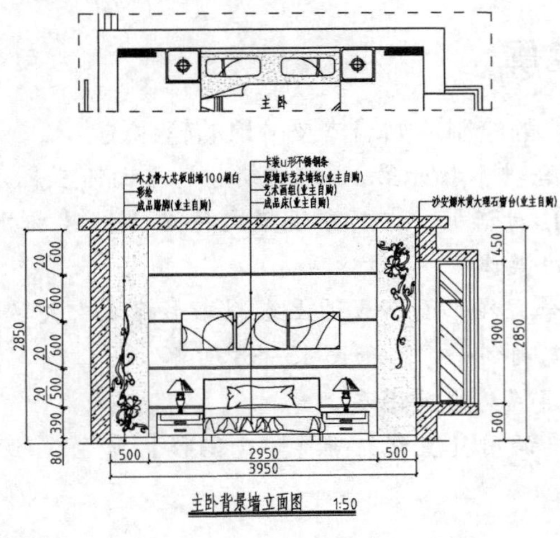


图 13-95　图名标注

## 13.8　绘制玄关立面图

本例玄关立面图的绘制结果如图 13-96 所示，本节介绍其绘制方法。

玄关是指入门的那块区域，又称门厅。进门后在玄关做短暂的停留，然后再往室内各区域去。本例玄关设计制作了柜子，间隔了玄关与客厅，将空间分割成了两个部分。

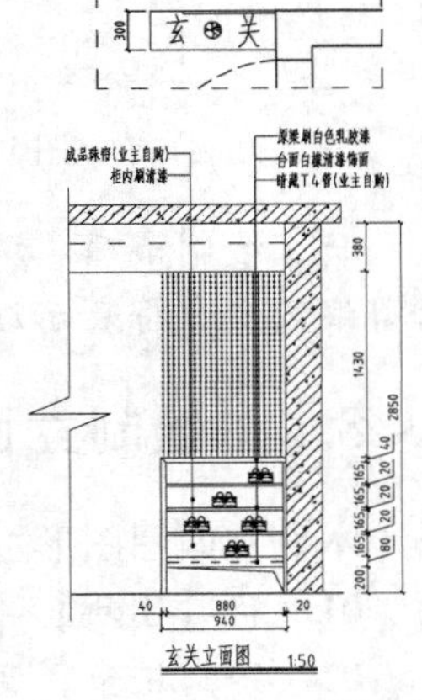


图 13-96　玄关立面图

柜子不是普通的柜子，而是富有装饰性及实用性的柜子。在柜子的上方悬挂了成品珠帘，既起到了间隔空间的作用，又保持了空间的通透性。柜子的下方为带柜门的层板柜，可以兼做鞋柜，也可储藏其他物品。

单从实用方面来说，对玄关与客厅进行间隔有一定的科学性。在玄关放置的柜子，可以方便人们进出门时取用或放置一些常用的物品，例如钥匙、雨伞等，也为家人或客人换鞋提供了方便。另外，作为间隔的柜子同时也具有装饰性，客人进家门首先引入眼帘的便是玄关内的相关装饰物品，其次才是客厅、餐厅。因此，在玄关的装饰上要多花些心思，使其具有实用、美观的功能。

图 13-97 所示为各类玄关的装饰效果。

图 13-97　玄关的装饰效果

## 13.8.1 绘制立面轮廓

本节介绍立面图轮廓线的绘制，如墙体及吊顶的轮廓线。

**01** 按〈Ctrl+O〉组合键，打开第10章所绘制的平面布置图。按〈Ctrl+Shift+S〉组合键，打开【图形另存为】对话框，在其中设置文件名称为【玄关立面图】，单击【保存】按钮可以完成图形另存为的操作。

**02** 调用【矩形】命令，在平面布置图上绘制矩形框选玄关区域的图形，调用【复制】命令，将选中的图形移动复制到一旁，如图13-98所示。

**03** 将【辅助线】图层置为当前图层。

**04** 绘制立面轮廓线。调用【直线】命令、【偏移】命令，绘制图13-99所示的墙体、楼板轮廓线。

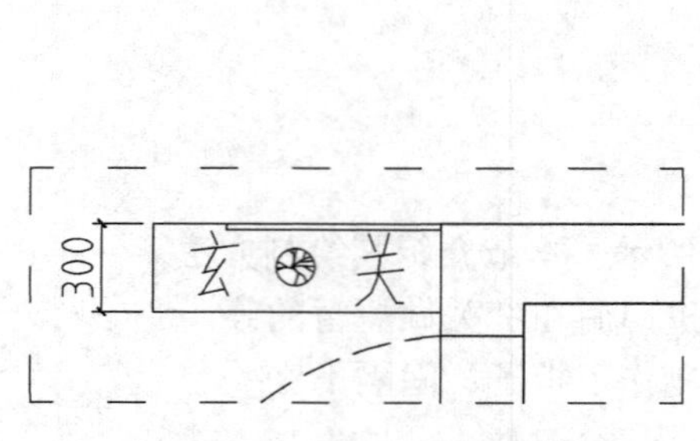

图13-98 调用平面布置图

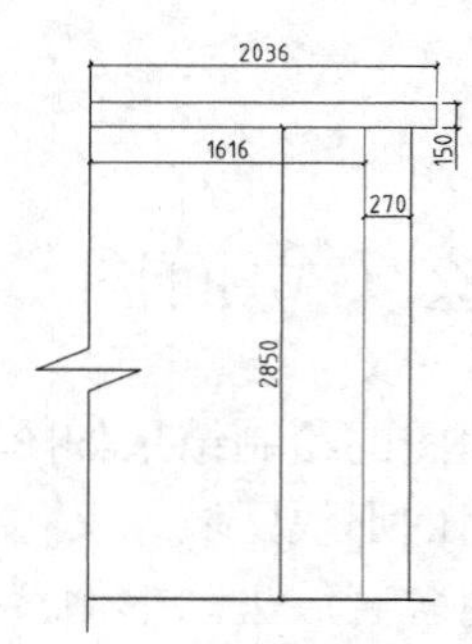

图13-99 绘制立面轮廓线

**05** 绘制吊顶。调用【偏移】命令，选择立面轮廓线向下偏移，调用【修剪】命令，修剪线段，并将表示灯带的线段的线型设置为虚线，如图13-100所示。

## 13.8.2 绘制立面图形

本例立面图图形主要有柜子、灯带、珠帘等，本节介绍这些图形的绘制方式。

**01** 将【图块】图层置为当前图层。

**02** 绘制柜子。调用【偏移】命令、【修剪】命令，通过偏移并修剪立面轮廓线来绘制柜子结构线，如图13-101所示。

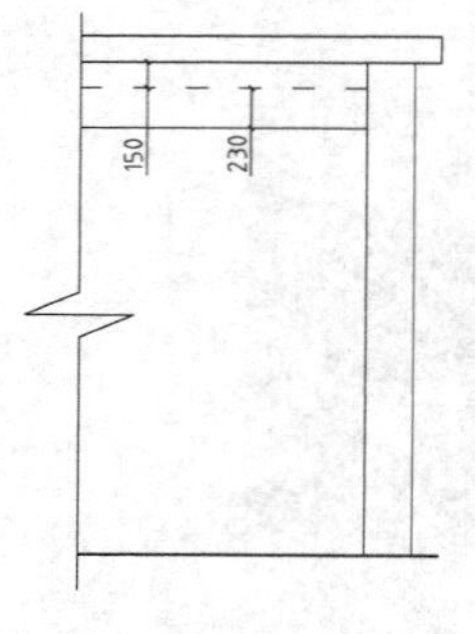

图13-100 绘制吊顶

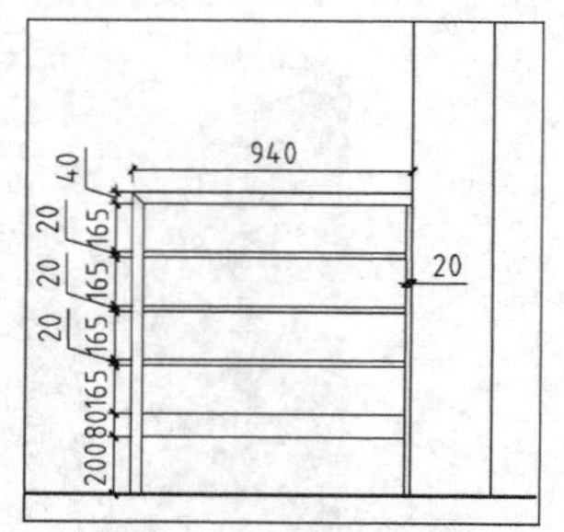

图13-101 绘制柜子结构线

**03** 绘制灯带。调用【偏移】命令，设置偏移距离为 40，选择柜子结构线向上偏移，并将偏移得到的线段的线型更改为虚线，如图 13-102 所示。

**04** 调用【多段线】命令，绘制折断线如图 13-103 所示。

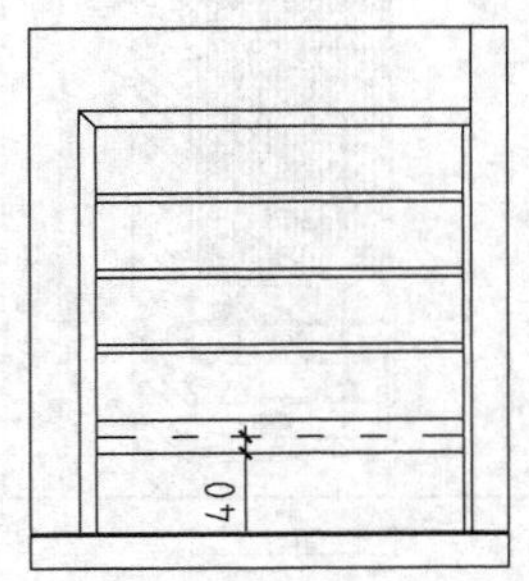

图 13-102 绘制灯带

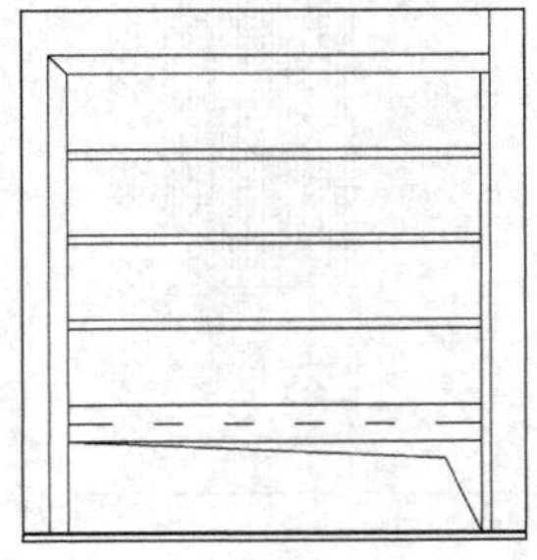
图 13-103 绘制折断线

**05** 布置立面图块。本书的配套光盘中提供了“第 13 章/图例文件 .dwg”文件，在文件中选择珠帘、鞋子图块，将其复制粘贴至立面图中，如图 13-104 所示。

**06** 沿用 13.3 节绘制的电视背景墙立面图的填充参数，对立面图执行图案填充操作，结果如图 13-105 所示。

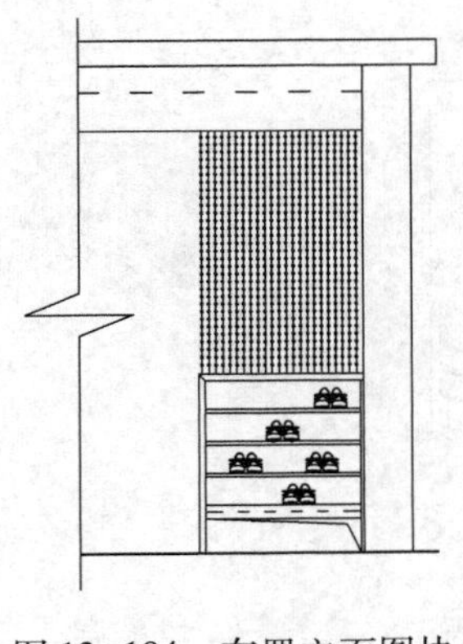
图 13-104 布置立面图块

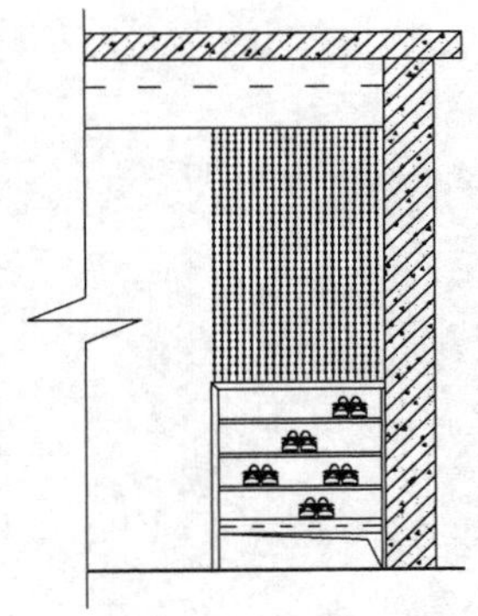
图 13-105 填充立面图案

## 13.8.3 绘制图形标注

本节介绍立面图图形标注的绘制方法。

**01** 将【标注】图层置为当前图层。

**02** 材料标注。调用【多重引线】命令，绘制玄关立面图的材料标注，如图 13-106 所示。

**03** 尺寸标注。调用【线性标注】命令、【多重引线】命令，绘制玄关立面图的尺寸标注，结果如图 13-107 所示。

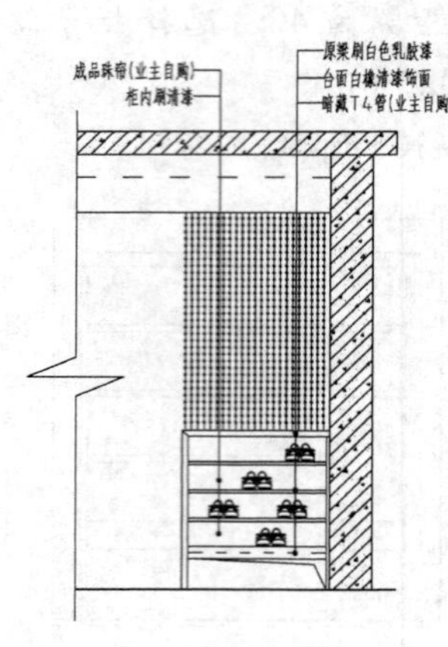


图 13-106　材料标注

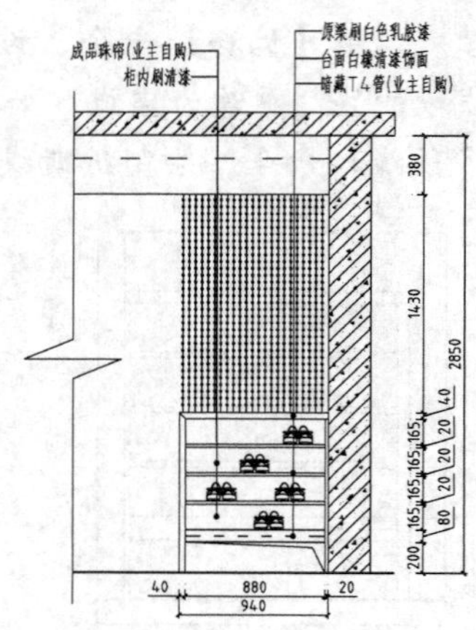


图 13-107　尺寸标注

**04** 图名标注。调用【多行文字】命令、【多段线】命令，绘制图名标注的结果如图 13-108 所示。

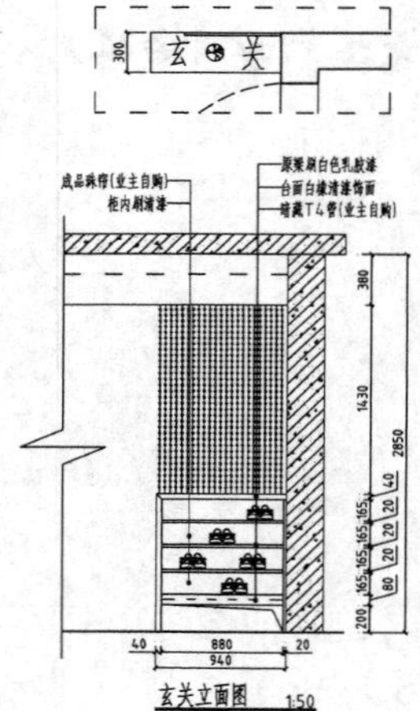


图 13-108　图名标注

# 第 14 章　绘制装饰详图

本章介绍错层居室室内设计施工图中各类装饰详图的绘制，如衣柜立面结构图、鞋柜立面结构图、门立面图以及门剖面图。通过识读这些装饰详图，可以了解所指定部位的构造，如尺寸、样式等，可以满足施工、采购材料的需要。

## 14.1　装饰详图的形成与表达

因为很多平面布置图、地面铺装图、顶棚布置图等的绘制比例较小，因此很多装饰造型、构造做法、材料选用、细部尺寸等都无法反映或者反映不清楚，满足不了装饰施工、制作的需要，所以需要放大比例来绘制详细的图样，形成装饰详图。

装饰详图一般使用 1:1 或者 1:20 的比例来绘制。

在装饰详图中被剖切到的装饰体轮廓使用粗实线来表示，未被剖切到但是能看到的投影内容使用细实现来表示。

装饰详图的种类有以下几种。

（1）墙（柱）面装饰剖面图

主要用来表达室内立面的构造，着重反映墙（柱）面在分层做法、选材、色彩上的要求。

（2）顶棚详图

主要用来反映吊顶构造、做法的剖面图或者断面图。

（3）装饰造型详图

独立的或者依附于墙柱的装饰造型，表现装饰的艺术氛围和情趣的构造体，如影视墙、花台、屏风、栏杆造型等的平、立、剖图及线脚详图。

（4）家具详图

主要指需要现场制作、加工、油漆的固定式家具，如衣柜、书柜、储藏柜等，有时也指可以移动的家具，例如床、书桌等。

（5）装饰门窗及门窗套详图

门窗是装饰工程中重要的施工内容之一，其形式多种多样，在建筑物内起着分割空间、烘托装饰效果的作用。门窗的样式、选材和工艺做法在装饰图中具有特殊的地位，图样有门窗及门窗套里面图、剖面图和节点详图。

（6）楼地面详图

反映了地面的艺术造型及细部做法等内容。

（7）小品及饰物详图

小品、饰物详图包括雕塑、水景、指示牌、织物等的制作图。

## 14.2 识读装饰详图的步骤

墙面装饰剖面图主要用于表达室内立面的构造，着重反映墙面分层的做法、选材、色彩上的要求。墙面装饰剖面图还反映装饰基层的做法、选材等内容，如墙面防潮处理、木龙骨架、基层板等。当构造层次复杂、凹凸变化及线角较多时，还应配置分层构造说明、绘制详图索引，另配详图加以表达。在识读时应注意墙面各节点的凹凸变化、竖向设计尺寸与各部位标高。

现在以图 14-1 所示的书房墙身装饰剖面详图为例，说明识读装饰详图的步骤。

1）首先要在室内立面图上看清墙面装饰剖面图剖切符号的位置、编号与投影方向，以便将剖面图与剖面图详对应来看。

2）浏览墙面装饰剖面图所在轴线、竖向节点组成，注意凹凸变化、尺寸范围及高度。本图反映了地面及踢脚板、墙面两个节点的竖向构造。踢脚板、墙裙封边线均突出墙面；踢脚板高 150，踢脚板上方为墙裙，高为 1350。

3）识读各节点构造做法及尺寸。墙面做法采用分层引出标注的方法，在识读时要注意：自上而下的文字，表示的是墙面装饰自左向右的构造层次。

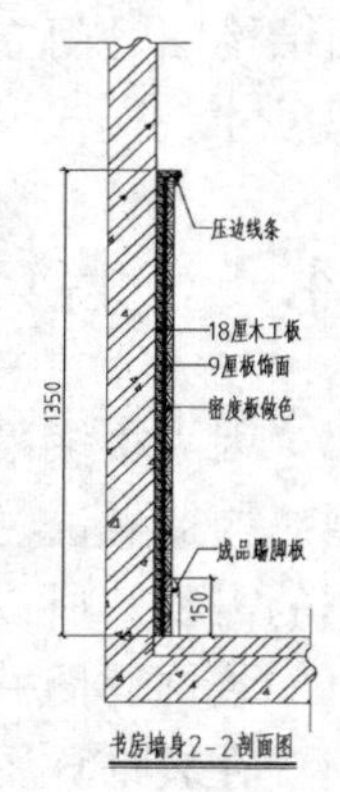


图 14-1 墙身剖面图

## 14.3 绘制主卧衣柜结构图

衣柜结构图表示了衣柜内部的做法，如空间的划分、各空间的尺寸、使用的材料等，本节将介绍主卧室衣柜内部结构图的绘制。

通过观察结构图，可以得知衣柜在水平方向上被分为三个区域，右侧空间从下往上依次为挂裤架、挂衣区、储藏区，左侧下方专门制作了电视柜，上方为储藏区。

从右边数起的第二个区域，下方制作了抽屉，可以放置一些较小的衣物，该区域挂衣区的高度较两侧的高，因此可以挂一些长度较长的衣服，如长大衣、长裙等。在挂了衣服的情况下通常与抽屉顶面会留出一些空间，此时可以将平时常穿的衣服折叠放置，易产生褶皱的衣服可以挂起来。

挂裤架能避免裤子产生褶皱，特别是西装裤、棉麻裤等衣物，与抽屉一样为抽拉式，使用非常方便。

衣柜上面的储藏区可以存放较大的衣物，或者是被子、枕头之类的物品，由于高度较高，因此有时候可能需要借助椅子来存取物品。

不是所有的衣柜都会制作电视柜，这要视具体情况来定。本例中主卧室由于空间的问题，将衣柜作为划分空间的隔断来使用，但衣柜所在的位置是放置电视机最好的位置，因此将电视机放于衣柜内是最好的解决方法。既能使衣柜继续发挥隔断作用，又能使电视机处在最佳的位置，让人能享受最佳的观影效果。

图 14-2 所示为衣柜内部空间不同划分方式的结果。

图 14-2　衣柜内部空间的划分

## 14.3.1　绘制结构图图形

本例结构图图形包括衣柜隔板、衣柜层板、挂衣杆等图形，本节介绍这些图形的绘制方法。

**01**　按〈Ctrl + O〉组合键，打开第 13 章所绘制的主卧衣柜立面图。按〈Ctrl + Shift + S〉组合键，打开【图形另存为】对话框，在其中设置文件名称为【主卧衣柜结构图】，单击【保存】按钮可以完成图形另存为的操作。

**02**　整理图形。调用【删除】命令，在主卧衣柜立面图上删除衣柜柜门图形及引线标注、尺寸标注，结果如图 14-3所示。

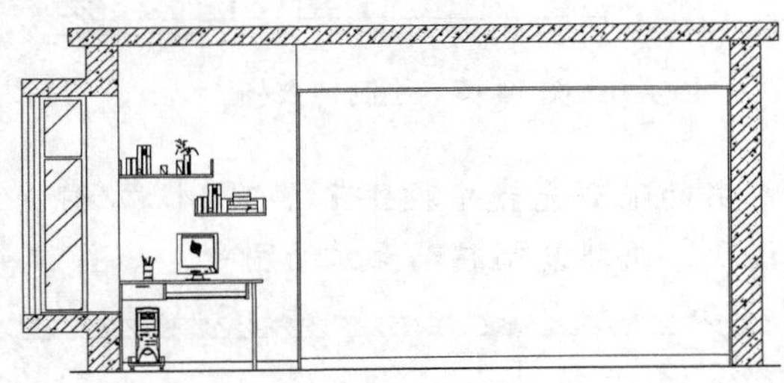

图 14-3　调用主卧衣柜立面图

**03**　将【图块】图层置为当前图层。

**04**　绘制衣柜隔板。调用【偏移】命令，选择左侧的衣柜轮廓线向右偏移，结果如图 14-4 所示。

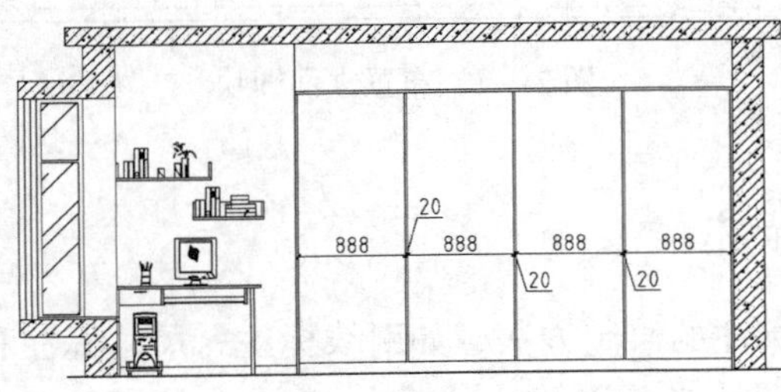


图 14-4　绘制衣柜隔板

**05**　绘制衣柜层板。调用【偏移】命令、【修剪】命令，偏移并修剪衣柜轮廓线，结果如图 14-5 所示。

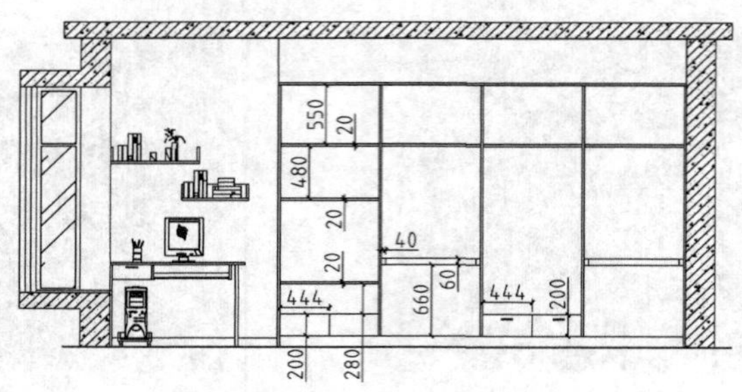


图 14-5　绘制衣柜层板

**06**　绘制挂衣杆。调用【矩形】命令、【偏移】命令、【修剪】命令，绘制图 14-6 所示的挂衣杆图形。

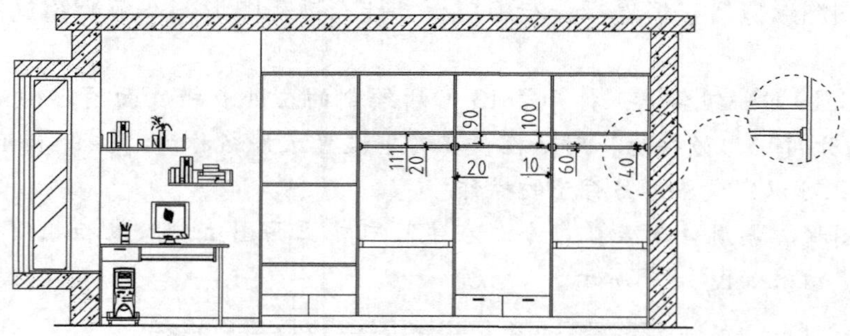


图 14-6　绘制挂衣杆

**07**　布置立面图块。本书的配套光盘中提供了“第 14 章/图例文件 . dwg” 文件，在文件中选择电视机、衣物等图块，将其复制粘贴至立面图中，如图 14-7 所示。

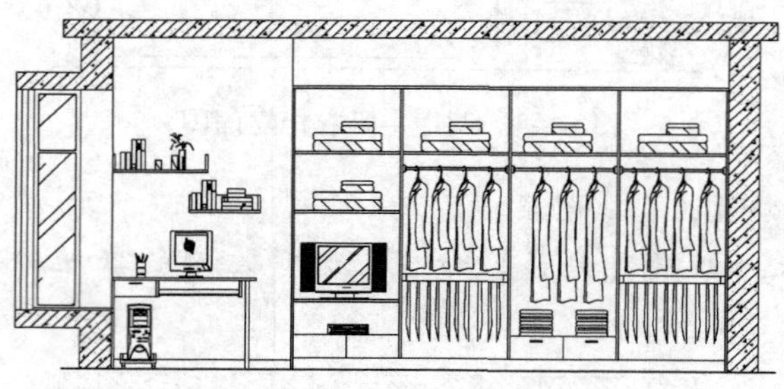

图 14-7　布置立面图块

## 14. 3. 2　绘制图形标注

本节介绍结构图图形标注的绘制方法，如引线标注、尺寸标注和图名标注。

**01**　将【标注】图层置为当前图层。

**02**　绘制材料标注。调用【多重引线】命令，为立面图绘制材料标注的结果如图 14-8 所示。

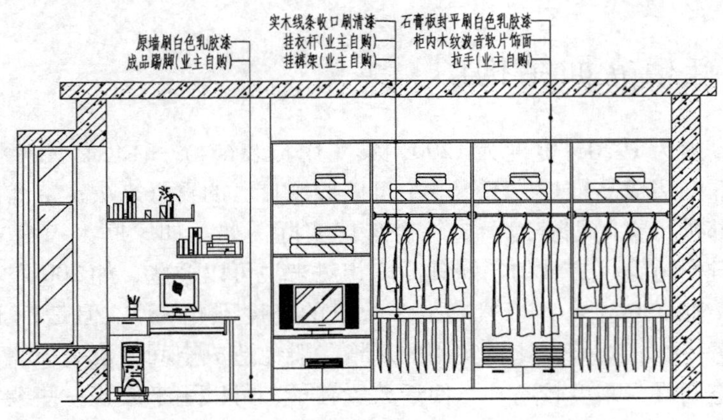


图 14-8 绘制材料标注

**03** 尺寸标注。调用【线性标注】命令、【连续标注】命令，为立面图绘制尺寸标注的结果如图 14-9 所示。

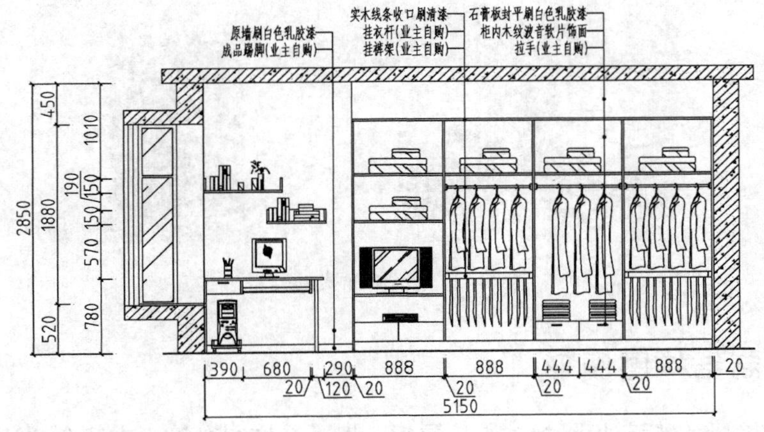


图 14-9 尺寸标注

**04** 图名标注。调用【多行文字】命令，绘制图名和比例标注，调用【多段线】命令，分别绘制宽度为 25、0 的下画线，图名标注的绘制结果如图 14-10 所示。

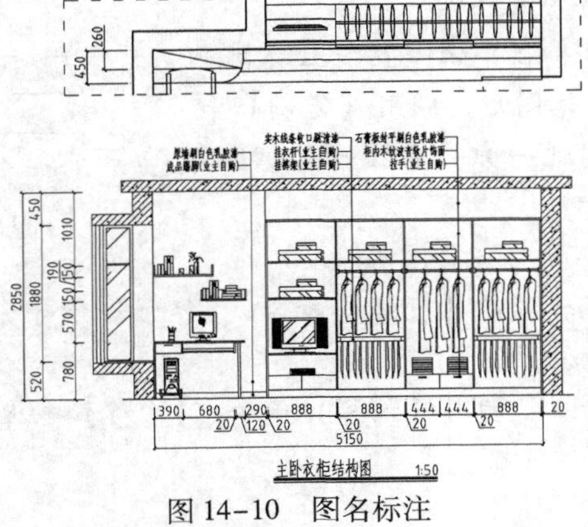


图 14-10 图名标注

## 14.4 绘制鞋柜立面结构图

本例鞋柜的高度为1920，宽度为1200，集实用与装饰与一体。首先鞋柜内的空间划分不是固定的，除非购买成品鞋柜，不然业主可以按照自己的喜好来决定空间的划分。

在对鞋柜内部进行空间划分时，应综合考虑实际需要。如家庭人口有多少、穿鞋习惯等。在放置运动鞋、拖鞋、凉鞋的空间其高度相对来说可以矮些，如200左右，放置靴子的空间就需要高些，如380左右，当然有很多靴子的高度不止380，但是柜子因为要长期使用，所以应该设置一个相对来说比较实用的规格，避免造成空间的浪费。

柜子的顶部空间因为高度较高，不便于放置鞋子，可以用来放置一些杂物。同时也没必要把所划分的每个空间都用来储藏物品，可以将其中的一两个空间用作展示柜，摆放一些装饰品，打上射灯，会得到很不错的装饰效果。

图14-11所示为不同样式鞋柜的制作效果。

图14-11 不同样式的鞋柜

### 14.4.1 绘制结构图图形

本例结构图图形包括鞋柜隔板、鞋柜层板、墙面装饰图案等，本节介绍这些图形的绘制方法。

**01** 按〈Ctrl+O〉组合键，打开第10章所绘制的平面布置图。按〈Ctrl+Shift+S〉组合键，打开【图形另存为】对话框，在其中设置文件名称为【鞋柜立面结构图】，单击【保存】按钮可以完成图形另存为的操作。

**02** 调用【矩形】命令，在平面布置图上绘制矩形来框选鞋柜及其所在的墙体图形，调用【复制】命令，将选中的图形移动复制到一旁，结果如图14-12所示。

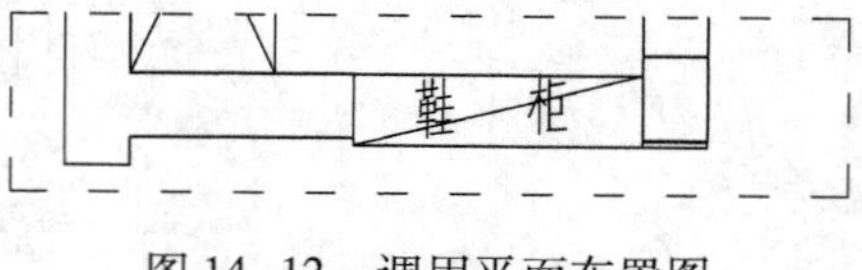


图14-12 调用平面布置图

**03** 将【辅助线】图层置为当前图层。

**04** 绘制立面图轮廓线。调用【直线】命令、【偏移】命令、【多段线】命令，绘制立面轮廓线的结果如图14-13所示。

**05** 绘制立面装饰分隔线。调用【偏移】命令、【修剪】命令，绘制立面分隔线的结果如图14-14所示。

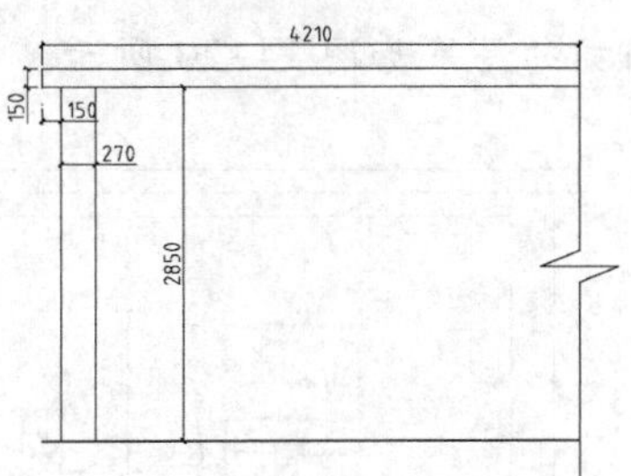

图 14-13　绘制立面图轮廓线

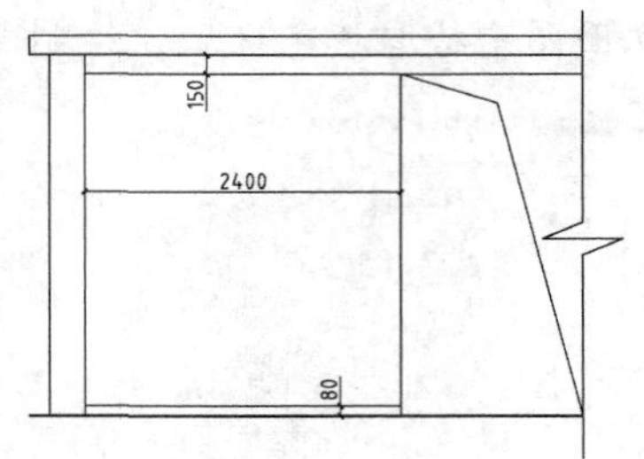

图 14-14　绘制立面装饰分隔线

**06**　将【图块】图层置为当前图层。

**07**　绘制鞋柜外轮廓线。调用【偏移】命令，选择立面轮廓线向内偏移，调用【修剪】命令，通过修剪线段来得到鞋柜外轮廓线，结果如图 14-15 所示。

**08**　绘制鞋柜隔板。调用【偏移】命令，选择鞋柜外轮廓线向内偏移，结果如图 14-16 所示。

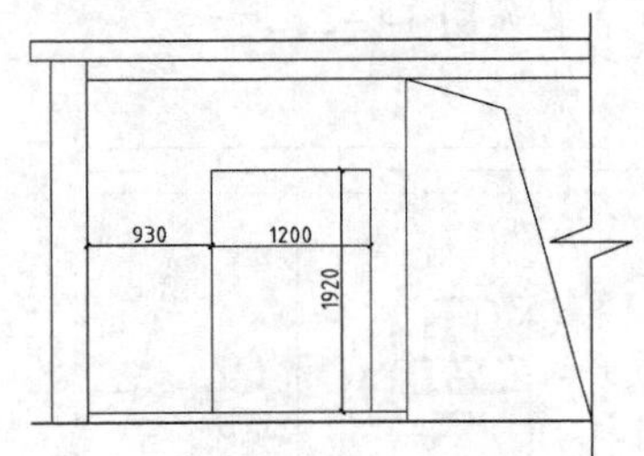

图 14-15　绘制鞋柜外轮廓线

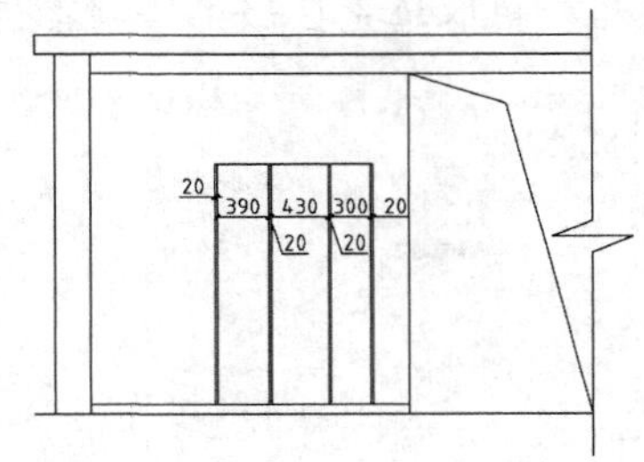

图 14-16　绘制鞋柜隔板

**09**　绘制鞋柜层板。调用【偏移】命令、【修剪】命令，通过偏移并修剪线段来得到层板轮廓线，结果如图 14-17 所示。

**10**　布置立面图块。本书的配套光盘中提供了“第 14 章/图例文件 .dwg” 文件，在文件中选择行人、鞋子等图块，将其复制粘贴至立面图中，如图 14-18 所示。

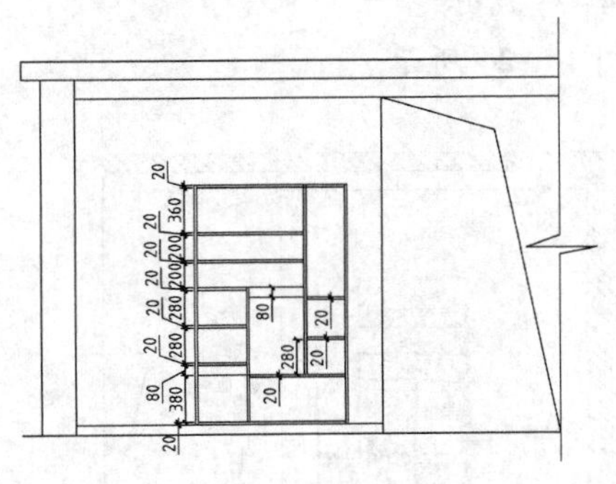

图 14-17　绘制鞋柜层板

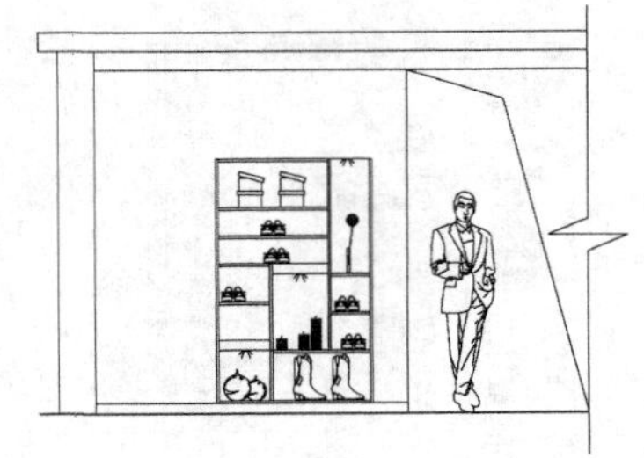
图 14-18　布置立面图块

**11**　将【填充】图层置为当前图层。

**12**　绘制墙面乳胶漆图案。调用【图案填充】命令，在【图案填充和渐变色】对话框中设置乳胶漆图案的填充样式及填充比例，结果如图 14-19 所示。

**13** 在立面图中拾取填充区域，绘制乳胶漆图案的结果如图 14-20 所示。

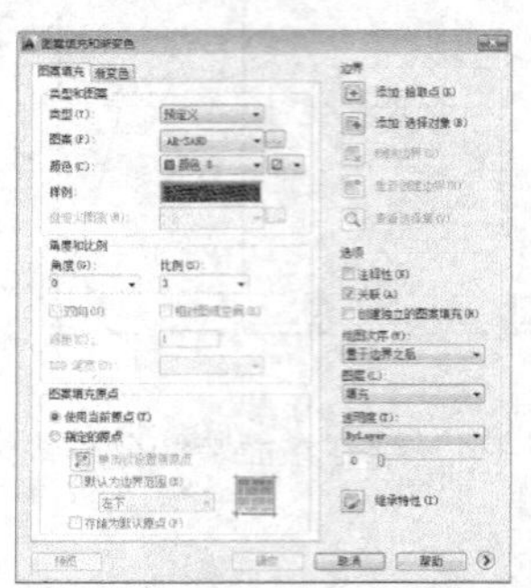

图 14-19 【图案填充和渐变色】对话框

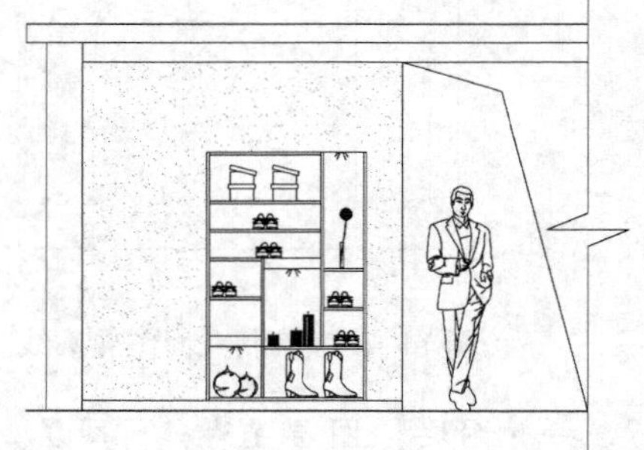

图 14-20 绘制乳胶漆图案

**14** 绘制茶镜图案。在【图案填充和渐变色】对话框中选择茶镜的图案样式，并设置其填充角度及比例，结果如图 14-21 所示。

**15** 在鞋柜中拾取填充区域，绘制茶镜图案的结果如图 14-22 所示。

图 14-21 设置参数

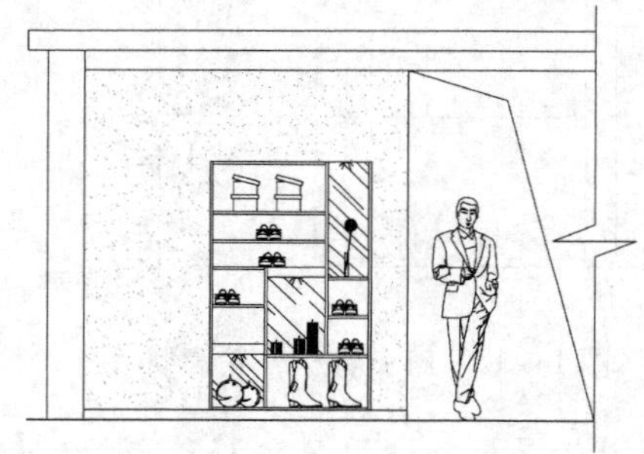

图 14-22 绘制茶镜图案

**16** 绘制墙体、楼板钢筋混凝土图案。在【图案填充和渐变色】对话框中设置混凝土图案的样式为 ANSI31，填充比例为 20，如图 14-23 所示。

**17** 拾取墙体、楼板，填充图案的结果如图 14-24 所示。

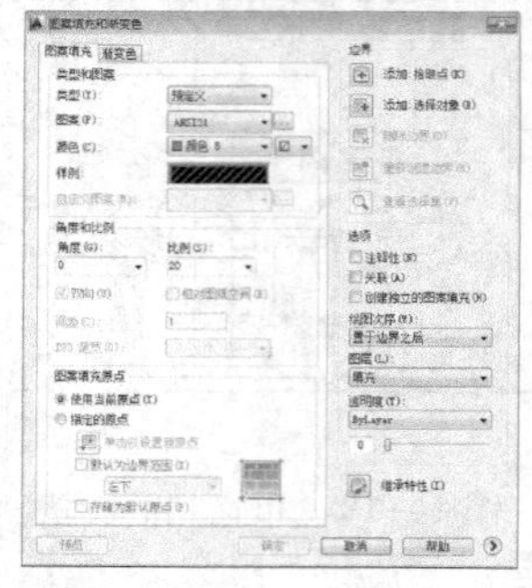

图 14-23 修改参数

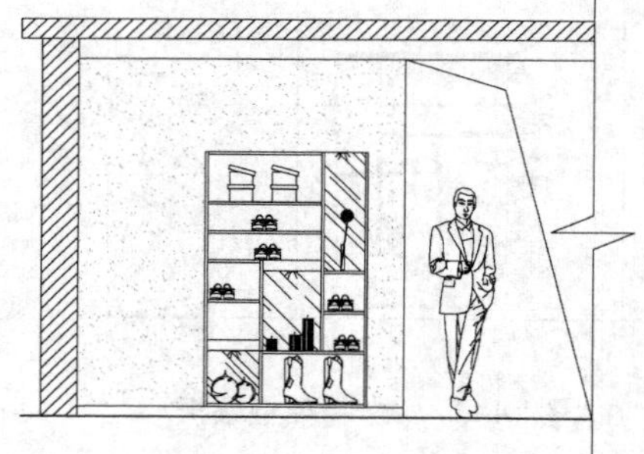

图 14-24 绘制钢筋混凝土图案 1

**18** 在【图案填充和渐变色】对话框中设置钢筋混凝土的填充参数，如图案样式及填充比例，如图 14-25 所示。

**19** 在立面图中拾取墙体及楼板图形，绘制混凝土图案的结果如图 14-26 所示。

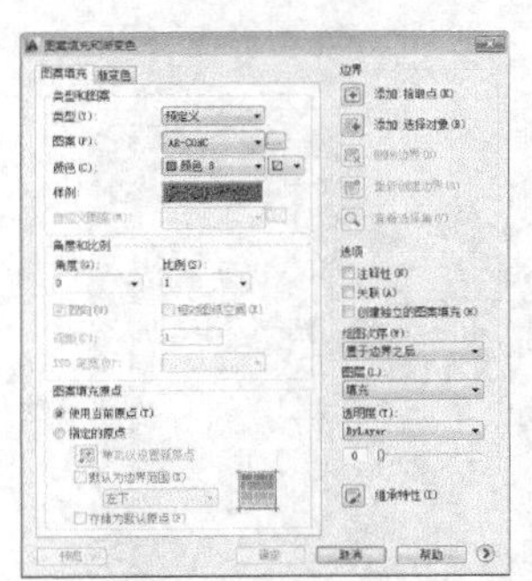

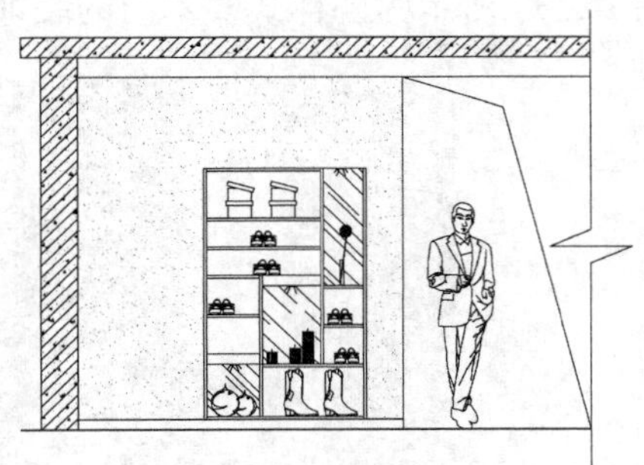

图 14-25 【图案填充和渐变色】对话框　　图 14-26 绘制钢筋混凝土图案 2

## 14.4.2 绘制图形标注

本节介绍图形标注的绘制方法。

**01** 将【标注】图层置为当前图层。

**02** 材料标注。调用【多重引线】命令，绘制引线标注来注明立面装饰所需要使用的材料，如图 14-27 所示。

**03** 尺寸标注。分别调用【线性标注】命令、【连续标注】命令，为立面图绘制图 14-28 所示的尺寸标注。

**04** 图名标注。调用【多行文字】命令、【多段线】命令，绘制图 14-29 所示的图名标注及下画线。

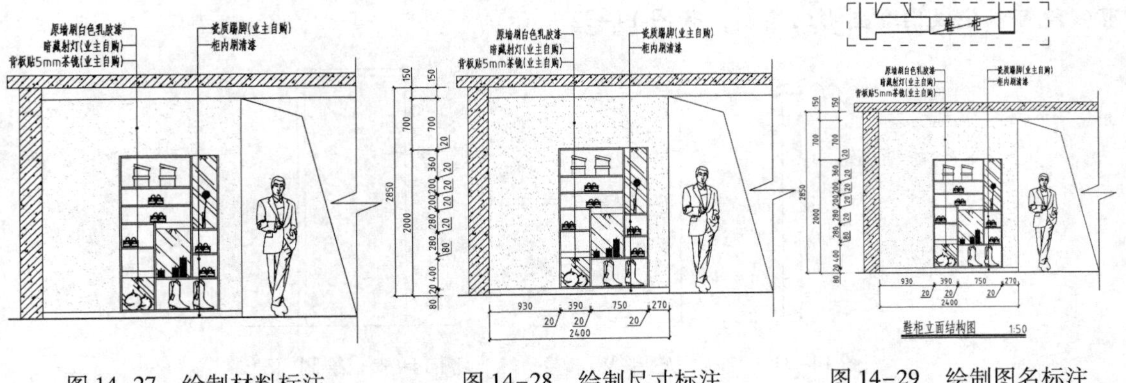


图 14-27 绘制材料标注　　图 14-28 绘制尺寸标注　　图 14-29 绘制图名标注

# 14.5 绘制门立面施工图

现在购买成品门是很方便的事情，但是有的业主会喜欢现场制作房间门，可以自己选择材料及门的样式。在制作门的同时，门套也应该一同制作安装，以与门相配套。

门上的配件有装饰构件与五金构件，如门锁、门吸等，在购买时要记得买齐，可以向店家咨询需要购买的种类，或者请木工师傅去购买。虽然现场制作门要花费一定的时间，但是却具有实用、经济实惠等优点。

图 14-30 所示为各样式实木门的装饰效果。

图 14-30　实木门装饰效果

## 14.5.1　绘制立面图图形

本例立面图图形包括门套、门装饰构件等，本节介绍这些图形的绘制方法。

**01**　按〈Ctrl + O〉组合键，打开在第 8 章创建的室内绘图模板。按〈Ctrl + Shift + S〉组合键，打开【图形另存为】对话框，在其中设置文件名称为【门立面施工图】，单击【保存】按钮可以完成图形另存为的操作。

**02**　将【图块】图层置为当前图层。

**03**　绘制门轮廓线。调用【矩形】命令、【直线】命令，绘制图 14-31所示的立面门轮廓线。

**04**　绘制门套。调用【偏移】命令，选择门轮廓线向内偏移，调用【修剪】命令，修剪线段可以完成门套图形的绘制，如图 14-32 所示。

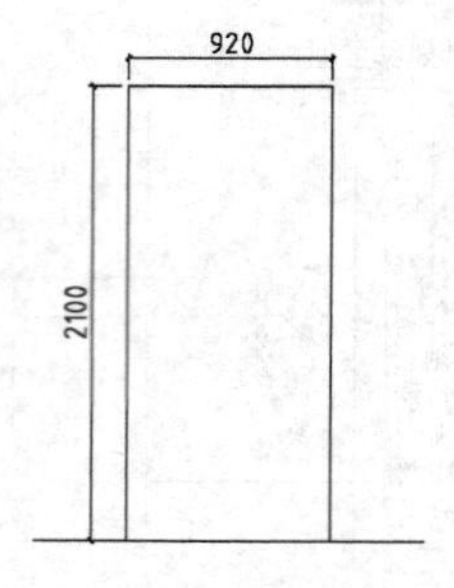


图 14-31　绘制门轮廓线

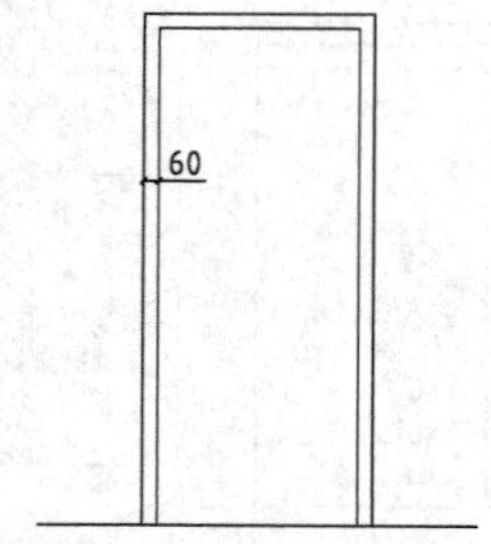


图 14-32　绘制门套

**05**　绘制门装饰构件。调用【矩形】命令、【偏移】命令，绘制并向内偏移矩形，调用【复制】命令，移动复制矩形，结果如图 14-33 所示。

**06**　绘制不锈钢卡条。调用【偏移】命令，选择门轮廓线向下偏移，调用【修剪】命令，修剪线段可以完成不锈钢卡条图形的绘制，结果如图 14-34 所示。

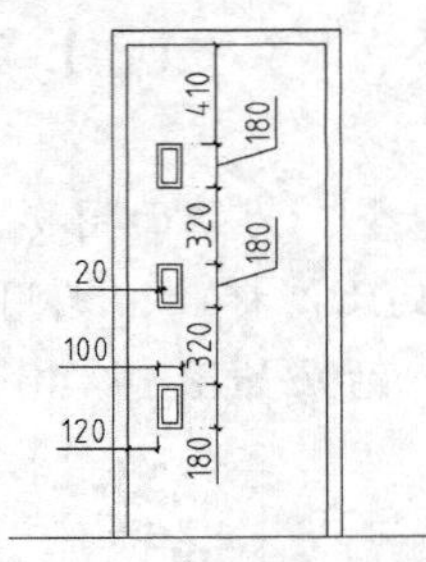


图 14-33 绘制门装饰构件

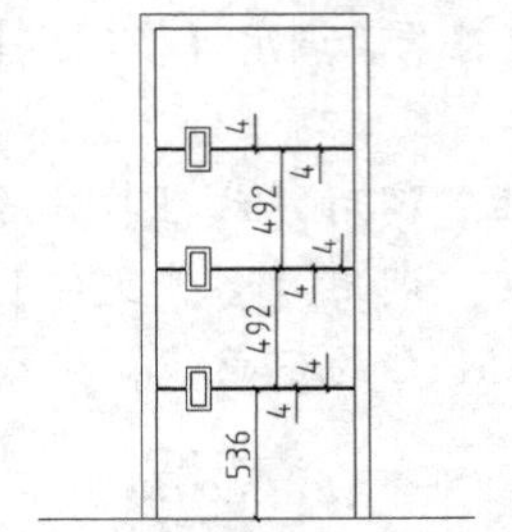


图 14-34 绘制不锈钢卡条

**07** 将【填充】图层置为当前图层。

**08** 绘制黑镜图案。调用【图案填充】命令，在【图案填充和渐变色】对话框中设置黑镜图案的填充参数，如图 14-35 所示。

**09** 在门立面图中拾取填充区域，绘制黑镜图案的结果如图 14-36 所示。

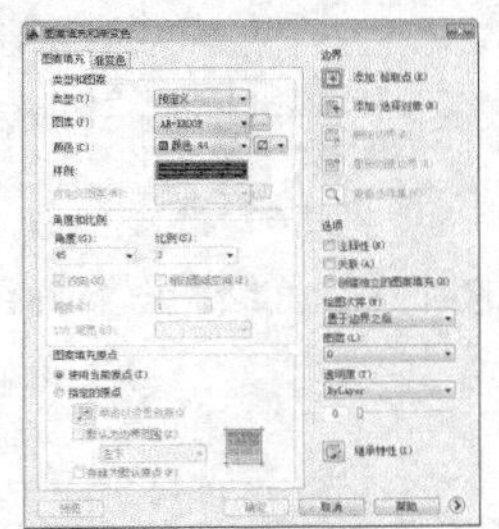

图 14-35 【图案填充和渐变色】对话框

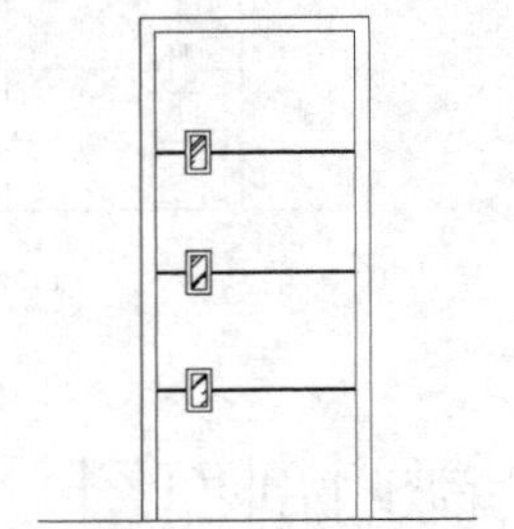

图 14-36 绘制黑镜图案

**10** 将【图块】图层置为当前图层。

**11** 调用【矩形】命令、【圆】命令、【修剪】命令，绘制门拉手的结果如图 14-37 所示。

## 14.5.2 绘制图形标注

本节介绍立面图图形标注的绘制方法。

**01** 将【标注】图层置为当前图层。

**02** 材料标注。调用【多重引线】命令，绘制立面门的制作材料，结果如图 14-38 所示。

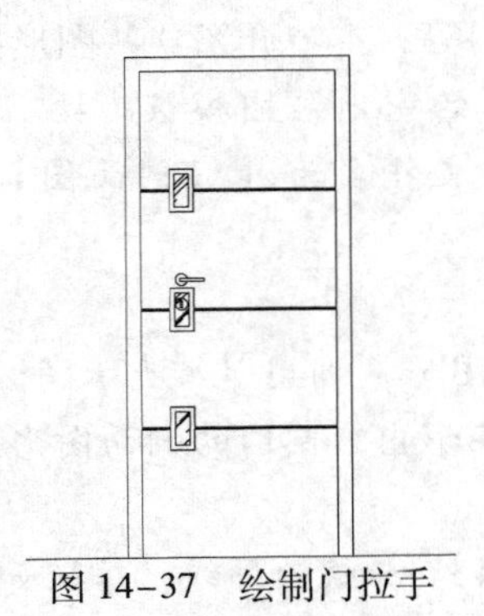

图 14-37 绘制门拉手

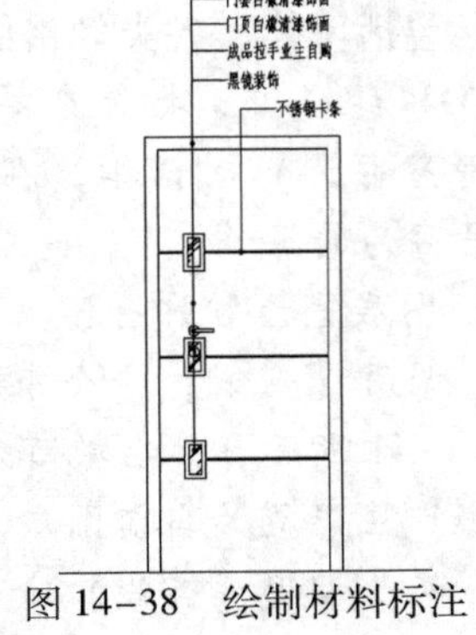


图 14-38 绘制材料标注

**03** 绘制剖切符号。调用【多段线】命令、【圆】命令、【多行文字】命令，绘制图14-39所示的剖切符号。

**04** 尺寸标注。调用【线性】命令、【连续标注】命令，为立面图标注尺寸。

**05** 图名标注。调用【多行文字】命令，绘制图名及比例标注，调用【多段线】命令，分别绘制宽度为15、0的下画线，完成图名标注的绘制，结果如图14-40所示。

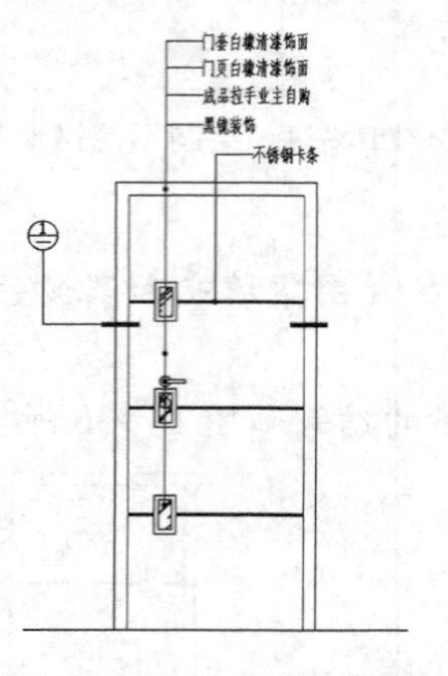

图14-39 绘制剖切符号

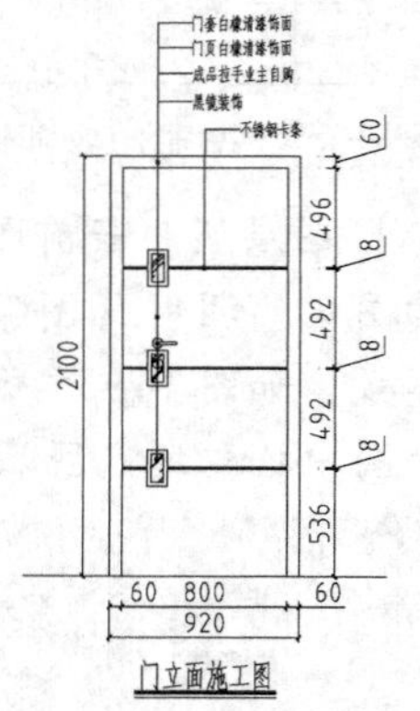


图14-40 绘制图名标注

## 14.6 绘制门剖面图

门的剖面图表现了门的制作材料与最后的制作效果，工艺娴熟的木工师傅对于制作门的技术是了然于心的，不过业主或者设计师还是要与其沟通具体的制作细节，不能放任木工师傅自由发挥，应将其发挥的程度控制在符合自己使用需求的范围之内，否则制作完成后是很难修改的。

门的制作材料当然包括各类木材以及五金构件，如9 mm板、18 mm板、12 mm板、奥松板、铰链、拉手等。剖面图只是表现大致的效果，要真正把握其制作工艺，还是要多跑工地，多跟木工师傅交流。

### 14.6.1 绘制剖面图图形

本例剖面图图形包括墙体、各类规格的板材、门等，本节介绍这些图形的绘制方法。

**01** 按〈Ctrl + O〉组合键，打开在第8章创建的室内绘图模板；按〈Ctrl + Shift + S〉组合键，打开【图形另存为】对话框，在其中设置文件名为【门剖面图】，单击【保存】按钮可以完成图形另存为的操作。

**02** 将【墙体】图层置为当前图层。

**03** 绘制墙体。调用【直线】命令来绘制墙体图形，调用【矩形】命令，将墙体框起来，绘制结果如图14-41所示，然后就可以开始在矩形内绘制门的剖面图形。

**04** 将【轮廓线】图层置为当前图层。

**05** 绘制18 mm板。调用【直线】命令，绘制18 mm板轮廓线，结果如图14-42所示。

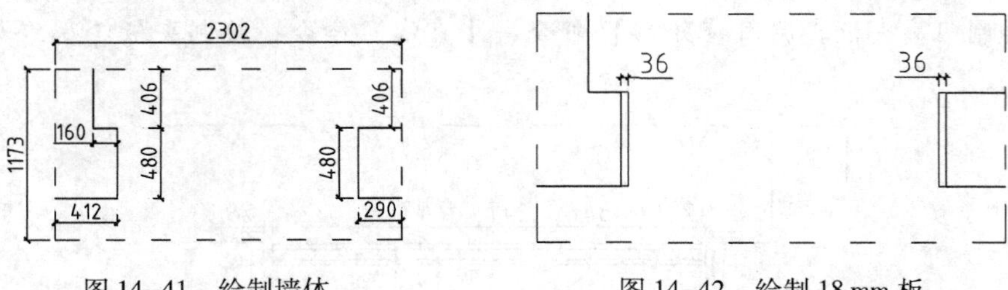


图 14-41　绘制墙体　　　　图 14-42　绘制 18 mm 板

**06**　绘制 12 mm 板。调用【多段线】命令，绘制图 14-43 所示的 12mm 板图形。

**07**　绘制 9mm 底板。调用【矩形】命令，绘制底板图形如图 14-44 所示。

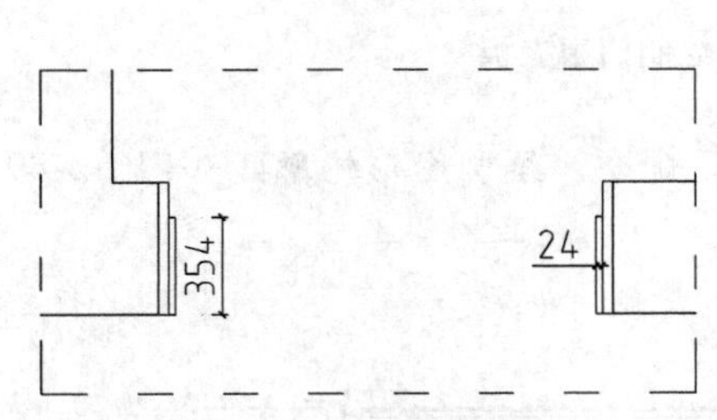


图 14-43　绘制 12 mm 板

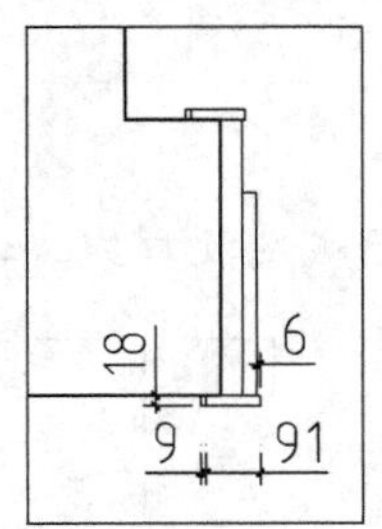


图 14-44　绘制 9 mm 底板

**08**　调用【镜像】命令，将左侧的 9 mm 图形镜像复制到右侧，结果如图 14-45 所示。

**09**　绘制实木收口线。调用【直线】命令，绘制收口线轮廓线，结果如图 14-46 所示。

图 14-45　镜像复制图形

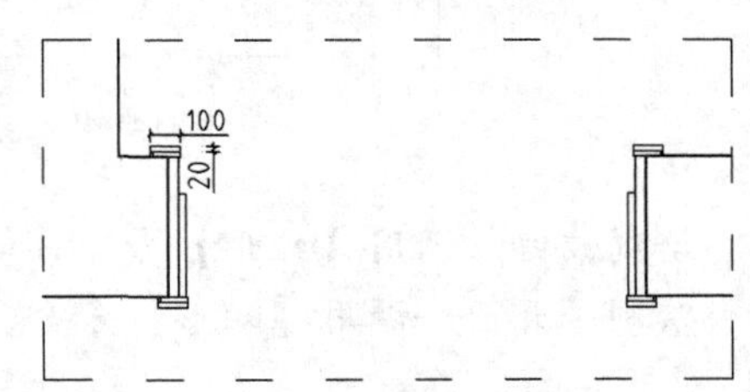


图 14-46　绘制实木收口线

**10**　绘制饰面板。调用【偏移】命令、【修剪】命令，偏移并修剪线段，绘制饰面板的结果如图 14-47 所示。

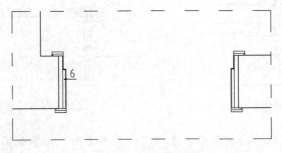

图 14-47　绘制饰面板

**11** 绘制门扇夹板。调用【矩形】命令、【直线】命令，绘制夹板轮廓线如图 14-48 所示。

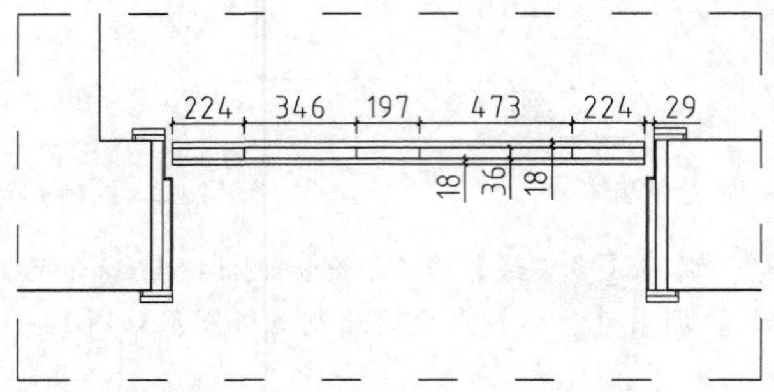


图 14-48 绘制门扇夹板

**12** 绘制饰面板及收口线。调用【直线】命令，绘制图形轮廓线如图 14-49 所示。

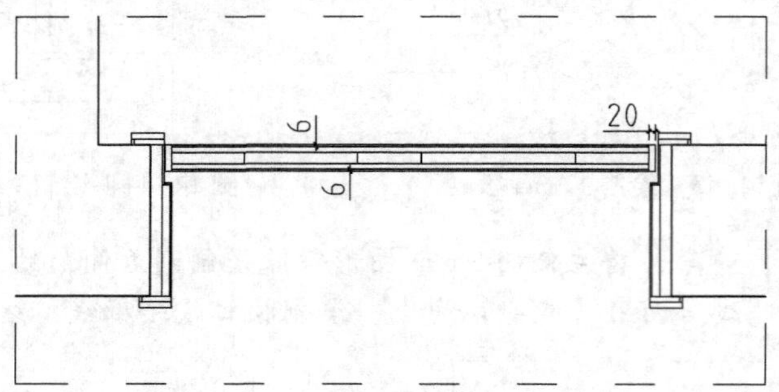


图 14-49 绘制饰面板及收口线

**13** 绘制铰链。调用【矩形】命令、【圆】命令，绘制铰链图形如图 14-50 所示。

**14** 绘制平开门。调用【矩形】命令，绘制图 14-51 所示的矩形来表示平开门。

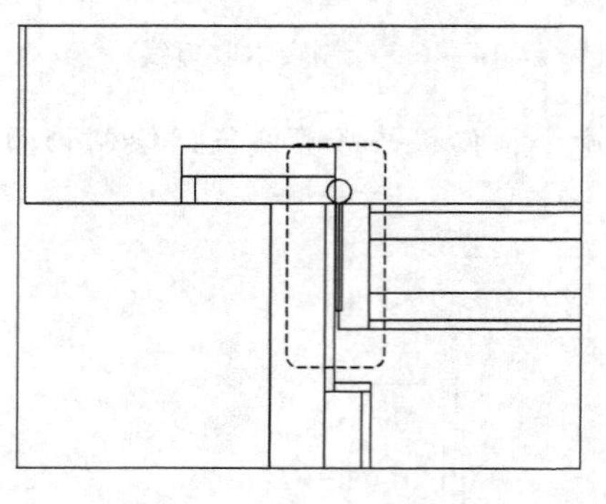

图 14-50 绘制铰链

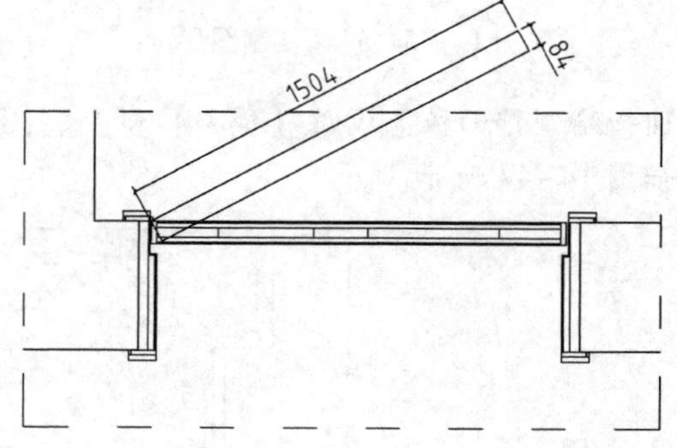


图 14-51 绘制平开门

**15** 调用【圆弧】命令绘制圆弧来表示门的开启方向，结果如图 14-52 所示。

**16** 绘制拉手。调用【多段线】命令，绘制门拉手图形，结果如图 14–53 所示。

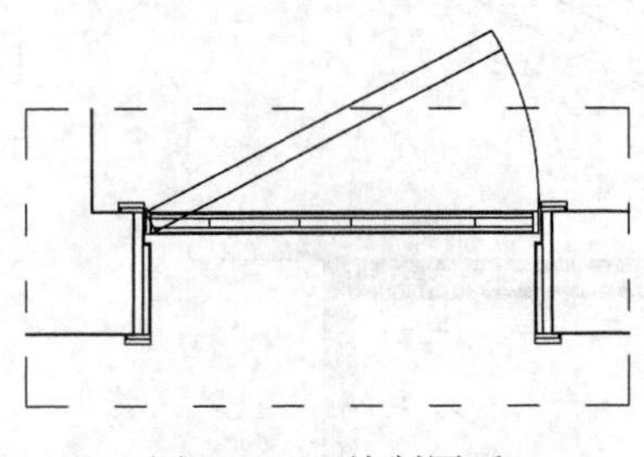

图 14–52 绘制圆弧

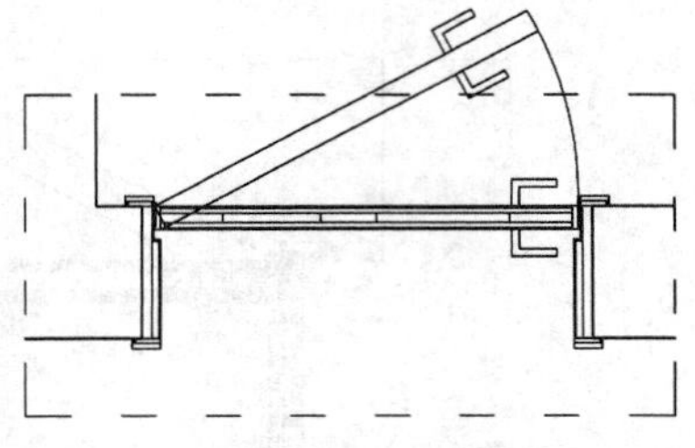

图 14–53 绘制拉手

**17** 将【填充】图层置为当前图层。

**18** 填充墙体图案。调用【图案填充】命令，在【图案填充和渐变色】对话框中设置填充参数，如图 14–54 所示。

**19** 在剖面图中拾取填充区域，绘制墙体图案的结果如图 14–55 所示。

图 14–54 【图案填充和渐变色】对话框

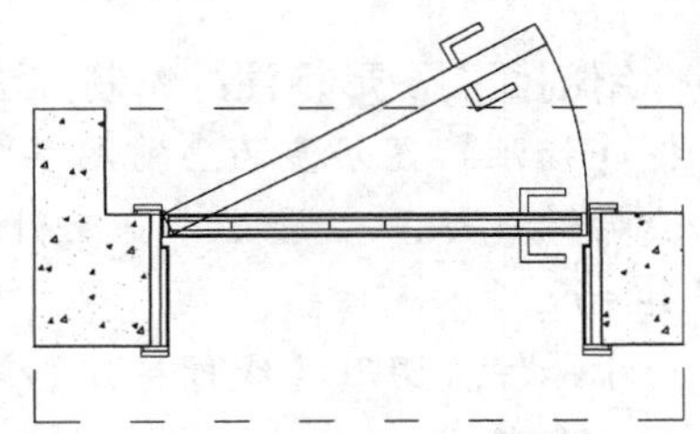

图 14–55 填充墙体图案

**20** 绘制板材图案。在【图案填充和渐变色】对话框中设置 18 mm 板与 12 mm 板图案的填充参数，如图 14–56 所示。

**21** 在剖面图中拾取板材图形作为填充区域，绘制板材图案的结果如图 14–57 所示。

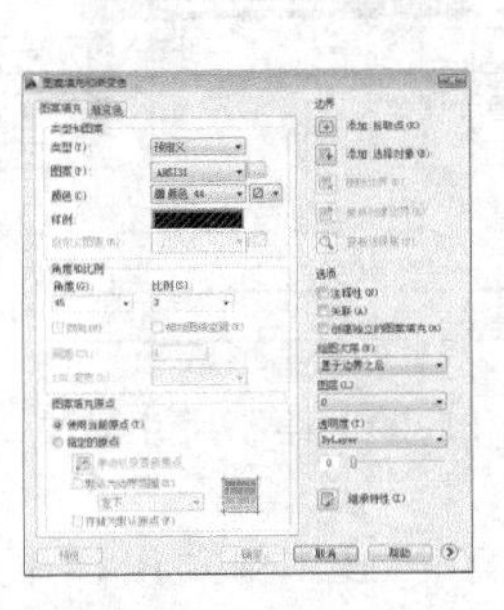

图 14–56 设置参数

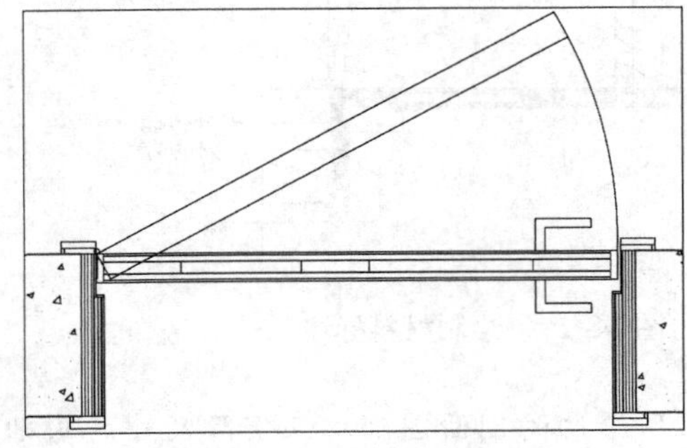

图 14–57 绘制板材图案 1

**22** 在【图案填充和渐变色】对话框中将填充角度更改为 135°，继续绘制板材图案，结果如图 14–58 所示。

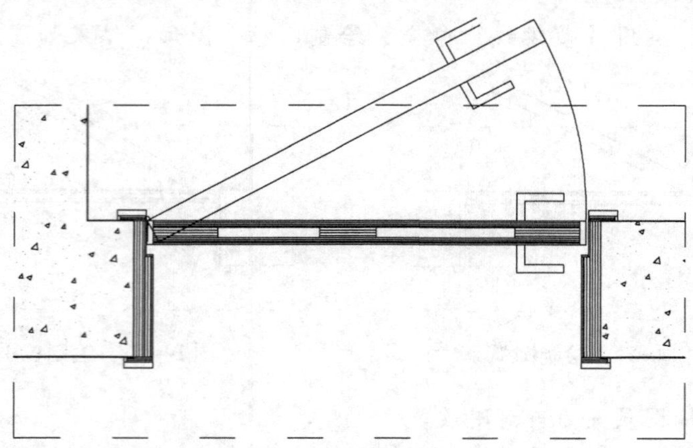
图 14-58　绘制板材图案 2

## 14. 6. 2　绘制图形标注

本节介绍剖面图图形标注的绘制方法，如材料标注、尺寸标注以及图名标注。

**01**　将【标注】图层置为当前图层。

**02**　绘制材料标注。调用【多重引线】命令，绘制引线标注来注明制作材料的名称，结果如图 14-59 所示。

**03**　尺寸标注。调用【线性标注】命令、【连续标注】命令，为剖面图绘制尺寸标注，结果如图 14-60 所示。

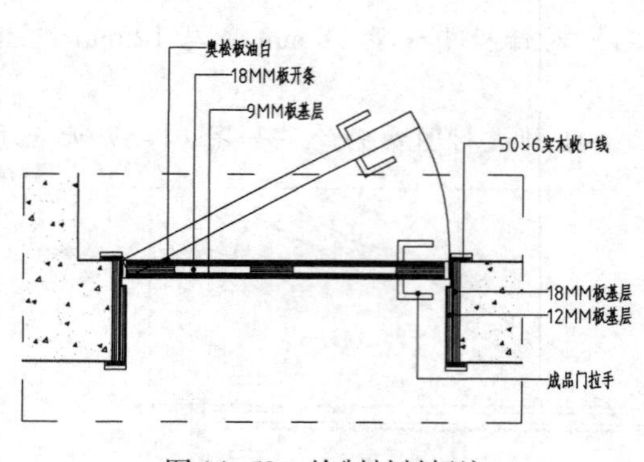

图 14-59　绘制材料标注

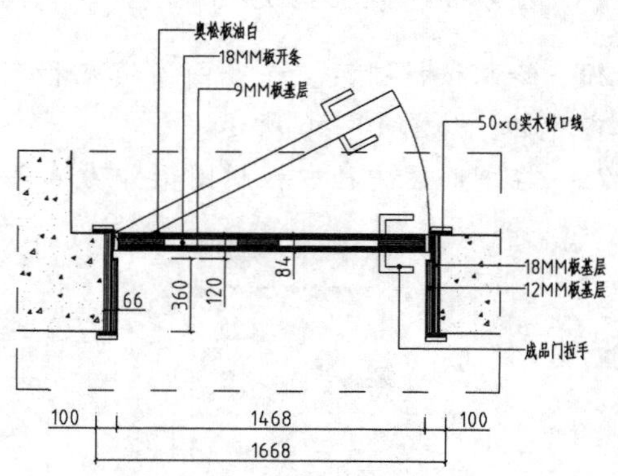

图 14-60　绘制尺寸标注

**04**　以上所绘制的剖面图形均在实际尺寸的基础上放大了一倍，但是图样中应标注实际尺寸，以为施工提供指导，因此，需要修改上一步骤所绘制的尺寸标注。双击尺寸标注可以编辑标注文字，修改结果如图 14-61 所示。

**05**　图名标注。调用【多行文字】命令、【多段线】命令，绘制图名标注的结果如图 14-62 所示。

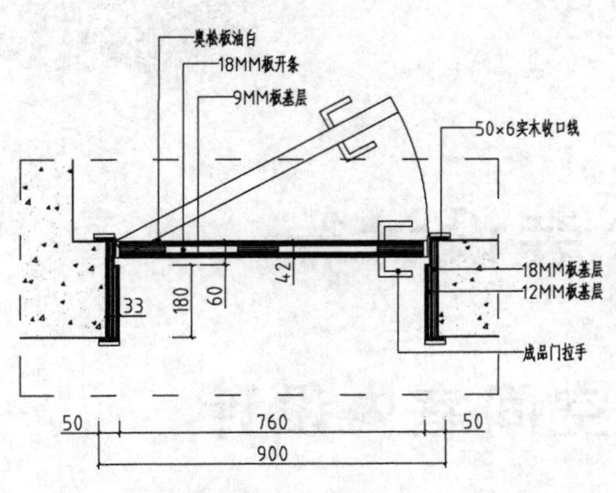


图 14-61　修改尺寸标注

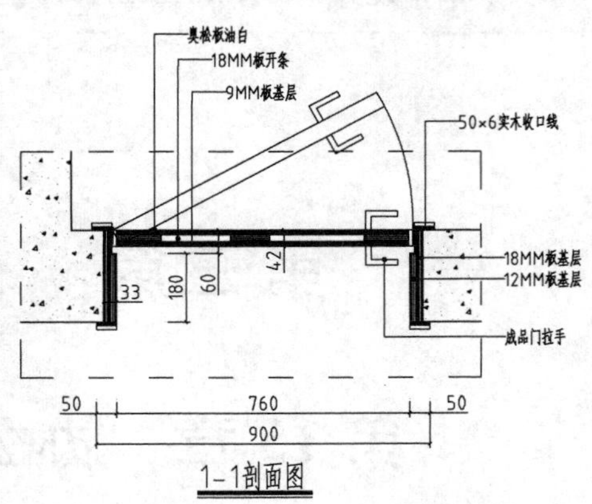


图 14-62　绘制图名标注

# 第三篇　公装设计篇

# 第15章　办公空间室内设计

办公空间不同于普通住宅，由办公空间、会议室和走廊三个区域构成了内部空间的使用功能。

本章以某房地产公司办公空间室内设计为例，讲解 AutoCAD 2016 在公装室内设计中的应用，让读者对不同类型的建筑室内设计有进一步了解。下面依次讲解办公空间建筑平面图、平面布置图、地面材质图、顶棚图和立面图。

## 15.1　办公空间设计概述

随着社会经济的发展，各种公司应运而生，现代办公空间作为一个企业的指挥部越来越受到人们的重视，已初步形成了一个独特的空间类型，办公空间设计也成了装修企业一个必须研究的科目。

### 15.1.1　现代办公空间的空间组成

一般来讲，现代办公空间由如下几个部分组成：接待区、会议室、总经理办公室、财务室、员工办公区、机房、储藏室、茶水间和机要室等。

接待区：主要由接待台、企业标志、招牌、客人等待区等部分组成。接待区是一个企业的门脸，其空间设计要反映出一个企业的行业特征和企业管理文化。

会议室：一般来说，每个企业都有一个独立的会议空间。主要用于接待客户和企业内部员工培训和会议。会议室中应包括电视柜、能反映企业业绩的锦旗、奖杯、荣誉证书等。会议室内还要设置白板等书写用设置，如图 15-1所示。

图 15-1　会议室

总经理办公室：在现代办公空间设计中也是一个重点。一般由会客（休息）区和办公区两部分组成。会客区由小会议桌、沙发和茶几组成，办公区由书柜、板台、板椅、客人椅组成。空间内要反映总经理的一些个人爱好和品味，同时能反映一些企业文化特征，如图 15-2所示。

员工办公区：员工办公区是工作中最繁忙的区域，一般分为全开敞式、半开敞式和封闭式三类。半开敞式办公的优点是通过组合一些低的隔断对开敞式空间进行重新分割，每个员工都有自己的小空间，人与人之间互不干扰。由于隔断的高度一般在 1.5 m 左右，保持了一定的私密性，同时当人站立起来时，又没有视觉障碍，以利于员工交流，如图 15-3所示。

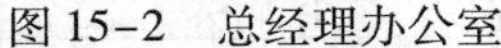

图 15-2　总经理办公室

图 15-3　半开敞式办公区

机房：需要有机房的，机房面积一般性在 2 ~ 4 m$^2$（中、小型），适合于中小型办公空间。位置一般设置为居中或不规则空间，但要考虑其通风性。

### 15.1.2　办公空间的灯光布置和配色

**1. 灯光布置**

一般写字楼内办公空间，大多工作时间在白天利用，因此人工照明应与天然采光结合。营造舒适的照明环境。因此在灯光设计的使用上，使人工照明的控制结合自然照明设计。

在室内亮度分布变化过大而且视线不固定场所，眼睛由于到处环视，其适应情况经常变化，从而会引起眼睛的疲劳和不适，因而在灯光的设计上，可以采用重点照明和局部照明结合，过于平均的照明会使室内过于呆板。

例如，开放式办公区，灯光照明设计可以是办公位重点照明，其他区域可以弱些。前厅接待区、Logo 形象墙等接待台区域，可以重点照明，其他区域可以弱些。会议室空间，主要考虑会议桌上方区域的照明，其他区域可以局部辅助照明。

**2. 色彩设计**

办公室大面积的色彩应用，应降低其彩度（如墙面、顶面、地面）；小面积的色彩应用，应提高彩度（如局部配件、装饰）。明亮色、弱色应扩大面积；暗色强烈色应缩小面积。

一般来说，开放式办公区域多为人流聚集地，应强调整体统一效果，配色时若用同色相的浓淡系列配色比较合适。

## 15.2　绘制办公空间建筑平面图

本例所选取的办公空间建筑平面图如图 15-4 所示，其尺寸由现场测量得到，下面简单介绍绘制方法。

**1. 绘制轴网**

绘制完成的轴网如图 15-5 所示。

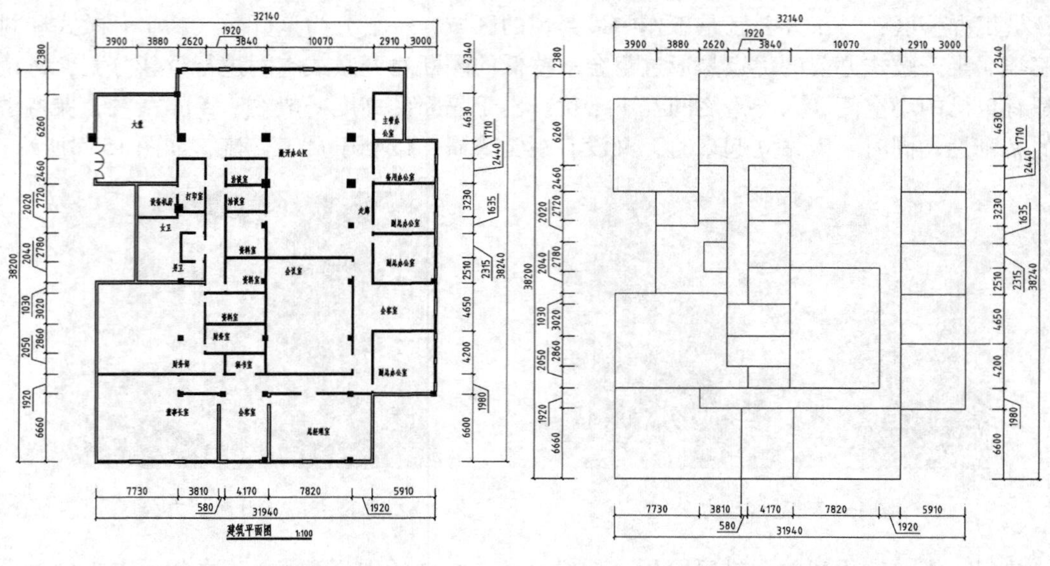


图 15-4　建筑平面图　　　　图 15-5　轴网

**01**　设置【ZX_轴线】图层为当前图层。

**02**　调用【多段线】命令，绘制外部轴线，如图 15-6 所示。

**03**　调用【多段线】命令，找到需要分隔的房间，绘制内部轴网，如图 15-7所示。

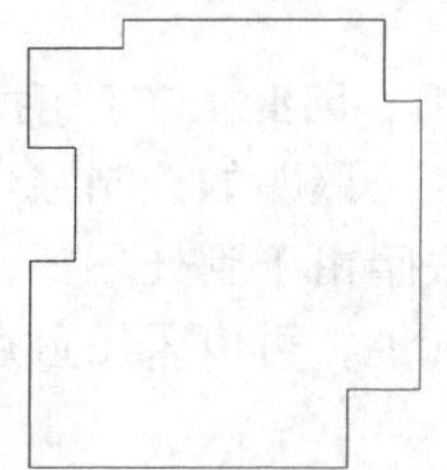

图 15-6　绘制外部轴线

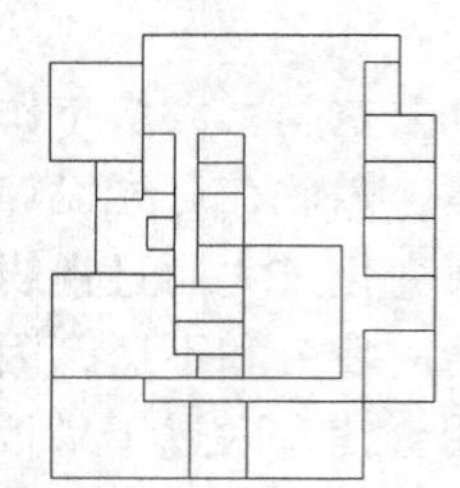

图 15-7　绘制内部轴线

## 2. 标注尺寸

**01**　设置【BZ_标注】图层为当前图层。

**02**　调用【矩形】命令，绘制矩形框住轴网，如图 15-8 所示。

**03**　调用【标注】命令，标注尺寸，标注后删除矩形，如图 15-9 所示。

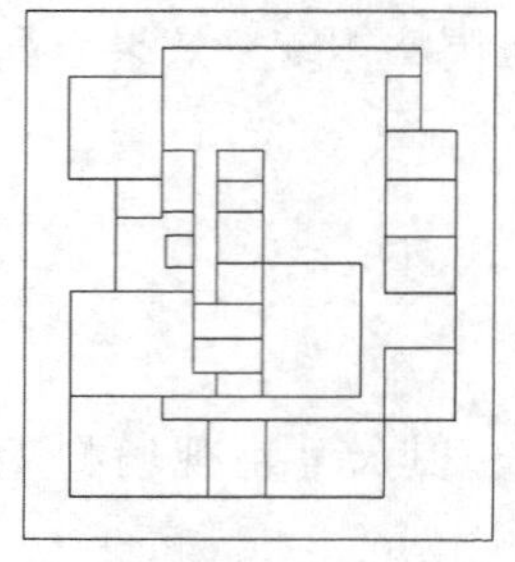

图 15-8　绘制矩形

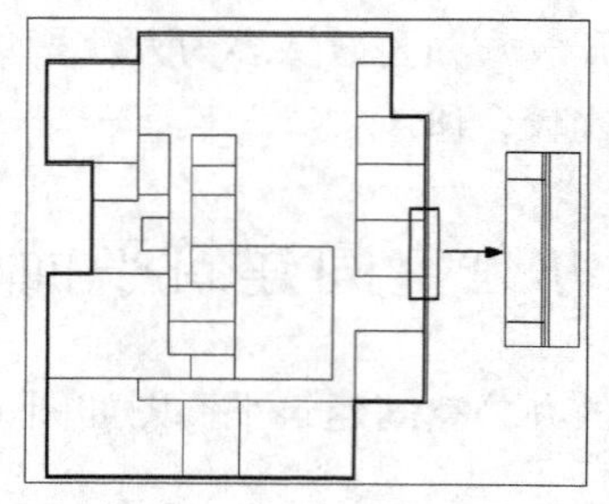

图 15-9　绘制外墙体

### 3. 绘制墙体

**01** 设置【QT_墙体】图层为当前图层。

**02** 调用【多线】命令，绘制外墙体，设置比例为 240，如图 15-9 所示。

**03** 调用【多线】命令，绘制内墙体，设置比例为 240 和 120，如图 15-10 所示。

### 4. 修剪墙体

**01** 调用【分解】命令，分解墙体。

**02** 调用【倒角】命令和【修剪】命令，对墙体进行修剪，效果如图 15-11 所示。

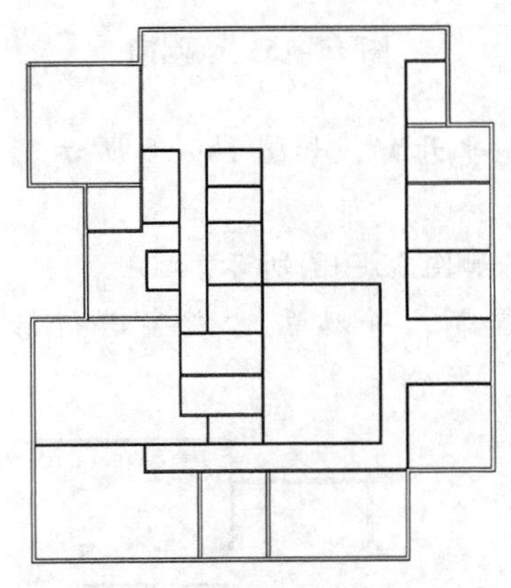

图 15-10 绘制内墙体

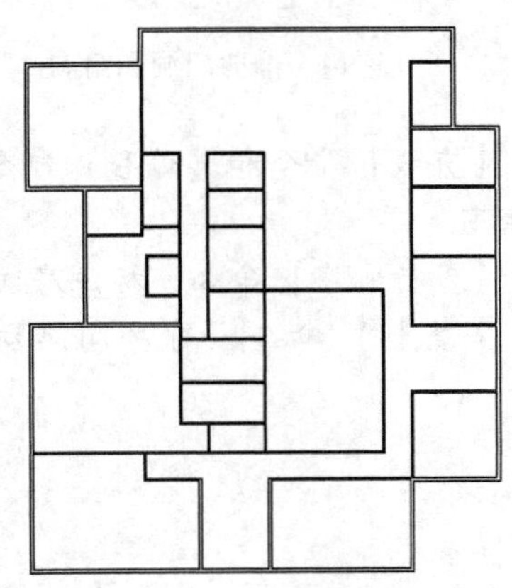

图 15-11 修剪墙体

### 5. 绘制柱子

**01** 调用【矩形】命令和【填充】命令，绘制柱子，如图 15-12 所示。

**02** 使用同样的方法绘制其他尺寸的柱子，并调用【复制】命令，对柱子进行复制，如图 15-13 所示。

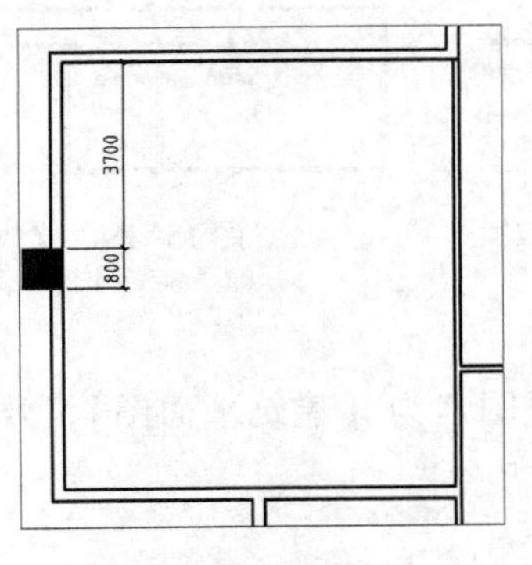


图 15-12 绘制柱子

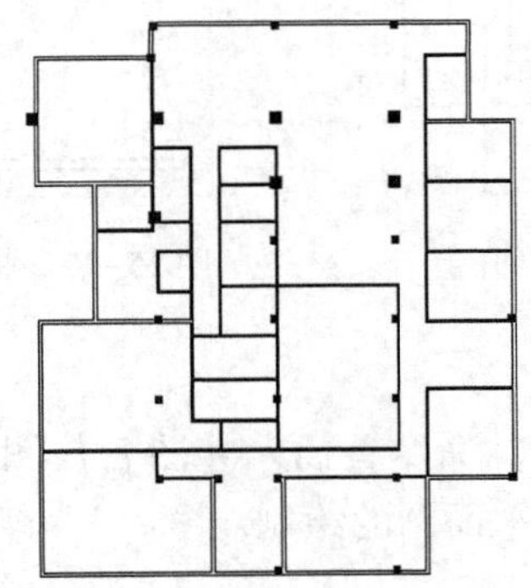

图 15-13 复制柱子

### 6. 绘制门窗

**01** 调用【偏移】命令和【修剪】命令，修剪门洞和窗洞，如图 15-14 所示。

**02** 调用【插入】命令，插入门图块，并对门图块进行镜像和复制，效果如图 15-15 所示。

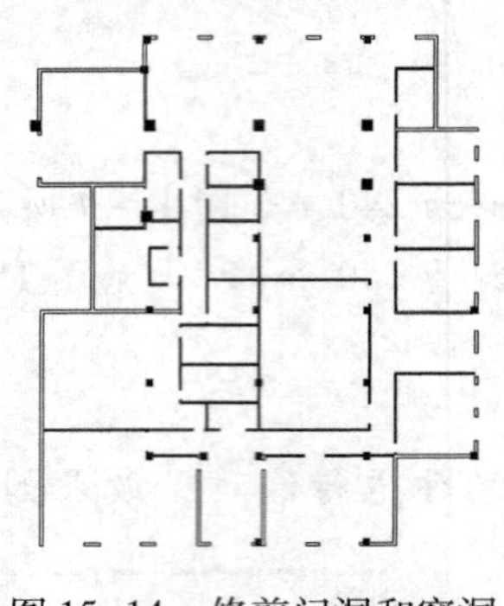

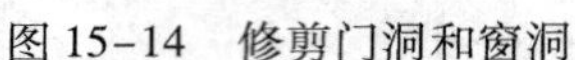

图 15-14　修剪门洞和窗洞

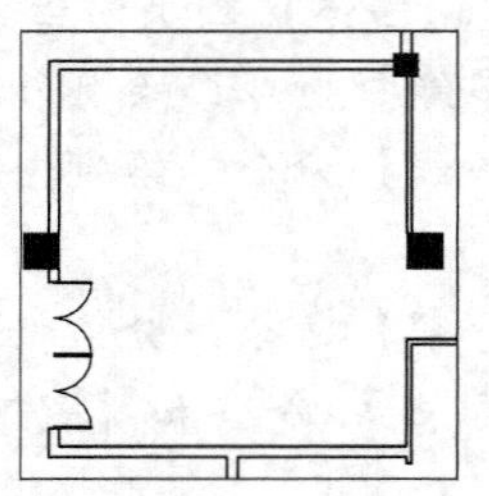

图 15-15　绘制门

**03**　调用【直线】命令和【偏移】命令，绘制平开窗，如图 15-16 所示。

**7. 文字标注**

**01**　调用【多行文字】命令，标注房间名称，如图 15-17 所示。

**02**　调用【复制】命令，对房间名称进行复制，并双击对文字进行修改，效果如图 15-18 所示。

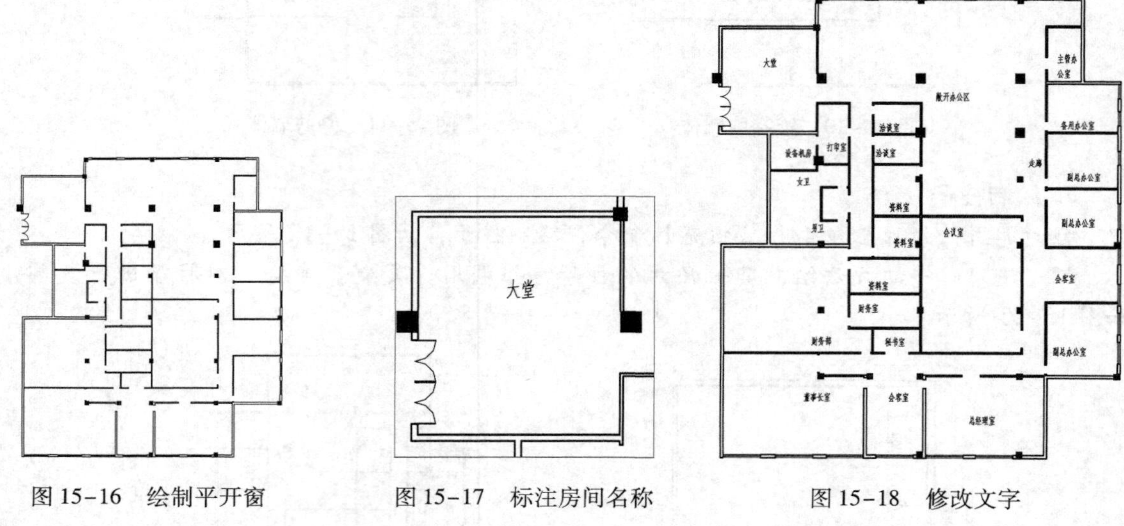


图 15-16　绘制平开窗　　图 15-17　标注房间名称　　图 15-18　修改文字

**8. 插入图名**

调用【插入】命令，插入【图名】图块，设置图名为【建筑平面图】，效果如图 15-4 所示，完成建筑平面图的绘制。

## 15.3　绘制办公空间平面布置图

图 15-19 所示为办公空间平面布置图，本节以会议室、敞开式办公区和董事长办公室平面布置为例，介绍平面布置图的绘制方法。

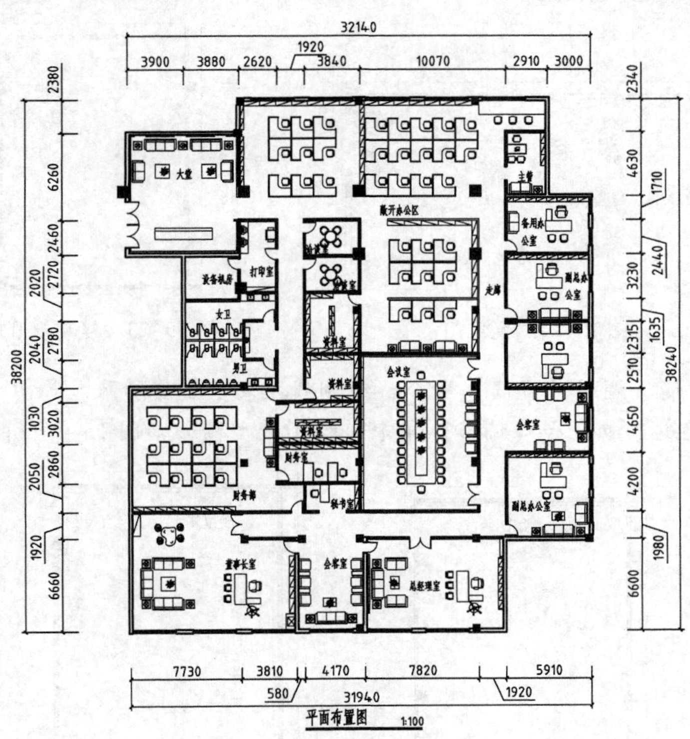


图 15-19　平面布置图

## 15.3.1　绘制会议室平面布置图

会议室平面布置图如图 15-20 所示，会议室采用的是回字形，通常包含一张大会议桌。

**01**　设置【JJ_家具】图层为当前图层。

**02**　绘制门。调用【插入】命令，插入门图块，如图 15-21 所示。

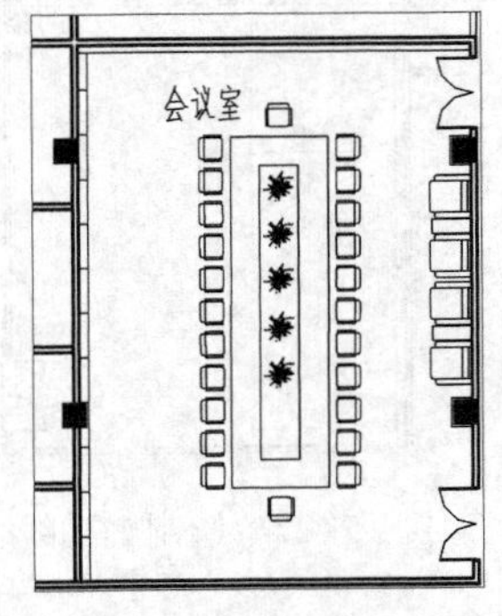


图 15-20　会议室平面布置图

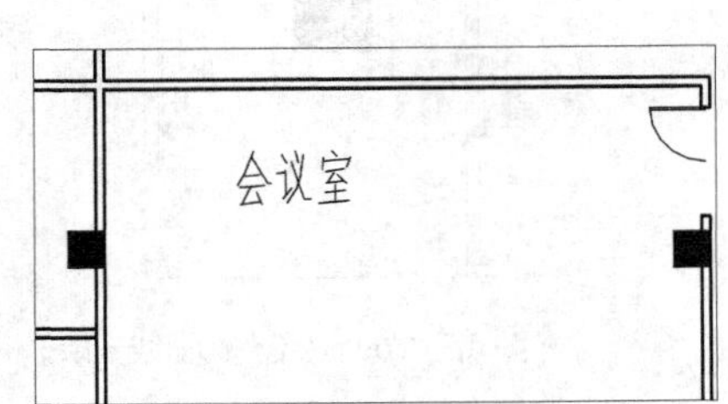


图 15-21　插入门图块

**03**　调用【镜像】命令，对门进行镜像，如图 15-22 所示。

**04**　调用【复制】命令，对双开门进行复制，如图 15-23 所示。

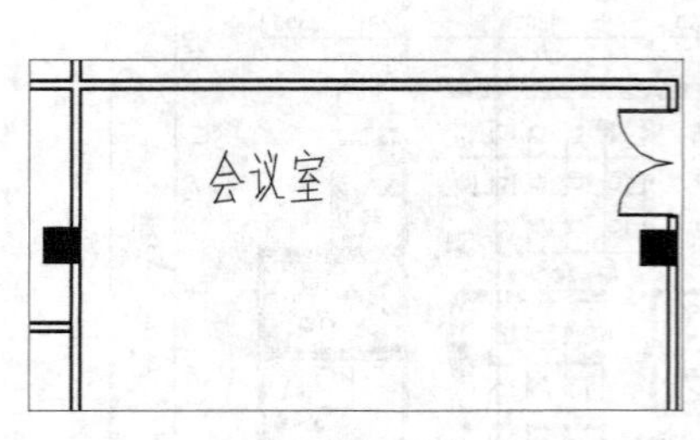


图 15-22　镜像门

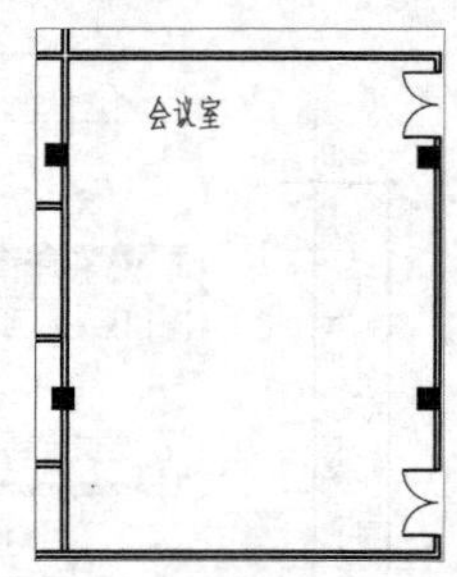


图 15-23　复制双开门

**05**　绘制造型墙。调用【直线】命令，绘制线段表示投影屏幕，如图 15-24 所示。

**06**　调用【直线】命令和【偏移】命令，绘制造型墙，如图 15-25 所示。

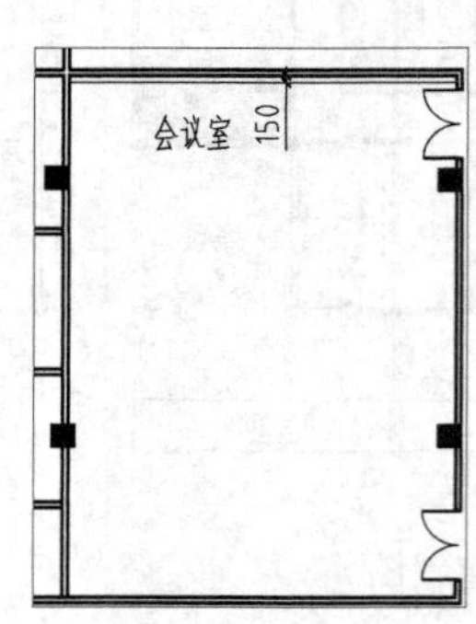


图 15-24　绘制线段

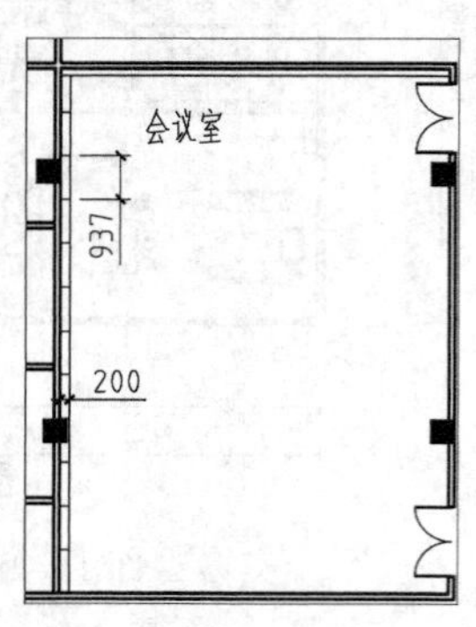


图 15-25　绘制造型墙

**07**　绘制装饰柱。调用【多段线】命令，在原始柱外侧绘制多段线，如图 15-26 所示。

**08**　绘制会议桌。调用【偏移】命令，绘制辅助线，如图 15-27 所示。

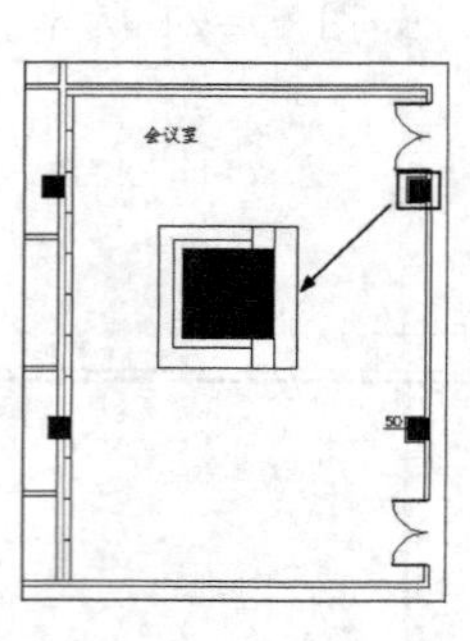


图 15-26　绘制多段线

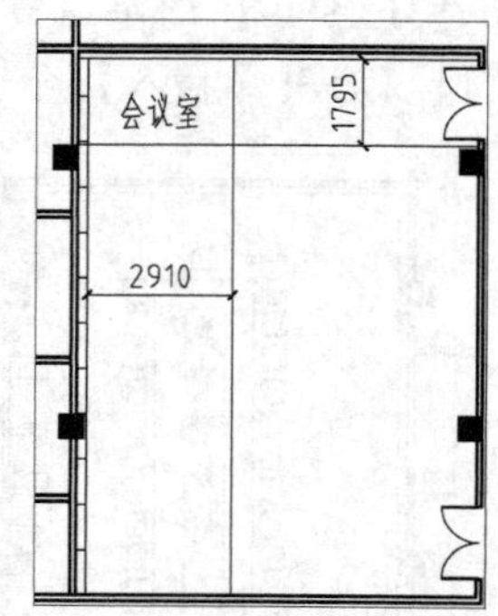


图 15-27　绘制辅助线

**09**　调用【矩形】命令，以辅助线的交点为矩形的第一个角点，绘制尺寸为 2000 × 7375 的矩形，然后删除辅助线，如图 15-28 所示。

**10**　调用【偏移】命令，将矩形向内偏移 600，如图 15-29 所示。

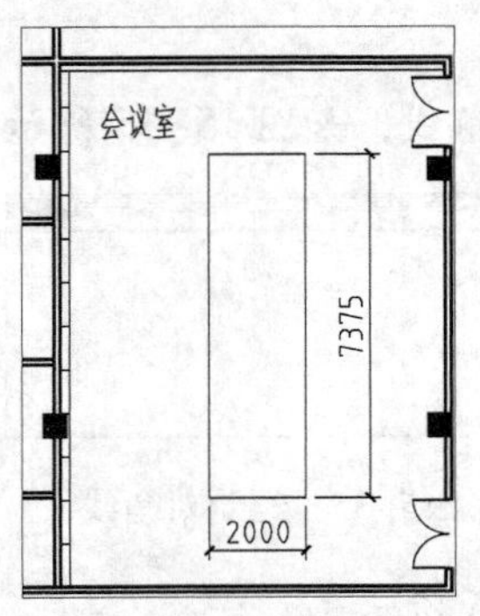

图 15-28 绘制矩形

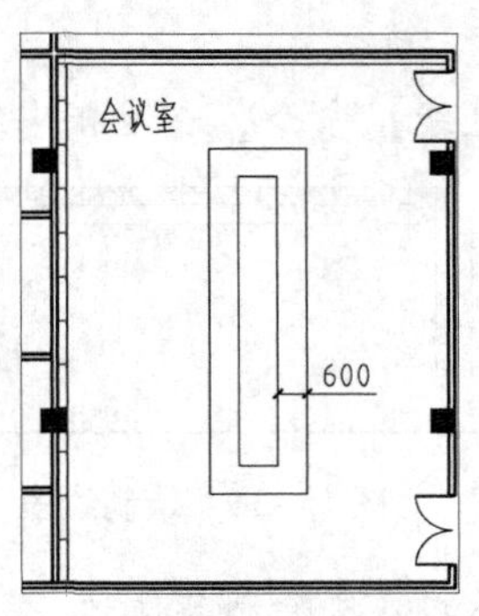


图 15-29 偏移矩形

**11** 插入图块。按〈Ctrl + O〉组合键，打开配套光盘提供的“第 15 章\家具图例.dwg”文件，选择其中的椅子和植物等图块，将其复制至会议室区域，如图 15-20 所示，完成会议室平面布置图的绘制。

## 15.3.2 绘制敞开式办公区平面布置图

敞开式办公区采用隔断划分区域，如图 15-30 所示，下面讲解绘制方法。

**01** 绘制隔断。调用【多段线】命令，绘制隔断，如图 15-31 所示。

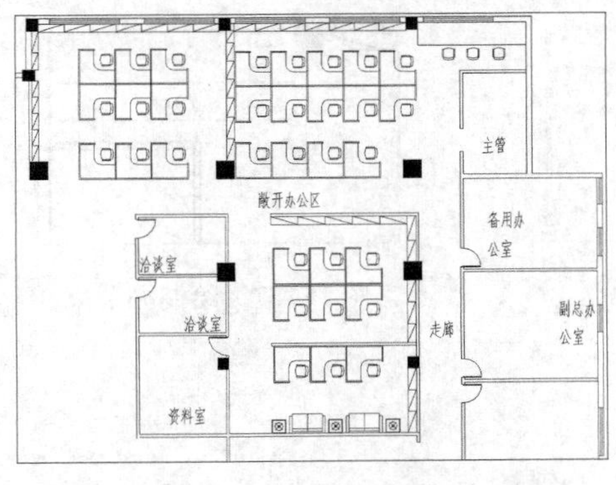


图 15-30 敞开式办公区平面布置图

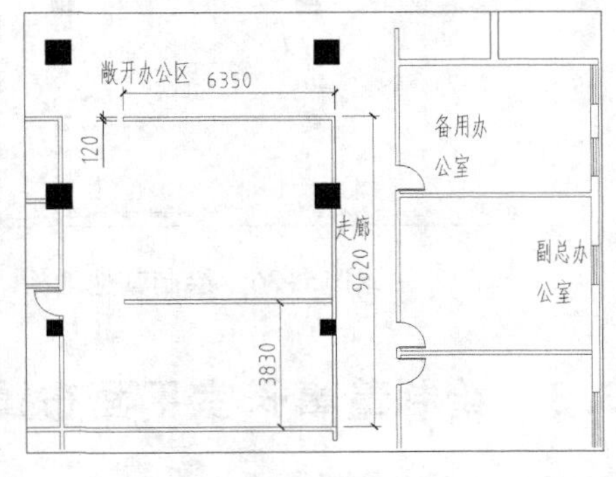


图 15-31 绘制隔断

**02** 绘制地柜。调用【多段线】命令，绘制多段线，如图 15-32 所示。

**03** 调用【分解】命令，对多段线进行分解。

**04** 调用【定数等分】命令，对线段进行定数等分，如图 15-33 所示。

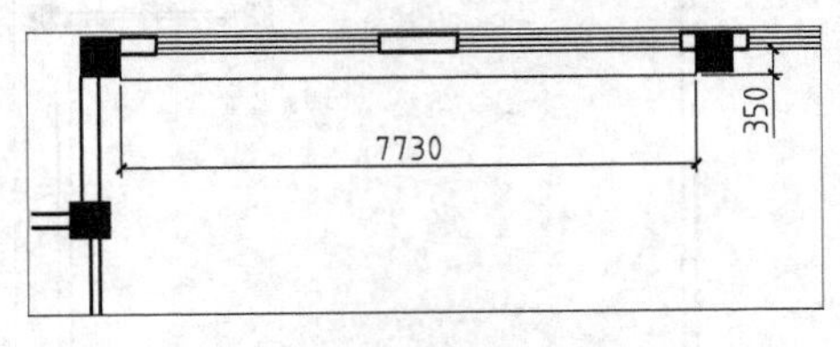


图 15-32 绘制多段线

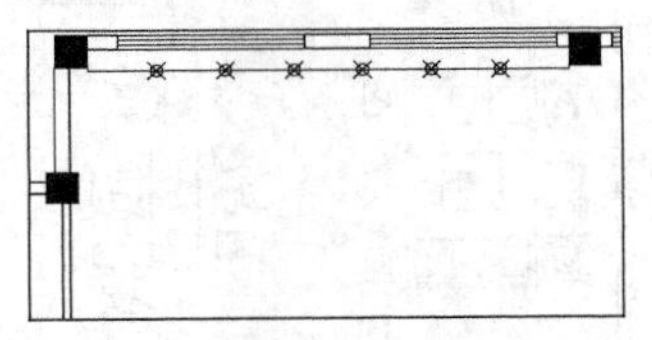

图 15-33 定数等分

**05** 调用【直线】命令，以等分点为线段的起点绘制线段，然后删除等分点，如

图 15-34 所示。

**06** 调用【直线】命令，在地柜中绘制一条对角线，如图 15-35 所示。

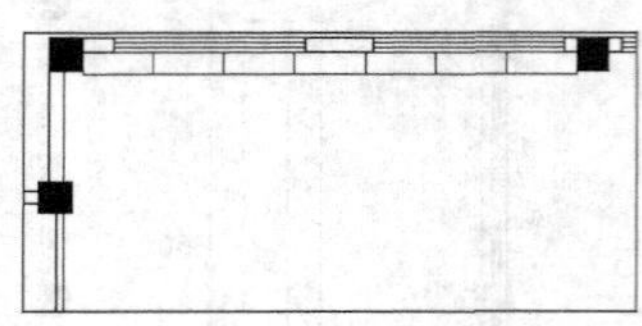

图 15-34 绘制线段

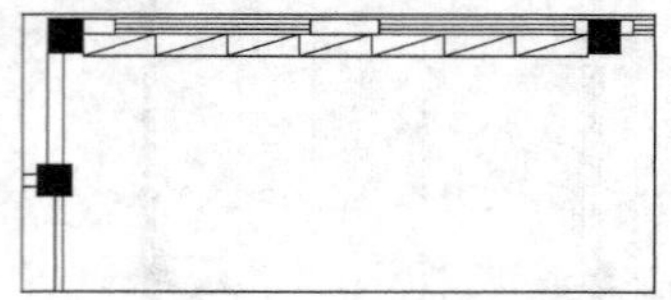

图 15-35 绘制对角线

**07** 使用同样的方法绘制其他地柜，如图 15-36 所示。

**08** 绘制办公桌。调用【多段线】命令，绘制多段线表示办公桌，如图 15-37 所示。

**09** 从图库中插入办公桌和办公椅图块到敞开办公区中，如图 15-30 所示，完成敞开式办公区平面布置图的绘制。

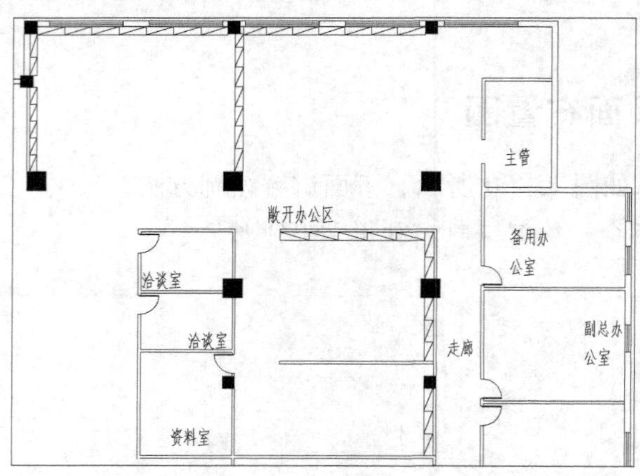


图 15-36 绘制其他地柜

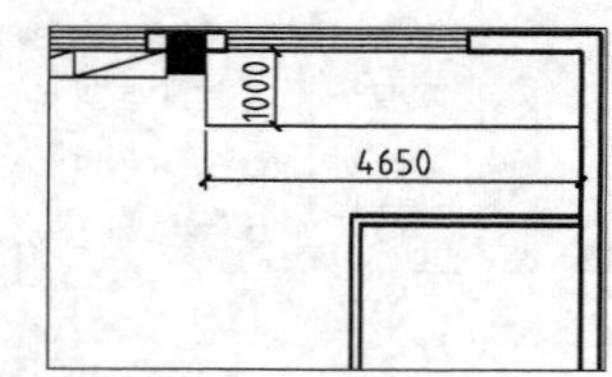


图 15-37 绘制办公桌

## 15.3.3 绘制董事长室平面布置图

董事长室中布置了沙发组和茶桌，用以会客，还布置了办公桌和书柜等，如图 15-38 所示，下面讲解绘制方法。

**01** 调用【插入】命令，插入门图块，然后对门图块进行镜像，如图 15-39 所示。

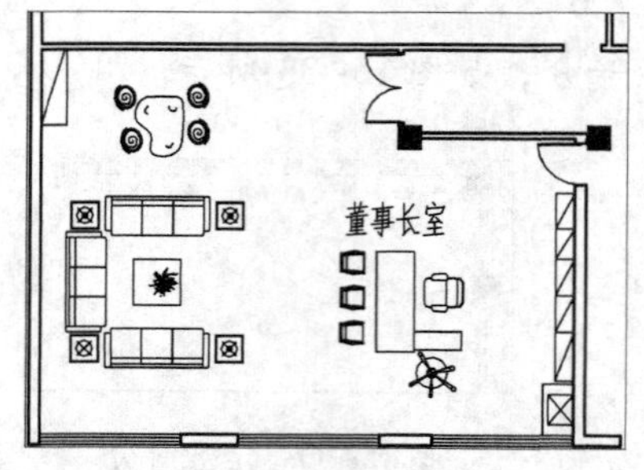


图 15-38 董事长室平面布置图

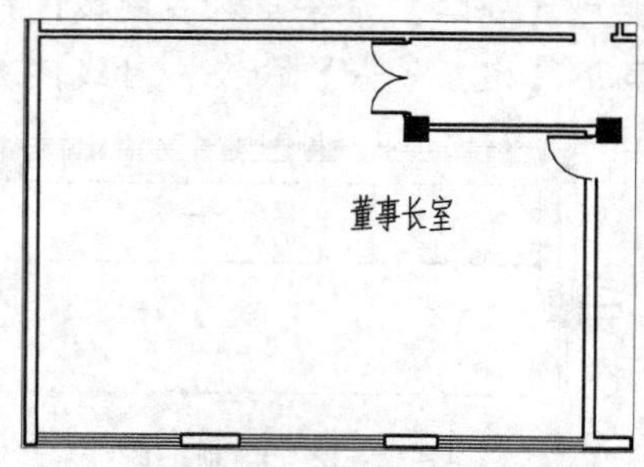


图 15-39 绘制门

**02** 绘制书柜。调用【多段线】命令，绘制多段线，如图 15-40 所示。

**03** 调用【直线】命令，划分书柜，如图 15-41 所示。

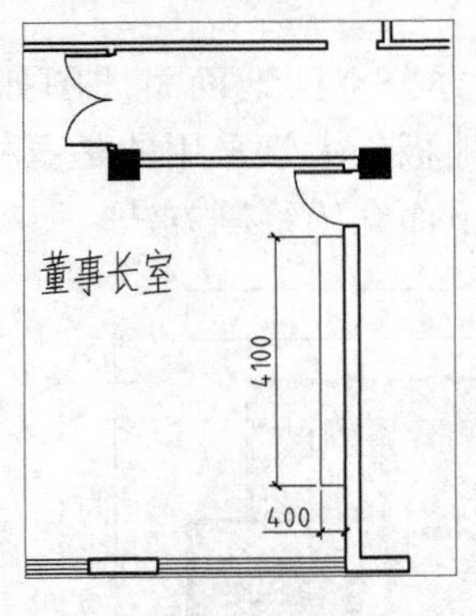

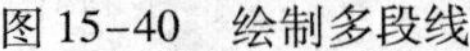
图 15-40　绘制多段线

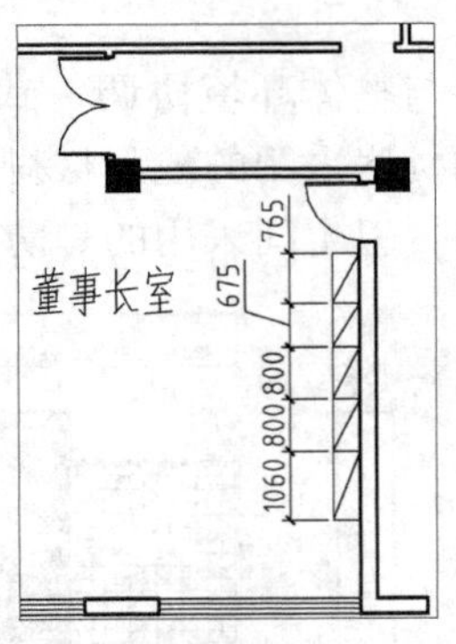

图 15-41　划分书柜

**04** 使用同样的方法绘制其他书柜，如图 15-42 所示。

**05** 绘制保险箱。调用【多段线】命令、【矩形】命令和【直线】命令，绘制保险箱，如图 15-43 所示。

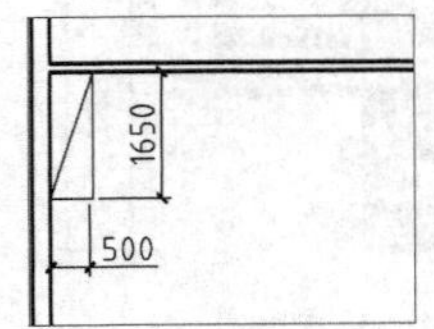

图 15-42　绘制其他书柜

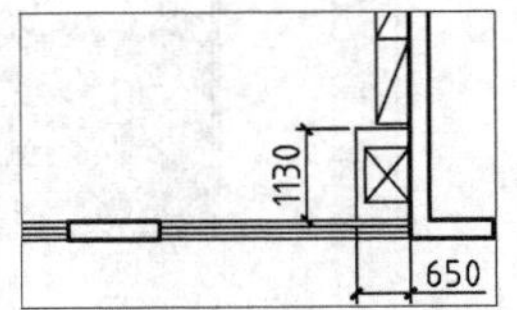

图 15-43　绘制保险箱

**06** 绘制办公桌。调用【矩形】命令，绘制尺寸为 800×2200 的矩形，并移动到相应的位置，如图 15-44 所示。

**07** 调用【多段线】命令，绘制多段线，如图 15-45 所示。

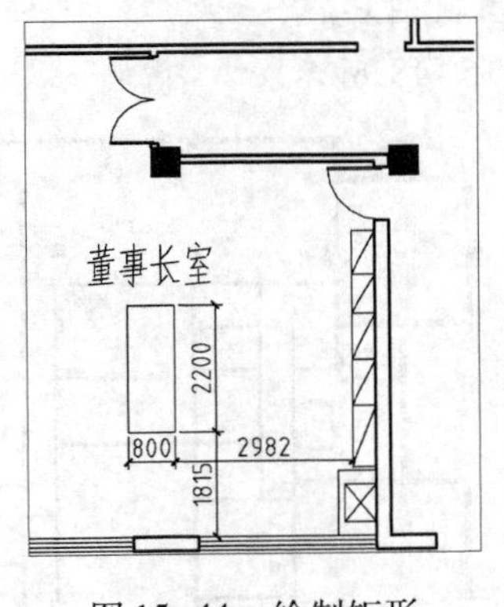

图 15-44　绘制矩形

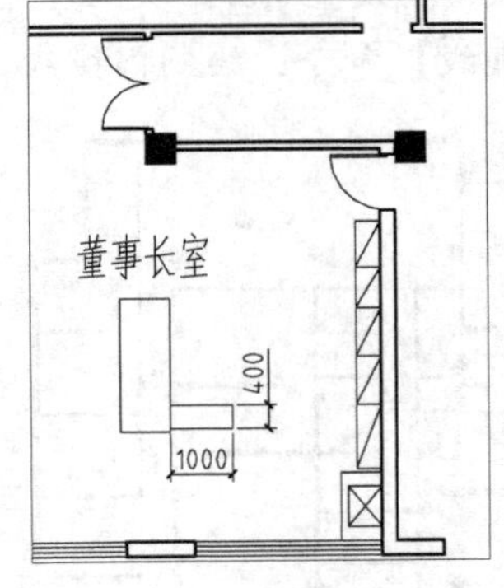

图 15-45　绘制多段线

**08** 从图库中插入茶桌、沙发组和办公椅等块到董事长室中，如图 15-38 所示，完成董事长室平面布置图的绘制。

## 15.4 绘制办公空间地面材质图

办公空间地面要与整体环境协调一致，本例办公空间地面材质图如图 15-46 所示。董事长室、总经理室和机房采用的地面材料是实木地板，大堂采用的是石材，其他办公空间采用的地面材料是地毯，卫生间采用的是防滑砖，下面介绍绘制方法。

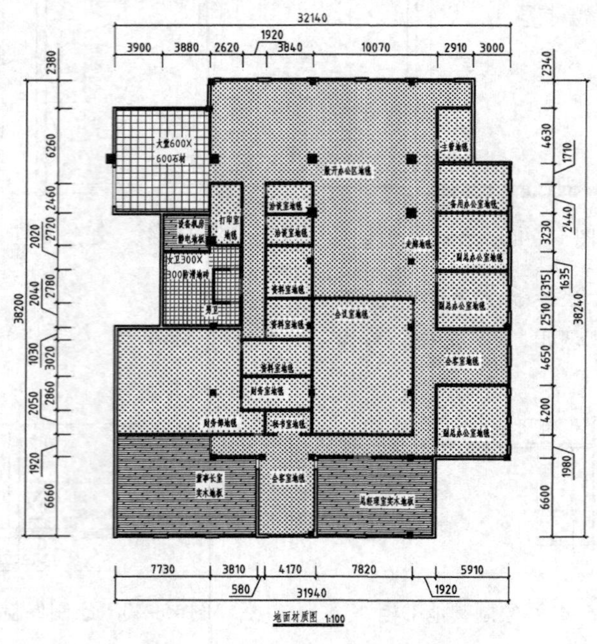


图 15-46　地面材质图

**01**　复制图形。调用【复制】命令，复制办公空间平面布置图，并删除多余的家具，如图 15-47 所示。

**02**　绘制门槛线。设置【DM_地面】图层为当前图层。

**03**　调用【直线】命令，绘制门槛线，如图 15-48 所示。

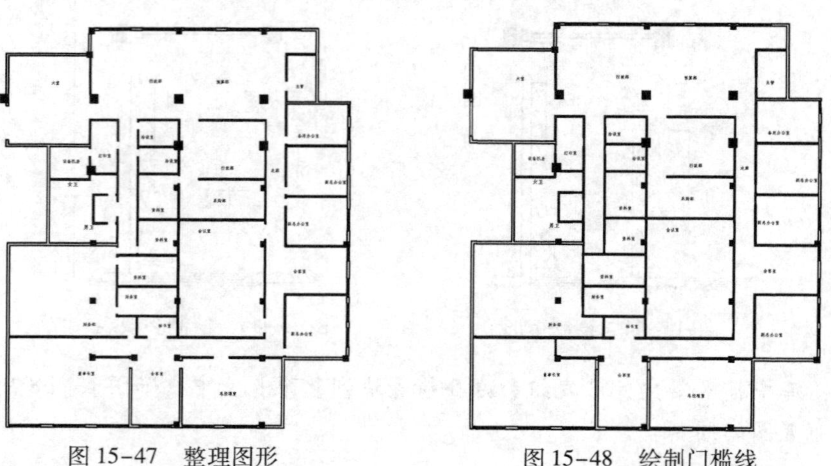

图 15-47　整理图形　　图 15-48　绘制门槛线

**04** 材料标注。双击文字，添加材料名称和规格，如图 15-49 所示。

**05** 调用【矩形】命令，绘制矩形框住文字，以方便进行地面材料填充，如图 15-50 所示。

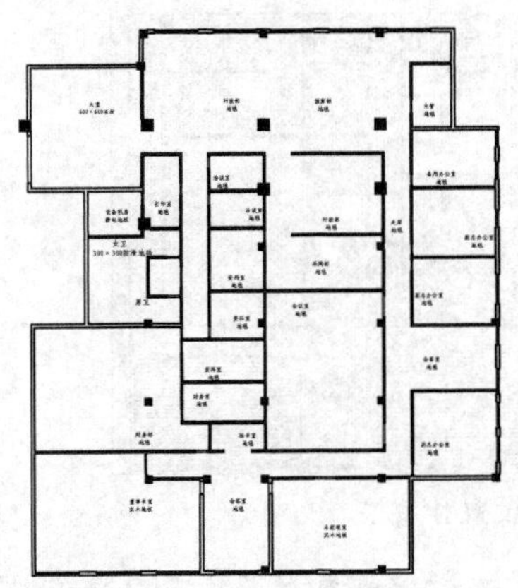

图 15-49 添加材料名称和规格

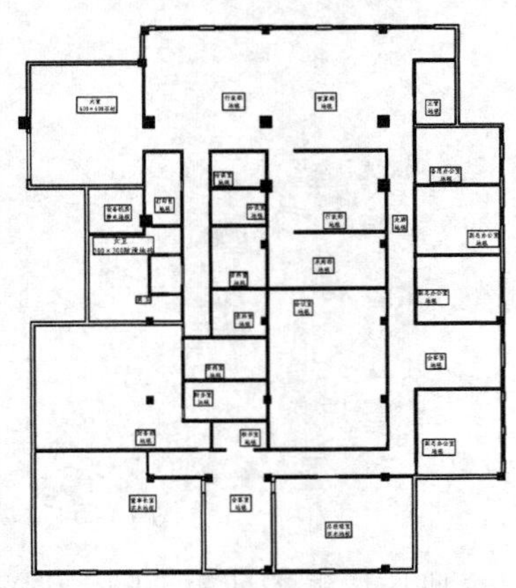

图 15-50 绘制矩形

**06** 调用【直线】命令，绘制线段区别地面材料，如图 15-51 所示。

**07** 填充地面图例。调用【填充】命令，输入【设置】选项，弹出对话框，在大堂区域填充【用户定义】图案，填充参数设置和效果如图 15-52 所示。

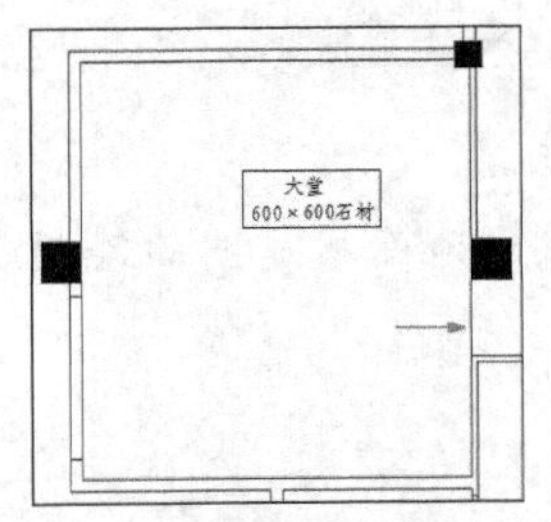


图 15-51 绘制线段

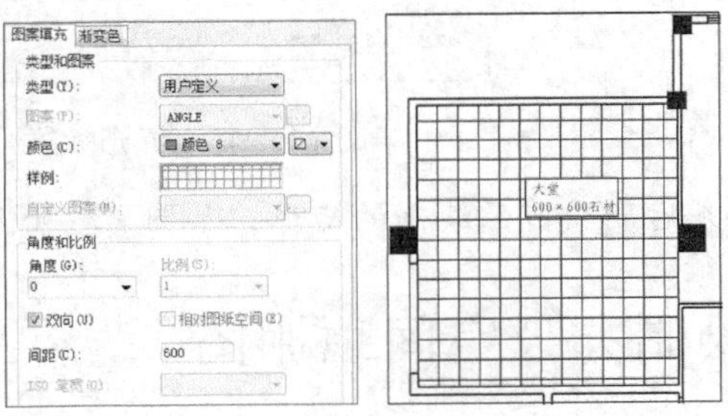


图 15-52 填充参数设置和效果

**08** 调用【填充】命令，输入【设置】选项，弹出对话框，在敞开式办公区、各封闭式办公室、会客室和走廊区域填充【CROSS】图案，填充参数设置和效果如图 15-53 所示。

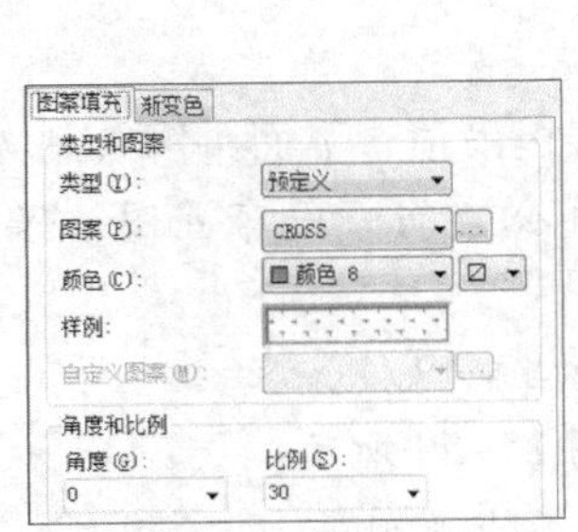


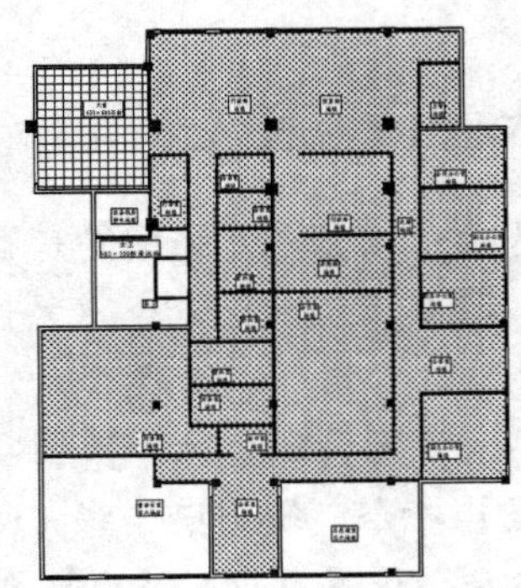

图 15-53 填充参数设置和效果

**09** 调用【填充】命令，输入【设置】选项，弹出对话框，在设备机房、董事长室和总经理室填充【DOLMIT】图案，填充参数设置和效果如图 15-54 所示。

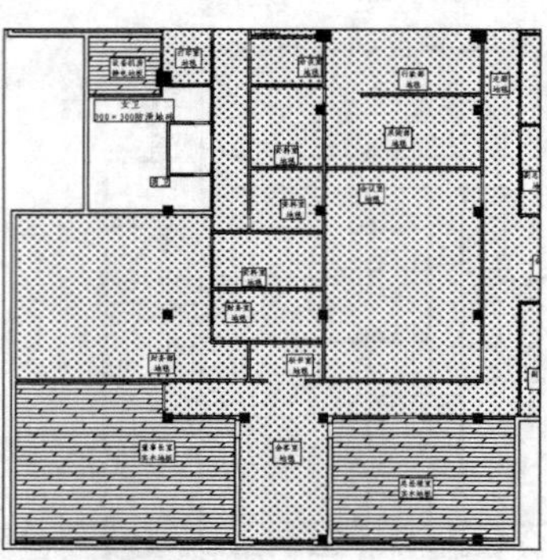

图 15-54　填充参数设置和效果

**10** 在卫生间区域填充【ANGLE】图案，填充参数设置和效果如图 15-55 所示。

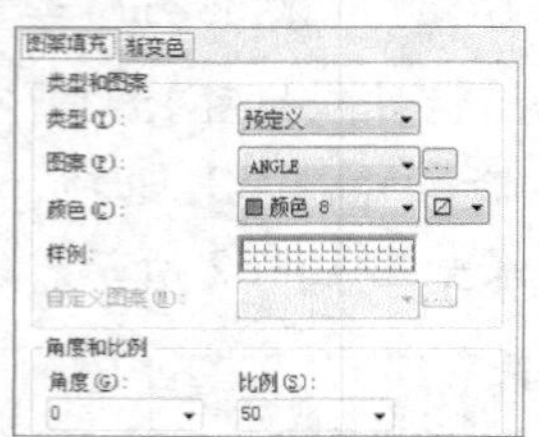


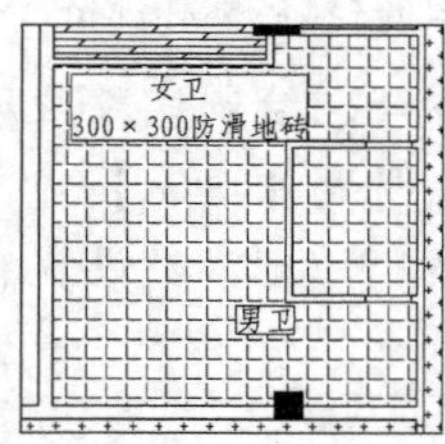


图 15-55　填充参数设置和效果

**11** 填充后删除前面绘制的矩形，如图 15-46 所示，完成地面材质图的绘制。

## 15.5　绘制办公空间顶棚图

一般写字楼内办公空间，大多工作时间在白天，因此人工照明应与天然采光结合。营造舒适的照明环境，因此在灯光设计的使用上，使人工照明的控制结合自然照明设计。图 15-56 所示为办公空间顶棚图，本节以大堂、会议室和董事长室顶棚为例讲解绘制方法。

### 15.5.1　绘制大堂顶棚图

图 15-57 所示为大堂顶棚图，采用的是石膏板吊顶，下面讲解绘制方法。

**01** 复制图形。调用【复制】命令，复制办公空间平面布置图，保留所有的到顶的家具，其他家具图形删除，如图 15-58 所示。

**02** 绘制墙体线。设置【DM_地面】图层为当前图层。

**03** 调用【直线】命令，绘制墙体线，如图 15-59 所示。

**04** 绘制吊顶造型。设置【DD_吊顶】图层为当前图层。

**05** 调用【直线】命令，绘制线段，如图 15-60 所示。

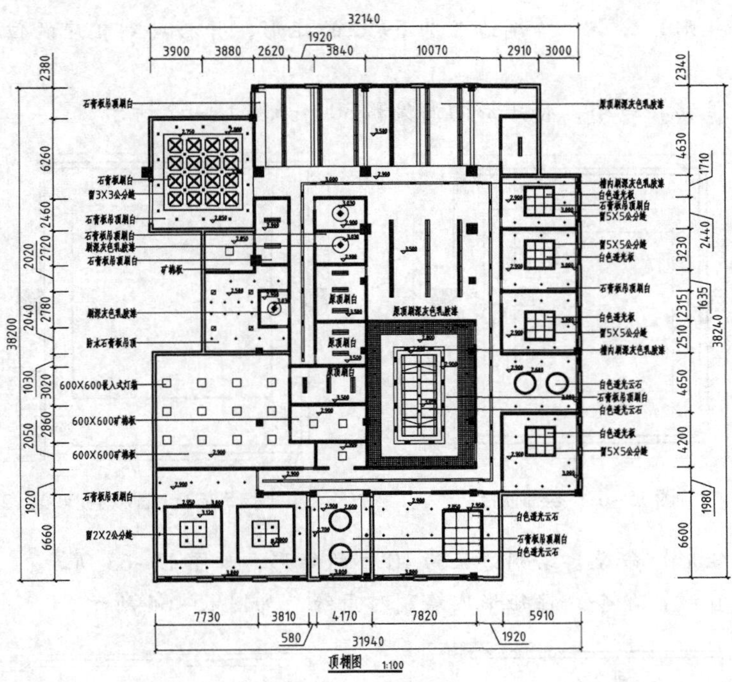


图 15-56 顶棚图

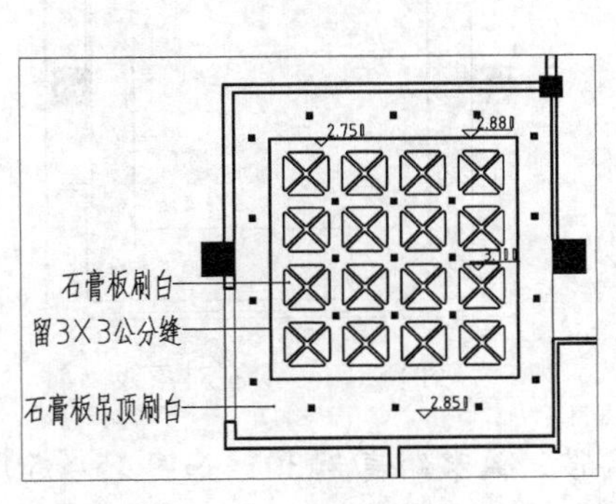


图 15-57 大堂顶棚图

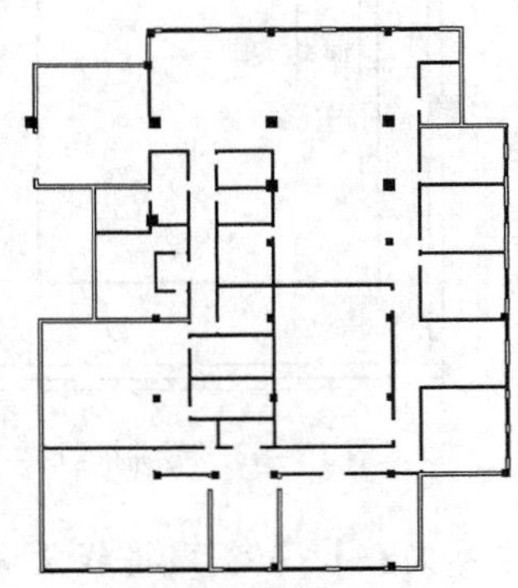

图 15-58 整理图形

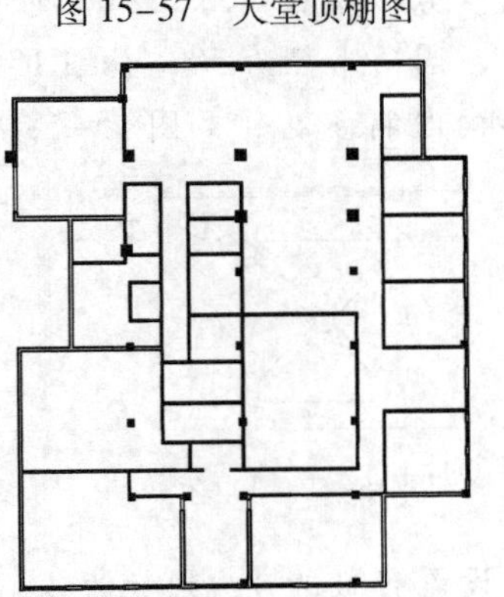

图 15-59 绘制墙体线

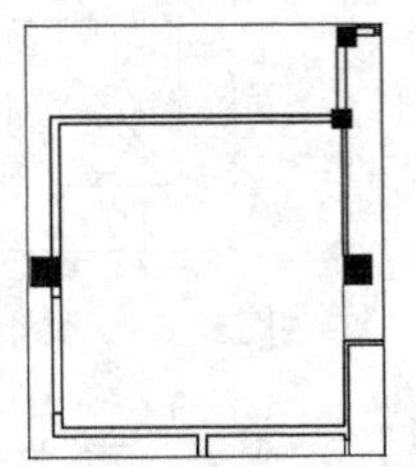

图 15-60 绘制线段

**06** 调用【矩形】命令，绘制边长为5940的矩形，并移动到相应的位置，如图15-61所示。

**07** 调用【偏移】命令，将矩形向内偏移30，如图15-62所示。

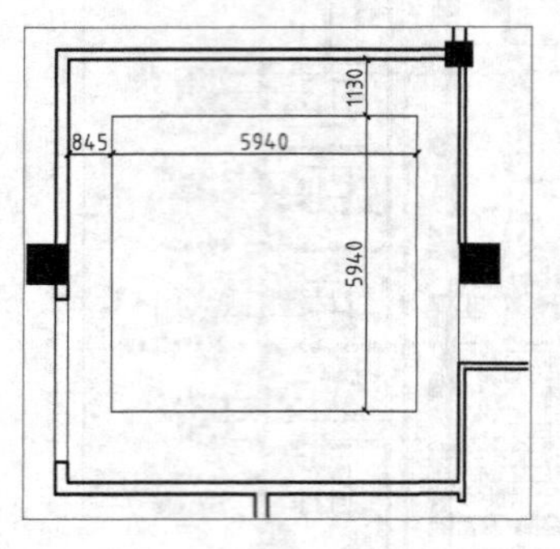


图15-61 绘制矩形

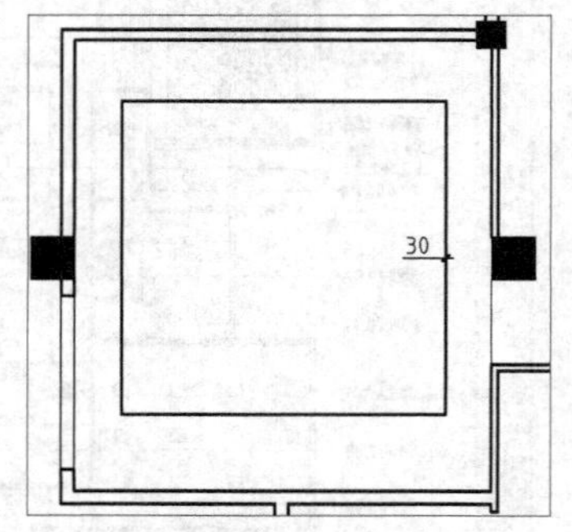


图15-62 偏移矩形

**08** 调用【矩形】命令，绘制边长为1095的矩形，如图15-63所示。

**09** 调用【直线】命令，在矩形内绘制对角线，如图15-64所示。

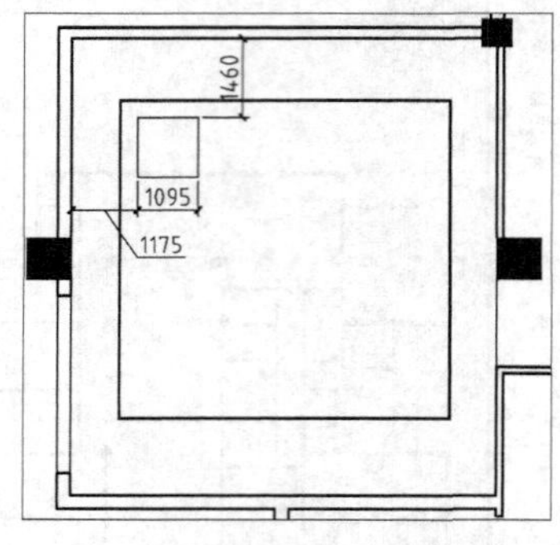


图15-63 绘制矩形

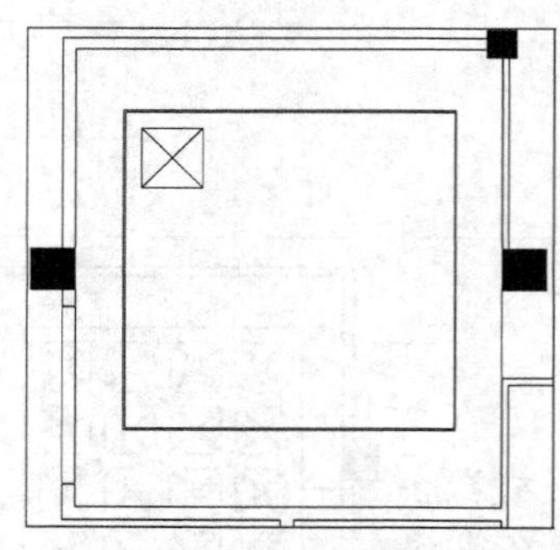

图15-64 绘制对角线

**10** 调用【偏移】命令，将线段向两侧偏移，偏移距离为30，如图15-65所示。

**11** 调用【修剪】命令，对矩形和线段进行修剪，效果如图15-66所示。

**12** 调用【圆角】命令，对三角形进行圆角，圆角半径为50，如图15-67所示。

**13** 调用【偏移】命令，将圆角后的三角形向内偏移20，如图15-68所示。

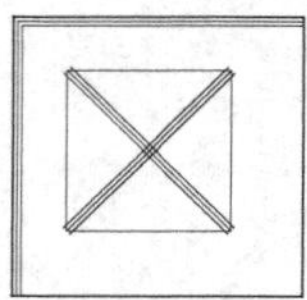

图15-65 偏移线段

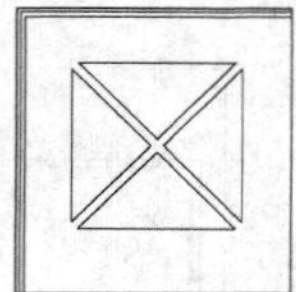

图15-66 修剪线段

图15-67 圆角

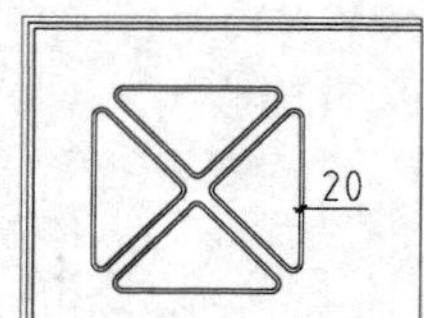


图15-68 偏移

**14** 调用【阵列】命令，对图形进行阵列，设置行数为4，列数为4，行距离为和列距离为1395，如图15-69所示。

**15** 布置灯具。打开配套光盘提供的“第15章\家具图例.dwg”文件，将灯具图例复制到大堂顶棚图中，如图 15-70 所示。

**16** 直接调用【插入】命令，插入【标高】图块，效果如图 15-71 所示。

**17** 材料标注。设置【BZ_标注】图层为当前图层。

**18** 调用【多重引线】命令，标注顶棚材料，效果如图 15-57 所示，完成大堂顶棚图的绘制。

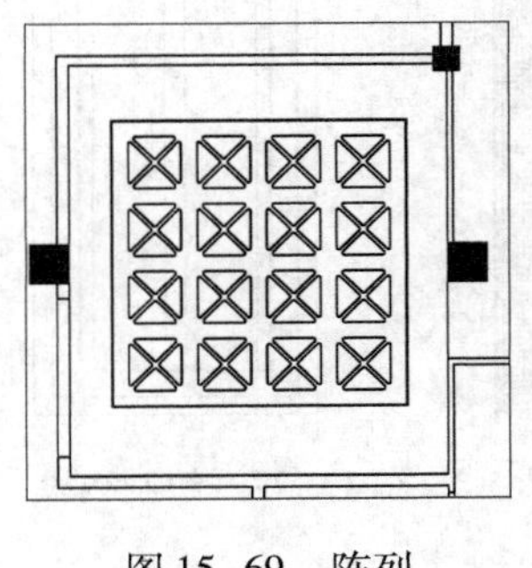

图 15-69　阵列

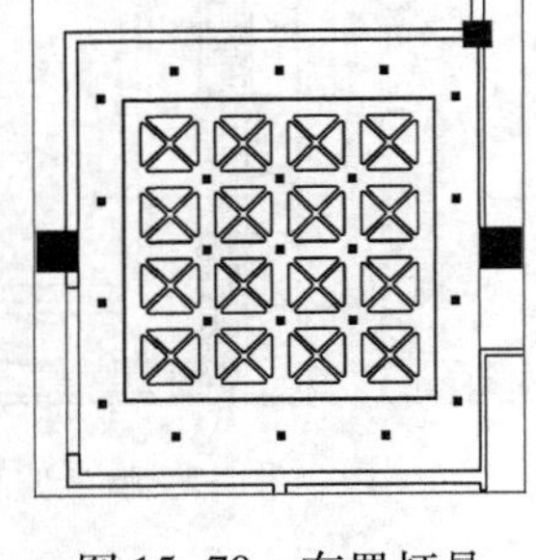

图 15-70　布置灯具

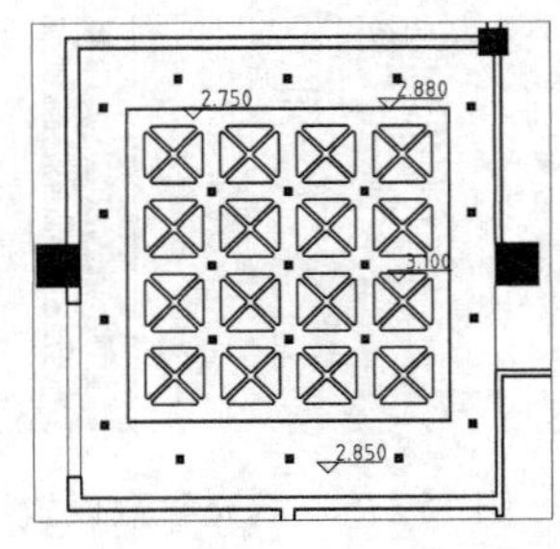


图 15-71　插入标高

## 15.5.2　绘制会议室顶棚图

会议室顶棚图如图 15-72 所示，下面讲解绘制方法。

**01** 调用【偏移】命令，绘制辅助线，如图 15-73 所示。

**02** 调用【矩形】命令，以辅助线的交点为矩形的第一个角点，绘制半径为 5800 ×9490 的矩形，然后删除辅助线，如图 15-74 所示。

**03** 调用【填充】命令，在矩形外填充【用户定义】图案，填充参数设置和效果如图 15-75所示。

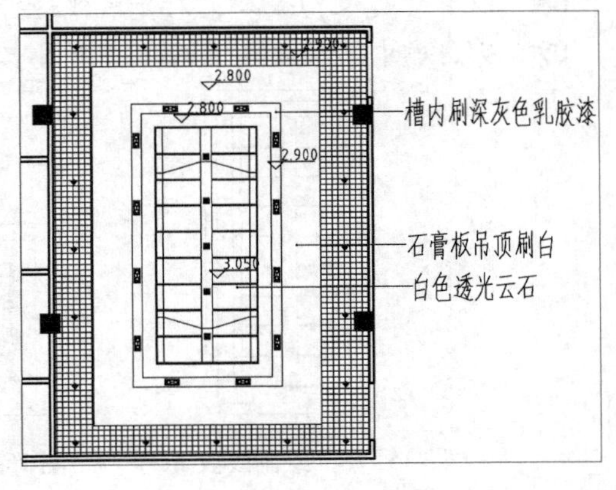


图 15-72　会议室顶棚图

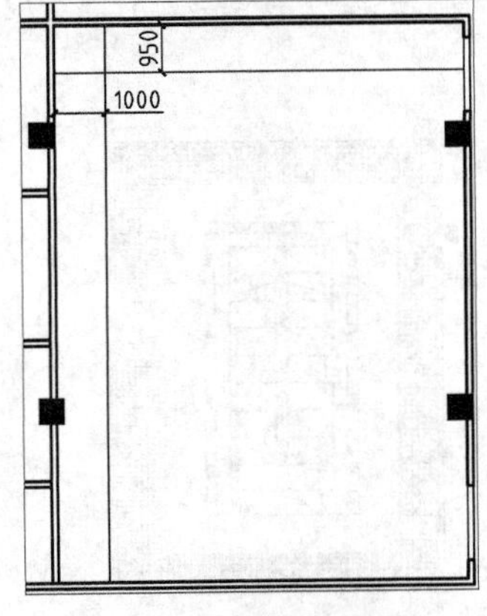


图 15-73　绘制辅助线

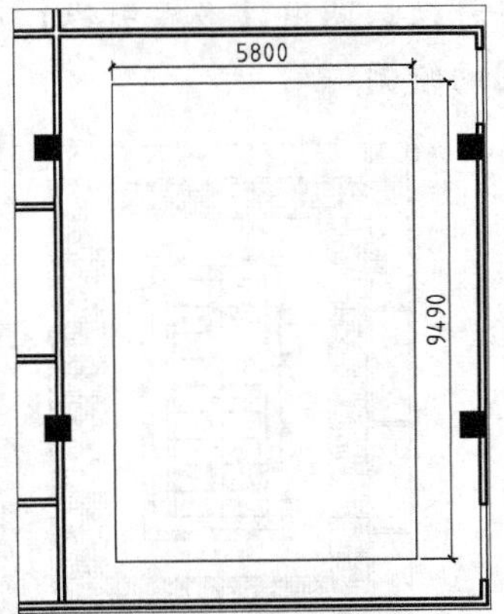


图 15-74　绘制矩形

**04** 调用【偏移】命令，将矩形向内偏移1000、250、350和30，如图15-76所示。

**05** 调用【直线】命令和【偏移】命令，绘制线段，如图15-77所示。

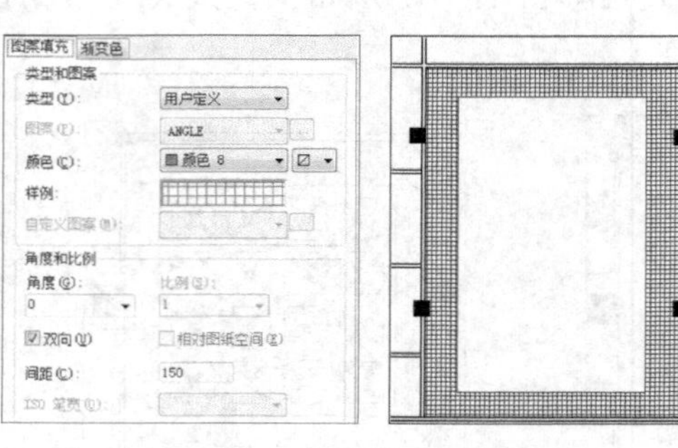


图15-75 填充参数设置和效果

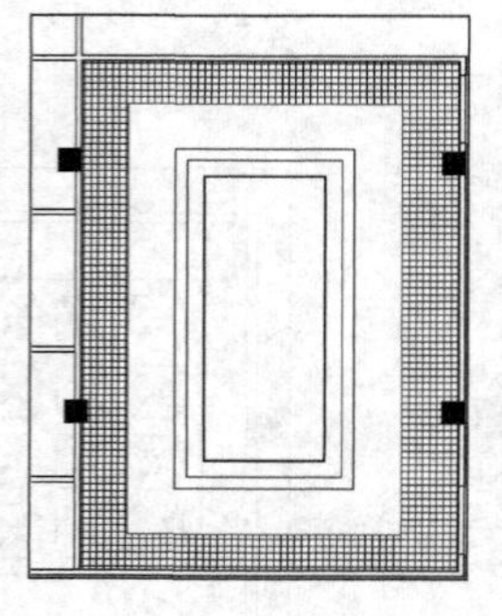

图15-76 偏移矩形

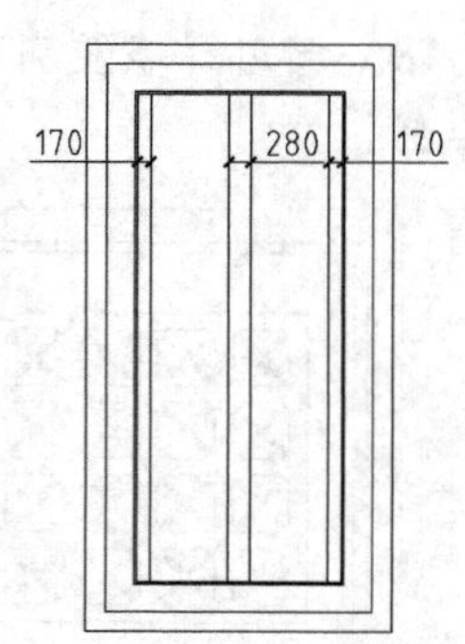


图15-77 绘制线段（1）

**06** 调用【直线】命令和【偏移】命令，绘制线段，如图15-78所示。

**07** 调用【多段线】命令，绘制多段线，如图15-79所示。

**08** 调用【镜像】命令，对多段线进行镜像，如图15-80所示。

**09** 从图库中插入灯具图例到顶棚图中，如图15-81所示。

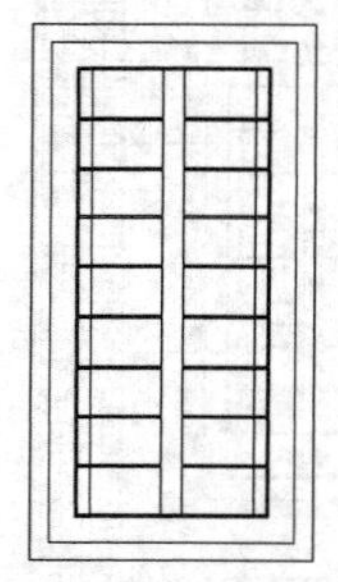

图15-78 绘制线段（2）

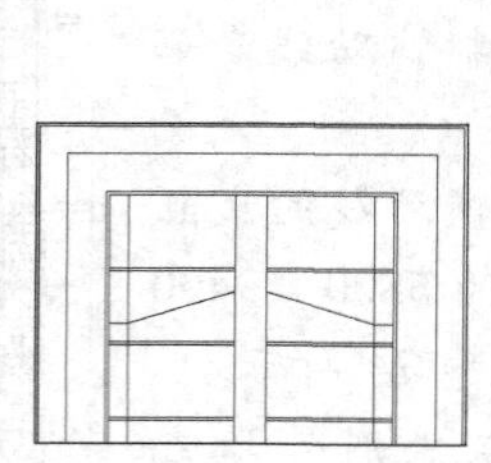

图15-79 绘制多段线

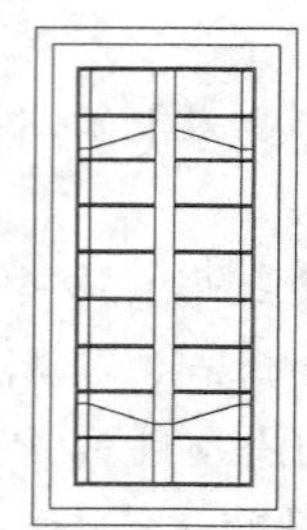

图15-80 镜像多段线

**10** 调用【插入】命令，插入【标高】图块，效果如图15-82所示。

**11** 材料标注。调用【多重引线】命令，标注顶棚材料，效果如图15-72所示，完成会议室顶棚图的绘制。

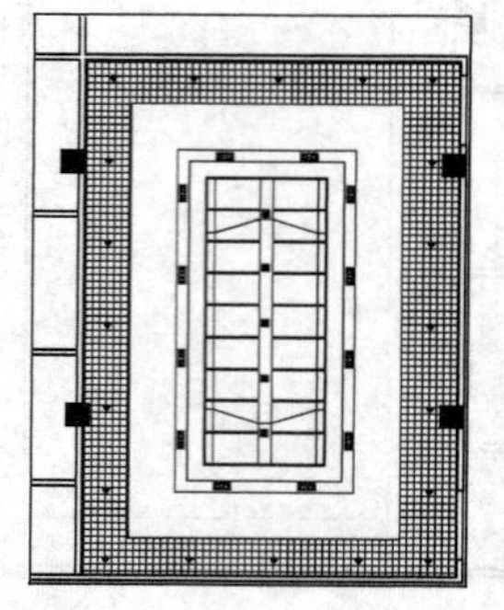

图15-81 布置灯具

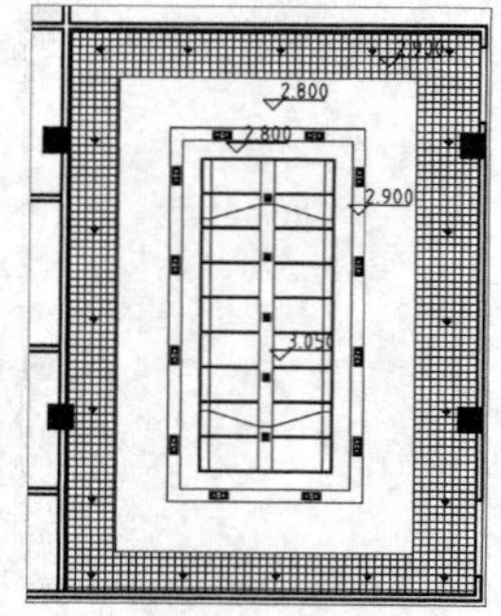


图15-82 插入标高

## 15.5.3 绘制董事长室顶棚图

图 15-83 所示为董事长室顶棚图，下面讲解绘制方法。

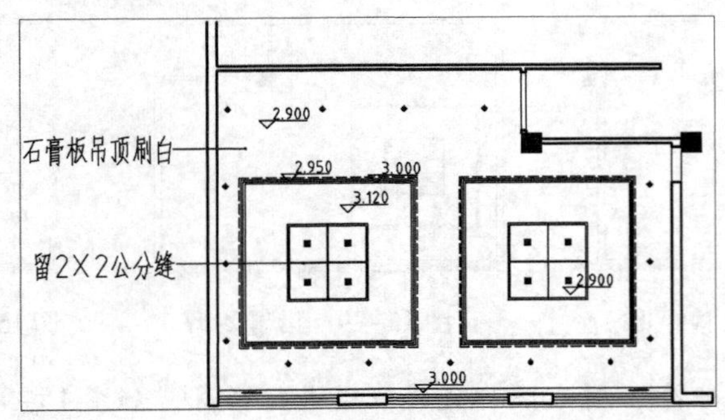


图 15-83　董事长室顶棚图

**01**　绘制窗帘盒。调用【直线】命令，绘制线段，如图 15-84 所示。

**02**　调用【多段线】命令，绘制窗帘，如图 15-85 所示。

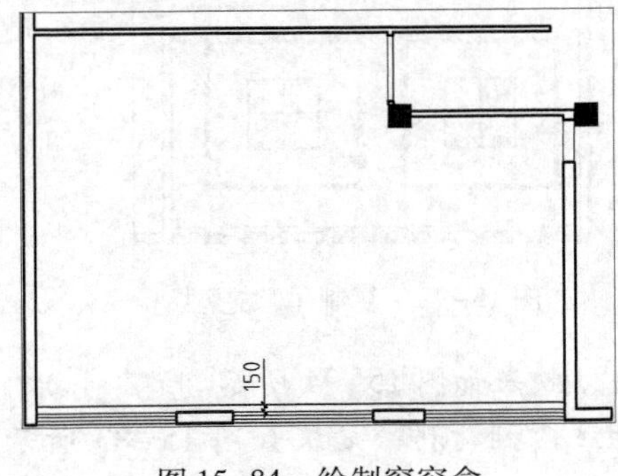


图 15-84　绘制窗帘盒

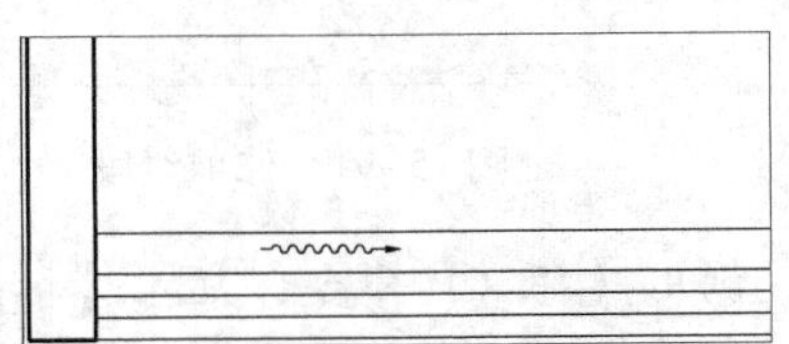

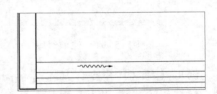

图 15-85　绘制窗帘

**03**　调用【镜像】命令，将窗帘镜像到另一侧，如图 15-86 所示。

**04**　调用【矩形】命令，绘制边长为 1900 的矩形，并移动到相应的位置，如图 15-87 所示。

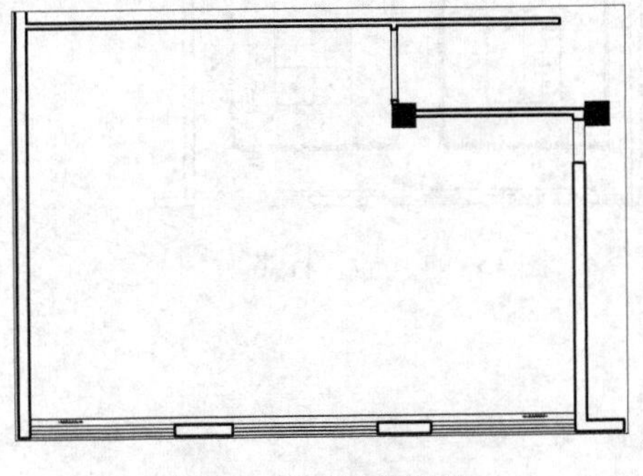

图 15-86　镜像窗帘

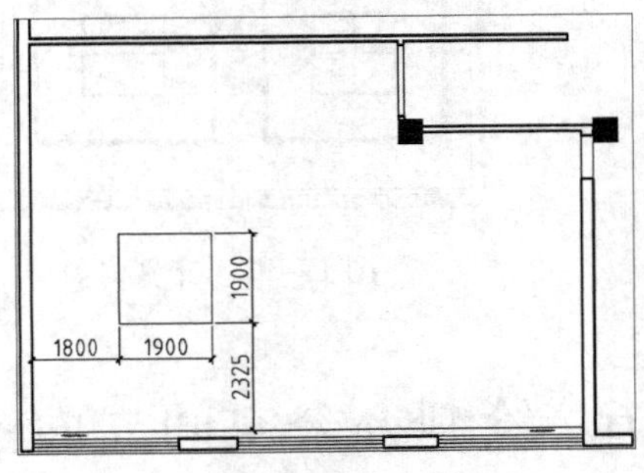


图 15-87　绘制矩形

**05** 调用【偏移】命令，将矩形向外50、1050、50、50和50，如图15-88所示。

**06** 将最外面的矩形设置为虚线，表示灯带，如图15-89所示。

**07** 调用【直线】命令和【偏移】命令，绘制线段，如图15-90所示。

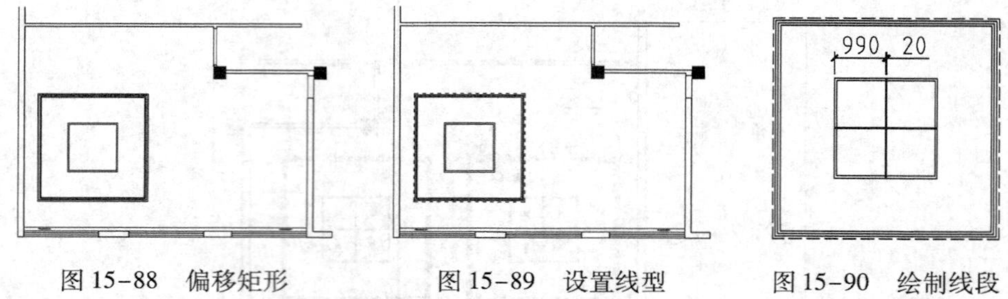


图15-88 偏移矩形　　图15-89 设置线型　　图15-90 绘制线段

**08** 调用【修剪】命令，对线段相交的位置进行修剪，如图15-91所示。

**09** 调用【复制】命令，将吊顶造型复制到右侧，如图15-92所示。

**10** 从图库中插入灯具图例到顶棚图中，如图15-93所示。

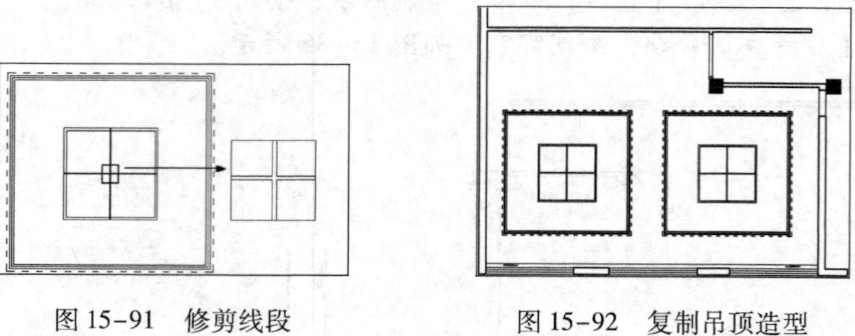

图15-91 修剪线段　　图15-92 复制吊顶造型

**11** 调用【插入】命令，插入【标高】图块，效果如图15-94所示。

**12** 材料标注。调用【多重引线】命令，标注顶棚材料，效果如图15-83所示，完成董事长室顶棚图的绘制。

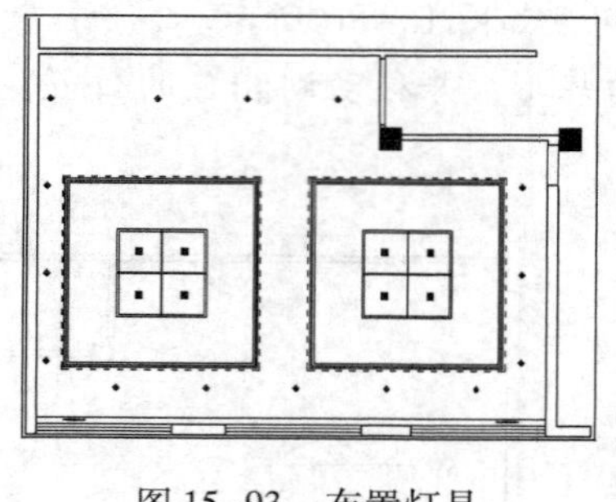

图15-93 布置灯具

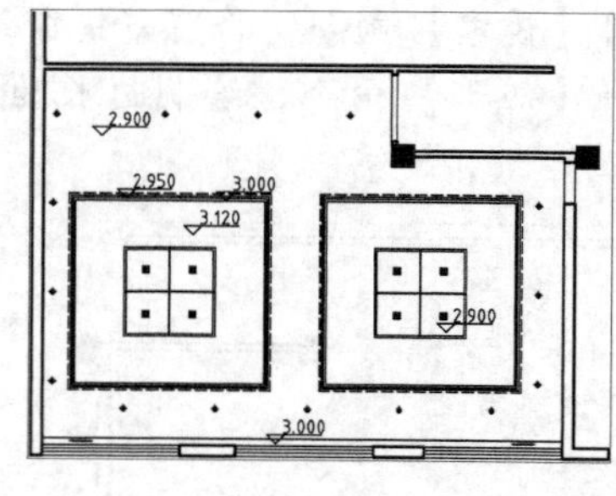


图15-94 插入标高

## 15.6 绘制办公空间立面图

办公空间在装饰处理上不宜堆砌过多的材料，常用墙面有乳胶漆和墙纸，也可利用材质的拼接进行有规律的分割。

本节以大堂和董事长室立面为例介绍办公空间立面的绘制。

## 15.6.1 绘制大堂 D 立面图

图 15-95 所示为大堂 D 立面图，是大堂接待台所在的墙面，主要表达了墙面和接待台的做法，下面讲解绘制方法。

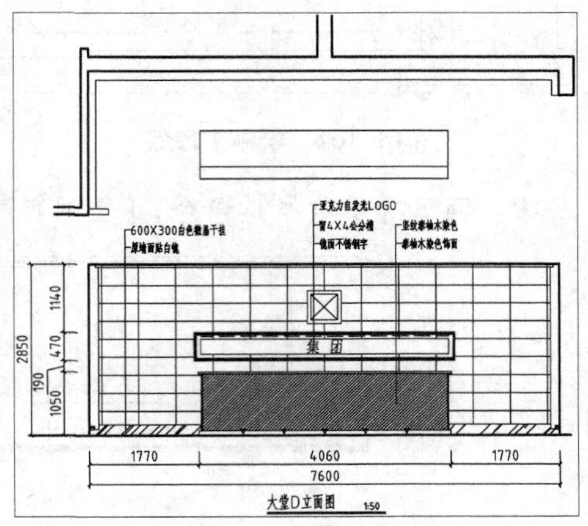


图 15-95　大堂 D 立面图

**01**　复制图形。调用【复制】命令，复制平面布置图上大堂 D 立面的平面部分，并对图形进行旋转。

**02**　绘制立面轮廓。调用【直线】命令，应用投影法绘制墙体的投影线，并在图形下方绘制线段表示地面，如图 15-96 所示。

**03**　调用【直线】命令，在距离地面 2850 的位置绘制水平线段表示顶棚，如图 15-97 所示。

**04**　调用【修剪】命令，修剪得到立面基本轮廓，并转换至【QT_墙体】图层，如图 15-98 所示。

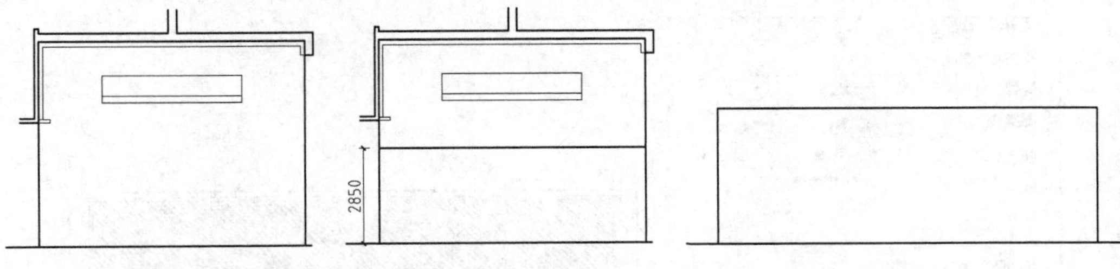


图 15-96　绘制墙体和地面　　图 15-97　绘制顶面　　图 15-98　修剪立面轮廓

**05**　绘制墙面造型。调用【多段线】命令，绘制多段线，如图 15-99 所示。

**06**　调用【镜像】命令，将多段线镜像到另一侧，如图 15-100 所示。

**07**　绘制接待台。调用【矩形】命令，绘制尺寸为 4100×30 的矩形，并移动到相应的位置，如图 15-101 所示。

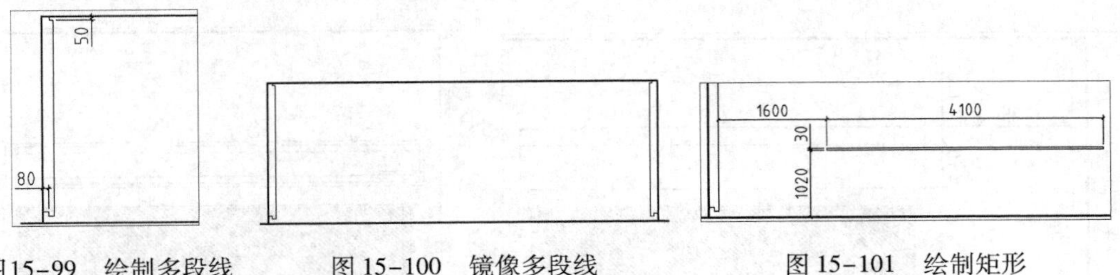


图15-99　绘制多段线　　图 15-100　镜像多段线　　图 15-101　绘制矩形

**08**　调用【多段线】命令，绘制多段线，如图 15-102 所示。

**09**　调用【直线】命令和【偏移】命令，绘制线段，如图 15-103 所示。

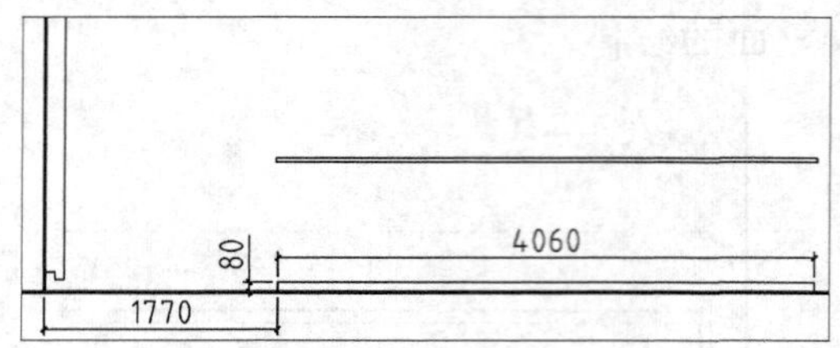


图 15-102 绘制多段线

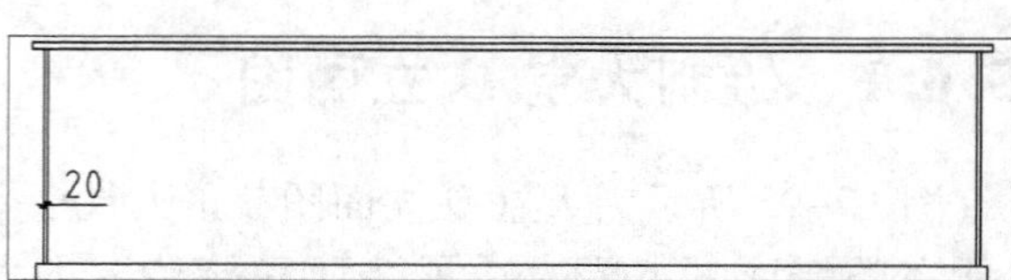


图 15-103 绘制线段

**10** 调用【多段线】命令,【复制】命令，绘制三角形，如图 15-104 所示。

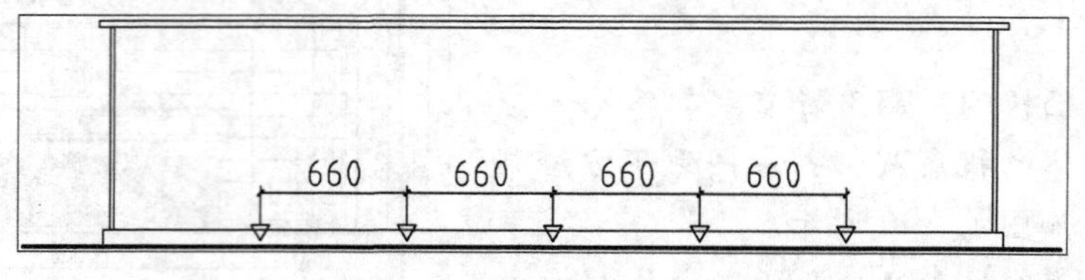


图 15-104 复制三角形

**11** 调用【填充】命令，对接待台填充 ANSI31 图案，填充参数设置和效果如图 15-105 所示。

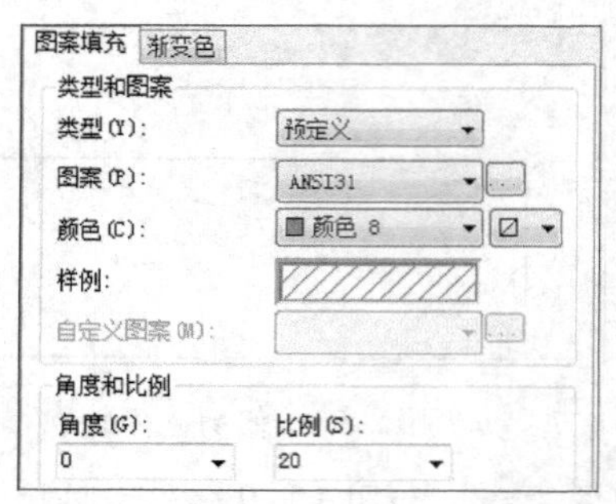


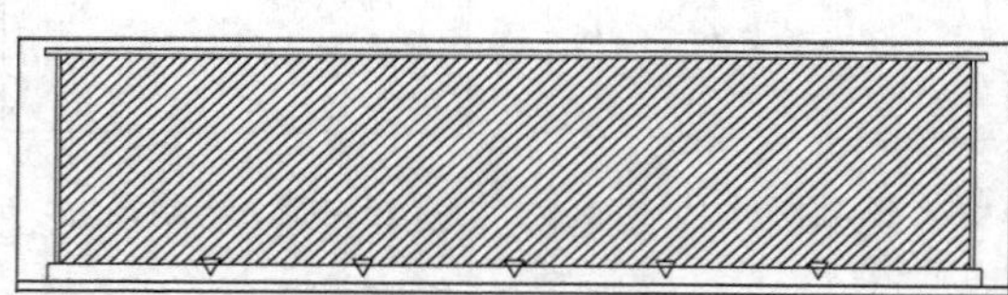

图 15-105 填充参数设置和效果

**12** 调用【矩形】命令，绘制尺寸为 4220×470 的矩形，如图 15-106 所示。

**13** 调用【偏移】命令，将矩形向内偏移 40 和 70，如图 15-107 所示。

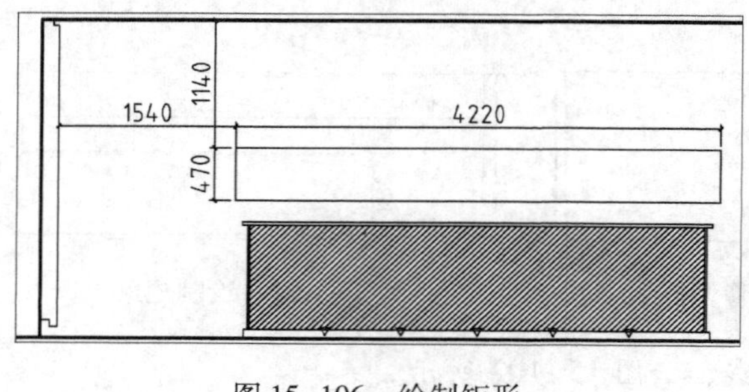


图 15-106 绘制矩形

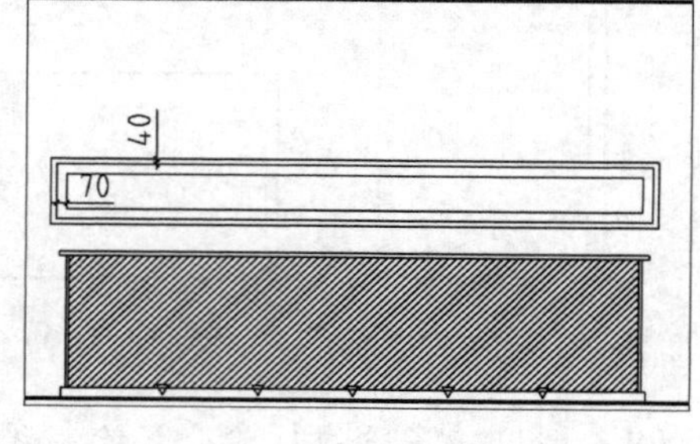


图 15-107 偏移矩形

**14** 调用【填充】命令，在图形内填充 ANSI31 图案，效果如图 15-108 所示。

**15** 调用【直线】命令，绘制线段并设置为虚线，表示灯带，如图 15-109 所示。

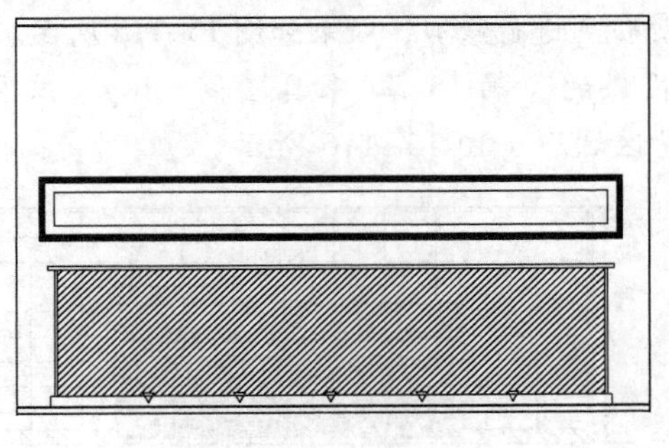

图 15-108 填充效果

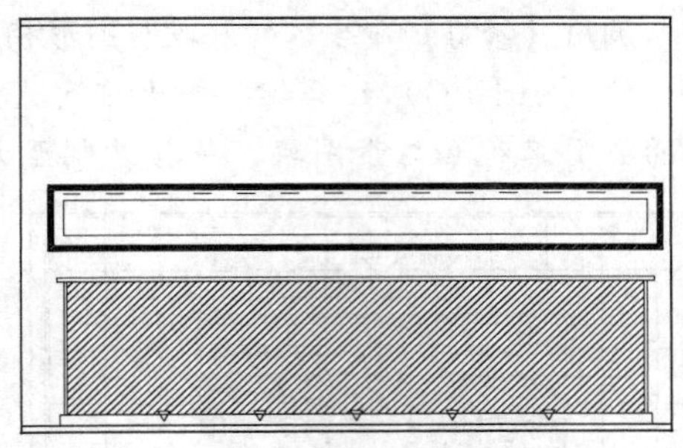
图 15-109 绘制灯带

**16** 调用【矩形】命令、【偏移】命令和【直线】命令，绘制公司标志，如图 15-110 所示。

**17** 调用【直线】命令，绘制线段，如图 15-111 所示。

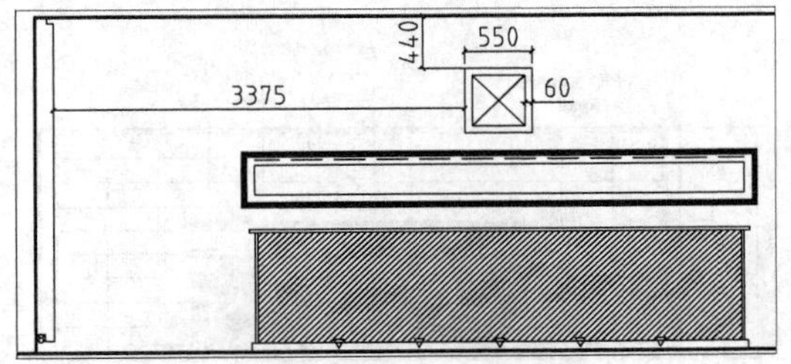

图 15-110 绘制公司标志

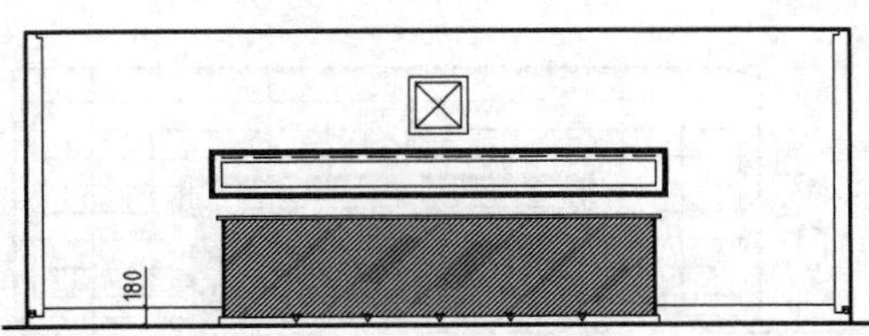

图 15-111 绘制线段

**18** 调用【填充】命令，在线段内填充 AR-RROOF 图案，填充参数设置和效果如图 15-112所示。

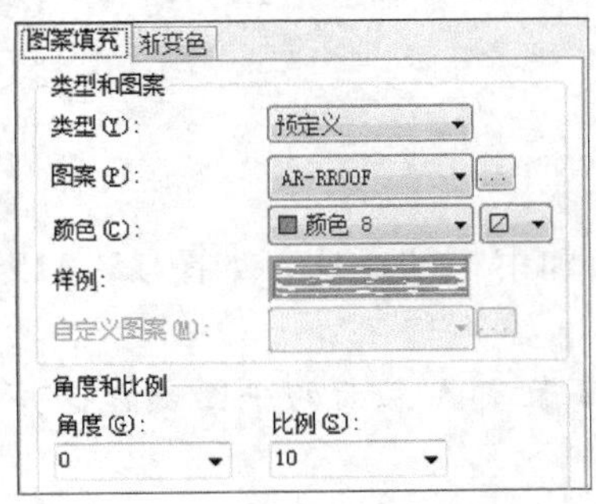

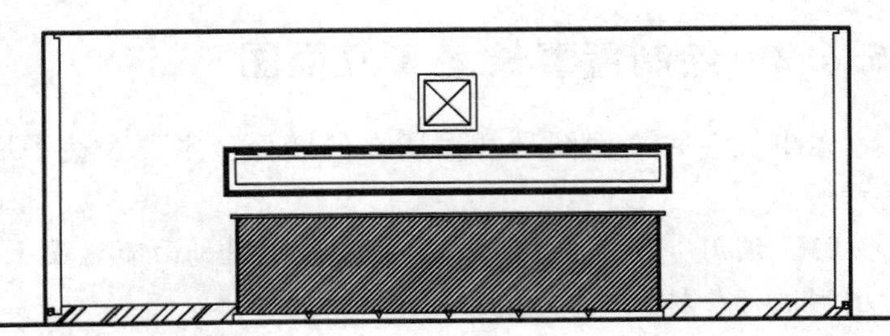
图 15-112 填充参数设置和效果

**19** 绘制墙面石材。调用【直线】命令，绘制线段，如图 15-113 所示。

**20** 调用【偏移】命令，对线段进行偏移，如图 15-114 所示。

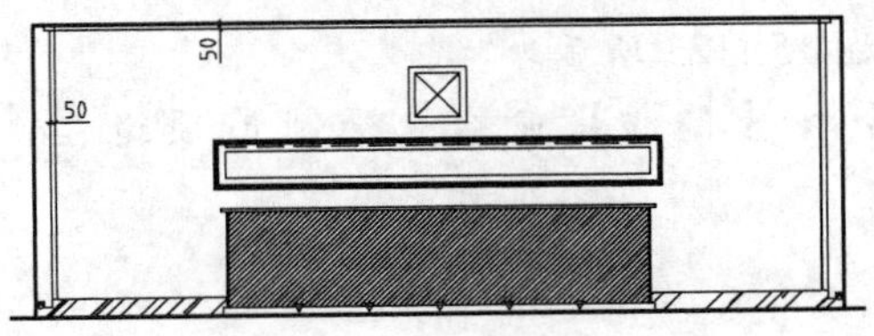

图 15-113 绘制线段

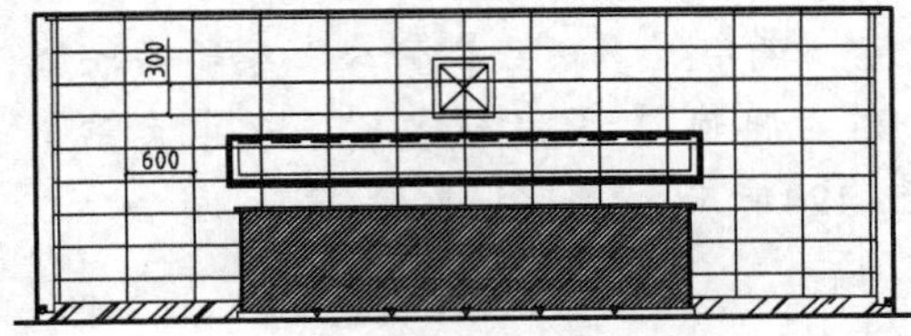

图 15-114 偏移线段

**21** 调用【修剪】命令，对线段与图形相交的位置进行修剪，效果如图 15-115 所示。

**22** 按〈Ctrl + O〉组合键，打开配套光盘提供的“第 15 章\家具图例 . dwg”文件，选择其中的公司名称和灯带图块，将其复制至大堂区域，如图 15-116 所示。

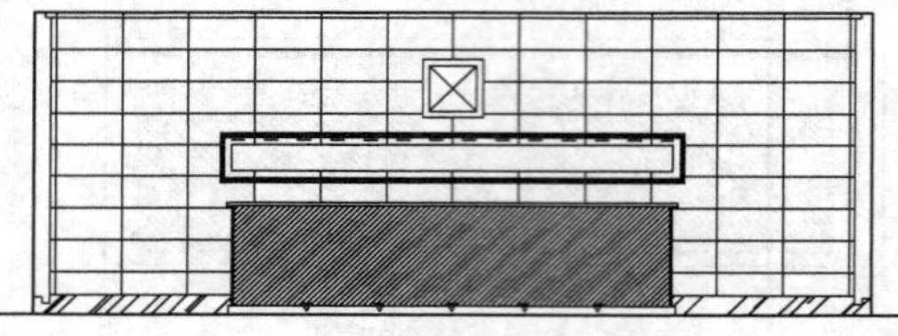

图 15-115 修剪线段

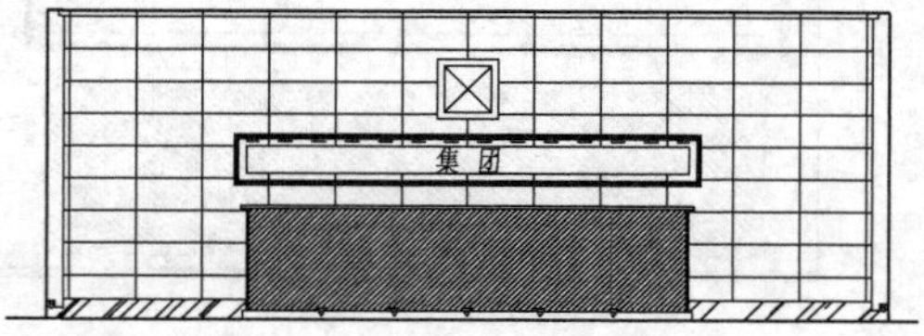

图 15-116 插入图块

**23** 标注尺寸和文字说明。设置【BZ_标注】图层为当前图层，设置当前注释比例为 1:50。

**24** 调用【标注】命令，对立面图进行尺寸标注，如图 15-117 所示。

**25** 调用【多重引线】命令，对立面材料进行文字标注，如图 15-118 所示。

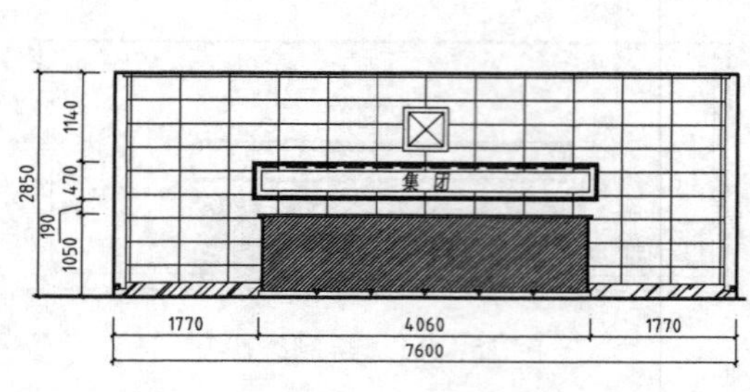


图 15-117 尺寸标注

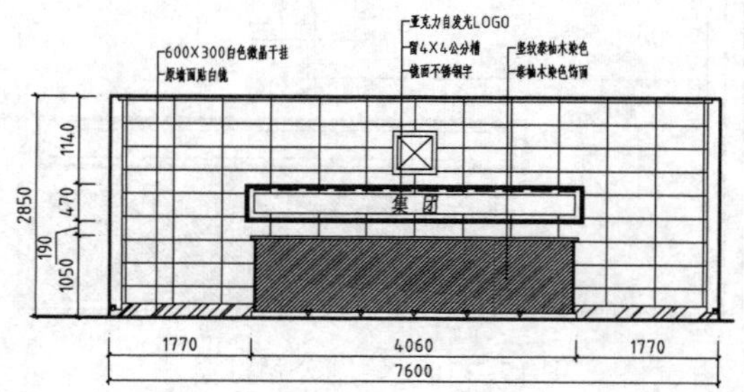


图 15-118 文字标注

**26** 插入图名。调用【插入】命令，插入【图名】图块，设置图名为【大堂 D 立面图】，大堂 D 立面图绘制完成。

## 15.6.2 绘制董事长室 A 立面图

董事长室 A 立面图是沙发所在的墙面，主要表达了墙面和书柜的做法，如图 15-119 所示。

**01** 调用【复制】命令，复制办公空间平面布置图上董事长室 A 立面的平面部分，并对图形进行旋转。

**02** 借助平面图，绘制顶面、地面和墙体的投影线，如图 15-120 所示。

**03** 调用【修剪】命令，修剪出立面外轮廓，并将立面外轮廓转换至【QT_墙体】图层，如图 15-121 所示。

**04** 绘制吊顶。调用【直线】命令，绘制线段，如图 15-122 所示。

**05** 调用【多段线】命令，绘制多段线，如图 15-123 所示。

**06** 调用【多段线】命令/【直线】命令和【偏移】命令，绘制吊顶造型，如图 15-124所示。

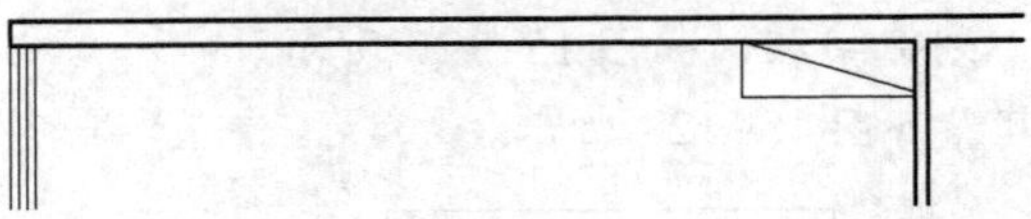

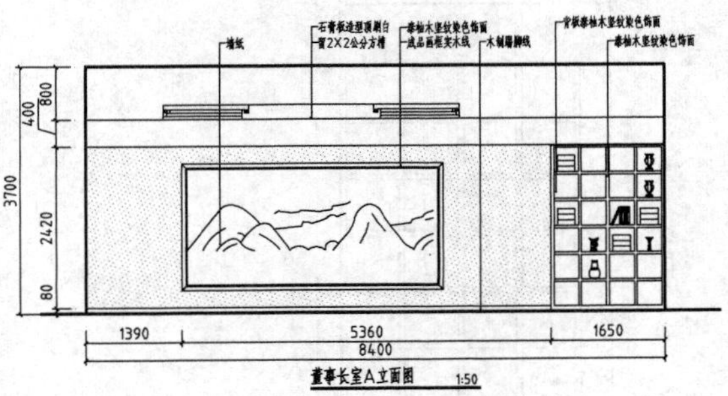

图 15-119　董事长室 A 立面图

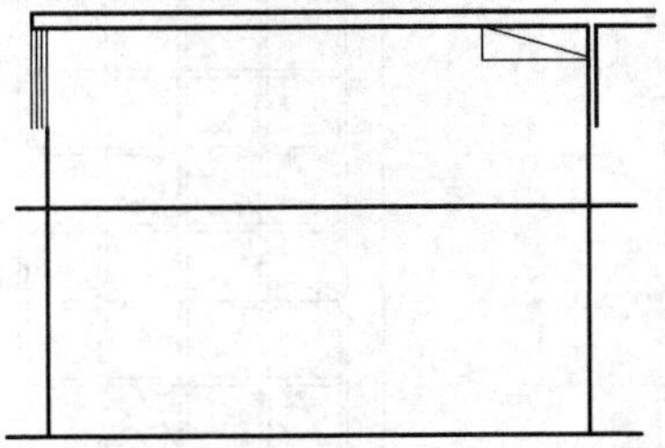

图 15-120　绘制顶面、地面和墙体

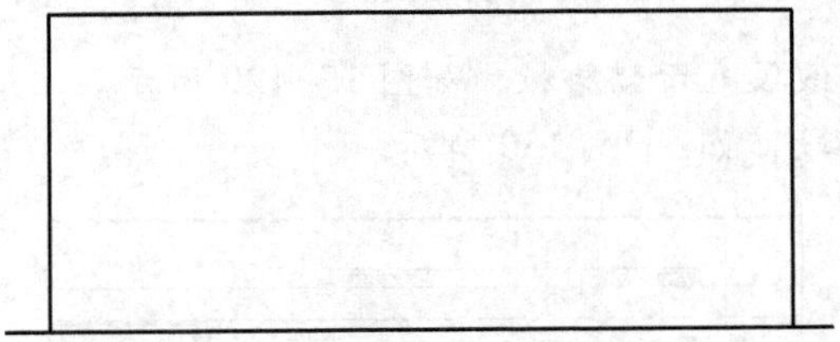

图 15-121　修剪立面轮廓

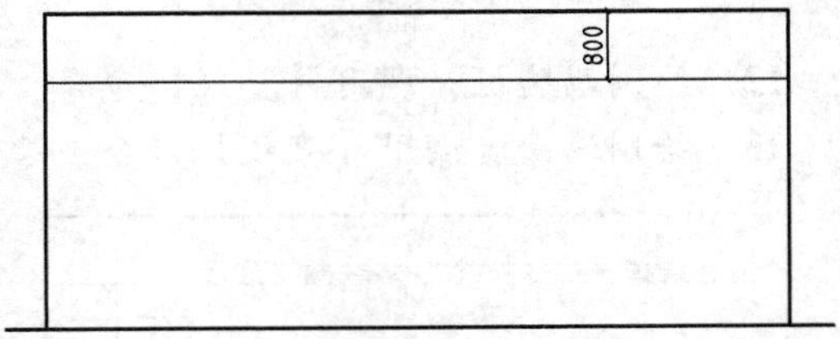

图 15-122　绘制线段

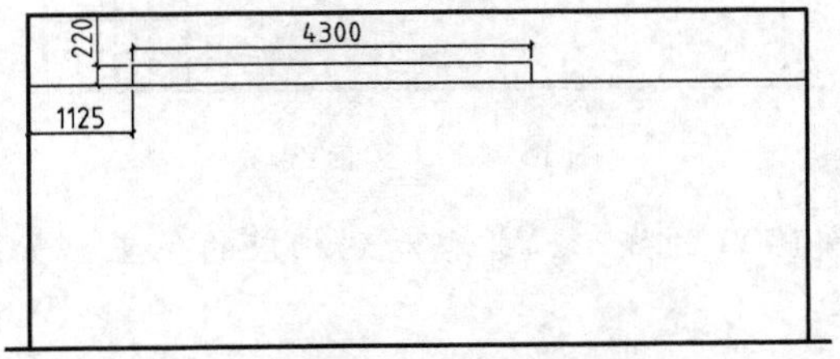

图 15-123　绘制多段线

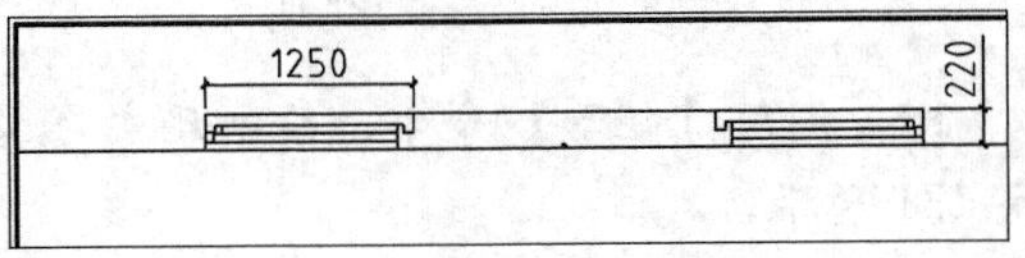

图 15-124　绘制吊顶造型

**07**　绘制书柜。调用【矩形】命令，绘制尺寸为 1650×2490 的矩形，如图 15-125 所示。

**08**　调用【分解】命令，对矩形进行分解。

**09**　调用【偏移】命令，将分解后的线段向内偏移，并对线段进行调整，如图 15-126 所示。

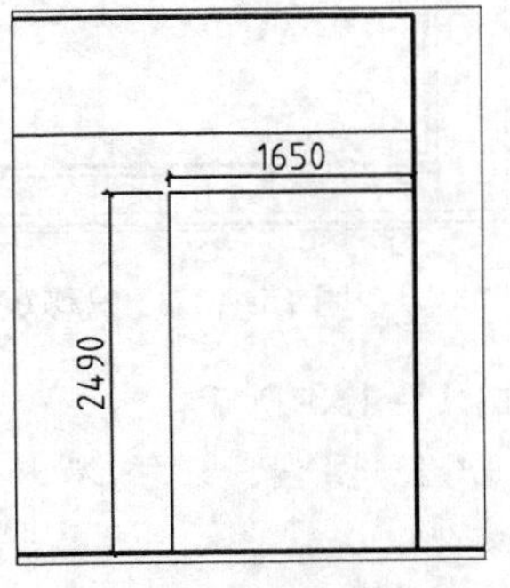


图 15-125　绘制矩形

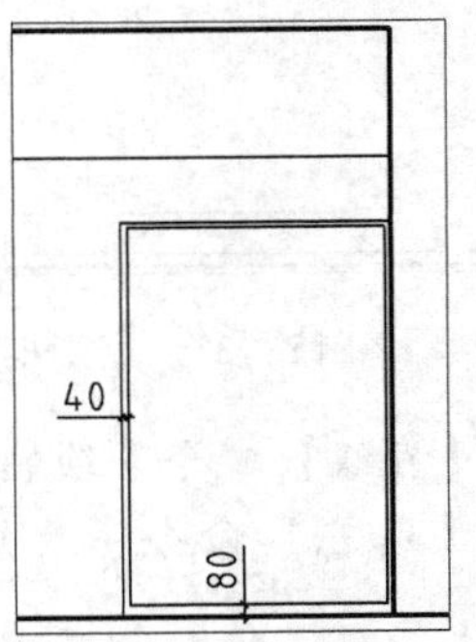


图 15-126　偏移线段

**10** 调用【直线】命令和【偏移】命令，划分书柜，如图 15-127 所示。

**11** 调用【修剪】命令，对线段进行修剪，如图 15-128 所示。

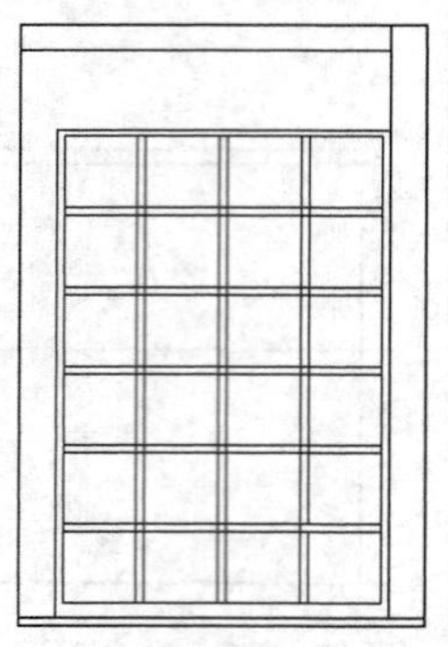

图 15-127 划分书柜

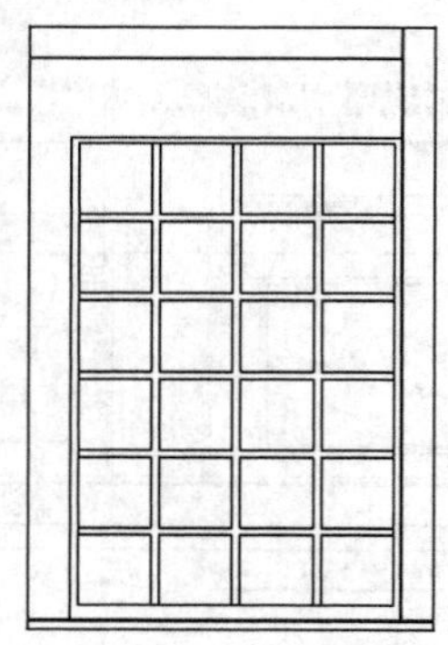

图 15-128 修剪线段

**12** 绘制踢脚板，调用【直线】命令，绘制线段表示踢脚板，如图 15-129 所示。

**13** 绘制墙面。调用【直线】命令，绘制线段，如图 15-130 所示。

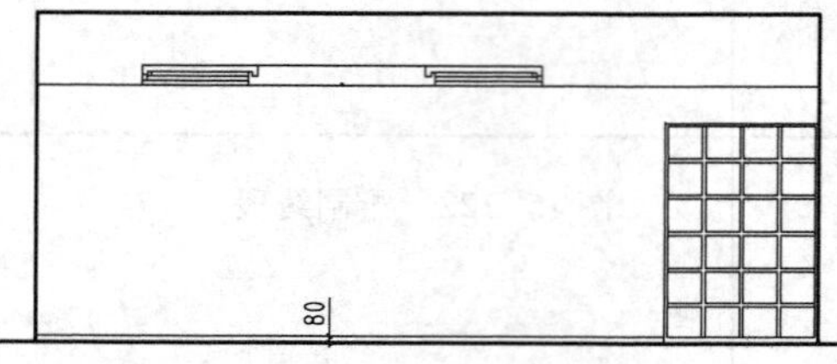


图 15-129 绘制踢脚板

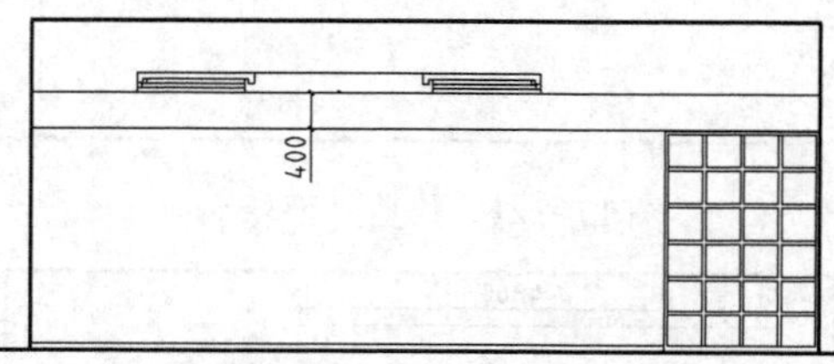


图 15-130 绘制线段

**14** 调用【矩形】命令，绘制尺寸为 3800×1900 的矩形，并移动到相应的位置，如图 15-131 所示。

**15** 调用【偏移】命令，将矩形向内偏移 60 和 20，如图 15-132 所示。

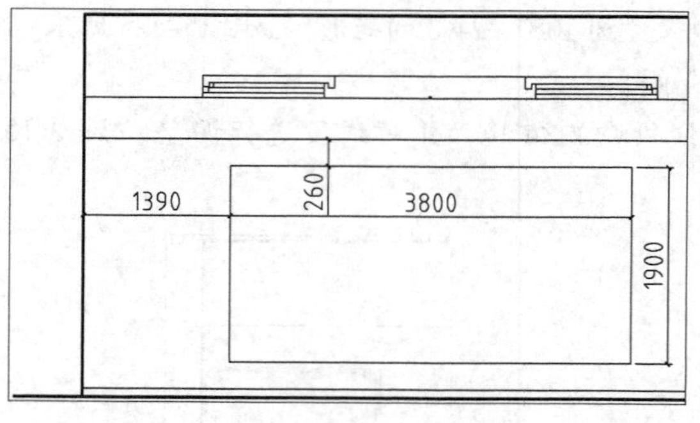


图 15-131 绘制矩形

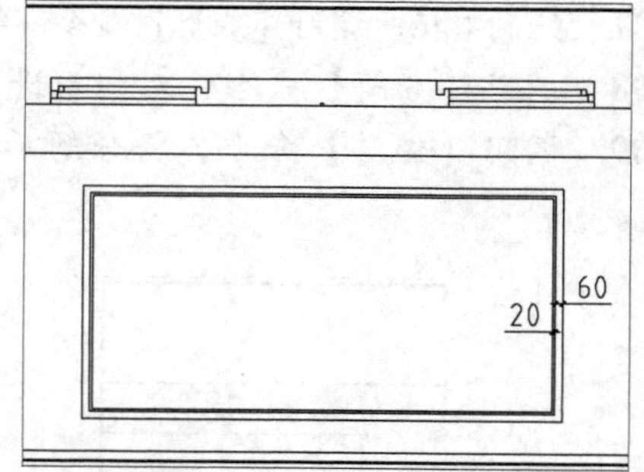


图 15-132 偏移矩形

**16** 调用【直线】命令，绘制线段连接矩形，如图 15-133 所示。

**17** 调用【填充】命令，对矩形外的墙面填充 DOTS 图案，填充参数设置和效果如图 15-134所示。

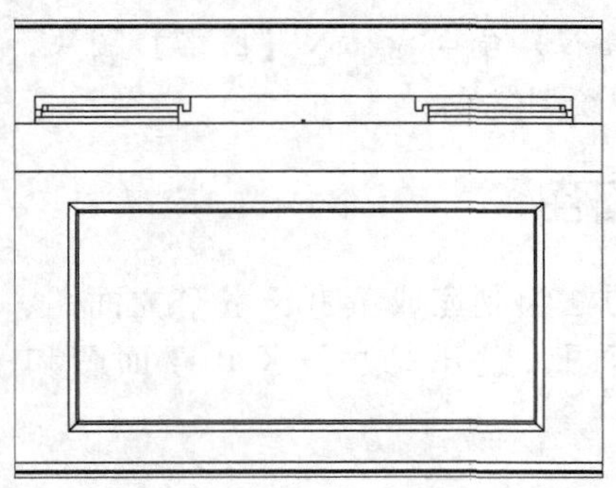

图 15-133　绘制线段

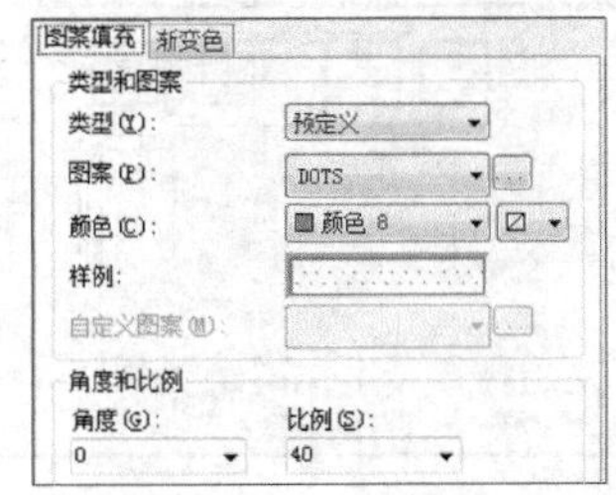


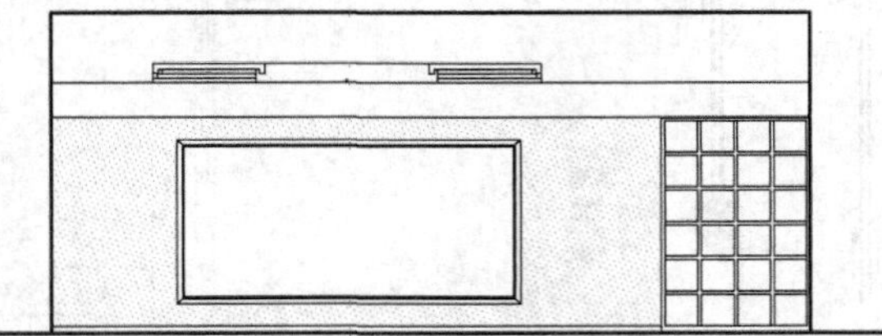

图 15-134　填充参数设置和效果

**18**　从图库中插入灯管、装饰画图案和装饰品等图块到立面图中，如图 15-135 所示。

**19**　调用【连标注】命令，对立面图进行尺寸标注，如图 15-136 所示。

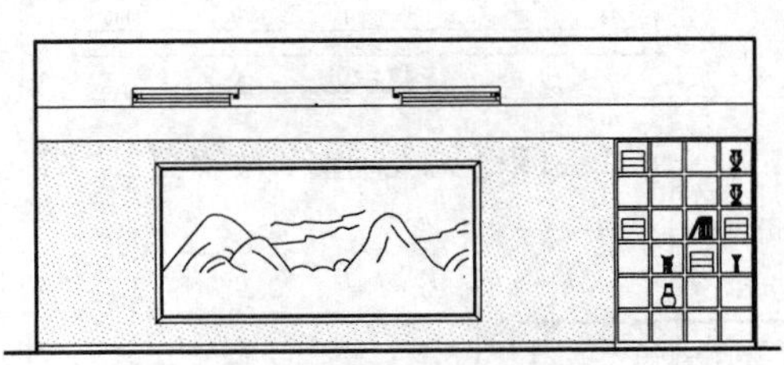

图 15-135　插入图块

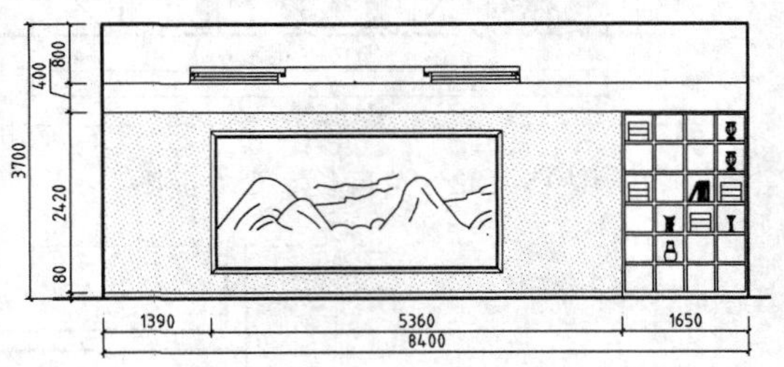


图 15-136　尺寸标注

**20**　调用【多重引线】命令，对立面材料进行文字标注，如图 15-137 所示。

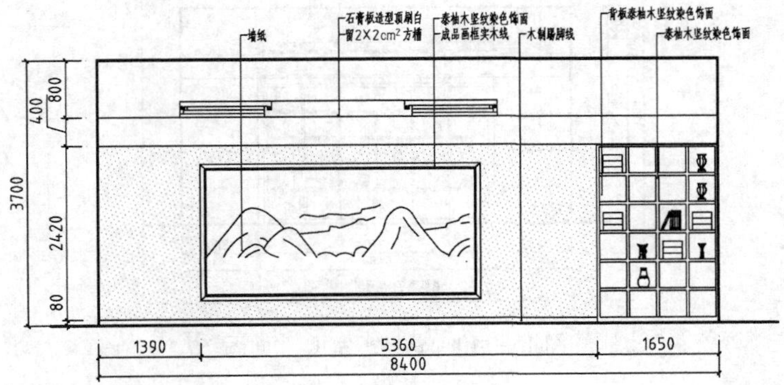


图 15-137　文字标注

**21** 插入图名。调用【插入】命令，插入【图名】图块，设置图名为【董事长室 A 立面图】，董事长室 A 立面图即绘制完成。

## 15.6.3 绘制其他立面图

请读者参考前面讲解的方法绘制完成董事长室 C 立面图、总经理室 A 立面图、总经理室 C 立面图、会议室 A 立面图、敞开式办公区 B 立面图和敞开式办公区 D 立面图，如图 15-138 ~ 图 15-143 所示。

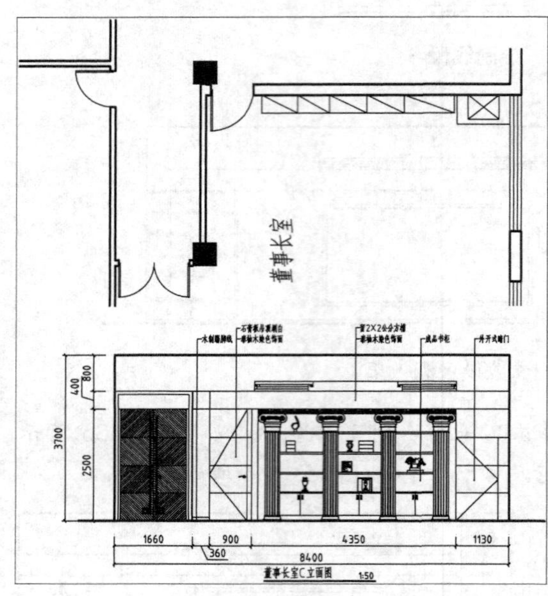

图 15-138　董事长室 C 立面图

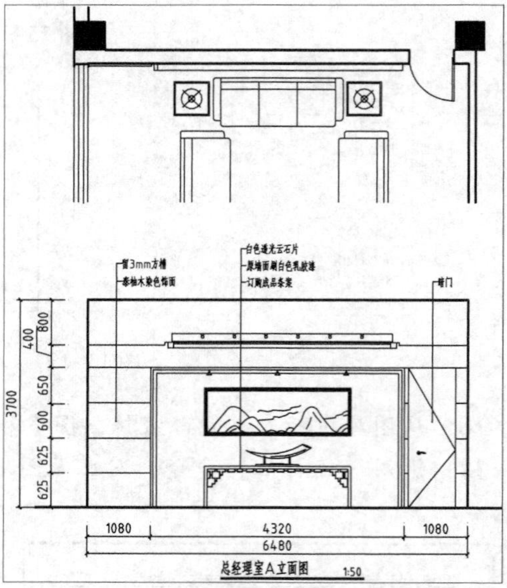

图 15-139　总经理室 A 立面图

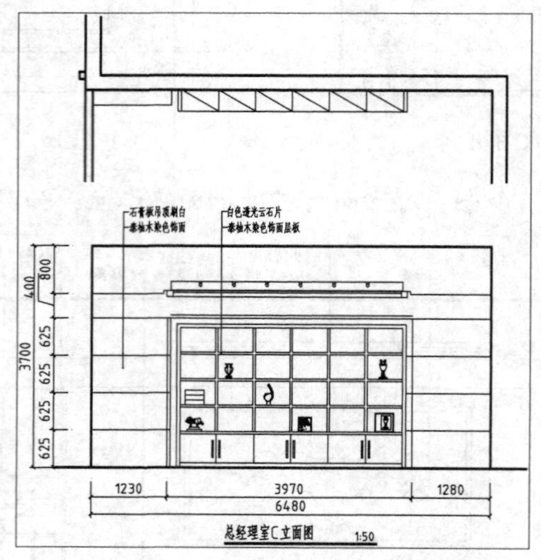

图 15-140　总经理室 C 立面图

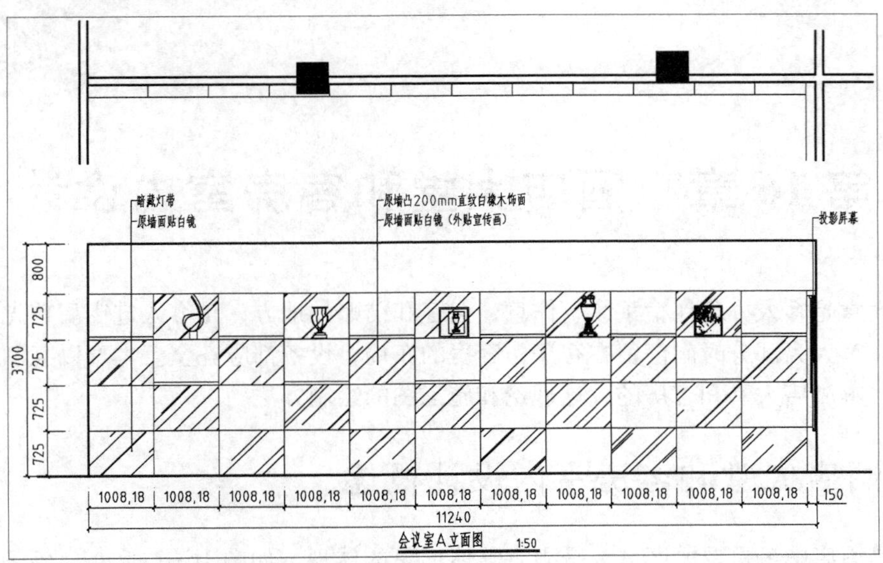


图 15-141　会议室 A 立面图

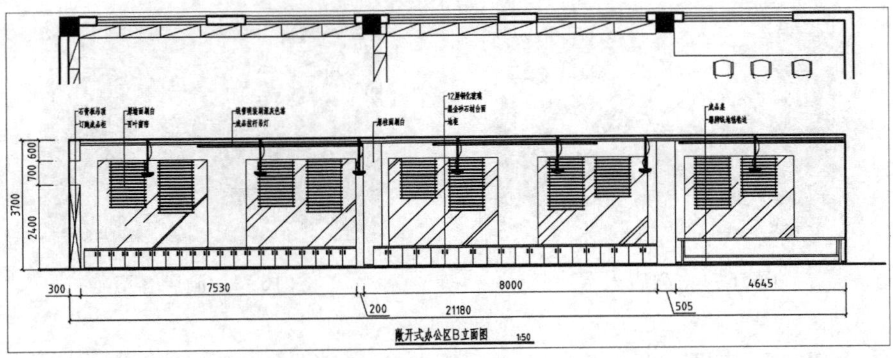


图 15-142　敞开式办公区 B 立面图

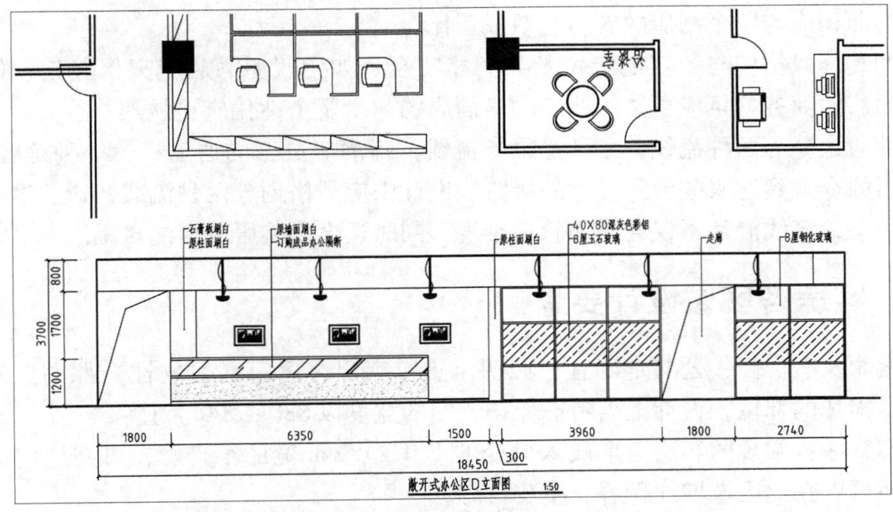


图 15-143　敞开式办公区 D 立面图

# 第 16 章　酒店大堂和客房室内设计

酒店大堂是客人办理住宿手续、休息、会客和结账的地方，是客人进店后首先接触到的公共场所。客人大部分时间停留在客房，客房的布局、设备都应齐全。本章以某酒店大堂和客房为例讲解酒店大堂和客房的设计理论和施工图的绘制方法。

## 16.1　酒店大堂和客房室内设计概述

大堂是酒店中最重要的区域，是酒店整体形象的体现，如图 16-1 所示。客房应满足人的心理需要，让客人有温馨感和舒适感，如图 16-2 所示。

图 16-1　酒店大堂

图 16-2　酒店客房

### 16.1.1　大堂设计原则

大堂的面积应与整个酒店的客房总数成正比。

大堂的装修风格应与酒店的定位及类型相吻合。如度假型酒店应突出轻松、休闲的特征，城市酒店的商务气氛应更浓一些，时尚酒店的艺术及个性化应更强烈一些。

酒店的通道分为两种流线，一种是服务流线，指酒店员工的通道；另一种是客人流线，指进入酒店的客人到达服务台所经过的线路。设计中应严格划分两种流线，避免客人流线与服务流线交叉，流线混乱不仅会增加管理难度，同时还会影响服务台的氛围。

### 16.1.2　客房各区域设计要素

公共走廊及客房门：公共走廊宜在照明上重点突出客房门（目的性）照明。门框及门边墙角容易损坏的部位，设计上需考虑保护，门的宽度以 880 ~ 900 为宜。

房内门廊区：常规的客房会形成入口处的 1.0 ~ 1.2 m 宽的小走廊，可在房门后做入墙式衣柜，还可以在此区域增加理容、整装台灯。

工作区：以书桌为中心，宽带、传真、电话以及各种插口需安排整齐，书桌的位置也应设置在采光好的位置。

娱乐休闲区、会客区：设计中可增加阅读、欣赏音乐等功能，改变客人在房间内只能躺在床上看书的单一局面。

就寝区：是整个客房中面积最大的功能区域，床头柜可设立在床的两侧，床屏与床头背景是客房中相对完整的面积，可以着重设计。

卫生间：可采用干湿分区，避免功能交叉。

## 16.2　绘制酒店大堂建筑平面图

酒店大堂建筑平面图如图 16-3 所示，它由墙体、柱子、楼梯等建筑构件构成，这里给出完成的酒店大堂建筑平面图供读者参考。

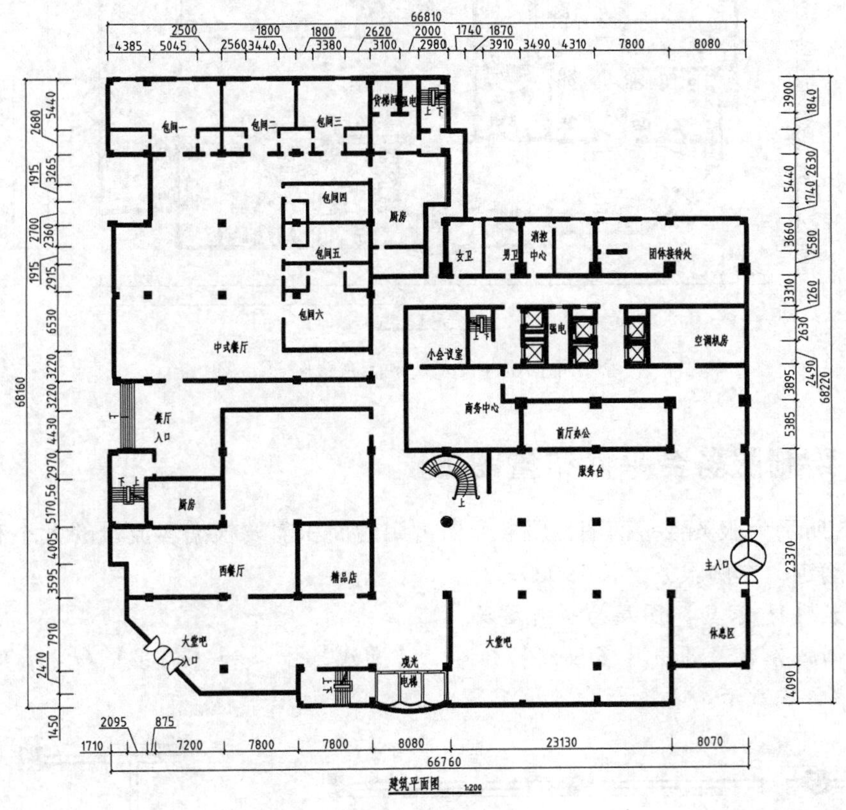


图 16-3　建筑平面图

## 16.3　绘制酒店大堂平面布置图

酒店大堂包括休息区、服务台、大堂吧、西餐厅、中式餐厅、精品店、包间、商务中心、小会议室、厨房和消控中心等区域。设计大堂布局时，各功能分区要合理，通常将服务台和大堂休息设在入口大门的两侧，如图 16-4 所示。

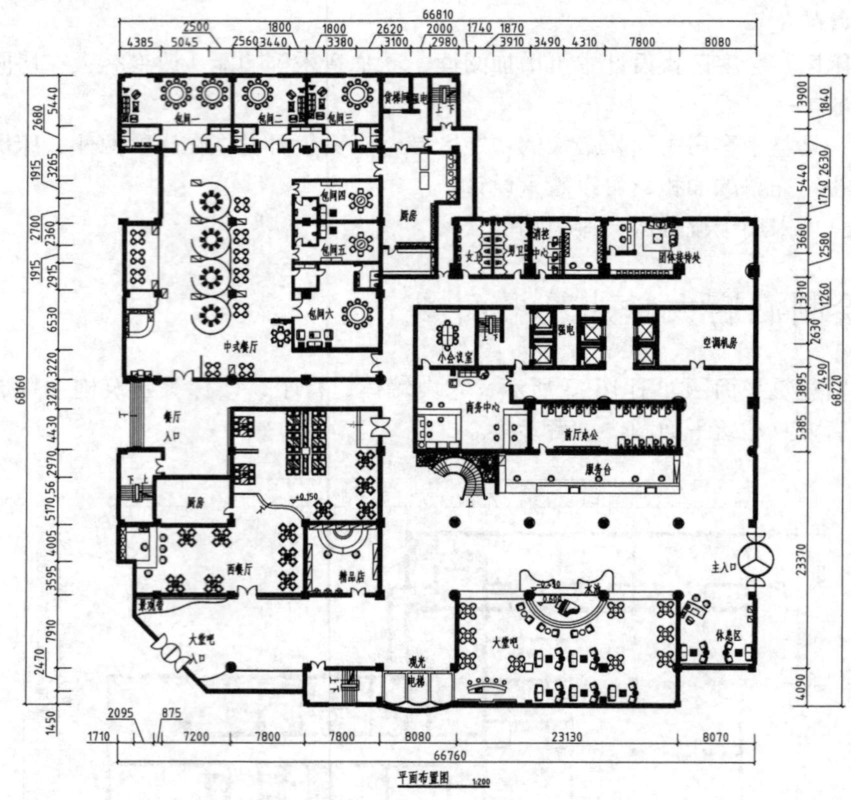

图 16-4 大堂平面布置图

## 16.3.1 绘制服务台平面布置图

图 16-5 所示为服务台平面图，服务台所占用的面积需要根据客流量的大小和总台业务种类多少来确定，本例服务台长 19000。

**01** 设置【JJ_家具】图层为当前图层。

**02** 绘制服务台。调用【多段线】命令、【直线】命令和【偏移】命令，绘制左侧服务台，如图 16-6 所示。

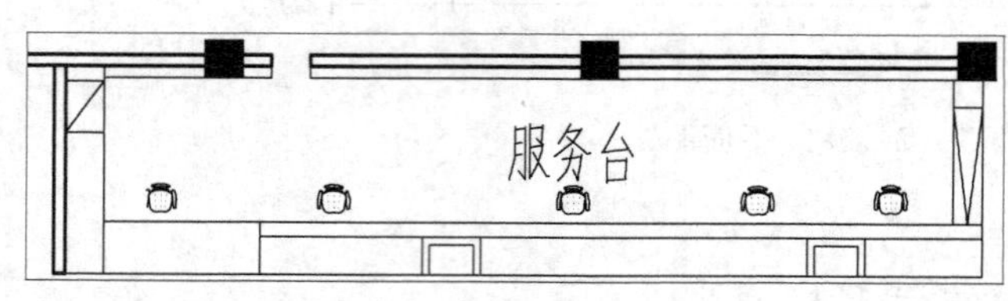


图 16-5 服务台平面布置图

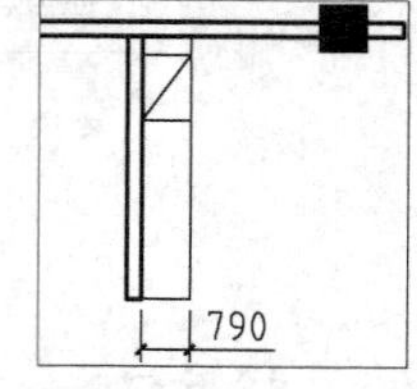


图 16-6 绘制左侧服务台

**03** 调用【矩形】命令，绘制尺寸为 18210×1100 的矩形，如图 16-7 所示。

**04** 调用【直线】命令、【多段线】命令、【偏移】命令，在矩形内绘制图形，如图 16-8 所示。

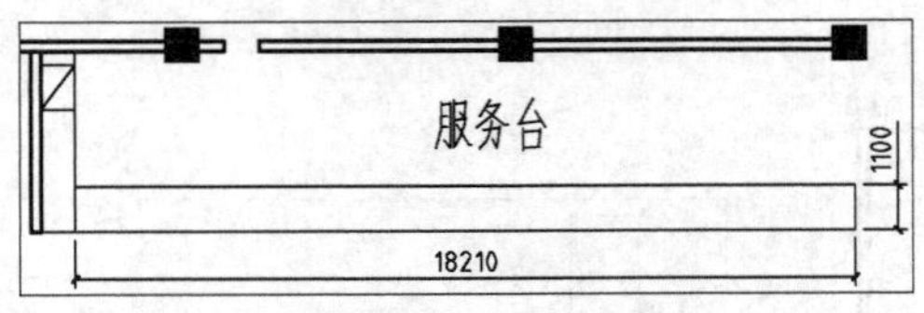


图 16-7　绘制矩形

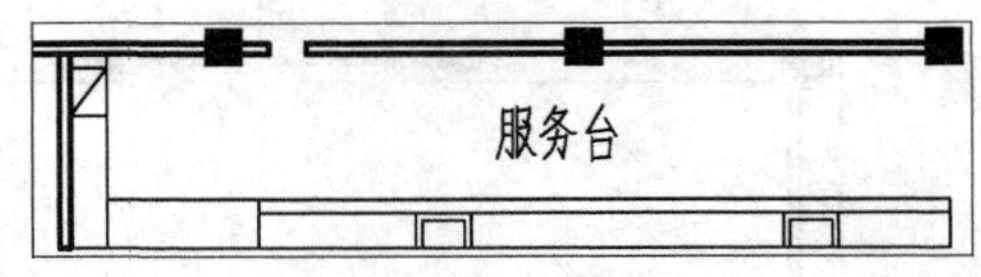


图 16-8　绘制图形

**05**　调用【直线】命令和【偏移】命令，绘制右侧的服务台，如图 16-9 所示。

**06**　绘制背景墙。调用【多段线】命令，绘制多段线表示背景墙，如图 16-10 所示。

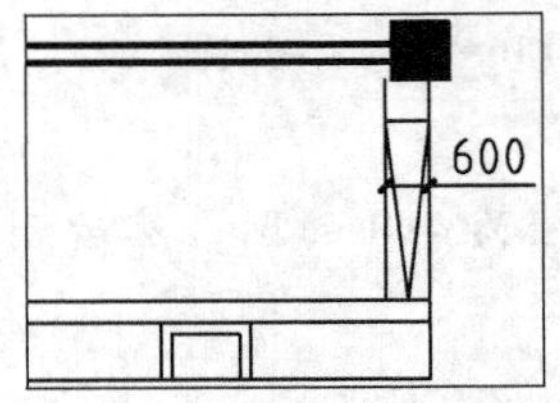


图 16-9　绘制右侧服务台

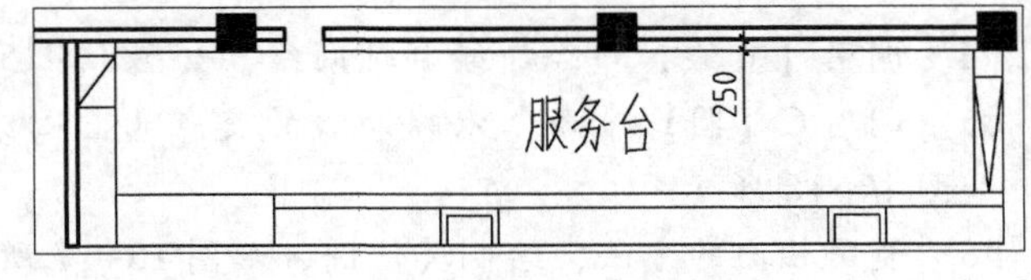


图 16-10　绘制多段线

**07**　插入图块。打开配套光盘提供的“第 16 章\家具图例/. dwg”文件，选择其中的座椅图块，将其复制到服务台平面布置图中，效果如图 16-5 所示，完成服务台平面布置图的绘制。

## 16. 3. 2　绘制大堂吧平面布置图

大堂吧是供客户会客或休息的区域，如图 16-11 所示，下面讲解绘制方法。

**01**　绘制装饰柱。调用【圆】命令，以柱子的中点为圆心绘制半径为 565 的圆，并对圆与线段相交的位置进行修剪，如图 16-12 所示。

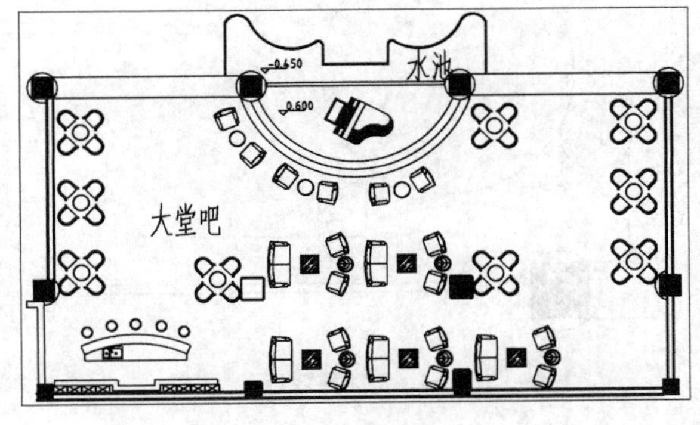


图 16-11　大堂吧平面布置图

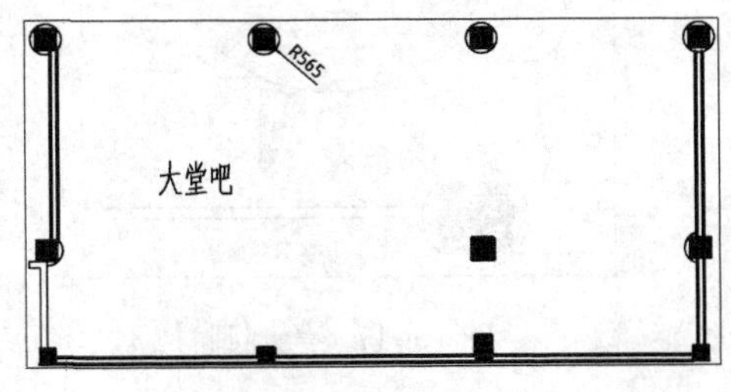


图 16-12　绘制装饰柱

**02**　调用【直线】命令和【偏移】命令，绘制线段，如图 16-13 所示。

**03**　绘制水池。调用【直线】命令，绘制线段，如图 16-14 所示。

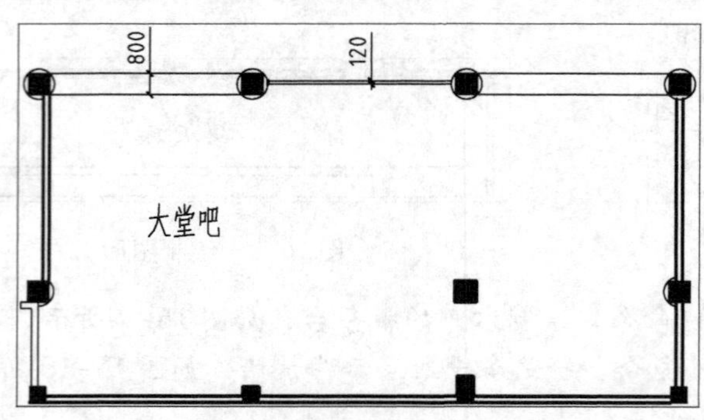


图 16-13　绘制线段（1）

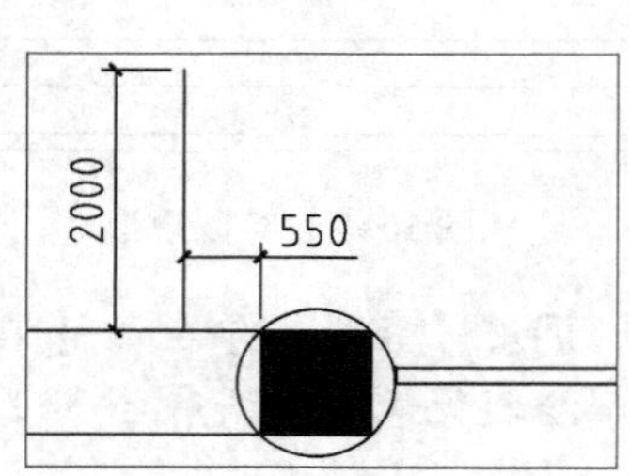


图 16-14　绘制线段（2）

**04**　调用【直线】命令，绘制辅助线，如图 16-15 所示。

**05**　调用 C【圆】命令，以辅助线的交点为圆心绘制半径为 490 的圆，然后删除辅助线，如图 16-16 所示。

**06**　使用相同的方法，绘制其他圆，如图 16-17 所示。

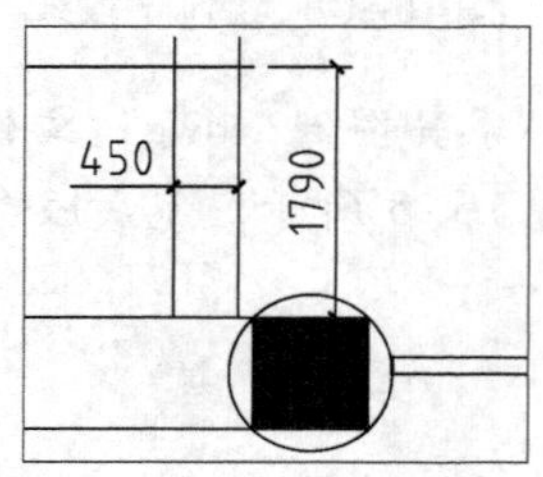


图 16-15　绘制辅助线

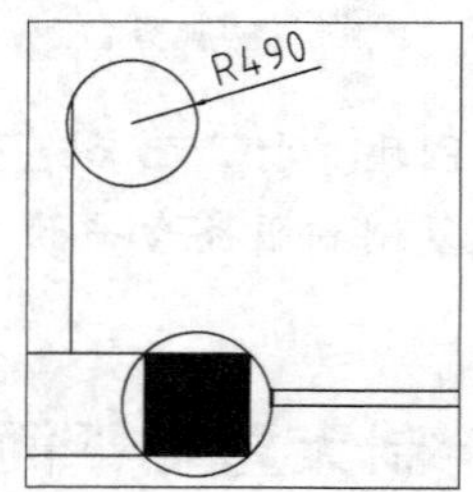


图 16-16　绘制圆

**07**　调用【直线】命令，绘制线段，如图 16-18 所示。

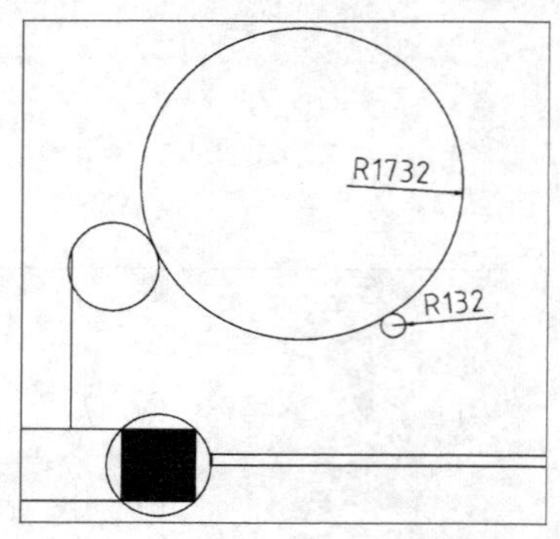


图 16-17　绘制圆

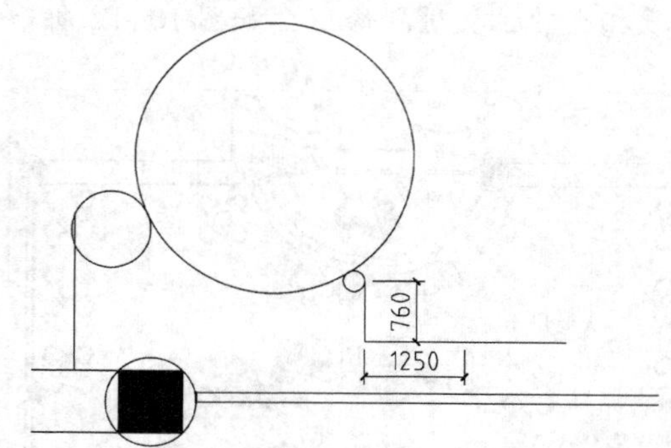


图 16-18　绘制线段

**08**　调用【修剪】命令，对圆进行修剪，如图 16-19 所示。

**09**　调用【镜像】命令，将线段和圆弧镜像到右侧，如图 16-20 所示。

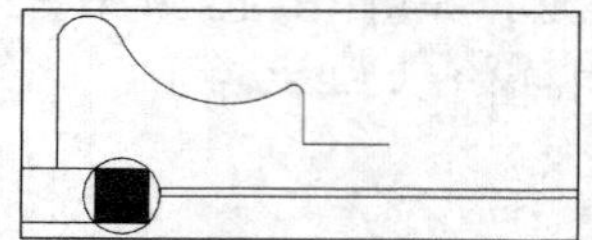

图 16-19　修剪圆

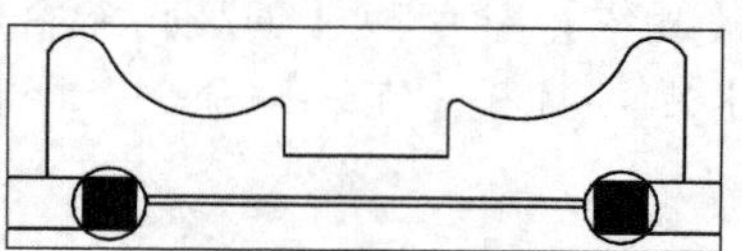

图 16-20　镜像线段和圆弧

**10** 调用【偏移】命令，将线段和圆弧向外偏移 50，如图 16-21 所示。

**11** 调用【多行文字】命令，在绘制的图形中标注名称，如图 16-22 所示。

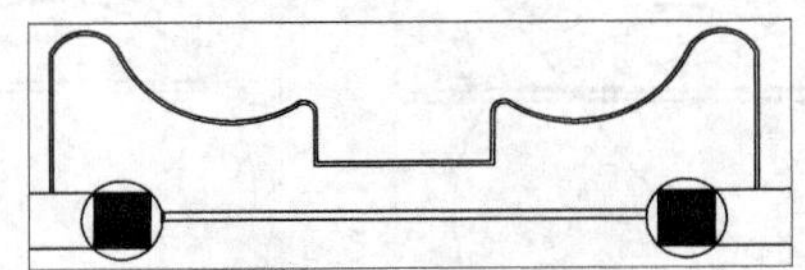
图 16-21 偏移线段和圆弧

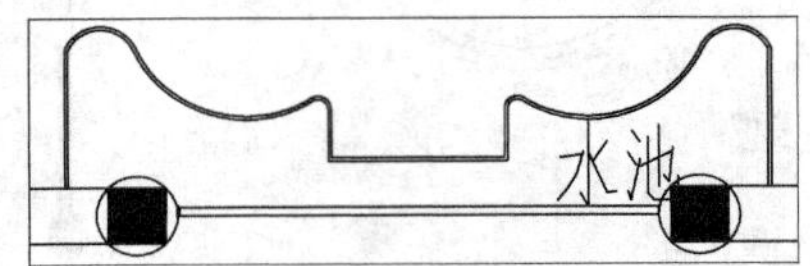

图 16-22 标注名称

**12** 绘制钢琴台。调用【直线】命令，绘制辅助线，如图 16-23 所示。

**13** 调用【圆】命令，以辅助线的交点为圆心，半径为 3920，绘制圆，然后删除辅助线，如图 16-24 所示。

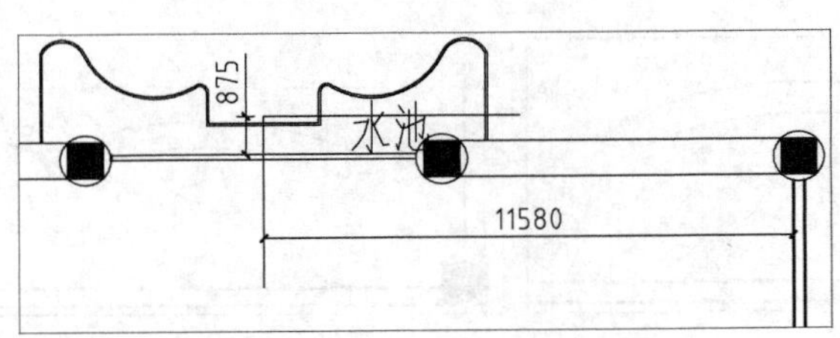

图 16-23 绘制辅助线

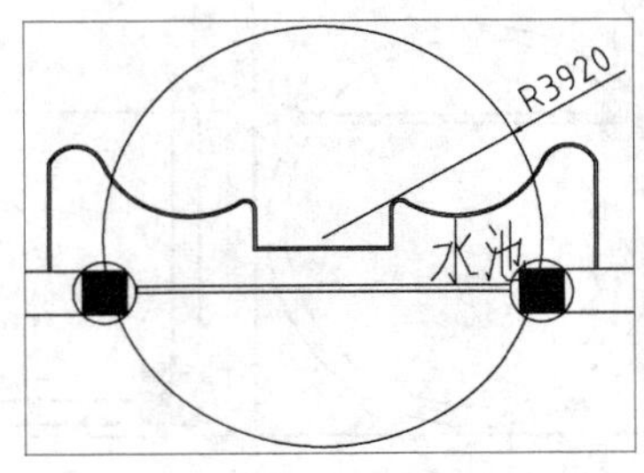

图 16-24 绘制圆

**14** 调用【修剪】命令，对圆进行修剪，如图 16-25 所示。

**15** 调用【偏移】命令，将圆弧向外偏移两次 300，如图 16-26 所示。

**16** 调用【插入】命令，插入标高表示地台的高度和水池的深度，如图 16-27 所示。

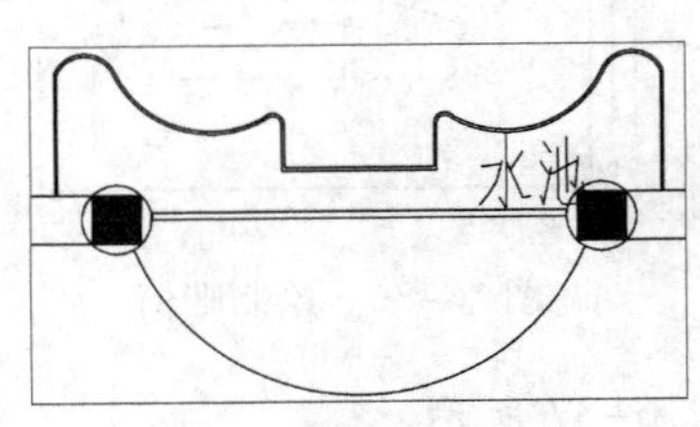

图 16-25 修剪圆

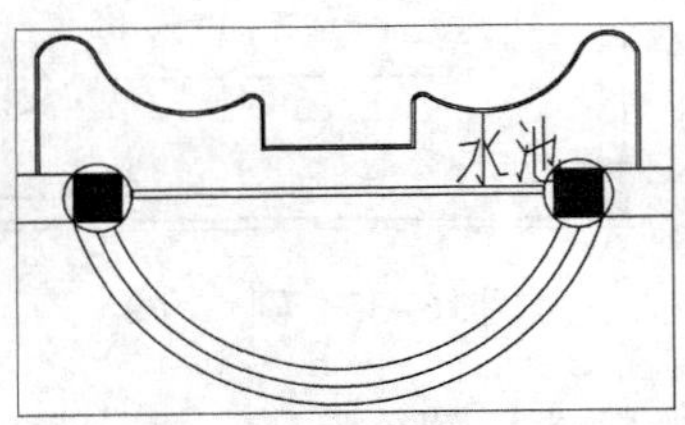

图 16-26 偏移圆弧

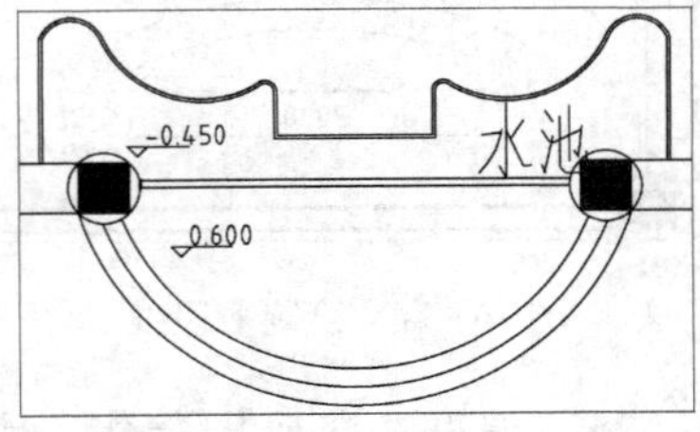

图 16-27 插入标高

**17** 调用【矩形】命令、【圆】命令和【修剪】命令，绘制装饰柱，如图 16-28 所示。

**18** 绘制吧台。调用【直线】命令和【圆】命令，绘制圆，如图 16-29 所示。

**19** 调用【偏移】命令，将圆向外偏移 350，如图 16-30 所示。

**20** 调用【直线】命令，绘制线段，如图 16-31 所示。

**21** 调用【修剪】命令，对圆进行修剪，如图 16-32 所示。

**22** 调用【圆角】命令，对图形进行圆角，圆角半径为 50，如图 16-33 所示。

**23** 调用【多段线】命令，绘制多段线，如图 16-34 所示。

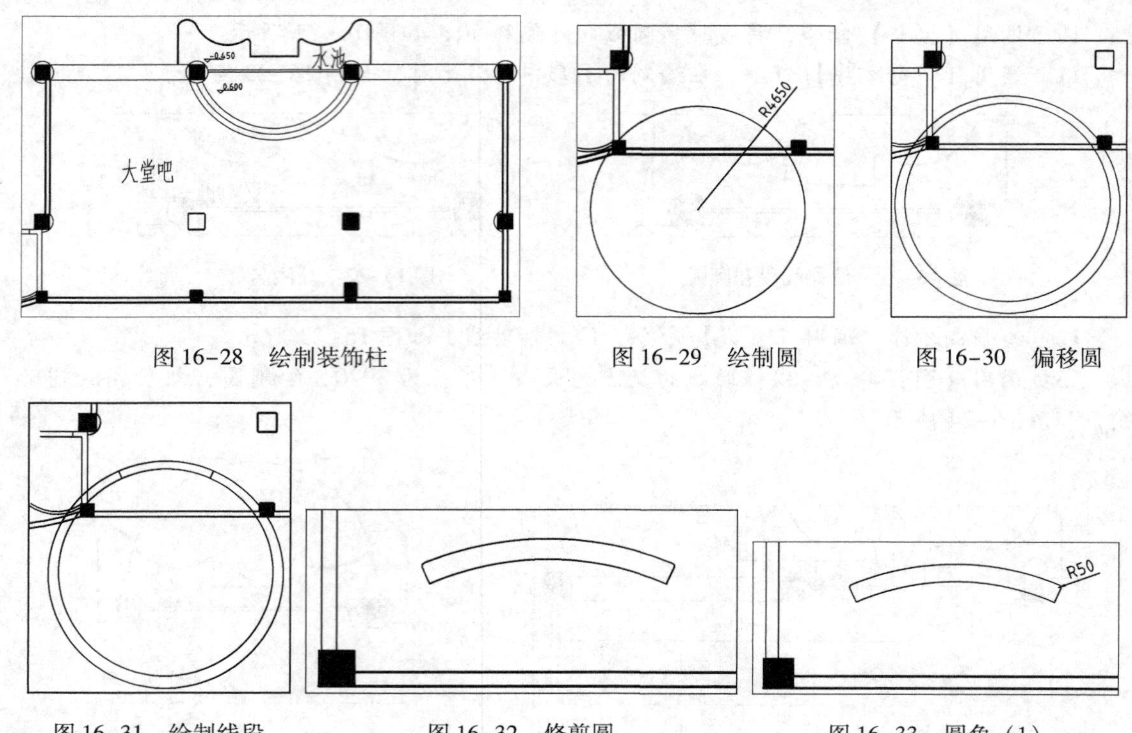


图 16-28　绘制装饰柱　　图 16-29　绘制圆　　图 16-30　偏移圆

图 16-31　绘制线段　　图 16-32　修剪圆　　图 16-33　圆角（1）

**24**　调用【圆角】命令，对多段线进行圆角处理，如图 16-35 所示。

**25**　绘制吧椅。调用【圆】命令，绘制吧椅，如图 16-36 所示。

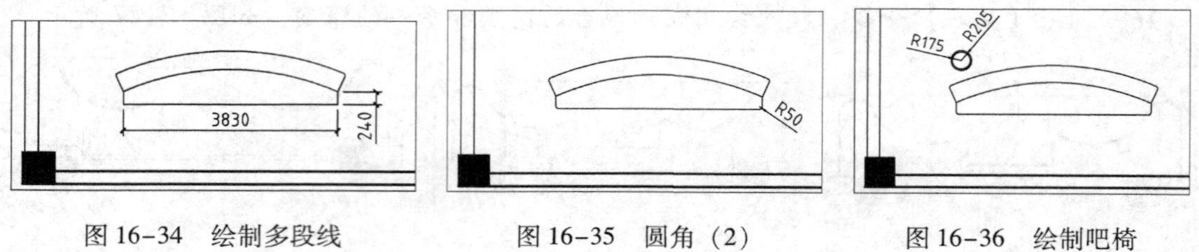


图 16-34　绘制多段线　　图 16-35　圆角（2）　　图 16-36　绘制吧椅

**26**　调用【阵列】命令，对吧椅进行路径阵列，效果如图 16-37 所示。

**27**　绘制酒柜。调用【多段线】命令，绘制酒柜，如图 16-38 所示。

**28**　调用【多段线】命令，绘制多段线，如图 16-39 所示。

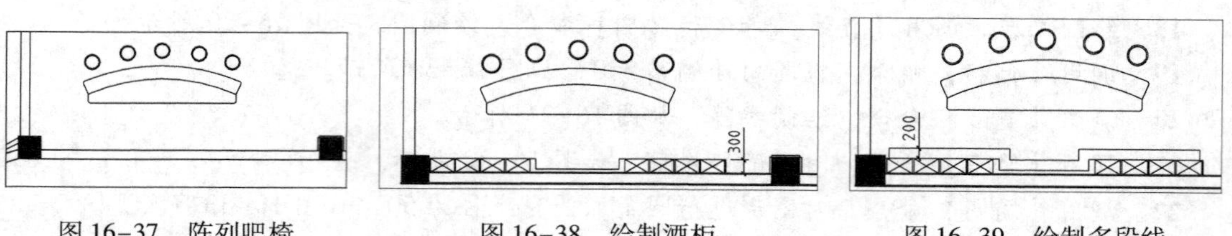


图 16-37　阵列吧椅　　图 16-38　绘制酒柜　　图 16-39　绘制多段线

**29**　从图库中插入休闲桌椅、休闲沙发和洗手盆等图块到大堂吧平面布置图中，如图 16-11所示，大堂吧平面布置图绘制完成。

## 16.4 绘制酒店大堂地面材质图

酒店大堂地面材料主要有地毯、实木地板、防滑砖、仿古砖、大理石、皮石和钢化夹胶玻璃等，如图 16-40 所示，下面以餐厅入口和过道地面材质图为例讲解地面材质图的绘制方法，

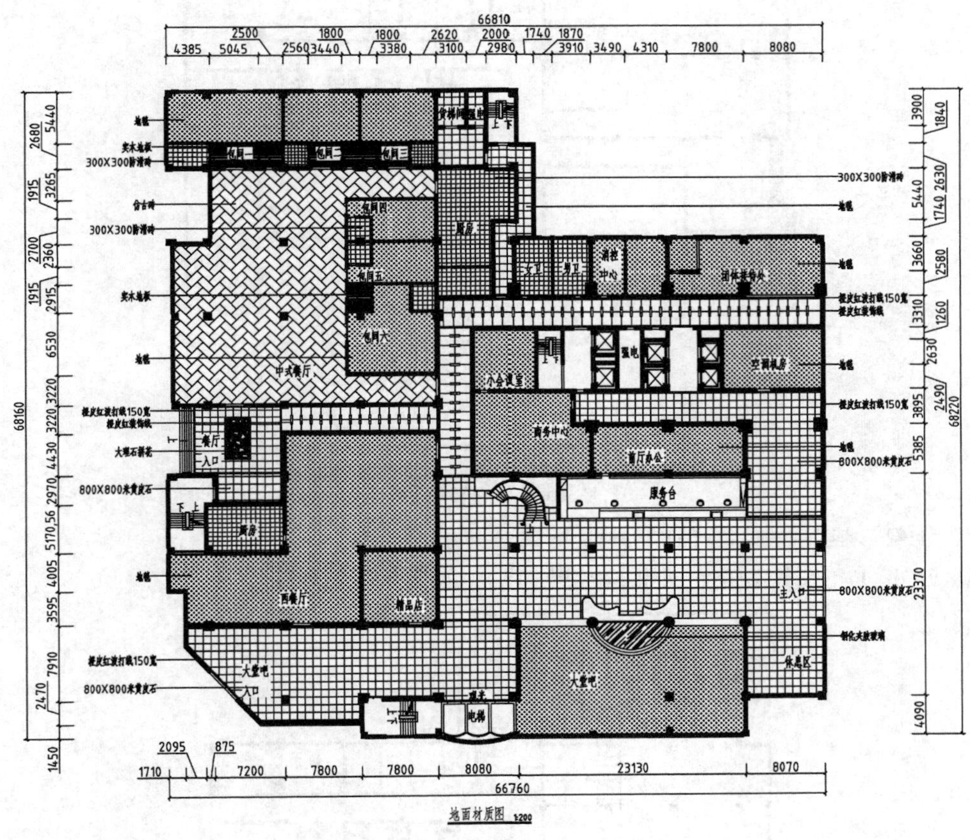


图 16-40　地面材质图

图 16-41 所示为餐厅入口和过道地面材质图，四周采用橙皮红波打线，入口处铺大理石拼花，走廊布置橙皮红装饰线和 800×800 米黄皮石。

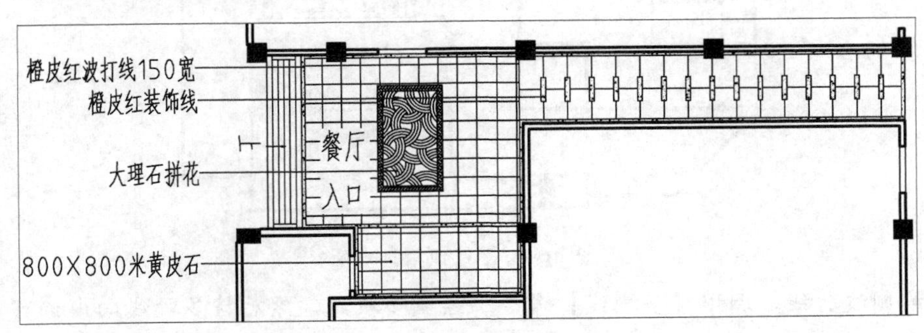


图 16-41　餐厅入口和过道地面材质图

**01** 整理图形。地面材质图可在平面布置图的基础上进行绘制，调用【复制】命令，复制酒店大堂的平面布置图，删除里面的家具，如图 16-42 所示。

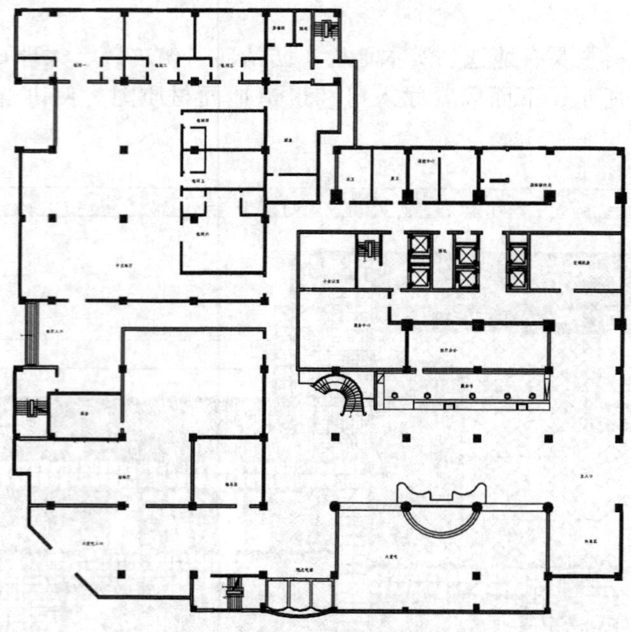

图 16-42　整理图形

**02** 绘制门槛线。设置【DM_地面】图层为当前图层。

**03** 调用【直线】命令，连接墙体的两端，如图 16-43 所示。

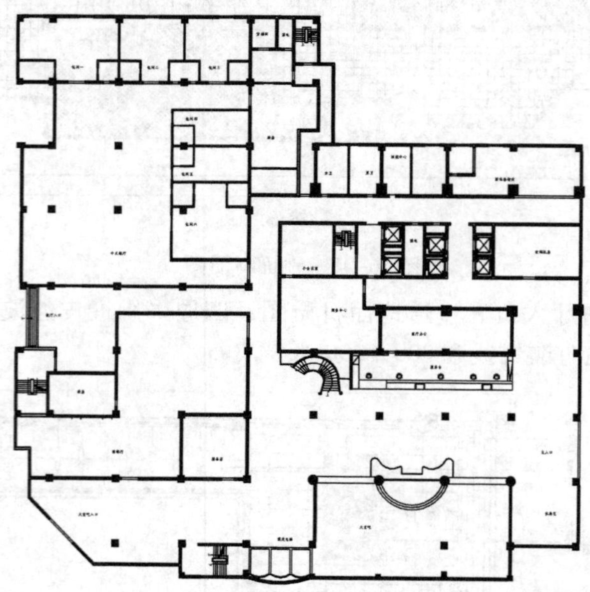

图 16-43　绘制墙体线

**04** 绘制波打线。调用【多段线】命令，绘制多段线，然后将多段线向内偏移 150，如图 16-44 所示。

**05** 调用【直线】命令和【偏移】命令，绘制线段，如图 16-45 所示。

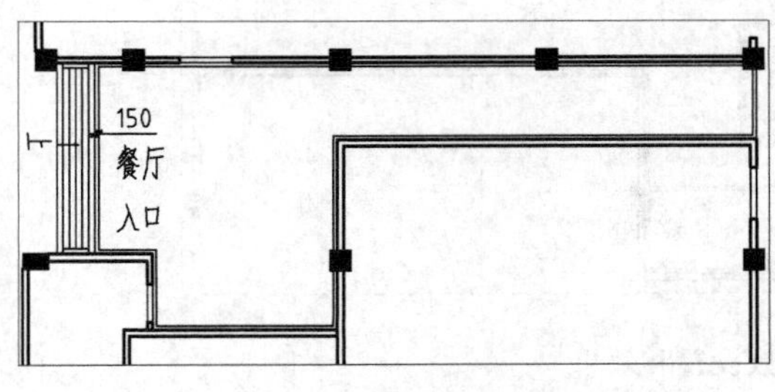


图 16-44 绘制并偏移多段线

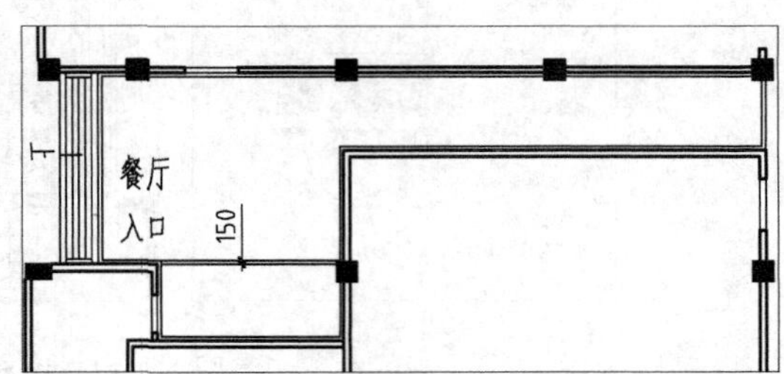


图 16-45 绘制线段

**06** 调用【填充】命令，输入【设置】选项，弹出对话框，然后在多段线和线段内填充【AR - CONC】图案，填充参数设置和效果如图 16-46 所示。

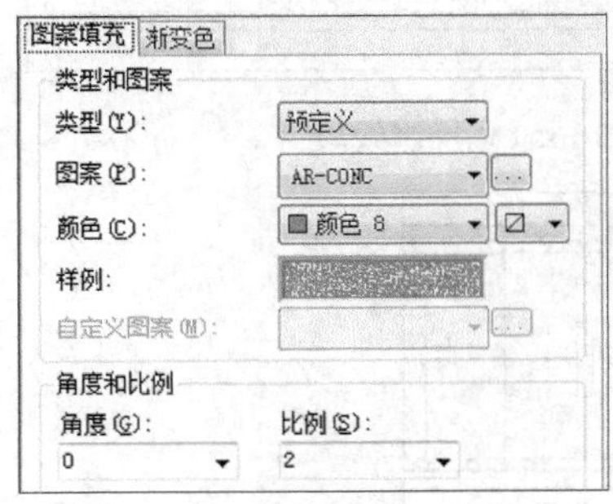


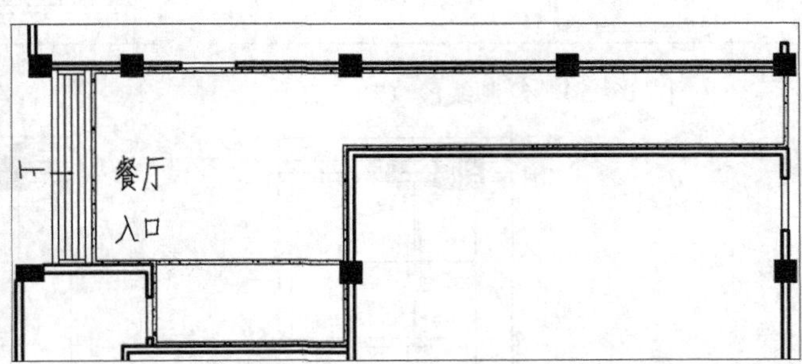


图 16-46 填充参数设置和效果

**07** 绘制大理石拼花。调用【矩形】命令，绘制尺寸为 2700 × 4500 的矩形，并移动到相应的位置，如图 16-47 所示。

**08** 调用【偏移】命令，将矩形向内偏移 225，如图 16-48 所示。

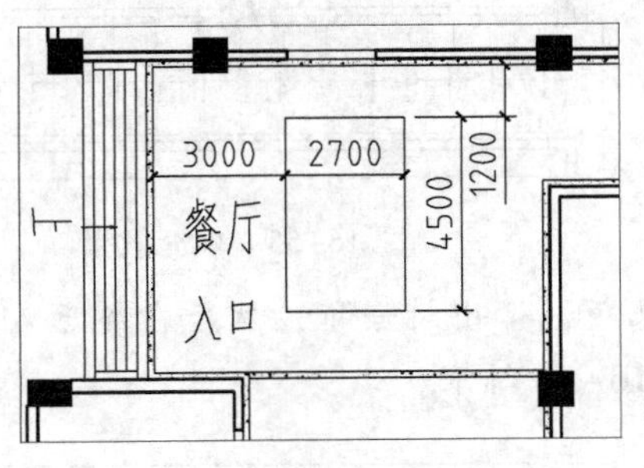

图 16-47 绘制矩形

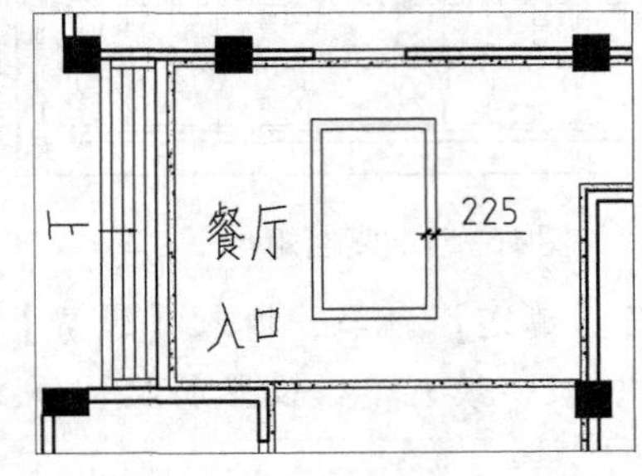


图 16-48 偏移矩形

**09** 调用【填充】命令，输入【设置】选项，弹出对话框，然后在两个矩形之间的位置填充【AR - HBONE】图案，填充参数设置和效果如图 16-49 所示。

**10** 绘制装饰线。调用【直线】命令，绘制线段表示分隔线，如图 16-50 所示。

**11** 调用【直线】命令和【偏移】命令，绘制线段，如图 16-51 所示。

**12** 调用【矩形】命令，绘制尺寸为 200 × 1000 的矩形，如图 16-52 所示。

**13** 调用【修剪】命令，修剪矩形内的线段，如图 16-53 所示。

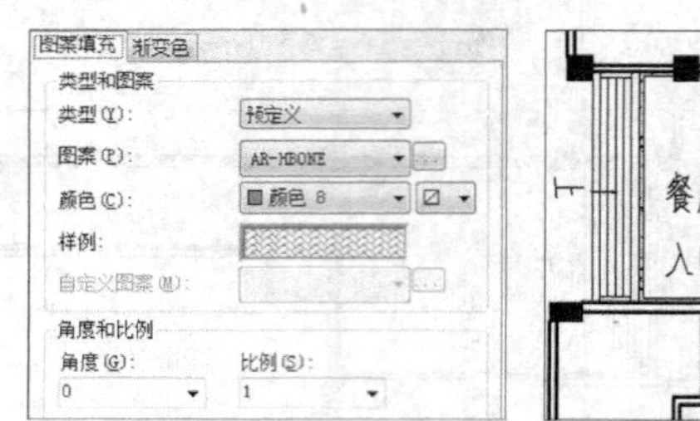

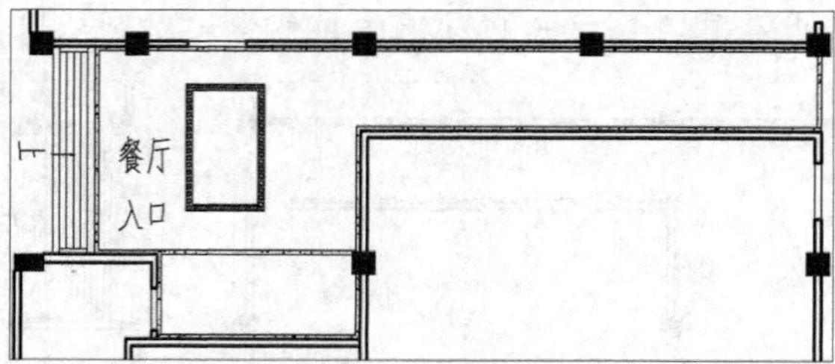


图 16-49 填充参数设置和效果

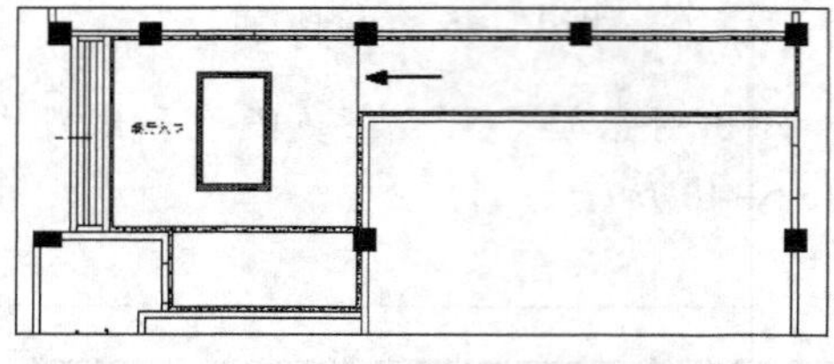

图 16-50 绘制线段（1）

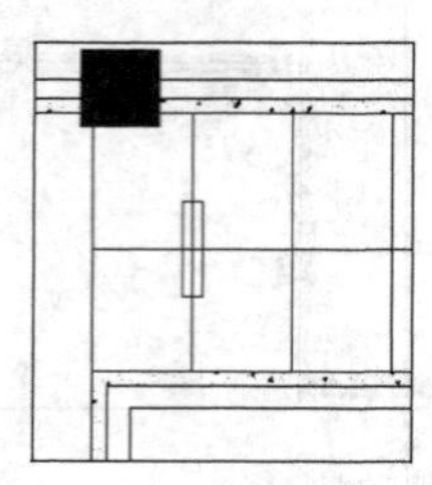

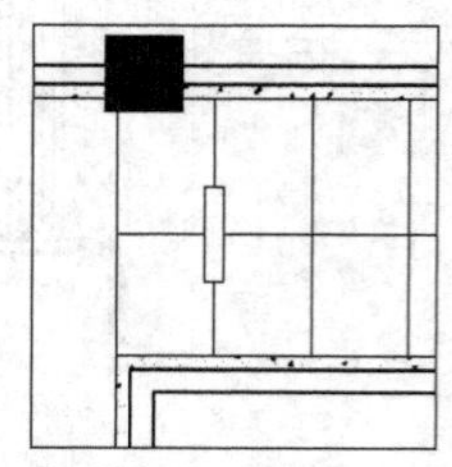

图 16-51 绘制线段（2）

图 16-52 绘制矩形

图 16-53 修剪线段

**14** 调用【复制】命令，将矩形向右复制，并修剪多余的线段，如图 16-54 所示。

**15** 调用【填充】命令，在矩形内填充【AR－CONC】图案，效果如图 16-55 所示。

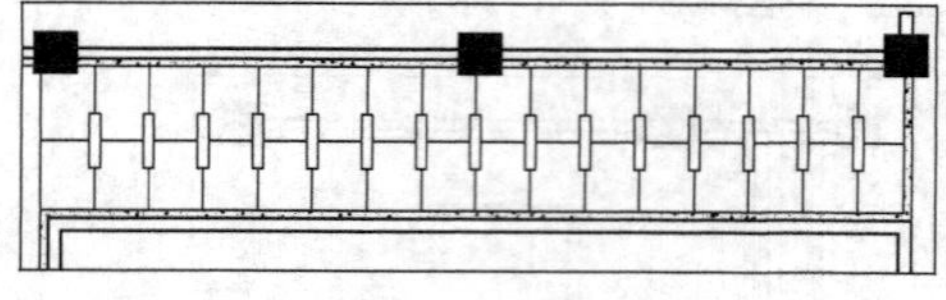

图 16-54 复制矩形

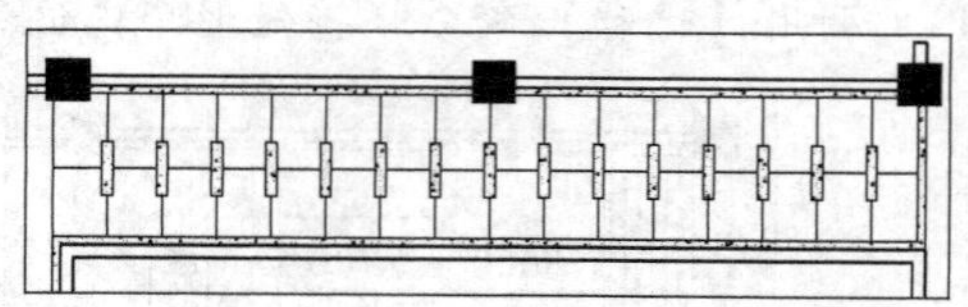

图 16-55 填充效果

**16** 调用【填充】命令，输入【设置】选项，弹出对话框，然后在餐厅入口区域填充【用户定义】图案，填充参数设置和效果如图 16-56 所示。

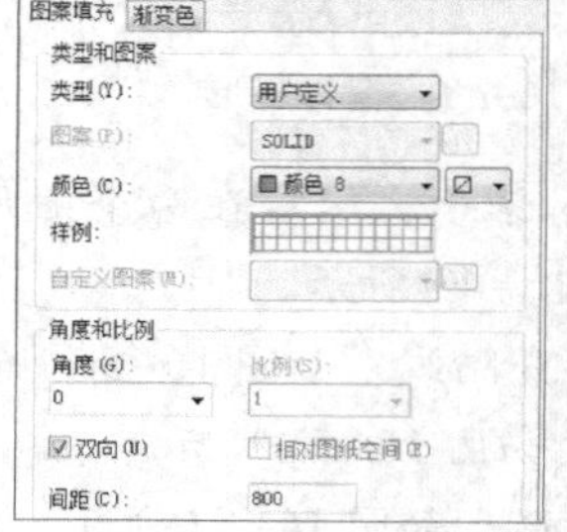

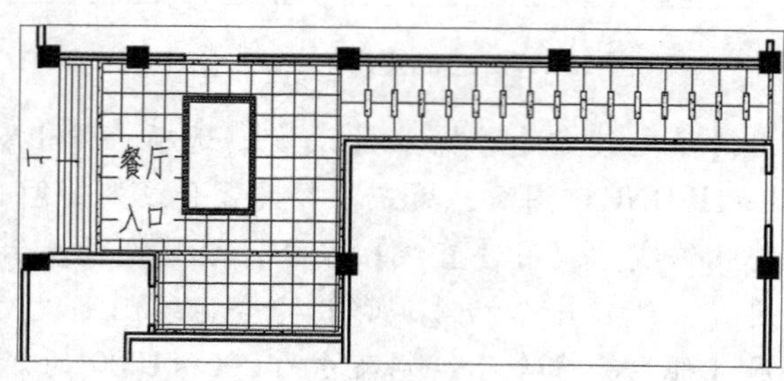


图 16-56 填充参数设置和效果

**17** 从图库中插入拼花图块到地面材质图中，效果如图 16–57 所示。

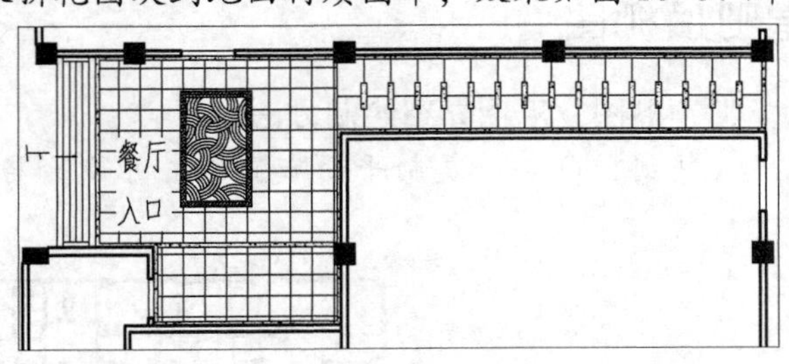


图 16–57 插入拼花图块

**18** 设置【BZ_标注】图层为当前图层。设置多重引线样式为【圆点】，调用【多重引线】命令，添加地面材料注释，结果如图 16–41 所示，完成餐厅入口和过道地面材质图的绘制。

## 16.5 绘制酒店大堂顶棚图

酒店大堂顶棚图如图 16–58 所示，主要使用纸面石膏板吊顶、铝板、实木线条、墙纸和磨砂玻璃等材料。下面分别以大堂吧和包间一顶棚图为例介绍酒店大堂顶棚图的绘制方法。

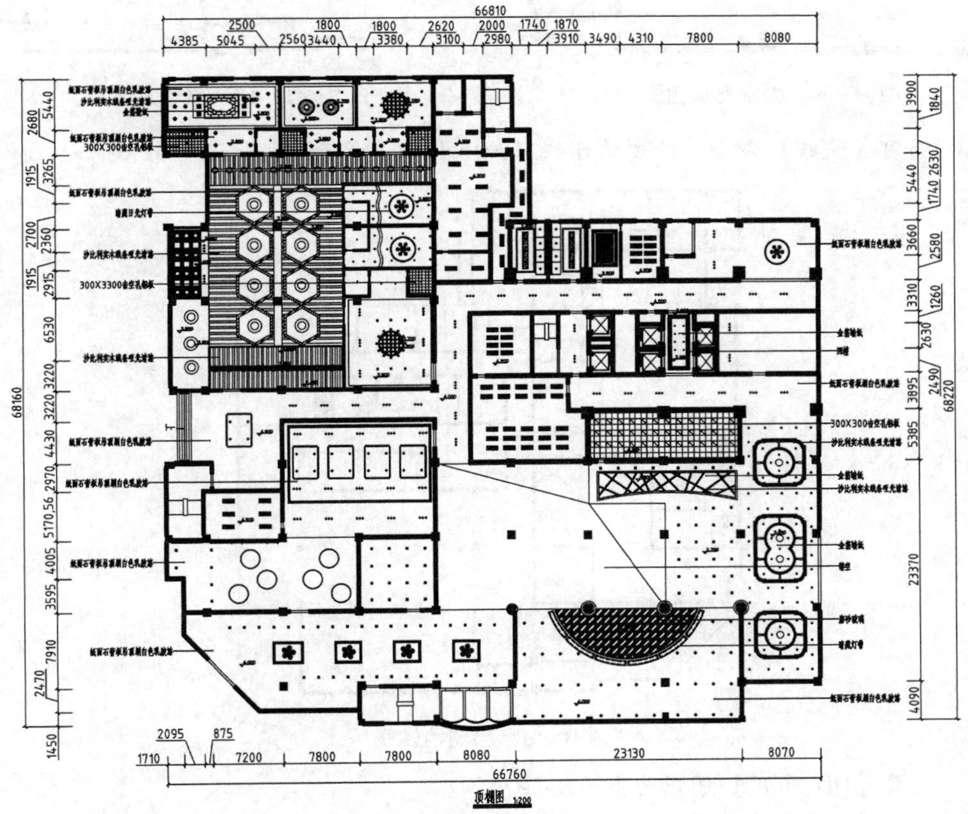


图 16–58 顶棚图

## 16.5.1 绘制大堂吧顶棚图

图 16-59 所示为大堂吧顶棚图，下面介绍绘制方法。

**01** 复制图形。调用【复制】命令，复制平面布置图，并删除与顶面无关的图形，如图 16-60 所示。

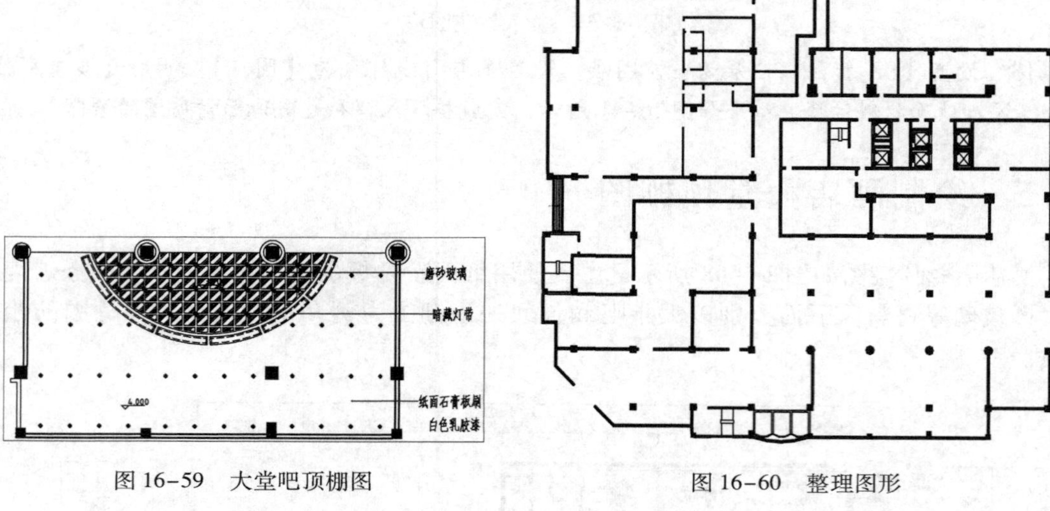


图 16-59　大堂吧顶棚图　　图 16-60　整理图形

**02** 调用【直线】命令，绘制墙体线，如图 16-61 所示。

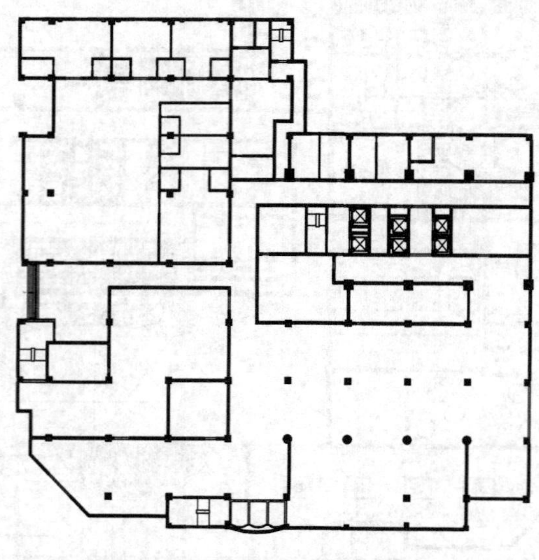

图 16-61　绘制墙体线

**03** 设置【DD_吊顶】图层为当前图层。

**04** 调用【偏移】命令，将圆形装饰柱向外偏移 200，如图 16-62 所示。

**05** 调用【直线】命令，绘制线段，如图 16-63 所示。

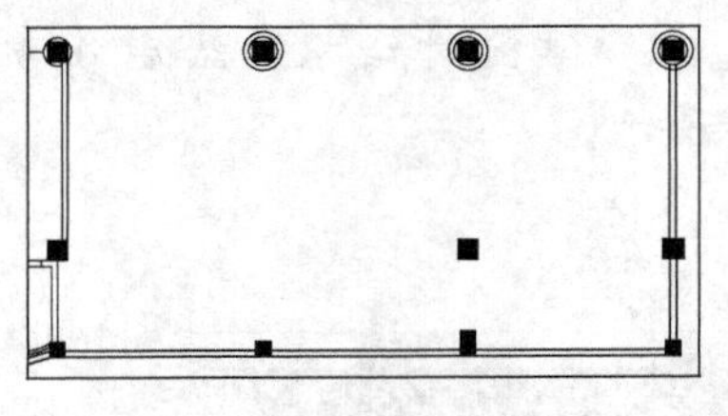
图 16-62　偏移圆

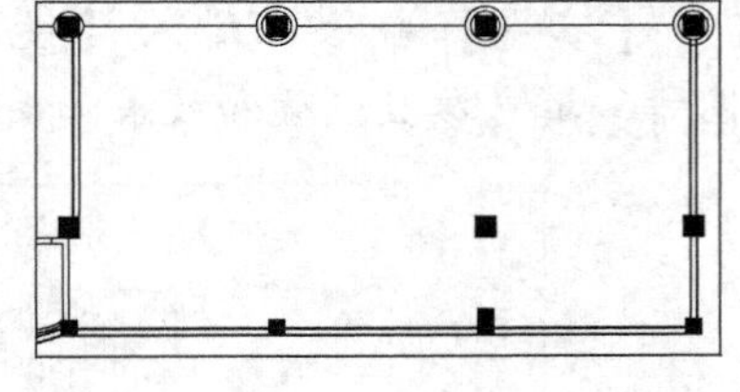
图 16-63　绘制线段

**06**　调用【直线】命令，绘制辅助线，如图 16-64 所示。

**07**　调用【圆】命令，以辅助线的交点为圆心绘制半径为 7670 的圆，然后删除辅助线，如图 16-65 所示。

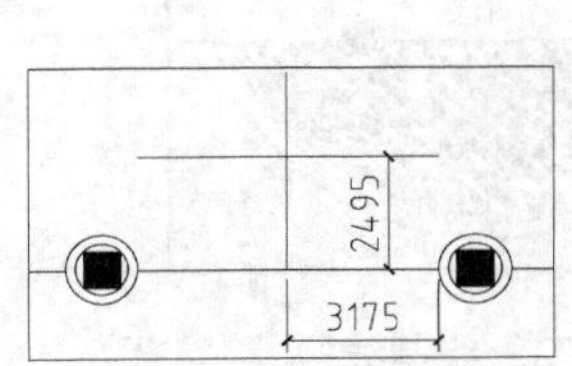

图 16-64　绘制辅助线

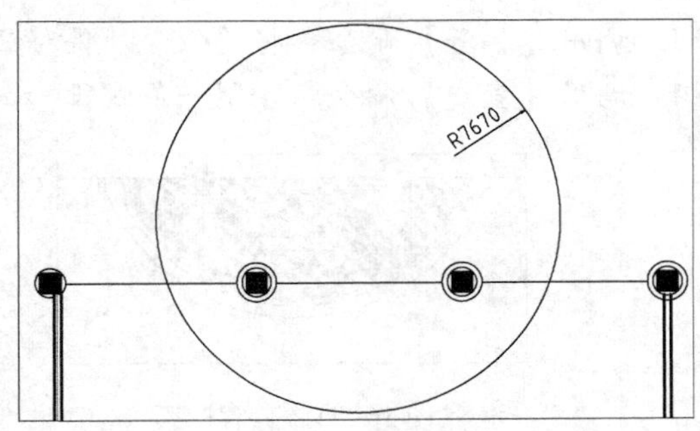

图 16-65　绘制辅助线

**08**　调用【修剪】命令，对圆进行修剪，如图 16-66 所示。

**09**　调用【偏移】命令，将圆弧向外偏移 100，如图 16-67 所示。

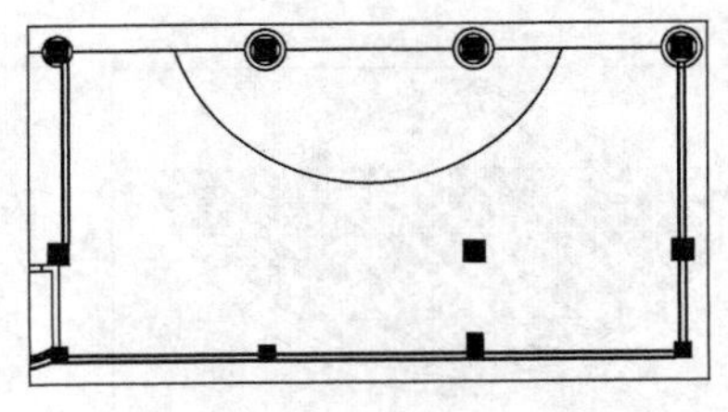
图 16-66　修剪圆

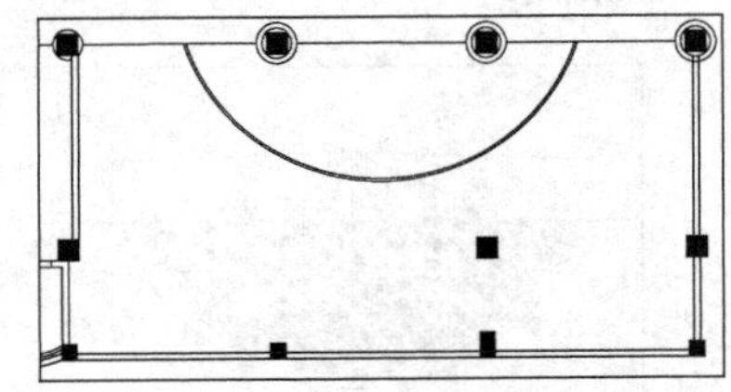
图 16-67　偏移圆弧

**10**　调用【直线】命令和【偏移】命令，绘制线段，如图 16-68 所示。

**11**　调用【修剪】命令，对线段和圆弧进行修剪，效果如图 16-69 所示。

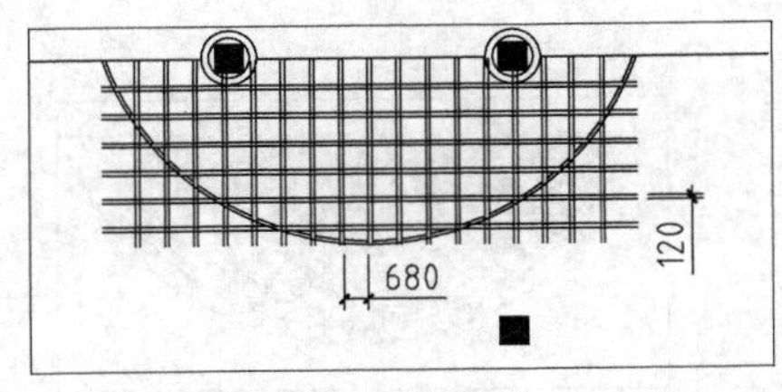

图 16-68　绘制线段

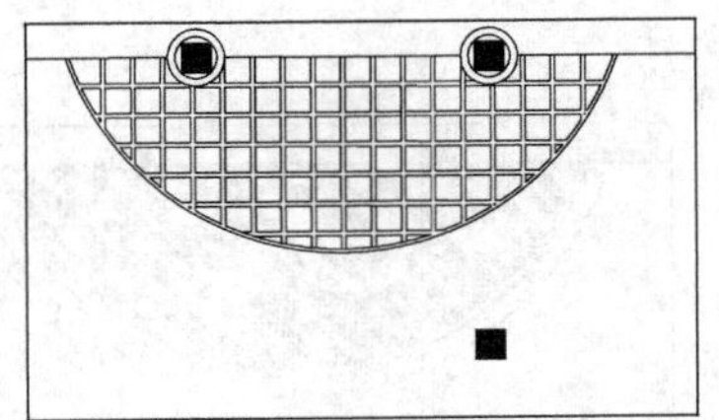
图 16-69　修剪线段和圆弧

**12** 调用【填充】命令，输入【设置】选项，弹出对话框，然后在顶棚内填充【ANSI34】图案，填充参数设置和效果如图 16-70 所示。

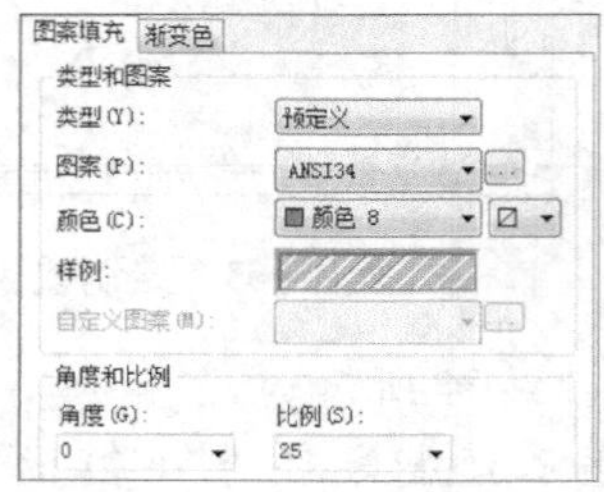


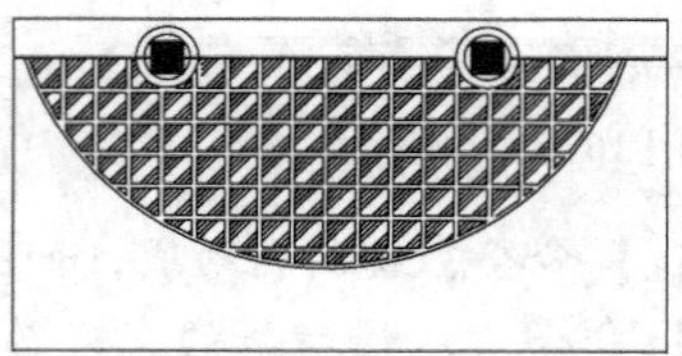

图 16-70　填充参数设置和效果

**13** 调用【偏移】命令，将圆弧向外偏移 200 和 500，如图 16-71 所示。

**14** 调用【直线】命令，绘制一条线段，如图 16-72 所示。

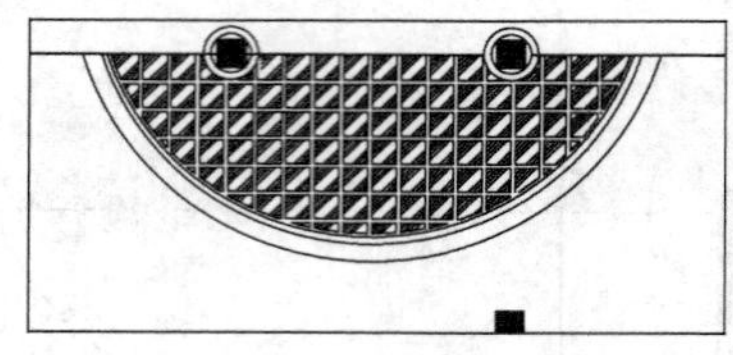

图 16-71　偏移圆弧

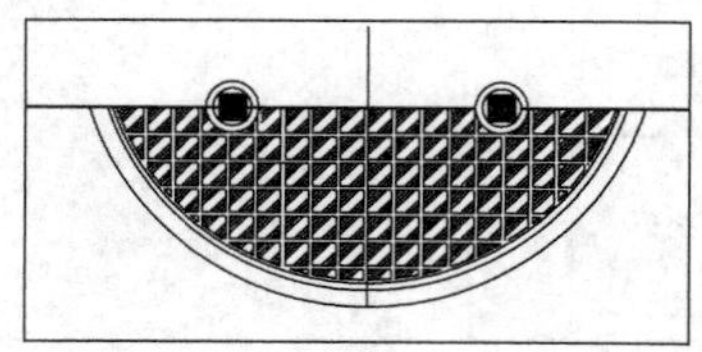

图 16-72　绘制线段

**15** 调用【阵列】命令，对线段进行环形阵列，指定圆心作为基点，项目数为 6，项目角度为 22，然后将阵列后的线段镜像到另一侧，如图 16-73 所示。

**16** 删除多余的线段，调用【偏移】命令，将线段向两侧偏移 82，然后删除中间的线段，如图 16-74 所示。

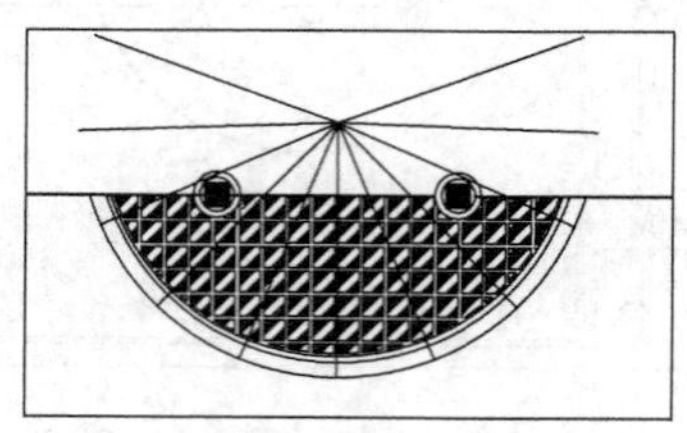

图 16-73　环形阵列

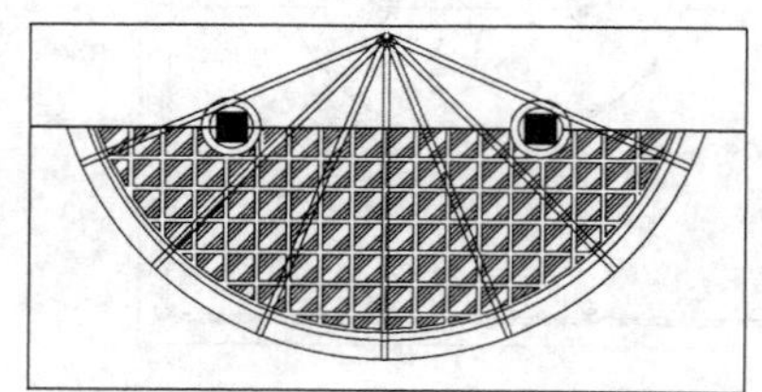

图 16-74　偏移线段

**17** 调用【修剪】命令，对线段和圆弧进行修剪，效果如图 16-75 所示。

**18** 调用【偏移】命令，将圆弧和线段向内偏移 100，并设置为虚线表示灯带，如图 16-76所示。

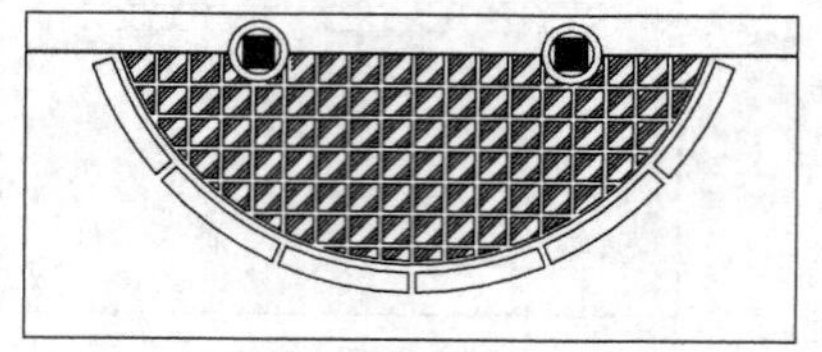

图 16-75　修剪线段和圆弧

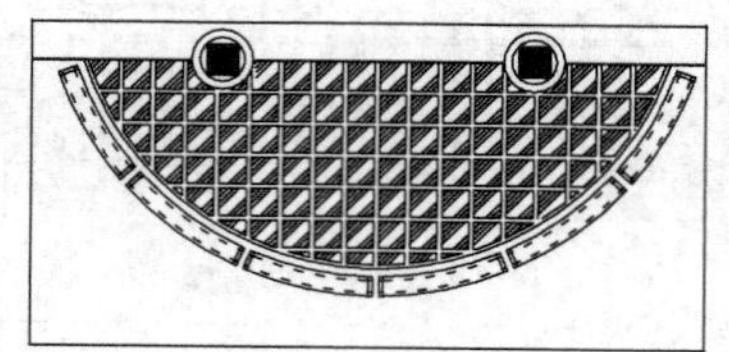

图 16-76　绘制灯带

**19** 布置灯具。从本书光盘中的“第 16 章\家具图例 .dwg”文件中调用灯具，布置灯具后的效果如图 16-77 所示。

**20** 标注标高。调用【插入】命令，插入【标高】图块标注标高，如图 16-78 所示。

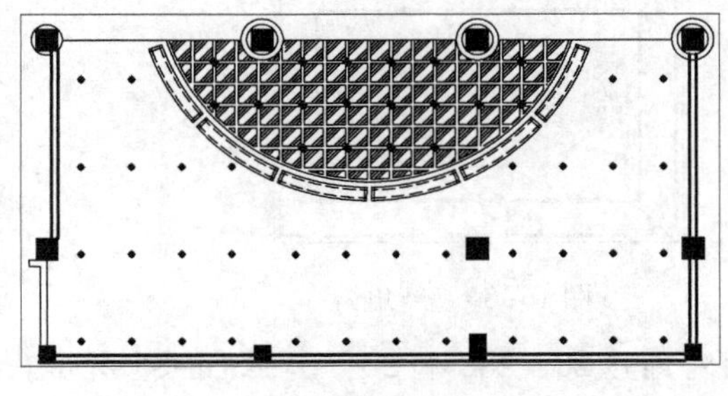

图 16-77　布置灯具

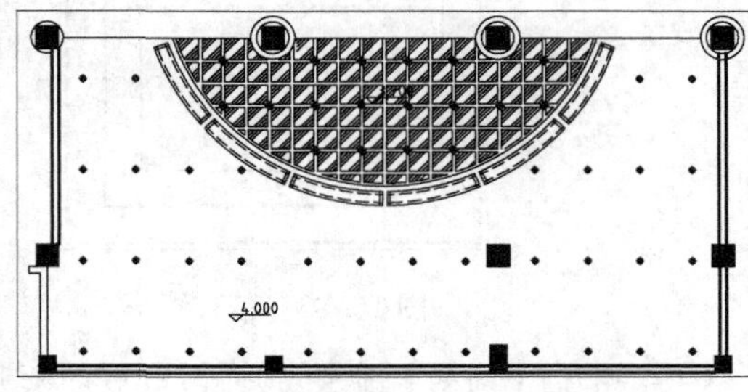


图 16-78　插入标高

**21** 调用【多重引线】命令，标注文字说明，结果如图 16-59 所示，大堂吧顶棚图绘制完成。

## 16.5.2　绘制包间—顶棚图

图 16-79 所示为包间—顶棚图，采用的是纸面石膏板，包间中的卫生间顶面采用的是铝板，下面讲解绘制方法。

**01** 设置【DD_吊顶】图层为当前图层。

**02** 调用【多段线】命令，绘制窗帘，并对窗帘进行复制和镜像，效果如图 16-80 所示。

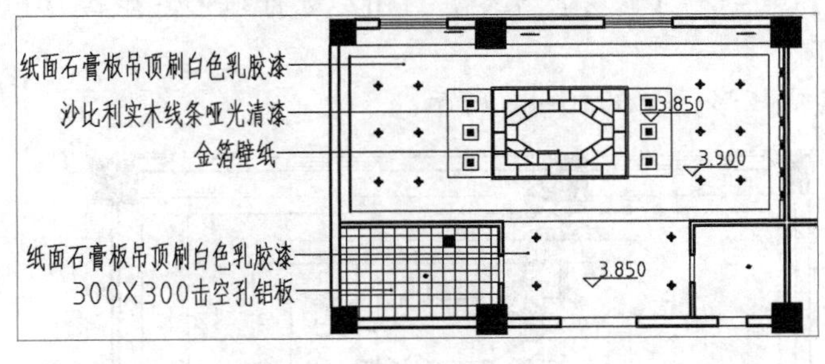


图 16-79　包间—顶棚图

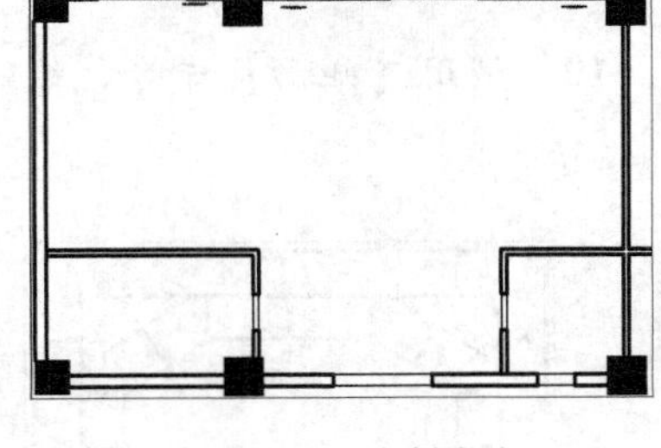

图 16-80　绘制窗帘

**03** 调用【直线】命令，绘制窗帘盒，如图 16-81 所示。

**04** 调用【矩形】命令，绘制尺寸为 3610×2495 的矩形，并移动到相应的位置，如图 16-82 所示。

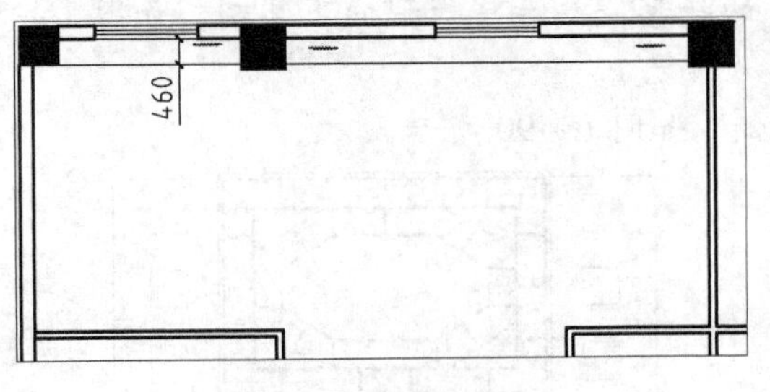


图 16-81　绘制窗帘盒

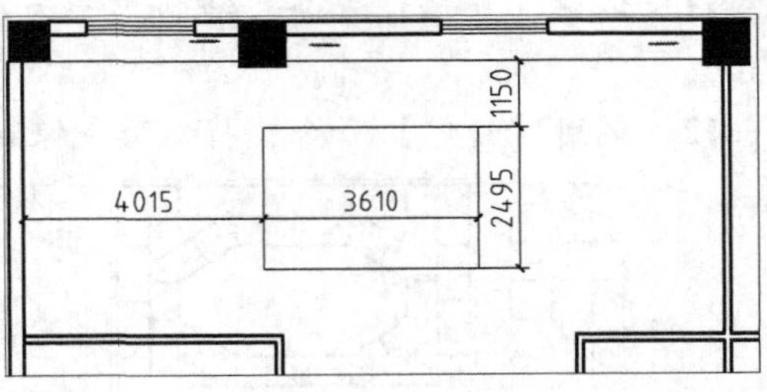


图 16-82　绘制矩形

**05** 调用【偏移】命令，将矩形向内偏移50、20、300、20和320，如图16-83所示。

**06** 调用【倒角】命令，对矩形进行倒角，如图16-84所示。

图16-83 偏移矩形

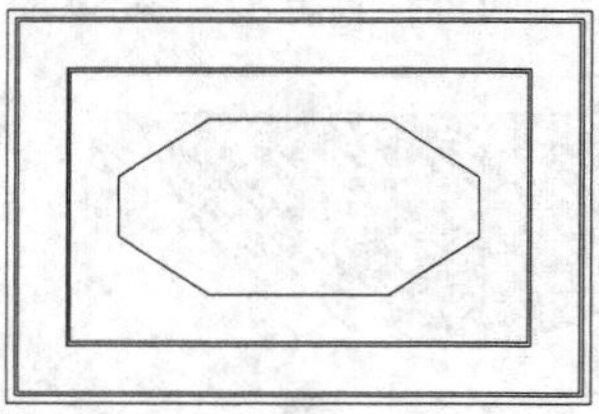

图16-84 倒角

**07** 调用【偏移】命令，将倒角后的矩形向外偏移20、280和20，如图16-85所示。

**08** 调用【直线】命令和【偏移】命令，绘制线段，然后对线段和矩形进行修剪，如图16-86所示。

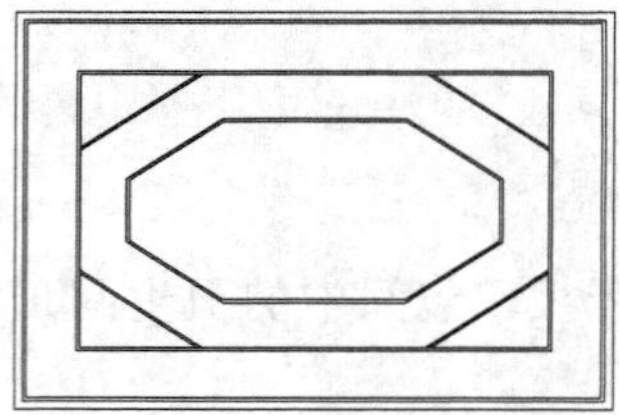

图16-85 偏移矩形

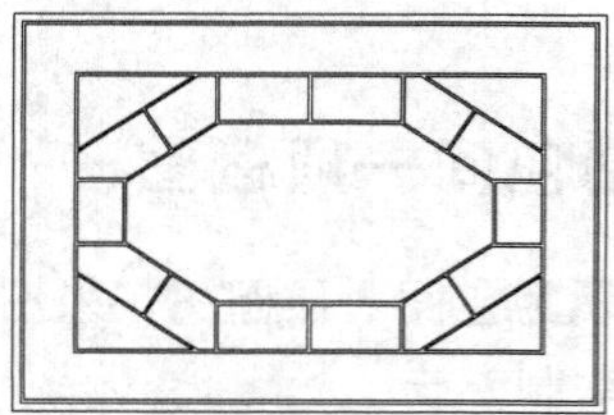

图16-86 绘制并修剪线段和矩形

**09** 调用【直线】命令、【偏移】命令和【修剪】命令，对图形进行细化，如图16-87所示。

**10** 调用【矩形】命令，绘制其他矩形，如图16-88所示。

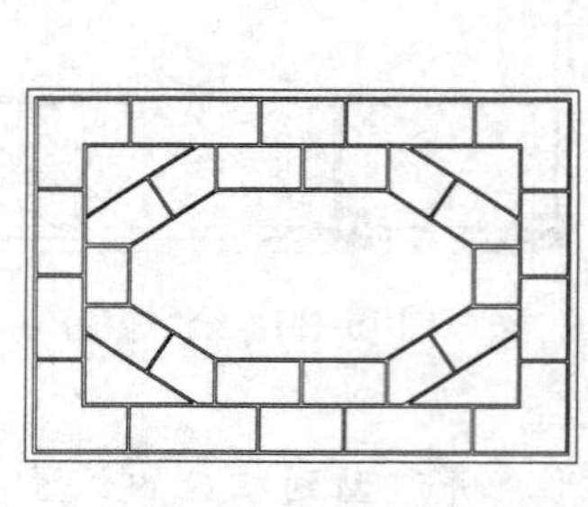

图16-87 细化图形

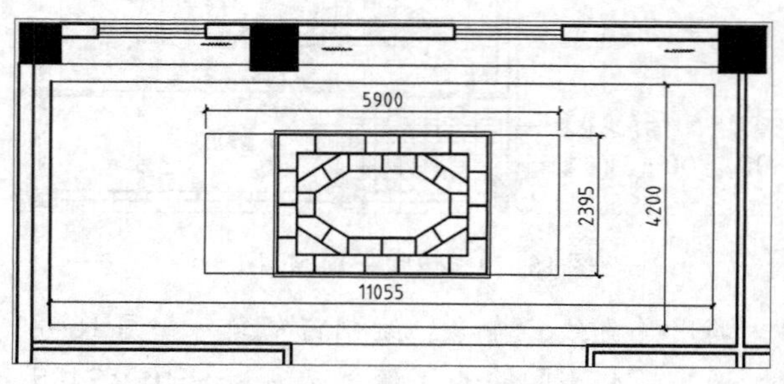


图16-88 绘制矩形

**11** 调用【矩形】命令，绘制边长为400的矩形，然后将矩形向下复制，如图16-89所示。

**12** 调用【镜像】命令，将矩形镜像到右侧，如图16-90所示。

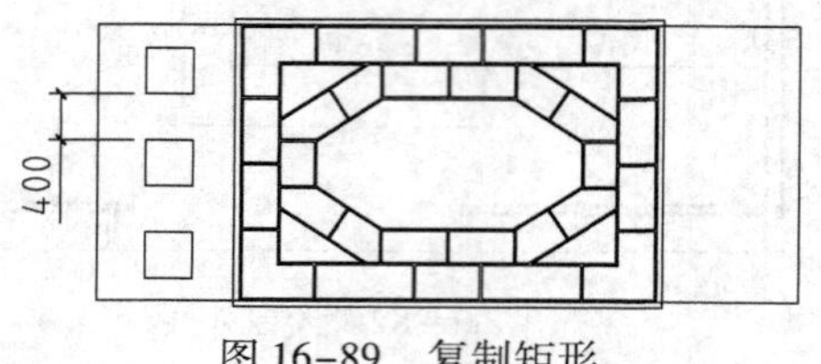


图16-89 复制矩形

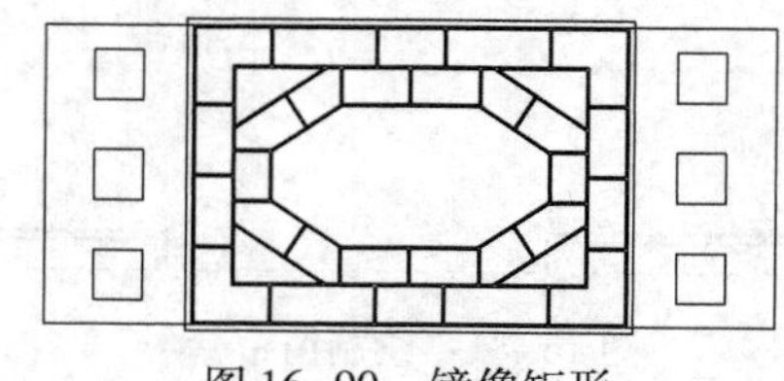

图16-90 镜像矩形

**13** 调用【多段线】命令，绘制多线段，如图 16-91 所示。

**14** 调用【直线】命令，绘制线段，如图 16-92 所示。

**15** 调用【直线】命令，绘制线段，如图 16-93 所示。

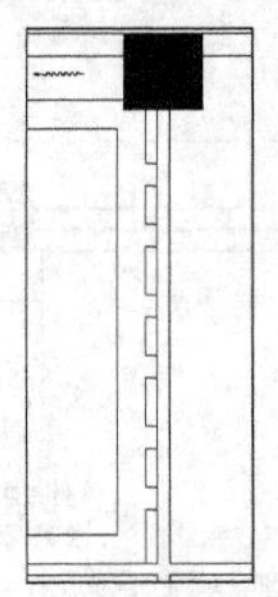

图 16-91　绘制多段线

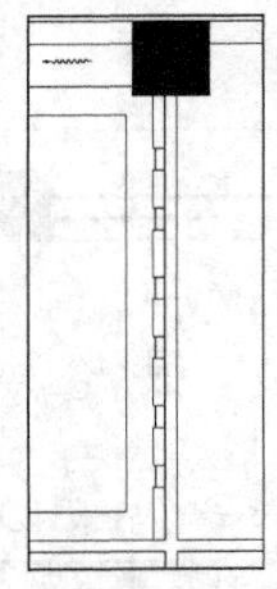

图 16-92　绘制线段（1）

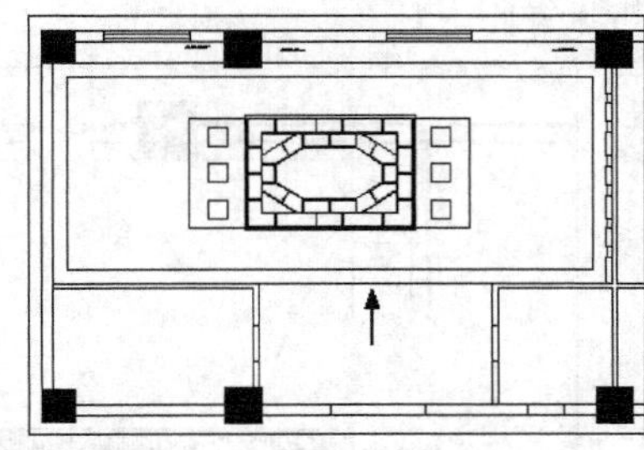

图 16-93　绘制线段（2）

**16** 填充卫生间顶面。调用【填充】命令，输入【设置】选项，弹出对话框，然后对卫生间顶面填充【用户定义】图案，填充参数设置和效果如图 16-94 所示。

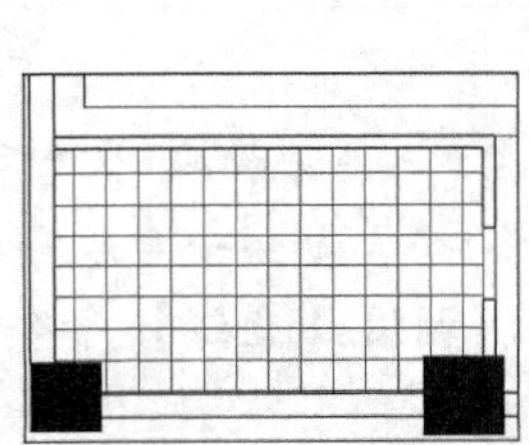

图 16-94　填充参数设置和效果

**17** 插入灯具。从图库中调用灯具，布置灯具后的效果如图 16-95 所示。

**18** 调用【插入】命令，插入【标高】图块，如图 16-96 所示。

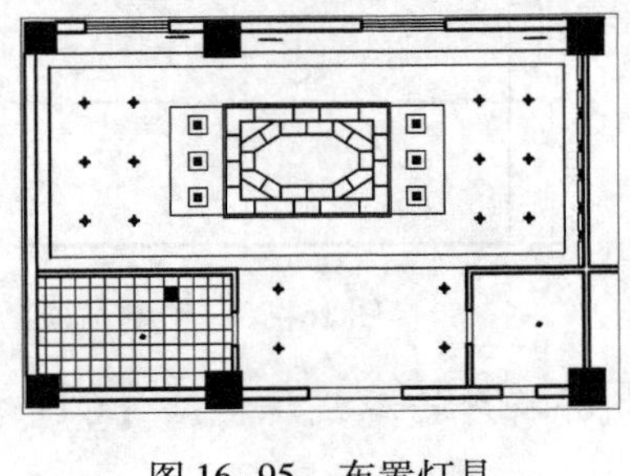

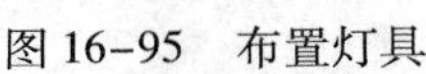

图 16-95　布置灯具

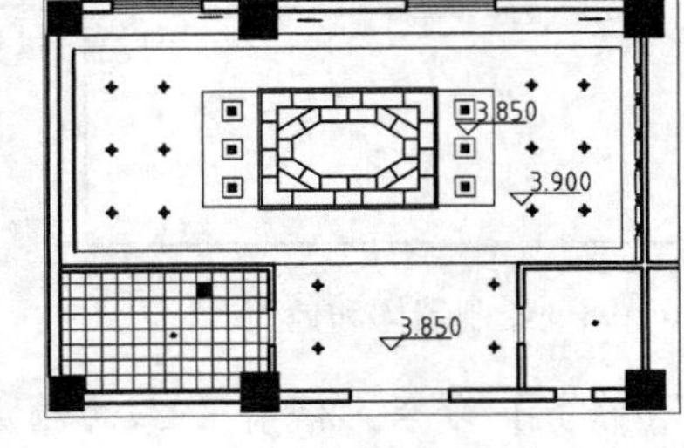


图 16-96　插入标高图块

**19** 调用【多重引线】命令，标注材料，结果如图 16-79 所示，完成包间—顶棚图的绘制。

## 16.6　绘制酒店大堂立面图

立面图是装饰细节的体现，下面以服务台背景立面图为例，介绍酒店大堂立面图的画法。

## 16.6.1 绘制服务台背景立面图

图 16-97 所示为服务台背景立面图，主要表达了服务台所在的墙面的造型和做法，下面讲解绘制方法。

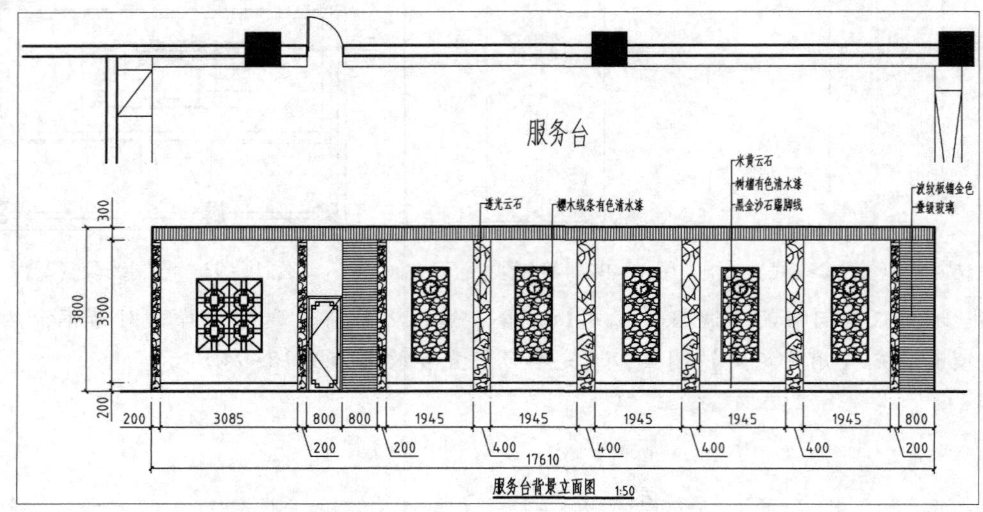


图 16-97 服务台背景立面图

**01** 调用【复制】命令，复制一层服务台背景的平面部分。

**02** 绘制立面轮廓。调用【直线】命令，利用投影法绘制服务台背景立面左右侧轮廓和地面，如图 16-98 所示。

**03** 调用【直线】命令，按照顶棚图吊顶的轮廓绘制投影线，再根据吊顶的标高在立面图内绘制水平线段，确定吊顶的位置，如图 16-99 所示。

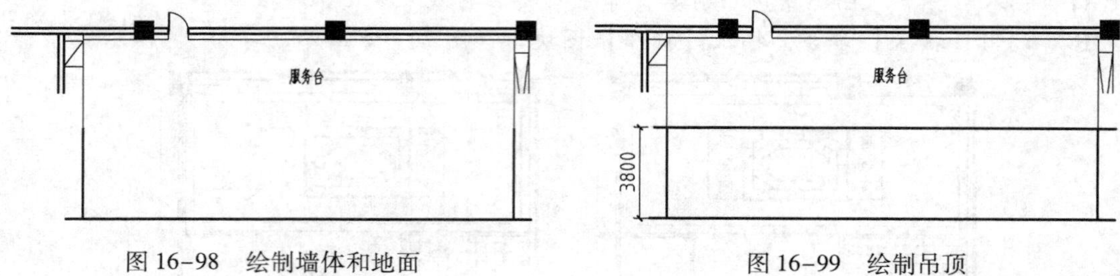


图 16-98 绘制墙体和地面　　图 16-99 绘制吊顶

**04** 调用【修剪】命令，修剪出立面轮廓，并将外轮廓线转换至【QT_墙体】图层，如图 16-100 所示。

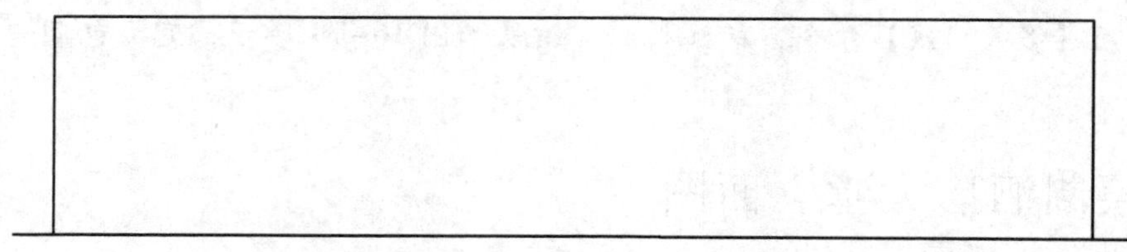

图 16-100 修剪立面轮廓

**05** 绘制吊项。调用【直线】命令，绘制线段，如图 16-101 所示。

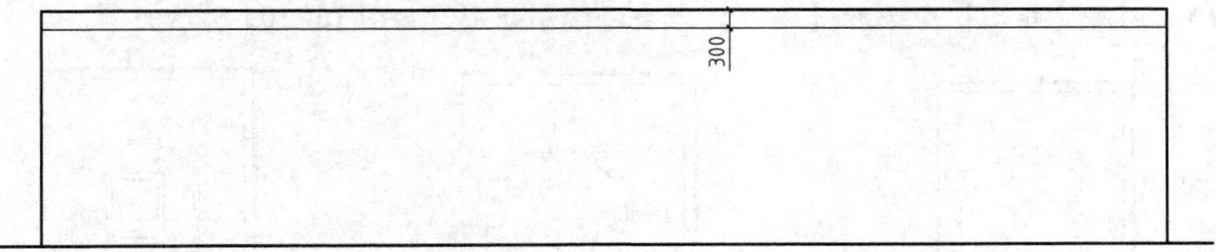


图 16-101　绘制线段

**06** 调用【填充】命令，输入【设置】选项，弹出对话框，然后在线段内填充【LINE】图案，填充参数设置和效果如图 16-102 所示。

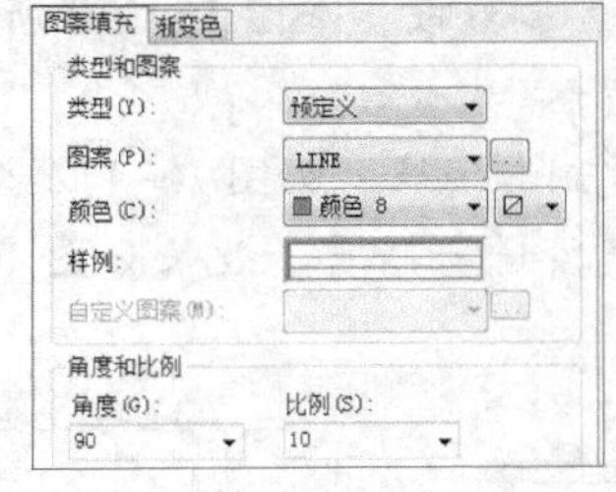


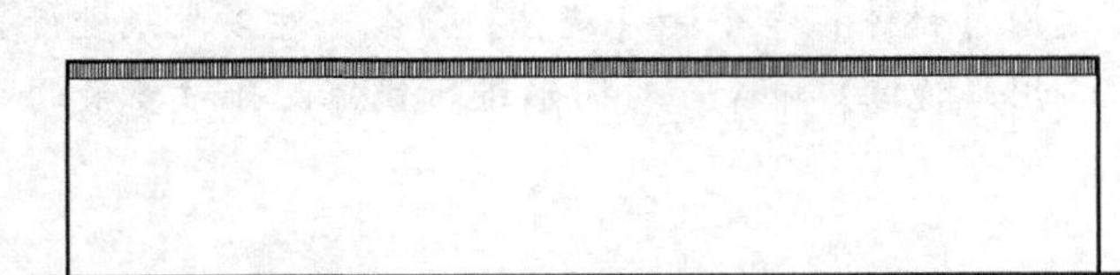

图 16-102　填充参数设置和效果

**07** 调用【直线】命令和【偏移】命令，划分背景墙，如图 16-103 所示。

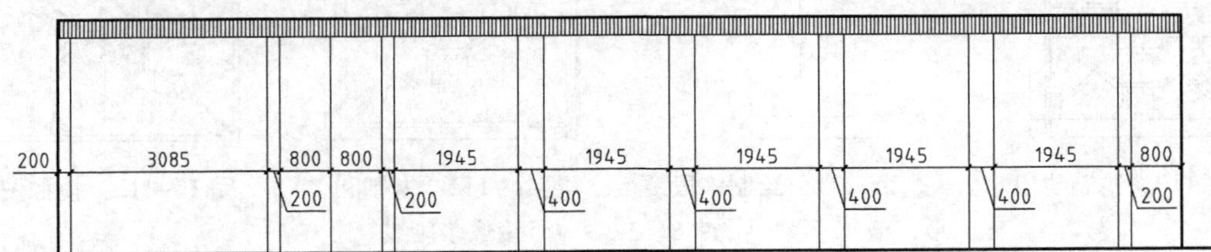


图 16-103　划分背景墙

**08** 调用【矩形】命令，绘制尺寸为 1500×1715 的矩形，如图 16-104 所示。

**09** 调用【偏移】命令，将矩形向内偏移 32，如图 16-105 所示。

**10** 调用【直线】命令和【偏移】命令，绘制线段，如图 16-106 所示。

**11** 调用【多边形】命令，绘制多边形，如图 16-107 所示。

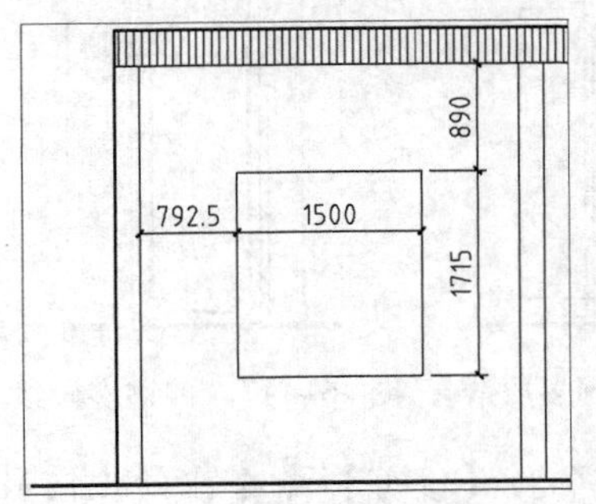


图 16-104　绘制矩形

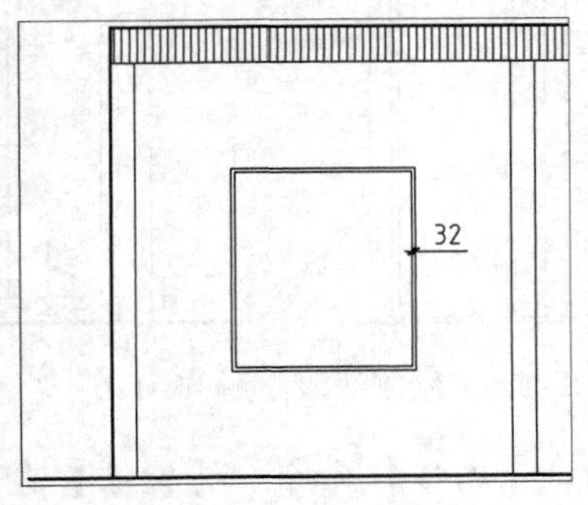


图 16-105　偏移矩形

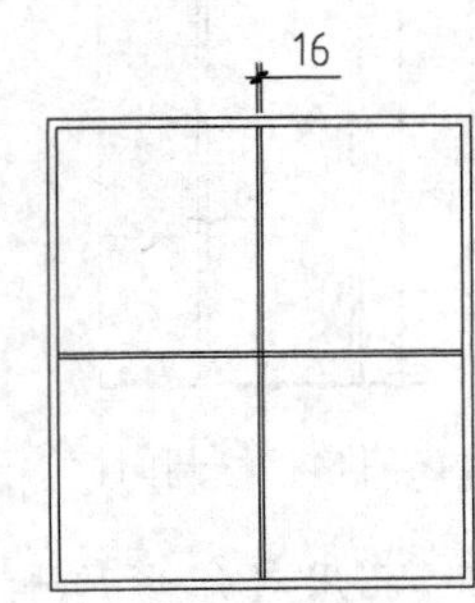


图 16-106　绘制线段

**12** 调用【偏移】命令，将多边形向内偏移16，如图16-108所示。

**13** 调用【矩形】命令和【偏移】命令，绘制矩形，如图16-109所示。

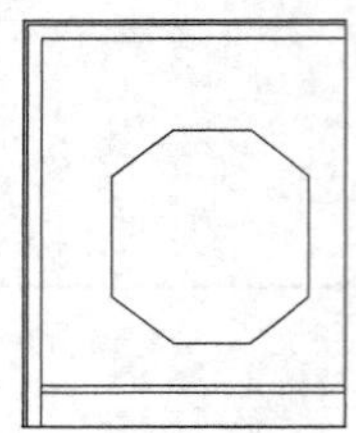
图16-107 绘制多边形

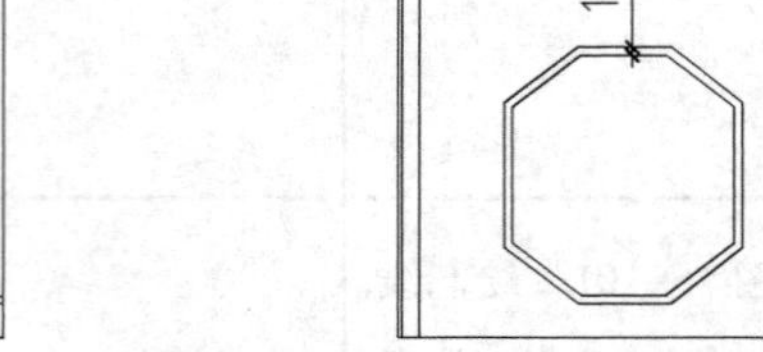

图16-108 偏移多边形

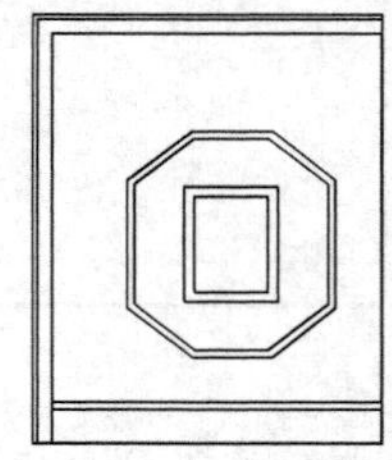
图16-109 绘制并偏移矩形

**14** 调用【直线】命令、【偏移】命令和【修剪】命令，绘制线段，如图16-110所示。

**15** 调用【多段线】命令，绘制多段线，如图16-111所示。

**16** 调用【镜像】命令和【旋转】命令，对多段线进行复制和镜像，如图16-112所示。

**17** 调用【镜像】命令，对图形进行镜像，并对多余的线段进行修剪，效果如图16-113所示。

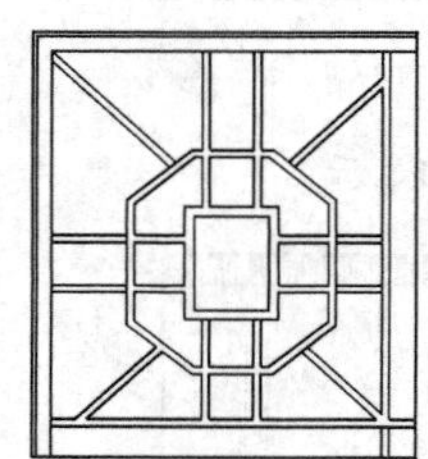
图16-110 绘制线段

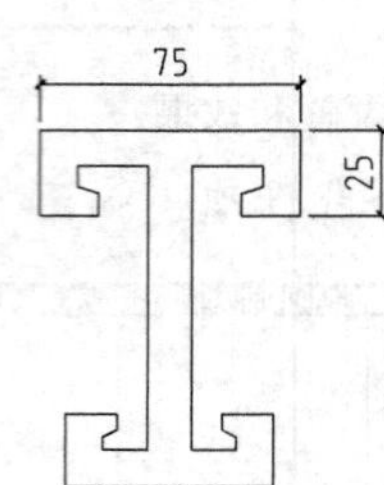

图16-111 绘制多段线

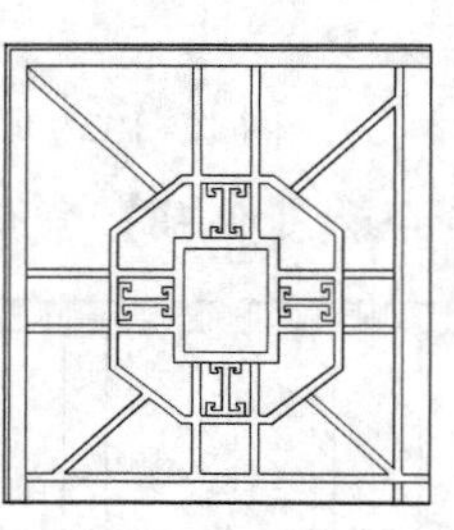
图16-112 复制和镜像多段线

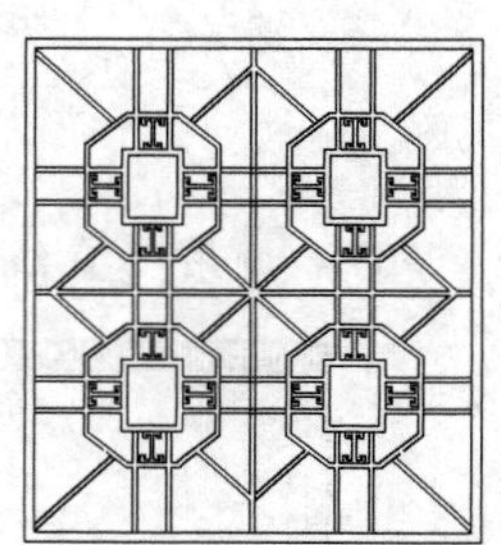
图16-113 镜像图形

**18** 绘制门。调用【多段线】命令和【偏移】命令，绘制门框，如图16-114所示。

**19** 调用【直线】命令，绘制线段连接多段线，如图16-115所示。

**20** 调用【多段线】命令，绘制多段线，如图16-116所示。

**21** 调用【偏移】命令，将多段线向内偏移8，如图16-117所示。

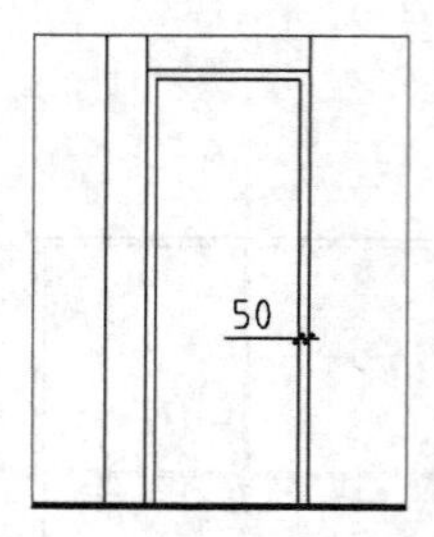

图16-114 绘制门框

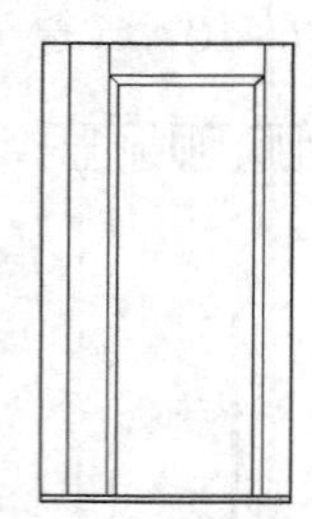
图16-115 绘制线段

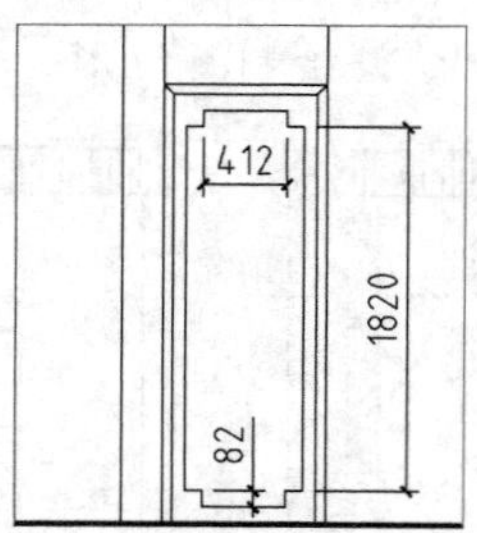

图16-116 绘制多段线

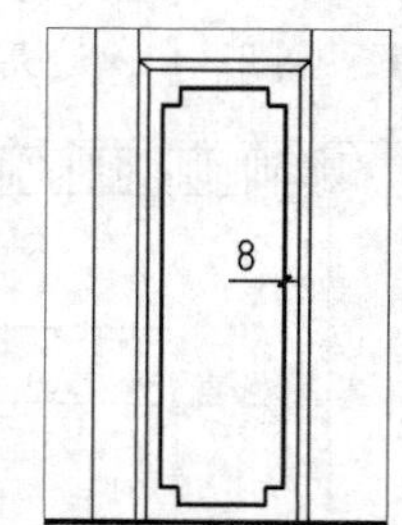

图16-117 偏移多段线

**22** 调用【矩形】命令、【偏移】命令、【镜像】命令和【修剪】命令，细化门板造型，如图16-118所示。

23 调用【多段线】命令，绘制折线表示门开启方向，如图 16-119 所示。

24 调用【圆】命令和【偏移】命令，绘制门把手，如图 16-120 所示。

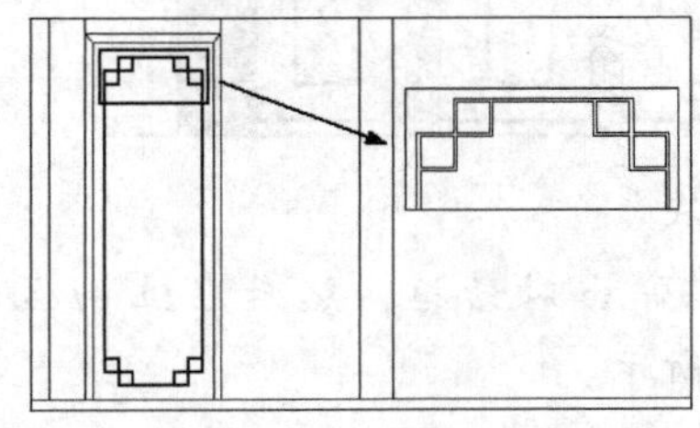
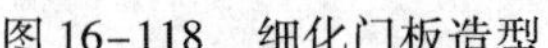

图 16-118 细化门板造型

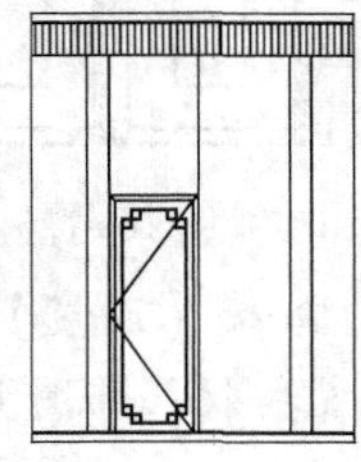

图 16-119 绘制折线

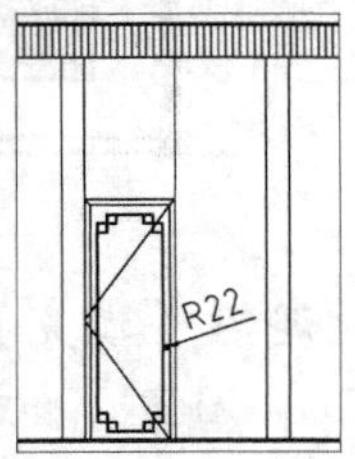

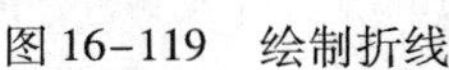

图 16-120 绘制门把手

25 调用【填充】命令，输入【设置】选项，弹出对话框，然后在线段内和立面的右侧墙面填充【LINE】图案，效果如图 16-121 所示。

26 调用【矩形】命令，绘制尺寸为 850×3175 的矩形，如图 16-122 所示。

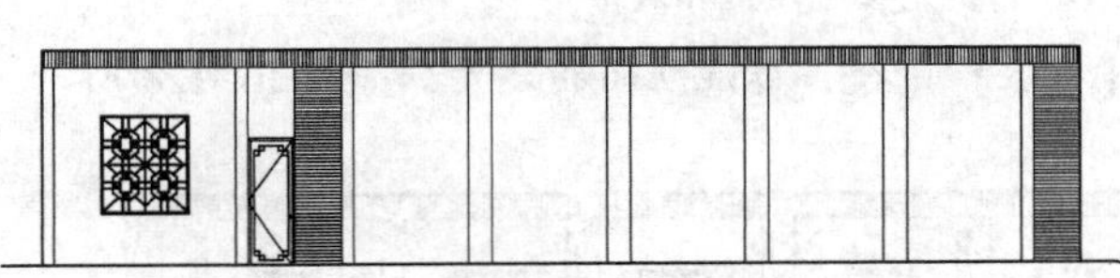

图 16-121 填充图案效果

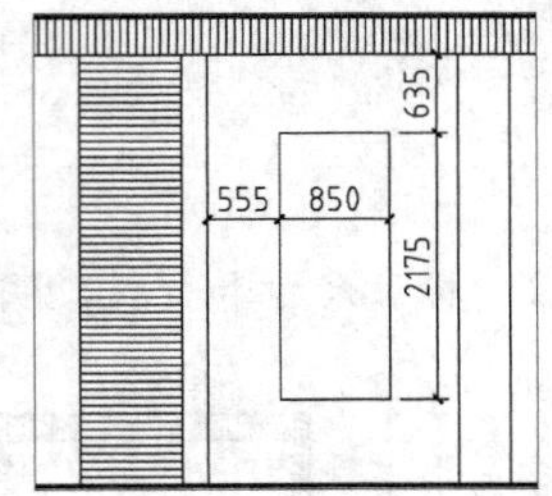


图 16-122 绘制矩形

27 调用【偏移】命令，将矩形向内偏移 30.5，如图 16-123 所示。

28 调用【复制】命令，对矩形进行复制，如图 16-124 所示。

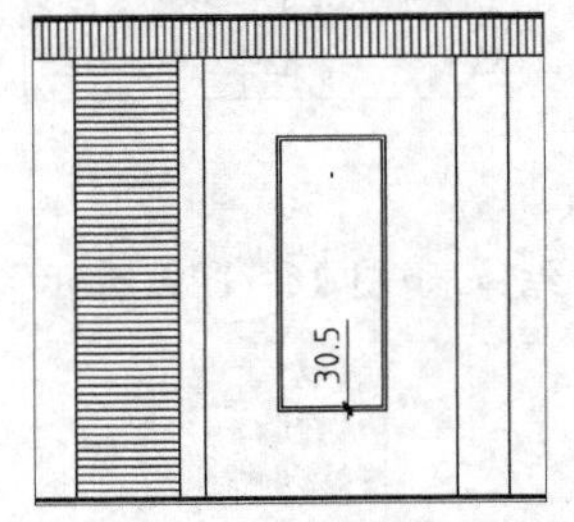


图 16-123 偏移矩形

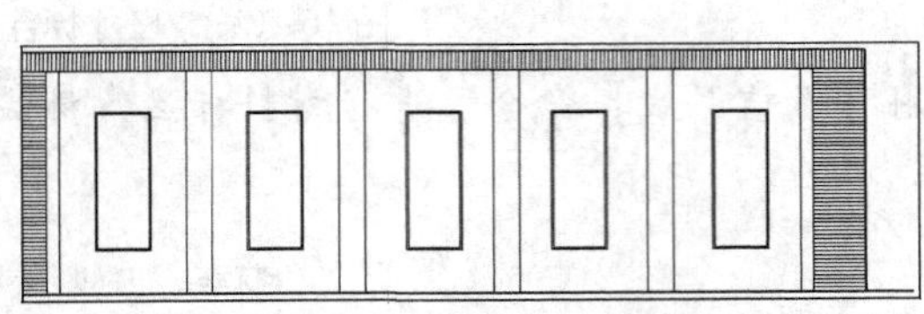

图 16-124 复制矩形

29 调用【直线】命令和【偏移】命令，绘制踢脚板，如图 16-125 所示。

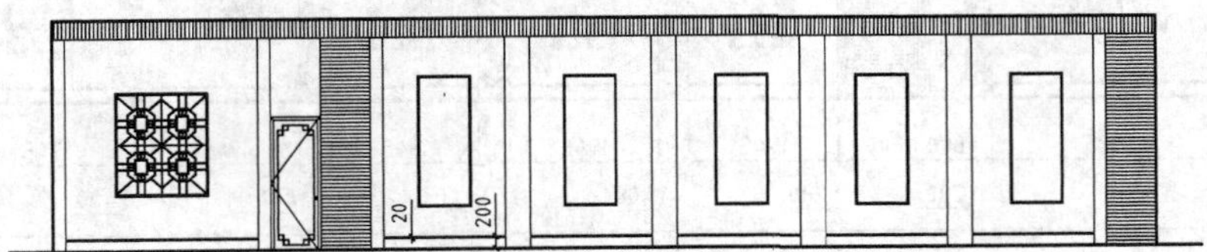


图 16-125 绘制踢脚板

30 从图库中插入云石和时钟图块，效果如图 16-126 所示。

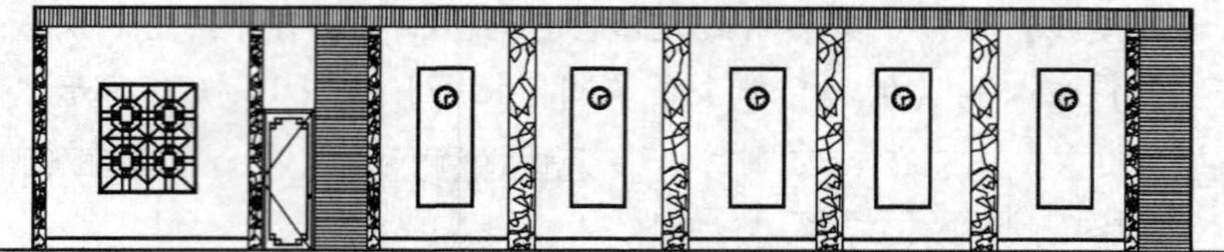

图 16–126　插入图块

**31**　调用【填充】命令，输入【设置】选项，弹出对话框，然后在立面区域填充【GRAVEL】图案，填充参数设置和效果如图 16–127 所示。

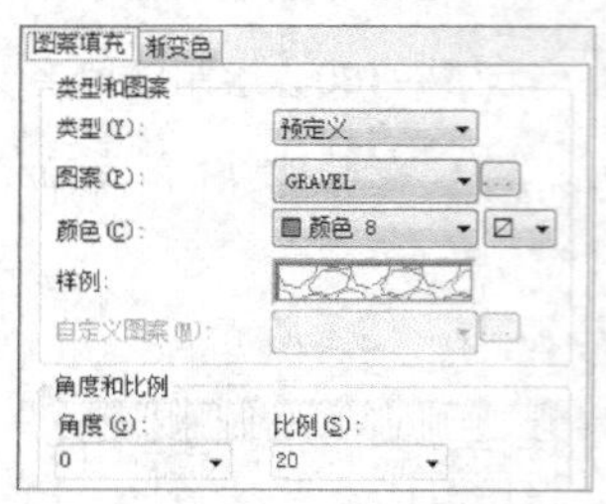

图 16–127　填充参数设置和效果

**32**　标注尺寸和材料说明。调用【标注】命令，标注立面的尺寸，如图 16–128 所示。

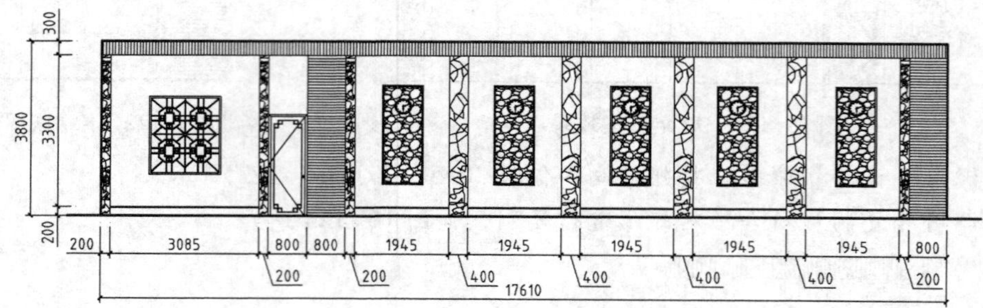


图 16–128　尺寸标注

**33**　调用【多重引线】命令，进行材料标注，标注的结果如图 16–129 所示。

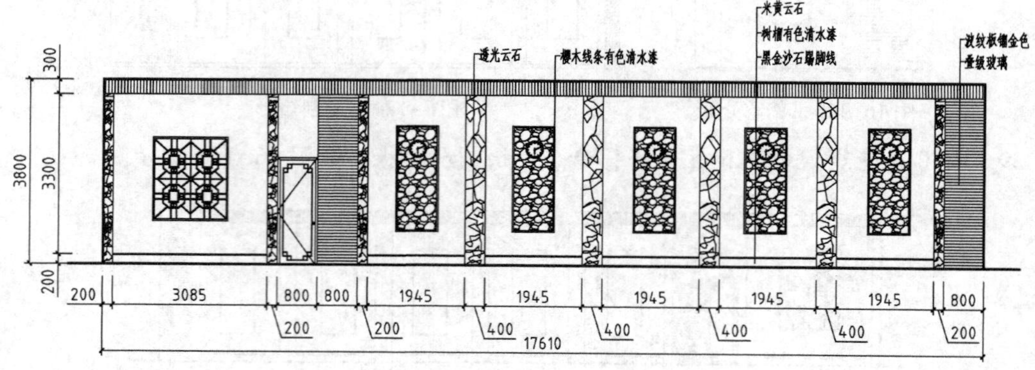


图 16–129　材料标注

**34**　调用【插入】命令，插入【图名】图块，设置名称为【服务台背景立面图】，服务台背景立面图绘制完成。

### 16.6.2 绘制其他立面图

请读者参考前面介绍的绘制方法完成图 16–130 ~ 图 16–132 所示立面图，这里就不再详细讲解了。

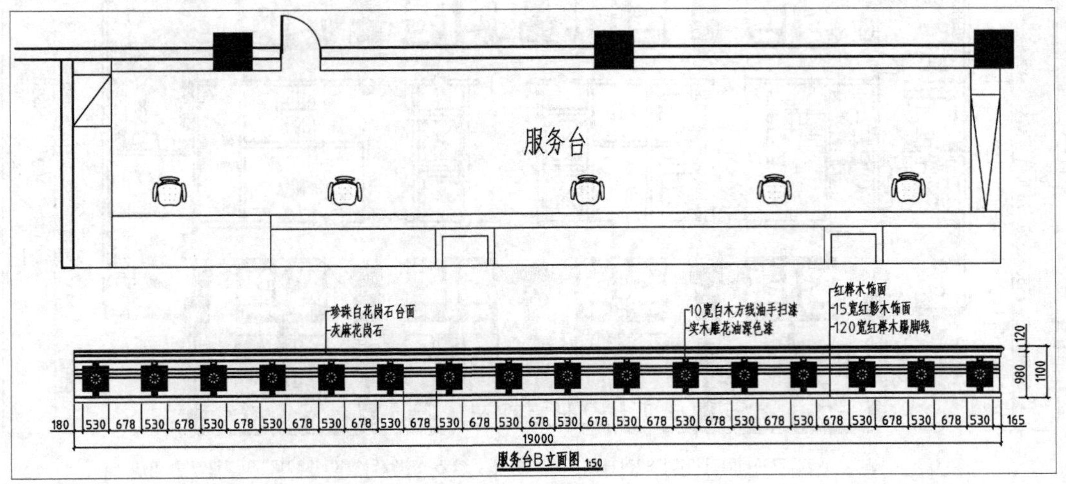


图 16–130 服务台 B 立面图

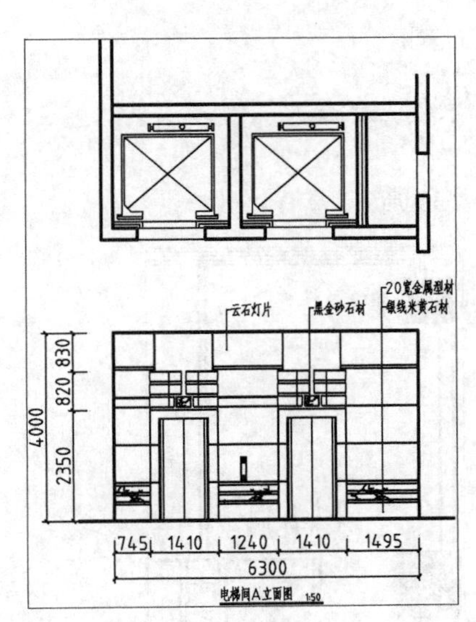


图 16–131 电梯间 A 立面图

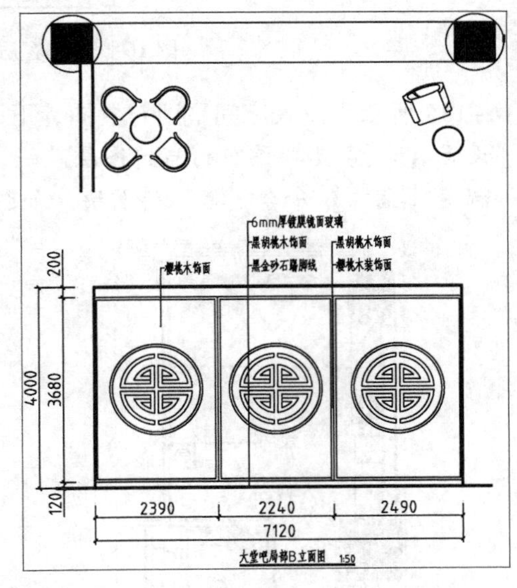


图 16–132 大堂吧局部 B 立面图

## 16.7 绘制酒店客房平面布置图

图 16–133 所示为酒店客房平面布置图，根据客房的类型，本节介绍双人床间平面布置图的绘制方法。

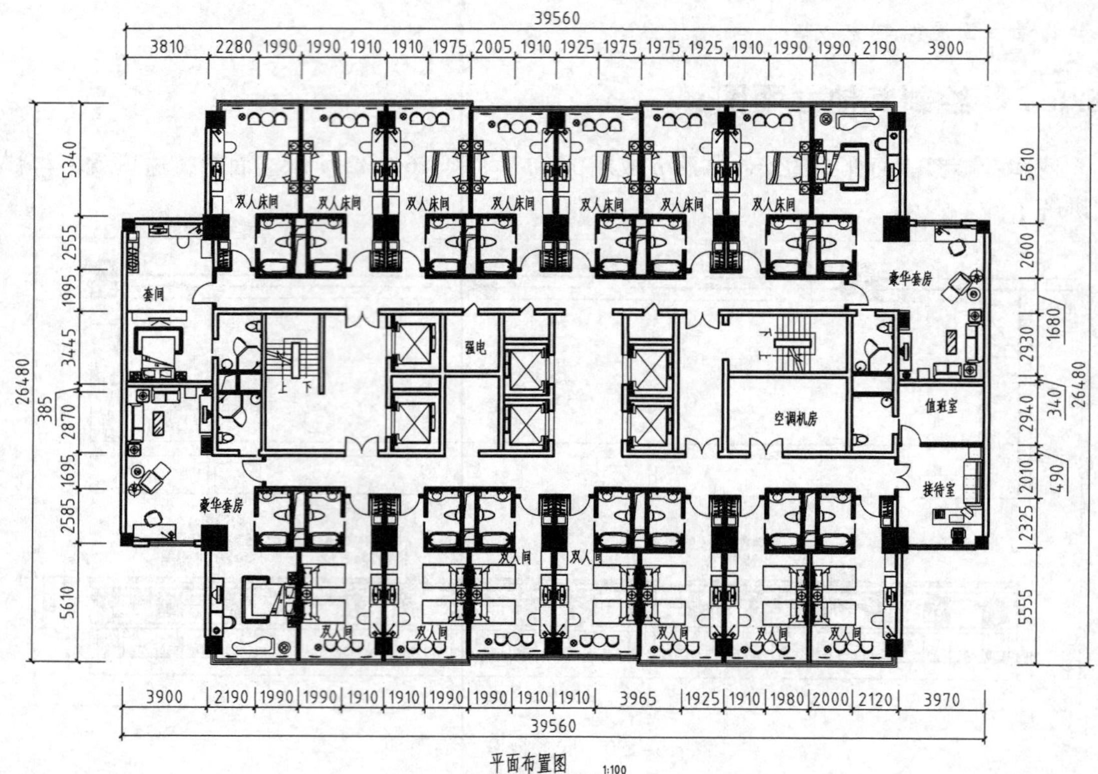


图 16-133 客房平面布置图

图 16-134 所示为双人床间平面布置图，下面讲解绘制方法。

**01** 设置【JJ_家具】图层为当前图层。

**02** 调用【插入】命令，插入门图块，如图 16-135 所示。

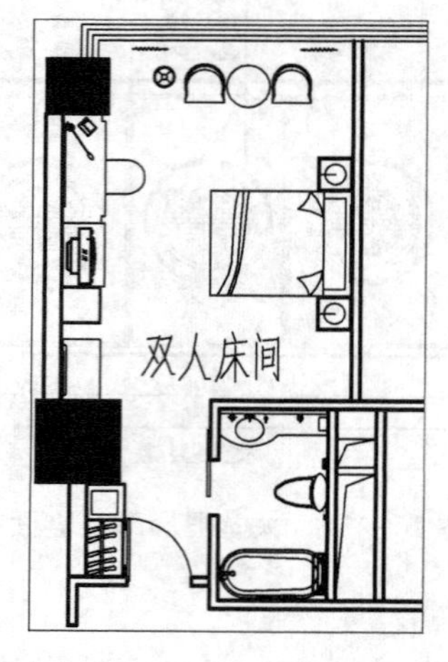


图 16-134 双人床间平面布置图

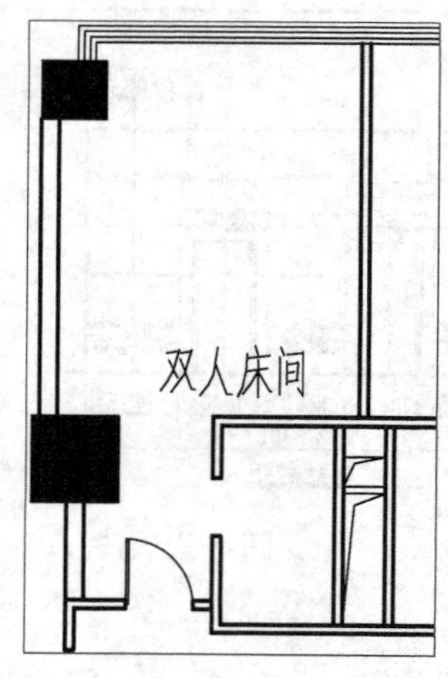


图 16-135 插入门图块

**03** 绘制衣柜。调用【多段线】命令和【直线】命令，绘制衣柜轮廓，如图 16-136 所示。

**04** 调用【多段线】命令、【直线】命令和【偏移】命令，绘制挂衣杆，如图 16-137 所示。

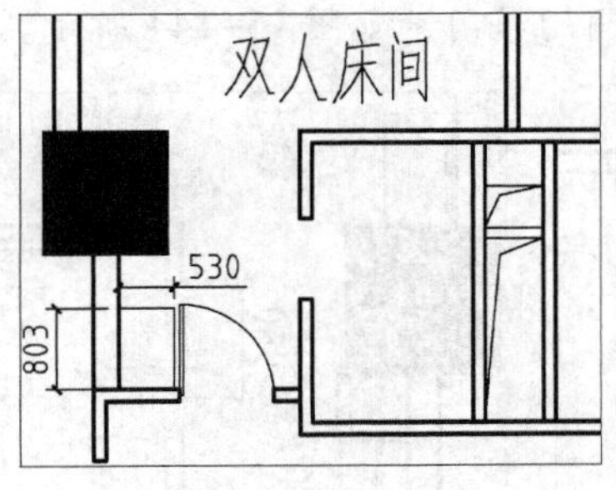


图 16-136 绘制衣柜轮廓

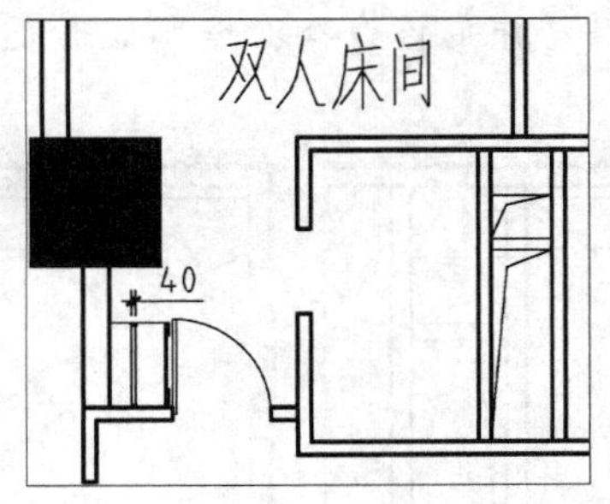


图 16-137 绘制挂衣杆

**05** 调用【矩形】命令、【偏移】命令和【直线】命令，绘制保险柜，如图 16-138 所示。

**06** 绘制行李架。调用【矩形】命令，绘制行李架，如图 16-139 所示。

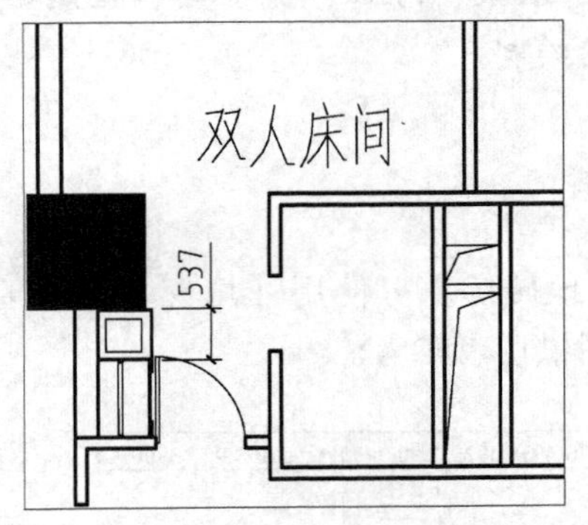


图 16-138 绘制保险柜

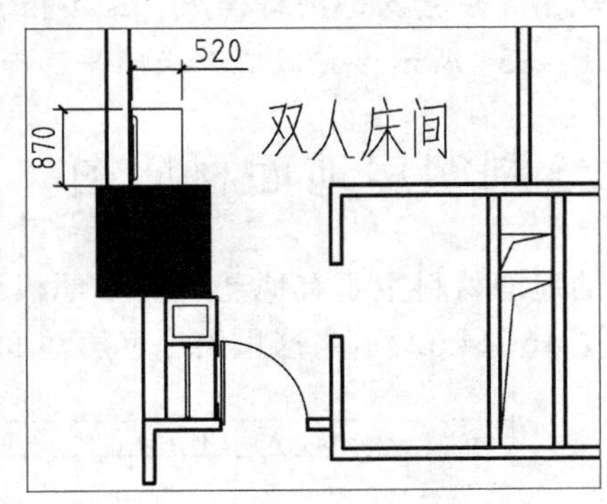


图 16-139 绘制行李架

**07** 调用【多段线】命令、【偏移】命令和【直线】命令，绘制电视柜和化妆台，如图 16-140 所示。

**08** 调用【多段线】命令和【镜像】命令，绘制窗帘，如图 16-141 所示。

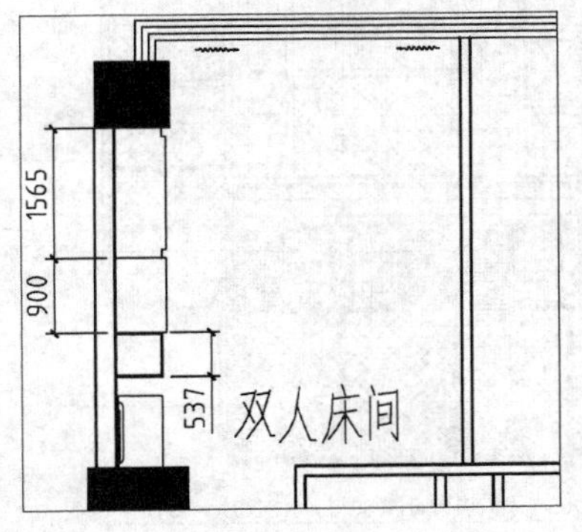


图 16-140 绘制电视柜和化妆台

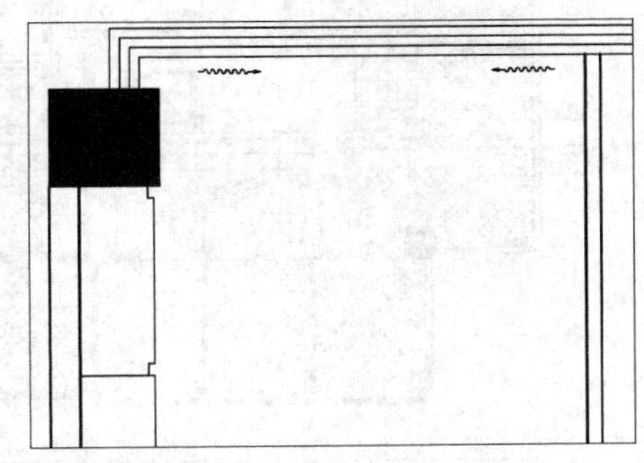

图 16-141 绘制窗帘

**09** 绘制洗手盆台面。调用【直线】命令，绘制线段，如图16-142所示。

**10** 调用【直线】命令、【圆】命令和【修剪】命令，绘制圆弧，如图16-143所示。

**11** 调用【矩形】命令，绘制矩形表示卫生间的移门，如图16-144所示。

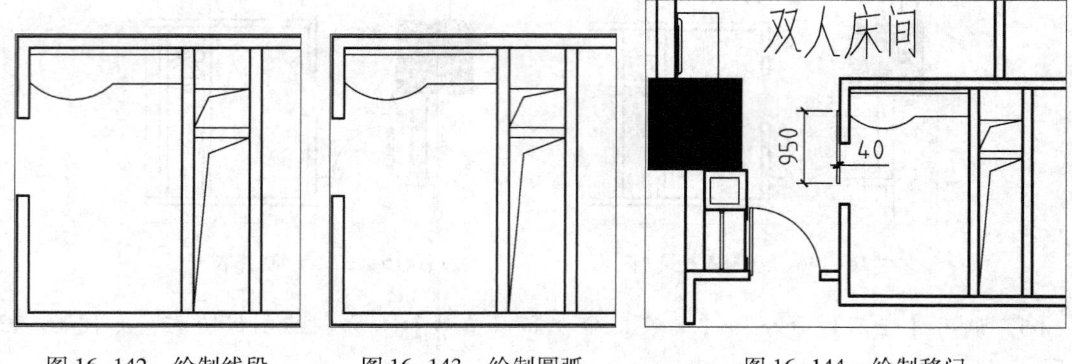


图16-142 绘制线段　　图16-143 绘制圆弧　　图16-144 绘制移门

**12** 从图库中插入休闲椅、床、床头柜、电视、衣架、浴缸、洗手盆和坐便器等图块，效果如图16-134所示，完成双人床间平面布置图的绘制。

## 16.8 绘制客房地面材质图

客房的地面材料主要有地毯、实木地板和防滑地砖等。可使用【填充】命令直接填充图案，如图16-145所示，这里给出客房地面材质图供读者参考。

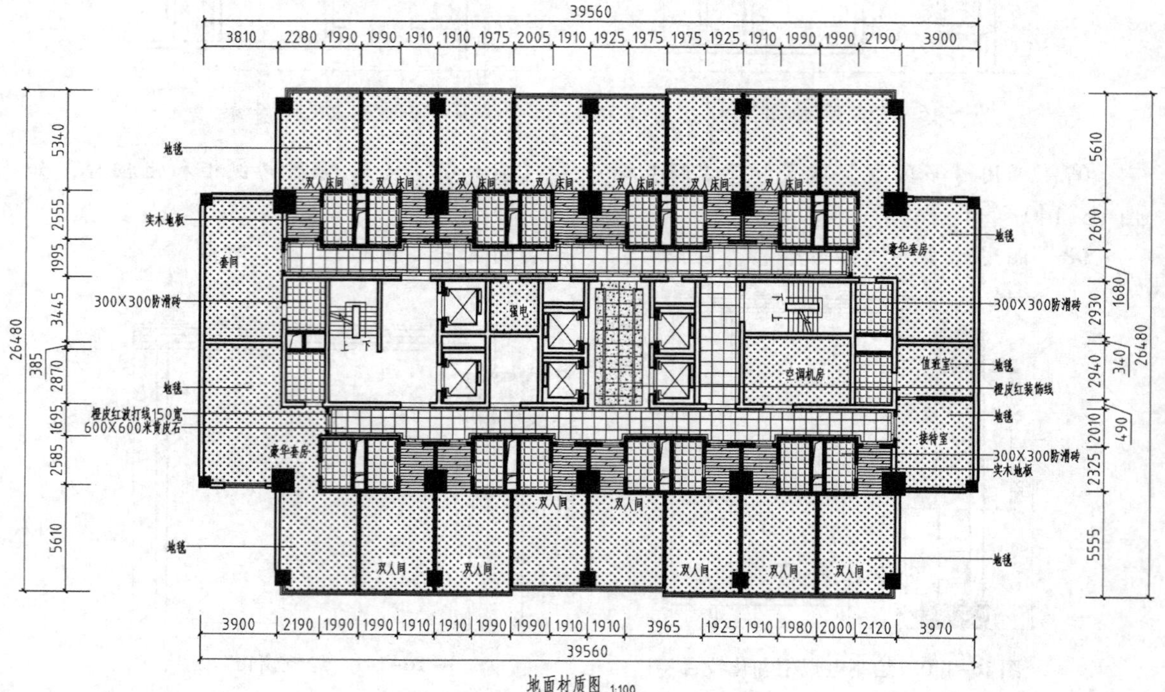


图16-145 地面材质图

## 16.9 绘制客房顶棚图

图 16-146 所示为客房顶棚图，客房的顶棚周边做石膏角线造型，床的上方布置灯具。卫生间为铝塑板顶棚，下面以一双人床间顶棚图为例进行讲解。

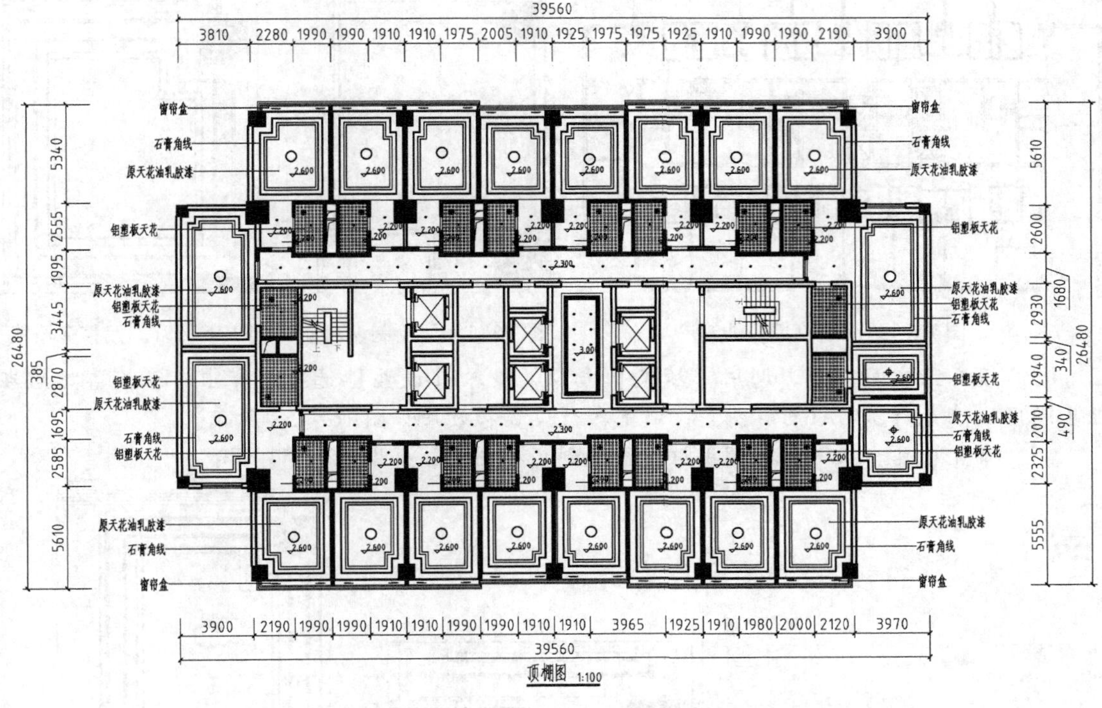


图 16-146 顶棚图

图 16-147 所示为双人床间顶棚图，下面讲解绘制方法。

**01** 调用【复制】命令，复制客房平面布置图，删除其中所有的平面布置图形，如图 16-148 所示。

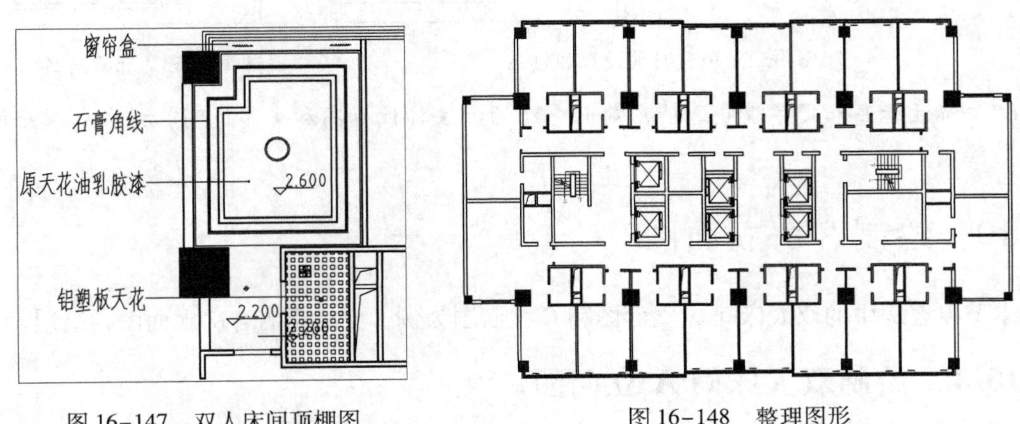


图 16-147 双人床间顶棚图

图 16-148 整理图形

**02** 调用【直线】命令，绘制墙体线，如图 16–149 所示。

**03** 绘制窗帘盒。调用【直线】命令，绘制线段，如图 16–150 所示。

**04** 绘制石膏角线。调用【多段线】命令，绘制多段线，然后将多段线向内偏移 300、35、25、190、20、110 和 20，如图 16–151 所示。

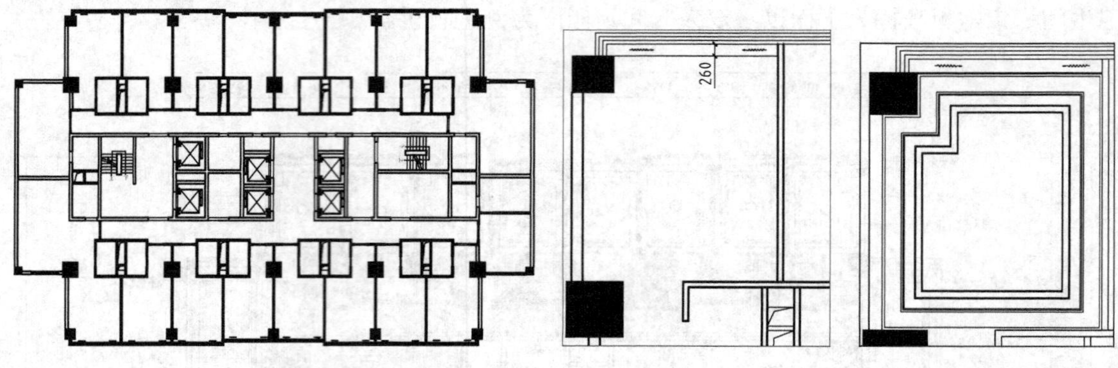


图 16–149 绘制墙体线　　图 16–150 绘制窗帘盒　　图 16–151 偏移多段线

**05** 填充卫生间顶面。调用【填充】命令，输入【设置】选项，弹出对话框，然后在卫生间区域填充【SQUARE】图案，填充参数设置和效果如图 16–152 所示。

**06** 布置灯具。从图库中调用灯具图块到顶棚图中，如图 16–153 所示。

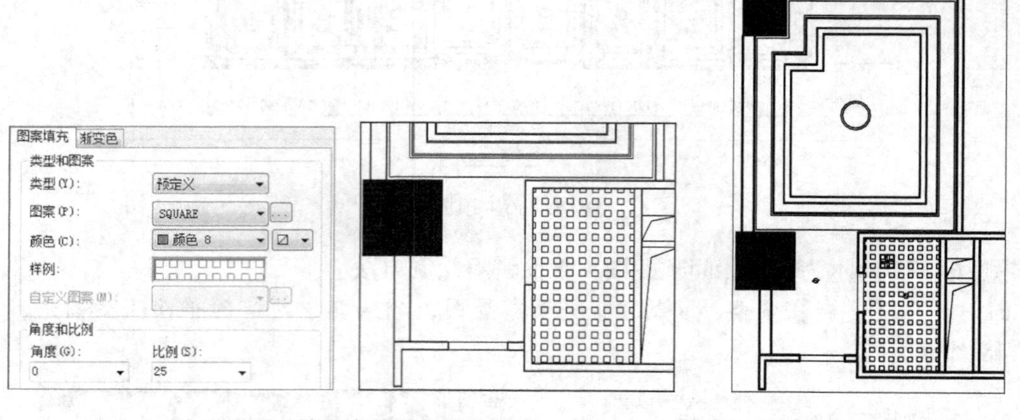


图 16–152 填充参数设置和效果　　图 16–153 布置灯具

**07** 标注标高和文字说明。使用前面介绍的方法标注标高和文字说明，完成双人床间顶棚图的绘制。

## 16.10 绘制客房立面图

本节以客房中的双人床间 A 立面图和 C 立面图为例，介绍酒店客房立面图的绘制。

### 16.10.1 绘制双人床间 A 立面图

双人床间 A 立面图如图 16–154 所示，A 立面图主要表达了衣柜的做法以及行李架、电视柜和梳妆台所在的墙面。

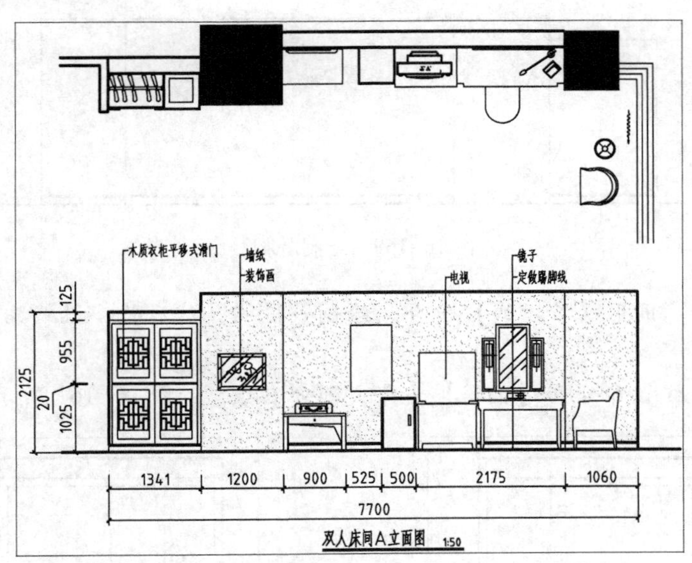


图 16-154　双人床间 A 立面图

**01** 绘制立面轮廓。调用【复制】命令，复制双人床间平面布置 A 立面的平面布置图，并对图形进行旋转。

**02** 调用【直线】命令，应用投影法绘制墙体和地面，如图 16-155 所示。

**03** 调用【偏移】命令，向上偏移地面轮廓线，如图 16-156 所示。

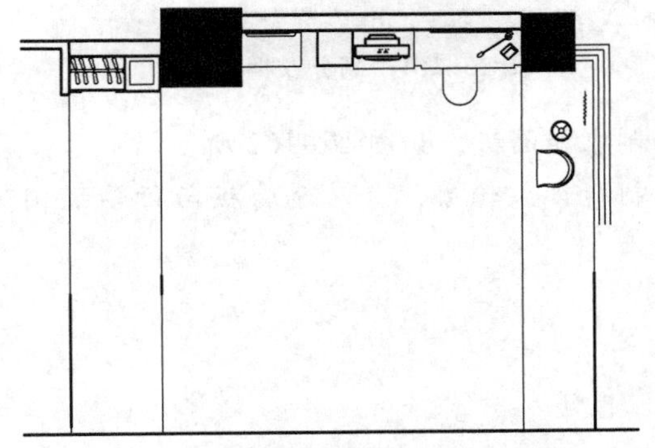

图 16-155　绘制墙体投影线和地面

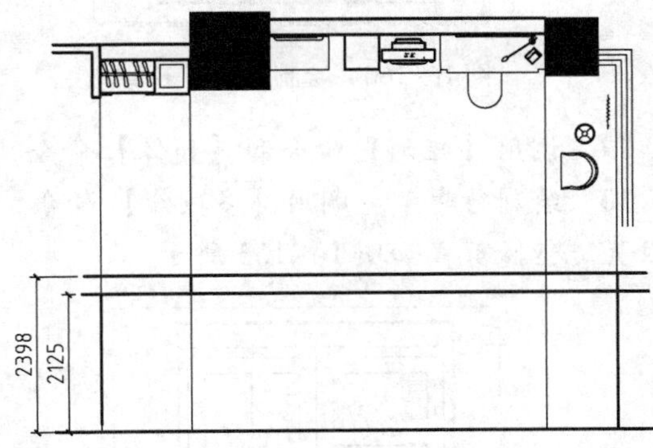


图 16-156　偏移线段

**04** 调用【修剪】命令，对线段进行修剪，并将修剪后的线段转换至【QT_墙体】图层，如图 16-157 所示。

**05** 调用【直线】命令，绘制线段，如图 16-158 所示。

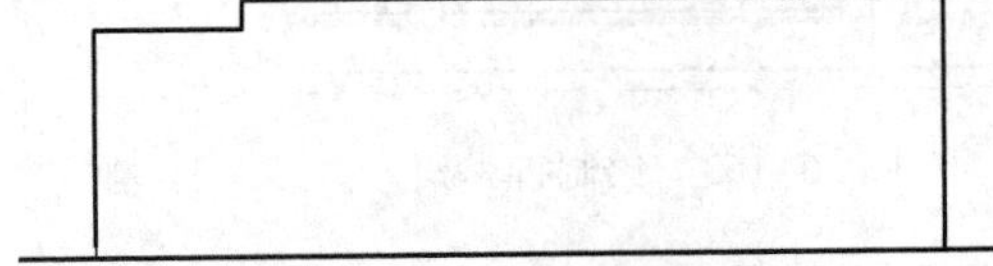

图 16-157　修剪线段

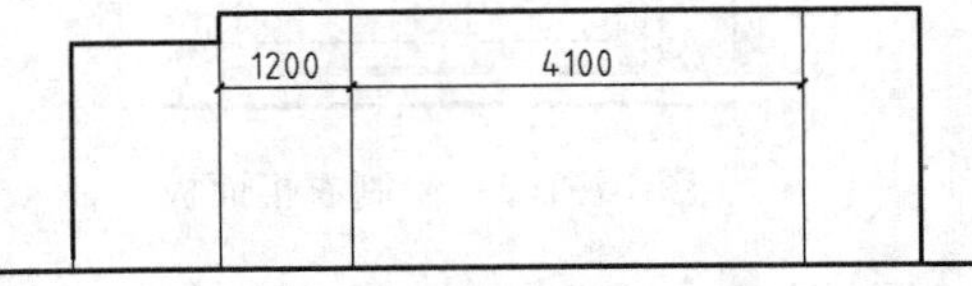


图 16-158　绘制线段

**06** 调用【直线】命令和【偏移】命令，绘制踢脚板，如图 16-159 所示。

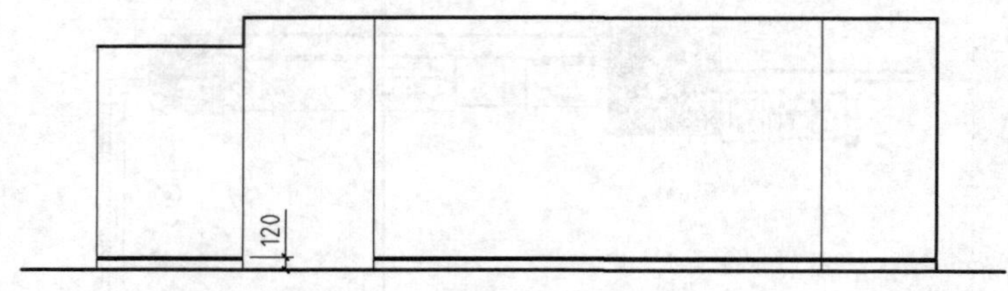


图 16-159 绘制踢脚板

**07** 绘制衣柜。调用【多段线】命令，绘制多段线，然后将多段线向内偏移 50，如图 16-160 所示。

**08** 调用【直线】命令和【偏移】命令，划分衣柜，如图 16-161 所示。

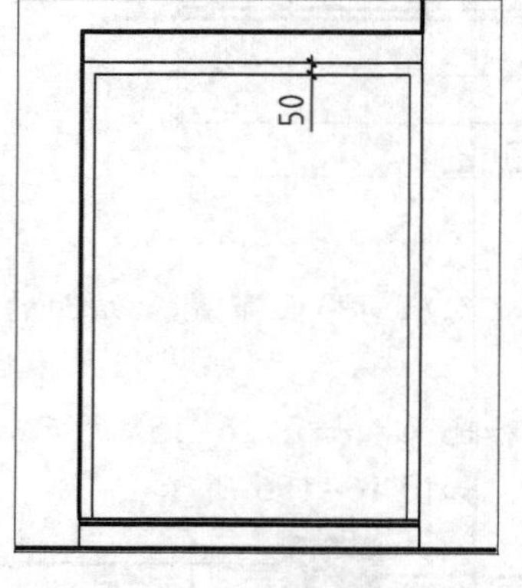


图 16-160 绘制并偏移多段线

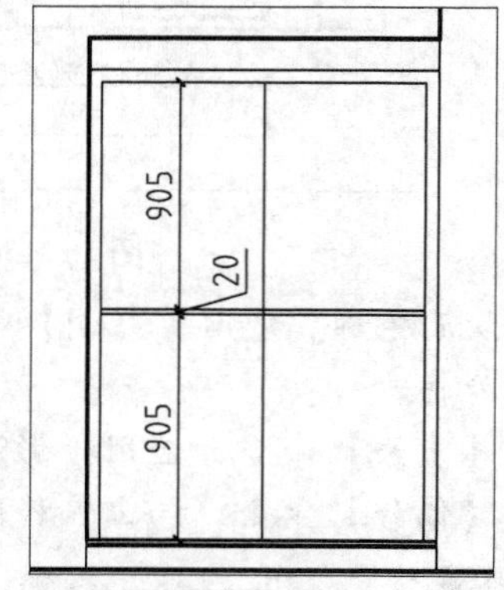


图 16-161 划分衣柜

**09** 调用【矩形】命令和【镜像】命令，绘制衣柜面板，如图 16-162 所示。

**10** 绘制行李架。调用【多段线】命令，绘制行李架轮廓，并对踢脚板与行李架相交的位置进行修剪，如图 16-163 所示。

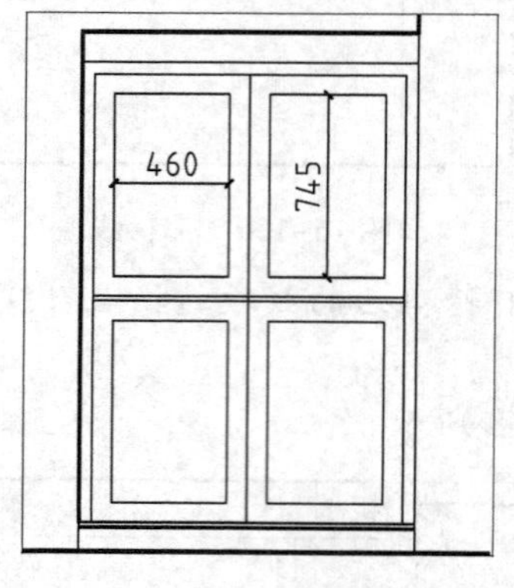


图 16-162 绘制衣柜面板

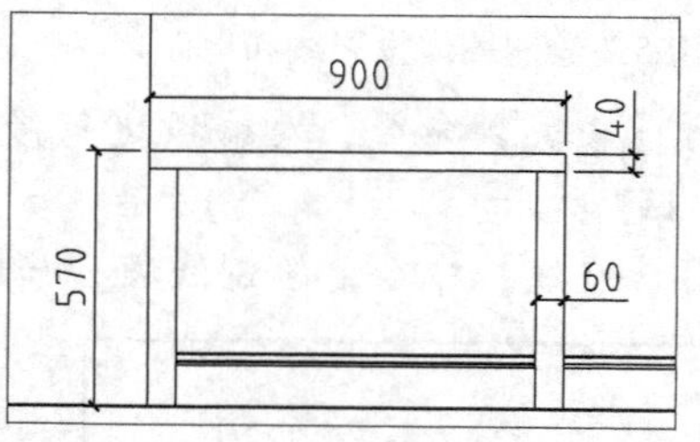


图 16-163 绘制行李架

**11** 调用【直线】命令和【圆】命令，绘制抽屉，如图 16-164 所示。

**12** 调用【多段线】命令，绘制折线表示镂空，如图 16-165 所示。

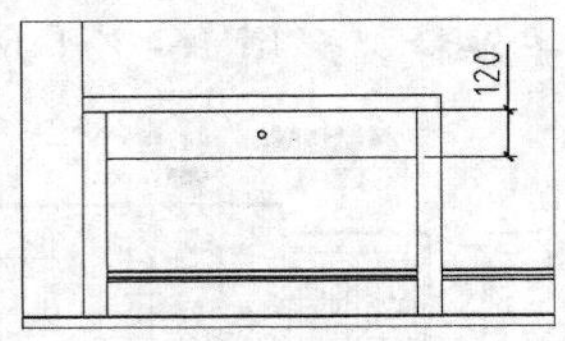

图 16-164　绘制抽屉

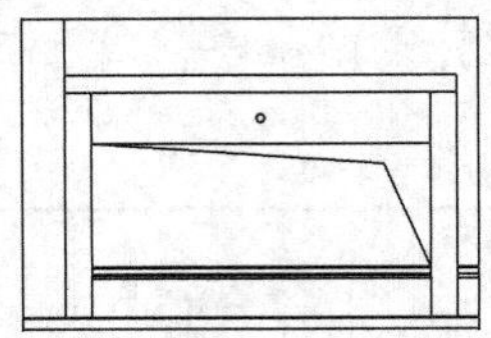

图 16-165　绘制折线

**13**　调用【矩形】命令、【偏移】命令和【多段线】命令，绘制电视、电视柜和柜子，如图 16-166 所示。

**14**　调用【矩形】命令、【偏移】命令和【填充】命令，绘制镜子，如图 16-167所示。

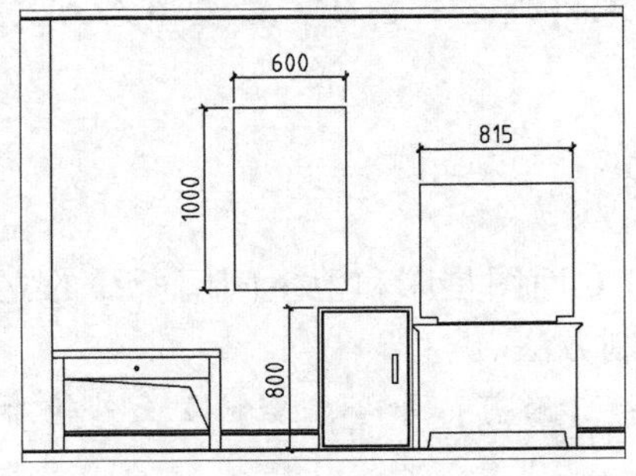


图 16-166　绘制电视、电视柜和柜子

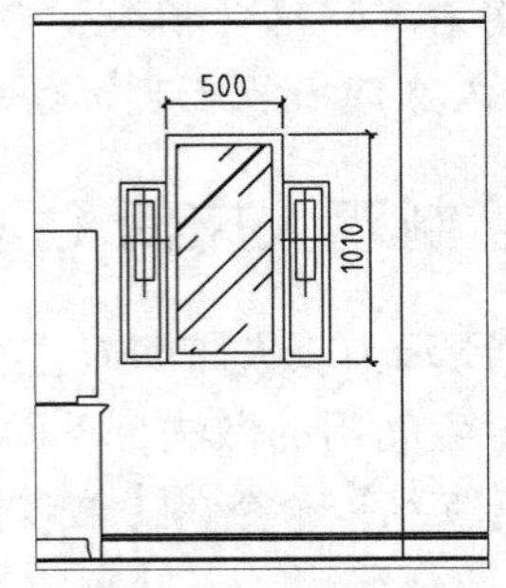


图 16-167　绘制镜子

**15**　从图库中插入衣柜面板造型、行李箱，梳妆台和休闲椅等图块，并对图块与踢脚板相交的位置进行修剪，如图 16-168 所示。

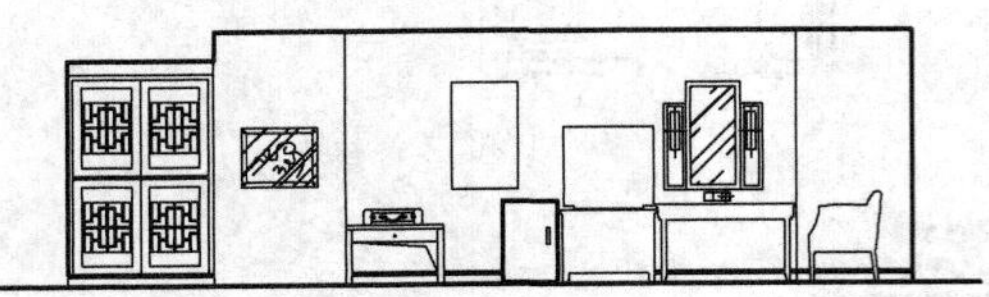

图 16-168　插入图块

**16**　调用【填充】命令，输入【设置】选项，弹出对话框，然后对客房墙面填充【AR－SAND】图案，填充参数设置和效果如图 16-169 所示。

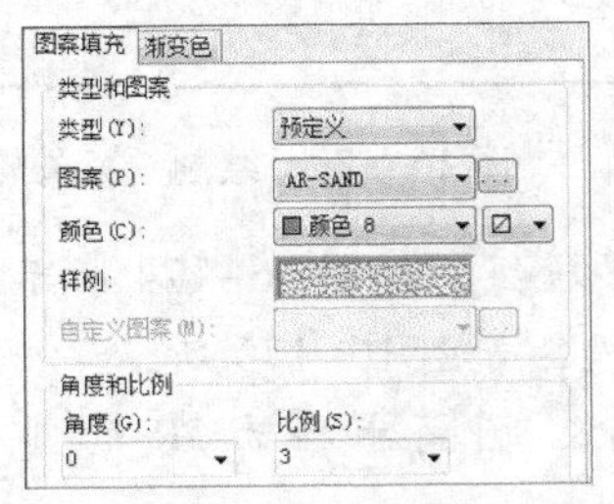


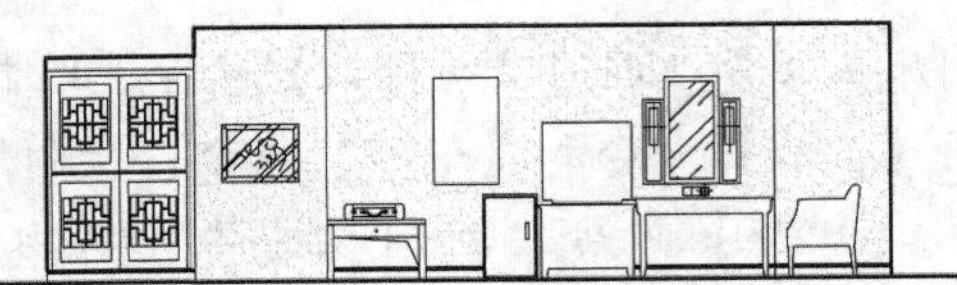

图 16-169　填充参数设置和效果

**17**　尺寸标注和文字注释。设置【BZ_标注】图层为当前图层。调用【标注】命令进行标注，如图 16-170 所示。

**18** 调用【多重引线】命令，对立面进行文字注释，如图16-171所示。

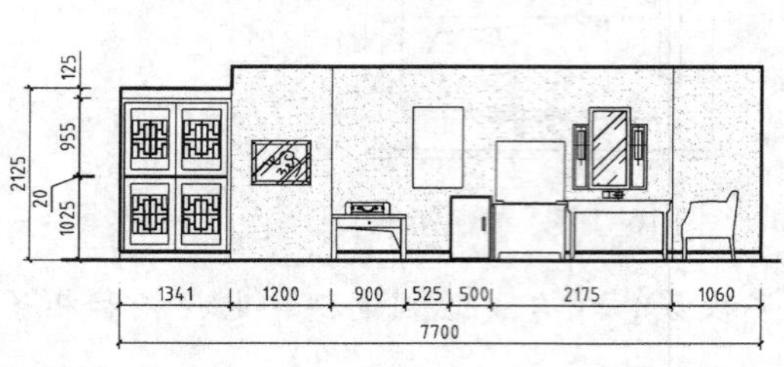

图16-170 尺寸标注

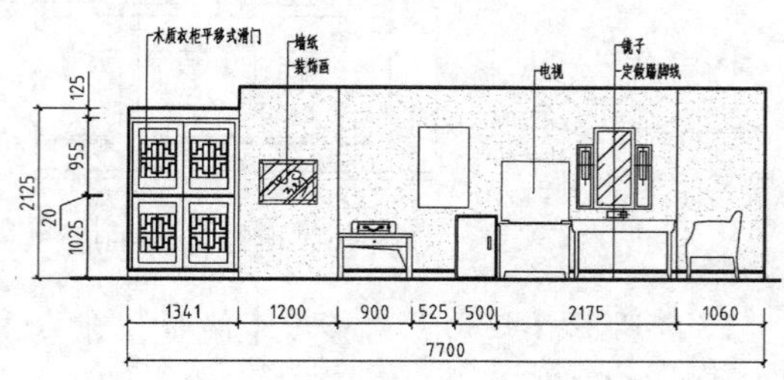

图16-171 文字注释

**19** 插入图名。调用【插入】命令，插入【图名】图块，设置图名为【双人床间A立面图】，完成双人床间B立面图的绘制。

## 16.10.2 绘制双人床间C立面图

图16-172所示为双人床间C立面图，C立面图是床和卫生间门所在的立面，主要表达了床头背景和卫生间门的做法，下面讲解绘制方法。

**01** 调用【直线】命令、【偏移】命令和【修剪】命令，绘制立面外轮廓，如图16-173所示。

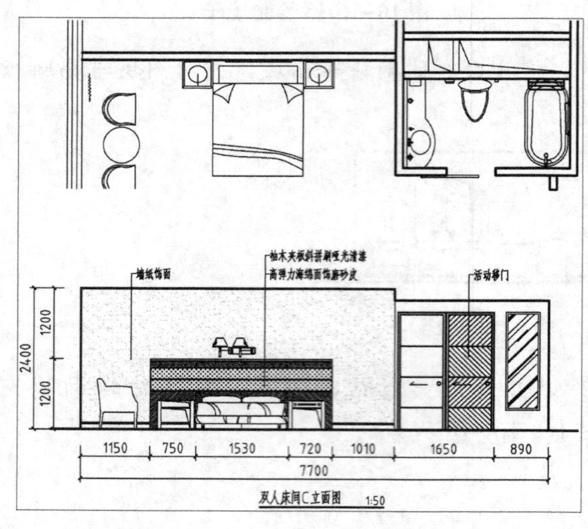

图16-172 双人床间C立面图

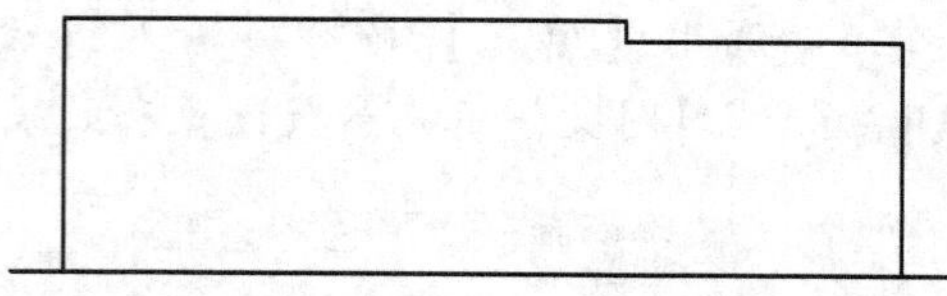

图16-173 绘制立面外轮廓

**02** 绘制床头背景。调用【多段线】命令，绘制多段线，如图16-174所示。

**03** 调用【直线】命令和【偏移】命令，绘制线段，如图16-175所示。

**04** 调用【矩形】命令，绘制尺寸为2980×185，圆角半径为20的圆角矩形，如图16-176所示。

**05** 调用【填充】命令，输入【设置】选项，弹出对话框，然后在圆角矩形中填充【CROSS】图案，填充参数设置和效果如图16-177所示。

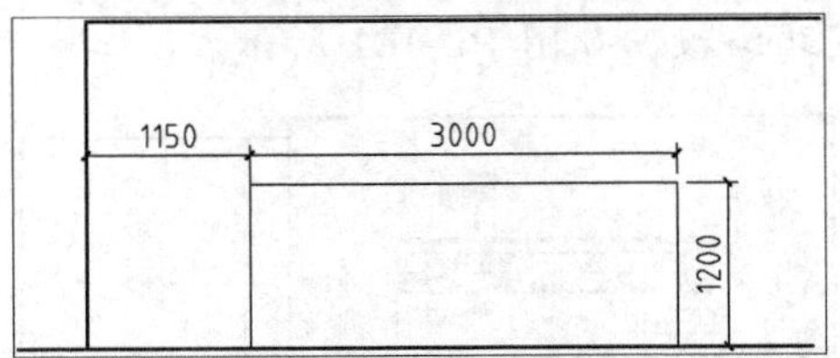


图 16-174　绘制多段线

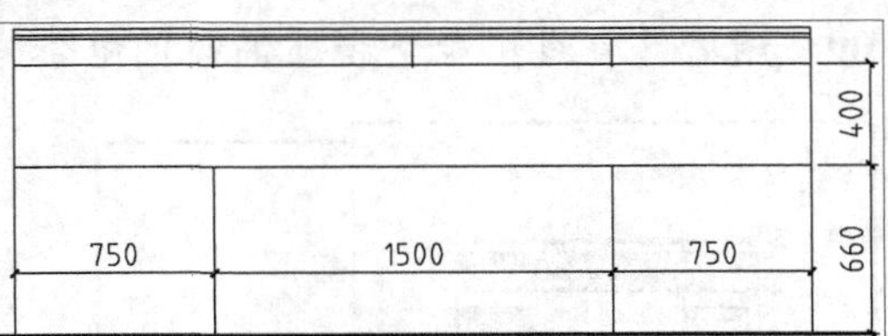


图 16-175　绘制线段

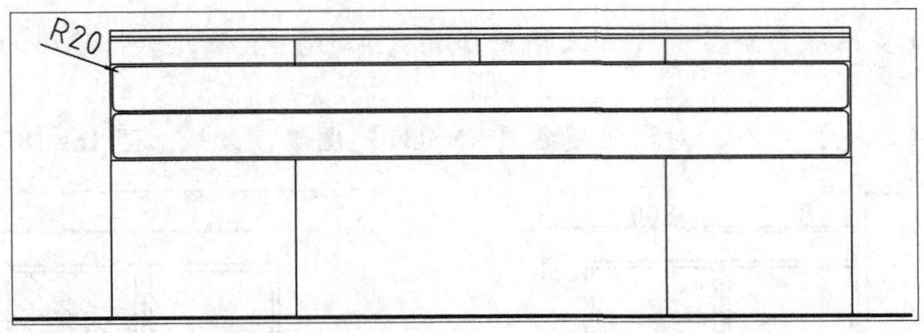


图 16-176　绘制圆角矩形

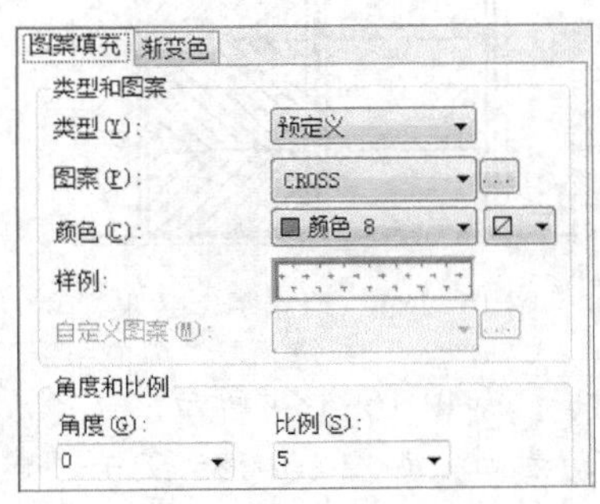


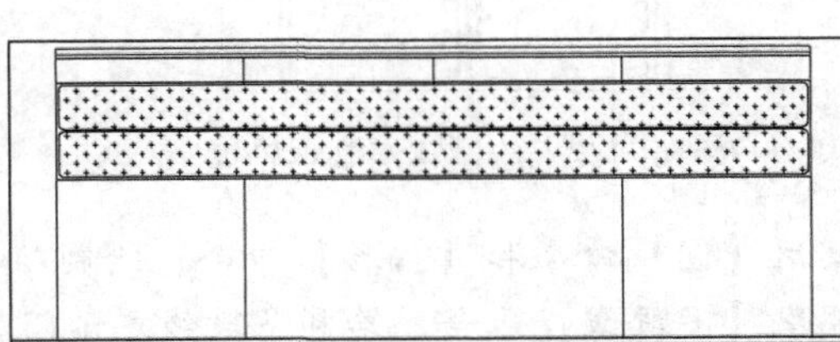

图 16-177　填充参数设置和效果

**06**　调用【多段线】命令、【直线】命令和【偏移】命令，绘制床头柜，如图 16-178 所示。

**07**　调用【镜像】命令，对床头柜进行镜像，并绘制按钮，如图 16-179 所示。

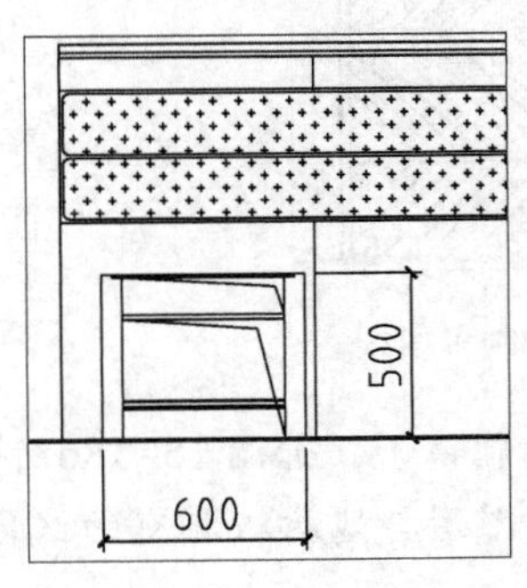


图 16-178　绘制床头柜

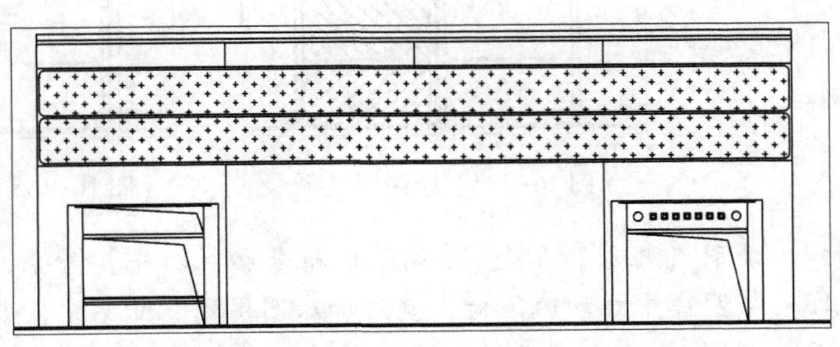

图 16-179　镜像床头柜

**08**　调用【直线】命令，绘制线段，如图 16-180 所示。

**09** 调用【直线】命令和【偏移】命令，绘制踢脚板，如图 16-181 所示。

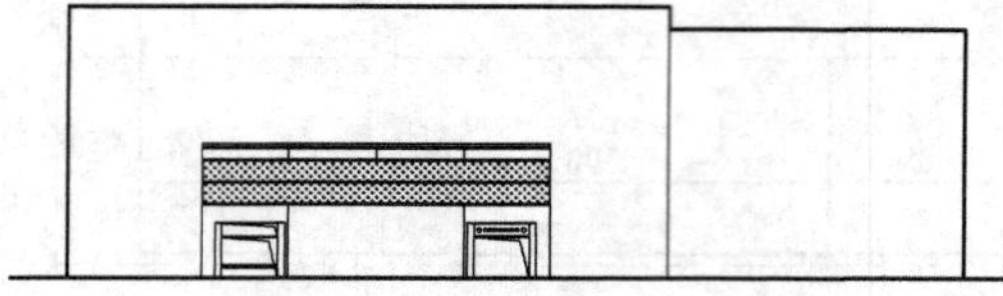

图 16-180 绘制线段

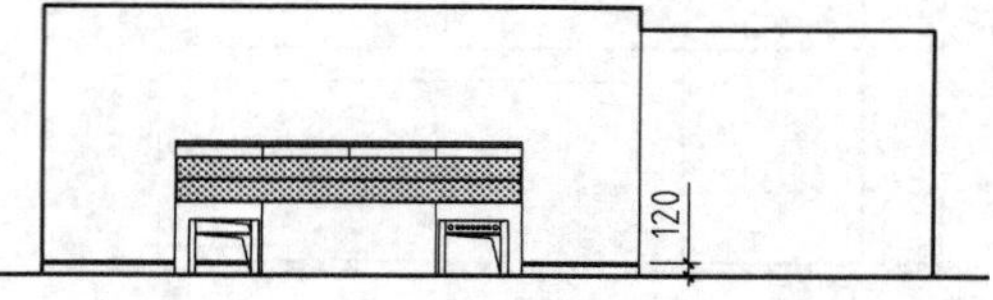


图 16-181 绘制踢脚板

**10** 调用【多段线】命令、【直线】命令和【偏移】命令，绘制移门的基本轮廓，如图 16-182 所示。

**11** 调用【填充】命令，对门板填充【ANSI31】图案，效果如图 16-183 所示。

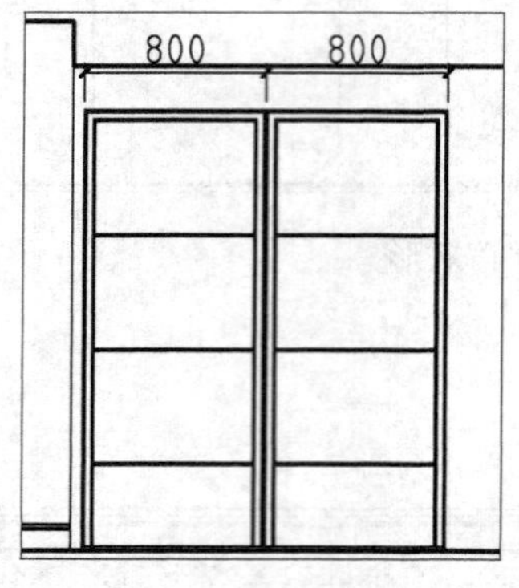


图 16-182 绘制移门基本轮廓

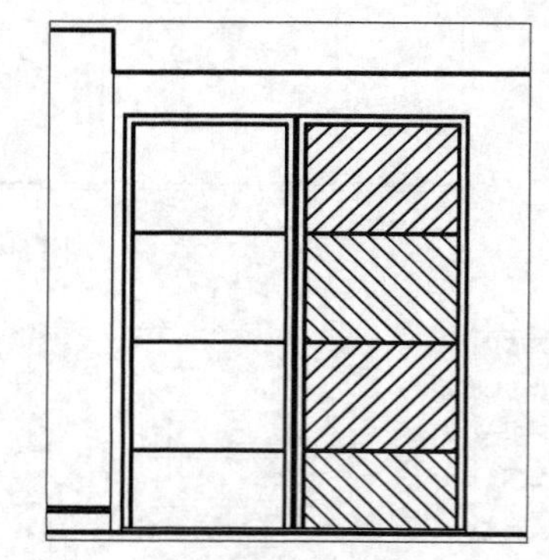

图 16-183 填充图案效果

**12** 调用【圆】命令和【偏移】命令，绘制门把手，如图 16-184 所示。

**13** 调用【多段线】命令，绘制多段线表示门移动方向，如图 16-185 所示。

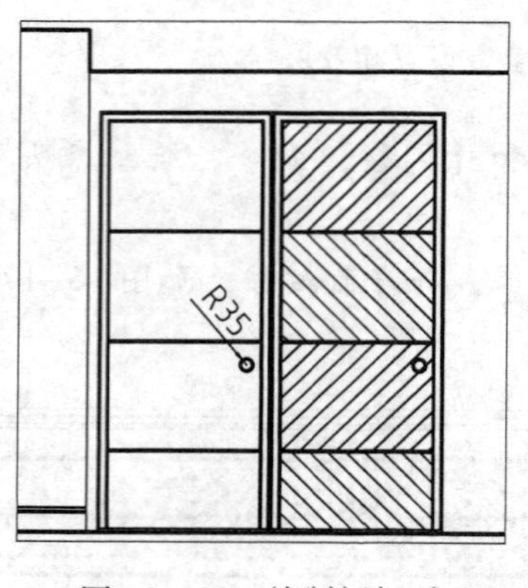


图 16-184 绘制门把手

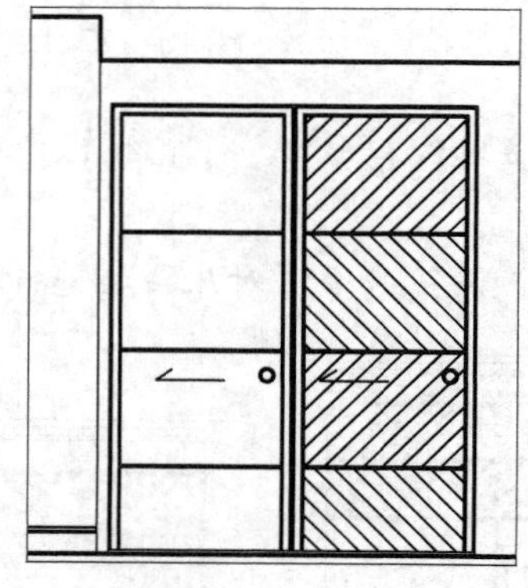

图 16-185 绘制多段线

**14** 调用【矩形】命令、【偏移】命令和【填充】命令，绘制镜子，如图 16-186所示。

**15** 从图库中插入休闲椅、壁灯和床图块到立面图中，并对图形与踢脚板相交的线段进行修剪，如图 16-187 所示。

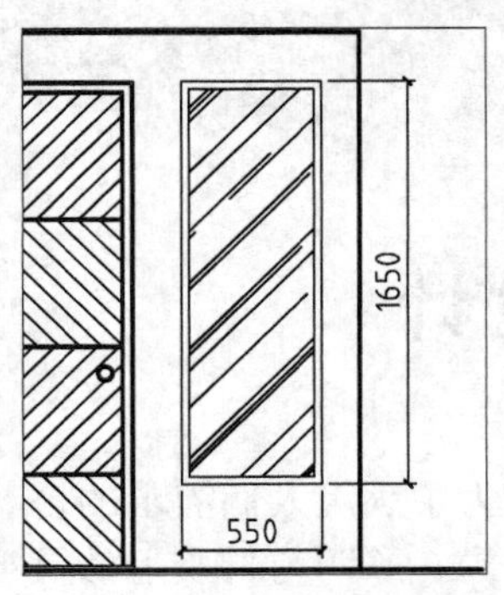


图 16-186　绘制镜子

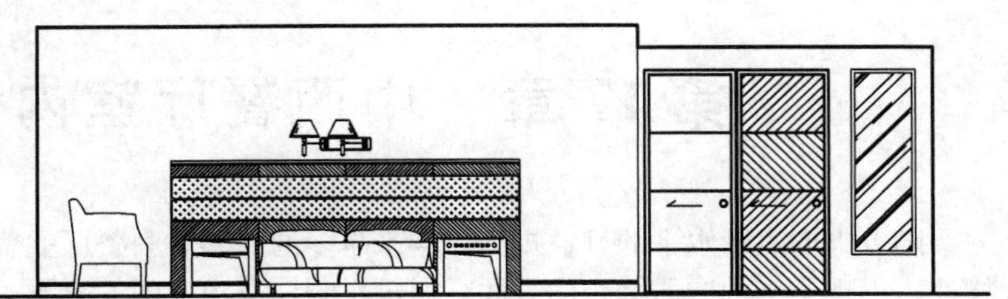

图 16-187　插入图块

**16**　调用【填充】命令，在床屏中填充【LINE】图案，效果如图 16-188 所示。

**17**　调用【填充】命令，对墙面填充【AR－SAND】图案，效果如图 16-189 所示。

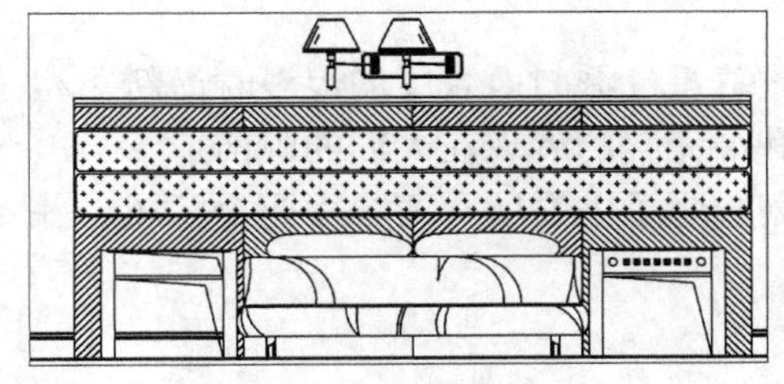

图 16-188　填充床屏效果

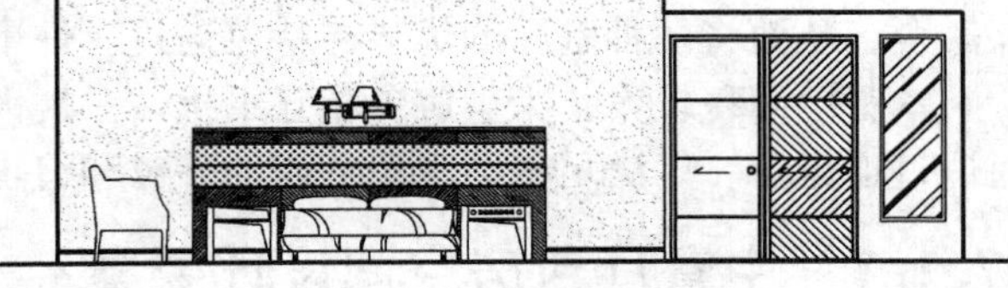

图 16-189　填充墙面效果

**18**　最后进行尺寸标注、文字标注和插入图名，完成双人床间 C 立面图的绘制。

## 16.10.3　绘制其他立面图

使用前面介绍的方法绘制双人床间 B 立面图，绘制完成的效果如图 16-190 所示。

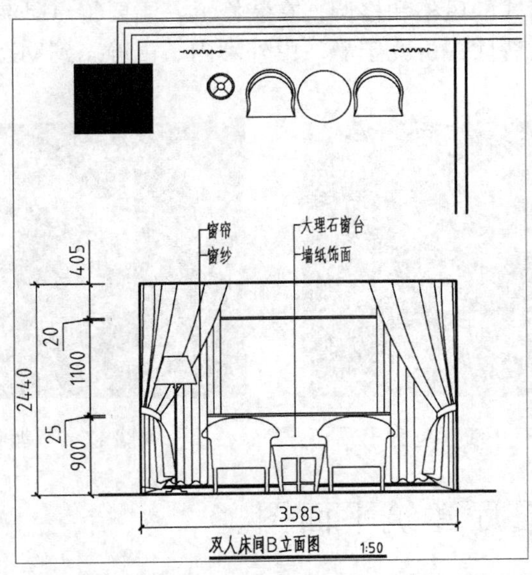


图 16-190　双人床间 B 立面图

# 第 17 章　中西餐厅室内设计

随着人们生活水平的日益提高，越来越多的人喜欢去餐厅就餐。为了满足人们需求的多样性，出现了一种中西结合的餐厅。通过对餐厅室内空间的分隔、布局、照明与材质上的灵活运用，使室内的光、色、质融为一体，体现出中西餐厅的风格特色。让人们有一种放松的心情，给客人一个舒适温馨的就餐环境。

## 17.1　中西餐厅室内设计概述

中西餐厅装修设计重点是如何将中餐厅的古朴典雅尊重气派与西餐厅的浪漫时尚新颖相互融合，从而将两种餐厅的优势与特色通过一件事物和谐完美的展现在人们的眼前。

本餐厅面积较大，为了避免相互干扰，一楼大厅划分为了中餐厅和西餐厅两个区域，并通过过道连接，以满足不同消费群体的品位和追求。

### 17.1.1　中餐厅包房空间设计要素

家庭聚会、朋友聚会、商务活动使用包房较多。包房在形式上分单包和套包两种，单包一般为一桌或两桌，套包为两个房间以上，一个是就餐区域，一个是会客区域，服务方式为送餐形式，规格一般在 50 $m^2$左右，如图 17-1 所示。

### 17.1.2　西餐厅设计要素

西餐厅的环境按照西式的风格和格调，在装修上，主要特点是装修华丽，注重餐具、灯光、音乐和陈设的搭配。餐厅中讲究宁静，由外到内、由静态到动态形成一种高贵典雅的气氛，如图 17-2 所示。

图 17-1　中餐厅包房

图 17-2　西餐厅

## 17.2　绘制中西餐厅建筑平面图

中西餐厅建筑平面图如图 17-3 和图 17-4 所示，下面以一层为例简单介绍其绘制方法。

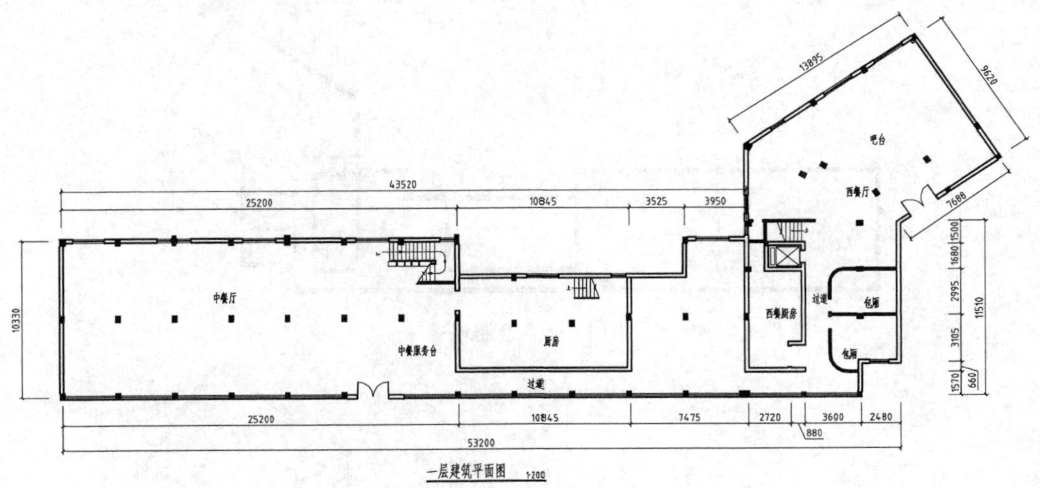


图 17-3　一层建筑平面图

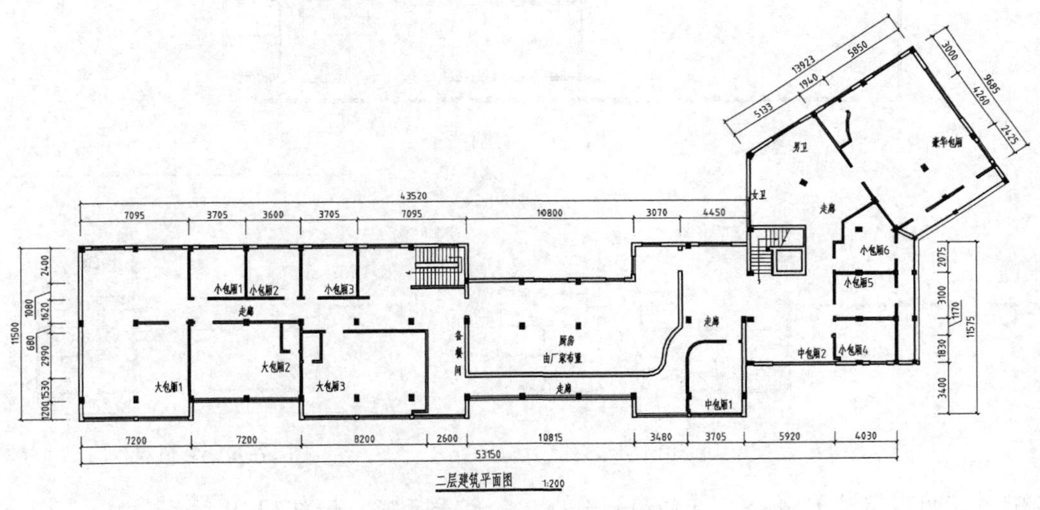


图 17-4　二层建筑平面图

**1. 绘制墙体**

使用前面章节介绍的方法调用【多段线】命令、【修剪】命令和【倒角】命令绘制轴线，然后调用【偏移】命令将轴线向两侧偏移得到墙体，并将偏移后的线段转换至【QT_墙体】，然后调用【倒角】命令和【修剪】命令，对墙体进行修剪，如图 17-5 所示。

**2. 绘制柱子**

调用【矩形】命令、【填充】命令、【复制】命令和【旋转】命令，绘制柱子，如图 17-6 所示。

**3. 绘制门窗**

**01** 调用【偏移】命令和【修剪】命令，绘制门洞和窗洞，如图 17-7 所示。

**02** 调用【插入】命令和【镜像】命令，绘制双开门，如图 17-8 所示。

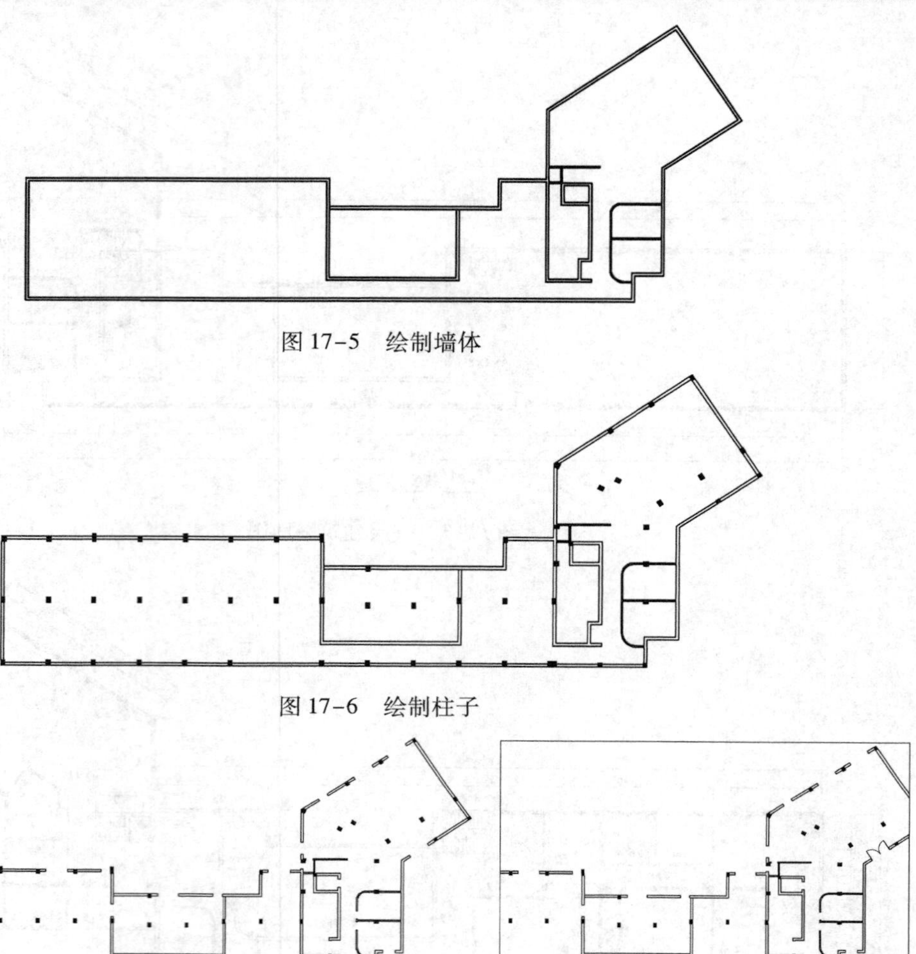

图 17-5　绘制墙体

图 17-6　绘制柱子

图 17-7　开门洞和窗洞

图 17-8　绘制双开门

**03**　调用【直线】命令和【偏移】命令，绘制平开窗，如图 17-9 所示。

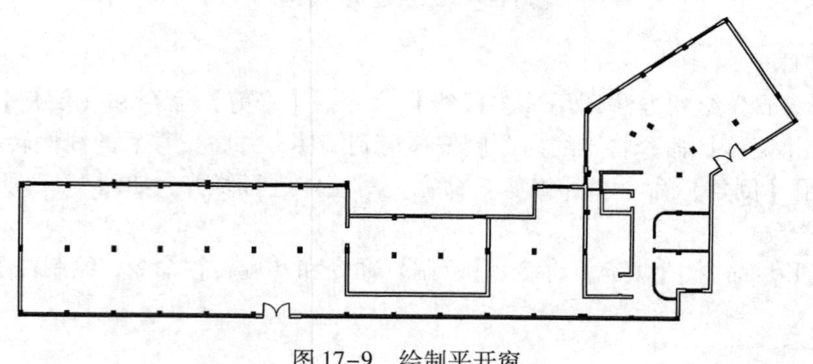

图 17-9　绘制平开窗

**4. 绘制楼梯和电梯**

**01**　设置【LT_楼梯】图层为当前图层。

**02** 调用【直线】命令、【偏移】命令、【修剪】命令、【多段线】命令、【矩形】命令和【多行文字】命令，绘制楼梯，如图 17-10 所示。

**03** 调用【矩形】命令和【直线】命令，绘制电梯，如图 17-11 所示。

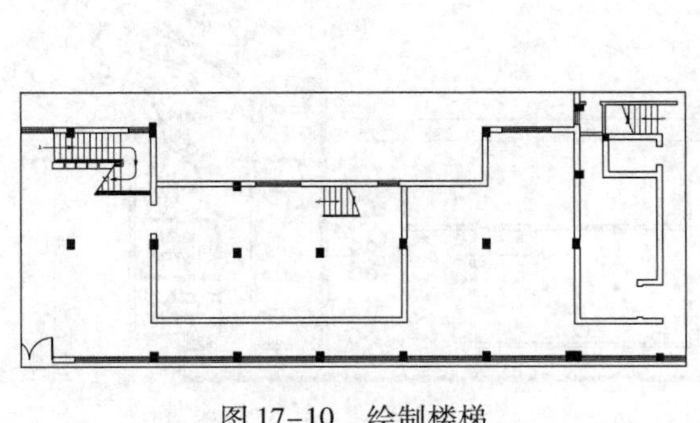

图 17-10　绘制楼梯

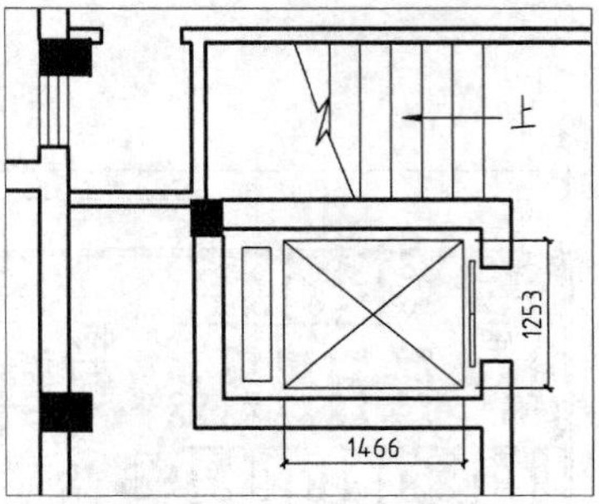

图 17-11　绘制电梯

**5. 绘制管道和标注文字**

**01** 调用【多段线】命令和【圆】命令，绘制管道，如图 17-12 所示。

**02** 调用【多行文字】命令，对各个空间进行文字标注，结果如图 17-13 所示。

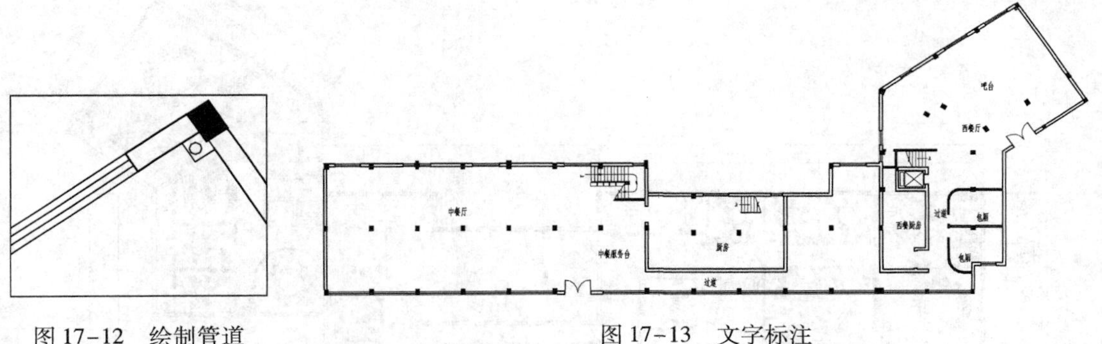

图 17-12　绘制管道

图 17-13　文字标注

# 17.3　绘制中西餐厅平面布置图

中西餐厅一层和二层平面布置图如图 17-14 和图 17-15 所示，下面分别讲解一层中餐服务台和水桥以及二层豪华包厢平面布置图的绘制方法。

## 17.3.1　绘制一层中餐服务台和水桥平面布置图

中餐服务台布置在中式餐厅的入口处，并在前方设计了一个江南水桥，带有浓厚的中式气息，如图 17-16 所示，下面讲解绘制方法。

**01** 设置【JJ_家具】图层为当前图层。

**02** 绘制水桥。调用【多段线】命令、【直线】命令和【修剪】命令，绘制水桥的基本轮廓，如图 17-17 所示。

**03** 调用【圆】命令，以柱子的中点为圆心绘制半径为 320 的圆，并修剪多余的线段，如图 17-18 所示。

**04** 调用【偏移】命令，将圆向外偏移100，如图17-19所示。

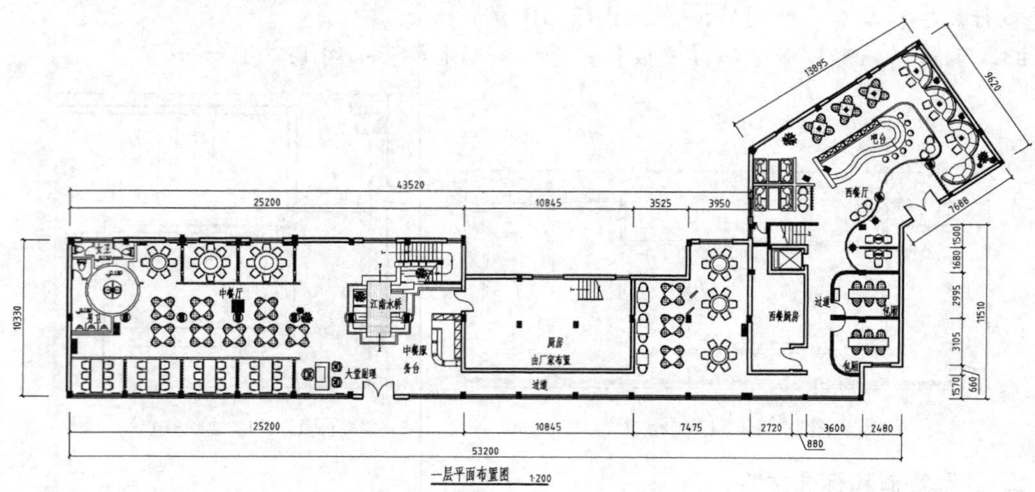

图17-14　一层平面布置图

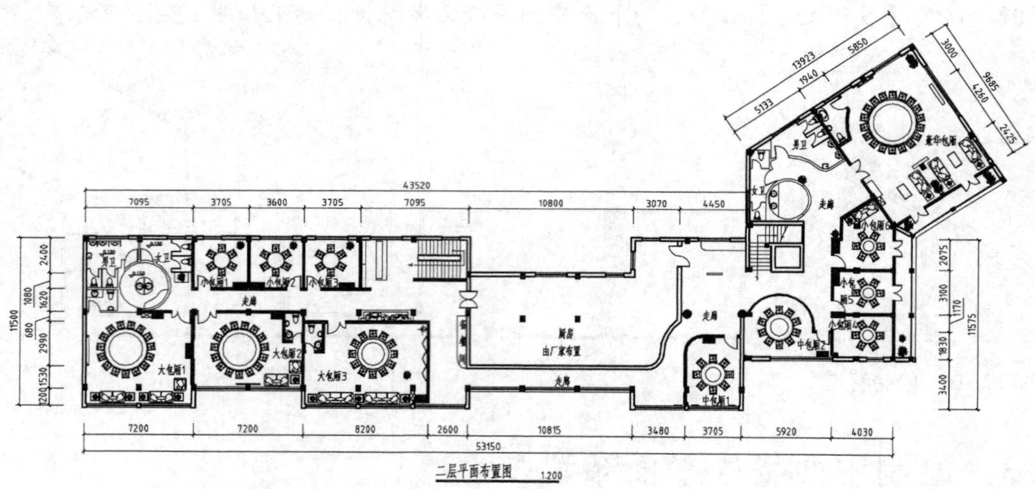

图17-15　二层平面布置图

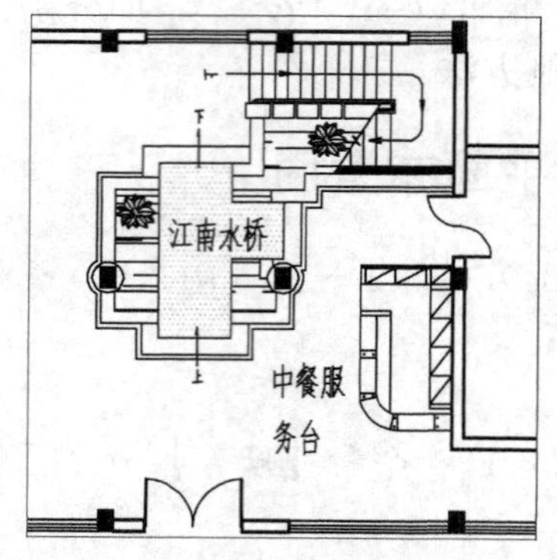


图17-16　一层中餐服务台和水桥平面布置图

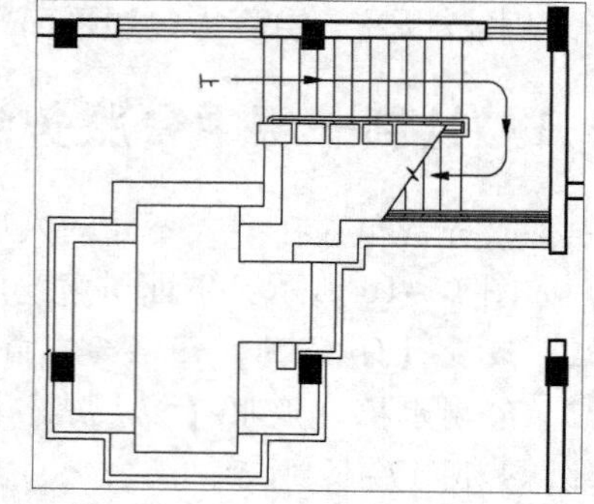

图17-17　绘制水桥基本轮廓

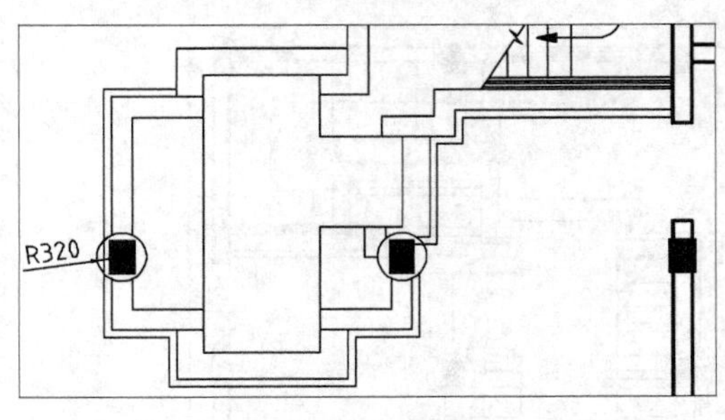


图 17-18　绘制圆

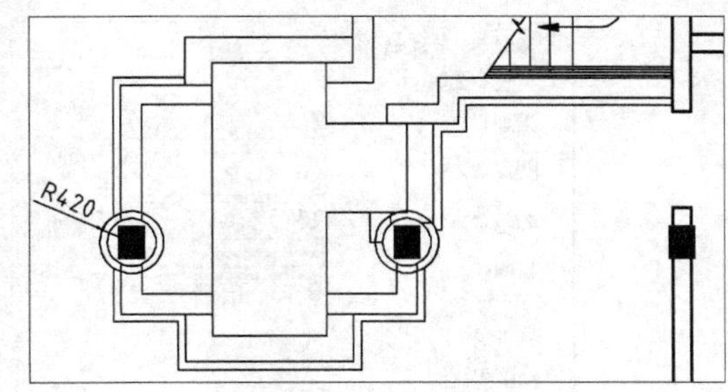


图 17-19　偏移圆

**05**　调用【修剪】命令，对圆进行修剪，如图 17-20 所示。

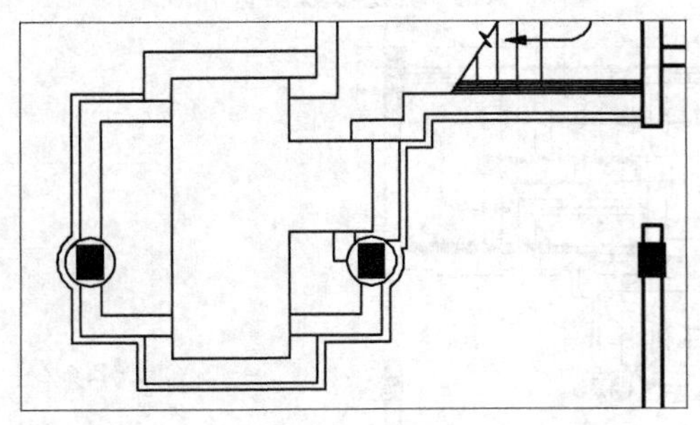

图 17-20　修剪圆

**06**　调用【填充】命令，输入【设置】选项，弹出对话框，然后对水桥填充【DOTS】图案，填充参数设置和效果如图 17-21 所示。

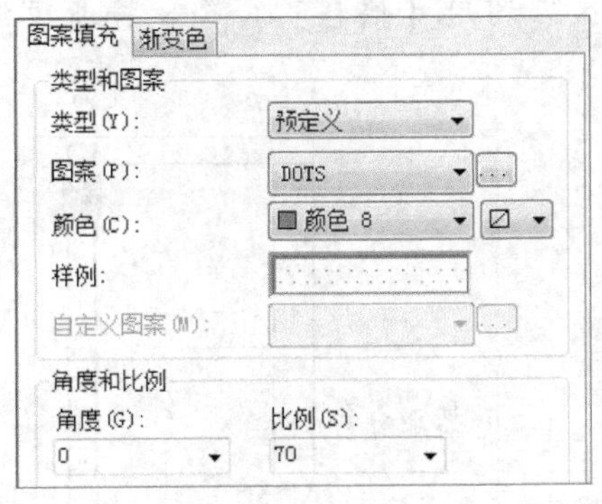


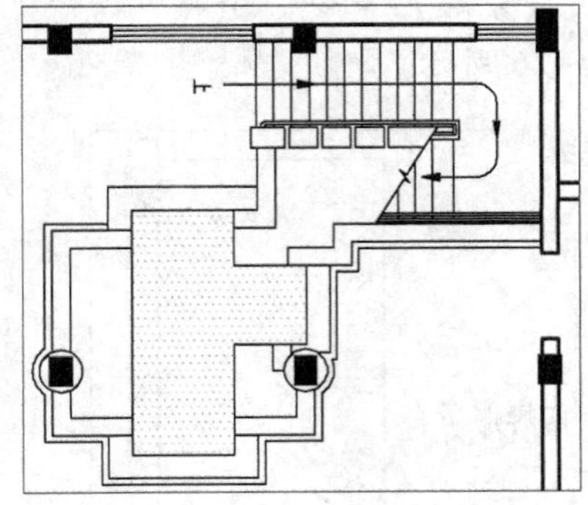

图 17-21　填充参数设置和效果

**07**　调用【填充】命令，输入【设置】选项，弹出对话框，填充【AR-RROOF】图案，其参数设置和效果如图 17-22 所示。

**08**　调用【多行文字】命令和【多段线】命令，绘制表示上下水桥方向的箭头和文字，如图 17-23 所示。

**09**　绘制服务台。调用 PL【多段线】命令，绘制多段线，如图 17-24 所示。

**10**　调用【圆角】命令，对多段线进行圆角操作，圆角半径为 795，如图 17-25 所示。

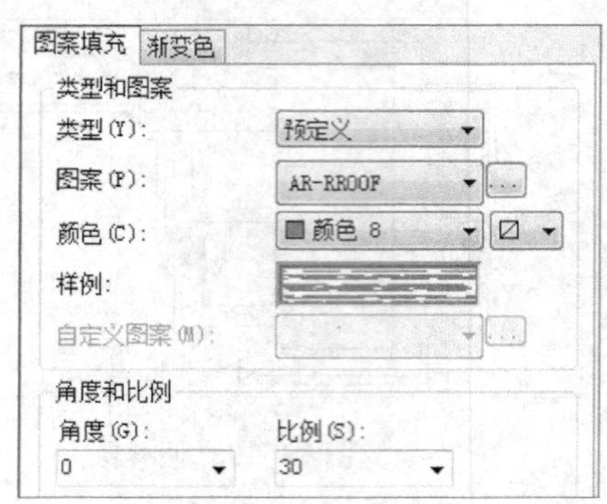


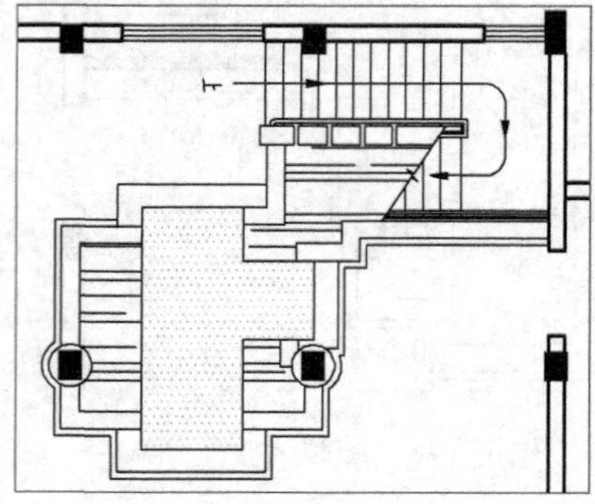

图 17-22　填充参数设置和效果

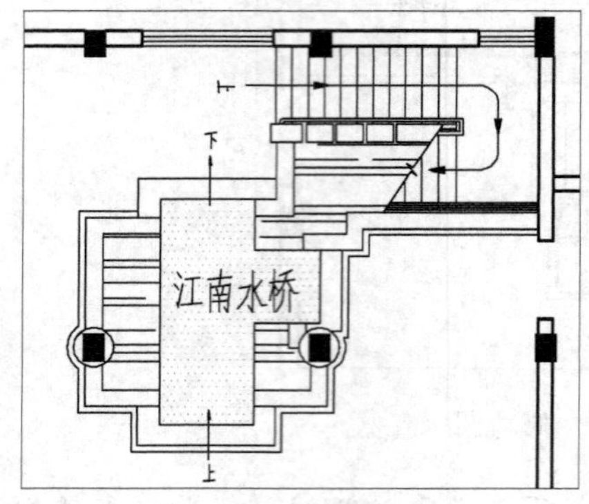


图 17-23　绘制箭头和文字

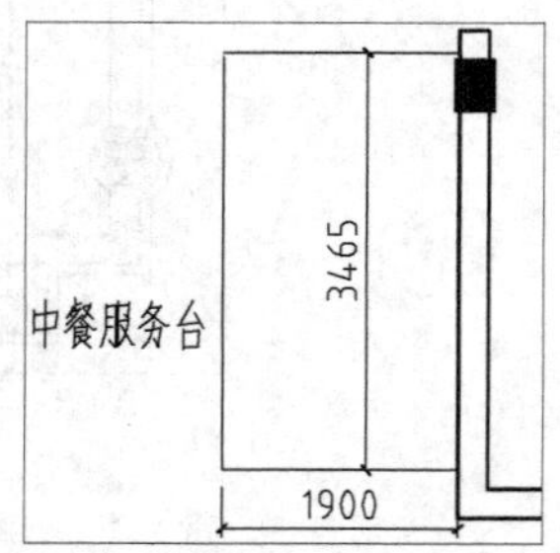


图 17-24　绘制多段线

**11**　调用【分解】命令，分解多段线，然后调用【偏移】命令，将多段线向右偏移350，如图 17-26 所示。

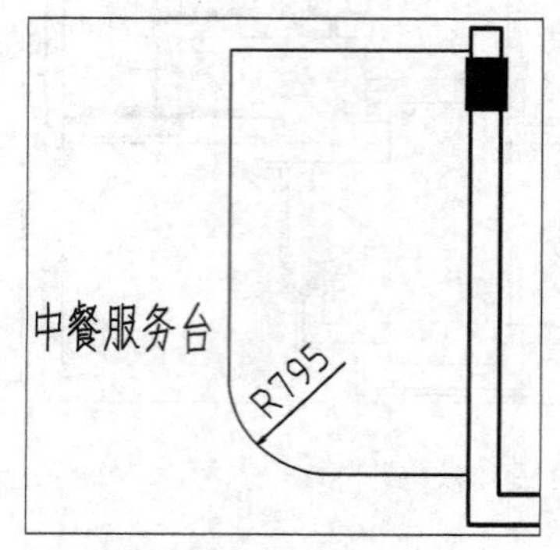


图 17-25　圆角

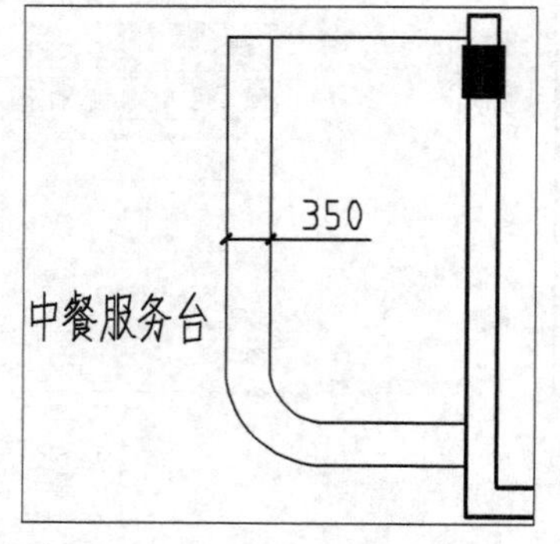


图 17-26　偏移多段线

**12**　调用【多段线】命令和【直线】命令，绘制线段，如图 17-27 所示。

**13**　调用【修剪】命令，修剪多段线，如图 17-28 所示。

**14**　调用【直线】命令和【偏移】命令，划分服务台，如图 17-29 所示。

**15**　调用【圆】命令，绘制半径为 10 的圆，并对圆进行复制，如图 17-30 所示。

**16**　调用【多段线】命令和【直线】命令，绘制酒柜，如图 17-31 所示。

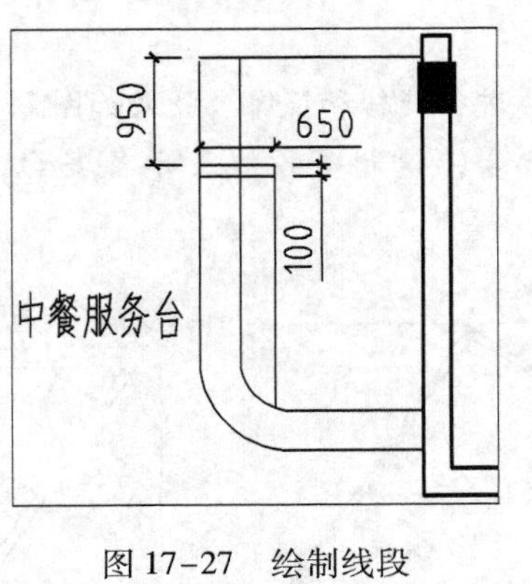


图 17-27　绘制线段

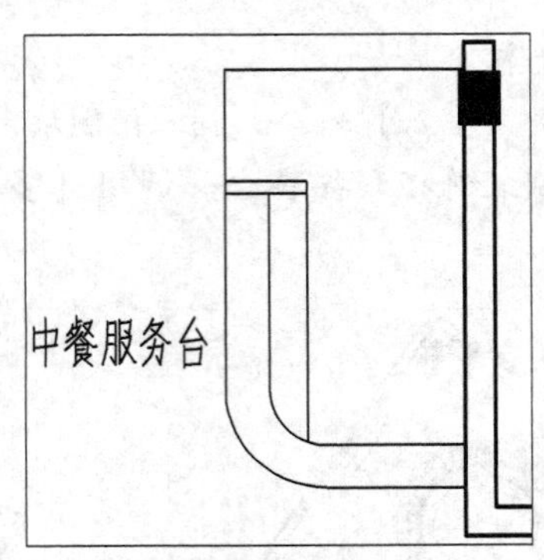


图 17-28　修剪多段线

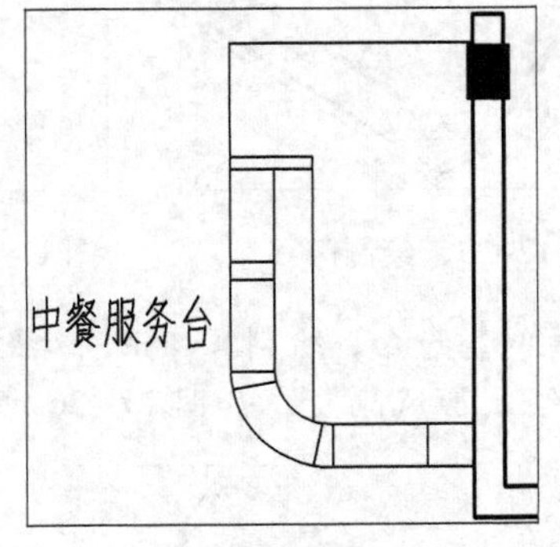


图 17-29　划分服务台

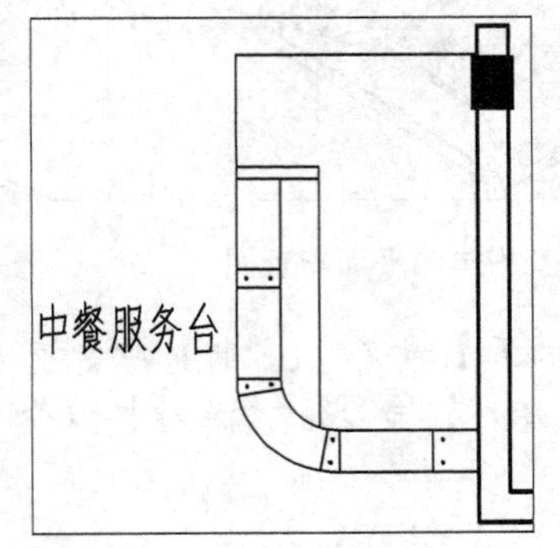


图 17-30　绘制并复制圆

**17**　按〈Ctrl + O〉组合键，打开配套光盘提供的“第 17 章\家具图例 . dwg”文件，从图库中选择植物图块到平面布置图中，如图 17-16 所示，完成一层中餐服务台和水桥平面布置图的绘制。

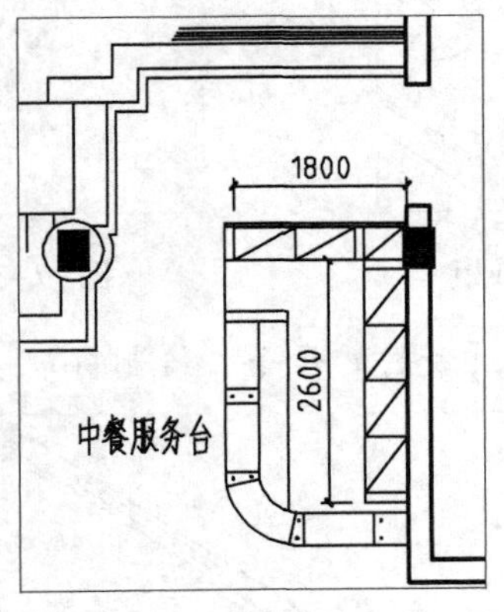


图 17-31　绘制酒柜

## 17.3.2　绘制二层豪华包厢平面布置图

二层豪华包厢平面布置图如图 17-32 所示，包括会客区和就餐区，采用屏风隔断，下面讲解绘制方法。

**01** 调用【插入】命令，插入门图块，并对图块进行旋转和镜像，效果如图17-33所示。

**02** 绘制装饰柜和备餐台。调用【多段线】命令，绘制多段线表示备餐台，如图17-34所示。

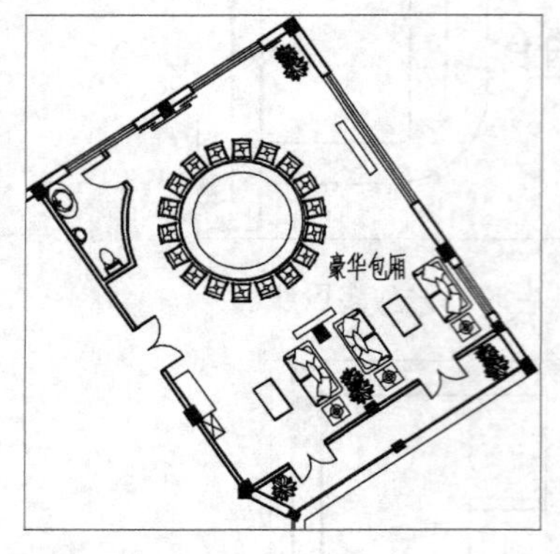


图17-32 二层豪华包厢平面布置图

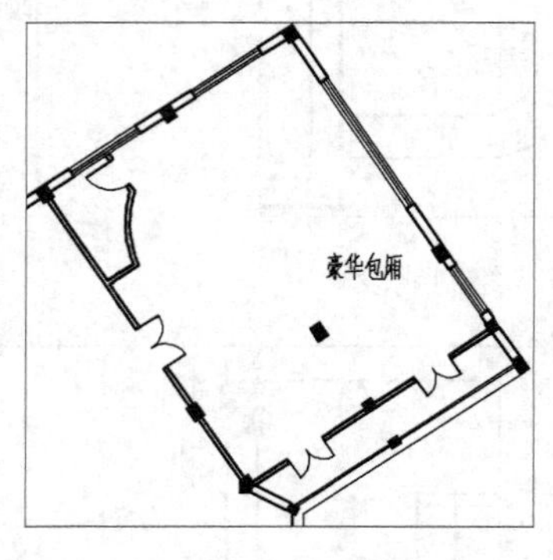


图17-33 绘制门

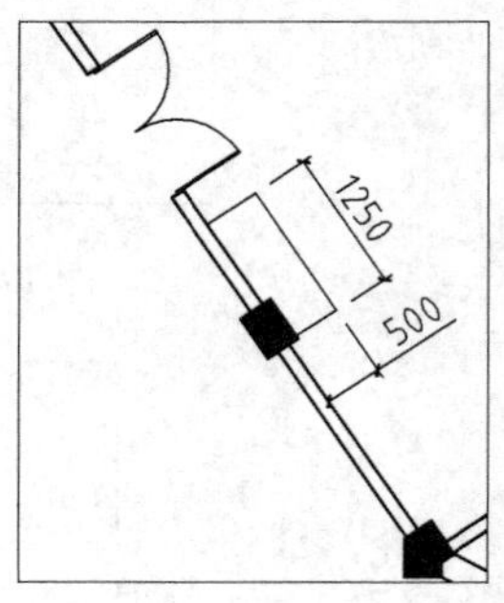


图17-34 绘制多段线

**03** 调用【矩形】命令、【旋转】命令和【直线】命令，绘制装饰柜，如图17-35所示。

**04** 调用【矩形】命令和【旋转】命令，绘制屏风隔断，如图17-36所示。

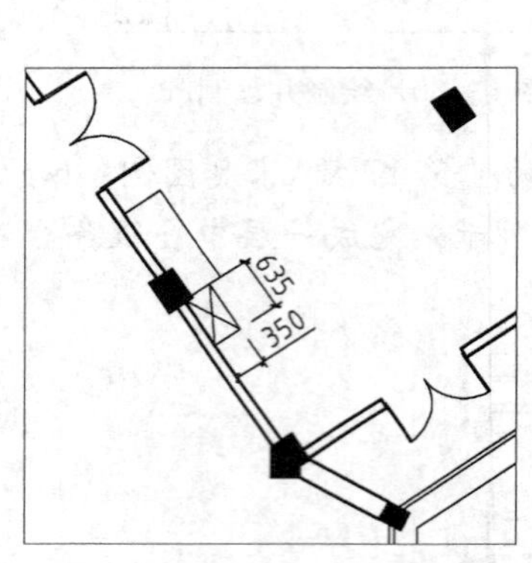


图17-35 绘制装饰柜

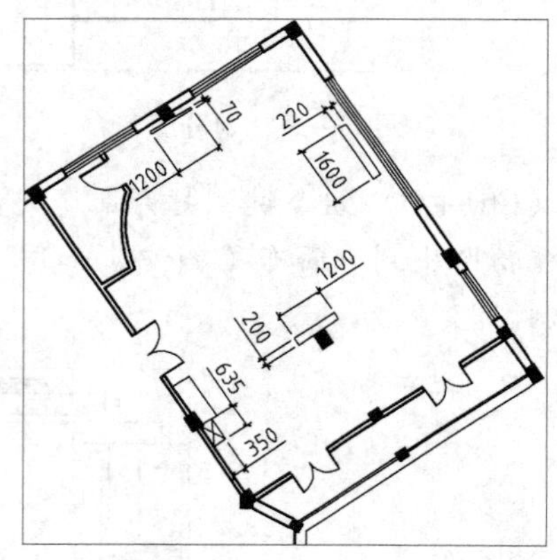


图17-36 绘制屏风隔断

**05** 调用【多段线】命令和【旋转】命令，绘制窗帘，如图17-37所示。

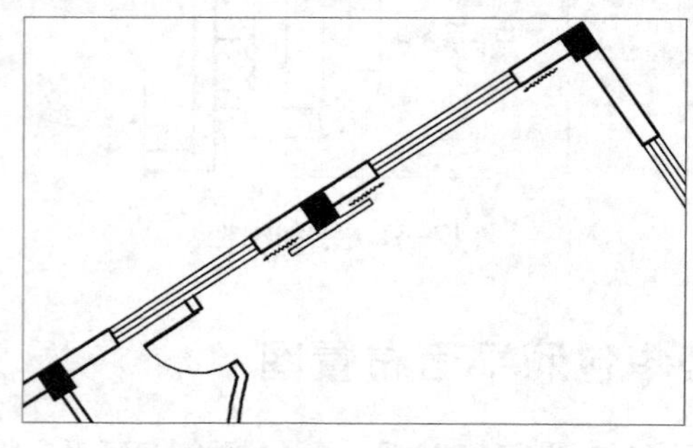

图17-37 绘制窗帘

**06** 从图库中插入餐桌、植物、沙发、茶几和卫具等图块到平面布置图中，完成二层豪华包厢平面布置图的绘制。

## 17.4 绘制中西餐厅地面材质图

如图 17-38 和图 17-39 所示为中西餐厅地面材质图。中西餐厅使用的地面材料有米黄大理石、防滑砖、钢化玻璃、马赛克、实木地板和地砖，下面以西餐酒吧地面材质图为例讲解地面材质图的绘制方法，其他地面材质图可使用【填充】命令，填充图案即可。

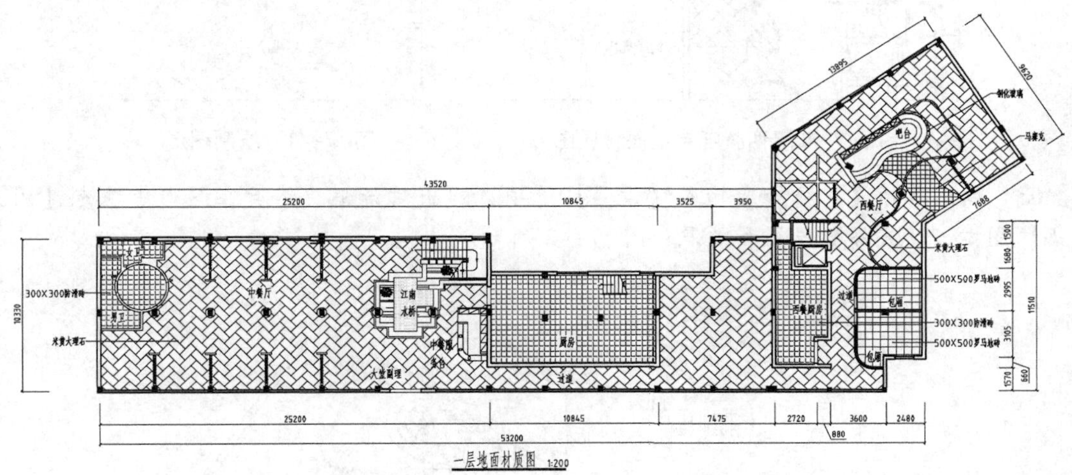

图 17-38　一层地面材质图

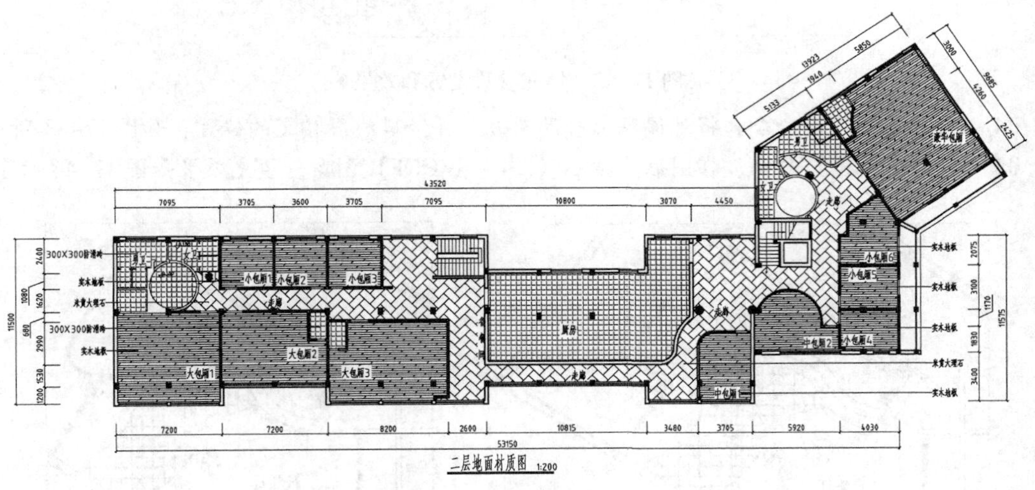

图 17-39　二层地面材质图

吧台的地面材质图如图 17-40 所示，下面讲解绘制方法。

**01** 设置【DD_地面】图层为当前图层。

**02** 调用【样条曲线】命令和【偏移】命令，绘制如图 17-41 所示图形。

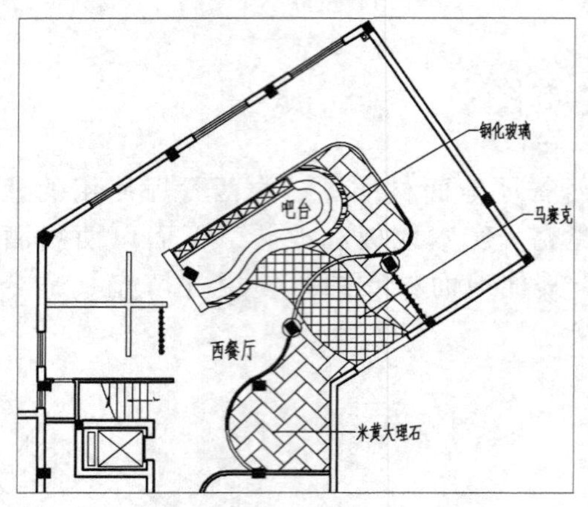

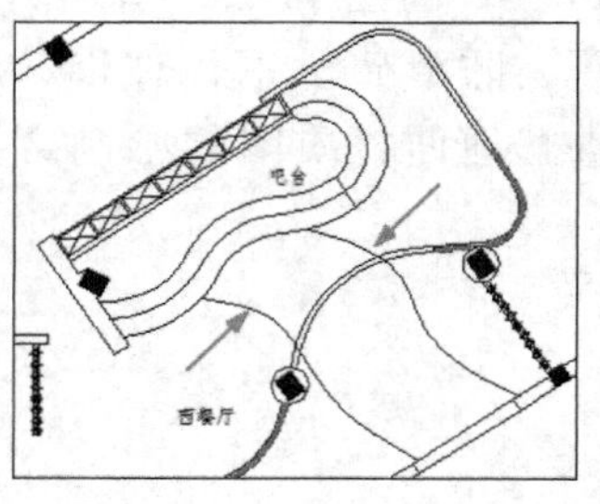


图 17-40　西餐吧台地面材质图　　图 17-41　绘制图形

**03** 调用【填充】命令，输入【设置】选项，弹出对话框，然后在图形中填充【用户定义】图案，填充参数设置和效果如图 17-42 所示。

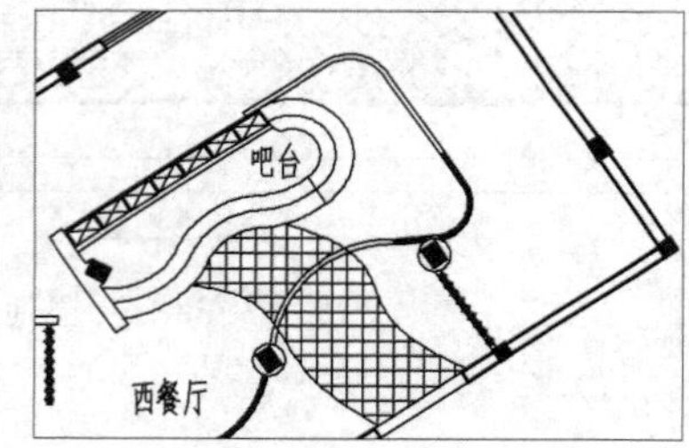


图 17-42　填充参数设置和效果

**04** 调用【偏移】命令，将外偏移吧台的圆弧，并修剪线段相交的位置，如图 17-43 所示。

**05** 调用【填充】命令，在圆弧中填充【AR－RROOF】图案，填充效果如图 17-44 所示。

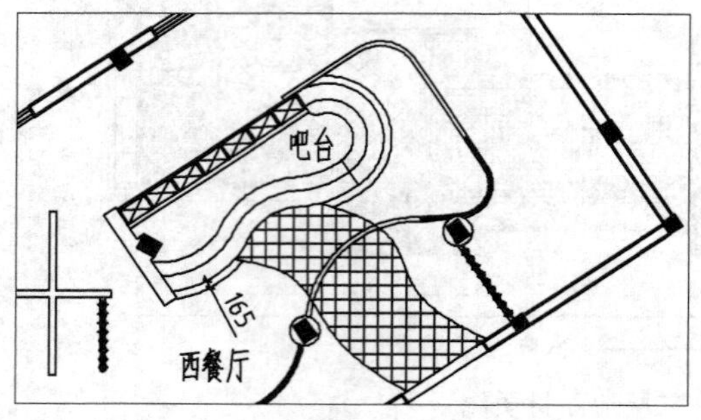


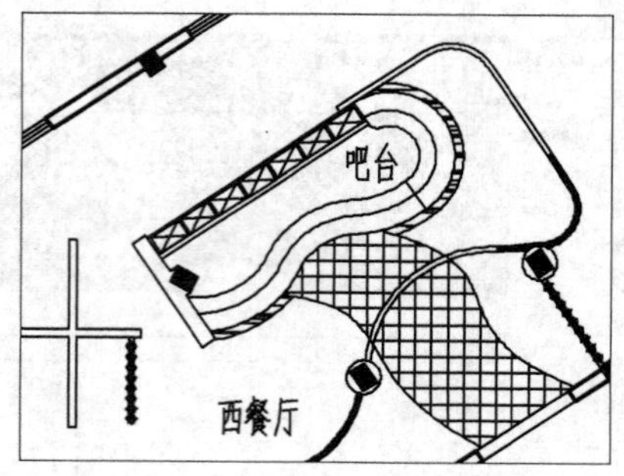


图 17-43　偏移圆弧　　图 17-44　填充效果

**06** 调用【填充】命令，输入【设置】选项，弹出对话框，然后对吧台其他区域填充【AR－HBONE】图案，填充参数设置和效果如图 17－45 所示。

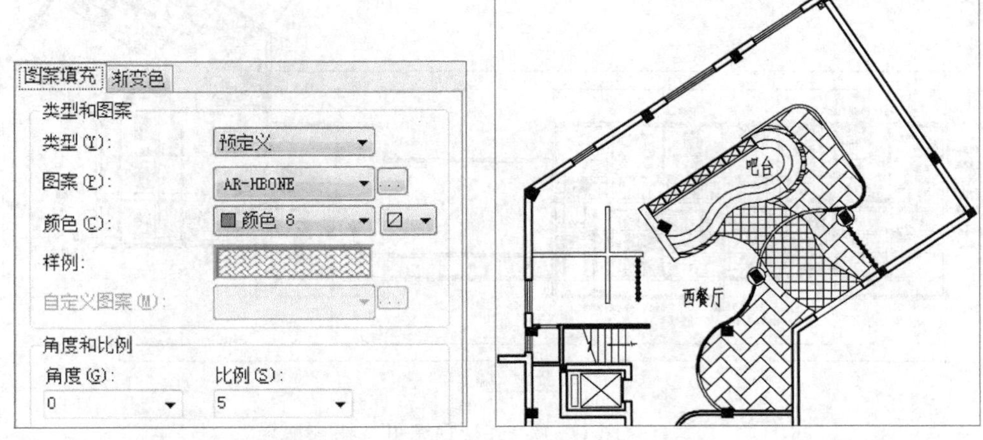


图 17－45　填充参数设置和效果

**07** 调用【多重引线】命令，对地面材料进行文字标注，效果如图 17－40 所示，完成西餐吧台地面材质图的绘制。

## 17.5　绘制中西餐厅顶棚图

如图 17－46 和图 17－47 所示为中西餐厅顶棚图，采用的是纸面石膏板吊顶，下面以二层包厢 3 顶棚和豪华包厢顶棚为例，介绍顶棚图的绘制方法。

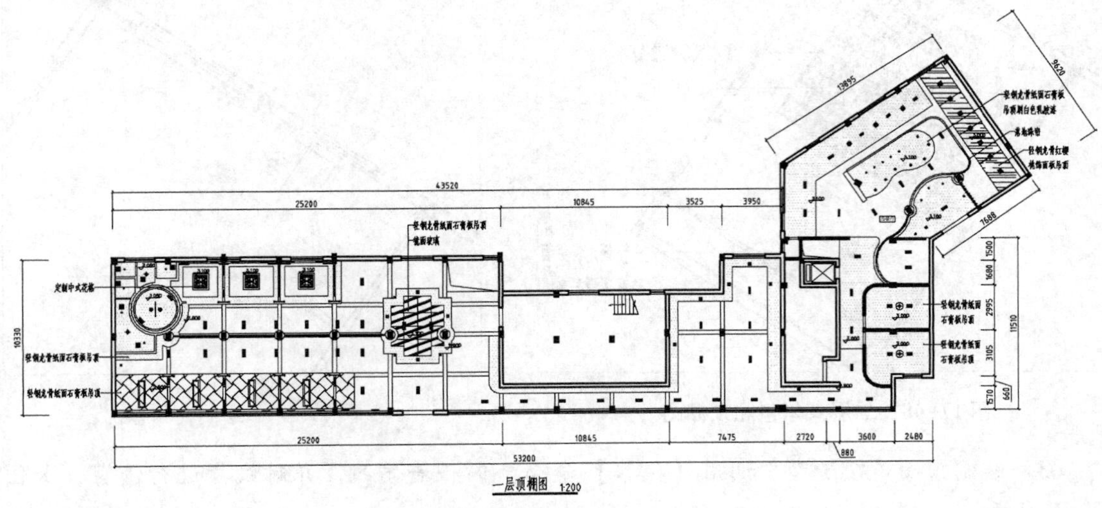


图 17－46　一层顶棚图

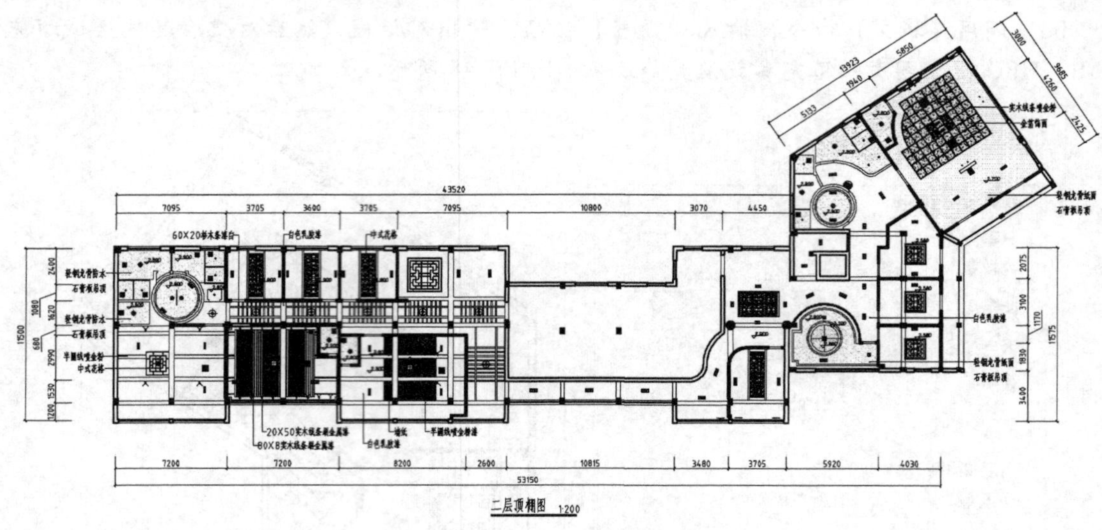
图 17-47　二层顶棚图

## 17.5.1　绘制二层豪华包厢顶棚图

图 17-48 所示为豪华包厢顶棚图，下面讲解绘制方法。

**01**　绘制窗帘盒。设置【DD_吊顶】图层为当前图层。

**02**　调用【直线】命令，绘制窗帘盒，如图 17-49 所示。

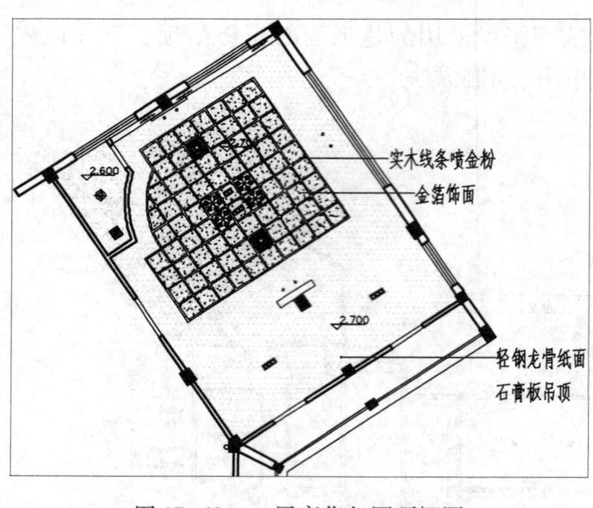

图 17-48　二层豪华包厢顶棚图

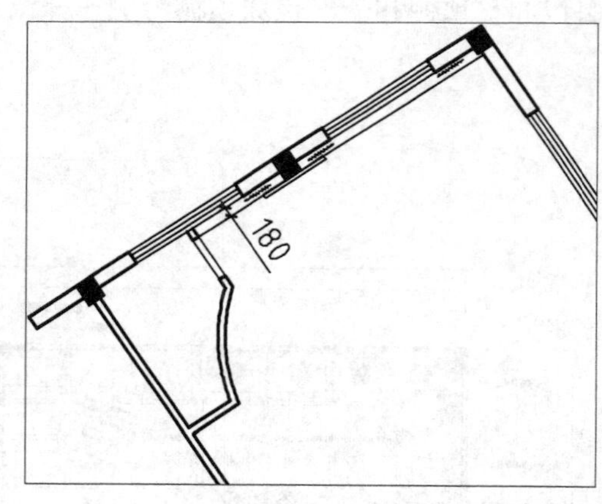

图 17-49　绘制窗帘盒

**03**　绘制顶面吊顶造型。调用【偏移】命令，偏移墙体线，并对线段进行修剪，如图 17-50 所示。

**04**　调用【直线】命令，绘制辅助线，如图 17-51 所示。

**05**　调用【圆】命令，以辅助线的交点为圆心绘制半径为 2440 的圆，然后删除辅助线，如图 17-52 所示。

06 调用【修剪】命令，对圆和线段进行修剪，如图 17-53 所示。

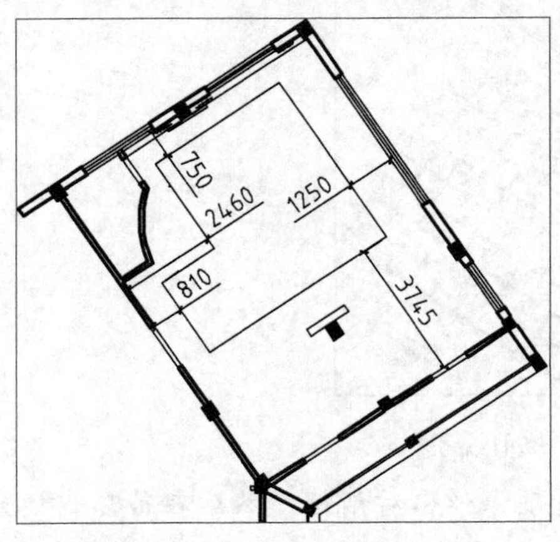


图 17-50 偏移和修剪线段

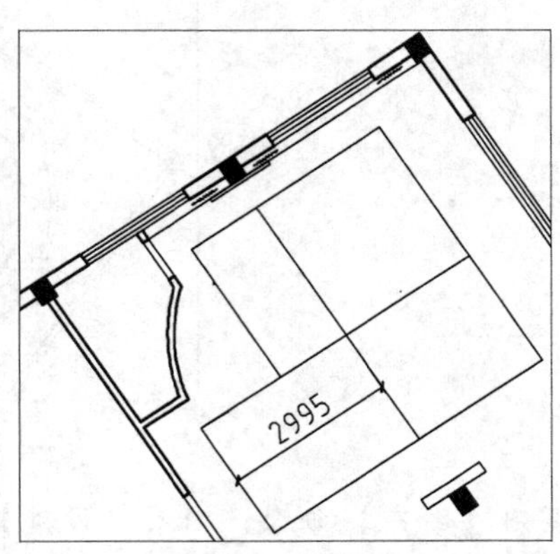


图 17-51 绘制辅助线

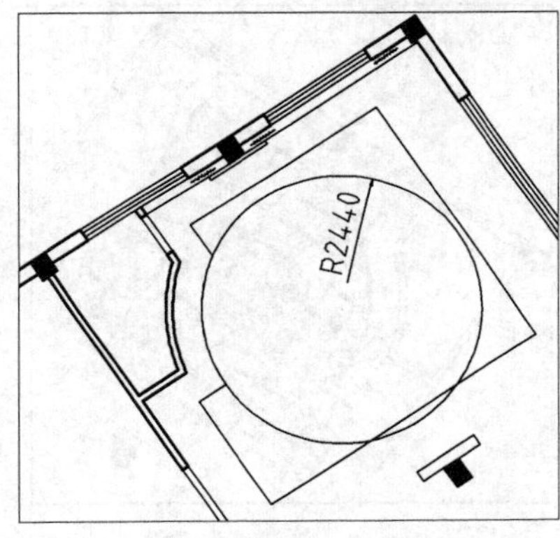


图 17-52 绘制圆

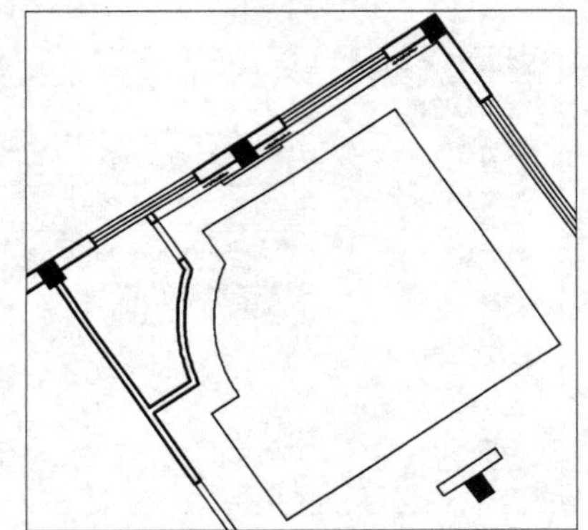

图 17-53 修剪圆和线段

07 调用【偏移】命令，将圆弧和线段向内偏移 50，如图 17-54 所示。

08 调用【直线】命令，绘制线段，并对线段进行偏移，如图 17-55 所示。

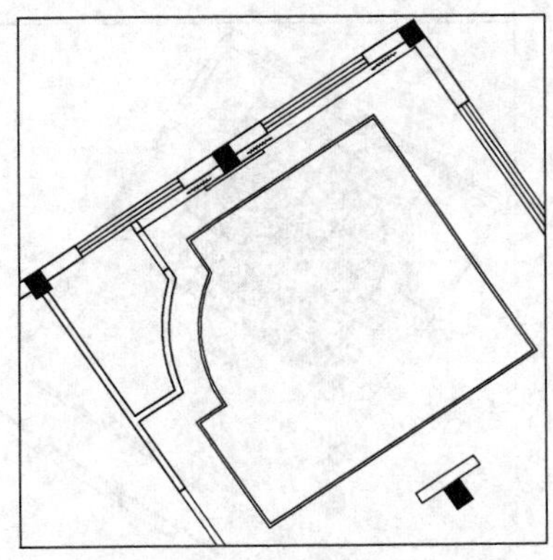

图 17-54 偏移圆弧和线段

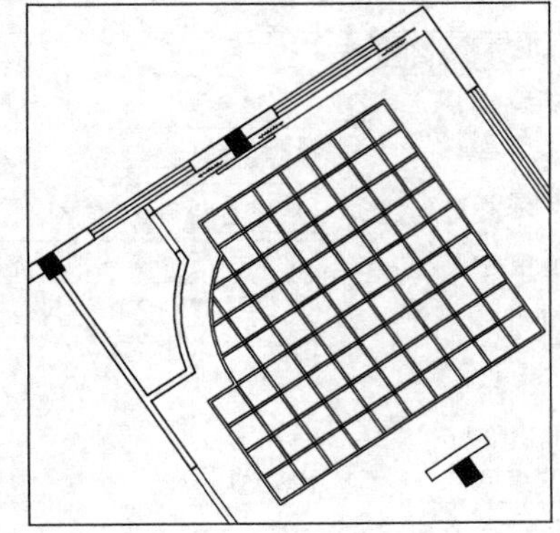

图 17-55 绘制并偏移线段

09 调用【修剪】命令，修剪线段，如图 17-56 所示。

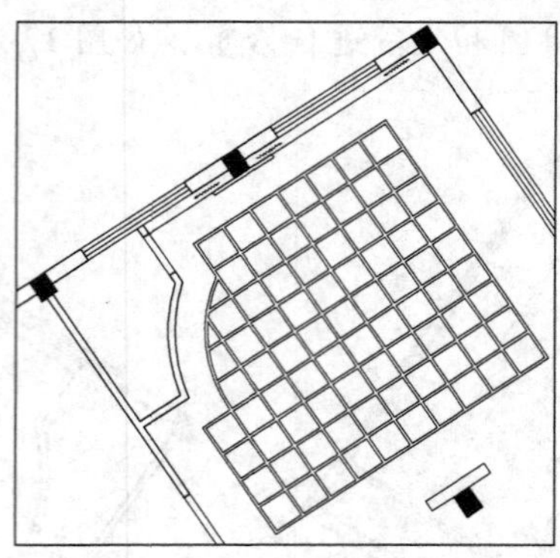

图 17-56 修剪线段

**10** 调用【填充】命令，输入【设置】选项，弹出对话框，然后在吊顶内填充【AR-CONC】图案，填充参数设置和效果如图 17-57 所示。

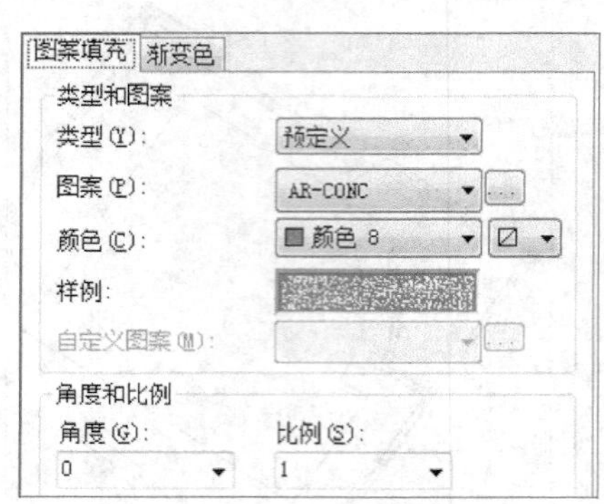


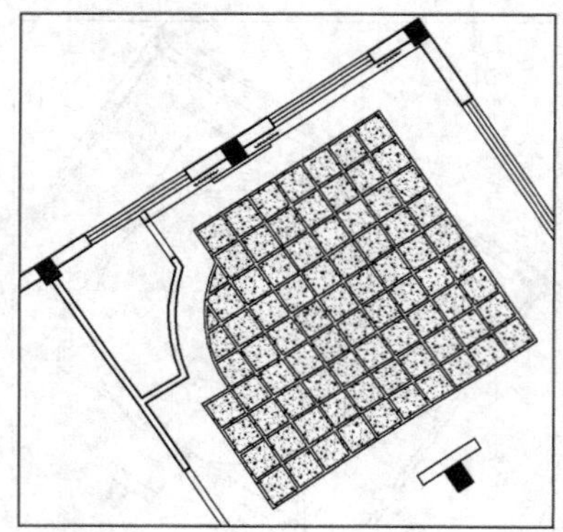

图 17-57 填充参数设置和效果

**11** 调用【填充】命令，输入【设置】选项，弹出对话框，然后在包厢吊顶其他区域填充【DOTS】图案，填充参数设置和效果如图 17-58 所示。

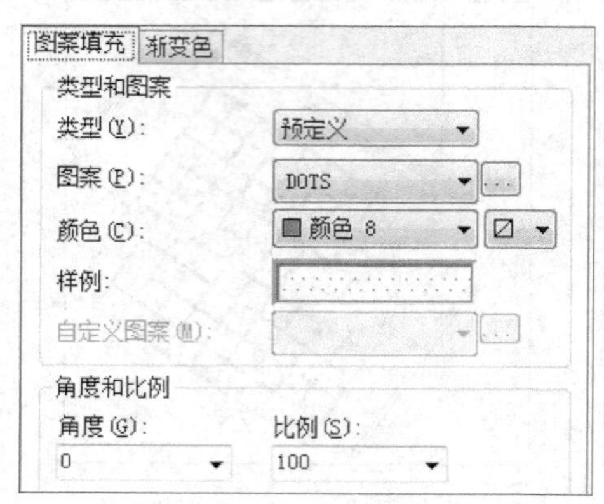


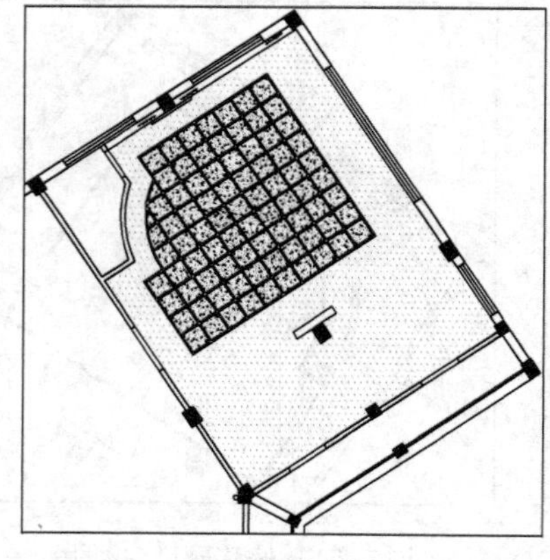

图 17-58 填充参数设置和效果

**12** 在包厢内的卫生间区域填充【AR-SAND】图案，效果如图 17-59 所示。

**13** 从图库中插入灯具和排气扇等图块，将其复制至包厢顶棚区域，效果如图 17-60 所示。

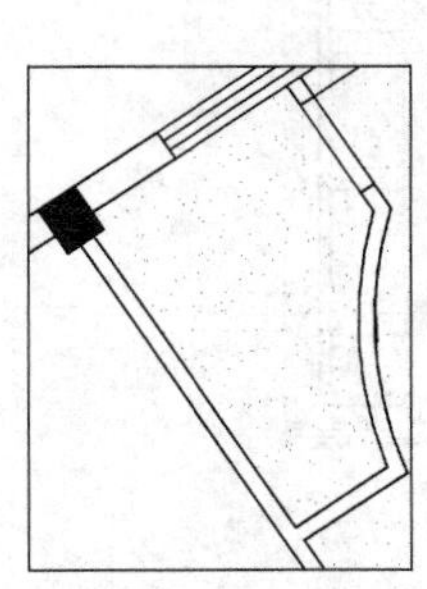

图 17-59 填充效果

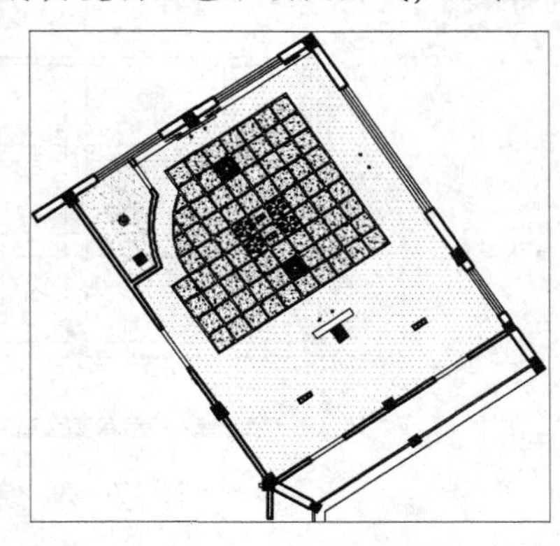

图 17-60 布置灯具

**14** 调用【插入】命令，插入标高图块，并设置正确的标高值，如图 17-61 所示。

**15** 调用【多重引线】命令，对材料进行标注，结果如图 17-48 所示，完成二层豪华包厢顶棚图的绘制。

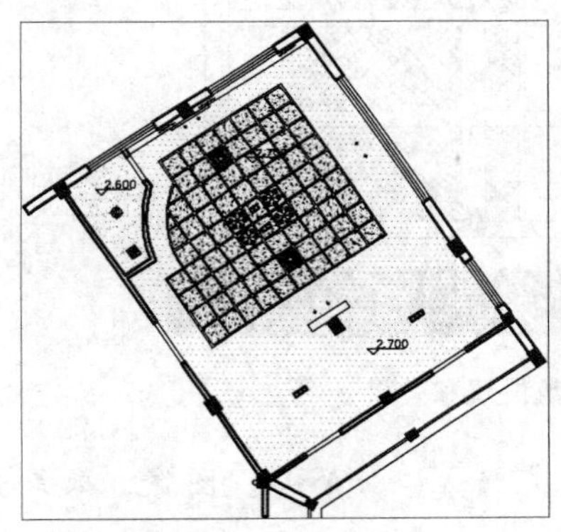


图 17-61 插入标高

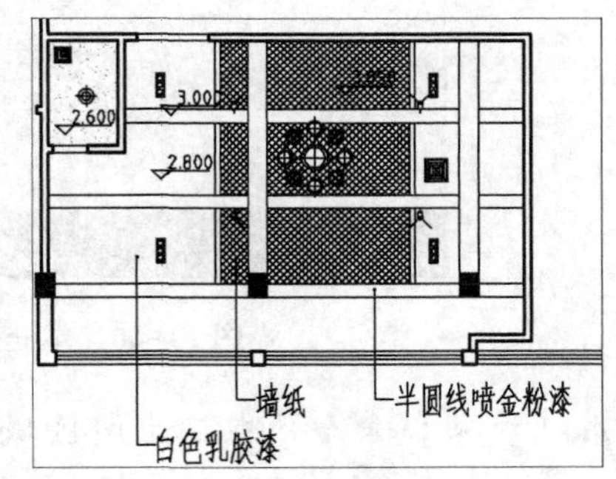


图 17-62 二层大包厢 3 顶棚图

## 17.5.2 绘制二层大包厢 3 顶棚图

图 17-62 所示为二层大包厢 3 顶棚图，包厢顶面采用的是墙纸饰面，下面其讲解绘制方法。

**01** 调用【直线】命令和【偏移】命令，绘制线段，如图 17-63 所示。

**02** 调用【修剪】命令，对线段相交的位置进行修剪，如图 17-64 所示。

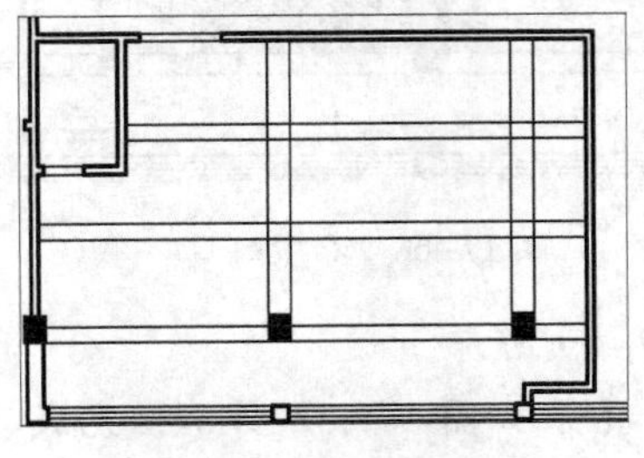

图 17-63 绘制线段

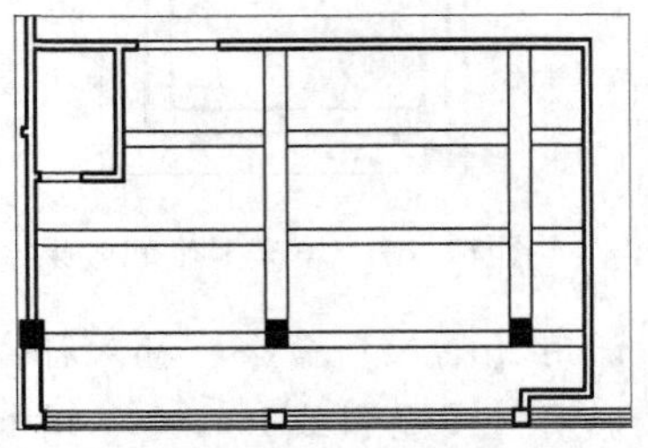

图 17-64 修剪线段

**03** 调用【直线】命令和【偏移】命令，绘制线段，如图 17-65 所示。

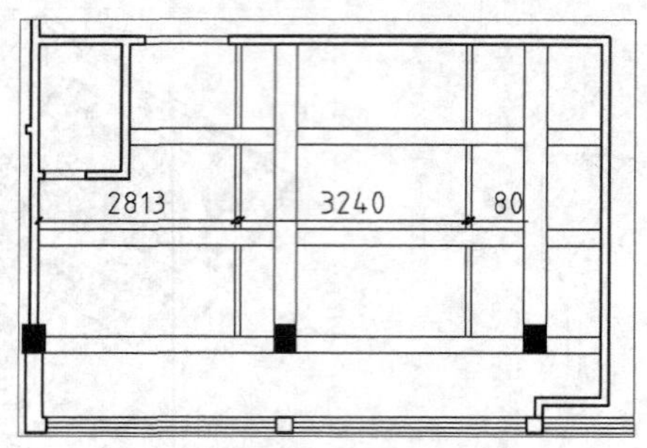


图 17-65 绘制线段

**04** 调用【填充】命令，输入【设置】选项，弹出对话框，然后在线段中填充【用户定义】图案，填充参数设置和效果如图 17-66 所示。

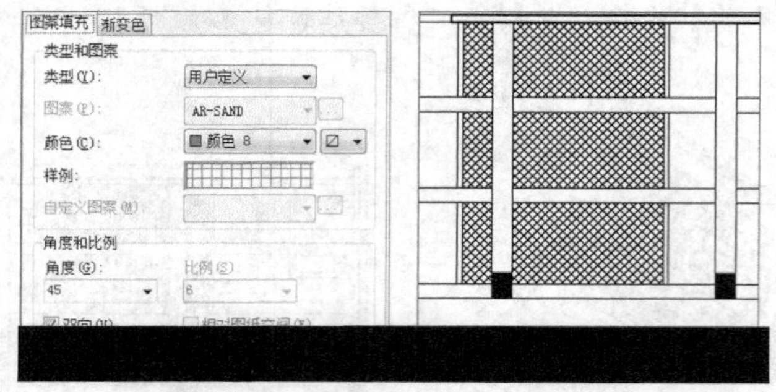


图 17-66 填充参数设置和效果

**05** 调用【填充】命令，在卫生间区域填充【AR - SAND】图案，效果如图 17-67 所示。

**06** 从图库中插入灯具和排气扇等图块，将其复制至包厢顶棚区域，效果如图 17-68 所示。

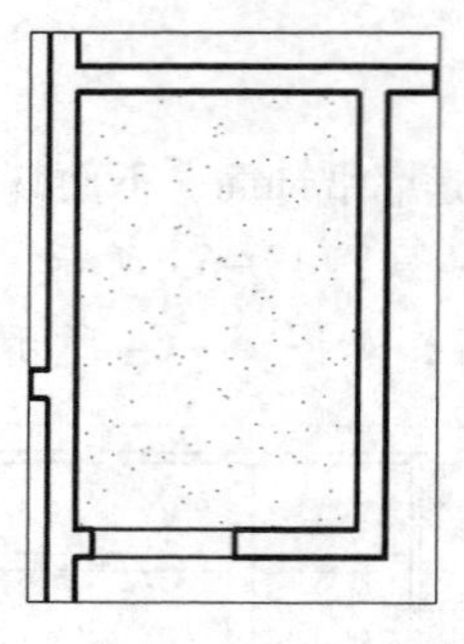

图 17-67 填充卫生间效果

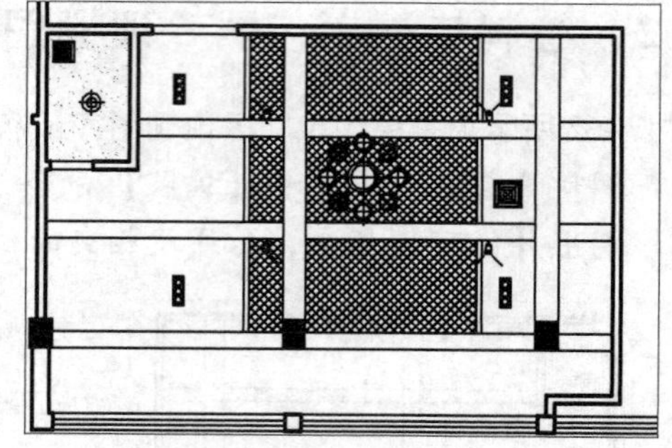

图 17-68 布置灯具

**07** 调用【插入】命令，插入标高图块，如图 17-69 所示。

**08** 调用【多重引线】命令，对材料进行标注，结果如图 17-62 所示，完成二层大包厢 3 顶棚图的绘制。

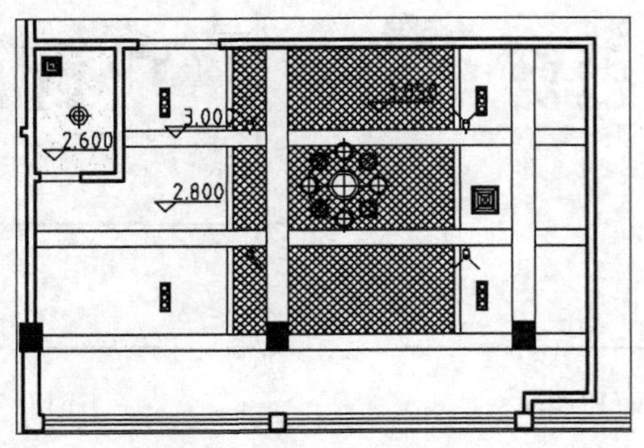


图 17-69　插入标高

# 17.6　绘制中西餐厅立面图

本节以一层中式餐厅 B 立面图和二层豪华包厢 C 立面图为例，介绍中西餐厅立面图的绘制方法。

## 17.6.1　绘制一层中式餐厅 B 立面图

图 17-70 所示为一层中式餐厅 B 立面图，主要表达了装饰柱的做法，下面讲解绘制方法。

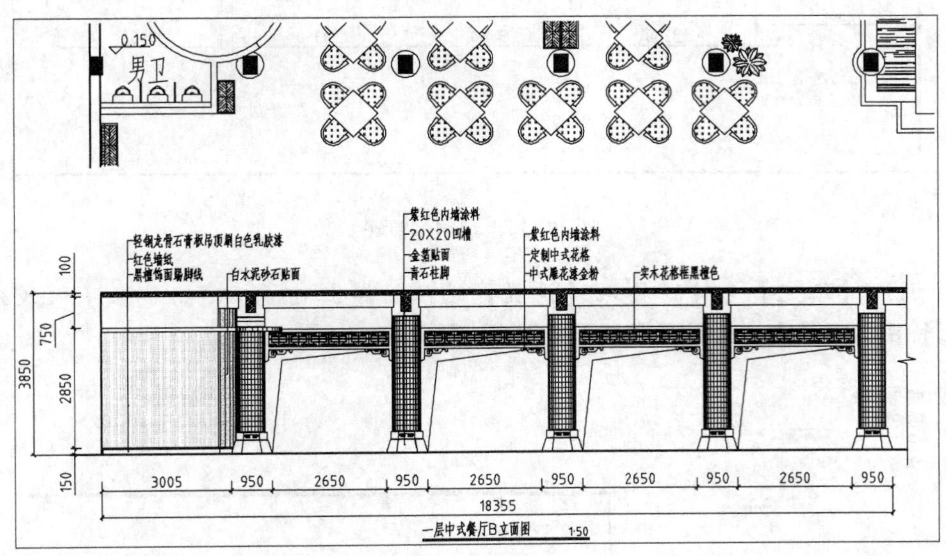


图 17-70　一层中式餐厅 B 立面图

**01**　复制图形。调用【直线】命令，复制平面布置图上中式餐厅 B 立面图的平面部分。

**02**　绘制立面外轮廓，调用【直线】命令，绘制左侧墙体和地面，如图 17-71 所示。

**03**　调用【偏移】命令，在距离地面 3850 的位置绘制顶棚线，如图 17-72 所示。

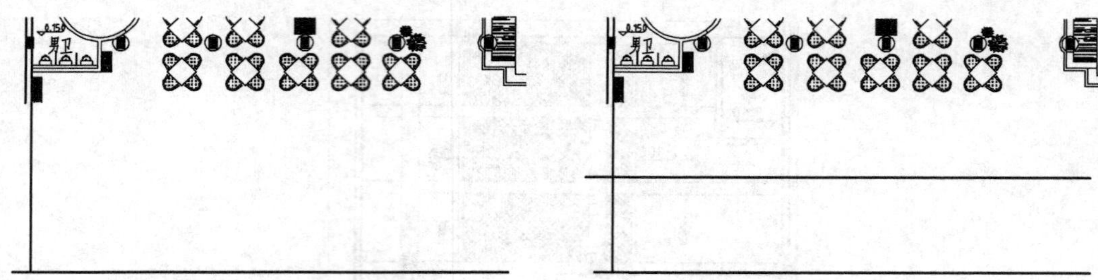

图 17-71　绘制墙面和地面　　　　图 17-72　绘制顶棚

**04**　调用【多段线】命令，在右侧绘制折断线，然后调用【修剪】命令，修剪出立面轮廓，并转换至【QT_墙体】图层，如图 17-73 所示。

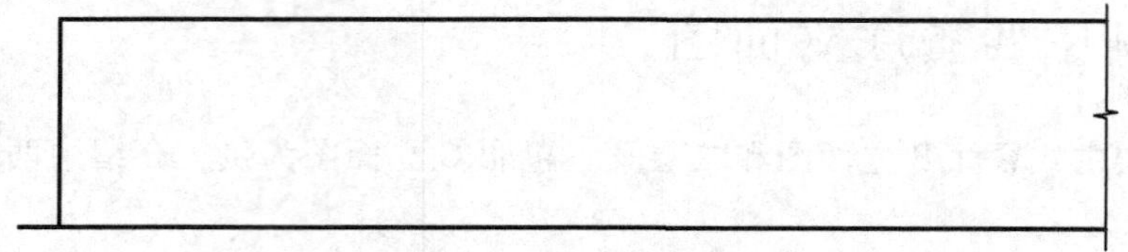

图 17-73　修剪立面

**05**　绘制楼板。调用【多段线】命令，绘制多段线，如图 17-74 所示。

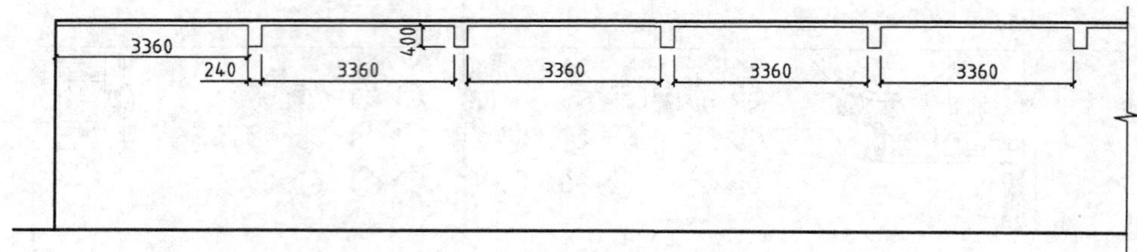


图 17-74　绘制多段线

**06**　调用【填充】命令，输入【设置】选项，弹出对话框，然后在多段线内填充【ANSI35】图案，填充参数设置和效果如图 17-75 所示。

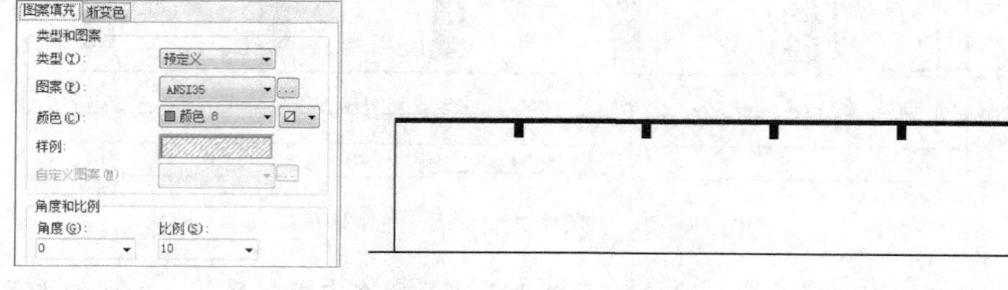


图 17-75　填充参数设置和效果

**07**　调用【多段线】命令，绘制多段线表示吊顶，如图 17-76 所示。

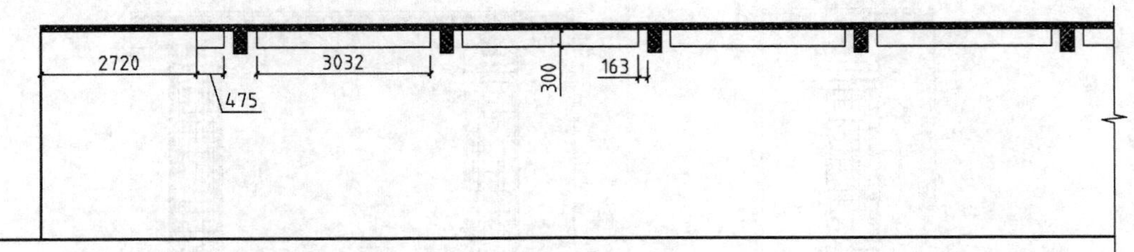


图 17-76　绘制吊顶

**08**　绘制装饰柱。调用【多段线】命令和【直线】命令，绘制柱头，如图 17-77 所示。

**09**　调用【矩形】命令，绘制尺寸为 1080×100 的矩形，并在矩形中绘制线段，如图 17-78 所示。

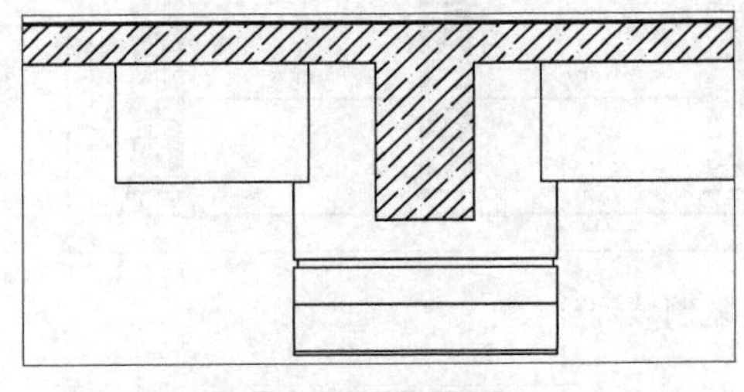

图 17-77　绘制柱头

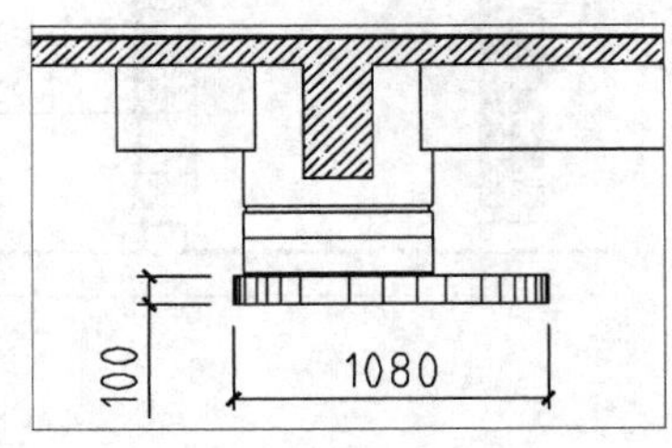


图 17-78　绘制矩形

**10**　绘制柱脚。调用【多段线】命令、【偏移】命令和【矩形】命令，绘制柱脚，如图 17-79 所示。

**11**　调用【直线】命令和【偏移】命令，绘制线段，如图 17-80 所示。

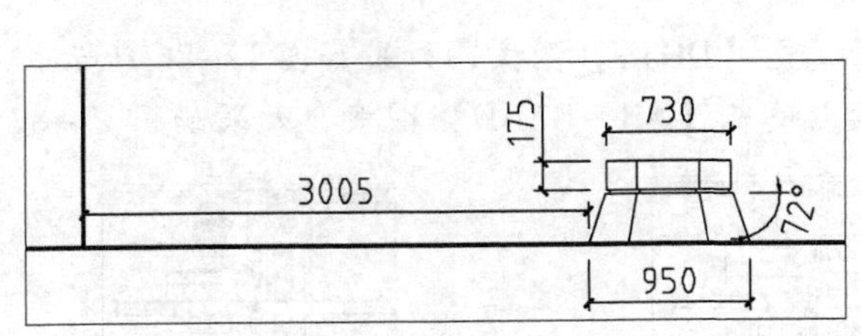


图 17-79　绘制柱脚

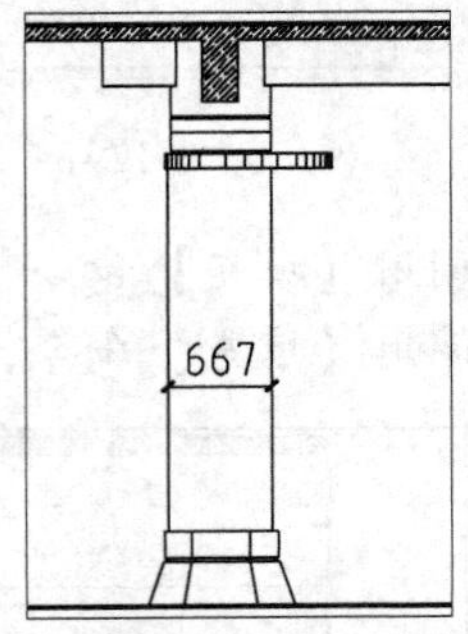


图 17-80　绘制线段

**12**　调用【直线】命令和【偏移】命令，细化柱身，如图 17-81 所示。

**13**　使用同样的方法绘制同类型装饰柱，如图 17-82 所示。

**14**　调用【复制】命令，将装饰柱复制到其他位置，如图 17-83 所示。

**15**　绘制踢脚板。调用【多段线】命令和【直线】命令，绘制踢脚板，如图 17-84 所示。

**16**　调用【直线】命令和【偏移】命令，绘制线段，如图 17-85 所示。

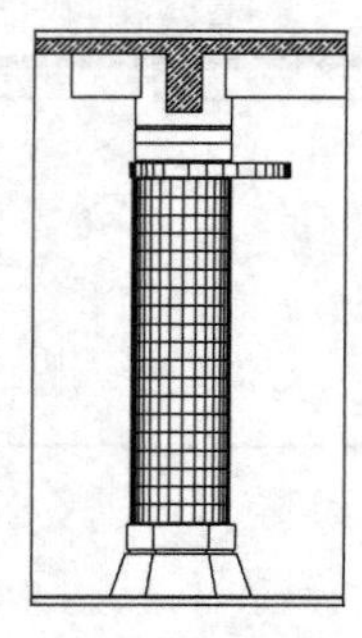
图 17-81　细化柱身

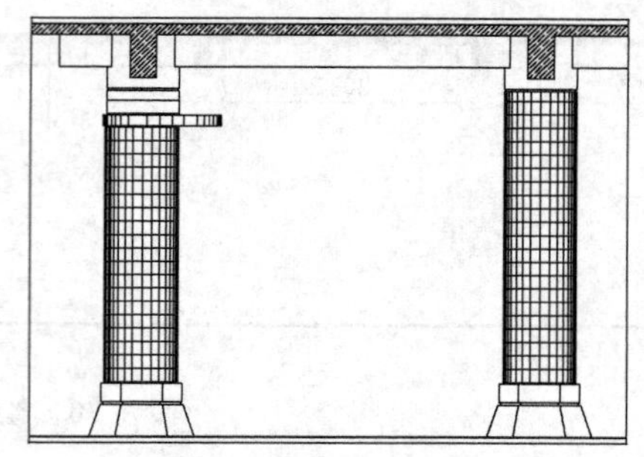
图 17-82　绘制同类型装饰柱

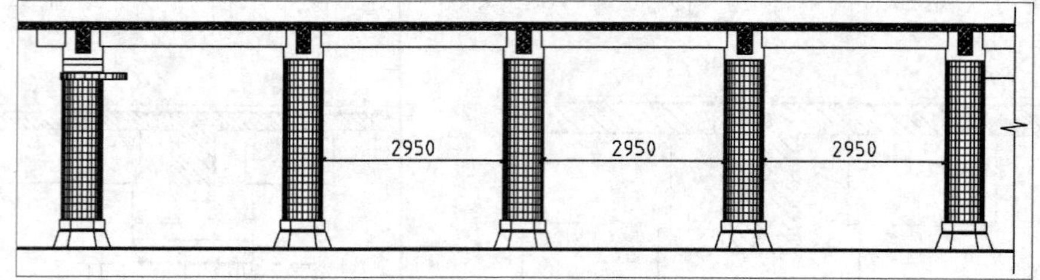

图 17-83　复制装饰柱

图 17-84　绘制踢脚板

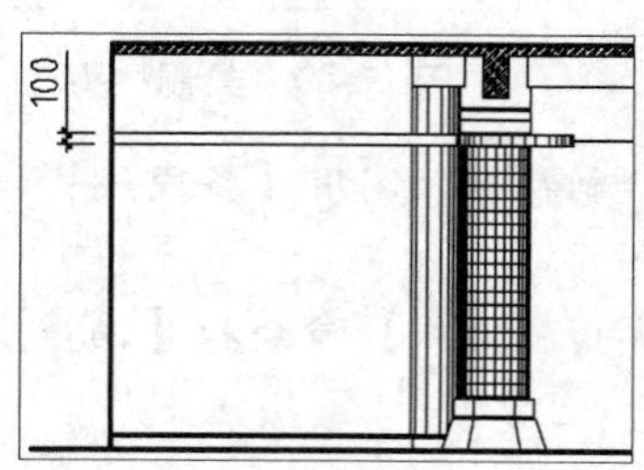

图 17-85　绘制线段

**17**　调用【填充】命令，对墙面填充【DOTS】图案，效果如图 17-86 所示。

**18**　调用【填充】命令，在线段内填充【AR-SAND】图案，效果如图 17-87 所示。

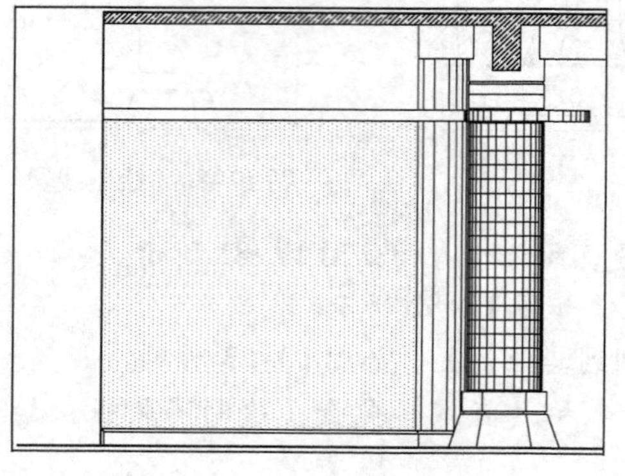
图 17-86　填充效果（1）

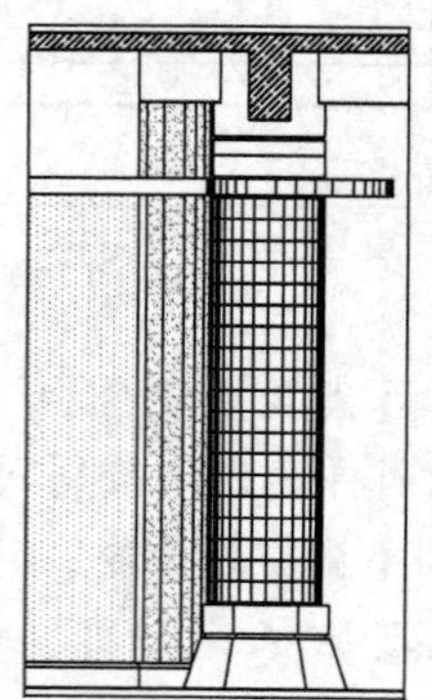
图 17-87　填充效果（2）

19 调用【直线】命令，绘制线段，如图 17-88 所示。

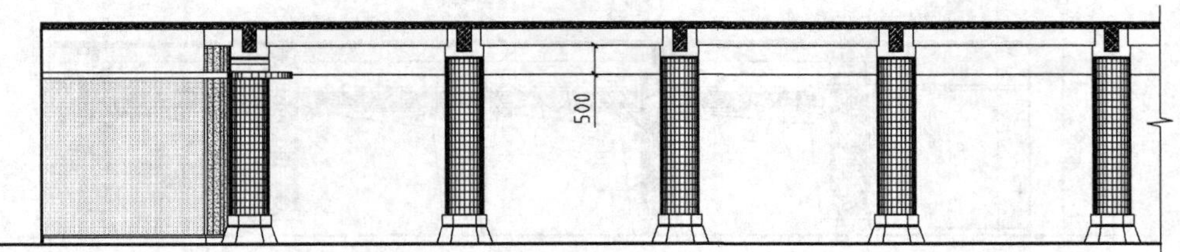


图 17-88 绘制线段

20 从图库中插入中式雕花图块到立面图中，如图 17-89 所示。

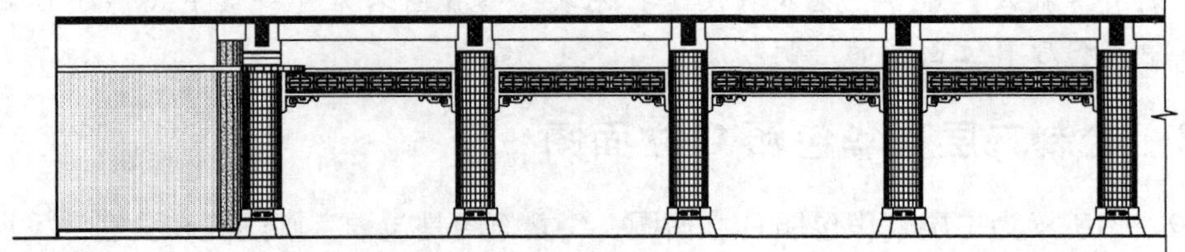

图 17-89 插入图块

21 调用【多段线】命令，绘制折线，表示镂空，如图 17-90 所示。

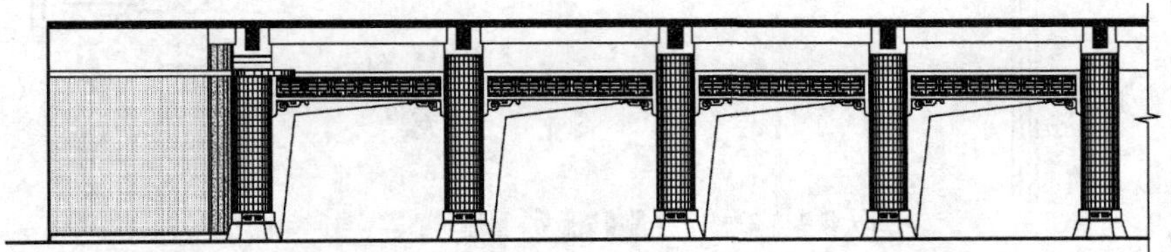

图 17-90 绘制折线

22 设置【BZ_标注】图层为当前图层。调用【标注】命令，标注尺寸，如图 17-91 所示。

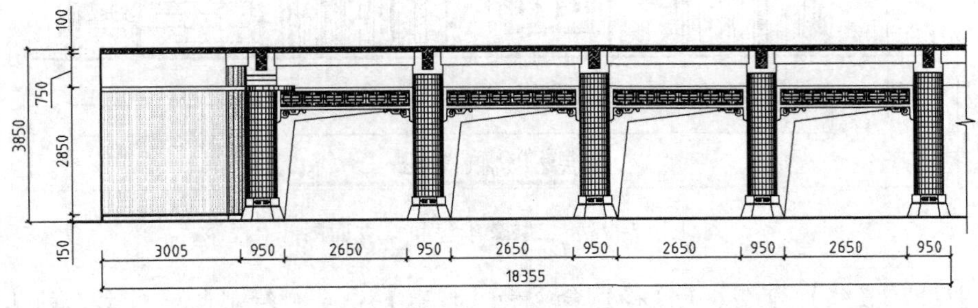


图 17-91 尺寸标注

23 调用【多重引线】命令，标注材料名称，如图 17-92 所示。

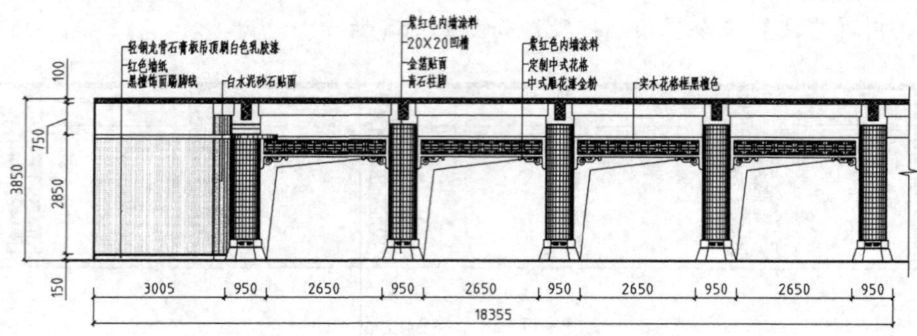


图 17-92　标注材料

**24**　调用【插入】命令，插入【图名】图块，设置图名为【一层中式餐厅 B 立面图】，完成一层中式餐厅 B 立面图的绘制。

## 17.6.2　绘制二层豪华包厢 C 立面图

图 17-93 所示为二层豪华包厢 C 立面图，C 立面图是包厢字画隔断和会客沙发所在的墙面，下面讲解绘制方法。

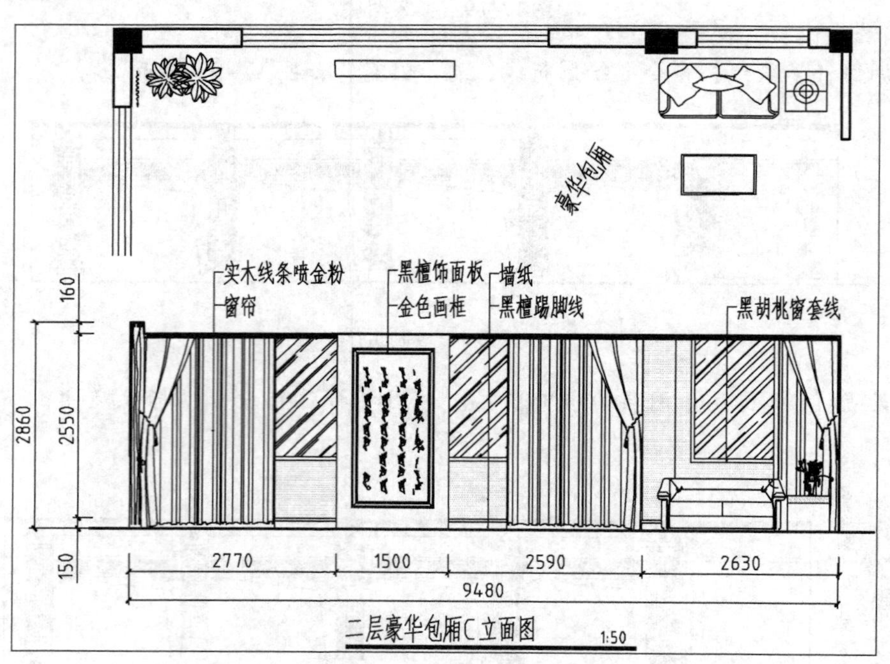


图 17-93　二层豪华包厢 C 立面图

**01**　调用【直线】命令、【偏移】命令和【修剪】命令，绘制包厢 C 立面的基本轮廓，如图 17-94 所示。

**02**　调用【直线】命令和【偏移】命令，划分立面，如图 17-95 所示。

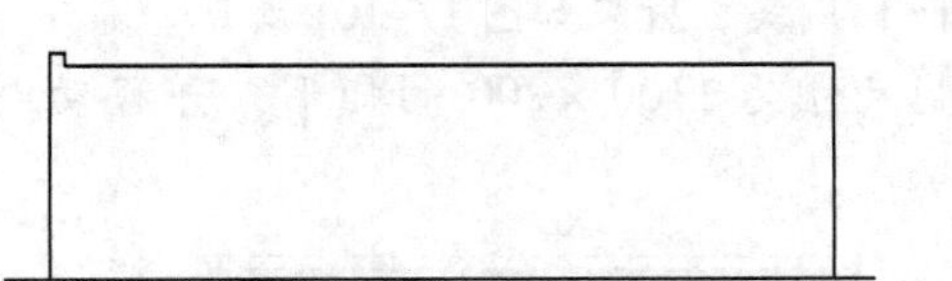

图 17-94　绘制立面基本轮廓

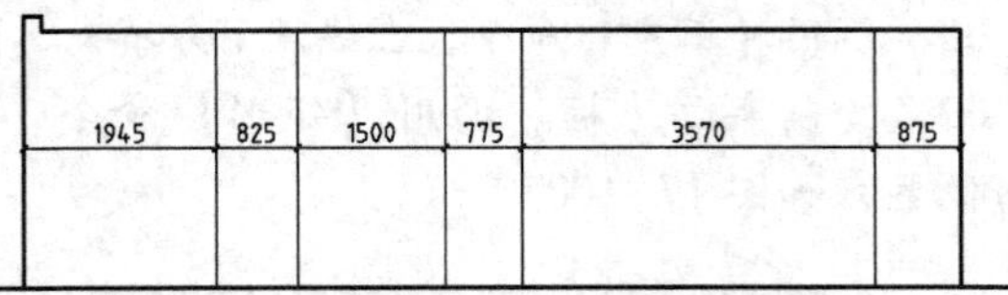


图 17-95　划分立面

**03**　绘制吊顶。调用【多段线】命令和【圆弧】命令，绘制角线，如图 17-96 所示。

**04**　调用【直线】命令，绘制线段，如图 17-97 所示。

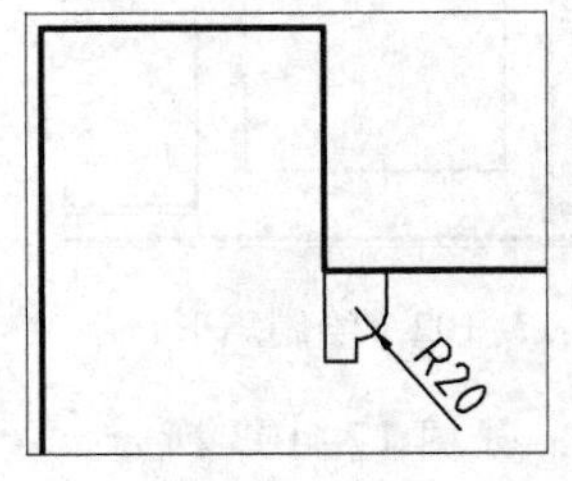

图 17-96　绘制角线

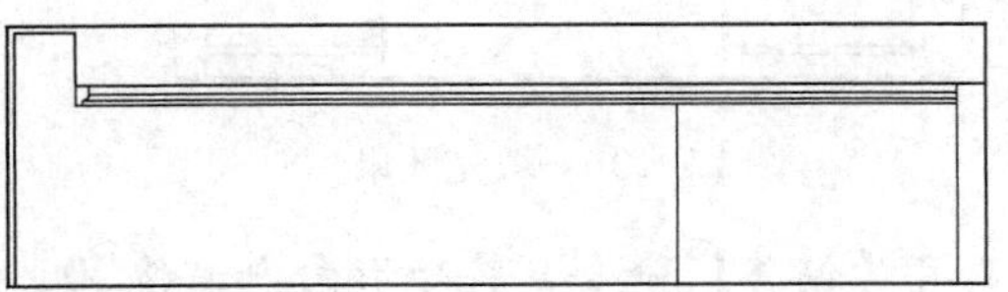

图 17-97　绘制线段

**05**　调用【镜像】命令和【直线】命令，绘制同类吊顶造型，如图 17-98 所示。

**06**　绘制墙面造型。调用【直线】命令和【偏移】命令，绘制线段，如图 17-99 所示。

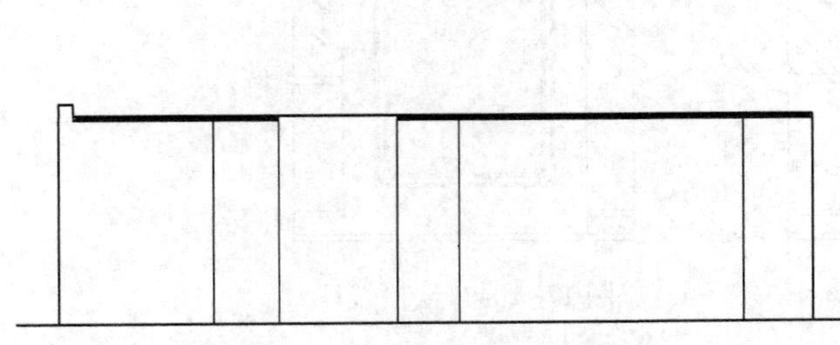

图 17-98　绘制同类吊顶造型

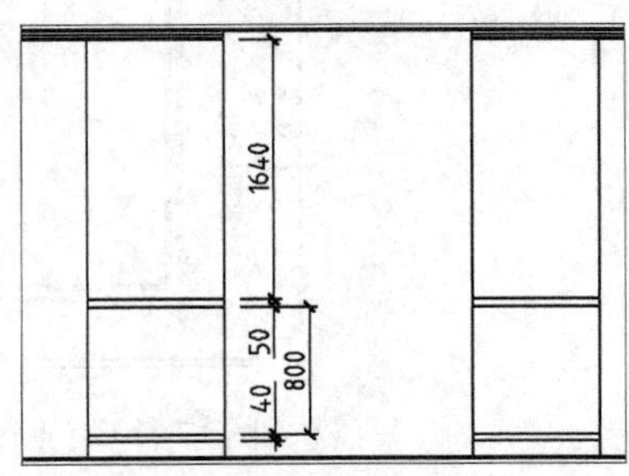


图 17-99　绘制线段

**07**　调用【填充】命令，输入【设置】选项，弹出对话框，然后在线段上方填充【AR－RROOF】图案，填充参数设置和效果如图 17-100 所示。

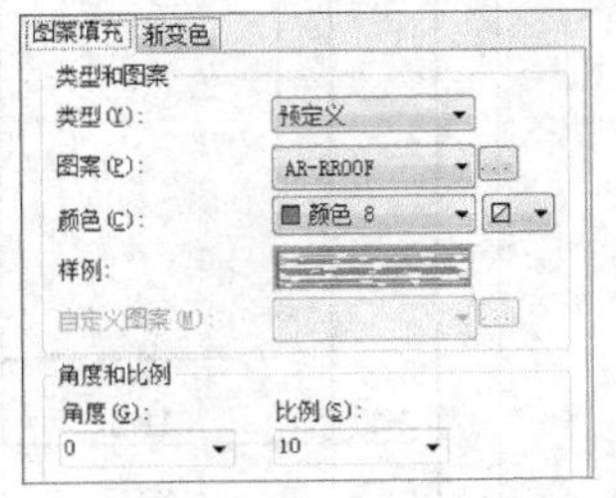


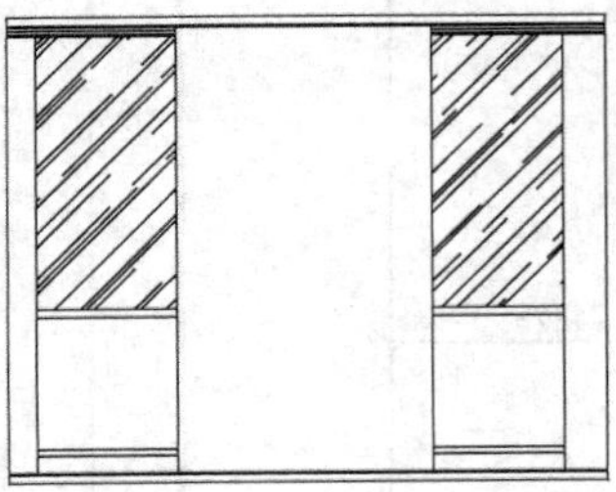

图 17-100　填充参数设置和效果

**08** 调用【填充】命令，在线段下方填充【DOTS】图案，效果如图 17-101 所示。

**09** 绘制字画边框。调用【矩形】命令，绘制尺寸为 1100×200 的矩形，并移动到相应的位置，如图 17-102 所示。

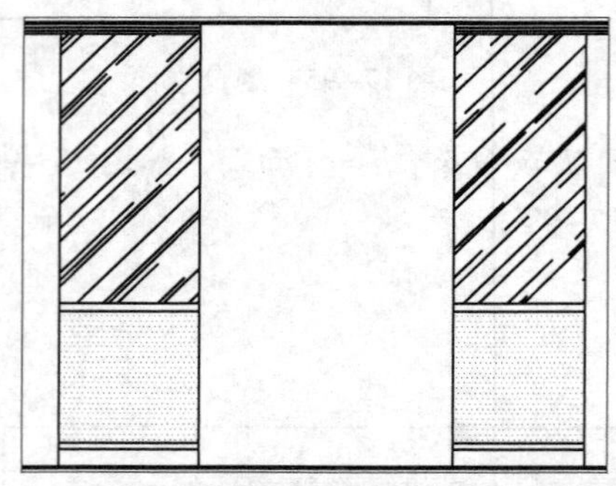

图 17-101 填充效果

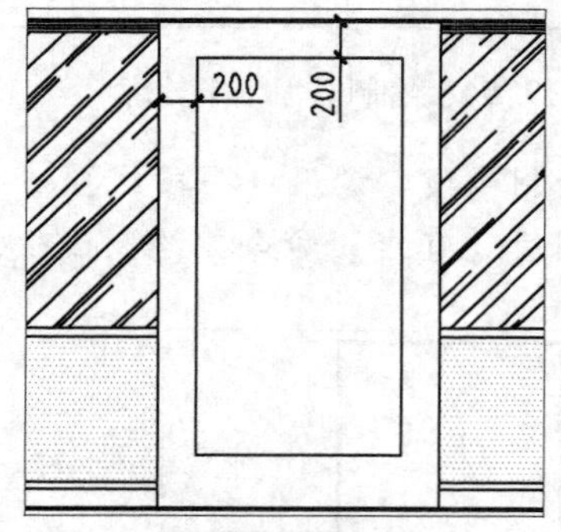


图 17-102 绘制矩形

**10** 调用【偏移】命令，将矩形向内偏移 20、40 和 20，如图 17-103 所示。

**11** 调用【直线】命令，绘制线段连接矩形，如图 17-104 所示。

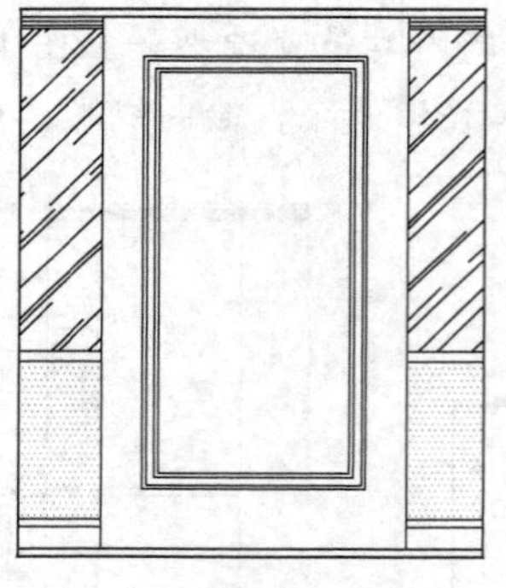

图 17-103 偏移矩形

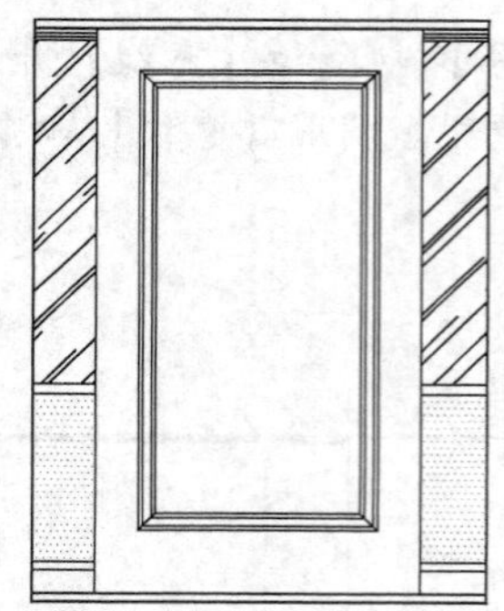

图 17-104 绘制线段

**12** 绘制柱子。调用【多段线】命令、【圆角】命令、【镜像】命令、【直线】命令和【偏移】命令，绘制柱子，如图 17-105 所示。

**13** 绘制窗。调用【多段线】命令，绘制多段线，如图 17-106 所示。

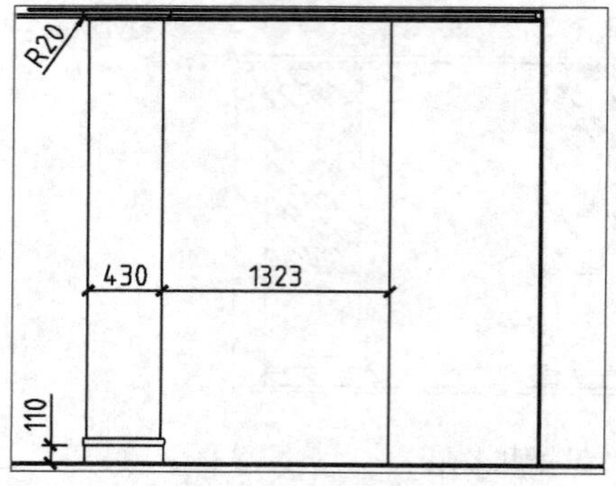


图 17-105 绘制柱子

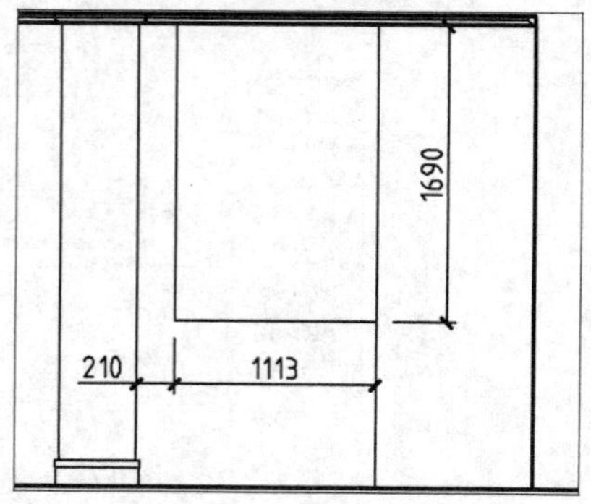


图 17-106 绘制多段线

**14** 调用【偏移】命令，将多段线向内偏移50，如图17-107所示。

**15** 调用【填充】命令，在多段线内填充【AR－RROOF】图案，效果如图17－108所示。

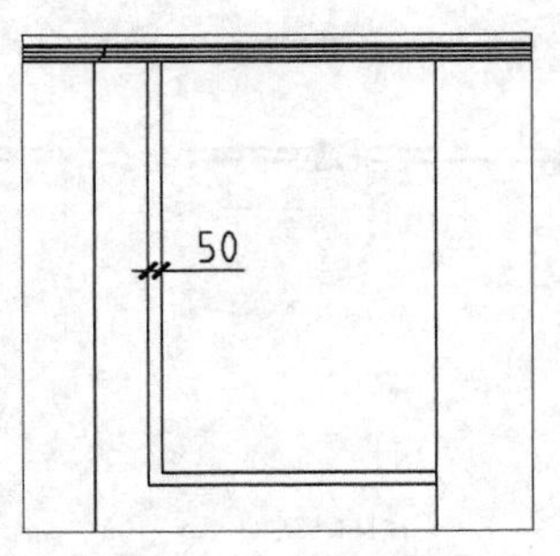


图17-107 偏移多段线

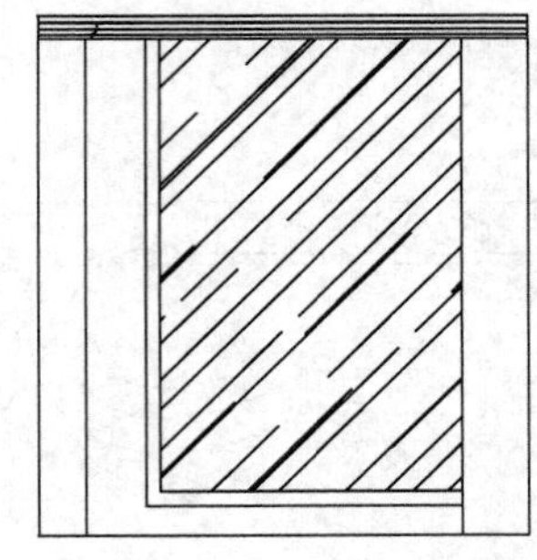

图17-108 填充效果

**16** 从图库中插入沙发、窗帘、字画和茶几图块到立面图中，并对线段相交的位置进行修剪，如图17-109所示。

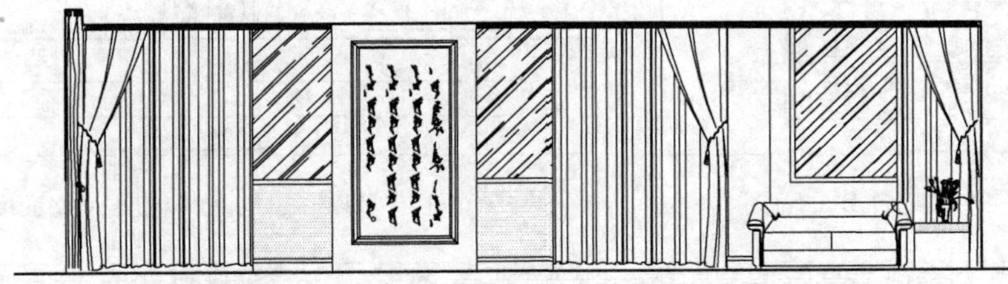

图17-109 插入图块

**17** 调用【填充】命令，对沙发所在的墙面填充【DOTS】图案，效果如图17－110所示。

图17-110 填充效果

**18** 最后进行尺寸标注、材料标注和插入图名，完成二层豪华包厢C立面图的绘制。

### 17.6.3 绘制其他立面图

运用前面介绍的方法完成图 17-111 ~图 17-114 和图 17-115 所示立面图的绘制。

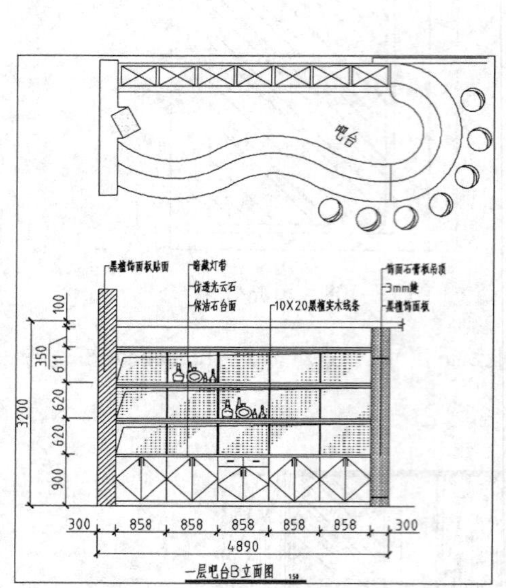


图 17-111 一层吧台 B 立面图

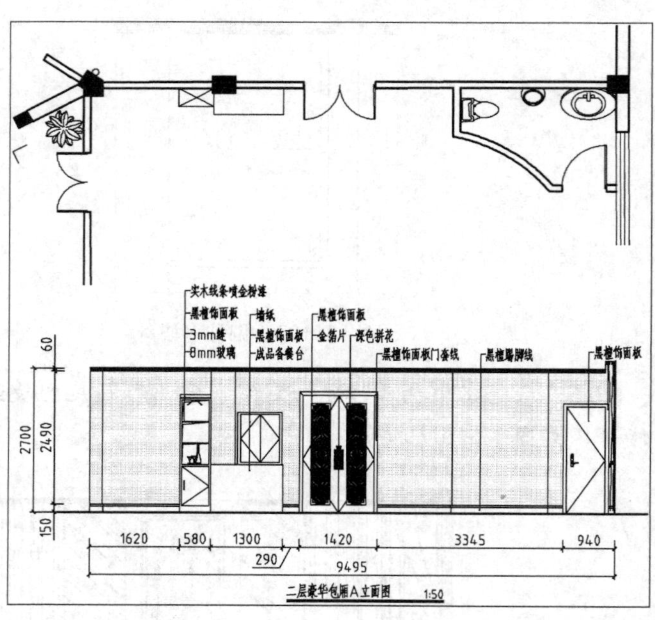


图 17-112 二层豪华包厢 A 立面图

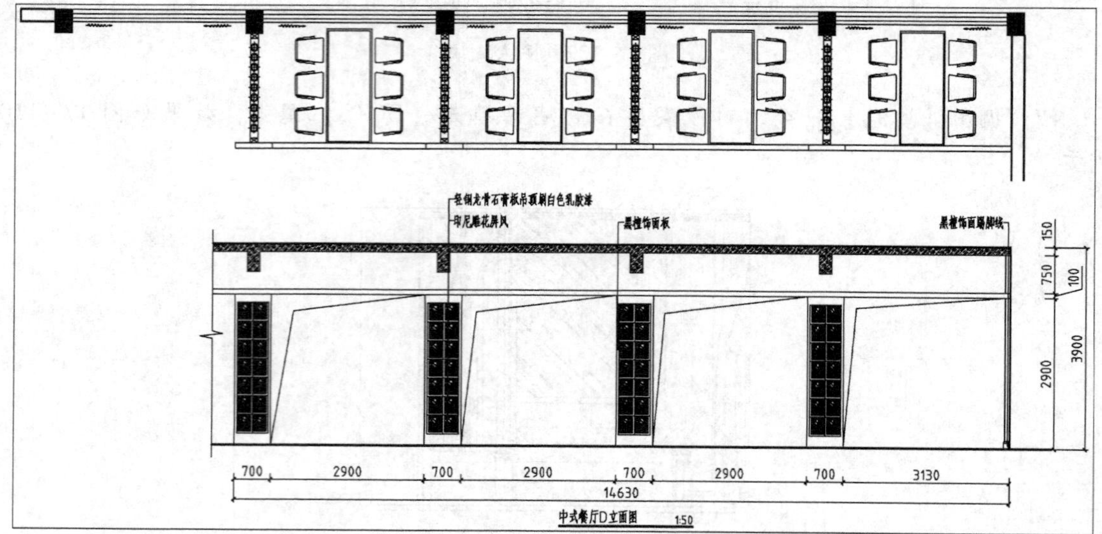


图 17-113 中式餐厅 D 立面图

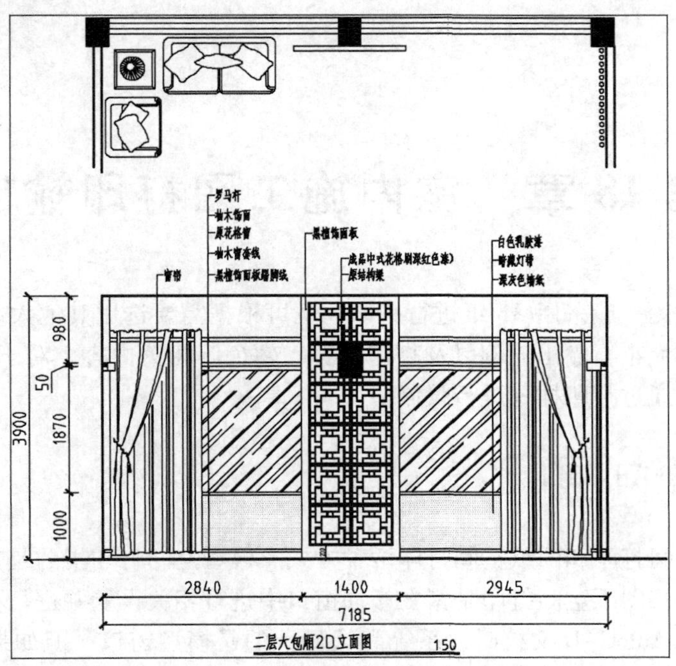


图 17-114　二层大包厢 2 D 立面图

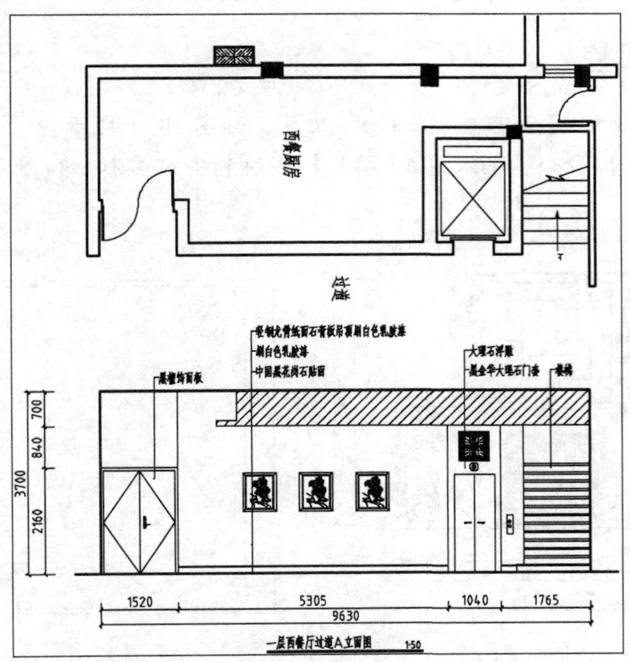


图 17-115　一层西餐厅过道 A 立面图

# 第 18 章　室内施工图打印输出

室内设计施工图一般采用 A3 纸进行打印，也可根据需要选用其他大小的纸张。在打印时，需要确定纸张大小、输出比例以及打印线宽、颜色等相关内容。对于图形的打印线宽、颜色等属性，均可通过打印样式进行设制。

## 18.1　模型空间打印

打印有模型空间打印和图纸空间打印两种方式。模型空间打印指的是在模型窗口进行相关设置并进行打印；图纸空间打印是指在布局窗口中进行相关设置并进行打印。

当打开或新建 AutoCAD 文档时，系统默认显示的是模型窗口。但如果当前工作区已经以布局窗口显示，可以单击状态栏【模型】标签，从布局窗口切换到模型窗口。

下面以小户型平面布置图为例，介绍模型空间的打印方法。

### 18.1.1　插入图签

**01**　打开“第 18 章\平面布置图 .dwg”文件，如图 18-1 所示。

**02**　调用【插入】命令，插入【A3 图签】图块到当前图形，如图 18-2 所示。

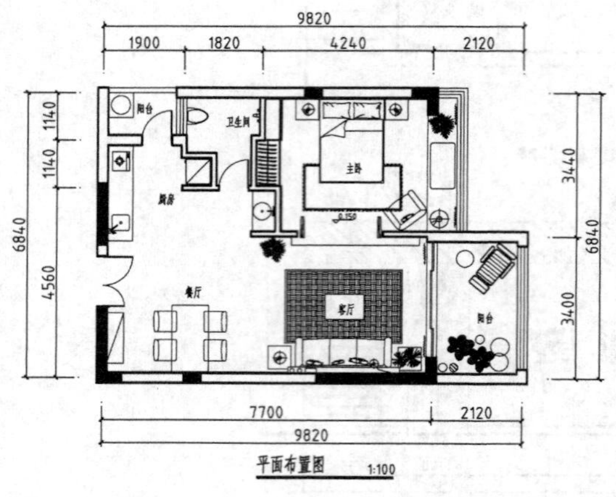


图 18-1　平面布置图

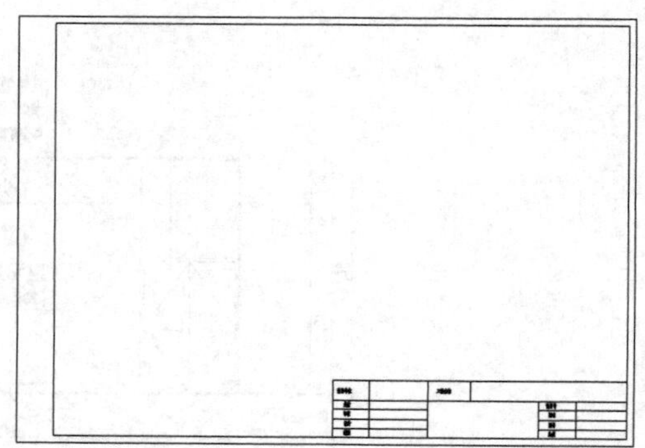

图 18-2　插入的图签

**03**　调用【缩放】命令，将图签放大 75 倍。

**提示：**由于样板中的图签是按 1:1 的比例绘制的，即图签图幅大小为 420 × 297（A3 图纸），而平面布置图的绘图比例同样是 1:1，其图形尺寸约为 10000 × 8000。为了使图形能够打印在图签之内，需要将图签放大，或者将图形缩小，缩放比例为 1:75（与该图的尺寸标注比例相同）。

**04** 调用【移动】命令，移动图签至平面布置图上方，如图 18-3 所示。

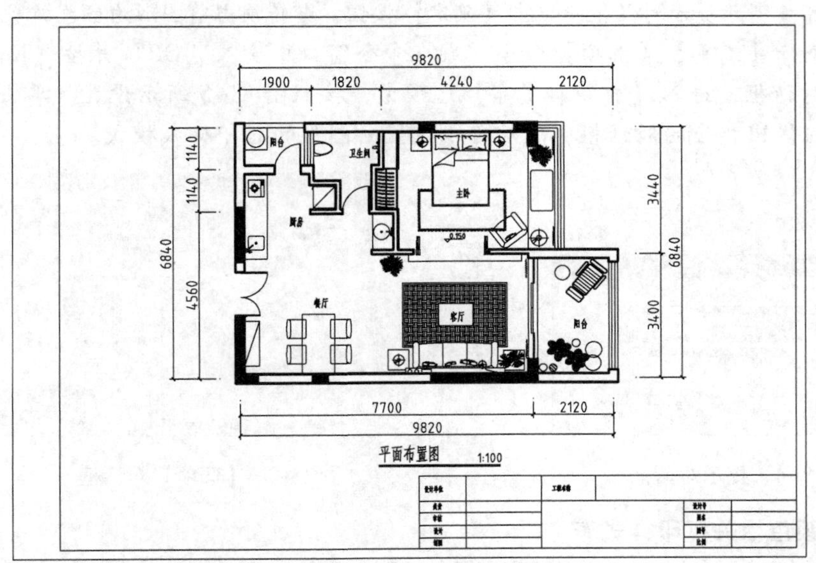


图 18-3　移动图签

## 18.1.2　创建打印样式

打印样式用于控制图形打印输出的线型、线宽、颜色等外观。如果打印时未调用打印样式，就有可能在打印输出时出现不可预料的结果，影响图样的美观。

AutoCAD 2016 提供了两种打印样式，分别为颜色相关样式（CTB）和命名样式（STB）。一个图形可以调用命名或颜色相关打印样式，但两者不能同时调用。

CTB 样式类型以 255 种颜色为基础，通过设置与图形对象颜色对应的打印样式，使得所有具有该颜色的图形对象都具有相同的打印效果。例如，可以为所有用红色绘制的图形设置相同的打印笔宽、打印线型和填充样式等特性。CTB 打印样式表文件的扩展名为“*. ctb”。

STB 样式和线型、颜色、线宽等一样，是图形对象的一个普通属性。可以在图层特性管理器中为某图层指定打印样式，也可以在“特性”选项板中为单独的图形对象设置打印样式属性。STB 打印样式表文件的扩展名是“*. stb”。

绘制室内装潢施工图，调用“颜色相关打印样式”更为方便，同时也可兼容 AutoCAD R14 等早期版本，因此本书采用该打印样式进行讲解。

**1. 激活颜色相关打印样式**

AutoCAD 默认调用【颜色相关打印样式】，如果当前调用的是【命名打印样式】，则需要通过以下方法转换为【颜色相关打印样式】，然后调用 AutoCAD 提供的【添加打印样式表向导】快速创建颜色相关打印样式。

**01** 在转换打印样式模式之前，首先应判断当前图形调用的打印样式模式。在命令窗口中输入“PSTYLEMODE”并按〈Enter〉键，如果系统返回“PSTYLEMODE = 0”信息，表示当前调用的是命名打印样式模式，如果系统返回“PSTYLEMODE = 1”信息，表示当前调用的是颜色打印模式。

**02** 如果当前是命名打印模式，在命名窗口输入“CONVERTPSTYLES”并按〈Enter〉键，在打开的图 18-4 所示提示对话框中单击【确定】按钮，即转换当前图形为颜色打印模式。

**提示：**执行【工具】|【选项】命令，或在命令窗口中输入“OP”并按〈Enter〉键，打开【选项】对话框，进入【打印和发布】选项卡，按照图 18-5 所示设置，单击【打印样式表设置】按钮弹出相应的对话框，然后可以设置新图形的打印样式模式。

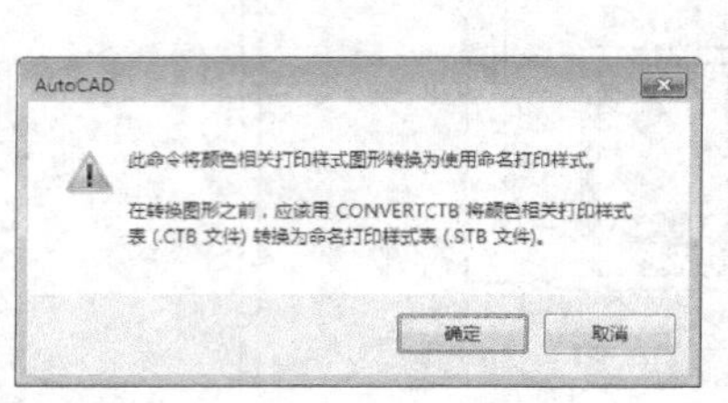


图 18-4 提示对话框

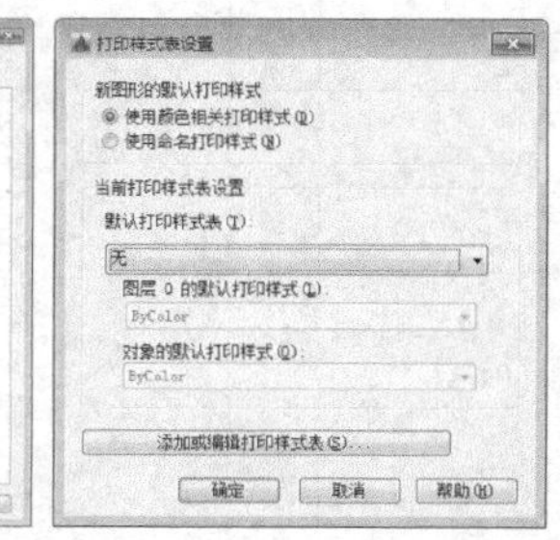

图 18-5 【选项】对话框

### 2. 创建颜色相关打印样式表

**01** 在命令窗口中输入“STYLESMANAGER”并按〈Enter〉键，或执行【文件】|【打印样式管理器】命令，打开【Plot Styles】文件夹，如图 18-6 所示。该文件夹是所有 CTB 和 STB 打印样式表文件的存放路径。

**02** 双击【添加打印样式表向导】快捷方式图标，启动添加打印样式表向导，在打开的图 18-7 所示的对话框中单击【下一步】按钮。

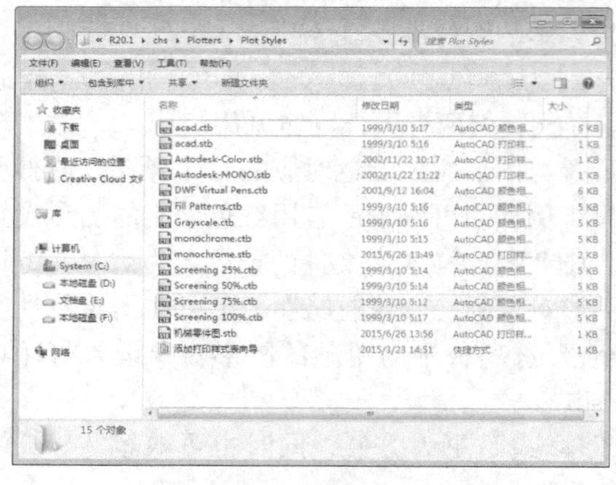

图 18-6 【Plot Styles】文件夹

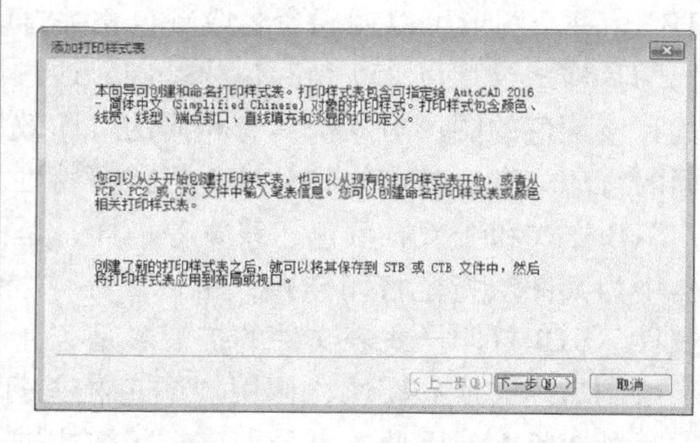

图 18-7 添加打印样式表

**03** 在打开的图 18-8 所示的【开始】对话框中选择【创建新打印样式表】单选项，单击【下一步】按钮。

**04** 在打开的图 18-9 所示的【添加打印样式表 - 选择打印样式表】对话框中选择【颜色相关打印样式表】单选项，单击【下一步】按钮。

**05** 在打开的图 18-10 所示对话框中的【文件名】文本框中输入打印样式表的名称，单击【下一步】按钮。

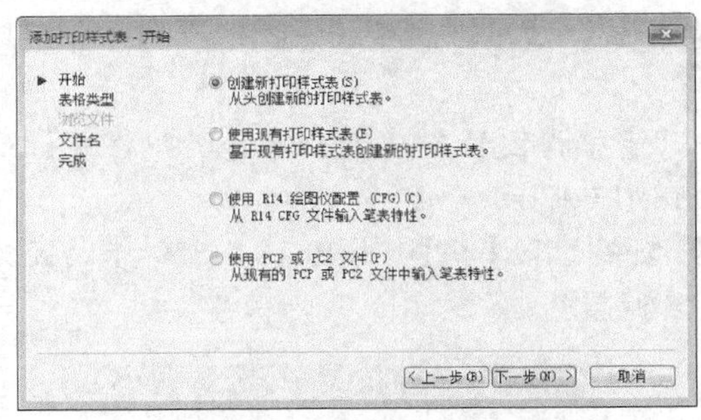


图 18-8　添加打印样式表向导 - 开始

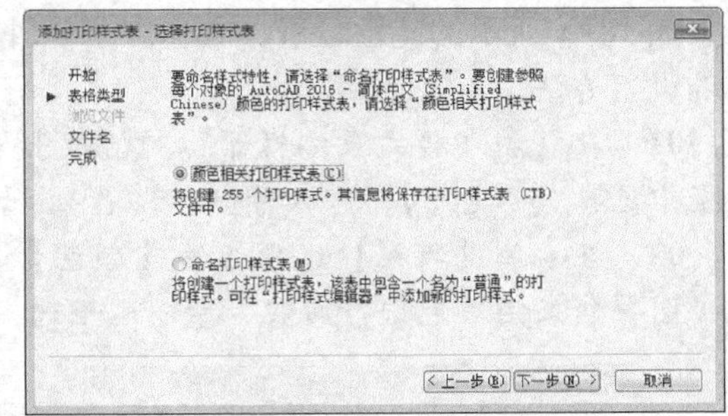


图 18-9　添加打印样式表 - 表格类型

**06**　在打开的图 18-11 所示对话框中单击【完成】按钮，关闭添加打印样式表向导，打印样式创建完毕。

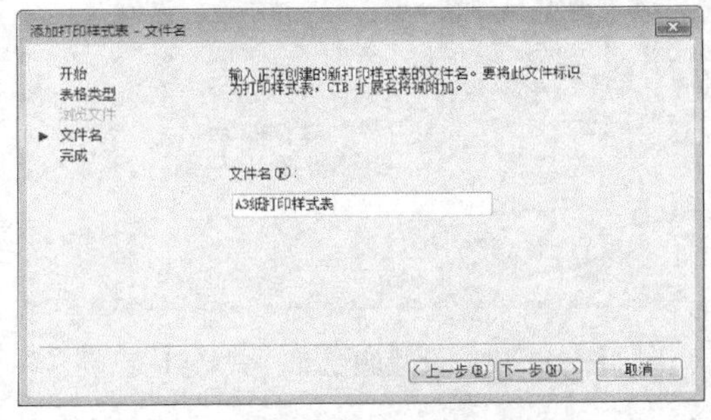


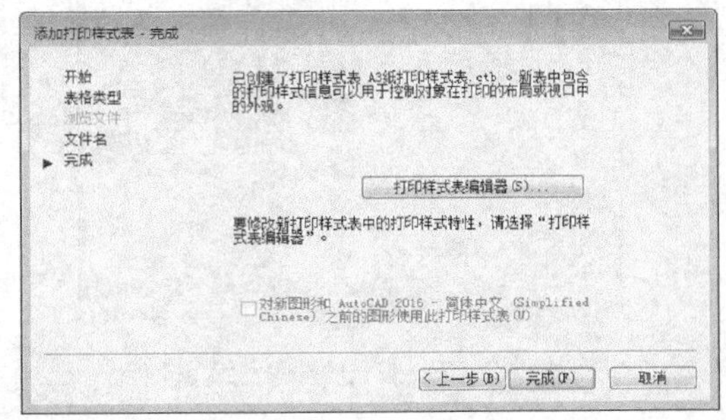


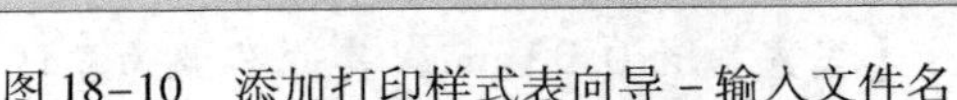

图 18-10　添加打印样式表向导 - 输入文件名

图 18-11　添加打印样式表向导 - 完成

### 3. 编辑打印样式表

创建完成的【A3 纸打印样式表】会立即显示在【Plot Styles】文件夹中，双击该打印样式表，打开【打印样式表编辑器】对话框，在该对话框中单击【表格视图】选项卡，即可对该打印样式表进行编辑，如图 18-12 所示。

绘制室内施工图时，通常调用不同的线宽和线型来表示不同的结构，例如物体外轮廓调用中实线，内轮廓调用细实线，不可见的轮廓调用虚线，从而使打印的施工图清晰、美观。本书调用的颜色打印样式特性设置如表 18-1 所示。

**表 18-1　颜色打印样式特性设置**

| 打印特色 / 颜色 | 打印颜色 | 淡显 | 线型 | 线宽 |
|---|---|---|---|---|
| 颜色 5（蓝） | 黑 | 100 | ——实心 | 0.35 mm（粗实线） |
| 颜色 1（红） | 黑 | 100 | ——实心 | 0.18（中实线） |
| 颜色 74（浅绿） | 黑 | 100 | ——实心 | 0.09（细实线） |
| 颜色 8（灰） | 黑 | 100 | ——实心 | 0.09（细实线） |
| 颜色 2（黄） | 黑 | 100 | - - 画 | 0.35（粗虚线） |
| 颜色 4（青） | 黑 | 100 | - - 画 | 0.18（中虚线） |
| 颜色 9（灰白） | 黑 | 100 | ——— - 长画 短画 | 0.09（细点画线） |
| 颜色 7（黑） | 黑 | 100 | 调用对象线型 | 调用对象线宽 |

表18-1所示的特性设置，共包含了8种颜色样式，这里以颜色5（蓝）为例，介绍具体的设置方法。

**01** 在【打印样式表编辑器】对话框中单击【表格视图】选项卡，在【打印样式】列表框中选择【颜色5】，即5号颜色（蓝），如图18-13所示。

**02** 在右侧【特性】选项组的【颜色】列表框中选择【黑】，如图18-13所示。因为施工图一般采用单色进行打印，所以这里选择【黑】颜色。

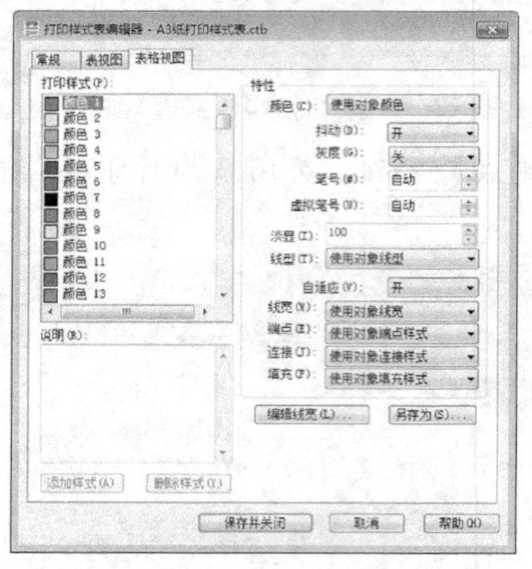

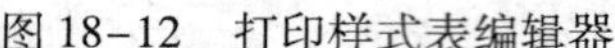

图18-12 打印样式表编辑器

图18-13 设置颜色5样式特性

**03** 设置【淡显】为100，【线型】为【实心】，【线宽】为0.35mm，其他参数为默认值，如图18-13所示。至此，【颜色5】样式设置完成。在绘图时，如果将图形的颜色设置为蓝，在打印时将得到颜色为黑色，【线宽】为0.35mm，【线型】为【实心】的图形打印效果。

**04** 使用相同的方法，根据表18-1所示设置其他颜色样式，完成后单击【保存并关闭】按钮保存打印样式。

**提示：**【颜色7】是为了方便打印样式中没有的线宽或线型而设置的。例如，当图形的线型为双点画线，而样式中并没有这种线型时，就可以将图形的颜色设置为黑色，即颜色7，那么打印时就会根据图形自身所设置的线型进行打印。

### 18.1.3 页面设置

**01** 执行【文件】|【页面设置管理器】命令，打开【页面设置管理器】对话框，如图18-14所示。

**02** 单击【新建】按钮，打开图18-15所示【新建页面设置】对话框，在对话框中输入新页面设置名称【A3图纸页面设置】，单击【确定】按钮，即创建了新的页面设置【A3图纸页面设置】。

**03** 系统弹出【页面设置－A3图纸页面设置】对话框，如图18-16所示。在【页面设置】对话框【打印机/绘图仪】选项组中选择用于打印当前图样的打印机。在【图纸尺寸】选项组中选择A3类图纸。

**04** 在【打印样式表】列表的选择样板中已设置好打印样式【A3纸打印样式表.otb】，如图18-17所示。在随后弹出的【问题】对话框中单击【是】按钮，将指定的打印样式指定给所有布局。

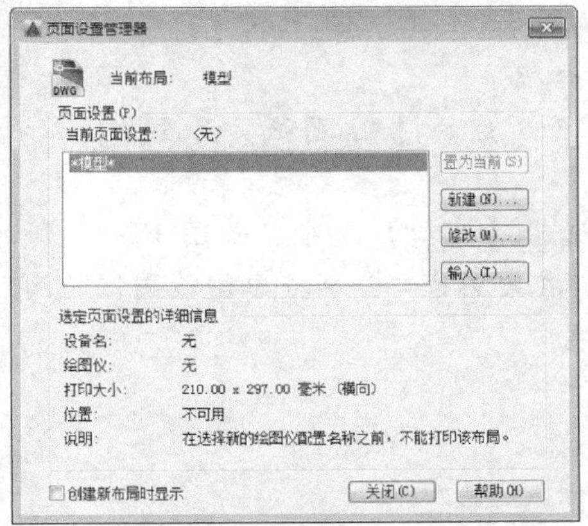

图 18-14 【页面设置管理器】对话框

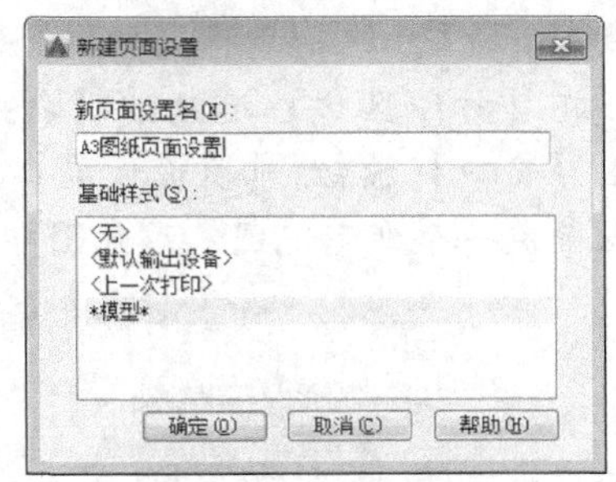

图 18-15 【新建页面设置】对话框

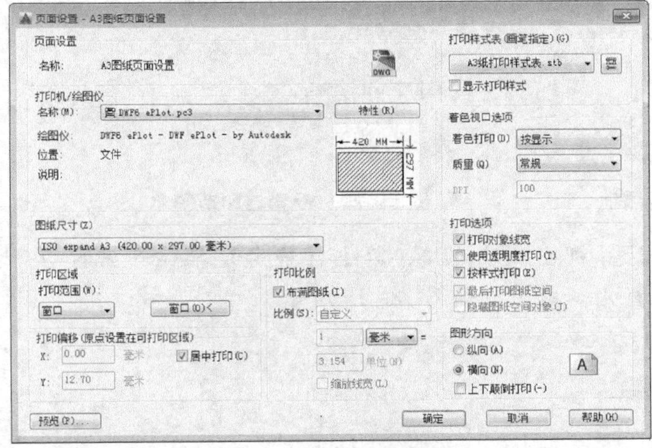

图 18-16 【页面设置】对话框

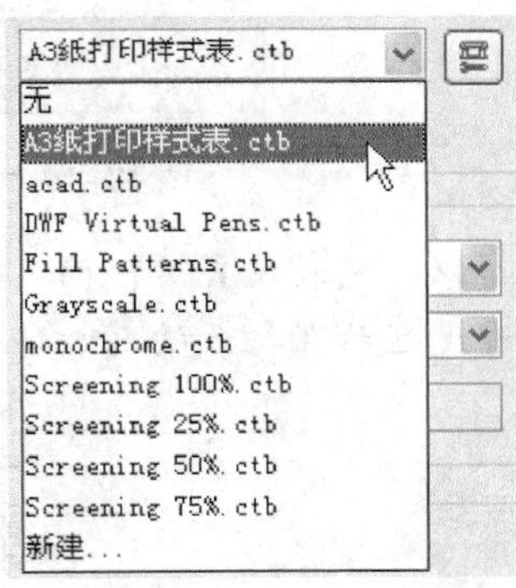

图 18-17 选择打印样式

**05** 勾选【打印选项】选项组【按样式打印】复选框，如图 18-16 所示，使打印样式生效，否则图形将按其自身的特性进行打印。

**06** 勾选【打印比例】选项组【布满图纸】复选框，图形将根据图纸尺寸缩放打印图形，使打印图形布满图纸。

**07** 在【图形方向】栏设置图形打印方向为横向。

**08** 设置完成后单击【预览】按钮，检查打印效果。

**09** 单击【确定】按钮返回【页面设置管理器】对话框，在页面设置列表中可以看到刚才新建的页面设【A3 图纸页面设置】，选择该页面设置，单击【置为当前】按钮，如图 18-18 所示。

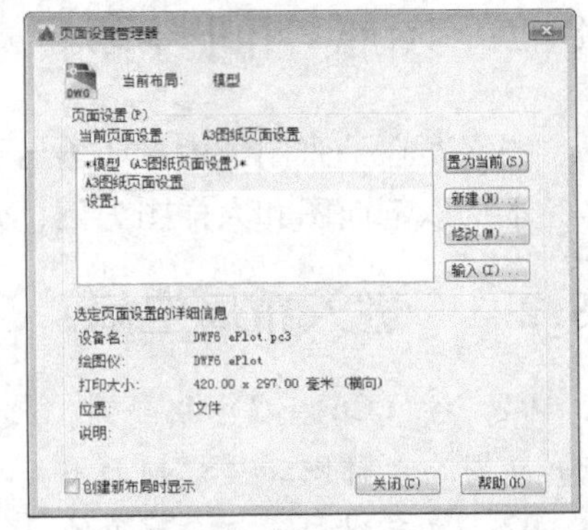

图 18-18 指定当前页面设置

**10** 单击【关闭】按钮关闭对话框。

### 18.1.4 打印

**01** 执行【文件】|【打印】命令，打开【打印】对话框。

**02** 在【页面设置】选项组【名称】列表中选择前面创建的【A3图纸页面设置】，如图18-19所示。

**03** 在【打印区域】选项组【打印范围】列表中选择【窗口】选项，如图18-20所示。单击【窗口】按钮，【页面设置】对话框暂时隐藏，在绘图窗口分别拾取图签图幅的两个对角点确定一个矩形范围，该范围即为打印范围。

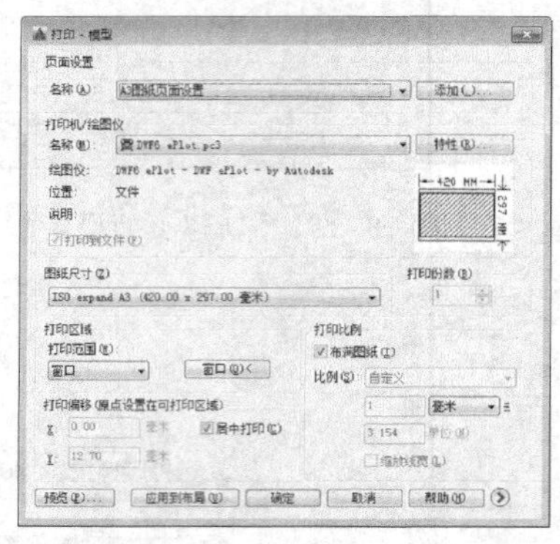

图18-19 【打印】对话框

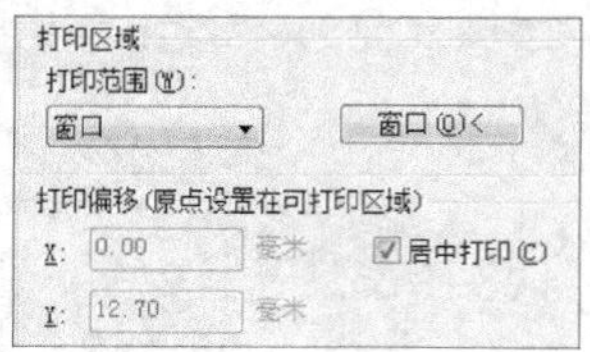


图18-20 设置打印范围

**04** 完成设置后，确认打印机与计算机已正确连接，单击【确定】按钮开始打印。打印进度显示在打开的【打印作业进度】对话框中，如图18-21所示。

图18-21 【打印作业进度】对话框

## 18.2 图纸空间打印

当需要在一张图纸中打印输出不同比例的图形时，可使用图纸空间打印方式。

本例以剖面图和大样图为例，介绍图纸空间的视口布局和打印方法。

### 18.2.1 进入布局空间

**01** 按〈Ctrl+O〉组合键，打开“第18章\详图.dwg”文件，删除其他图形只留下酒柜剖面图及大样图和楼梯剖面图。

**02** 单击图形窗口左下角的【布局1】选项卡进入图纸空间。当第一次进入布局时，系统会自动创建一个视口，该视口一般不符合我们的要求，可以将其删除，删除后的效果如

图 18-22所示。

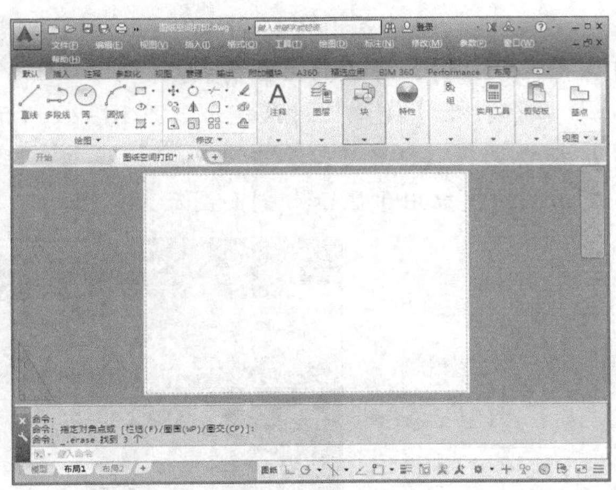

图 18-22　删除视口

**提示**：在任意【布局】选项卡上单击鼠标右键，从弹出的快捷菜单中选择【新建布局】命令，可以创建新的布局。

## 18.2.2　页面设置

**01**　在【布局 1】选项卡上单击鼠标右键，从弹出的快捷菜单中选择【页面设置管理器】命令，如图 18-23 所示。在弹出的【页面设置管理器】对话框中单击【新建】按钮创建【A3 图纸页面设置 - 图纸空间】新页面设置。

**02**　进入【页面设置】对话框后，在【打印范围】列表中选择【布局】，在【比例】列表中选择【1:1】，其他参数设置如图 18-24 所示。

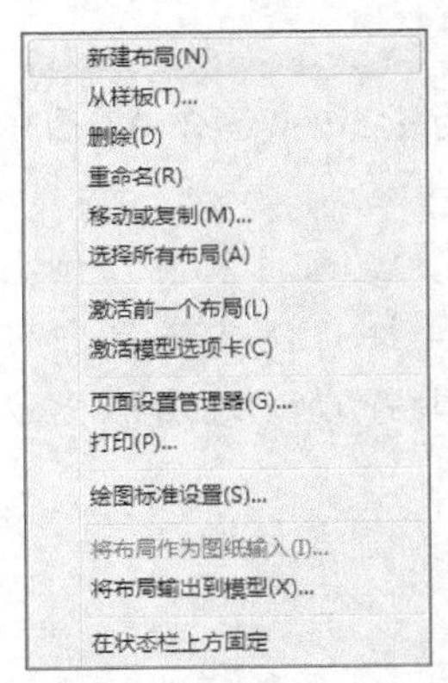

图 18-23　弹出菜单

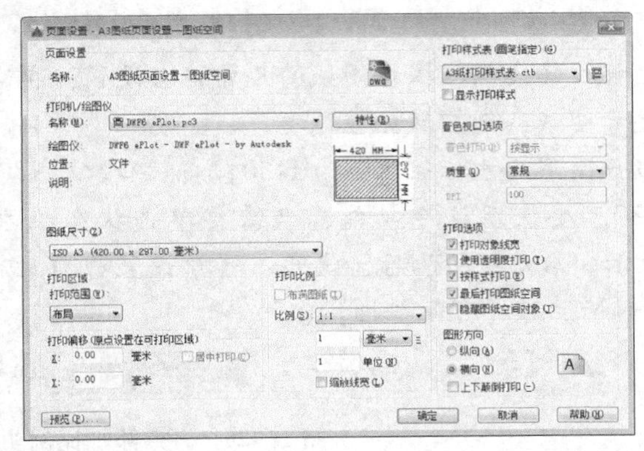

图 18-24　【页面设置 - A3 图纸页面设置 - 图纸空间】对话框

**03**　设置完成后单击【确定】按钮关闭【页面设置】对话框，在【页面设置管理器】对话框中选择新建的【A3 图纸页面设置 - 图纸空间】页面设置，单击【置为当前】按钮，将该页面设置应用到当前布局。

## 18.2.3 创建视口

**01** 创建一个新图层【VPORTS】，并设置为当前图层。

**02** 调用【VPORTS】命令打开【视口】对话框，如图18-25所示。

**03** 在【标准视口】框中选择【单个】，单击【确定】按钮，在布局内拖动鼠标创建一个视口，如图18-26所示，该视口用于显示03剖面图及大样图。

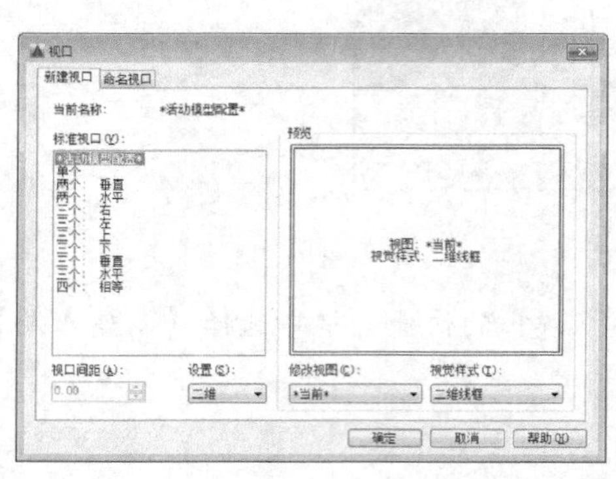


图18-25 【视口】对话框

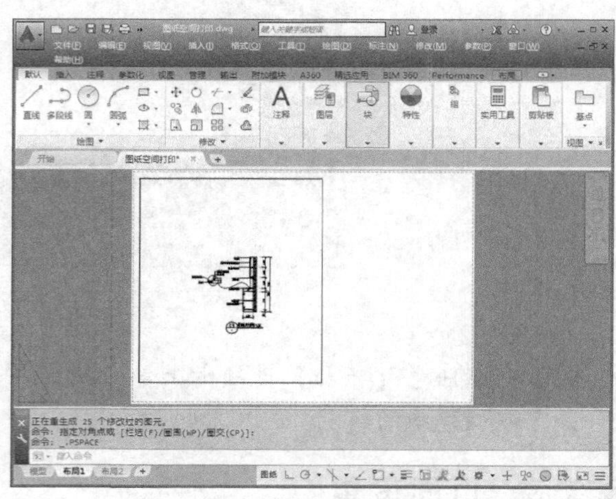

图18-26 创建视口

**04** 在创建的视口中双击鼠标，进入模型空间，处于模型空间的视口边框以粗线显示。

**05** 在状态栏右下角设置当前注释比例为1:30，如图18-27所示。调用【平移】命令平移视图，使03剖面图及大样图在视口中显示出来。

图18-27 设置比例

**提示：**视口的比例应根据图纸的尺寸适当设置，在这里设置为1:30以适合A3图纸，如果是其他尺寸图纸，则应做相应调整。

**06** 假如图形尺寸标注比例为1:50，当视口比例设置为1:30时，尺寸标注比例也自动调整为1:30。要实现这个功能，只需要单击状态栏右下角的按钮使其亮显即可，如图18-28所示。启用该功能后，就可以随意设置视口比例，而无须手动修改图形标注比例（前提是图形标注为【可注释性】）。

图18-28 开启添加比例功能

**07** 在视口外双击鼠标，或在命令窗口中输入“PSPACE”并按〈Enter〉键，返回到图纸空间。

**08** 选择视口，使用夹点法适当调整视口大小，使视口内只显示【03剖面图及大样图】，结果如图18-29所示。

**09** 创建第二个视口。选择第一个视口，调用CO【复制】命令复制出第二个视口，该视口用于显示【㉔剖面图】，输出比例为 1:30。

**10** 调用【平移】命令平移视口（需要双击视口或使用【MSPACE/MS】命令进入模型空间），使【㉒剖面图】在视口中显示出来，并适当调整视口大小，结果如图 18-30 所示。

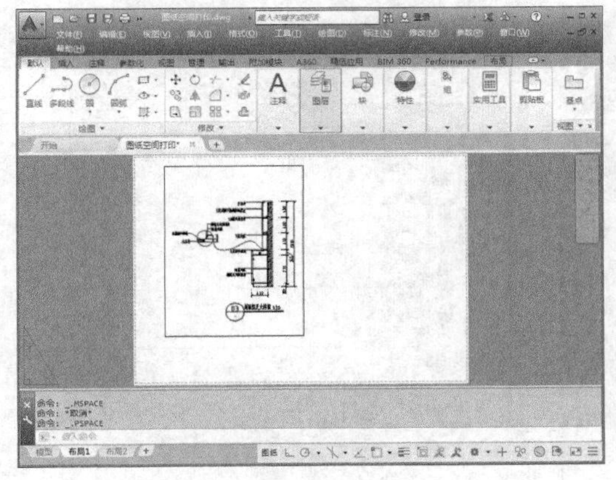

图 18-29　调整视口

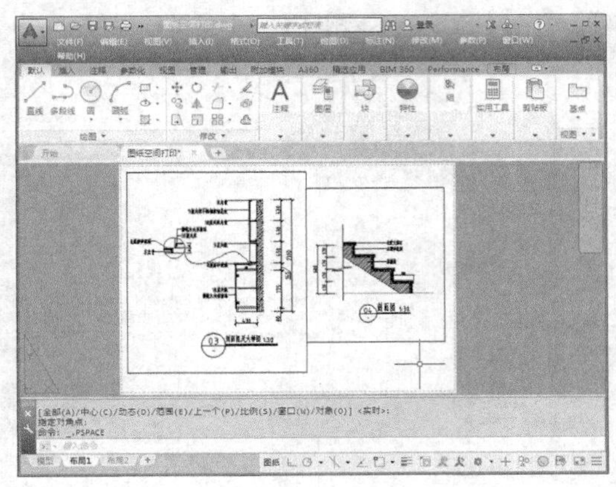

图 18-30　创建第二个视口

## 18.2.4　加入图签

**01** 调用【PSPACE】命令进入图纸空间。

**02** 调用【INSERT】命令，在打开的【插入】对话框中选择图块【A3 图签】，单击【确定】按钮关闭【插入】对话框，在图形窗口中拾取一点确定图签位置，插入图签后的效果如图 18-31 所示。

## 18.2.5　打印

**01** 执行【文件】|【打印预览】命令预览当前的打印效果，如图 18-32 所示。

**提示：**从图 18-32 所示打印效果可以看出，图签部分不能完全打印，这是因为图签大小超越了图纸可打印区域的缘故。

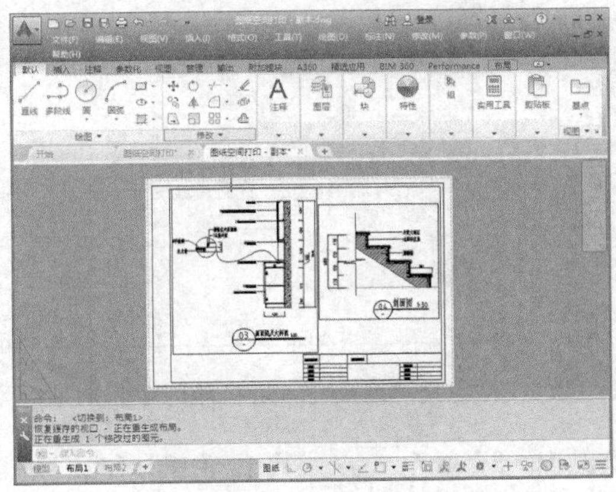

图 18-31　插入图签

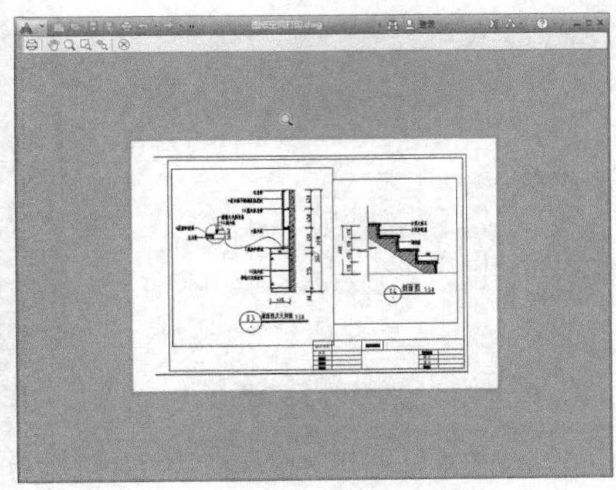

图 18-32　预览打印效果

**02** 执行【文件】|【绘图仪管理器】命令，打开【Plotters】文件夹，如图18-33所示。

**03** 在对话框中双击当前使用的打印机名称，打开【绘图仪配置编辑器】对话框。选择【设备和文档设置】选项卡，在上方的树形结构目录中选择【修改标准图纸尺寸（可打印区域）】选项，如图18-34所示。

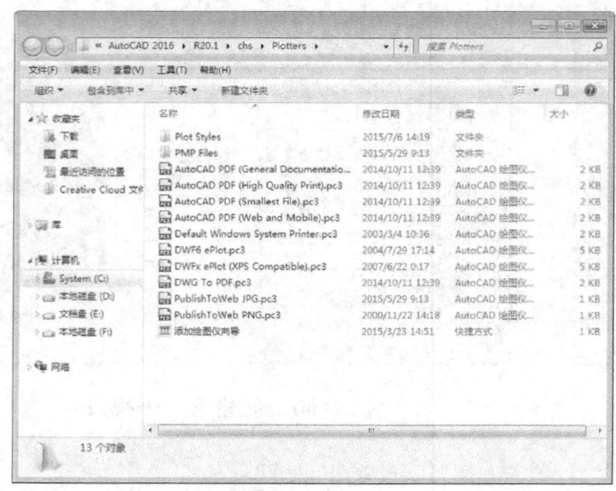

图18-33 【Plotters】文件夹

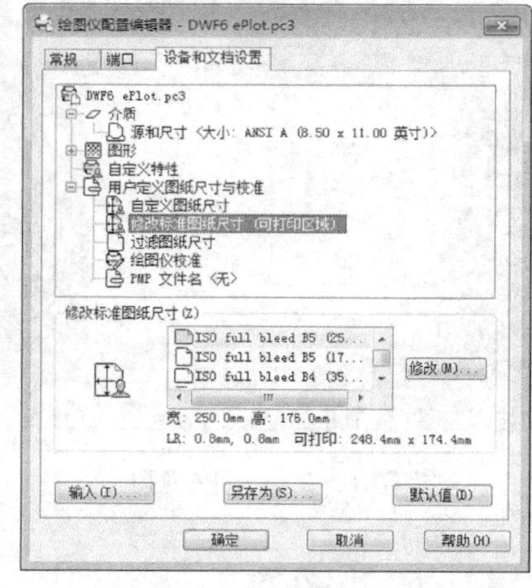

图18-34 绘图仪配置编辑器

**04** 在【修改标准图纸尺寸】栏中选择当前使用的图纸类型（即在【页面设置】对话框中的【图纸尺寸】列表中选择的图纸类型），如图18-35所示。

**05** 单击【修改】按钮弹出【自定义图纸尺寸-可打印区域】对话框，如图18-36所示，将上、下、左、右页边距分别设置为2、2、10、2（使可打印范围略大于图框即可），单击两次【下一步】按钮，再单击【完成】按钮，返回【绘图仪配置编辑器】对话框，单击【确定】按钮关闭对话框。

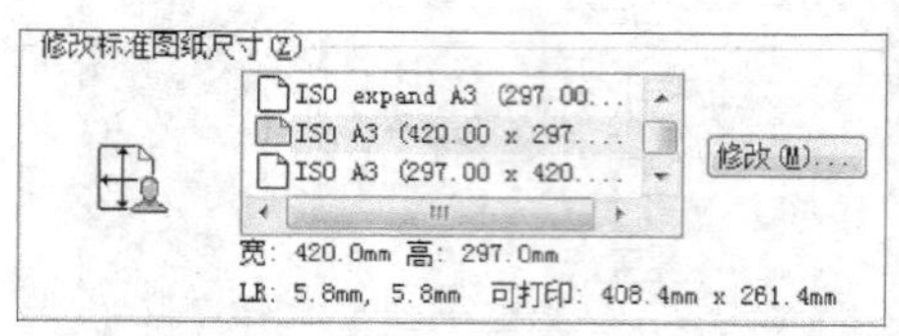

图18-35 选择图纸类型

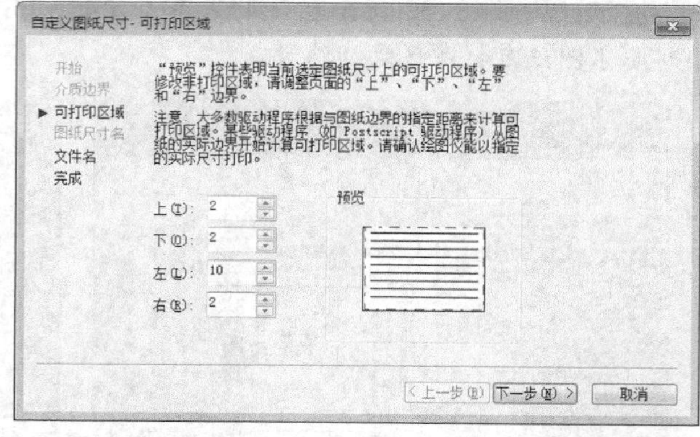

图18-36 【自定义图纸尺寸-可打印区域】对话框

**06** 修改图纸可打印区域之后，此时布局如图18-37所示（虚线内表示可打印区域）。

**07** 调用【图层特性管理器】命令打开【图层特性管理器】对话框，将图层【VPORTS】设置为不可打印，如图18-38所示。

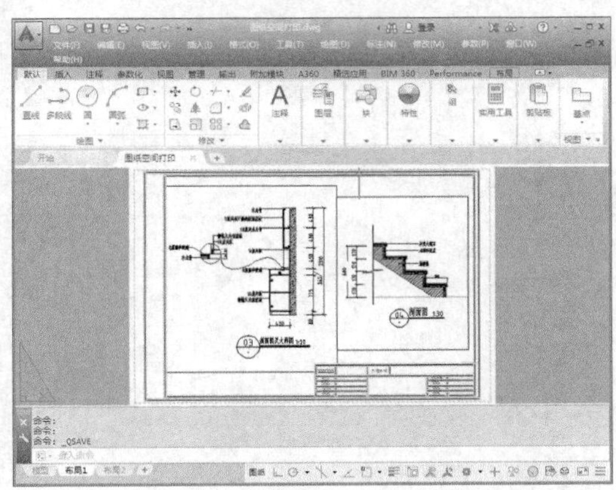

图 18-37　布局效果

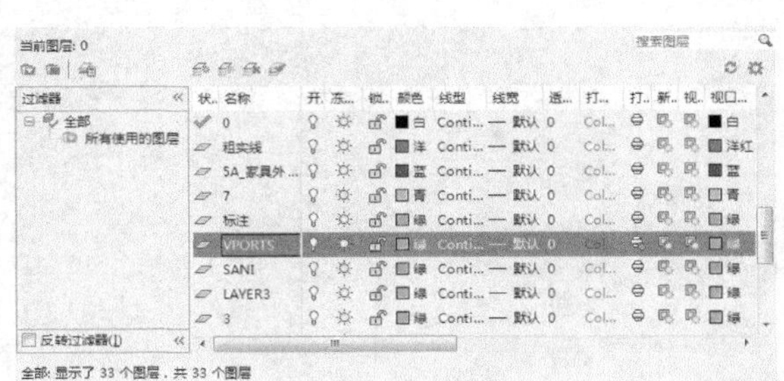

图 18-38　设置【VPORTS】图层属性

**08**　此时再次预览打印效果，如图 18-39 所示，图签已能正确打印。

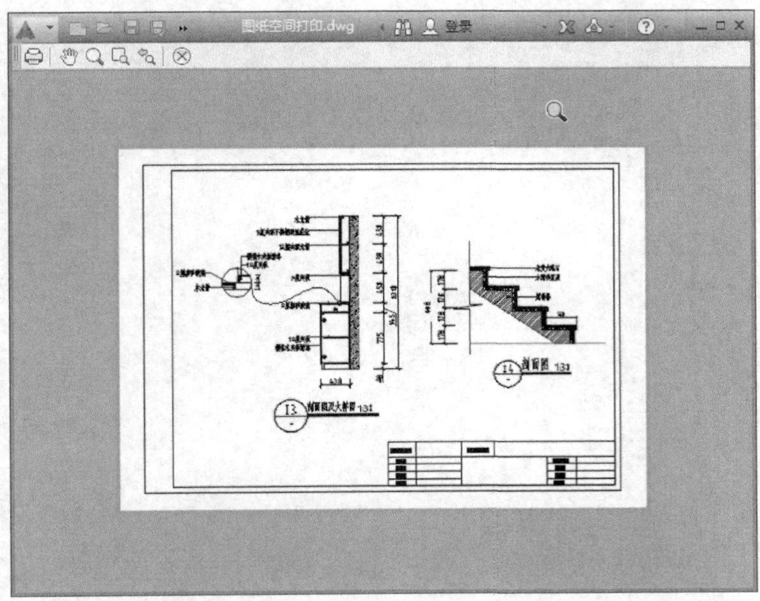

图 18-39　预览打印效果